完全掌握 InDesign CC 超级手册

王红卫　等编著

机械工业出版社
China Machine Press

图书在版编目（CIP）数据

完全掌握InDesign CC超级手册 / 王红卫等编著. —北京：机械工业出版社，2014.7

ISBN 978-7-111-46621-5

Ⅰ. ①完… Ⅱ. ①王… Ⅲ. ①电子排版－应用软件－技术手册 Ⅳ. ①TN803.23-62

中国版本图书馆CIP数据核字（2014）第092452号

本书结合作者多年的教学经验，为InDesign初学者、平面设计者、排版设计者编写的实用教材。

全书共分为12章，涵盖了InDesign CC基础入门、文档与版面设计、文本及段落编辑、样式及文章的编排、长文档与交互文档的编排、基本绘图与编辑、图形的颜色控制、图形的变换与管理、使用效果功能、表格的使用、文档的输出和打印等内容；最后一章通过一系列来自一线的典型案例，循序渐进地讲解了职业排版设计工作中涉及最多的实际案例，包括宣传页版面设计、菜单设计、折页版面设计、书籍章首页设计、封面设计、报纸版面设计、书籍排版、书籍目录排版等。

随书附带的交互式多媒体教学光盘，收录了本书制作的所有实例作品和大量基础知识的讲解；收录了在制作过程中用到的素材及源文件；供读者在学习中可以随时进行调用和播放学习。只要跟随光盘的多媒体讲解就可以轻松学到本书的精华内容，使之感受自由学习的乐趣，从设计新手变成高手。

本书语言通俗易懂并配以大量的图示，适合InDesign的初级用户以及从事平面广告设计、CIS企业形象策划、产品包装造型、印刷排版等工作的人员和电脑美术爱好者阅读，也可作为社会培训学校、大中专院校相关专业的教学用书或上机实践指导用书。

完全掌握InDesign CC超级手册

出版发行：机械工业出版社（北京市西城区百万庄大街22号　邮政编码：100037）

责任编辑：夏非彼　迟振春

印　　刷：中国电影出版社印刷厂　　版　　次：2014年10月第1版第1次印刷

开　　本：188mm×260mm　1/16　　印　　张：24

书　　号：ISBN 978-7-111-46621-5　　定　　价：89.00元（附光盘）

ISBN 978-7-89405-381-7（光盘）

凡购本书，如有缺页、倒页、脱页，由本社发行部调换

客服热线：（010）68995261　88361066　　投稿热线：（010）82728184　88379604

购书热线：（010）68326294　88379649　68995259　　读者信箱：hzjg@hzbook.com

前　言

本书内容

本书以理论知识与实例操作相结合的形式，详细地介绍了Adobe公司最新推出的排版软件InDesign CC的使用方法和技巧。

全书由两大主线贯穿，一条主线是软件使用基础；另一条主线是实际的工作实例制作讲解。全书从命令功能应用讲解入手，在讲命令的同时穿插了大量具有代表性和说明性的典型实例，使读者在掌握理论知识的同时，逐步提高自己动手操作的能力。通过学习本书，读者既可以学会软件的常用功能，又可以跟随这些案例的制作过程掌握常见印刷品的设计与制作方法。

本书的讲解由浅入深，每个实例结合知识点，让读者在学习基础知识的同时，掌握排版设计创意的技巧，并将实例按照排版设计、作品编辑的一般思路安排全文，在本书的最后，设置了一章进阶实例讲解，包括大量商业性质的广告及版式设计实例，每一个实例都渗透了设计理念，创意思想和InDesign CC的排版操作技巧，读者只要耐心地按照书中的步骤去完成每一个实例，就会提高InDesign CC的排版实战技能，提高设计水平和艺术审美能力，同时也能从中获知取一些深层次的设计思想。

本书特色

1. 一线作者团队　本书由理工大学电脑部高级讲师为入门级用户量身定制，深入浅出地将InDesign 化繁为简，浓缩精华彻底掌握。

2. 理论知识实用　本书详细讲解了InDesign排版基础、文档版面设计、样式及文章编排、长文档与交互文档的编排、绘图及颜色控制、图形变换及效果应用、打印与输出、常用排版技法等。

3. 超完备的基础功能及专业案例详解　11章基础内容，1章专业设计案例进阶，将InDesign CC全盘解析，从基础到案例，从入门到入行，从新手到高手。

4. 全新的写作模式　作者根据多年的教学经验，将InDesign学习过程中常见的问题及解决方法以提示和技巧的形式展示出来，供读者快速找到解决方案，以特色段落的形式显示，让读者快速找到彼此之间的联系。

5. 方便的快捷键及速查索引　在本书的附录部分，详细列出了InDesign CC默认键盘快捷键，方便读者掌握快速的制图方法；并根据本书的视频讲座内容，按不同类型进行分类，制作出便于查阅的索引，以方便不同读者的工作学习需要。

6. DVD超大容量高清语音教学　本书附带1张高清语音多媒体教学DVD，610分钟超长教学时间，3.23GB超大容量，97堂多媒体教学内容，真正做到多媒体教学与图书互动，使读者从零起飞，快速跨入高手行列！

7. 真正超值的附赠套餐　近400页的学习资料，56个实战案例，海量设计资源及学习资料，所有案例的高清视频语音教学内容。

本书版面说明

为了方便读者快速阅读进而掌握本书内容，下面将本书的版面结构进行剖析说明，使读者了解本书的特色，以达到轻松自学的目的，本书设计了“知识链接”、“视频讲座”、“提示”、“技巧”等特色专题。

本书附录快捷键说明

为方便读者快速进入高手行列，在本书的附录部分还为读者安排了针对Windows及Mac OS系统的快捷键列表，并将快捷键进行了不同的分类，方便读者查阅，进而学习到快捷的操作方法。

创作团队

本书由王红卫主编，同时参于编写的还有吕保成、蔡桢桢、王红启、胡瑞芳、王翠花、夏红军、杨树奇、王巧伶、陈家文、王香、杨曼、马玉旋、张田田、张四海、余昊、贺容、王英杰、崔鹏、桑晓洁、王世迪、谢颂伟、张英、石珍珍、陈志祥等同志，在此感谢所有创作人员对本书付出的艰辛。当然，在创作的过程中，由于时间仓促，错误在所难免，希望广大读者批评指正。如果在学习过程中发现问题，或有更好的建议，欢迎发邮件到smbook@163.com与我们联系。

编 者

2014年3月

光盘使用说明

光盘操作

1. 将光盘插入光驱后，系统将自动运行本光盘中的程序，首先启动如图1所示的“主界面”画面。

提示：如果没有自动运行，可在光盘中双击start.exe图标运行该光盘。

（1-6章）课堂讲座
（7-12章）课堂讲座
安装视频解码器
配套素材源文件
光盘帮助
退出
完全掌握 InDesign CC 超级手册

进入课堂选择界面
安装视频解码器
打开光盘中的素材和源文件夹
打开帮助信息
退出光盘演示界面

图1　主界面

2. 在主界面中单击某个选项标题，即可进入不同的界面。如果想进入多媒体教学界面，可以单击，打开如图2所示的“章节选择界面”。

图2　章节选择界面

3. 在章节选择界面中单击某个案例标题，即可进入该案例视频界面进行学习，比如单击 12.1 景区宣传页版面设计，打开如图3所示的界面。

图3　进入学习界面

4. 在任意界面中单击“退出”按钮，即可退出多媒体学习，显示如图4所示的界面，将完全结束程序运行。

图4　退出界面

运行环境

本光盘可以运行于Windows 2000/XP/Vista/7的操作系统下。

注意：本书配套光盘中的文件，仅供学习和练习时使用，未经许可不能用于任何商业行为。

使用注意事项

1. 本教学光盘中所有视频文件均采用TSCC视频编码进行压缩，如果发现光盘中的视频不能正确播放，请在主界面中单击“安装视频解码器”按钮，安装解码器后再运行本光盘，即可正确播放视频文件了。
2. 放入光盘，程序将自动运行，或者执行Start.exe文件。
3. 本程序运行最佳屏幕分辨率为1024×768，否则将出现意想不到的错误。

技术支持

对本书及光盘中的任何疑问和技术问题，可发邮件至：smbook@163.com与作者联系。

目 录

THURSDAYS
DJ SISKO

BULLETIN

LONDON

30//06//2012
//17Uhr
Christo Walross Willems
liest aus
PILSNER URKNALL

目 录

THURSDAYS
DJ SISKO
TABU

BULLETIN
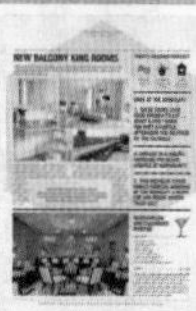

LONDON

OYD

30//06//2012
//17Uhr
Christo Walross Willems
liest aus
PILSNER URKNALL

目　录

第1章 InDesign CC的基础入门

〔内容摘要〕

InDesign CC是InDesign最新版本，它拥有强大的排版功能，是排版软件中的一把利刃。本章主要讲解InDesign CC的工作区，认识标题栏、菜单栏、文档页面和粘贴板、控制栏和状态栏、工具箱和各种浮动面板，详细了解标尺、参考线和网格的设置及使用方法，为以后的排版设计学习打下坚实的基础。

〔教学目标〕

- InDesign CC工作区
- 标尺的应用
- 参考线的应用
- 网格的应用

1.1 InDesign简介

InDesign是一个定位于专业排版领域的设计软件，虽然“出道”较晚，但在功能上反而更加成熟。它建立了一个可以由第三方开发者和系统集成者提供自定义杂志、广告设计、目录、零售商设计工作室和报纸出版方案的核心。

InDesign博众家之长，从多种桌面排版技术汲取精华，如将QuarkXPress和Corel Ventura（著名的Corel公司的一款排版软件）等高度结构化程序方式与较自然化的PageMaker方式相结合，为杂志、书籍、广告等灵活多变、复杂的设计工作提供了一系列更完善的排版功能，尤其该软件是基于一个创新的、面向对象的开放体系（允许第三方进行二次开发扩充加入功能）。大大增加了专业设计人员用排版工具软件表达创意和观点的能力，功能强劲不逊于QuarkXPress，与PageMaker相比，性能则是更卓越。此外，Adobe与高术集团、启旋科技合作共同开发了中文版InDesign，全面扩展了InDesign适应中文排版习惯的要求。

InDesign可以进行平面广告的设计与制作，如图1.1所示为利用InDesign制作的一些平面广告设计。

LONDON

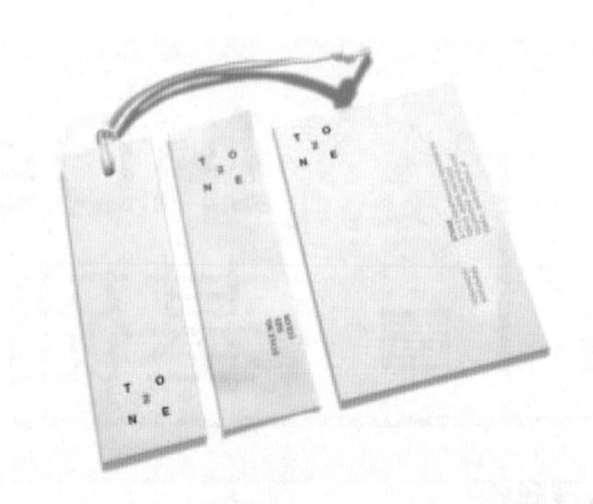

50
AÑOS
BRASILIA
DE CURVAS
ES HECHO EL UNIVERSO
COMO VER EL MAR
DESDE DENTRO
Niemeyer
PLAN

LOYD
LOYD
LOYD MEDIA SOLUTIONS
PHONE: (90) 123 456 789 012
FAX: (90) 123 456 789 012
MAIL:
WEB:

YOUNG & RECKLESS ENT. & CONNEXIONLATINA.NET PRESENTS
Spotlight
THURSDAYS
WHERE EVERYBODY IS VIP
18+ EVENT
DRESS CODE
KELVIN/ COKY /FRECO
OPEN TILL 2AM
LADIES FREE BEFORE 11PM
MUSIC BY
DJ SISKO
PUTTING THE BEST IN
LATIN, REGGAE, REGGAETON, DANCEHALL, TOP 40
TABÚ
ULTRA LOUNGE & NIGHTCLUB
WWW.TABUBOSTON.COM

CERISE presents
RED
STILETTO
EVERY SATURDAY AT MASH

RAMBO
30//06//2012
//17Uhr
Christo Walross Willems
liest aus
PILSNER URKNALL
Ja, ja,
//20359 Hamburg
//Feldstraße 66
Uebel & Gefährlich Dachterasse
ZAPPY
AUF IMMER
PRESTEL
TYPEKULTUR

图1.1 平面广告设计

InDesign在页面编排与设计中，更是如鱼得水，该软件一经发布，在专业排版领域中就占有相当重要的地位，成为书籍、画册、菜单等排版必选软件。如图1.2所示为利用InDesign制作的菜单、画册、内页等排版效果。

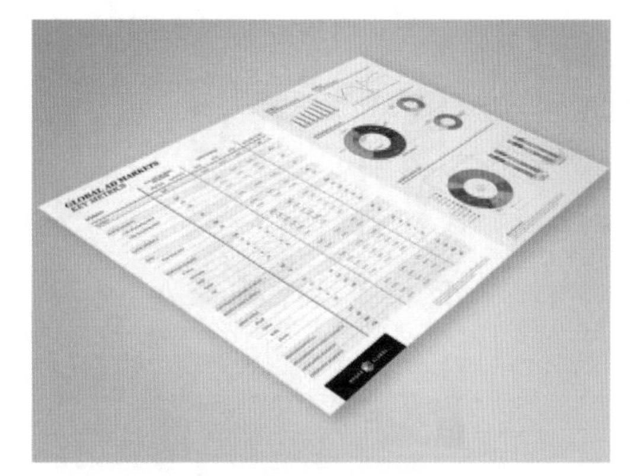

图1.2 菜单、画册、内页等排版效果

1.2 InDesign CC的新增功能

InDesign CC在原来版本的基础上新增了很多功能，以方便排版和制图操作。新功能在设计和版面布局、跨媒体设计、协作和可用性及效率方面都有所提升。

1.2.1 同步设置

新的【同步设置】功能可让个人用户使用 Creative Cloud 同步其设置。当使用两台计算机，如一台在家使用，一台在工作中使用，【同步设置】功能可让用户轻松保持这两台计算机上的设置同步。另外，如果用户用新计算机替换旧的计算机并重新安装InDesign，只需单击按钮便可用实施的所有设置快速完成应用程序的设置。

1.2.2 用户界面现代化

InDesign 现在提供深色主题，这点与Photoshop、Illustrator、Premiere Pro等其他产品的最新更新保持一致。此主题的视觉体验更为舒适，尤其是在处理丰富的色彩和设计作品时。它也使得跨应用程序工作比以前更简单。

选择【首选项】对话框中的【界面】选项，可轻松将用户界面亮度改为自己喜欢的色调。用户可以启用【匹配粘贴板】到【主题颜色】，以设置粘贴板区域的色调使之与界面的亮度匹配，如果喜欢经典的（CS6 或早期版本）InDesign 粘贴板颜色，则可以取消对此选项的选择。

如图1.3所示颜色分别为深色、浅色、中等浅色、中等深色效果。

深色

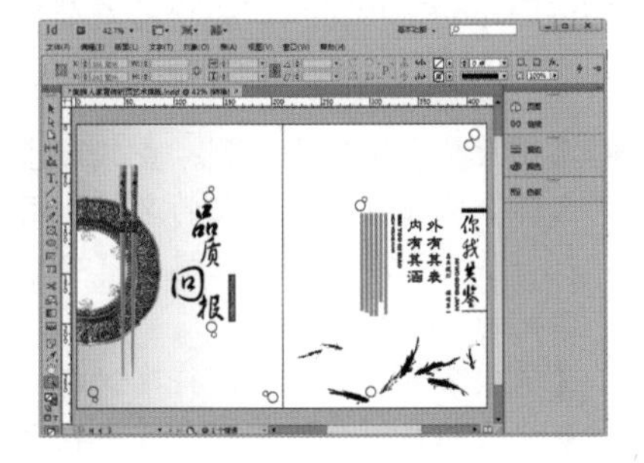

浅色

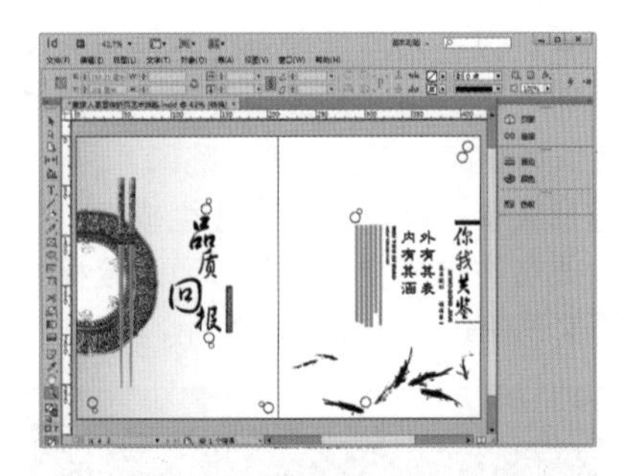

中等浅色

中等深色

图1.3 不同颜色的用户界面

1.2.3 平台增强

① HiDPI 支持

为了充分利用高分辨率显示技术中的各项进步，InDesign 现在包含对高分辨率显示器的内在支持。此功能当前可用于 Mac OS（如具有 Retina 显示屏的 MacBook Pro）。现在这些设备可为用户提供更加清晰、简洁的工作环境。用户可以更高的清晰度查看文本和复杂图稿，并且其颜色和色相比以前更加明亮。

② Mac 和 Windows 上的 64 位支持

InDesign、InCopy和InDesign Server现在都是64位的应用程序，它们在Mac和Windows上占用的内存均为3GB以上。InDesign的所有功能都能够在64位模式下正常使用。由于支持64位体系结构，因此常规处理速度更快，能够为应用程序提供更多的内存，从而可以加速进程，并同时轻松处理多个大文件。

1.2.4 QR 码

现在可以在 InDesign 内生成和编辑高品质的独立 QR 码图形。生成的 QR 码是行为类似 InDesign 中本地矢量图片的高保真度图形对象。用户可以轻松缩放该对象及使用颜色为其填充，还可以对该对象应用效果、透明度和打印属性（如叠印、专色油墨和陷印）。

选择菜单中的【对象】|【生成 QR 代码】命令，或者在选择空的框架时通过鼠标右键单击上下文菜单访问，如图1.4所示。

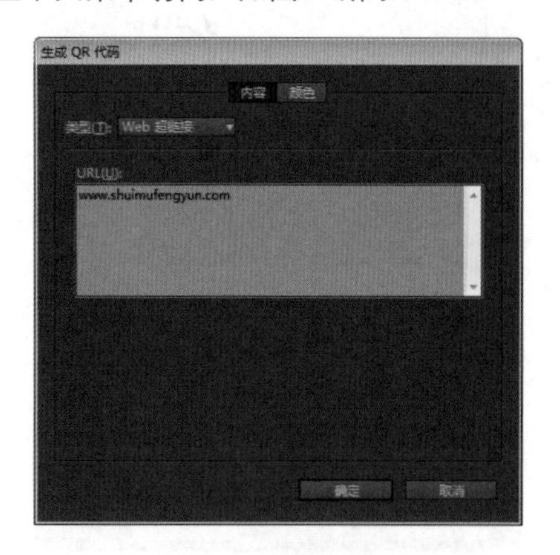

图1.4 生成QR代码

置于文档内之后，QR码将被视为传统的EPS 对象，只是在将鼠标悬停在对象上时会出现工具提示，显示内容详细信息，如图1.5所示。

图1.5 传统的EPS 对象

1.2.5 字体菜单增强

【字体】菜单进行了多项增强，包括显示、搜索和选择字体的方式。用户现在还可以确定收藏字体以快速访问，并可在浏览时将字体应用于选定的文本，以便查看字体在版面中的显示效果。主要增强包括：

- 按名称的任意部分搜索字体。
- 在子菜单中显示同一系列字体。
- 使用箭头键将字体选择并应用于选定的文本。
- 管理用户收藏的字体。

❶ 新的【字体】菜单构件

新的字体构件已被添加到【字符】面板和【控制】面板。该构件包含4个元素，如图1.6所示。

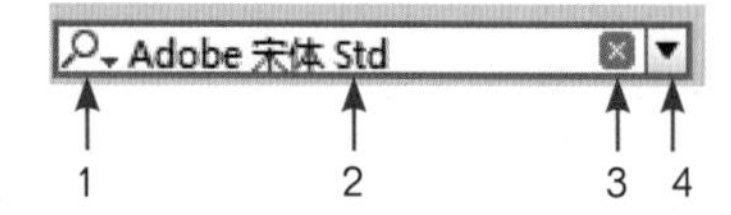

图1.6 构件4元素

构件4元素说明如下：

- 1在两种可用搜索模式间切换的按钮控件。
- 2显示选定字体名称或输入搜索关键字的文本字段。
- 3清除搜索图标，仅在搜索字段中输入文本时显示。
- 4显示字体列表（所有字体或搜索结果）的下拉箭头按钮。

在未输入任何搜索字符串的情况下单击下拉箭头按钮，将会显示所有已安装字体的弹出式列表，如图1.7所示。

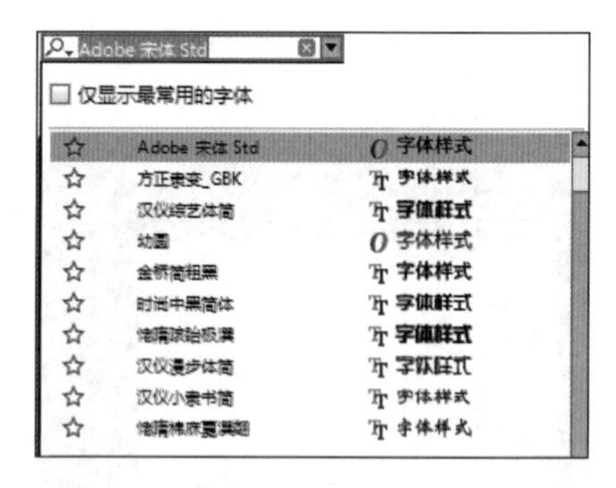

图1.7 弹出列表

❷ 搜索字体更加简单

在InDesign CC中，可以轻松搜索要查找的字体，可使用以下两种模式进行搜索。

- 【搜索整个字体名称】：查找与【字体名称】中任意部分匹配的名称。用户输入一些文本后，将会在弹出窗口中显示匹配的字体名称。
- 【仅搜索第一个词】：将建议以输入文本开头的第一个匹配项，并将自动补充字体名称的剩余部分。

③ 使用新的搜索

清除字体名称并开始键入时，搜索结果开始在弹出窗口中显示。构件中显示的“叉号”图标可帮助用户快速清除结果并重新开始搜索。搜索结果将以简单列表（未对字体和相关系列进行分组）显示，如Ebrima是一个字体系列并具有两个样式，即常规和粗体。如果搜索 Ebrima，则常规和粗体都将以单独的条目显示，而不会被分组为 Ebrima。

④ 浏览和应用字体

可以使用箭头键浏览字体列表。选择字体后，字体样式将应用于版面或文档中的选定文本以供预览。单击字体名称或按下 Enter 键会提交字体样式，并关闭“字体列表”弹出窗口。

⑤ 管理收藏的字体

通过单击字体列表中的【收藏夹】图标（星形），可从【收藏夹】列表添加或删除字体。单击下拉箭头按钮时，用户将看到标记为收藏的字体的【收藏夹】图标以黑色突出显示，如图1.8所示。

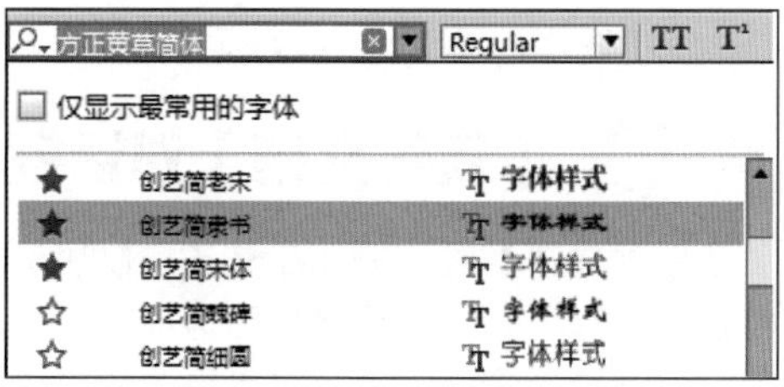

图1.8 收藏字体

添加或删除属于某个系列的字体时，也会在【收藏夹】列表中添加或删除整个字体系列，如图1.9所示。

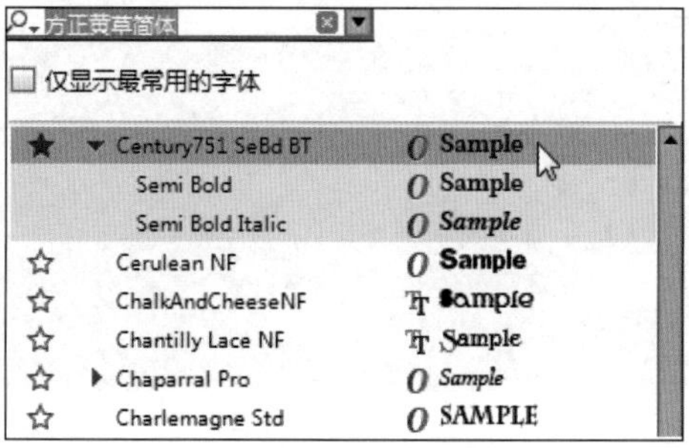

图1.9 字体系列收藏

1.2.6 EPUB增强

EPUB 导出工作流程已简化，如对现有功能进行了多项改进、在创作时可进行额外控制及几个全新的功能。

① 支持目录（TOC）文章

已重新构建目录文章，可类似导出其他文章一样导出任何现有的、可能编辑过的目录文章。如果其中部分目录文章被复制和粘贴到其他地方，则超链接将返回到PDF页面且原段落（在EPUB导出的情况下）仍处于可用状态。EPUB包中所需的NCX（导航）文件无法使用现有目录，该文件是使用CS6中类似的目录样式生成的。

- 如果不希望目录中出现页码，可以手动删除页码或生成没有页码的目录。
- 在 CS6 及更早版本中生成的目录文章必须在 InDesign CC 中重新生成，链接才能起作用。

② 支持索引文章

导出的 EPUB 文件中现在支持索引文章。索引术语的实时超链接显示在导出的文件中，术语保留其对段落级别内容的引用。

③ 无 CSS 导出

将 InDesign 文档或书籍导出为 EPUB/HTML 时，如果用户决定不生成 CSS，则只会使用 HTML 标记对与样式关联的类进行标记，并且不会创建优先选项类。导出的文件更加简洁，并可用于外部 CSS，如图1.10所示。

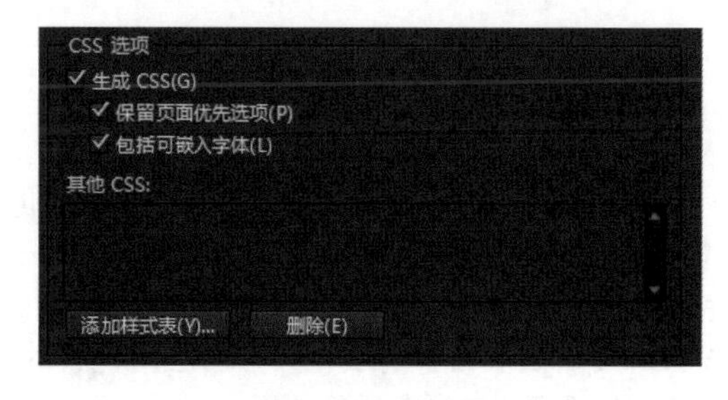

图1.10 导出选项

④ 包含 CSS

【包含CSS】控件已添加到【段落】、【字符】和【对象】样式编辑对话框的【导出标记】下。如果要在 CSS 中包含此样式，可选中【包含 CSS】复选框，如果未选中此复选框，则不会生成此样式的 CSS 类。如果有两个或多个样式分配的类相同，那么在导出时，InDesign 会显示错误或警告消息，如图1.11所示。

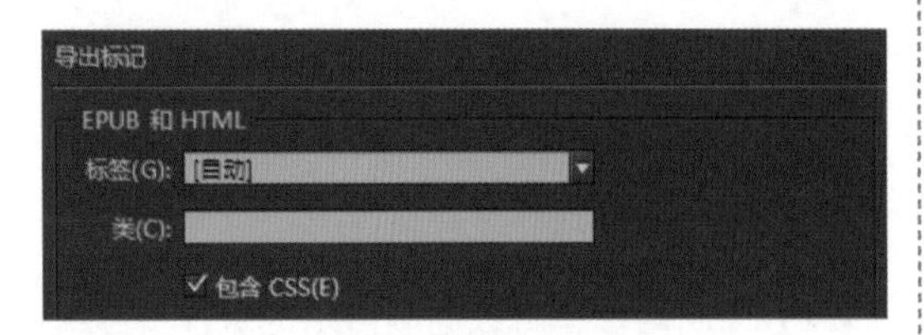

图1.11 错误警告

⑤ 更整洁的 CSS

要使用相应的 CSS 属性映射 InDesign 属性，通常需要生成一种【优先选项类】以调整从样式生成的 CSS 类的行为。在此更新之前，这些概念的名称十分晦涩。这些名称现在已经更新为能够反映各自的目的，让用户更清楚了解应用的优先选项相关信息。

⑥ 可导出标记映射的“对象”样式

【对象】样式选项现在具有【导出标记】功能。对于将样式映射到类和标记，【对象】样式现在的作用更类似于【段落】和【字符】样式，如图1.12所示。

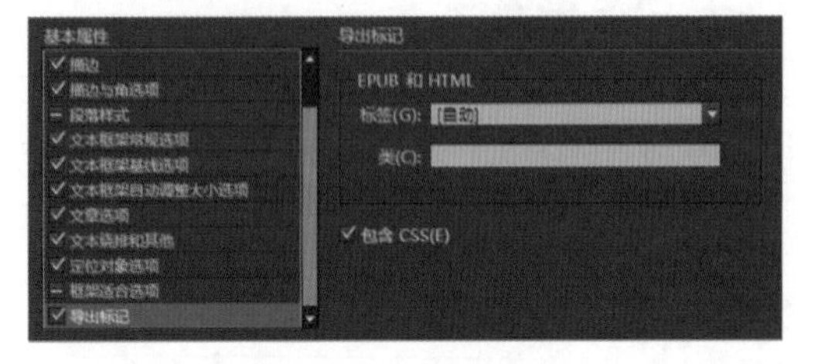

图1.12 样式选择

⑦ 对象样式的对象导出选项

对于【替换文本】、【加标签的 PDF】和【EPUB 和 HTML】，【对象样式选项】现在包含【导出选项】。用户可以指定【栅格化】设置和【自定版面】选项。具有已应用样式的对象根据【导出选项】进行处理。

1.2.7 Adobe Exchange 面板

新的“Adobe Exchange”面板现在作为一项应用类体验，用户可以通过该面板浏览和发现可购买或免费下载的内容、增效工具及脚本。如果生成脚本、模板、增效工具，或者可增强 Adobe Creative 应用程序功能的任何内容，用户都可以将它们快速打包并提交，以发布到大型社区。

Adobe Exchange 甚至可让用户私下共享产品。例如，可以将一系列图像、InDesign 模板和其他文件打包，私下与其共享产品的任何人都可以安装此内容并可以看到用户所做的任何更新。该体验与应用程序商店十分类似。

选择菜单中【窗口】|【扩张功能】|【Adobe Exchange】命令，打开【Exchange】面板，如图1.13所示。

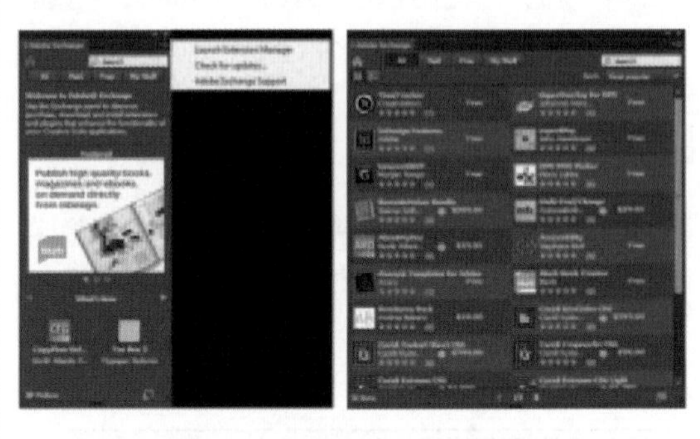

图1.13 【Exchange】面板

1.2.8 【新建文档】对话框

【新建文档】对话框现在具备可以显示新文档预览的选项。选择新建文档选项时，用户将同时在背景中看到该选择或者更改的效果，如图1.14所示。

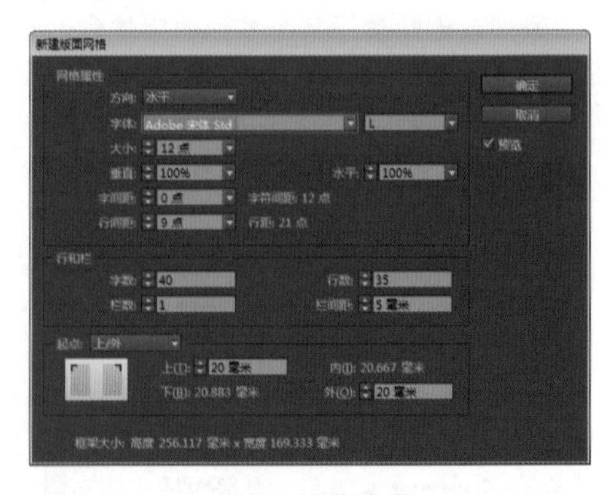

图1.14 预览选项

1.3 认识InDesign CC工作区

下面来认识InDesign CC工作区，首先讲解该软件的工作区说明，然后认识标题栏、菜单栏、文档页面、控制栏等。

1.3.1 工作区概述

工作区也可以称为软件界面，可以使用各种元素，如面板、栏及窗口来创建和处理文档或文件，这些元素的任何排列方式称为工作区。启动InDesign CC软件并创建一个新文档后，即可显示InDesign CC工作区，包含常用的工具和面板，如应用程序栏、菜单栏、命令栏、选项卡式文档窗口、工具箱、浮动面板、控制栏、状态栏等，如图1.15所示。

图1.15 InDesign CC工作区

技巧

在InDesign CC中，要隐藏或显示所有的面板和工具箱，可以按Tab键；如果只想隐藏或显示所有的浮动面板，可以按Shift + Tab快捷键。

1.3.2 应用程序栏

InDesign CC的应用程序栏位于工作区的顶部，主要显示软件图标、缩放级别、视图选项、屏幕模式和排列文档、工作区切换器、信息查找和网络生活。最右侧的3个按钮，主要用来控制界面的大小和关闭，如图1.16所示。

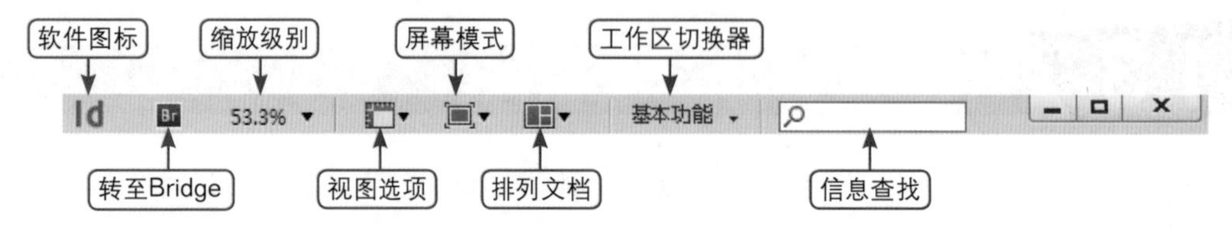

图1.16 应用程序栏

技巧

位于顶部的应用程序栏包含工作区切换器、菜单（仅限Windows）和其他应用程序控件。在 Mac 操作系统中，对于某些产品，可以使用【窗口】菜单显示或隐藏应用程序栏。

- （最小化）按钮：单击此按钮，可以使InDesign CC窗口处于最小化状态。此时，只在Windows的任务栏中显示由该软件图标、软件名称等组成的按钮，单击该按钮，又可以使InDesign CC窗口还原为刚才的显示状态。
- （最大化）按钮：单击此按钮，可以使InDesign CC窗口最大化显示。此时，（最大化）按钮变为（还原）按钮，单击（还原）按钮，可以使最大化显示的窗口还原为原状态，（还原）按钮再次变为（最大化）按钮。
- （关闭）按钮：单击此按钮，可以关闭InDesign CC软件，退出该应用程序。

技巧

当InDesign CC窗口处于最大化状态时，在应用程序栏范围内按住鼠标拖动，可在屏幕中任意移动窗口的位置。在应用程序栏中双击鼠标，可以使InDesign CC窗口在最大化与还原状态之间切换。

视频讲座1-1：存储与删除工作区域

案例分类：软件功能类
视频位置：配套光盘\movie\视频讲座1-1：存储与删除工作区域.avi

通过将面板的当前大小和位置存储的大小为命名的工作区，及时移动或关闭面板，也可以恢复该工作区。已存储的工作区的名称即会出现在应用程序栏上的工作区切换器中，同样也可以删除不需要的工作区，或者恢复默认工作区。

❶ 存储工作区

选择【窗口】|【工作区】|【新建工作区】命令，打开【新建工作区】对话框，如图1.17所示。在【名称】文本框输入【新建工作区】，单击【确定】按钮即可保存工作区。

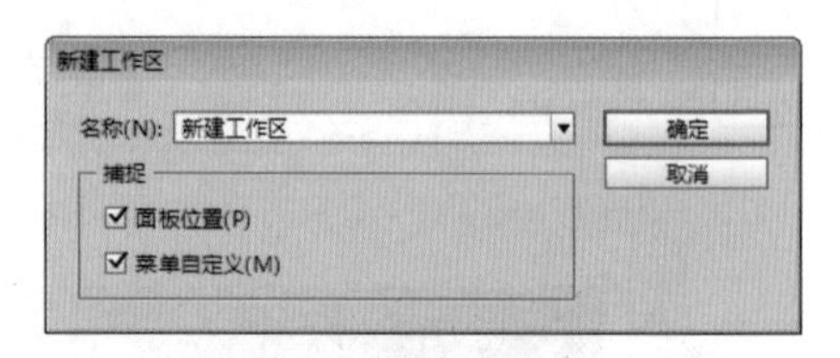

图1.17 新建工作区

【新建工作区】中主要选项含义如下。

- 面板位置：用于存储当前面板位置。
- 菜单自定义：用于存储当前定义的菜单组。

❷ 删除工作区

如果想要删除不需要的工作区，可以在【应用程序栏】中的工作区切换器的下拉列表中选择【删除工作区】命令，如图1.18所示。弹出如图1.19所示的【删除工作区】对话框，在【名称】下拉列表中选择不需要的工作区，单击【删除】按钮即可。

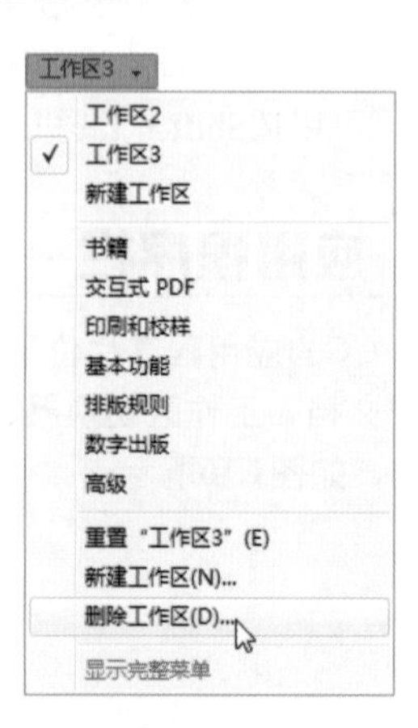

图1.18 选择【删除工作区】命令

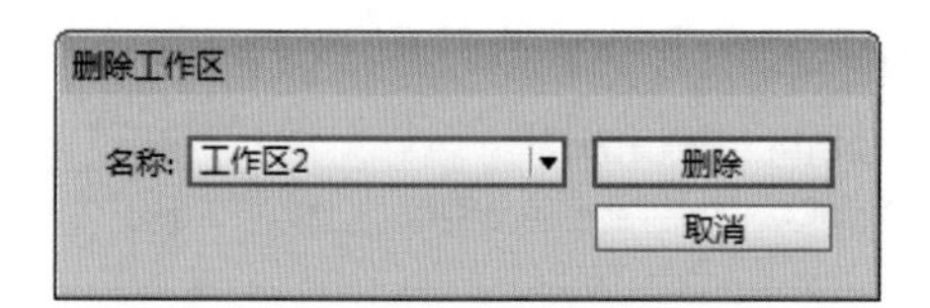

图1.19 【删除工作区】对话框

视频讲座1-2：自定义菜单

案例分类：软件功能类
视频位置：配套光盘\movie\视频讲座1-2：自定义菜单.avi

隐藏菜单命令和对其着色，可以避免菜单出现杂乱现象，并可突出常用的命令。下面来介绍自定义菜单的方法。

ID 1 选择【编辑】|【菜单】命令，打开【菜单自定义】对话框，如图1.20所示。单击对话框中的【存储为】按钮，在弹出的【存储菜单集】对话框中输入菜单集的名称，并单击【确定】按钮保存设置。

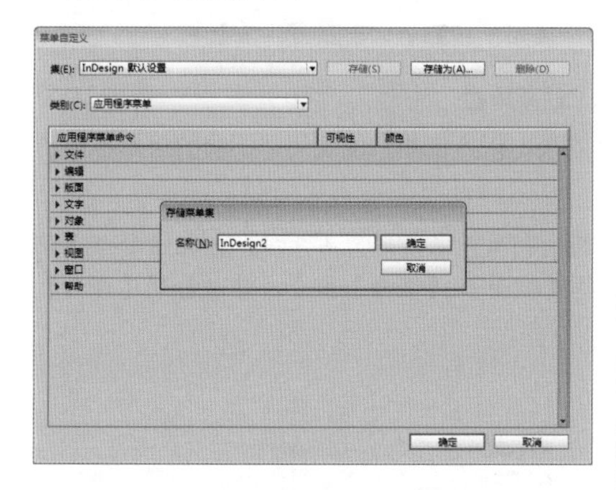

图1.20 【菜单自定义】对话框

ID 2 从【类别】下拉列表中选择【应用程序菜单】或【上下文菜单和面板菜单】选项，来确定要自定义哪些类型的菜单。本实例选择【应用程序菜单】选项。

ID 3 单击菜单类别左边的▶按钮，显示子类别或菜单命令。对于每一个要自定义的命令，单击【可视性】图标以显示或隐藏此命令；单击【颜色】下方的【无】，可从菜单中选择一种颜色，如图1.21所示。此例，单击【应用程序菜单】命令下的【新建】，在展开的菜单中选择【书籍】选项，然后在【颜色】下方选择黄色。

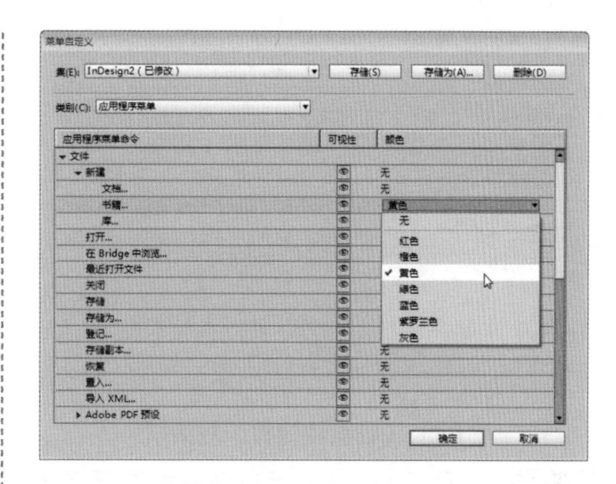

图1.21 显示子类别或菜单命令

ID 4 设置完成后，单击【存储】和【确定】按钮后即可保存设置，效果如图1.22所示。

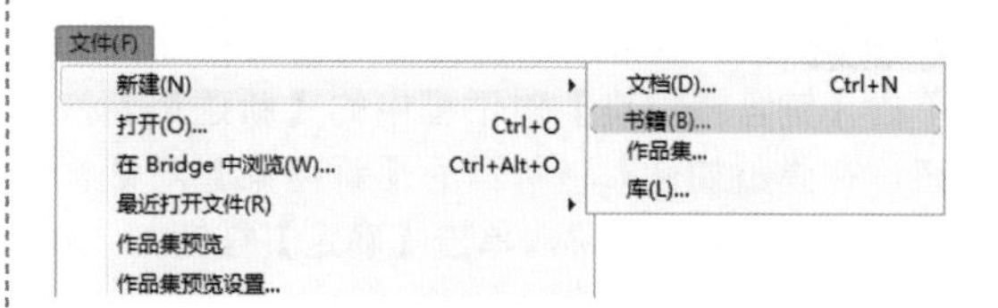

图1.22 自定义菜单后的效果

视频讲座1-3：自定义快捷键

案例分类：软件功能类
视频位置：配套光盘\movie\视频讲座1-3：自定义快捷键.avi

InDesign还提供了快捷键编辑器，在该编辑器中，不仅可以查看并生成所有快捷键的列表，还可以编辑或创建自己的快捷键。快捷键编辑器包括所有接受快捷键的命令，但这些命令有一部分未在“默认”快捷键集里进行自定义。

自定义快捷键的具体操作步骤如下：

ID 1 选择【编辑】|【键盘快捷键】命令，打开如图1.23所示的【键盘快捷键】对话框，可在“集”中选择不同的集，如选择【PageMaker 7.0快捷键】。单击【确定】按钮后，即可选定所需的快捷键集。

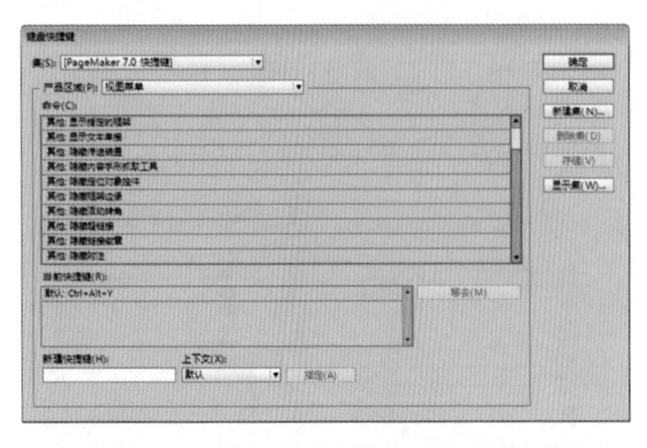

图1.23 【键盘快捷键】对话框

ID 2 在【产品区域】下拉列表中选择要查看的命令区域，在【命令】下拉列表中选择需要的命令，该命令的快捷键就会显示在【当前快捷键】显示框中。

ID 3 用户也可以根据自己的需要新建集。单击【键盘快捷键】对话框中的【新建集】按钮，在弹出如图1.24所示的【新建集】对话框中输入新建集的名称，单击【确定】按钮。

图1.24 【新建集】对话框

ID 4 如果需要更改快捷键，在【命令】列表框中选择需要更改的命令，然后在【新建快捷键集】文本框中输入新的快捷键，单击【确定】按钮即可。

1.3.3 菜单栏

菜单栏位于InDesign CC工作界面的上端，如图1.25所示。菜单栏通过各个菜单命令，提供对InDesign CC的绝大多数操作及窗口的控制，包括【文件】、【编辑】、【版面】、【文字】、【对象】、【表】、【视图】、【窗口】和【帮助】9个菜单命令。

文件(F) 编辑(E) 版面(L) 文字(T) 对象(O) 表(A) 视图(V) 窗口(W) 帮助(H)

图1.25 InDesign CC的菜单栏

InDesign CC为用户提供了不同的菜单命令显示效果，以方便用户的使用。不同的显示标记含有不同的意义，分别介绍如下。

- 子菜单：在菜单栏中，有些命令的后面有右指向的黑色三角形箭头，当光标在该命令上稍停片刻后，便会出现一个子菜单。例如，选择【版面】|【页面】命令，可以看到【页面】命令的下一级子菜单，如图1.26所示。

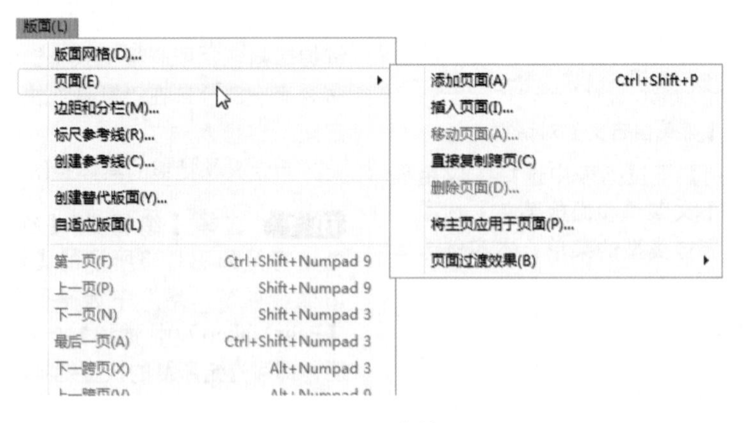

图1.26 子菜单

- 执行命令：在菜单栏中，有些命令选择后，在前面会出现对号√标记，表示此命令为当前执行的命令。例如，【窗口】菜单中已经打开的面板名称前出现的对号√标记，如图1.27所示【工具】和【控制】命令名称前出现的对号√。

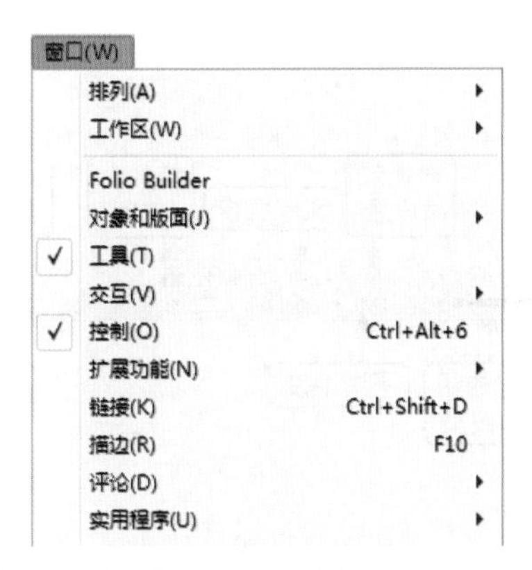

图1.27 执行命令

- 快捷键：在菜单栏中，菜单命令还可以使用快捷键的方式来选择。在菜单栏中有些命令右侧有英文字母组合，如菜单【文件】|【新建】|【新建】命令的右侧有Ctrl + N 字母组合，如图1.28所示，该字母组合表示的就是【新建】命令的快捷键，如果想执行【新建】命令，可以直接按键盘上的Ctrl + N 组合键，即可启用【新建】命令。

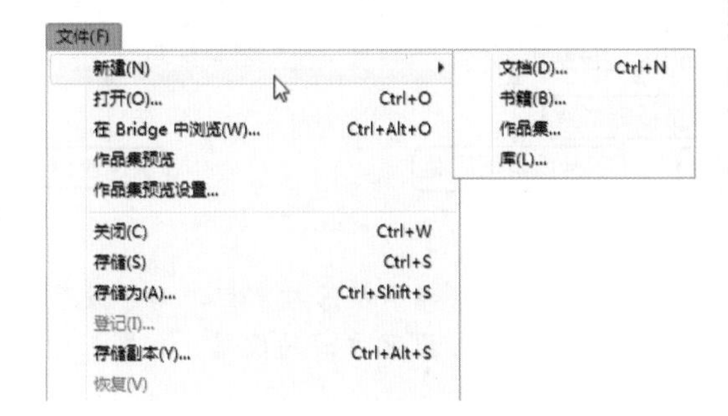

图1.28 快捷键

- 对话框：在菜单栏中，有些命令的后面有“…”省略号标志，表示选择此命令后将打开相应的对话框。例如，选择【版面】|【边距和分栏】命令，将打开【边距和分栏】对话框，如图1.29所示。

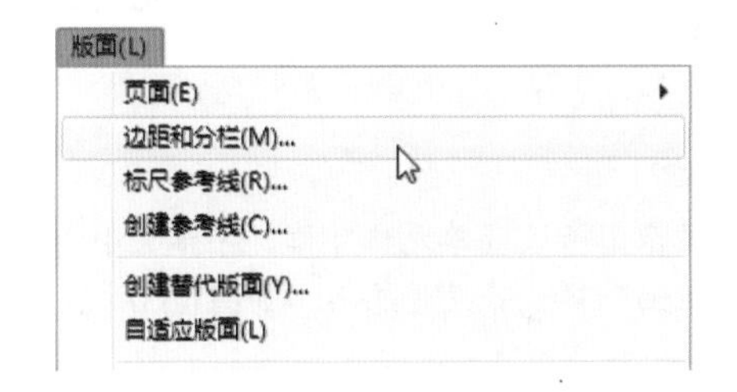

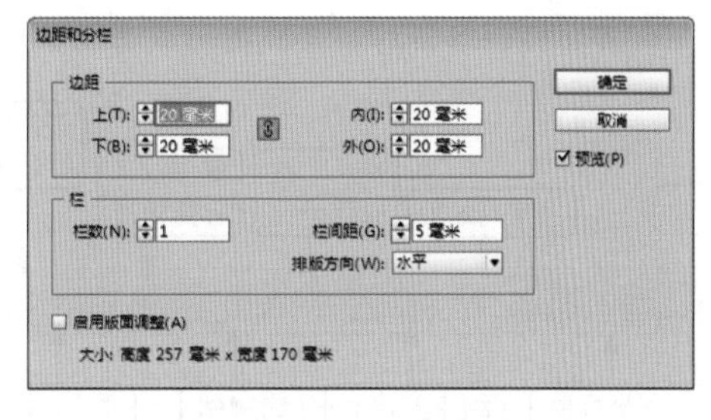

图1.29 选择命令后显示对话框

提示

对于当前不可操作的菜单项，在菜单上将以灰色显示，表示无法进行选取。对于包含子菜单的菜单项，如果不可用，则不会弹出子菜单。

1.3.4 文档页面和粘贴板

文档页面就是创建文档时设置的纸张大小区域，在编辑处理正文的地方，只有放置在文档页面中的文本和图像才可以被打印出来。所以，在编排文档时，要注意最终需要的文本或图像的位置，超出纸张的部分将不能被打印出来。

粘贴板是指页面以外的所有空白区域，它只有在屏幕正常模式下才能显示出来。由于在排版时文档中已经存在有文本或图像，为了在操作中不影响文档内容，可以在粘贴板位置编辑文本或图片，然后将编辑好的文本或图片添加到文档页面中，这样可以避免操作中出现失误。

视频讲座1-4：控制栏

案例分类：软件功能类
视频位置：配套光盘\movie\视频讲座1-4：控制栏.avi

默认状态下控制栏位于文档窗口的顶部，也可以将其拖动到其他的位置。控制栏可以快速完成当前选择对象的相关操作，在实际应用中非常实用。

选择【窗口】|【控制】命令，即可打开控制栏。控制栏根据选择对象的不同显示也不相同，可分为对象控制栏、字符控制栏、段落控制栏和表格控制栏。

- 当选择框架或绘制的图形时，控制栏就会显示用于调整框架或图形的大小和位置、倾斜和旋转框架或图形或应用某种对象样式的选项，如图1.30所示。

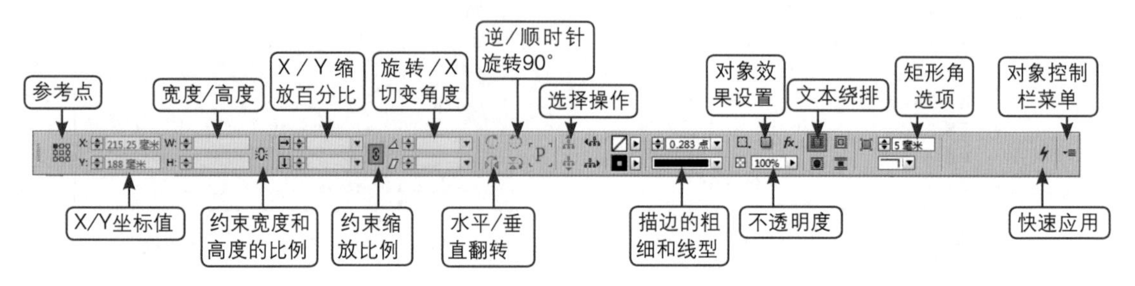

图1.30 对象控制栏

提示

拖动控制栏左侧的竖条，直到将工具栏停放在应用程序窗口（Windows）或屏幕（Mac OS）的顶部或底部；从控制栏菜单选择【停放于顶部】、【停放于底部】或【浮动】命令，可以调整控制栏的位置。

- 当在【工具箱】中选择任意一个文字工具，或者选择相关文字时，控制栏会显示字符或段落选项，可以通过单击控制栏左边的字【字符格式控制】或段【段落格式控制】按钮来切换显示选项。如图1.31所示为单击字【字符格式控制】按钮显示的字符控制栏效果。

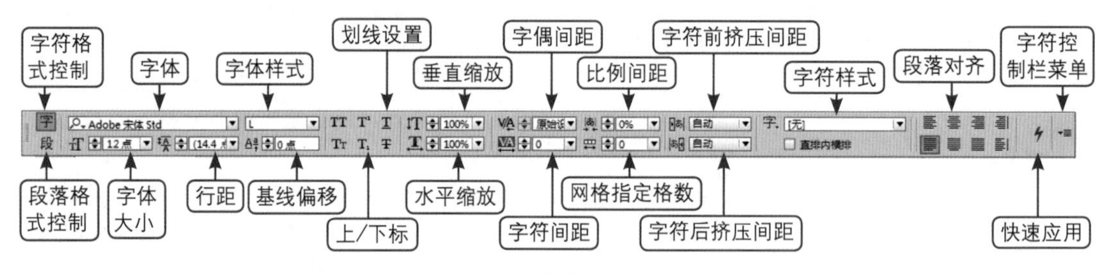

图1.31 字符控制栏

- 在字符控制栏中单击左下方的段【段落格式控制】按钮，将显示段落控制栏，用于设置段落对齐、段落缩进、段前、段后、项目符号、编号列表等段落方面的设置，如图1.32所示。

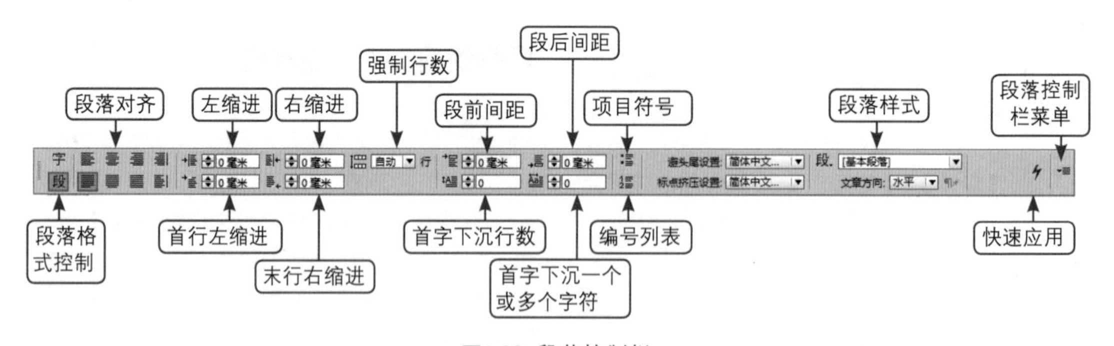

图1.32 段落控制栏

- 当选择表格中的一个或多个单元格时，控制栏将显示用于设置单元格字体、字体大小、对齐方式、排版方向、行数、合并单元格、表格边框粗细和样式等设置选项，如图1.33所示。

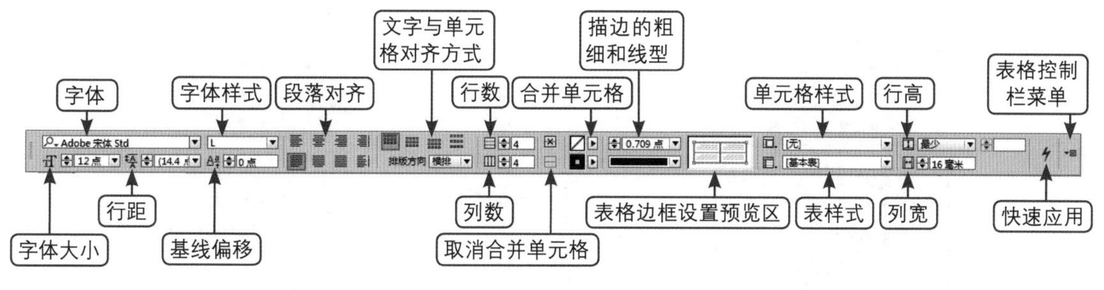

图1.33 表格控制栏

技巧

在控制栏中，将鼠标光标放置在某个选项的图标按钮上，稍等一会将显示该按钮的提示信息；按住 Alt 键（Windows）或按住 Option 键（Mac OS）的同时单击控制栏上的某个图标，将打开与该图标相关的对话框。如按住 Alt 键（Windows）或按住 Option 键（Mac OS）的同时单击段落控制栏中的【首字下沉行数】图标，将打开【首字下沉和嵌套样式】对话框。

1.3.5 状态栏

状态栏位于InDesign CC文档页面的底部，用来显示当前文档页面的显示比例、当前页码、文档的保存状态等信息。

单击状态栏中的按钮，弹出一个菜单，如图1.34所示，从中可以选择要提示的信息项。各信息项的含义如下。

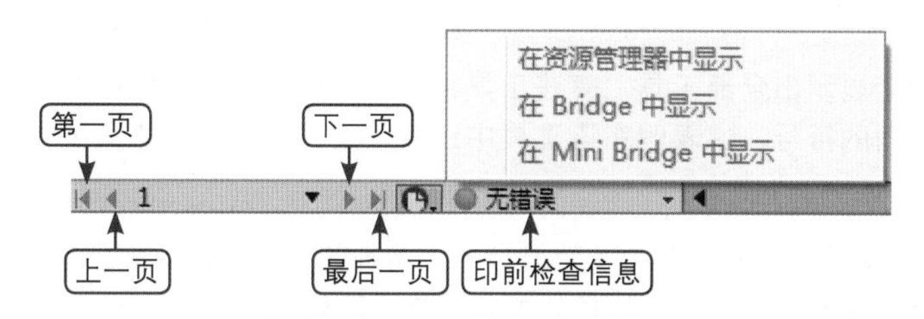

图1.34 状态栏以及选项菜单

- 【在资源管理器中显示】：通过选择【在资源管理器中显示】（Windows）或【在 Finder 中显示】（Mac OS），可在文件系统中显示当前文件。
- 【在Bridge中显示】：选择该选项，将在Adobe Bridge软件中显示当前文档页面，在便在Bridge中查看文档效果。
- 【在Mini Bridge中显示】：选择该选项，当前文件时在 Adobe Mini Bridge 中显示。

提示

在 Mac OS 中，可以选择【窗口】|【应用程序栏】命令隐藏应用程序栏，在状态栏中显示缩放百分比。在 Windows 中，无法隐藏应用程序栏。

1.3.6 工具箱

工具箱在初始状态下一般位于窗口的左侧，也可以根据自己的习惯将其拖动到其他地方。利用工具箱所提供的工具，可以进行选择、绘画、取样、编辑、移动、注释、查看图像等操作。还可以更改前景色和描边颜色、切换不同的视图模式。工具箱展开效果如图1.35所示。

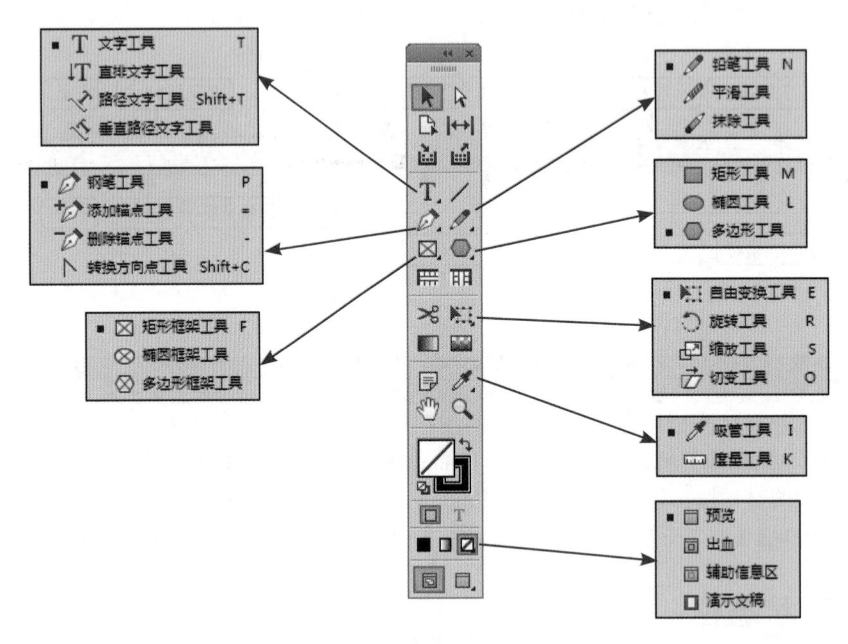

图1.35 工具箱展开效果

提示

若想知道某个工具的快捷键，可以将鼠标指向工具箱中某个工具按钮图标，稍等片刻后，即会出现一个工具名称的提示，工具名称右侧的字母、标记或字母组合即为快捷键。

在工具箱中没有显示出全部工具，有些工具被隐藏起来了。只要细心观察，会发现有些工具图标中有一个小三角的符号，这表明在该工具中还有与之相关的其他工具要打开这些工具，有以下两种方法。

- 方法1：将鼠标移至含有多个工具的图标上，单击鼠标并按住不放。此时，出现一个工具选择菜单，然后拖动鼠标至想要选择的工具图标处释放鼠标即可。
- 方法2：在含有多个工具的图标上单击鼠标右键，弹出工具选项菜单，选择相应的工具即可。

按照工具的用途，工具箱自动划分了4个工具组，包括选择工具组、绘图和文字工具组、变形工具组及修改和导航工具组。工具箱工具按钮名称及功能说明如表1-1所示。

表1-1 工具箱工具按钮名称及功能说明

工具组名称	图标	工具名称	主要功能	快捷键
选择工具组		选择工具	选择、移动、缩放对象、点或线	V
		直接选择工具	选择路径上的点或框架中的内容	A
		页面工具		Shift + P
		间隙工具		U

（续表）

工具组名称	图标	工具名称	主要功能	快捷键
绘图和文字工具组		钢笔工具	绘制直线或曲线路径	P
		添加锚点工具	在路径上添加新锚点	=
		删除锚点工具	删除路径上的锚点	-
		转换方向点工具	转换角点和平滑点	Shift + C
		文字工具	创建或编辑文本	T
		直排文字工具	创建或编辑直排文本	
		路径文字工具	创建或编辑路径文本	Shift + T
		垂直路径文字工具	创建或编辑垂直路径文本	
		铅笔工具	绘制任意形状的路径	N
		平滑工具	从路径中删除多余的拐角	
		抹除工具	删除路径上多余的点	
		直线工具	绘制任意角度的线段	\
		矩形框架工具	创建正方形或矩形图文框	F
		椭圆框架工具	创建圆形或椭圆形图文框	
		多边形框架工具	创建多边形图文框	
		矩形工具	创建正方形或矩形	M
		椭圆工具	创建圆形或椭圆形	L
		多边形工具	创建多边形	
变换工具组		剪刀工具	在指定点位置单击剪开路径	C
		自由变换工具	任意旋转、缩放对象	E
		旋转工具	沿指定点旋转对象	R
		缩放工具	沿指定点调整对象大小	S
		切变工具	沿指定点倾斜对象	O
		渐变色板工具	调整渐变的起点、终点和角度	G
		渐变羽化工具	调整渐变羽化透明	Shift + G
修改和导航工具组		附注工具	添加注释性文本	
		吸管工具	吸取对象的颜色或文字属性并将其应用于其他对象	I
		度量工具	测量距离和角度	K
		抓手工具	在文档窗口中移动页面视图	H
		缩放工具	缩放视图比例	Z

1.3.7 浮动面板

浮动面板是软件比较常用的一种面板浮动方法，它能够控制各种工具的参数设定，完成页面、颜色选择、对象样式、图层操作、信息导航等各种操作。

默认情况下，浮动面板是以面板组的形式出现，位于InDesign CC界面的右侧，主要用于对当前图像的颜色、图层、样式及相关的操作进行设置和控制。InDesign CC的浮动面板可以任意进行分离、移动和组合。

1 打开或关闭面板

在【窗口】菜单中选择不同的面板命令，可以打开或关闭不同的浮动面板，也可以单击浮动面板右上方的关闭按钮来关闭该浮动面板。

2 显示隐藏面板

反复按键盘中的Tab键，可显示或隐藏控制、工具箱及所有浮动面板。如果只按键盘中的Shift + Tab组合键，可以单独将浮动面板显示或隐藏。

3 显示面板内容

在多个面板组中，如果想查看某个面板内容，可以直接单击该面板的标签名称，即可显示该面板内容。其操作过程如图1.36所示。

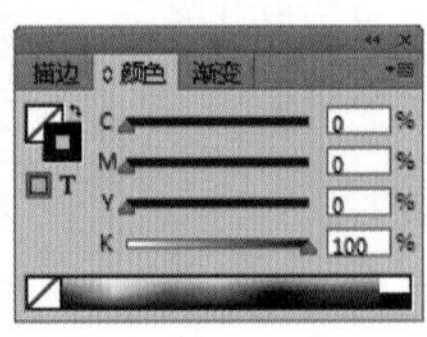

图1.36 显示面板内容的操作过程

4 移动面板

按住某一浮动面板顶部的深灰色条处拖动，可以将其移动到工作区中的任意位置，方便不同用户的操作需要。移动面板的操作过程如图1.37所示。

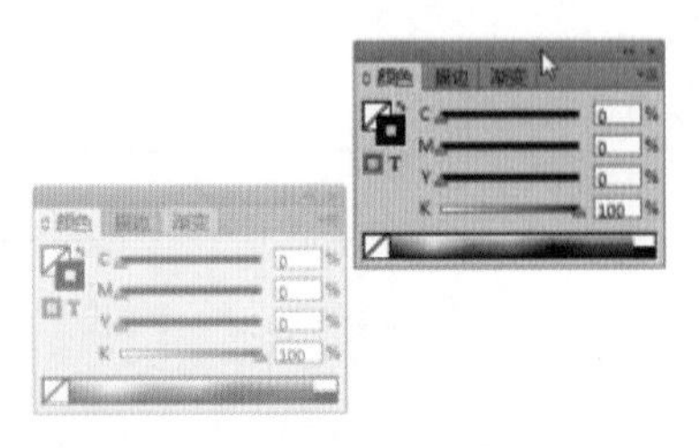

图1.37 移动面板的操作过程

5 分离面板

在面板组的某个标签名称处按住鼠标向该面板组以外的位置拖动，即可将该面板分离成独立的面板。其操作过程如图1.38所示。

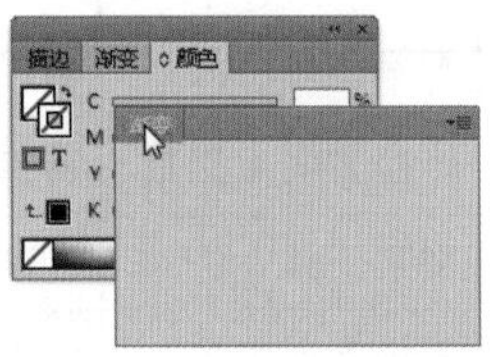
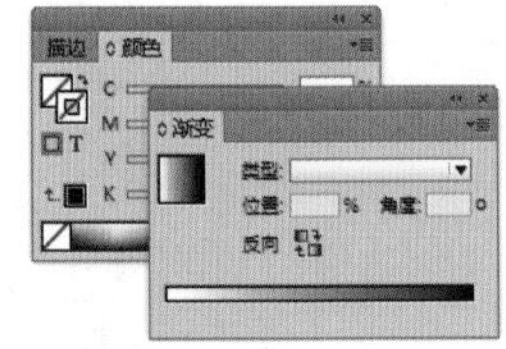

图1.38 分离面板操作过程

6 组合面板

在一个独立面板的标签名称位置按住鼠标，然后将其拖动到另一个浮动面板上，当另一个面板周围出现蓝色的方框时，释放鼠标即可将面板组合在一起。其操作过程如图1.39所示。

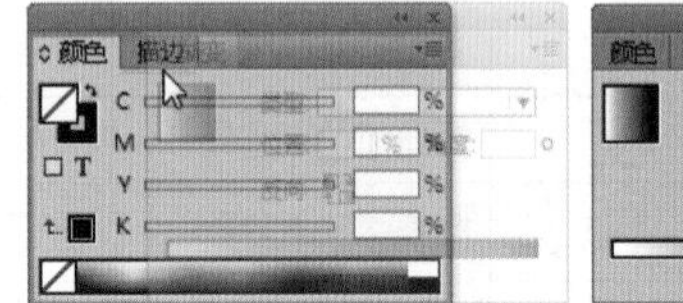
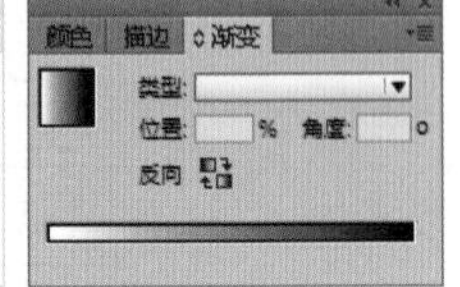

图1.39 组合面板操作过程

7 停靠面板组

为了节省空间，还可以将浮动面板进行折叠组合停靠在一起，拖动浮动面板组到另一组浮动面板的边缘位置，当看到边缘出现蓝色的竖条变化时，释放鼠标即可将该面板组停靠在边缘位置。多面板停靠操作过程如图1.40所示。

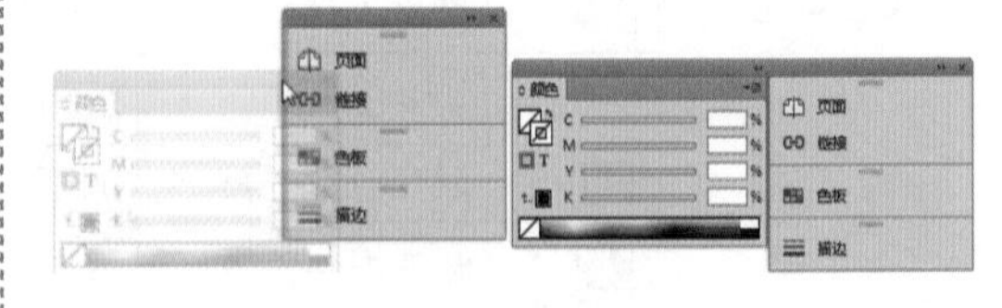

图1.40 多面板停靠操作过程

技巧

除了多面板停靠，还可以将面板组或面板停靠在软件的边缘位置，拖动的方法与多面板停靠的方法相同，这里不再赘述。

8 折叠面板组

单击折叠图标，可以将面板组折叠起来，以节省更大的空间。如果想展开折叠面板组，可以单击扩展图标，将面板组展开，如图1.41所示。

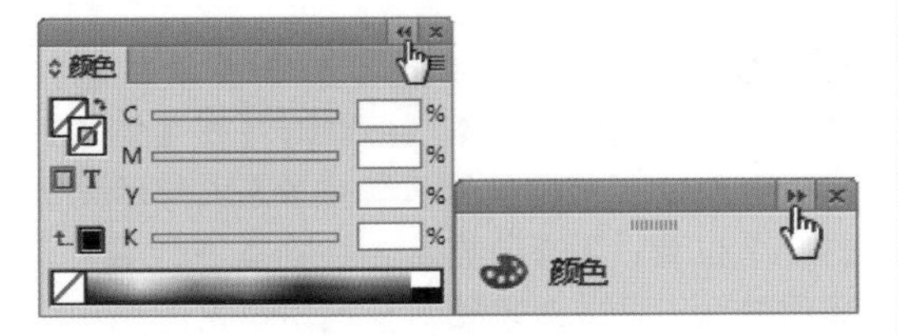

图1.41 面板组折叠效果

技巧

如果已经对各个浮动面板进行了分离或重新组合等操作，希望将它们恢复成默认状态，可以选择【窗口】|【工作区】|【重置“基本功能”】命令，恢复全部浮动面板至默认设置。

1.3.8 文档窗口管理

在文档的操作过程中，为了方便操作与观察，就需要调整文档的位置、调整文档窗口的大小、排列文档窗口或及切换屏幕模式。

InDesign全新的界面设计带给用户更大的编辑自由，菜单部分经过了重新的设计，图标简洁明快，全新的标签页的方式方便用户在不同文档间切换，且可以通过Ctrl + Tab快捷键依次进行选择。

单击【文档组合】按钮，会弹出如图1.42所示的下拉列表，在此下拉列表中可以选择文本的排列方式。如图1.43所示的为选择【三联】排列方式后的效果，此时，按住H键可以实现对文档的拖动。

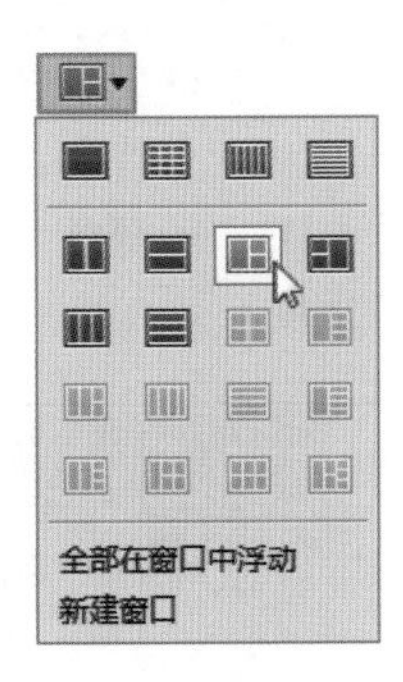

图1.42 文档组织下的下拉菜单

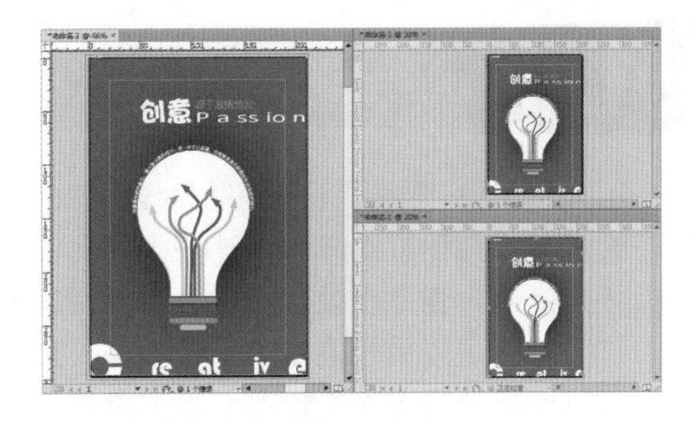

图1.43 【三联】排列方式

1.3.9 视图模式

单击工具箱底部的模式按钮，如图1.44所示，或者在【视图】|【屏幕模式】命令子菜单中选择相应的命令，可以更改视图模式。

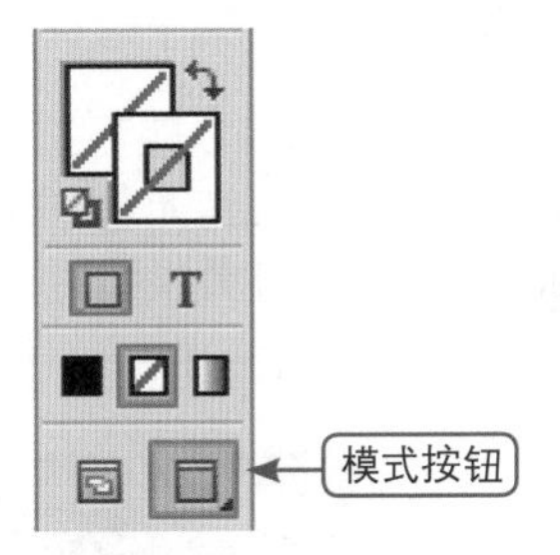

图1.44 模式按钮

- 【正常】：在标准窗口中显示版面及所有可见网格、参考线、非打印对象、空白粘贴板等。
- 【预览】：完全按照最终输出显示图稿，所有非打印元素如网格、参考线、非打印对象等都被禁止，粘贴板被设置为【首选项】中所定义的预览背景色。
- 【出血】：完全按照最终输出显示图稿，所有非打印元素如网格、参考线、非打印对象等都被禁止，粘贴板被设置为【首选项】中所定义的预览背景色，而文档出血区内的所有可打印元素都会显示出来。
- 【辅助信息区】：完全按照最终输出显示图稿，所有非打印元素如网格、参考线、非打印对象等都被禁止，粘贴板被设置成【首选项】中所定义的预览背景色，而文档辅助信息区内的所有可打印元素都会显示出来。
- 【演示文稿】：以幻灯片演示的形式显示图稿，不显示任何菜单、面板或工具。

1.4 标尺的使用

InDesign CC提供了很多辅助处理图像的工具，大多在【视图】菜单中。这些工具对图像不做任何修改，但是在处理图像时可以用来参考。这些工具可以用于测量和定位图像，熟练应用可以提高处理图像的效率。本节将详细讲解有关标尺、参考线和网格的使用方法。

1.4.1 【信息】面板

【信息】面板可以显示有关选定对象、当前工具下区域或当前文档的信息，包括大小、位置、旋转等数值。当移动对象时，【信息】面板还会显示此时对象相对于起点的位置。

ID 1 选择【文件】|【打开】命令，打开【打开】对话框，选择配套光盘中的“第1章\单张彩页排版.indd”文件，效果如图1.45所示。

图1.45 打开文件

ID 2 选择【窗口】|【信息】命令，打开【信息】面板，如图1.46所示。

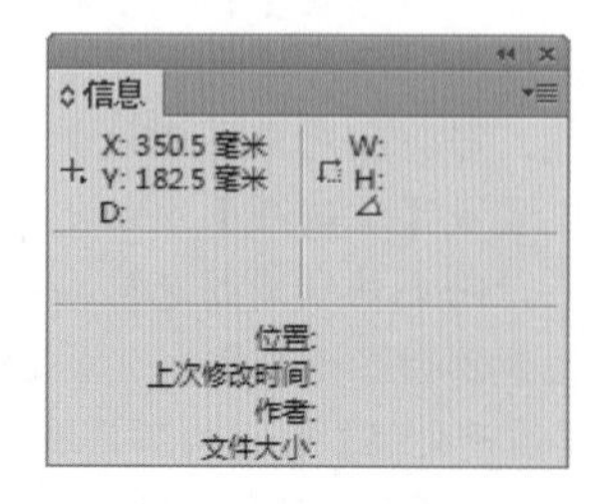

图1.46 【信息】面板

ID 3 单击工具箱中的【选择工具】按钮，选中文档中的文本，拖动时可在【信息】面板中查看当前的位置。其中X选项显示光标的水平位置；Y选项显示光标的垂直位置；D选项显示工具或对象相对于起始位置的移动距离，即不同位置的不同数值。

ID 4 【信息】面板中第2个信息窗口显示当前被选中的文件长宽值。其中W选项显示被选对象的宽度；H选项显示被选对象的高度，如图1.47所示。

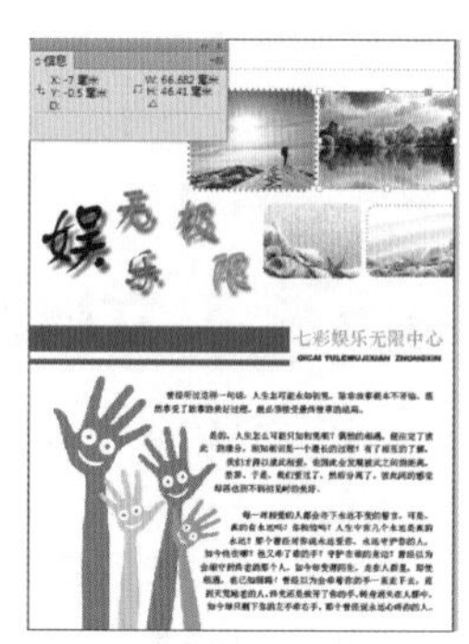

图1.47 文件长宽值对比

1.4.2 度量工具

【度量工具】能测量工作区域中的任意两点间的距离和两条直线间的夹角，测量的结果会显示在【信息】面板中。除【角度】外的所有度量值都以当前文档设置的角度单位计算。

ID 1 单击工具箱中的【度量工具】按钮，此时鼠标变为状，在文档中按住鼠标拖动，可以绘制一条标尺线，这时可以看到【信息】面板中显示该标尺线测量的相关信息，如图1.48所示。其中D1选项显示测量的长度；选项显示测量的角度。

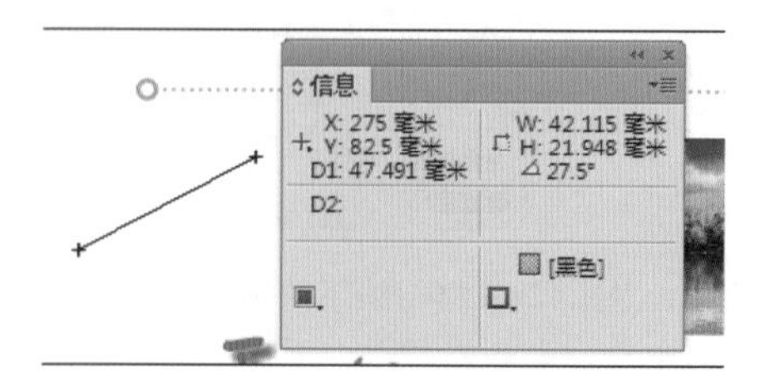

图1.48 【信息】面板

ID 2 把鼠标移动到绘制的测量工具的任意一个端点，当鼠标变为+状，按住鼠标拖动，即可调整测量的角度和距离。

ID 3 按住Alt键的同时将鼠标移动到其中的任意一个端点上，此时指针变为状，按住鼠标拖动，就可以绘制出第二条测量线，测量出需要测量的角度和距离，如图1.49所示。D2选项显示第二条测量的长度；显示当前的测量角度。

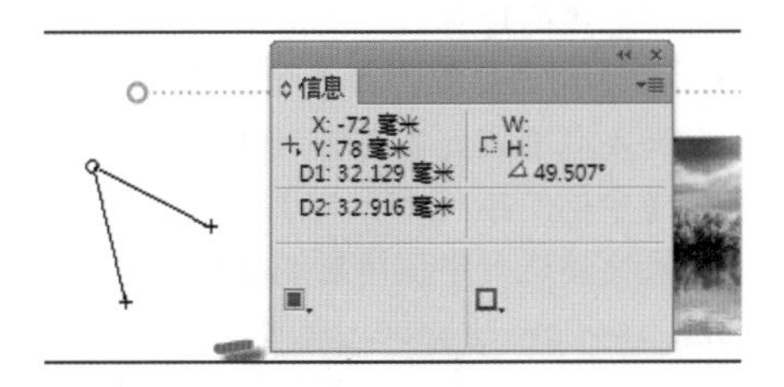

图1.49 测量信息

1.4.3 标尺

标尺用来显示当前鼠标指针所在位置的坐标。使用标尺可以更准确地对齐对象和精确地选取一定范围。

① 显示标尺

选择【视图】|【显示标尺】命令，即可启动标尺。标尺显示在当前文档中的顶部和左侧。

提示

只有在【正常视图模式】或【视图】|【屏幕模式】|【正常】中才可以显示或隐藏标尺。

② 隐藏标尺

当标尺处于显示状态时，选择【视图】|【隐藏标尺】命令，可以看到【隐藏标尺】命令变成【显示标尺】命令，表示标尺隐藏。

技巧

按Ctrl+R组合键，可以快速显示或隐藏标尺。

③ 更改标尺零点

标尺的默认零点，位于文档页面左上角（0，0）的位置，将鼠标光标移动到文档窗口左上角的标尺交叉点处，然后按住鼠标向页面中拖动。此时，跟随鼠标会出现一组十字线，释放鼠标后，标尺上的新原点就出现在刚才释放鼠标的位置。其操作过程如图1.50所示。

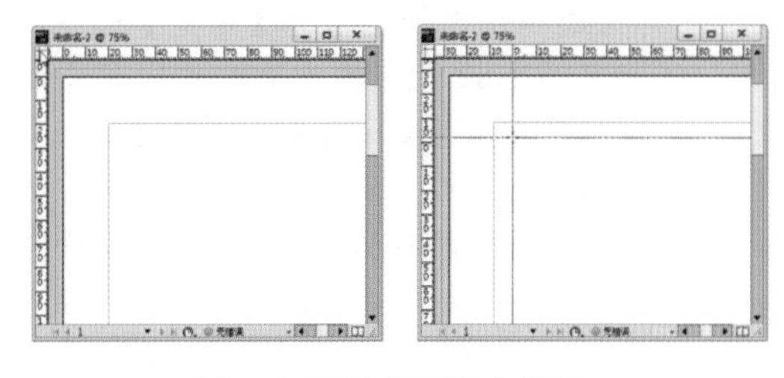

图1.50 更改标尺零点效果

④ 还原标尺零点

在文档窗口左上角的标尺交叉点处双击，即可将标尺零点还原到默认位置。

⑤ 锁定或解锁标尺零点

在文档窗口左上角的标尺交叉点处单击鼠标右键，从弹出的快捷菜单中选择【锁定零点】命令，即可将零点锁定。如果想解锁，可以应用同样的操作，选择快捷菜单中【锁定零点】命令，左侧的对勾将取消。

1.4.4 修改标尺单位和增量

选择【编辑】|【首选项】|【单位和增量】命令，打开【首选项】|【单位和增量】对话框，在此对话框中可以设置标尺的单位等参数，如图1.51所示。

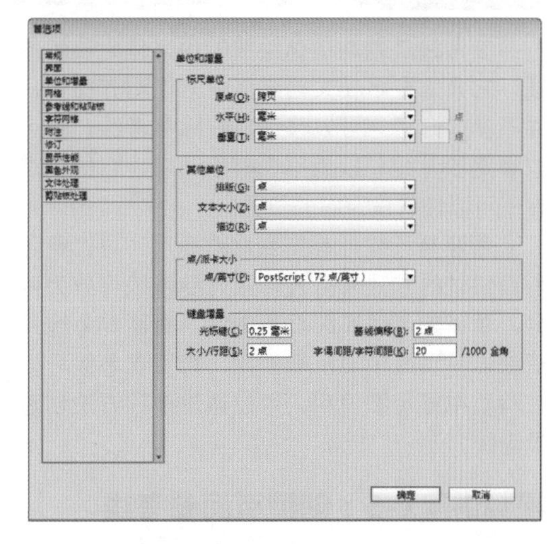

图1.51 【首选项】|【单位和增量】对话框

【首选项】|【单位和增量】对话框的右侧，显示了标尺单位和增量的相关设置选项，通过这些选项可以完成对标尺单位和增量的设置。各选项的含义说明如下：

- 【原点】：设置原点与页面的关系，有3个选项供选择。选择【跨页】选项，标尺原点设置在各跨页的左上角，水平标尺将度量整个跨页；选择【页面】选项，标尺原点设置在各个页面的左上角，水平标尺将从跨页中的各个页面零点开始；选择【书脊】选项，标尺原点设置在多个跨页最左侧页面的左上角及装订书脊的顶部，水平标尺从最左侧页面度量到装订书脊，并从装订书脊度量到最右侧的页面。
- 【水平】和【垂直】：为水平和垂直标尺选择度量的单位。如果选择【自定】选项，可以直接输入标尺显示主刻度所用的点数。

技巧

如果想快捷地修改水平或垂直标尺的单位，可以在水平或垂直标尺上单击鼠标右键，从弹出的快捷菜单中选择需要的单位即可。

- 【排版】：在排版时用于字体大小以外的其他度量单位。一般常用【点】为单位。
- 【文本大小】：排版时用于字体大小的单位。一般常用【点】为单位。
- 【描边】：设置用于指定路径、框架边缘、段落线及许多其他描边宽度的单位。一般常用【点】和【毫米】为单位。
- 【光标键】：设置轻移对象时键盘上4个方向键的增量。
- 【基线偏移】：设置使用键盘快捷键偏移基线的增量。
- 【大小/行距】：设置使用键盘快捷键增加或减小点大小或行距时的增量。
- 【字偶间距/字符间距】：设置使用键盘快捷键进行字偶间距调整的增量。

技巧

如果想同时修改水平和垂直标尺的单位，可以在文档窗口左上角的标尺交叉点处单击鼠标右键，从弹出的快捷菜单中选择新单位即可。

1.5 参考线的使用

参考线是辅助精确绘图时用来作为参考的线，它只是显示在文档画面中方便对齐图像，并不参加打印。可以移动或删除参考线，也可以锁定参考线，以免不小心移动它。它的优点在于可以任意设定它的位置。

创建参考线，首先要启动标尺，可以参考前面讲过的方法来打开标尺。参考线可分为两种：页面参考线和跨页参考线，页面参考线只能在当前页面中显示和使用；跨页参考线可以在跨页中显示和使用。可以通过多种方法创建参考线。

视频讲座1-5：创建页面参考线

案例分类：软件功能类
视频位置：配套光盘\movie\视频讲座1-5：创建页面参考线.avi

将光标移动到水平标尺位置，按住鼠标向下拖动，到达目标位置后释放鼠标，即可创建水平参考线。将光标移动到垂直标尺位置，按住鼠标向右拖动，到达目标位置后释放鼠标，即可创建垂直参考线。创建的水平和垂直页面参考线操作效果如图1.52所示。

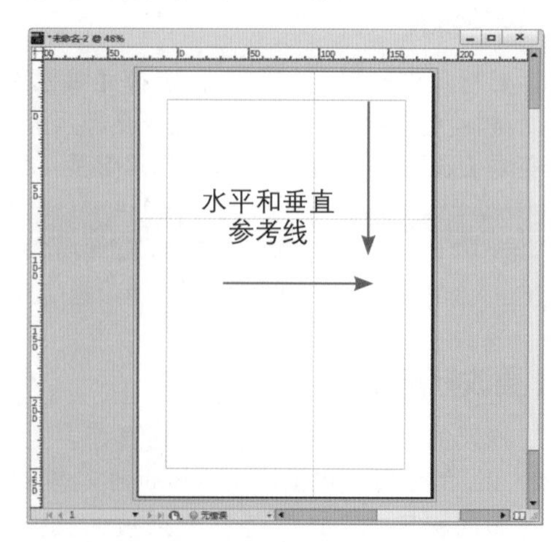

图1.52 水平和垂直页面参考线效果

技巧

按住键盘中Shift键的同时，从标尺位置创建参考线，可以使参考线与标尺刻度吸附对齐。

视频讲座1-6：创建跨页参考线

案例分类：软件功能类
视频位置：配套光盘\movie\视频讲座1-6：创建跨页参考线.avi

创建跨页参考线的方法有以下3种。

- 方法1：按住Ctrl键的同时，将光标移动到水平或垂直标尺位置，按住鼠标向下或向右拖动，到达目标位置后释放鼠标，即可创建跨页参考线。
- 方法2：直接从水平或垂直标尺位置拖动参考线到粘贴板位置，即可创建跨页参考线。但如果直接将该参考线拖动到页面上，其将变成页面参考线。
- 方法3：在水平或垂直标尺位置双击鼠标，即可创建水平或垂直跨页参考线。只不过在水平标尺双击，将创建垂直参考线；在垂直标尺上双击，将创建水平参考线。创建的跨页参考线效果如图1.53所示。

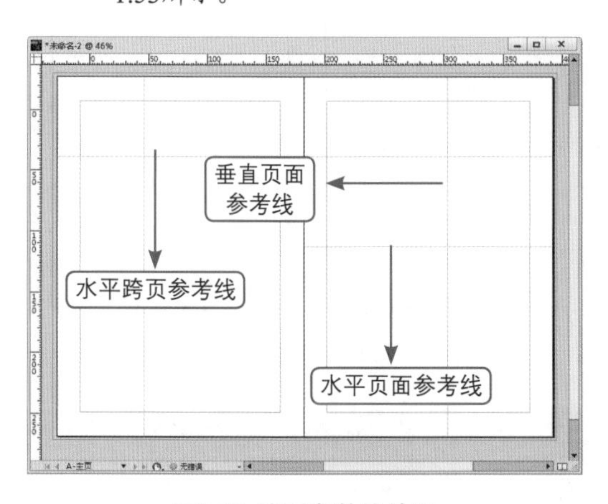

图1.53 跨页参数线效果

技巧

按住Shift键的同时在水平或垂直标尺位置双击，可以在对齐最近标尺刻度位置创建跨页参考线。如果想同时创建水平和垂直跨页参考线，可以在按住Ctrl键的同时，将光标放置在文档窗口左上角的标尺交叉点处并拖动鼠标，即可同时创建水平和垂直跨页参考线。

视频讲座1-7：精确创建参考线

案例分类：软件功能类
视频位置：配套光盘\movie\视频讲座1-7：精确创建参考线.avi

如果想精确创建参考线，可以通过【创建参考线】命令来实现。具体的操作步骤如下：

ID 1 选择【版面】|【创建参考线】命令，打开【创建参考线】对话框。

ID 2 在【创建参考线】对话框中设置行数或栏数，并可以精确设置行间距和栏间距，如图1.54所示。

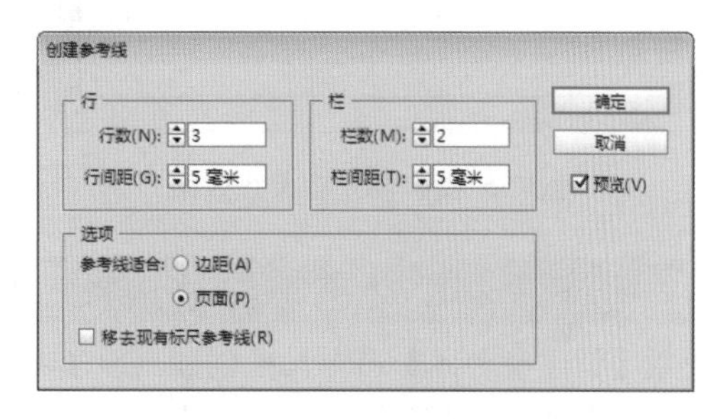

图1.54 【创建参考线】对话框

【创建参考线】对话框中各选项的含义说明如下。

- 【行数】和【栏数】：设置要创建行或栏的数目，将页面分行和栏处理。
- 【行间距】和【栏间距】：设置行或栏的间距大小。较大的行间距或栏间距将为页面留下较小的空间。

提示

使用【创建参考线】命令创建的行或栏与使用【版面】|【边距和分栏】命令创建的行或栏不同。使用【创建参考线】创建的栏在置入文本文件时不能控制文本排列；使用【边距和分栏】命令创建适用于自动图文排列时的行或栏分隔线。

- 【参考线适合】：设置参考线与边距和页面的关系。选择【边距】单选按钮，创建的参考线以版心区域为基础进行划分；选择【页面】单选按钮，创建的参考线以页面边缘为基础进行划分。
- 【移去现有标尺参考线】：勾选该复选框，将删除所有当前存在的参考线，包括锁定或隐藏图层上的参考线。

ID 3 设置好【行数】、【列数】、【行间距】和【列间距】等信息后，单击【确定】按钮，即可精确创建参考线。创建的效果如图1.55所示。

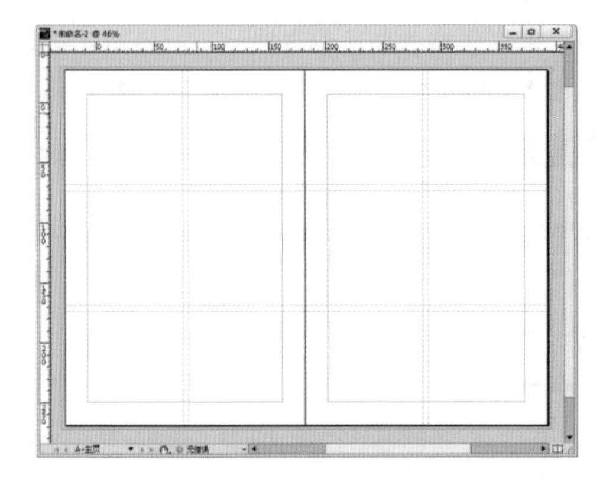

图1.55 精确创建参考线效果

提示

使用【创建参考线】命令只能创建页面参考线，不能创建跨页参考线。

1.5.1 选择参考线

要想对参考线进行编辑，首先要选择参考线。在选择参考线前，确认【视图】|【网格和参考线】|【锁定参考线】命令处于取消状态，并且该参考线处于当前页面中，而不在该页面的主页上，也不能位于锁定了参考线的图层上。

选择参考线的方法如下。

- 选择单条参考线：使用【选择工具】将光标移动到要选择的参考线上，光标的右下角将出现一个方块，单击鼠标即可选择该参考线，选中后的参考线显示为淡蓝色。另外，选择参考线后，控制栏中的参考点图标将变为水平参考线或垂直参考线。
- 选择多条参考线：按住Shift键的同时，使用选择单条参考线的方法分别单击要选择的参考线，即可选择多条参考线。还可以使用框选的形式，使用鼠标拖动一个框进行框选，与框有接触的参考线都可以被选中。

提示

使用框选的方法选择参考线时，拖出的选择框不能接触到其他绘制的图形或文字对象，否则将无法选取参考线。

- 快速选择所有参考线：按Ctrl + Alt + G组合键，可以一次选择所有参考线。

1.5.2 移动参考线

创建完参考线后，如果对现存的参考线位置不满意，可以利用【选择工具】来移动参考线的位置。

具体的移动方法如下。

- 移动页面参考线：使用【选择工具】将光标移动到要选择的参考线上，光标的右下角将出现一个方块，直接拖动页面参考线到需要的位置，即可移动页面参考线。如果想移动多个页面参考线，可以利用Shift键选取多个参考线，拖动其中的一条即可移动多个页面参考线。移动参考线的操作过程如图1.56所示。

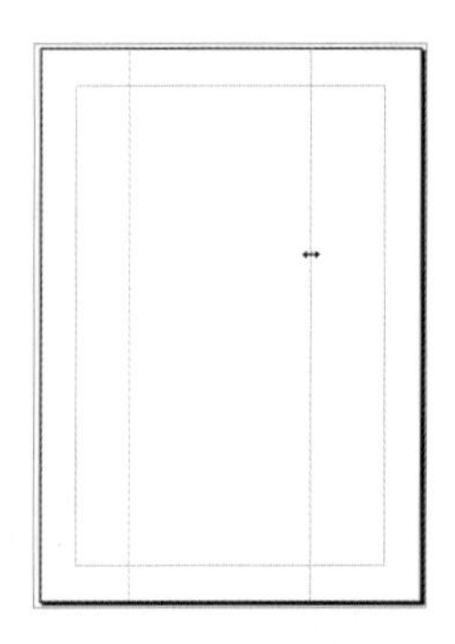

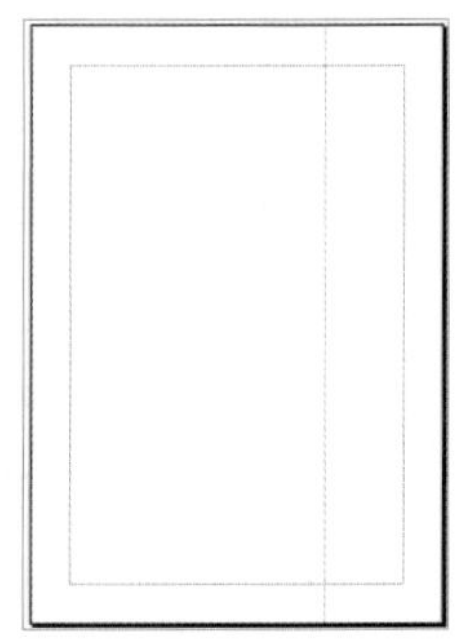

图1.56 移动参考线的操作过程

技巧

移动参考线时，如果想让参考线对齐标尺刻度，可以在拖动该参考线的同时按住Shift键。

- 移动跨页参考线：使用【选择工具】直接在粘贴板位置拖动跨页参考线，或者按Ctrl键的同时移动跨页参考线。
- 将参考线移动到其他页面：选择一条或多条参考线，选择【编辑】|【复制】命令，切换到其他页面，然后选择【编

辑】|【粘贴】命令，即可将参考线移动到其他页面中。

技巧

如果想精确移动参考线，除了使用键盘上的方向键来移动外，还可以使用控制栏或【变换】面板中的X、Y坐标值来精确移动参考线。

1.5.3 参考线的设置

通过【标尺参考线】命令，可以修改参考线的视图阈值和颜色。参考线默认的颜色为青色，为了更好地使用参考线，InDesign CC的用户可以随意修改参考线的颜色。具体操作步骤如下：

ID 1 选择【版面】|【标尺参考线】命令，打开【标尺参考线】对话框，如图1.57所示。

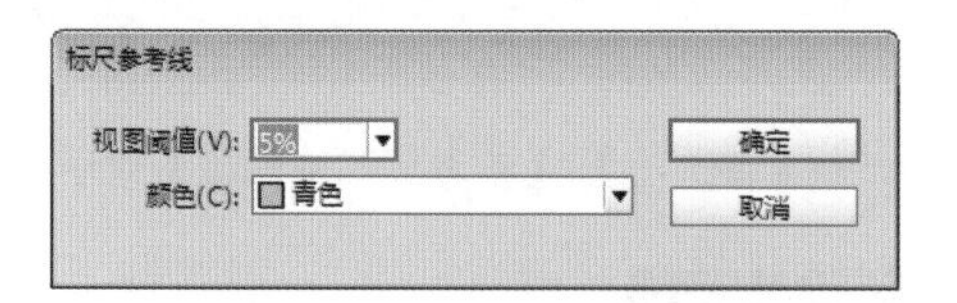

图1.57 【标尺参考线】对话框

【标尺参考线】对话框中各选项的含义说明如下。

- 【视图阈值】：设置参考线的缩放显示阈值。当在文档中缩放页面时，如果缩放的值小于视图阈值，参考线将不显示。例如，设置视图阈值为100%，当页面缩放的值小于100%时，参考线将不可见。
- 【颜色】：用来设置参考线的显示颜色。可以选择现有的颜色，也可以选择【自定】命令，打开【颜色】对话框，设置自己需要的颜色。

ID 2 在【标尺参考线】对话框中，设置好视图阈值和颜色参数后，单击【确定】按钮，即可完成参考线的修改。

1.5.4 参考线的其他操作

参考线还可以进行显示或隐藏、锁定或解锁，以及设置参考线的对齐，以方便图形的对齐操作，通过修改参考的排列可以改变参考线的层次。如果参考线不再需要，还可以将其删除。

1 隐藏参考线

当创建完参考线后，如果暂时用不到参考线，又不想将其删除，为了不影响操作，可以将参考线隐藏。选择【视图】|【网格和参考线】|【隐藏参考线】命令，即可将其隐藏。

技巧

按Ctrl + ；组合键，可以快速显示或隐藏参考线。

2 显示参考线

将参考线隐藏后，如果想再次应用参考线，可以将隐藏的参考线再次显示出来。选择【视图】|【网格和参考线】|【显示参考线】命令，即可显示隐藏的参考线。

3 锁定和解锁参考线

为了避免在操作中误移动或删除参考线，可以将参考线锁定，锁定的参考线将不能进行编辑操作。具体的操作方法如下。

- 锁定或解锁参考线：选择【视图】|【网格和参考线】|【锁定参考线】命令，该命令的左侧出现√对号标志，表示锁定了参考线；再次应用该命令，取消命令的左侧出现√对号，将解锁参考线。

技巧

按Ctrl + Alt + ；组合键，可以快速锁定或解锁参考线。

- 锁定或解锁某层上的参考线：在【图层】面板中双击该图层的名称，在打开的【图层选项】对话框中勾选【锁定参考线】复选框，如图1.58所示，即可将该层上的参考线锁定。同样的方法，撤选【锁定参考线】复选框，即可解锁该层上的参考线。

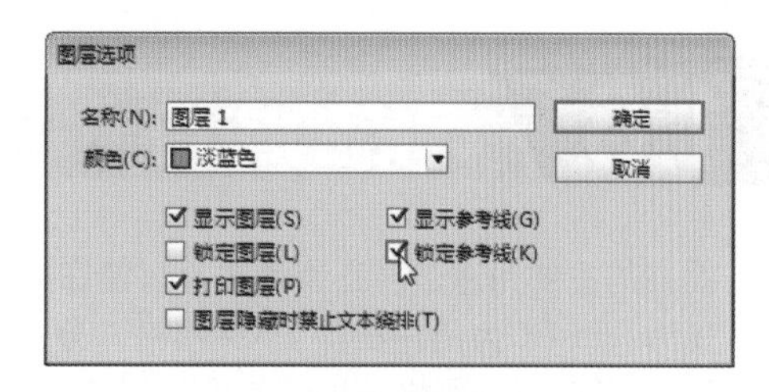

图1.58 【图层选项】对话框

> **提示**
>
> 使用【图层选项】锁定或解锁参考线，只对当前层中的参考线起作用，不会影响其他层中的参考线。

④ 开启和取消对齐参考线

使用参考线的目的就是辅助排版，应用参考线可以方便图像的对齐操作。创建参考线后，如果要进行参考线的对齐，可以选择【视图】|【网格和参考线】|【靠齐参考线】命令，即可开启【靠齐参考线】命令。开启【靠齐参考线】命令后，该命令的左侧出现√对号标志。

> **提示**
>
> 按Shift + Ctrl + ；组合键，可以快速启用靠齐参考线或关闭靠齐参考线。

如果想取消【对齐参考线】命令，可以使用同样的方法，选择【视图】|【网格和参考线】|【靠齐参考线】命令，即可取消【靠齐参考线】命令。关闭【靠齐参考线】命令后，该命令左侧的√对号消失。

> **提示**
>
> 开启靠齐参考线命令后，拖动对象靠近参考线，当对象达到参考线的靠齐范围时，对象将自动与参考线对齐。如果想设置参考线的靠齐范围，可以选择【编辑】|【首选项】|【参考线和粘贴板】命令，打开【首选项】|【参考线和粘贴板】对话框，在【参考线选项】下的【靠齐范围】文本框中，可以自行设置靠齐范围。

⑤ 更改参考线的排列

在默认状态下，参考线位于所有对象之上，以更好地辅助排版对齐操作。但有时显示在对象之上，也会防碍用户的使用，可以更改一下参考线的排列顺序。

选择【编辑】|【首选项】|【参考线和粘贴板】命令，打开【首选项】|【参考线和粘贴板】对话框，在该对话框中勾选【参考线选项】中的【参考线置后】复选框，如图1.59所示，即可将参考线移到其他对象的后面。

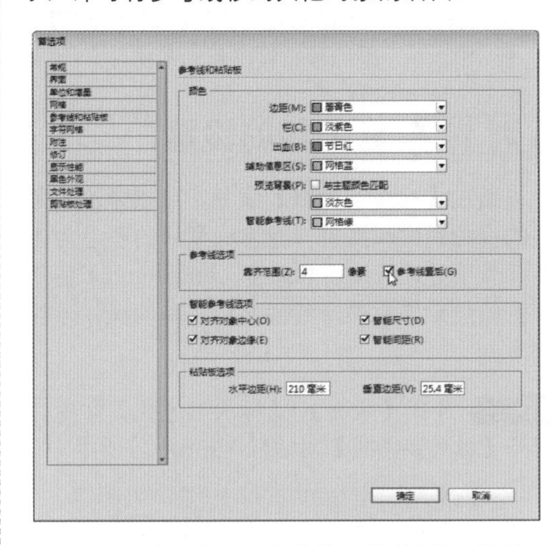

图1.59 【首选项】|【参考线和粘贴板】对话框

⑥ 删除参考线

创建了多个参考线后，如果想删除其中的某条或多条参考线，可以使用以下方法进行操作。

- 拖动法删除：将选择的参考线直接拖动到相应的标尺上，释放鼠标即可。
- 直接删除：选择要删除的参考线后，按键盘上的Delete键，即可将参考线删除。
- 快捷键删除：要删除所有参考线，首先按Ctrl + Alt +G组合键选取所有参考线，然后按键盘上的Delete键。
- 使用删除命令：如果只想删除所有跨页上的参考线，可以选择【视图】|【网格和参考线】|【删除跨页上的所有参考线】命令。

1.6 网格的应用

网格的主要用途是对齐参考线，以便在操作中对齐物体，方便作图中位置排放的准确操作。

InDesign CC为用户提供了3种网格，分别是基线网格、文档网格和版面网格。这3种网格的特性和用法不同，3种网格的显示效果分别如图1.60所示。

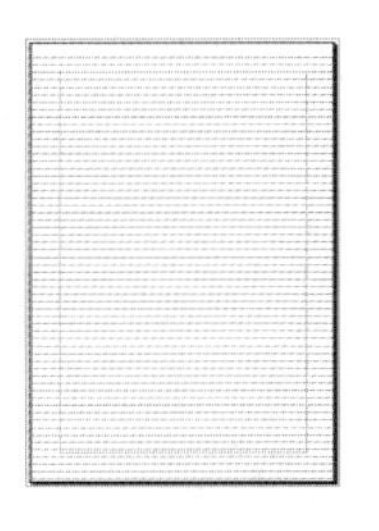

基线网格

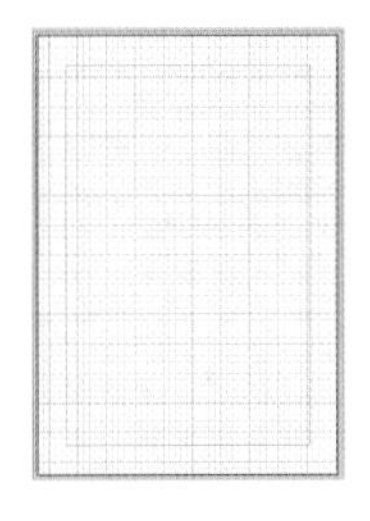

文档网格

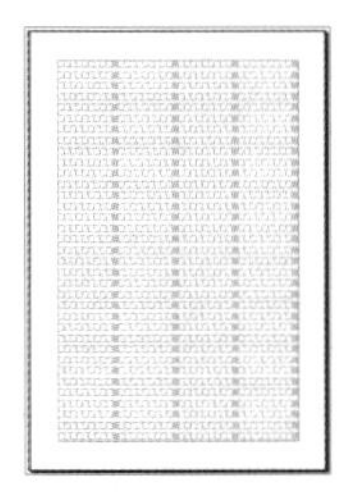

版面网格

图1.60 3种网格的显示效果

3种网格的使用说明如下。

- 基线网格：用于根据罗马字基线将多个段落进行对齐。基线网格覆盖整个跨页，但不能指定给某个主页。
- 文档网格：用于对齐对象。文档网格覆盖整个粘贴板，但不能指定给某个主页。
- 版面网格：用于将对象与正文文本大小的单元格对齐。版面网格显示在各个页面的版心中，可以指定给主页或文档页面，一个文档内可以指定多个版面网格。

1.6.1 显示、隐藏与对齐网格

① 显示网格

基线网格、文档网格和版面网格都可以通过【视图】菜单将其显示。选择【视图】|【网格和参考线】子菜单中的【显示基线网格】、【显示文档网格】或【显示版面网格】命令，可以将相应的网格显示出来。

② 隐藏网格

当网格处于显示状态时，选择【视图】|【网格和参考线】子菜单中的【隐藏基线网格】、【隐藏文档网格】或【隐藏版面网格】命令，可以将相应的网格隐藏起来。

技巧

显示/隐藏网格还可以通过快捷键来完成。显示/隐藏基线网格的快捷键为Alt + Ctrl +；显示/隐藏文档网格的快捷键为Ctrl +’；显示/隐藏版面网格的快捷键为Alt + Ctrl + A 。

③ 对齐网格

要想启用网格对齐，可以选择【视图】|【网格的参考线】子菜单中【靠齐文档网格】或【靠齐版面网格】命令，启动网格的对齐效果。当启动某个网格对齐时，在该命令的左侧将出现一个P对号标志，取消P对号标志即取消了相应网格的对齐。

技巧

按Shift + Ctrl +’组合键，可以快速靠齐或取消靠齐文档网格；按Alt + Shift + Ctrl + A组合键，可以快速靠齐或取消靠齐版面网格。

1.6.2 设置基线网格

如果使用默认的基线网格，不能满足排版的需要，还可以通过【首选项】命令，对基线网格进行更加详细的自定义设置。具体的操作步骤如下：

ID 1 选择【编辑】|【首选项】|【网格】命令，打开【首选项】|【网格】对话框，如图1.61所示。

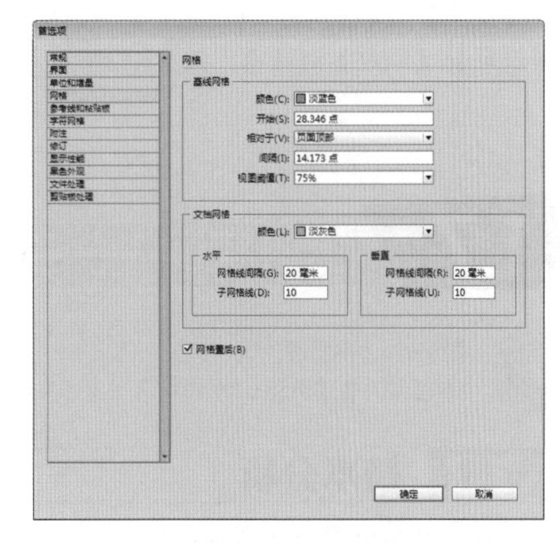

图1.61 【首选项】|【网格】对话框

【首选项】|【网格】对话框中基线网格各选项含义说明如下。

- 【颜色】：设置基线网格的颜色。可以选择现有的颜色，也可以选择【自定】命令，打开【颜色】对话框，设置自己需要的颜色。
- 【开始】：设置网格相对页面顶部或上边缘的偏移量。具体是页面顶部还是上边缘取决【开始】下方的【相对于】选项的设置，选择【页面顶部】还是【上边缘】。
- 【间隔】：设置网格之间的距离。一般输入与正文文本的行距相同的值，以便使文本行能与网格对齐。
- 【视图阈值】：设置基线网格的缩放显示阈值。当在文档中缩放页面时，如果缩放的值小于视图阈值，基线网格将不显示。例如，设置视图阈值为100%，当页面缩放的值小于100%时，基线网格将不可见。

 在【首选项】|【网格】对话框中设置好基线网格的相关参数后，单击【确定】按钮，即可完成基线网格的设置。

1.6.3 设置文档网格

文档网格的设置方法与基线网格相似，也是通过首选项命令进行自定义。

选择【编辑】|【首选项】|【网格】命令，打开【首选项】|【网格】对话框，如图1.62所示。

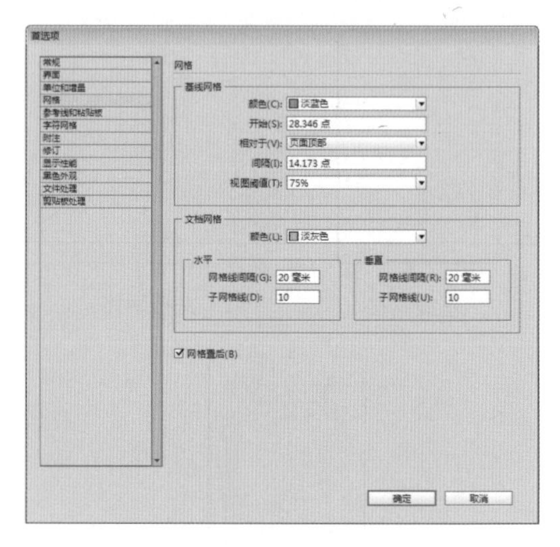

图1.62 【首选项】|【网格】对话框

【首选项】|【网格】对话框中文档网格各选项含义说明如下。

- 【颜色】：设置文档网格的颜色。可以选择现有的颜色，也可以选择【自定】命令，打开【颜色】对话框，设置自己需要的颜色。
- 【水平】：设置水平主网格间距及子网格间距。通过【网格线间距】可以设置水平主网格间距；通过【子网格线】可以设置水平子网格间距。
- 【垂直】：设置垂直主网格间距及子网格间距。通过【网格线间距】可以设置垂直主网格间距；通过【子网格线】可以设置垂直子网格间距。
- 【网格置后】：勾选该复选框，可以将基线网格和文档网格放置在其他所有对象之后，以便于排版。

1.7 上机实训——帆布鞋广告设计

案例分类：平面设计类

视频位置：配套光盘\movie\1.7 上机实训——帆布鞋广告设计.avi

1.7.1 技术分析

本例讲解帆布鞋广告设计。首先利用【矩形工具】绘制背景；然后通过【贴入】命令制作出照片效果，并通过文字的不同大小和颜色，制作出不一样的版式排列；最后为文字添加投影效果，以制作出立体感觉，完成整个帆布鞋的制作。

1.7.2 本例知识点

- 渐变的使用
- 投影效果的使用
- 【贴入】命令的使用
- 文字框的描边

1.7.3 最终效果图

本实例的最终效果如图1.63所示。

图1.63 最终效果图

1.7.4 操作步骤

ID 1 选择【文件】|【新建】|【文档】命令，打开【新建文档】对话框，设置【页数】为1，【宽度】为210毫米，【高度】为150毫米，如图1.64所示。

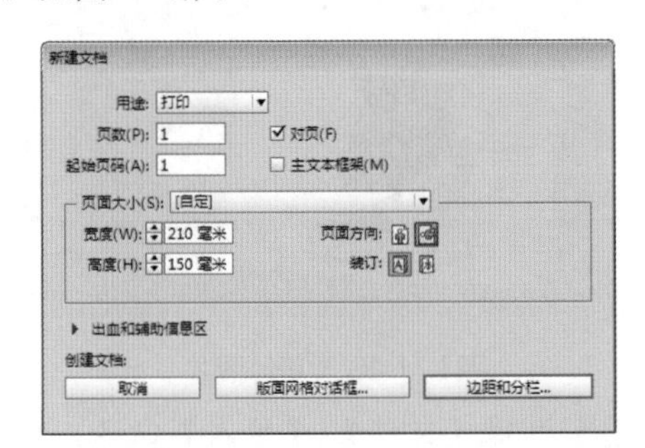

图1.64 【新建文档】对话框

ID 2 单击【边距和分栏】按钮，打开【新建边距和分栏】对话框，将上、下、内、外【边距】的值都设置为0，如图1.65所示。

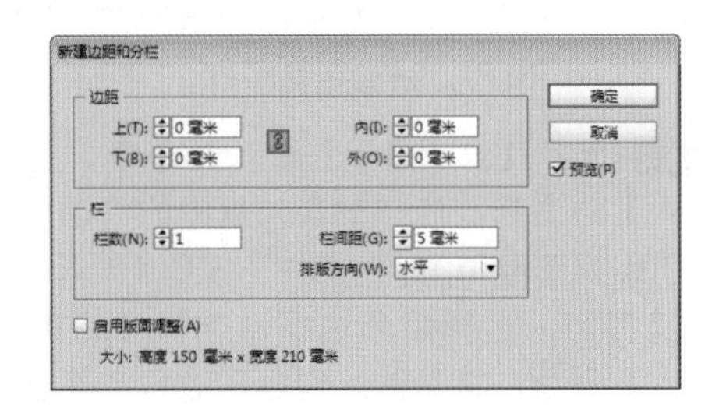

图1.65 【新建边距和分栏】对话框

ID 3 选择工具箱中的【矩形工具】，沿页面大小绘制一个与页面大小相同的矩形。打开【渐变】面板，将矩形填充为从浅蓝色（C:56；M:0；Y:17；K:0）到深蓝色（C:73；M:26；Y:12；K:12）的径向渐变，如图1.66所示。

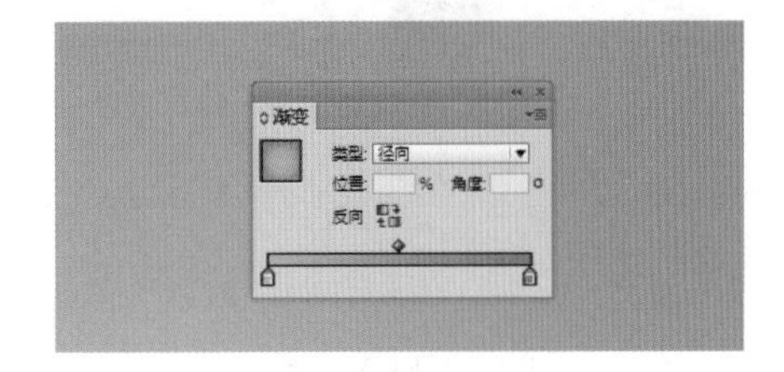

图1.66 填充渐变

ID 4 再次使用【矩形工具】，在页面的下方绘制一个矩形，将其填充为橙色（C:5；M:33；Y:85；K:0），如图1.67所示。

图1.67 绘制矩形并填充橙色

ID 5 再次使用【矩形工具】，在页面中绘制一个矩形，将矩形的【填充】设置为无，【描边】设置为白色，打开【描边】面板，修改描边的【粗细】为5点，如图1.68所示。

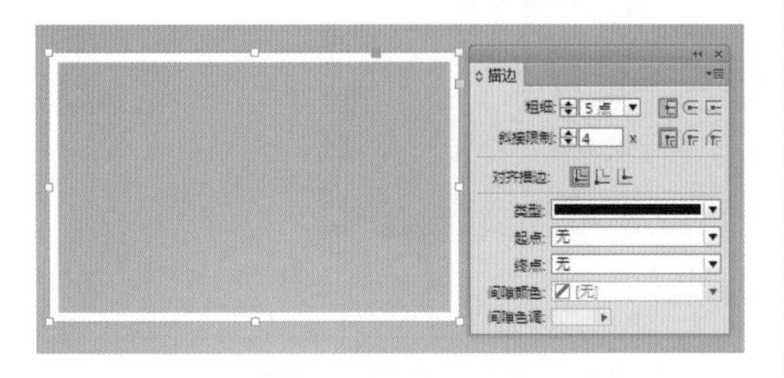

图1.68 绘制矩形边框

ID 6 选择【文件】|【置入】命令，打开【置入】对话框，选择配套光盘中的“调用素材\第1章\帆布鞋01.jpg”文件，按Ctrl + X组合键将其剪切，选择矩形边框，选择【编辑】|【贴入】命令，将其贴入到矩形边框中并适当地缩小，再将矩形旋转一定的角度，如图1.69所示。

图1.69 贴入图片

ID 7 选择贴入图片的矩形，选择【对象】|【效果】|【投影】命令，打开【效果】对话框，设置投影的【不透明度】为35%，【距离】为3毫米，【角度】为56°，【大小】为2毫米，其他参数设置如图1.70所示。

技巧

按Alt + Ctrl + M组合键，可以快速打开【效果】对话框。

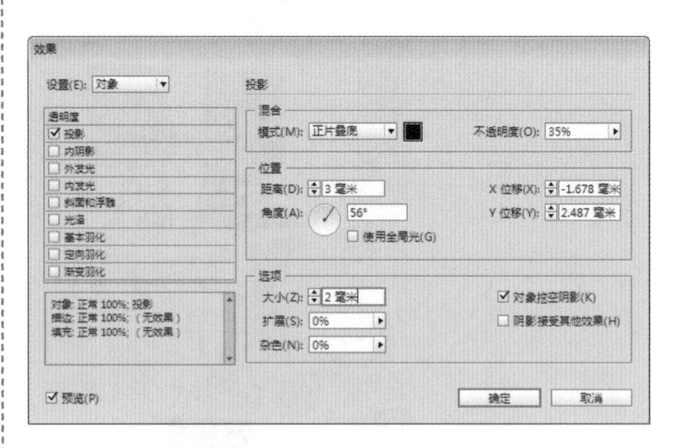

图1.70 【效果】对话框

ID 8 将矩形复制几份，并旋转不同的角度。选择配套光盘中的“调用素材\第1章\帆布鞋02.jpg、帆布鞋03.jpg”文件，将其分别贴入复制的矩形中，效果如图1.71所示。

图1.71 贴入其他图片

ID 9 选择【文件】|【置入】命令，打开【置入】对话框，选择配套光盘中的“调用素材\第1章\帆布鞋04.psd、帆布鞋05.psd、帆布鞋06.psd”文件，将其分别缩小并放置在页面中，将帆布鞋05.psd和帆布鞋06.psd水平翻转，如图1.72所示。

图1.72 导入图片并调整

ID 10 选择工具箱中的【矩形工具】，在橙色矩形上方绘制一个矩形，将其填充为白色，【描边】设置为无，如图1.73所示。

图1.73 绘制白色矩形

ID 11 选择工具箱中的【文字工具】T，在矩形上方拖动一个文字框并输入文字，设置文字的颜色为蓝色（C:73；M:26；Y:12；K:0），【描边】设置为无，如图1.74所示。

图1.74 输入文字

ID 12 使用【选择工具】将刚输入的文字选中，为其添加一个描边，设置描边的【粗细】为0.5点，颜色为蓝色（C:73；M:26；Y:12；K:0），如图1.75所示。

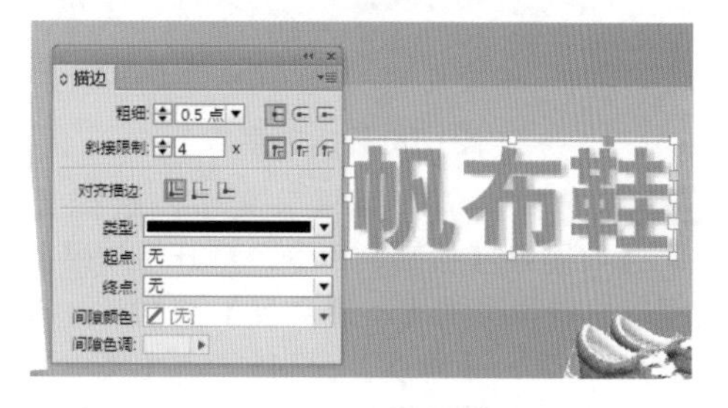

图1.75 为文字框描边

ID 13 选择文字，选择【对象】|【效果】|【投影】命令，打开【效果】对话框，设置投影的【不透明度】为30%，【距离】为1.2毫米，【角度】为145°，【大小】为1毫米，其他参数设置如图1.76所示。添加投影后的文字效果如图1.77所示。

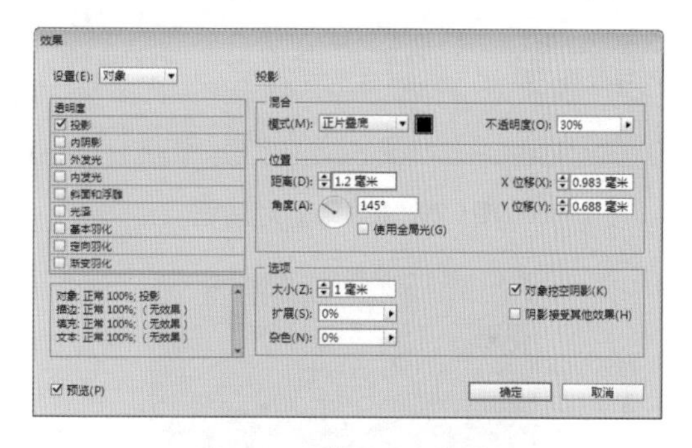

图1.76 【效果】对话框

图1.77 添加投影效果

ID 14 使用【文字工具】T分别输入文字“百种颜色可选”和“流行百搭”，并分别将其填充为白色和蓝色（C:73；M:26；Y:12；K:0），并分别设置不同的字体和字号，如图1.78所示。

图1.78 输入文字

ID 15 选择“流行百搭”文字，选择【对象】|【效果】|【投影】命令，打开【效果】对话框，设置投影的【不透明度】为30%，【距离】为1毫米，【角度】为145°，【大小】为1毫米，其他参数设置如图1.79所示。添加投影后的文字效果如图1.80所示。

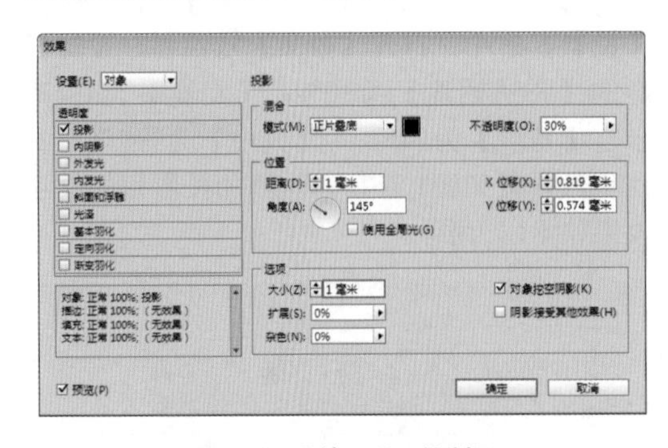

图1.79 【效果】对话框

图1.80 添加投影效果

ID 16 选择工具箱中的【矩形工具】，在页面中绘制一个矩形，将矩形填充为浅绿色（C:28；M:8；Y:58；K:0）。然后使用【文字工具】在矩形的上方输入文字，设置文字的颜色为白色，其他参数设置如图1.81所示。

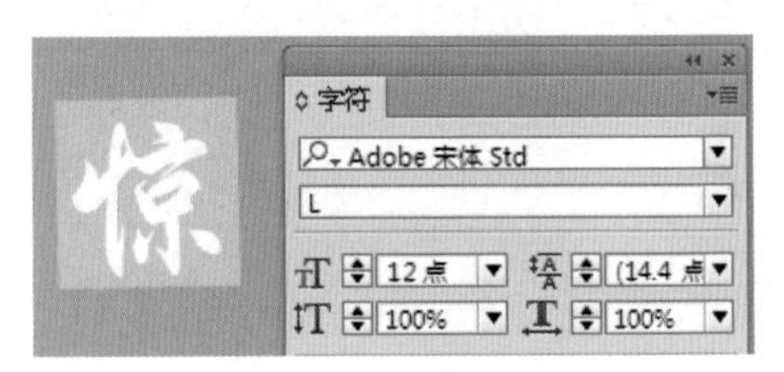

图1.81 绘制矩形并输入文字

ID 17 将文字和矩形复制几份，并分别旋转一定的角度，修改矩形上的文字，效果如图1.82所示。这样就完成了帆布鞋广告设计效果。

图1.82 复制并修改文字

第2章 文档与版面操作

〔内容摘要〕

本章主要讲解InDesign CC的文档的版面操作，首先介绍了InDesign CC文档的创建及打开、文档的存储与恢复操作，还详细讲解了页面的基本操作，包括页面的选择与复制、插入与删除。从更深的层面学习InDesign CC的版面操作，从而达到轻松排版，轻松制图的目的。

〔教学目标〕

- 了解新建文档选项设置
- 不同文档的打开技巧
- 文本框架的使用
- 文本的串接
- 图像的置入
- 文档的存储
- 页面和跨页的基本操作

2.1 新文档的管理

要进行版式的设计，首先要学习文档的创建，在InDesign CC中，可以通过【边距和分栏】或【版面网格对话框】两种方式来创建新文档。

2.1.1 新建文档选项

要想进行版面设计，首先要创建一个新的文档。选择【文件】|【新建】|【文档】命令，打开【新建文档】对话框，如图2.1所示。

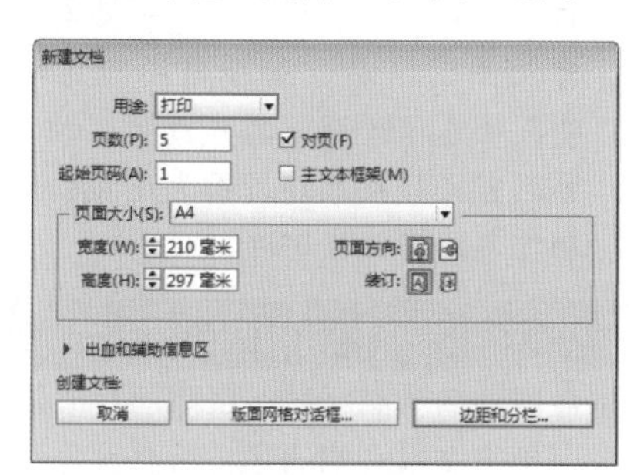

图2.1 【新建文档】对话框

技巧

按Ctrl + N组合键，可以快速打开【新建文档】对话框。

在【新建文档】对话框中可以设置当前文档的页数、对页、页面大小、页面方向等页面内容，还可以通过【出血和辅助信息区】设置页面的出血及辅助信息区的尺寸。

【新建文档】对话框中各选项的含义说明如下。

- 【用途】：在右侧的下拉菜单中选择新建文档的用途，包括【打印】、【Web】、【数码发布】3个选项。
- 【页数】：设置新建文档的页面数量。如果勾选【对页】复选框，创建的双面面跨页中的奇偶页面彼此相对。撤选该复选框可以使每个页面彼此独立，互不相连。勾选【对页】与撤选【对页】创建的页面效果如图2.2所示。对页一般应用在一些大型出版物中，书箱、刊物、报纸杂志等；而非对页一般应用在一些单张印刷品上，如宣传单、招贴、海报等。如果勾选【主页文本框架】复选框，将创建一个与边距参考线内的区域大小相同的文本框架，并与所指定的栏设置相匹配。此主页文本框架将被添加到主页A中。

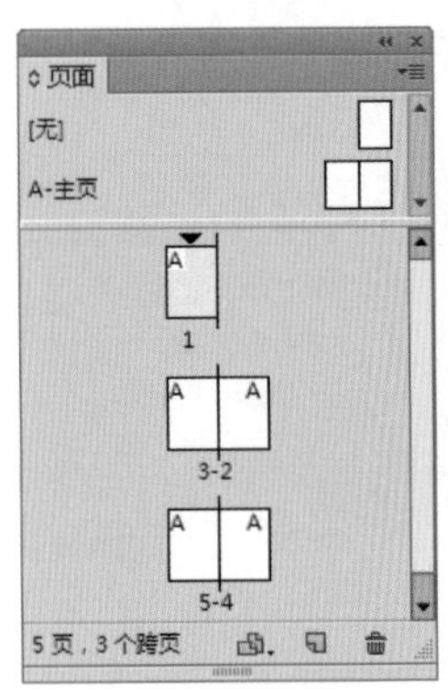
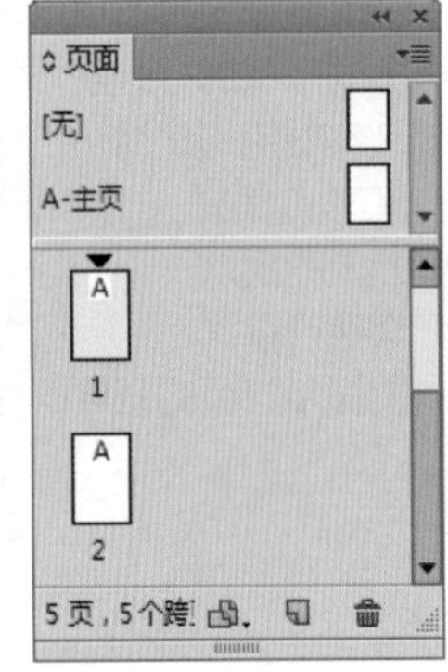

图2.2 对页效果和非对页效果

- 【起始页码】：设置新建文档的起始页码，可以直接输入自定的页码。
- 【页面大小】：设置新建文档的页面尺寸。可以从右侧的下拉菜单中，选择预置的常用页面尺寸，也可以直接在【宽度】和【高度】文本框中输入自定的尺寸大小。
- 【页面方向】：设置页面的方向。单击【纵向】按钮，可以将页面切换成纵向，此时页面的高度值大于页面的宽度值；单击【横向】按钮，可以将页面切换成横向，此时页面的高度值小于页面的宽度值。
- 【装订】：设置页面的装订方向。一般书籍常用的装订方式为左侧装订。装订方式不影响页面内容，但会影响页边距的设置及【页面】面板中的显示。如图2.3所示为从左向右装订（左装订）的【页面】面板显示效果；如图2.4所示为从右向左装订（右装订）的【页面】面板显示效果。

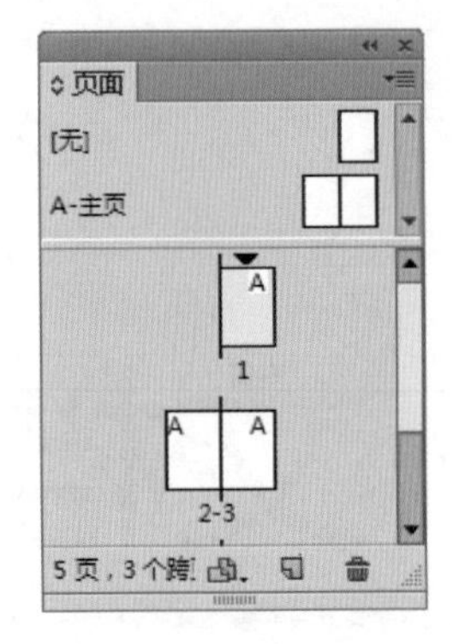

图2.3 左装订显示效果

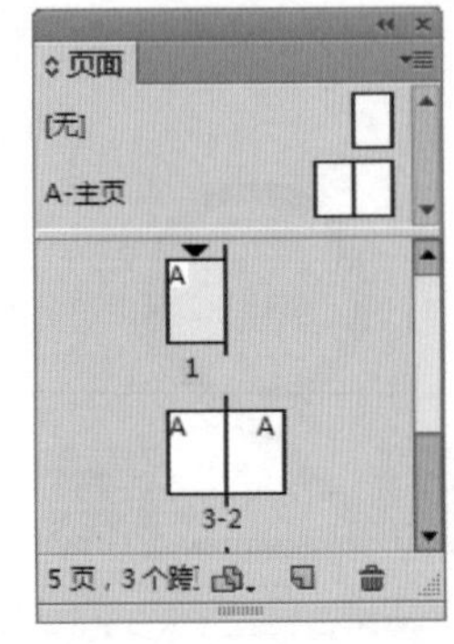

图2.4 右装订显示效果

单击【出血和辅助信息区】按钮，将显示出血和辅助信息区，可以对出血和辅助信息区进行更加详细的设置，如图2.5所示。

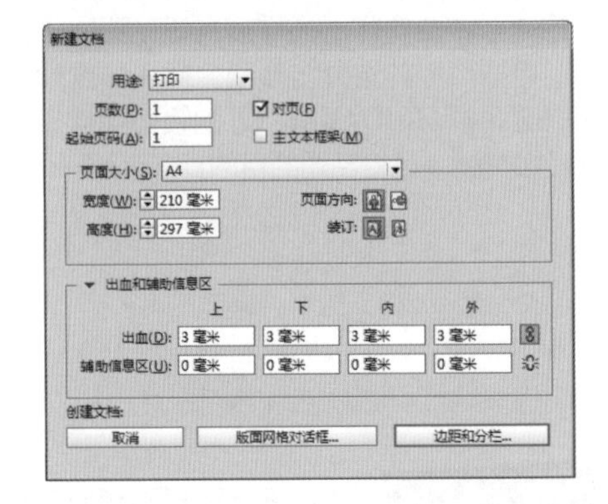

图2.5 显示更多选项的【新建文档】对话框

【出血和辅助信息区】含义说明如下。

- 【出血】：为了应对印刷时出现的白边现象，一般都要为印刷品设置出血。出血区域在文档中由一条红线表示。通过选择【视图】|【屏幕模式】|【出血】命令，可以查看出血的设置效果。一般的印刷品通常设置出血的值为3毫米。
- 【辅助信息区】：辅助信息区位于文档打印页面之外，用来放置一些与页面内容相关的信息，如公司图标、输出说明、颜色值说明、客户说明、预留签样等。当文档按最终页面大小裁切时，辅助信息区将被裁切掉。

提示

要使出血或辅助信息区域在每侧的数值都同时更改，可单击文本右侧的【将所有设置设为相同】图标，然后修改数值即可。

视频讲座2-1：创建新文档

案例分类：软件功能类

视频位置：配套光盘\movie\视频讲座2-1：创建新文档.avi

创建新文档是进行版面设计的前提，创建新文档时，可以选择【版面网格对话框】和【边距和分栏】两种方式。一般【版面网格对话框】适用于亚洲语言，【边距和分栏】适用于西方语言。

1 以【版面网格对话框】创建新文档

使用【版面网格对话框】创建的新文档，将显示网格效果，并可以设置网格的方向、行数及栏数。通过网格的对齐，可以方便查看文字的字数，设置字体及字体大小、字体的字间距和行间距等，更加快速有序地进行排版。

通过【版面网格对话框】创建新文档的具体操作步骤如下：

ID 1 选择【文件】|【新建】|【文档】命令，打开【新建文档】对话框，设置好页数、页面大小等信息。

ID 2 在【新建文档】对话框中单击【版面网格对话框】按钮，打开【新建版面网格】对话框，如图2.6所示。

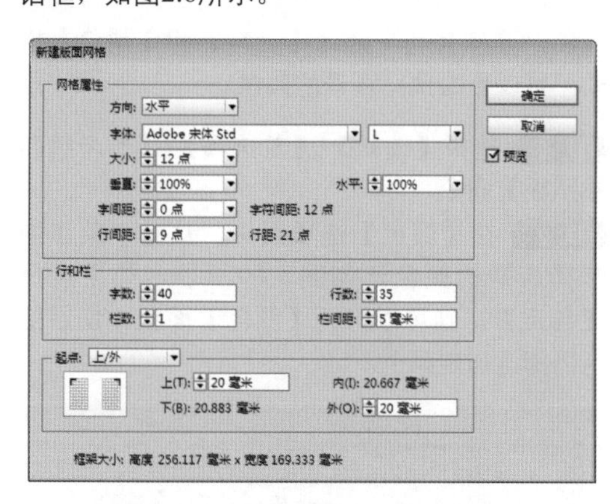

图2.6 【新建版面网格】对话框

【新建版面网格】对话框中各选项的含义说明如下。

- 【方向】：设置网格的排列方向，可以选择水平或垂直。选择【水平】选项，可使文本从左向右水平排列；选择【垂直】，可使文本从上向下竖直排列。
- 【字体】：设置文字的字体及样式。
- 【大小】：设置在网格中输入正文文字的大小。此项还可以确定版面网格中各个单元格的大小。
- 【垂直】和【水平】：设置网格中正文字体的垂直及水平缩放比例，网格的大小将根据这些数值发生变化。
- 【字间距】：设置网格中正文文字字符之间的距离大小。输入正值时，网格单元格之间将产生间距；输入负值时，网格单元格之间将产生重叠。
- 【行间距】：设置网格中文字行与行之间的距离。输入正值时，网格行与行之间将产生间距；输入负值时，网格行与行之间将产生重叠。
- 【字数】：设置每行的文字数量。
- 【行数】：设置网格的行数。
- 【栏数】：设置一个页面中的分栏数。
- 【栏间距】：设置栏与栏之间的宽度。
- 【起点】：设置网格的起点位置。从右侧的弹出菜单中，可以选择上/外、上/内、下/外、下/内、垂直居中、水平居中、完全居中7个选项，网格根据【网格属性】和【行和栏】中参数的设置选定的起点处开始排列。

提示

外批对页的外侧，在没有指定对页时，外表示页面的右侧；内指对页的内侧，在没有指定对页时，内表示页面的左侧。

ID 3 设置需要的网格属性、行、栏等信息后，单击【确定】按钮，即可创建一个以【版面网格】为基础的新文档，如图2.7所示。

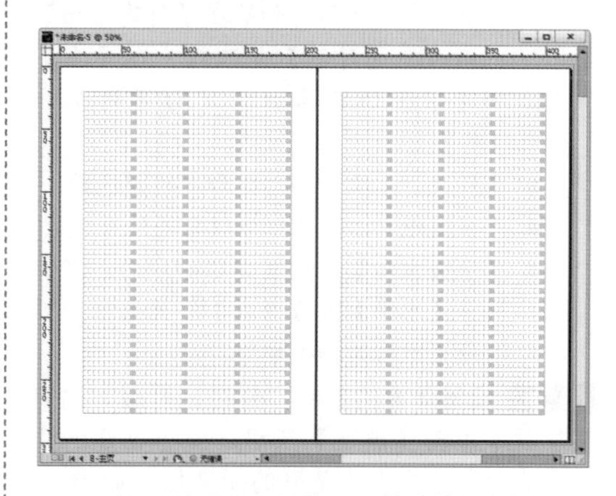

图2.7 以【版面网格】为基础的新文档

技巧

如果对已经应用【版面网格对话框】创建的新文档进行再次修改，可以通过选择【版面】|【版面网格】命令，打开【版面网格】对话框进行重新设置。

② 以【边距和分栏】创建新文档

如果感觉使用【版面网格对话框】创建新文档过于繁琐，还可以使用【边距和分栏】创建新文档，尤其是在应用西方语言文字时，使用【边距和分栏】创建文档更为简单。使用【边距和分栏】创建新文档的具体操作步骤如下：

ID 1 选择【文件】|【新建】|【文档】命令，打开【新建文档】对话框，设置好页数、页面大小等信息。

ID 2 在【新建文档】对话框中单击【边距和分栏】按钮，打开【新建边距和分栏】对话框，如图2.8所示。

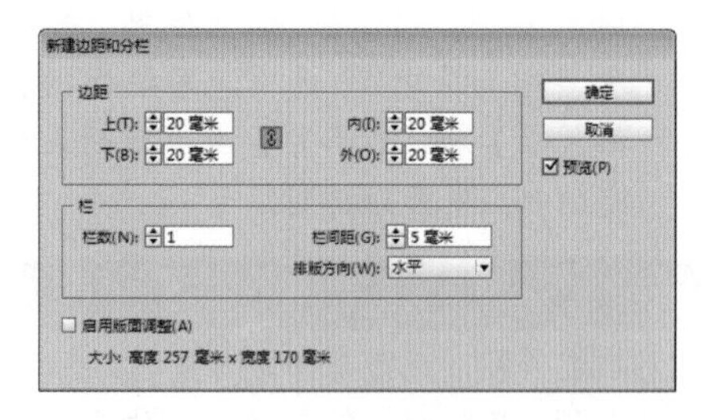

图2.8 【新建边距和分栏】对话框

【新建边距和分栏】对话框中各选项的含义说明如下。

- 【边距】：设置边距参考线到页面4个边缘之间的距离。如果在【新建文档】中勾选了【对页】复选框，则【左】和【右】边距名称将变为【内】和【外】。
- 【栏数】：设置一个页面中的分栏数。
- 【栏间距】：设置栏与栏之间的宽度。
- 【排版方向】：设置分栏的方向，可以选择【水平】或【垂直】。此选项还可以设置网格的排版方向。

ID 3 设置需要的边距、分栏、排版方向等信息后，单击【确定】按钮，即可创建一个以【边距和分栏】为基础的新文档，如图2.9所示。

图2.9 以【边距和分栏】为基础的新文档

提示

如果对已经应用【边距和分栏】创建的新文档进行再次修改，可以通过选择【版面】|【边距和分栏】命令，打开【边距和分栏】对话框进行重新设置。同时，如果是使用【边距和分栏】创建的新文档，还可以通过选择【视图】|【网格和参考线】|【显示版面网格】命令，将版面以版面网格的形式显示。

2.1.2 自定粘贴板和参考线

可以自定义控制页边距和分栏参考线的颜色，以及粘贴板上出血和辅助信息区参考线的颜色，这样有利于区分【正常】和【预览】模式，可以更改预览背景的颜色。

ID 1 选择【编辑】|【首选项】|【参考线和粘贴板】命令。

ID 2 在【颜色】选项组中，从各个菜单中选择所需的颜色，如图2.10所示。如果选择【自定】，则可以打开【颜色】面板，使用拾色器指定自定颜色。

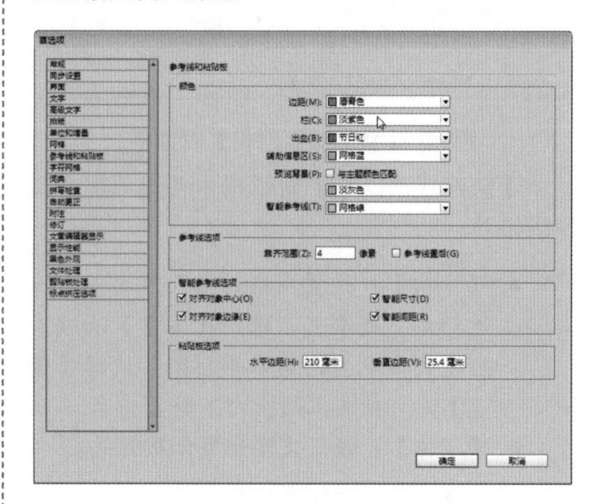

图2.10 【首选项】对话框

【首选项】|【参考线和粘贴板】对话框中有关【颜色】的选项具体应用说明如下。

- 【边距】：设置页边距的颜色。
- 【栏】：设置页面栏参考线的颜色。
- 【出血】：设置出血区域的颜色。
- 【辅助信息区】：设置辅助信息区的颜色。
- 【预览背景】：设置粘贴板在【预览】模式下的颜色。
- 【智能参考线】：设置智能参考线的颜色。

ID 3 如果要设置对象距离参考线或网格的靠齐功能，可以在【靠齐范围】中指定一个以像素为单位的值。

ID 4 要在对象之后显示参考线，可勾选【参考线置后】复选框。

ID 5 要指定粘贴板从页面或跨页向水平和垂直方向扩展的距离，可以为【水平边距】和【垂直边距】输入一个值。

ID 6 单击【确定】按钮，完成设置。

2.2 更改文档设置、边距和分栏

学习了创建新文档后，可能对创建的有些文档不满意，这时可对它进行修改，比如需要对页而不是单页，或者更改边距和分栏。

2.2.1 更改文档设置

创建文档后，如果要对文档设置进行更改，可以使用【文档设置】命令，打开【文档设置】对话框进行修改。需要注意的是，【文档设置】对话框中的选项更改将影响文档中的每个页面。如果要在对象已经添加到页面后更改页面大小或方向，可以使用版面调整功能。

提示

【文档设置】对话框相关参数设置，可参考本章前面的内容讲解。

ID 1 选择【文件】|【文档设置】命令。

ID 2 在【文档设置】对话框中修改文档选项，然后单击【确定】按钮即可完成文档的修改。

2.2.2 更改页边距和分栏

通过【边距和分栏】命令，可以更改页面和跨页的边距和分栏设置。更改普通页面的分栏和边距时，只影响在【页面】面板中选定的页面；更改主页上的分栏和边距设置时，将更改应用该主页的所有页面的设置。

提示

【边距和分栏】对话框不会更改文本框架内的分栏。文本框架分栏仅存在于各个文本框架内，而不影响所在页面。可以通过使用【文本框架选项】对话框来设置各个文本框架内的分栏。

ID 1 要更改一个跨页或页面的边距和分栏设置，切换到要更改的跨页或在【页面】面板中选择一个跨页或页面；要更改多个页面的边距和分栏设置，在【页面】面板中选择这些页面，或者选择控制要更改页面的主页。

ID 2 选择【版面】|【边距和分栏】命令，打开【边距和分栏】对话框，如图2.11所示。

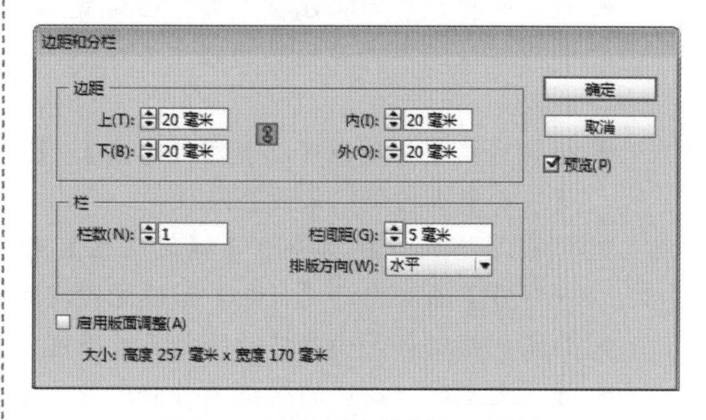

图2.11 【边距和分栏】对话框

ID 3 在【边距】选项组中，指定边距参考线到页面的各个边缘之间的距离，如果在【新建文档】或【文档设置】对话框中选择了【对页】，则【左】和【右】边距选项名称将更改为【内】和【外】，这样可以指定更多的内边距空间来容纳装订。

ID 4 在【栏】选项组中，通过【排版方向】可以指定栏的方向，如【水平】或【垂直】，并可以通过【栏数】指定分栏的数量，通过【栏间距】指定栏的间距大小。

ID 5 如果想启用版面调整，勾选【启用版面调整】复选框，设置完成后单击【确定】按钮即可。

2.2.3 创建不相等栏间距

应用【边距和分栏】命令创建多个栏时，默认情况下栏间距是相等的。如果想创建不相等的栏间距，可以进行如下操作：

ID 1 选中要更改的主页或跨页。

ID 2 如果在新建时没有创建栏，可以利用【版面】|【边距和分栏】命令创建栏。需要注意的是，如果分栏被锁定，可以执行菜单栏中的【视图】|【网格和参考线】|【锁定栏参考线】命令将其取消锁定。

ID 3 选择工具箱中的【选择工具】，将光标放置在要移动栏间距的参考线位置，当光标变成状时，如图2.12所示。按住鼠标左右拖动，即可修改栏间距，如图2.13所示。

提示

拖动栏参考线时，不能将其拖动到超过相邻栏参考线的位置，也不能将其拖动到页面边缘之外。

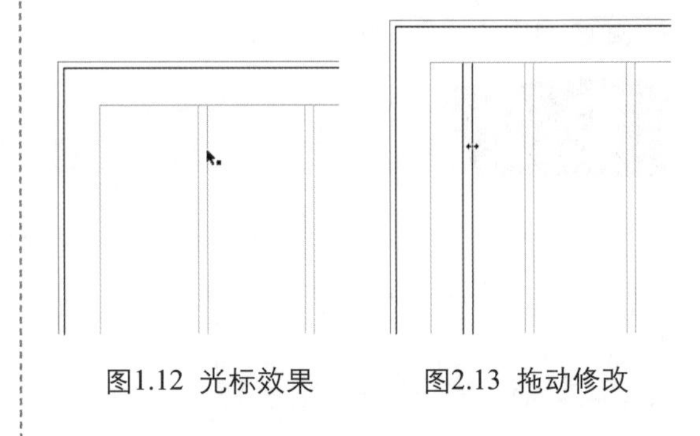

图1.12 光标效果　　图2.13 拖动修改

2.3 文本框架简述

文本框架也叫文本框，Adobe InDesign CC与其他文字处理软件的最大区别就是所有的文本都放置在文本框架中，更加有利于编辑排版。

在Adobe InDesign CC中，文本框架分为两种：框架网格和纯文本框架。框架网格是亚洲语言排版特有的文本框架类型，其中字符的全角字框和间距都显示为网格。纯文本框架是不显示任何网格的普通文本框架。可以对文本框架进行移动、改变形状、调整大小、文字定位等各种操作，有了文本框架可以更加方便地进行版面设计。

框架网格和纯文本框架具有明显的不同，主要表现在以下几个方面：

- 框架网格包含字符属性设置，但纯文本框架没有字符属性设置。当文本置入时，框架网格会将默认的字符属性应用在文本中；而纯文本框架会使用【字符】面板中当前选定的字符属性。
- 框架网格字符属性可以利用【对象】|【框架网格选项】命令来修改；纯文本框架只能应用【字符】或控制栏来设置属性。
- 框架网格的行距取决于【框架网格】对话框中的【行间距】设置；纯文本框架只能根据【字符】面板中的【行距】来设置行间距。
- 框架网格的格子由网格的字符属性决定，字符属性包括字符大小、行间距、字符间距等。
- 置入文本时，相同的网格属性会应用于每个串接的框架网格。
- 默认情况下，在框架网格底部将显示框架网格字数统计。

2.3.1 创建文本框架

利用文本工具，可以非常容易地创建出需要的文本框架。具体的创建方法如下：

ID 1 选择工具箱中的【文字工具】T或【直排文字工具】IT。

ID 2 在文档页面的适当位置按住鼠标拖动一个框，到达满意的位置后释放鼠标，即可创建一个空的纯文本框。具体操作过程如图2.14所示。

图2.14 利用文字创建纯文本框操作过程

技巧

按住Shift键的同时拖动鼠标，可以创建正方形纯文本框；按住Alt键的同时拖动鼠标，可以从中心创建纯文本框；按住Alt + Shift组合键的同时拖动鼠标，可以从中心开始创建正方形纯文本框。

视频讲座2-2：移动和编辑文本框架

案例分类：排版技法类

视频位置：配套光盘\movie\视频讲座2-2：移动和编辑文本框架.avi

文本框架就像一个图形对象，不但可以用来存放文字，还可以像对编辑图形一样，对文本框进行编辑，如填充颜色、描边、变形、缩放、旋转、倾斜等操作。

① 移动文本框

使用文本框编辑文字的其中一点好处就是可以通过移动文本框，任意定位文字的位置。移动文本框可以通过以下3种方式进行操作。

- 鼠标移动：选择工具箱中的【选择工具】，然后拖动文本框到需要的位置，即可移动文本框。
- 精确数值移动：使用【选择工具】单击选择文本框，然后在控制栏中修改位置参数 X: 54.5 毫米 Y: 58 毫米，以精确移动文本框，其中X值用来修改文本框的水平位置，Y值用来修改垂直位置。
- 使用键盘方向键：使用【选择工具】单击选择文本框，然后按键盘上的方向键，即可上、下、左、右移动文本框，每按一次方向键，文本框按相应的方向移动0.25毫米；如果辅助Shift键，文本框将按相应的方向每次移动2.5毫米。

② 缩放文本框

创建空文本框或添加文字后，如果对文本框的大小不满意，可以通过下面4种方法来缩放文本框。

- 使用选择工具：选择工具箱中的【选择工具】，拖动文本框边框上的任意一个控制柄位置按住鼠标拖动，都可以缩放文本框。具体拖动缩放的过程如图2.15所示。

技巧

在拖动缩放文本框时，如果按住Ctrl键，可以同时缩放框架中的文本大小。

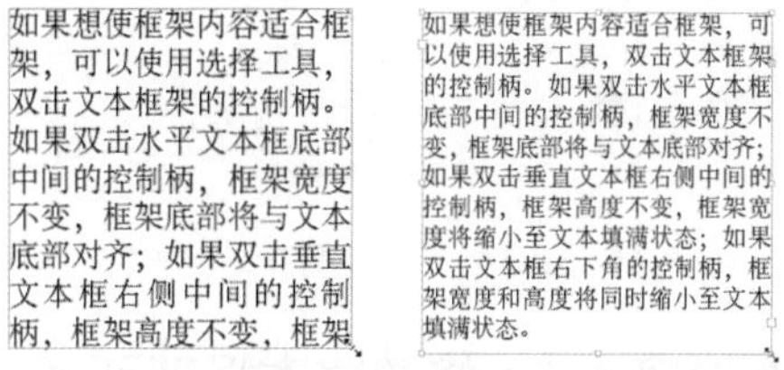

如果想使框架内容适合框架，可以使用选择工具，双击文本框架的控制柄。如果双击水平文本框底部中间的控制柄，框架宽度不变，框架底部将与文本底部对齐；如果双击垂直文本框右侧中间的控制柄，框架高度不变，框架

如果想使框架内容适合框架，可以使用选择工具，双击文本框架的控制柄。如果双击水平文本框底部中间的控制柄，框架宽度不变，框架底部将与文本底部对齐；如果双击垂直文本框右侧中间的控制柄，框架高度不变，框架宽度将缩小至文本填满状态；如果双击文本框右下角的控制柄，框架宽度和高度将同时缩小至文本填满状态。

图2.15 拖动缩放文本框效果

- 双击调整：如果想使框架内容适合框架，可以使用选择工具双击文本框架的控制柄。如果双击水平文本框底部中间的控制柄，框架宽度不变，框架底部将与文本底部对齐；如果双击垂直文本框右侧中间的控制柄，框架高度不变，框架宽度将缩小至文本填满状态；如果双击文本框右下角的控制柄，框架宽度和高度将同时缩小至文本填满状态。
- 利用菜单：选择要调整的文本框，选择【对象】|【适合】|【使框架适合内容】命令，文本框架将缩放到与文本适合的大小。

提示

如果框架本身有溢出的文本，利用双击或【使框架适合内容】命令，可以将文本框的宽度或高度放大到文本填满状态。如果框架本身没有溢出的文本，使用双击或【使框架适合内容】命令，则可以将空白区域去除。

- 使用缩放工具：利用【缩放工具】也可以缩放文本框，但在缩放文本框的同时也会将文本框中的文字缩放，通常用来缩放文字，所以该方法对于缩放文本框来说一般很少用。

③ 变换文本框

除了移动和缩放文本框，还可以对文本框进行更多的操作。利用工具箱中的【旋转工具】、【切变工具】和【自由变换工具】，可以对选择的文本框进行旋转、切变和随意的自由变换操作。但在这些变换中，只有旋转工具在变换文本框时不会改变文字的大小和形状，其他的都会改变文字的大小和形状。旋转和切变的效果分别如图2.16、图2.17所示。

图2.16 旋转文本框

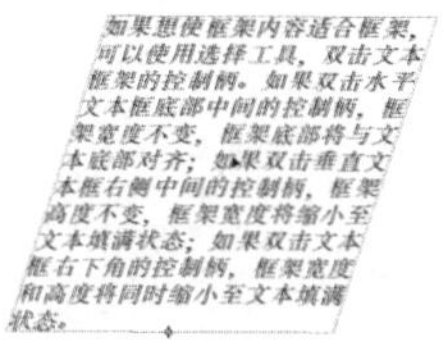

图2.17 切变文本框

视频讲座2-3：修改文本框架形状

案例分类：排版技法类

视频位置：配套光盘\movie\视频讲座2-3：修改文本框架形状.avi

为了排版的方便，用户还可以对现有的文本框形状进行修改。利用【路径查找器】面板中的【转换形状】选项，可以将文本框架修改成圆角矩形、斜面矩形、反向圆角矩形、椭圆形、三角形、多边形等多种形状。还可以使用【钢笔工具】，通过添加/删除锚点，并通过【转换方向点工具】来修改文本框架的形状。使文本的排版更加多样、灵活。

① 利用【路径查找器】修改

选择【窗口】|【对象和版面】|【路径查找器】命令，打开【路径查找器】面板，选择要修改的文本框，然后单击【路径查找器】面板中【转换形状】选项按钮，即可将目标文本框修改。路径查找器修改文本框的几种常用形状如图2.18所示。

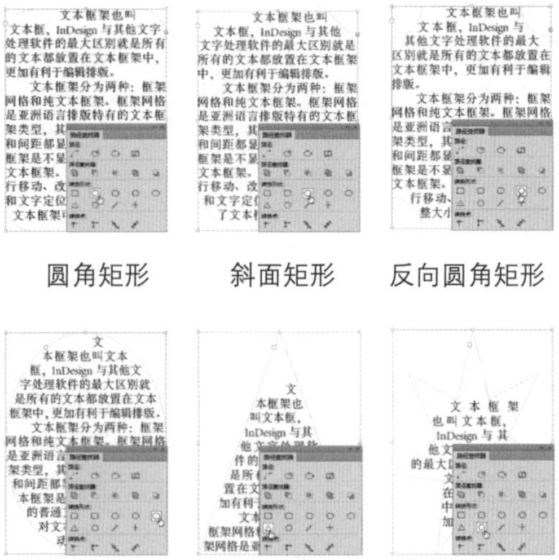

圆角矩形

斜面矩形

反向圆角矩形

椭圆形

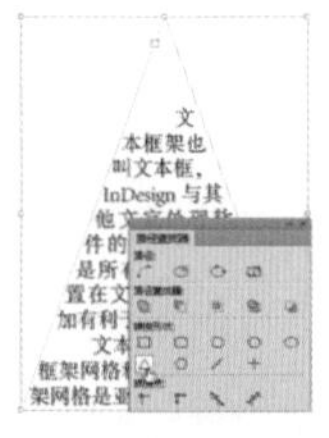

三角形

多边形

图2.18 修改后的几种形状效果

提示

在转换形状时，文本框的形状与当前工具箱中该工具的参数设置相同，比如转换多边形时，工具箱中的多边形工具的边数和星形内陷，就是当前文本框多边形的最终效果。另外，利用【对象】|【角选项】命令，可以修改转角大小和形状。

② 利用路径工具修改

使用钢笔、添加锚点、删除锚点、转换方向点和直接选择工具，可以随意修改文本框的形状。使用钢笔工具不但可以在文本框上添加锚点，也可以删除锚点，将光标移动到文本框的边缘位置，当光标变成状时，单击鼠标即可添加一个锚点；将光标移动到文本框的锚点位置，当光标变成状时，单击鼠标即可删除当前锚点。使用【添加锚点工具】只能添加锚点，使用【删除锚点工具】只能删除锚点。

使用【直接选择工具】可以对文本框进行细致的修改，可以直接拖动文本框的边框，移动边框的位置，也可以直接拖动文本框的锚点，随意的修改文本框的形状。

添加锚点、移动锚点、转换方向点效果如图2.19所示。

图2.19 添加锚点、移动锚点和转换方向点效果

2.3.2 创建框架网格

选择工具箱中的【水平网格工具】或【垂直网格工具】，在文档中拖动鼠标，就可以创建出水平或者垂直的网格框架。

ID 1 选择工具箱中的【水平网格工具】按钮，拖动鼠标绘制一个12W×2L的网格，如图2.20所示。释放鼠标后的效果如图2.21所示。

图2.20 绘制网格

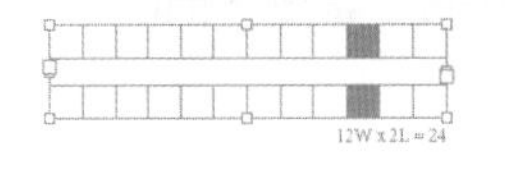

图2.21 绘制完成的网格

ID 2 选择工具箱中的【文字工具】按钮，输入文本“床前明月光，疑是地上霜。举头望明月，低头思故乡。”如图2.22所示。

图2.22 输入文字

ID 3 在网上单击鼠标右键，在弹出的快捷菜单中选择【框架网格选项】命令，打开的【框架网格】对话框，【大小】选项设置为30点，【行间距】选项设置为30点，如图2.23所示。单击【确定】按钮保存设置，效果如图2.24所示。

图2.23 【框架网格】对话框

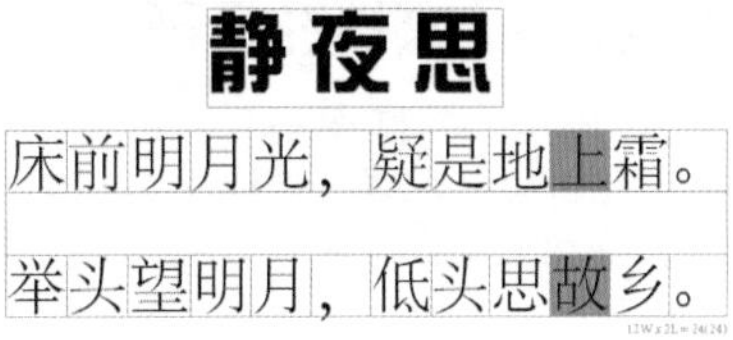

图2.24 修改后效果

2.3.3 文本框架间的转换

文本框架与框架网格是可以转换的，能够将纯文本转换为框架网格，也能够将框架网格转换为纯文本。两种框架的转换如下：

❶ 纯文本框转换为框架

选择【对象】|【框架类型】|【框架网格】命令，转换后的框架网格以默认的网格格式为准。也可以在【文章】面板中的【框架类型】中选择【框架网格】

❷ 框架网格转换为纯文本框架

选择【对象】|【框架类型】|【文本命令】，也可以在【文章】面板中【框架类型】列表中选择【文本框架】，能够将框架网格转换为纯文本框架。

选择工具箱中的【选择工具】按钮，选中前面的框架网格，执行菜单中的【对象】|【框架类型】|【文本框架】命令，即可将框架网格转换为文本框架。如图2.25所示。

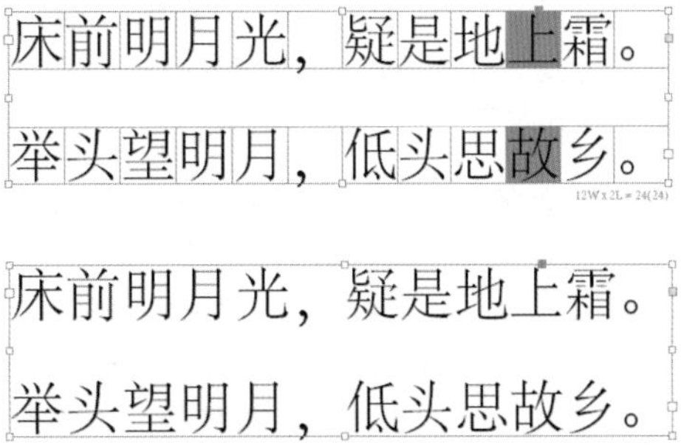

图2.25 框架网格转换文本框架前后对比

2.4 打开及置入

InDesign CC可以利用文本工具直接输入文本，也可以从其他的地方复制粘贴文本，还可以直接置入文本，且可以将图像直接置入。InDesign CC不但可以置入txt、rtf格式的文本文件，而且还可以置入Word文档和Excel电子表格文件，在置入这些文档时，InDesign CC可以保留导入文字处理应用程序中指定的所有格式信息，但InDesign CS3中不支持的文字处理功能信息除外。

视频讲座2-4：文档的打开

案例分类：软件功能类
视频位置：配套光盘\movie\视频讲座2-4：文档的打开.avi

InDesign CC可以打开InDesign 1.x 及更高版本的文档、InDesign Interchange (.inx) 文档，InDesign 文档的文件扩展名为.indd，打开的方法很简单，具体操作如下：

ID 1 选择【文件】|【打开】命令，弹出【打开文件】对话框，如图2.26所示。

图2.26 【打开文件】对话框

技巧

按Ctrl +O组合键，可以快速弹出【打开】对话框。

在【打开文件】对话框的底部，有一个【打开方式】选项组，并有3个单选按钮，具体的含义说明如下：

- 【正常】：选择该单选按钮，将打开原始文档或模板的副本。
- 【原稿】：选择该单选按钮，将打开原始文档或模板。
- 【副本】：选择该单选按钮，将打开文档或模板的副本。

ID 2 在【查找范围】中找到打开文档的路径，然后选择要打开的文档，单击【打开】按钮即可将文档打开，效果如图2.27所示。

图2.27 打开的InDesign文档

ID 3 如果打开了多个文档，可以在【窗口】下拉列表中选择打开的不同文档，如图2.28所示，或按下键盘上的Ctrl+Tab快捷键来切换现实文档。

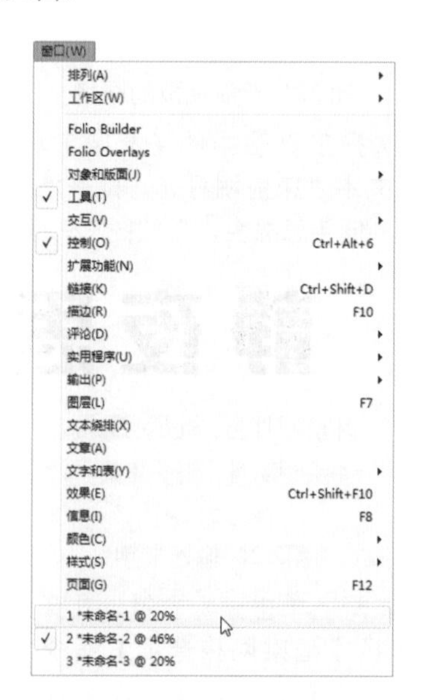

图2.28 显示打开的文档

2.4.1 【置入】对话框

要想置入文档，首先就要打开【置入】对话框，选择【文件】|【置入】命令，将打开【置入】对话框，如图2.29所示。

技巧

按Ctrl + D组合键，可以快速打开【置入】对话框。

图2.29 【置入】对话框

【置入】对话框中各选项的含义说明如下。

- 【显示导入选项】：勾选该复选框，单击【打开】按钮，将打开【**导入选项】对话框。如果撤选该复选框，在置入文档时将不会显示【**导入选项】对话框。文档将根据最后一次的设置置入。
- 【替换所选项目】：勾选该复选框，导入的文件将替换所选框架的内容、替换所选文本或添加到文本框架的插入点。撤选该复选框，置入的文档将排列到新的框架中。
- 【创建静态题注】：勾选该复选框，可以在导入素材的同时，创建静态题注。可以通过选择【对象】|【题注】|【题注设置】命令来修改题注。
- 【应用网格格式】：勾选该复选框，导入的文档将带有网格框架。如果取消该复选框，将导入纯文本框架。

2.4.2 Word文档的置入方法

在InDesign CC中，虽然也可以输入文字，但比起其他的文字处理软件（如Word）来说，就没有它灵活、方便，所以一般的排版软件都是通过置入的方法来完成文字输入的。下面来讲解置入Word文档的方法。

ID 1 创建一个新的InDesign CC文档。

ID 2 选择【文件】|【置入】命令，或者按Ctrl + D组合键，打开【置入】对话框，并勾选【显示导入选项】复选框，选择一个Word文档，如图2.30所示。

图2.30 【置入】对话框

ID 3 选择文档后，单击【打开】按钮，将打开【Microsoft Word 导入选项】对话框，如图2.31所示。

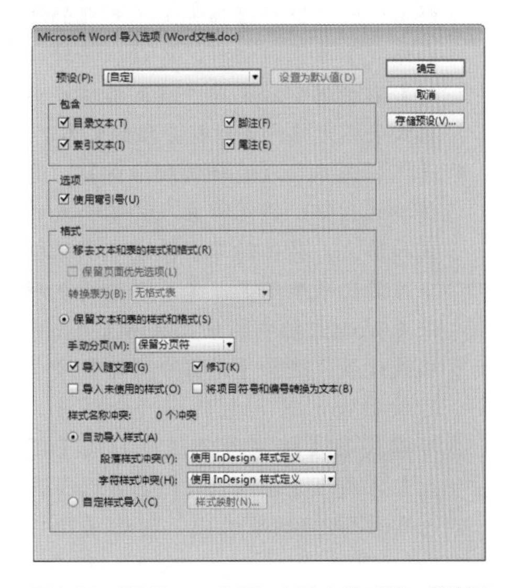

图2.31 【Microsoft Word 导入选项】对话框

通过【Microsoft Word 导入选项】对话框，可以对当前导入的文档进行详细的置入设置，其具体的选项说明如下。

- 【预设】：从右侧的下拉菜单中，可以选择一个曾经存储的预设，也可以选择【自定】来自行设置。
- 【包含】：设置导入包含的内容。勾选【目录文本】复选框，可以将目录作为纯文本导入到当前文档中。勾选【脚注】复选框，可以将Word脚注直接置入作为InDesign脚注，但会根据文档设置重新排列。勾选【索引文本】复选框，可以将索引作为纯文本导入到当前的文档中。勾选【尾注】复选框，可以将尾注作为文本的一部分转入到文档的末尾。
- 【使用弯引号】：勾选该复选框，可以将文本中包含的左右引号（“”）和单引号（’）置入，而不会置入英文的引号（" "）和单引号（'）。
- 【移去文本和表的样式和格式】：选择该单选按钮，将删除置入文本和表的样式和格式，如字体、字号、文字颜色、文字样式、表格格式、随文图等。当选择【移去文本和表的样式和格式】复选框时，如果选择【保留本地覆盖】单选按钮，可以保持应用段落中的一部分字符格式。当选择【移去文本和表的样式和格式】单选按钮时，可以从【转换表为】右侧的下拉菜单中将表格转换为无格式表或无格式定位符分隔的文本。
- 【保留文本和表的样式和格式】：选择该单选按钮，将保留置入文本和表的样式和格式。具体的保留情况可以根据其下方的选项来确定。【手动分页】用来设置Word文档中的分页在InDesign中的格式设置。选择【保留分页符】命令，可使用Word中用到的同一分页符，也可以将其【转换为分栏符】或【不换行】。勾选【导入随文图】复选框，置入Word文档的随文图。勾选【修订】复选框，在打开【修订】的情况下，在InCopy中编辑导入的文本时，会突出显示。如果不勾选该复选框，会将所有的导入文本突出显示为添加的单个文本，可以在InCopy中查看【修订】，但在InDesign中却不能查看。勾选【导入未使用的样式】复选框，将导入Word文档中全部使用或未使用过的样式。勾选【将项目符号和编号转换为文本】复选框，可以将项目符号和编号作为实际的字符导入，如果对其进行修改，项目符号和编辑将不会再自动更新。
- 【自动导入样式】：将Word文档的样式置入时，如果样式名称发生冲突，则在【样式名称冲突】的旁边将出现一个黄色警告三角形，可以从【段落样式冲突】和【字符样式冲突】下拉菜单中选择相关的选项进行修改。选择【使用InDesign样式定义】，将导入的样式基于InDesign样式设置；选择【重新定义InDesign样式】，将导入的样式根据自身的样式设置，并重新定义使用该样式的InDesign文本；选择【自动重命名】，可以将有冲突的样式自动重新命名。
- 【自定样式导入】：选择该单选按钮，可以单击【样式映射】按钮，打开【样式映射】对话框，对Word和InDesign中的样式进行修改。
- 【存储预设】：如果对当前Word导入选项设置比较满意，想在以后的置入中使用，可以单击【存储预设】按钮，打开【存储预设】并对其重新命名。如果下次想应用该预设，可以从【预设】右侧的下拉菜单中选择该预设。

ID 4 【Microsoft Word 导入选项】对话框中所有的参数设置完成后，单击【确定】按钮回到文档中，此时鼠标将变成状，并显示出一些文本效果，在页面中合适的位置单击，即可将Word文档置入到InDesign页面中，如图2.32所示。

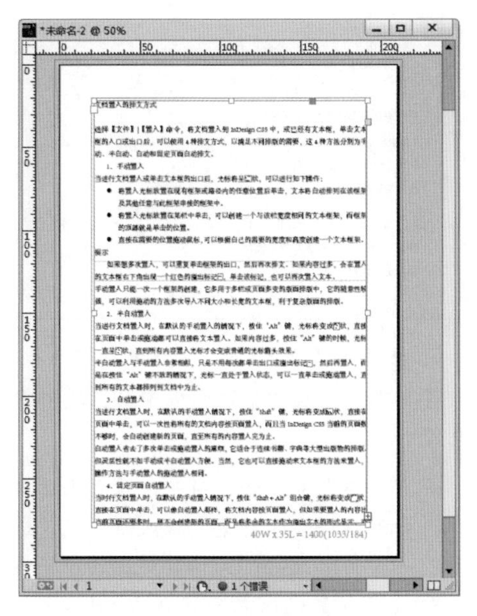

图2.32 置入Word文档效果

2.4.3 Excel电子表格的置入方法

利用InDesign CC不仅可以置入Word文档，还可以置入Excel电子表格，其置入的方法与Word文档的置入方法相同，只是【导入选项】对话框中的选项设置不同。具体置入的操作方法如下：

ID 1 选择【文件】|【置入】命令，或者按Ctrl + D组合键，打开【置入】对话框，并勾选【显示导入选项】复选框，选择一个Excel文档，如图2.33所示。

图2.33 【置入】对话框

ID 2 选择文档后，单击【打开】按钮，将打开【Microsoft Excel 导入选项】对话框，如图2.34所示。

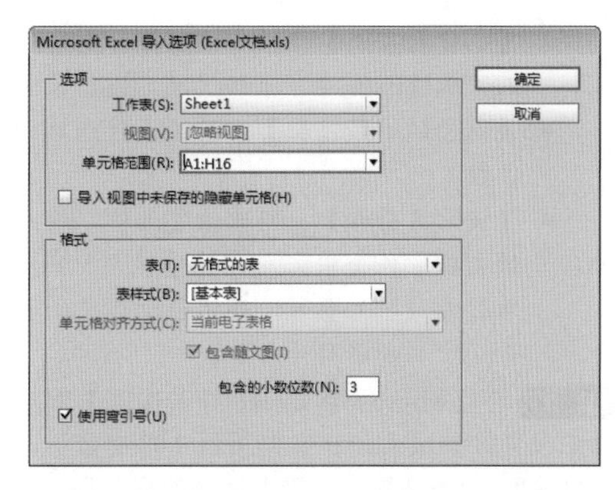

图2.34 【Microsoft Excel 导入选项】对话框

通过【Microsoft Excel 导入选项】对话框，可以对当前导入的电子文档进行详细的置入设置，其具体的选项说明如下。

- 【工作表】：可从右侧的下拉菜单中选择要导入的工作表名称。
- 【视图】：从右侧的下拉菜单中选择一个存储的个人视图，也可以忽略这些视图。
- 【单元格范围】：可以指定要置入单元格的范围，一般会自动显示表格的范围，并在右侧的文本框中以冒号（:）显示，如A1:K12。
- 【导入视图中未保存的隐藏单元格】：勾选该复选框，将导入视图中未存储的隐藏单元格。
- 【表】：设置导入表格的格式信息。选择【有格式的表】选项，InDesign会尽量保留单元格的文本格式；选择【无格式的表】选项，则置入的表格将不带有任何格式；选择【无格式定位符分隔文本】选项，则置入的表格将不带有任何格式，并以制表符分隔文本；选择【仅设置一次格式】选项，InDesign将使用初次导入Excel时所使用的格式进行置入。
- 【表样式】：从右侧的下拉菜单中选择一个应用于当前导入表格的样式。当在【表】中选择【无格式的表】选项后，此项才被激活。
- 【单元格对齐方式】：设置置入表格的单元格对齐方式。当在【表】中选择【有格式的表】选项后，此项才被激活。当【单元格对齐方式】可用时，

【包含随文图】选项才被激活，用来置入时保留Excel电子表格的随文图。

- 【包含的小数位数】：设置小数点后的位数。
- 【使用弯引号】：勾选该复选框，置入的文档中包含中文左右引号（“”）和单引号（’）置入，而不包含英文的引号（""）和单引号（'）。

ID 3 在【Microsoft Excel 导入选项】对话框中设置好参数后，在文档页面中单击鼠标，即可将Excel表格置入，置入后的效果如图2.35所示。

*未命名-2 @ 100% [叠印预览]

销售收入、成本、费用、税金分析表							
月份	销售收入	销售成本	销售费用	销售税金	销售成本率	销售费用率	销售税金率
1	6500.00	5000.00	233.05	481.17	76.92%	3.59%	7.40%
2	5400.00	4560.00	92.11	29.67	84.44%	1.71%	0.55%
3	5100.00	5130.00	737.50	213.48	100.59%	14.46%	4.19%
4	7700.00	6430.00	758.54	481.80	83.51%	9.85%	6.26%
5	8135.00	7000.00	442.29	406.41	86.05%	5.44%	5.00%
6	6245.00	5120.00	118.76	153.71	81.99%	1.90%	2.46%
7	5712.00	3760.00	304.83	113.34	65.83%	5.34%	1.98%
8	6258.00	4250.00	691.13	89.77	67.91%	11.04%	1.43%
9	5700.00	3150.00	13.01	248.06	55.26%	0.23%	4.35%
10	5400.00	4000.00	793.49	214.28	74.07%	14.69%	3.97%
11	6710.00	4210.00	837.39	216.14	62.74%	12.48%	3.22%
12	7120.00	4910.00	565.63	290.99	68.96%	7.94%	4.09%
合计	75980.00	57520.00	5587.73	2938.82			

图2.35 置入的Excel表格效果

2.4.4 纯文本文件的置入方法

除了Word文档和Excel电子表格，还有一种文本文件也可以直接置入，如.TXT格式的文件。如果在置入时勾选【显示导入选项】复选框，将打开【文本导入选项】对话框，如图2.36所示。

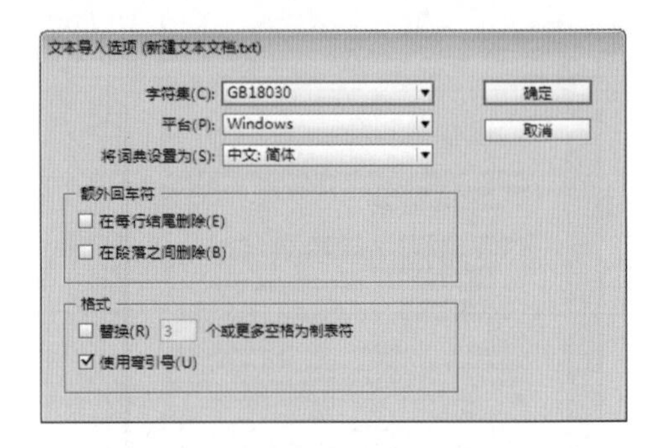

图2.36 【文本导入选项】对话框

【文本导入选项】对话框中各选项的含义说明如下。

- 【字符集】：指定用于创建文本文件的计算机语言字符集。默认情况下，选择的是与InDesign CC语言对应的字符集。
- 【平台】：设置文件在Windows（PC机）还是在Mac OS（苹果机）中创建文件。
- 【将词典设置为】：设置置入文本使用的词典。
- 【在每行结尾删除】：勾选该复选框，将额外回车符在每行结尾删除。
- 【在段落之间删除】：勾选该复选框，将额外回车符在段落之间删除。
- 【替换】：用制表符替换指定数目的空格。勾选该复选框后，可以通过右侧的文本框直接输入数目以进行替换。
- 【使用弯引号】：勾选该复选框，置入的文本文件中包含中文左右引号（“”）和单引号（’）置入，而不包含英文的引号（""）和单引号（'）。

2.5 串接文本

在利用【置入】命令导入文档时，多次的单击拖动创建文本框架，这些文本框架之间自动串接起来，形成串接文本框架。如果自行输入文本，创建出的框架可以独立存在，也可以利用相关的命令将独立的框架串接起来，形成串接文本框架。

在每个框架中，都包含有一个入口和一个出口，利用这些端口可以将独立的文本框架连接起来，形成串接文本框架。框架文本的入口表示文本的开头，框架文本的出口表示文本的结尾。端口中的箭头表示该框架串接到另一个框架中。如果在文本框右下角出现一个红色的溢出标记田，表示该文本框架中有溢出文本，如图2.37所示。

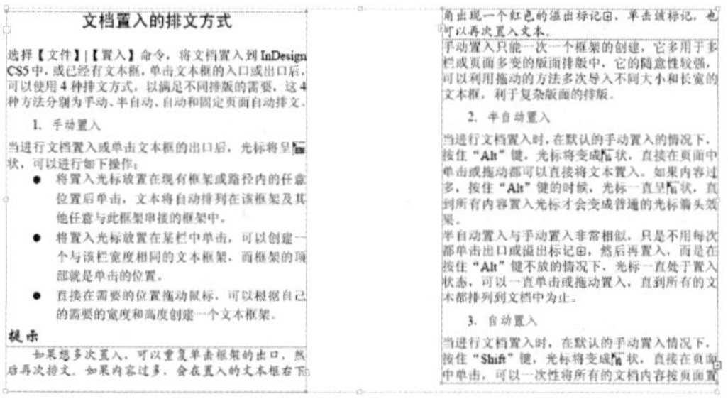

图2.37 串接的框架

提示

选择【视图】|【显示文本串接】命令，或者按Alt + Ctrl + Y组合键，在【屏幕模式】显示为【正常】的情况下，单击选择文本框，可以看到一条灰色的串接线，显示串接文本框，这样有利于排版中串接文本的修改。如果不想让其显示，可以选择【视图】|【隐藏文本串接】命令，或者按Alt + Ctrl + Y组合键，即可将串接线隐藏。

视频讲座2-5：文档置入的排文方式

案例分类：排版技法类

视频位置：配套光盘\movie\视频讲座2-5：文档置入的排文方式.avi

选择【文件】|【置入】命令，将文档置入到InDesign CC中，或者已经有文本框，单击文本框的入口或出口后，可以使用4种排文方式，以满足不同排版的需要。这4种方法分别为手动、半自动、自动和固定页面自动排文。

① 手动置入

当进行文档置入或单击文本框的出口后，光标将呈状，可以进行如下操作：

- 将置入光标放置在现有框架或路径内的任意位置后单击，文本将自动排列在该框架及其他任意与此框架串接的框架中。
- 将置入光标放置在某栏中单击，可以创建一个与该栏宽度相同的文本框架，而框架的顶部就是单击的位置。
- 直接在需要的位置拖动鼠标，可以根据自己需要的宽度和高度创建一个文本框架。

提示

如果想多次置入，可以重复单击框架的出口，然后再次排文。如果内容过多，会在置入的文本框右下角出现一个红色的溢出标记⊞，单击该标记，也可以再次置入文本。

手动置入只能一次一个框架的创建，它多用于多栏或页面多变的版面排版中，它的随意性较强，可以利用拖动的方法多次导入不同大小和长宽的文本框，利于复杂版面的排版。

② 半自动置入

当进行文档置入时，在默认的手动置入情况下，按住Alt键，光标将变成状，直接在页面中单击或拖动都可以直接将文本置入。如果内容过多，按住Alt键的时候，光标一直呈状，直到所有内容置入光标才会变成普通的光标箭头效果。

半自动置入与手动置入非常相似，只是不用每次都单击出口或溢出标记⊞，然后再置入，而是在按住Alt键不放的情况下，光标一直处于置入状态，可以一直单击或拖动置入，直到所有的文本都排列到文档中为止。

③ 自动置入

当进行文档置入时，在默认的手动置入情况下，按住Shift键，光标将变成状，直接在页面中单击，可以一次性将所有的文档内容按页面置入，而且当InDesign CC当前的页面数不够时，会自动创建新的页面，直至所有的内容置入完为止。

自动置入省去了多次单击或拖动置入的麻烦，它适合于连续书籍、字典等大型出版物的排版。但灵活性就不如手动或半自动置入方便。当然，它也可以直接拖动文本框的方法来置入，操作方法与手动置入的拖动置入相同。

④ 固定页面自动置入

当进行文档置入时，在默认的手动置入情况下，按住Shift + Alt组合键，光标将变成状，直接在页面中单击，可以像自动置入那样，将文档内容按页面置入。但如果要置入的内容比当前页面还要多时，则不会创建新的页面，而是将多余的文本作为溢出文本的形式显示，可以单击溢出标记⊞后再次置入。

固定页面自动置入可以根据当前页码置入文字，而且不用手动多次置入。当然，固定置入也可以直接拖动置入，置入的操作方法与半自动拖动方法相似。

技巧

在应用这4种置入方法时，可以随时相互切换，比如在应用半自动置入时，按Shift键可以切换到自动置入，按Shift + Alt组合键可以切换到固定置入。另外，这4种置入方法也可以混合应用。

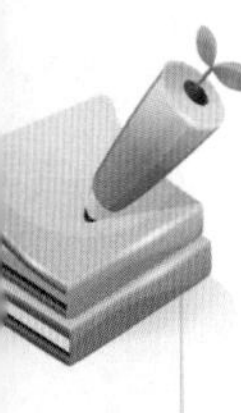

视频讲座2-6：串接文本框架

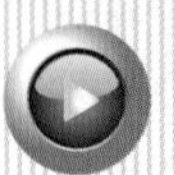

案例分类：排版技法类
视频位置：配套光盘\movie\视频讲座2-6：串接文本框架.avi

在置入文档时，可以自动创建文本框架的串接，如果想对现有的文本框架设置串接，可以通过以下两种方法来完成。

① 创建新串接框架

如果想在现有框架的基础上创建新的串接框架，可以在工具箱中单击【选择工具】，然后选择一个文本框架，单击该框架的入口或出口图标。如果单击入口图标，可以在该框架的前面拖动绘制一个框架；如果单击出口图标，可以在该框架的后面拖动绘制一个框架。创建新框架的操作过程如图2.38所示。

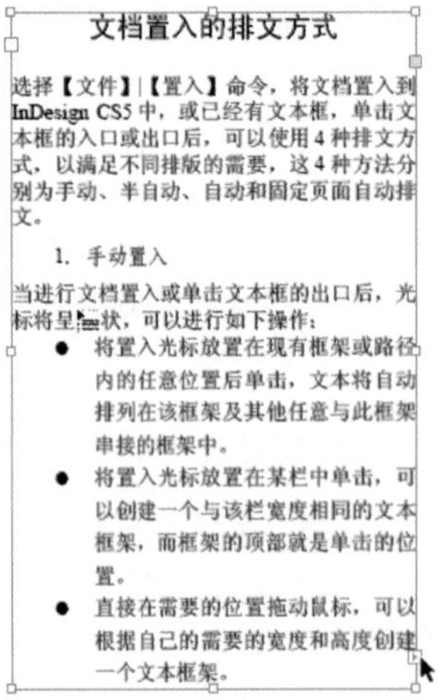

文档置入的排文方式
选择【文件】|【置入】命令，将文档置入到InDesign CS5中，或已经有文本框，单击文本框的入口或出口后，可以使用4种排文方式，以满足不同排版的需要，这4种方法分别为手动、半自动、自动和固定页面自动排文。
1. 手动置入
当进行文档置入或单击文本框的出口后，光标将呈状，可以进行如下操作：
将置入光标放置在现有框架或路径内的任意位置后单击，文本将自动排列在该框架及其他任意与此框架串接的框架中。
将置入光标放置在某栏中单击，可以创建一个与该栏宽度相同的文本框架，而框架的顶部就是单击的位置。
直接在需要的位置拖动鼠标，可以根据自己的需要的宽度和高度创建一个文本框架。

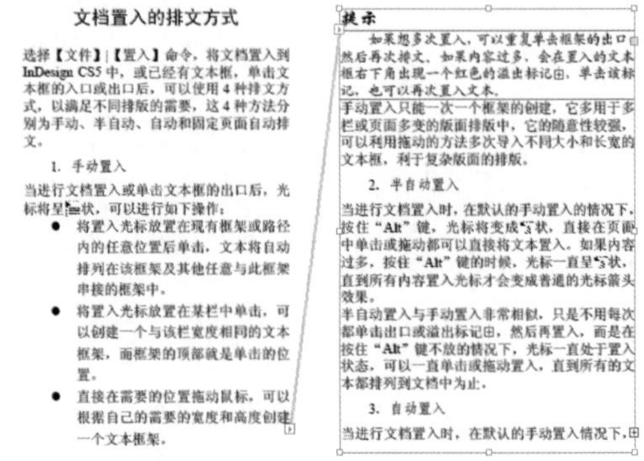

文档置入的排文方式
选择【文件】|【置入】命令，将文档置入到InDesign CS5中，或已经有文本框，单击文本框的入口或出口后，可以使用4种排文方式，以满足不同排版的需要，这4种方法分别为手动、半自动、自动和固定页面自动排文。
1. 手动置入
当进行文档置入或单击文本框的出口后，光标将呈状，可以进行如下操作：
将置入光标放置在现有框架或路径内的任意位置后单击，文本将自动排列在该框架及其他任意与此框架串接的框架中。
将置入光标放置在某栏中单击，可以创建一个与该栏宽度相同的文本框架，而框架的顶部就是单击的位置。
直接在需要的位置拖动鼠标，可以根据自己的需要的宽度和高度创建一个文本框架。
提示
如果想多次置入，可以重复单击框架的出口然后再次排文。如果内容过多，会在置入的文本框右下角出现一个红色的溢出标记田，单击该标记，也可以再次置入文本。
手动置入只能一次一个框架的创建，它多用于多栏或页面多变的版面排版中，它的随意性较强，可以利用拖动的方法多次导入不同大小和长宽的文本框，利于复杂版面的排版。
2. 半自动置入
当进行文档置入时，在默认的手动置入的情况下，按住"Alt"键，光标将变成状，直接在页面中单击或拖动都可以直接将文本置入。如果内容过多，按住"Alt"键的时候，光标一直呈状，直到所有内容置入光标才会变成普通的光标箭头效果。
半自动置入与手动置入非常相似，只是不用每次都单击出口或溢出标记田，然后再置入，而是在按住"Alt"键不放的情况下，光标一直处于置入状态，可以一直单击或拖动置入，直到所有的文本都排列到文档中为止。
3. 自动置入
当进行文档置入时，在默认的手动置入情况下，

图2.38 创建新框架的操作过程

技巧

不管单击入口或出口图标，都可以在当前文本框架的前面或后面创建文本框架，只是为了排文的顺序，建议单击入口图标在前面创建；单击出口图标在后面创建。

提示

创建文本框架串接后，选择中间文本框架中的任何一个框架，可以看到一条浅蓝色的文本串接线，如果没有显示，选择【视图】|【其他】|【显示文本串接】命令即可。按Alt + Ctrl + Y组合键，可以快速显示或隐藏文本串接标志。

② 与现有框架串接

如果当前文档中存在两个或多个文本框架，想将其中一些框架串接起来，可以在工具箱中单击【选择工具】，然后选择一个文本框架，单击该框架的入口或出口图标，移动光标到要串接的框架上面，此时光标将变成串接图标，直接单击即可与当前文本框架形成串接。

③ 取消框架串接

前面讲解了框架的串接，下面来讲解取消框架的串接关系，但断开串接将切断串接中所有后面框架的连接关系，框架中的文本将自动移到前面的框架中，形成溢出文本效果，所有后面的框架都显示为空框架。如果想断开框架的串接关系，可以使用下面的方法来操作。断开串接后的文本框效果如图2.39所示。

图2.39 断开串接操作前后效果

- 双击某个框架的入口图标，将从该框架开始，断开所有后续的框架串接。从该框架串接开始，后续的框架都将成为空框架。
- 双击某个框架的出口图标，将从该框架的下一个框架开始，断开所有后续的框架串接，从该框架的下一个串接框架开始，后续的框架都将成为空框架。
- 使用【选择工具】单击某个框架的入口图标，然后将光标移动到该框架前面的串接框架中，当光标变成取消串接状态时，单击鼠标即可从单击的框架开始断开后续框架的串接。
- 使用【选择工具】单击某个框架的出口图标，然后将光标移动到该框架后面的串接框架中，当光标变成取消串接状态时，单击鼠标即可从单击的框架开始断开后续框架的串接。

视频讲座2-7：拆分和合并文本框架

案例分类：排版技法类
视频位置：配套光盘\movie\视频讲座2-7：拆分和合并文本框架.avi

对于现有的串接文本框架，如果在排版中需要进行拆分或合并，可以通过下面的方法来操作。

① 拆分框架串接

如果已经存在多个串接框架，可以从任意的串接框架中拆分出新的串接框架。具体的拆分操作如下。

ID 1 在工具箱中单击【选择工具】，然后选择要拆分新框架的文本框架，单击该文本框架的出口，如图2.40所示。

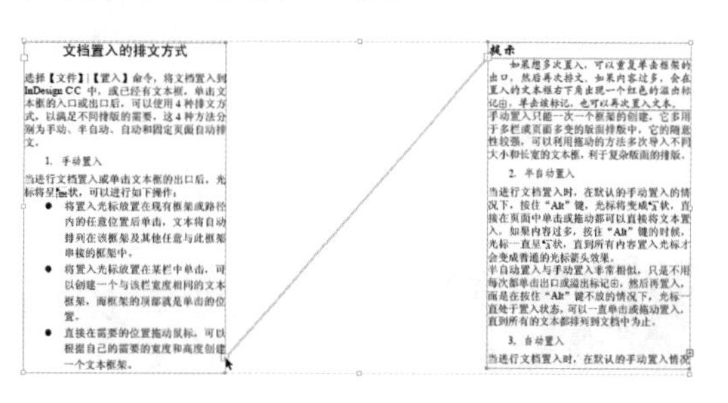

图2.40 单击该文本框架的出口

ID 2 单击出口后，光标将变成排文图标，在需要的位置单击拖动，即可拆分出一个新的框架，如图2.41所示。

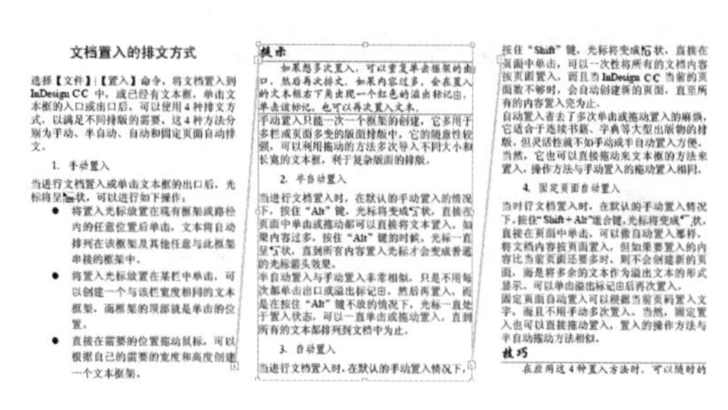

图2.41 拆分框架效果

提示

在单击入口、出口或溢出图标后，如果当前文档的查看位置不合适，还可以通过快捷键对文档进行放大、缩小、平移、翻页或添加新页面操作。如果操作中想放弃串接，可以选择工具箱中的任一工具取消串接。

② 合并框架串接

如果框架过多需要将多余的框架合并时，可以利用相关操作，将多余的框架合并，而且不会对现有的文本造成损失。合并框架的前后效果对比如图2.42所示。

- 利用剪切命令合并框架：如果想将某个框架合并，可以先选择该框架，然后【编辑】|【剪切】命令，或者按Ctrl + X组合键，将该框架剪切掉，但不会从原文档中移动任何文本，该框架中包含的所有文本都将排列到该文档内的下一框架中。
- 利用删除合并框架：选择要合并的框架，然后按键盘上的Backspace或Delete键，即可将框架合并，该框架中包含的所有文本将排列到串接的下一个框架中。

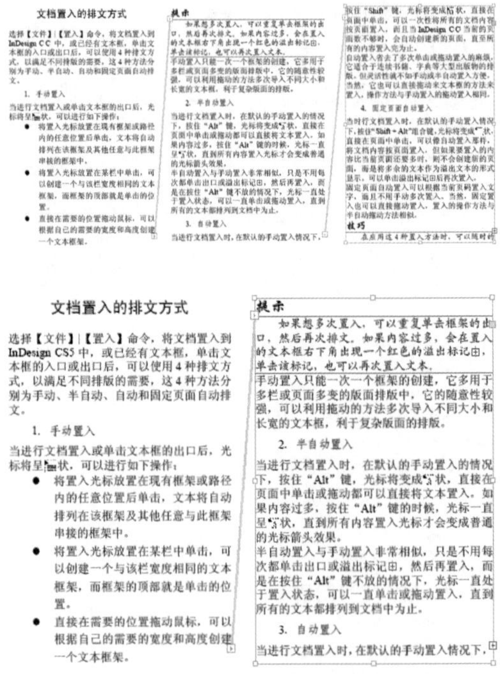

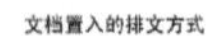

文档置入的排文方式

选择【文件】|【置入】命令，将文档置入到InDesign CS5中，或已经有文本框，单击文本框的入口或出口后，可以使用4种排文方式，以满足不同排版的需要，这4种方法分别为手动、半自动、自动和固定页面自动排文。

1. 手动置入

当进行文档置入或单击文本框的出口后，光标将呈状，可以进行如下操作：

- 将置入光标放置在现有框架或路径内的任意位置后单击，文本将自动排列在该框架及其他任意与此框架串接的框架中。
- 将置入光标放置在某栏中单击，可以创建一个与该栏宽度相同的文本框，而框架的顶部就是单击的位置。
- 直接在需要的位置拖动鼠标，可以根据自己的需要的宽度和高度创建一个文本框。

提示

如果想多次置入，可以重复单击框架的出口，然后再次排文。如果内容过多，会在置入的文本框右下角出现一个红色的溢出标记田，单击该标记，也可以再次置入文本。

手动置入只能一次一个框架的创建，它多用于多栏或页面多变的版面排版中，它的随意性较强，可以利用拖动的方法多次导入不同大小和长宽的文本框，利于复杂版面的排版。

2. 半自动置入

当进行文档置入时，在默认的手动置入的情况下，按住“Alt”键，光标将变成状，直接在页面中单击或拖动都可以直接将文本置入，如果内容过多，按住“Alt”键的时候，光标一直呈状，直到所有内容置入光标才会变成普通的光标箭头效果。

半自动置入与手动置入非常相似，只是不用每次都单击出口或溢出标记田，然后再置入，而是在按住“Alt”键不放的情况下，光标一直处于置入状态，可以一直单击或拖动置入，直到所有的文本都排列到文档中为止。

3. 自动置入

当进行文档置入时，在默认的手动置入情况下，

图2.42 合并框架的前后效果对比

2.6 置入图像

在InDesign中置入图像或图形的方法有很多种，可以根据不同情况选择不同的方法。InDesign还支持各种模式的图形或图像文件，常用Photoshop产生的TIFF格式文件、PSD格式、以及PNG格式文件、EPS格式、JPEG格式等。下面来通过实例具体讲解。

2.6.1 直接置入图片

直接置入图片的操作方法如下。

ID 1 选择【文件】|【打开】命令，选择配套光盘中的“调用素材\第2章\案列-背景.indd”文件，如图2.43所示。

图2.43 打开文件

ID 2 选择【文件】|【置入】命令，在弹出的【置入】对话框中，选择配套光盘中的“调用素材\第2章\辅助图形.jpg”文件，勾选【显示导入选项】复选框，如图2.44所示。

图2.44 【置入】对话框

ID 3 选择完毕后，单击【打开】按钮，弹出【图像导入选项】对话框，如图2.45所示。

图2.45 【图像导入选项】对话框

ID 4 单击【颜色】标签切换到【颜色】选项卡，如图2.46所示，其中【配置文件】下拉列表用于设置和导入文件色域匹配的颜色源配置；【渲染方法】下拉列表用于设置输出图像的颜色方法。

图2.46 【颜色】选项卡

ID 5 这里我们保持对话框的默认设置，单击【确定】按钮，在页面的合适位置单击，图像就会导入。将导入的图片摆放在如图2.47所示的位置。

图2.47 置入图片

2.6.2 置入一般图像

置入一般图像的操作方法如下。

ID 1 选择工具箱中的【矩形框架工具】按钮，在页面中单击鼠标，在弹出的【矩形】对话框中设置尺寸为98毫米×36毫米，单击【确定】按钮建立框架，如图2.48所示。

ID 2 确认选中框架，选择【文件】|【置入】命令，在弹出的【置入】对话框中选择配套光盘中的“调用素材/第2章/辅助图形2.jpg”文件，单击【确定】按钮保存设置，导入效果如图2.49所示。

图2.48 建立框架

图2.49 置入图片

ID 3 选择工具箱中的【直接选择工具】，选中导入的图片，按住Ctrl + Shift组合键的同时调整素材在框架内的显示，最终调整效果及摆放位置如图2.50所示。

图2.50 置入图片摆放效果

ID 4 图片与框架的大小关系可以通过【适合】命令来自动调整。选中图像的框架，选择【对象】|【适合】命令，在弹出如图2.51所示的子菜单中选择合适的调整类型即可。

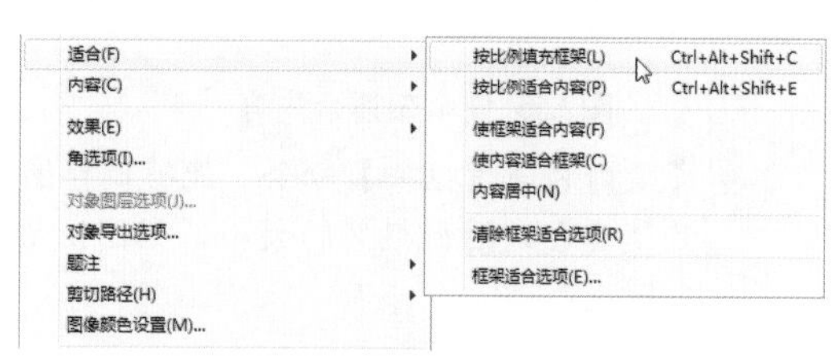

图2.51 选择合适的调整类型

【适合】命令子菜单选项主要含义如下。

- 【按比例填充框架】命令：能够调节图片的大小使其充满框架，并且图图片缩放的同时保持比例，如图2.52所示是刚导入没有进行任何操作的状态，如图2.53所示是使用【按比例填充框架】后状态。

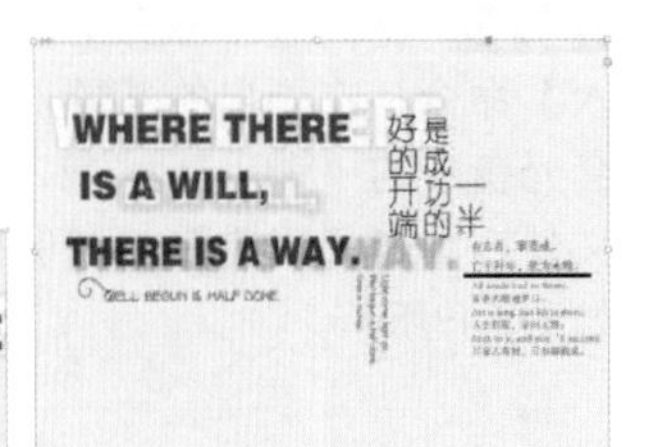

图2.52 导入后状态　　图2.53 按比例填充框架

- 【按比例适合内容】命令：能够调整图片大小使其适合框架，但是图片缩放的同时保持比列，如图2.54所示。

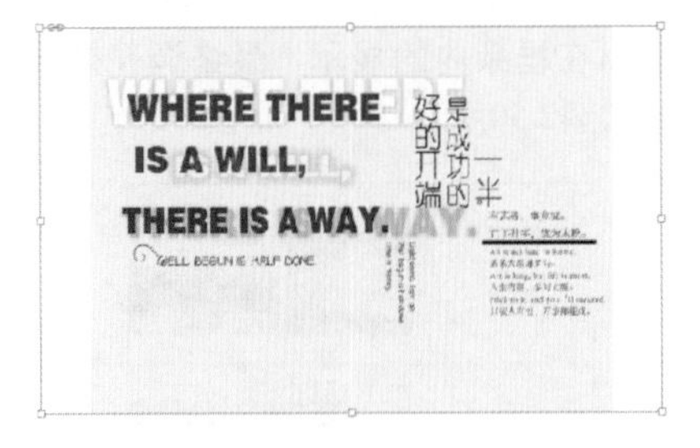

图2.54 按比例适合内容

- 【使框架适合内容】命令：能够调整图形框架使其合适图片的大小，如图2.55所示。

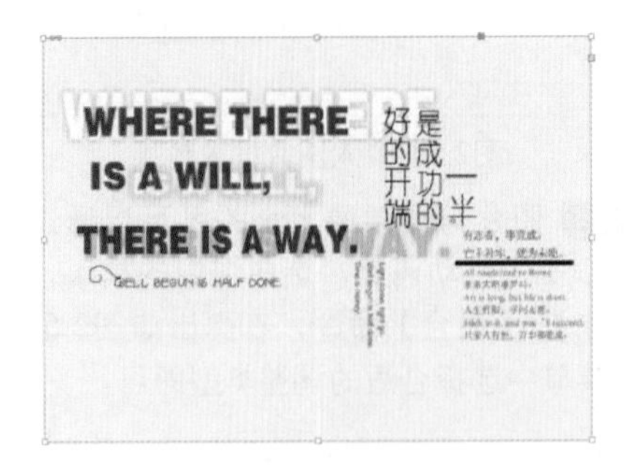

图2.55 使框架适合内容

- 【使内容合适框架】命令：能够调整图片使其合适图形框架的大小，如图2.56所示。

图2.56 使内容适合框架

- 【内容居中】命令：能够将图片调整至图形框架居中位置，但不调整图片或图片框架的大小，如图2.57所示。

图2.57 使内容居中

2.6.3 置入Photoshop图像

在置入Adobe Photoshop图片时，可以通过Photoshop创建路径、蒙版或Alpha通道去除背景，还可以控制图层的显示情况。

ID 1 选择工具箱中的【矩形框架工具】按钮，在页面中单击鼠标，在弹出的【矩形】对话框中设置尺寸为82毫米×127毫米，单击【确定】按钮建立框架，摆放至如图2.58所示位置。

图2.58 摆放合适的位置

ID 2 选择【文件】|【置入】命令，在弹出的【置入】对话框中选择配套光盘中的“调用素材/第2章/辅助图形3.psd”文件，单击【打开】按钮。打开【图像导入选项】对话框，这里能设置导入图片的图像、颜色和图层。如图2.59所示，此时处于【图层】选项卡中，此选项卡用于设置图层的可视性，以及查看不同的图层。

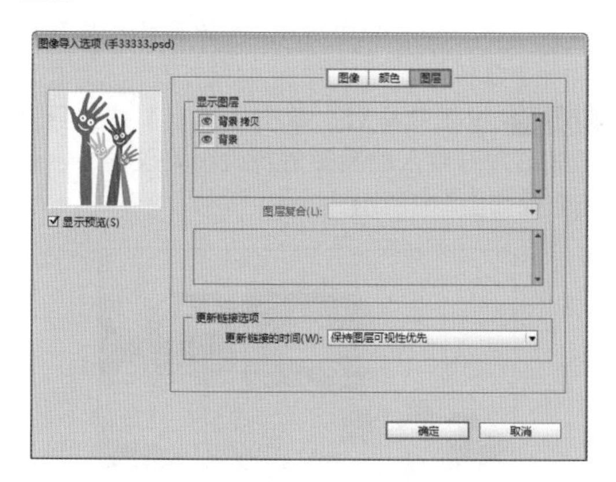

图2.59 【图像导入选项】对话框

ID 3 当导入的图片中存储有路径、蒙版、Alpha通道时，可以切换到【图像】选项卡，在Alpha通道下拉列表中，可以选择应用Photoshop路径或Alpha通道去除背景。

ID 4 设置完成后，单击【确定】按钮导入图片，效果如图2.60所示。

图2.60 导入图片

ID 5 按照上面讲过的方法选择【对象】|【适合】|【按比例填充框架】命令，再调整文本框架，效果如图2.61所示。

图2.61 调整之后效果

2.6.4 置入PNG图像

置入PNG图像的操作方法如下。

ID 1 选择工具箱中的【矩形框架工具】按钮，在页面中单击鼠标，在弹出的【矩形】对话框中设置尺寸为109毫米×55毫米，单击【确定】按钮建立框架，摆放至如图2.62所示的位置。

图2.62 摆放矩形框架

ID 2 选择【文件】|【置入】命令，在弹出的【置入】对话框中选择配套光盘中的“调用素材/第2章/辅助文字图形.png”文件，单击【打开】按钮。

ID 3 打开【图像导入选项】对话框，这里能设置导入图片的图像、颜色以及PNG设置，如图2.63所示。

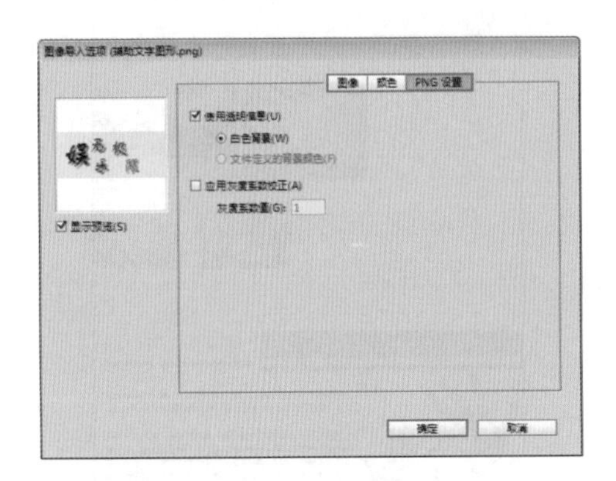

图2.63 【PNG设置】选项卡

其中各主要选项含义如下。

- 【使用透明信息】：当PNG图形包含透明度时，将启用此项。如果导入的PNG文件包含透明度，勾选此复选框，则图形只在背景透明的位置交互。
- 【白色背景】：当PNG图像不包含文件定义的背景颜色时，将选中此项，如果选择此单选按钮，则在应用透明信息时会以白色为背景颜色。
- 【文件定义的背景颜色】：在默认情况下，如果使用非白色背景颜色存储PNG图形，并选择了【使用透明信息】，则会选择此选项，如果不想使用默认背景颜色，可以选择【白色背景】单选按钮，导入具有白色背景的图形或撤选【使用透明信息】复选框，导入没有任何透明度的图形。
- 【应用灰度系数校正】选项：勾选此复选框，可以置入PNG图形时调整其灰度系数值。使用此选项，可以使用图像灰度系数与用于打印或显示图像的设备的灰度系数匹配。撤选此选项，将不再应用任何灰度系数校正的情况下置入图像。默认情况下，如果PNG图像存储时有灰度系数值，则会勾选此复选框。
- 【灰度系数值】选项：此选项显示与图像存储在一起的灰度系数值，可以输入一个介于0.01~3.0之间的正数来更改此数值。

ID 4 设置完毕后，单击【确定】按钮导入图片，并对导入的图形进行大小更改摆放，最终效果如图2.64所示。

图2.64 调整最终效果

2.7 图形的显示方式

在InDesign中，能够修改图片显示分辨率，用户可以调整成自己想要的显示模式。

选择【视图】|【显示性能】命令，在弹出的子菜单中选择一个需要的选项，即可调整显示方式，如图2.65所示。

提示

选择【编辑】|【首选项】|【显示性能】命令，可以打开【首选项】对话框，以定义每个显示性能的选项。

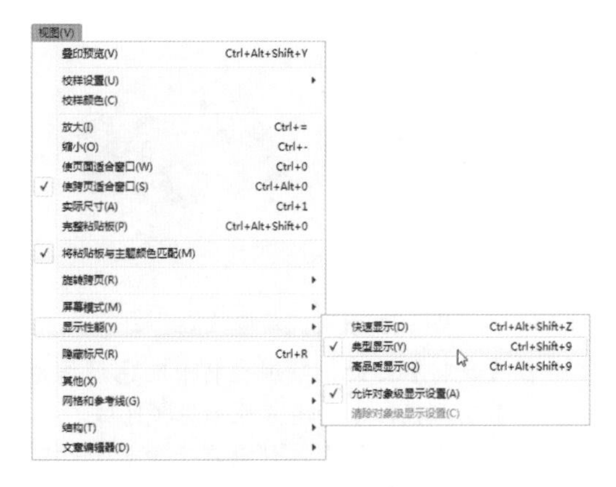

图2.65 显示性能菜单

在这里，InDesign提供了3个显示性能选项，这些选项控制着图形在屏幕上的显示方式，但不影响打印品质或导出的效果，我们可以根据所需显示的速度和所要求查看的图片质量进行控制。

其中各选项主要含义如下。

- 快速显示：图片以灰色色块显示。快速显示质量最低，但是翻阅包含大量图像或透明效果的跨页时，速度较快，效果如图2.66所示。

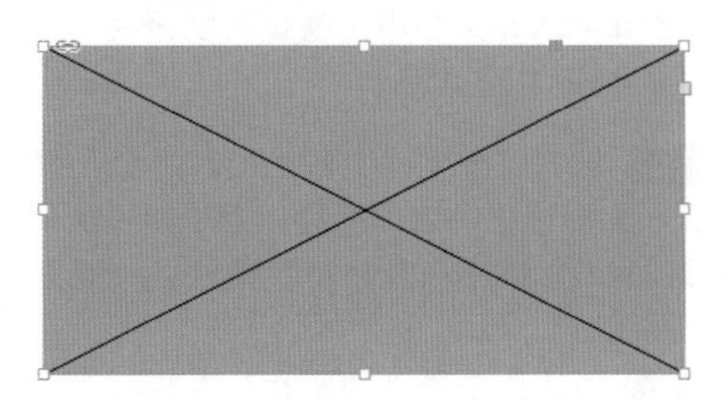

图2.66 快速显示

- 典型显示：以中间质量来显示图片与其透明度。【典型显示】是默认选项，并且显示时可识别图像的最快捷方式，效果如图2.67所示。

图2.67 典型显示

- 高品质显示：以高分辨率来显示图片与其透明度。此选项的图片质量最好，但执行速度最慢，一般在需要微调图像时使用，效果如图2.68所示。

图2.68 高品质显示

2.8 剪切路径

InDesign中，我们可以在排版时对一些图片进行简单的编辑，而不需要另外打开图片编辑软件。

2.8.1 自定创建剪切路径

利用【检测边缘】命令，可以自动完成去除背景的操作，图片中当主题与背景的差别较大时，或者背景颜色相对单一时，使用此命令去除背景较为合适。

ID 1 选择【文件】|【置入】命令，打开【置入】对话框，选择配套光盘中的“调用素材/第2章/自动剪切-小白象.jpeg”文件，效果如图2.69所示。

ID 2 确认选中导入图片，选择【对象】|【剪切路径】|【选项】命令，打开【剪切路径】对话框，在【类型】下拉列表中选择【检测边缘】选项，如图2.70所示。

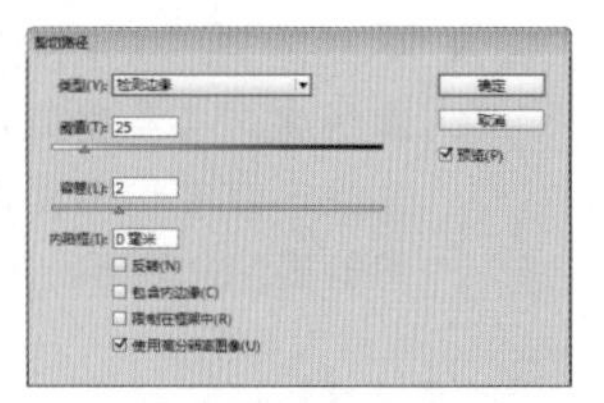

图2.69 导入文件 图2.70 【剪切路径】对话框

其中【剪切路径】对话框中各主要选项含义如下。

- 【阈值】：用于设置图片生成的剪切路径的最暗像素值。数值越大，图片包含越深的色域值，所选择的的范围就越广；数值越小，图片包含越浅的色域值，所选择的范围就越小。如图2.71所示，左图为【阈值】为82的效果，右图为【阈值】为130的效果。

（左） （右）

图2.71 设置阈值大小效果

- 【容差】：此选项用于设置剪切路径与临界值之间的距离。数值越小，选择的范围越容易呈现锯齿状；数值越大，选择范围越平滑。如图2.72所示，两张图片的【阈值】都为110，左图【容差】选项数值为1，右图【容差】选项的数值为10。

图2.72 设置容差数值

- 【内陷框】：此选项用于扩展或收缩图片边缘想要显示的范围。如图2.73所示，左图【内陷框】选项的数值为-3，右图【内陷框】选项的数值为3。

图2.73 设置内陷框数值

- 【反转】：此选项通过将最暗色调作为剪切路径，来切换可见和隐藏区域。
- 【包含内边缘】：使存在于原始剪切路径内部的区域变得透明。
- 【限制在框架中】：此选项用于创建终止于图形可见边缘的剪切路径。
- 【使用高分辨率图像】选项：为了获得最大的精度，应使用实际文件计算透明透明区域。

2.8.2 使用Alpha通道进行剪切

当图片较为复杂时，可以将图片先在Photoshop中进行制作，并存储一个通道，然后置入到InDesign文档中，通过剪切路径功能中的Alpha通道进行剪切。

ID 1 选择【文件】|【置入】命令，打开【置入】对话框，选择配套光盘中的“调用素材/第2章/通道-小白象.psd”文件，效果如图2.74所示。

ID 2 确认选中导入的图片，选择【对象】|【剪切路径】|【选项】命令，打开【剪切路径】对话框，在【类型】下拉列表中选择【Alpha通道】选项，如图2.75所示。

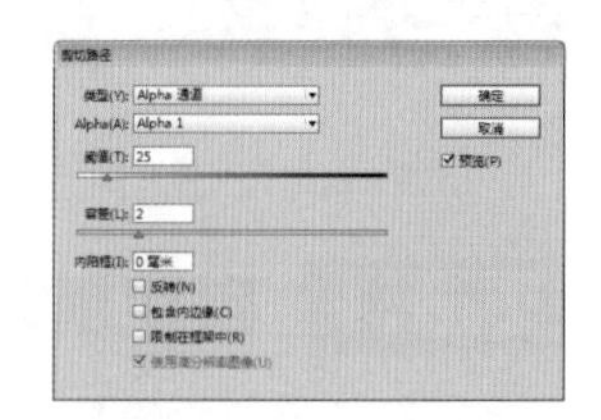

图2.74 置入文件 图2.75 【剪切路径】对话框

ID 3 设置【阈值】选项数值为90，设置容差选项的数值为0，效果如图2.76所示。

ID 4 此时框架和中间的图片形状有一段距离，确认选中图片，选择【对象】|【剪切路径】|【将剪切路径转换为框架】命令，如图2.77所示。

图2.76 设置阈值后效果

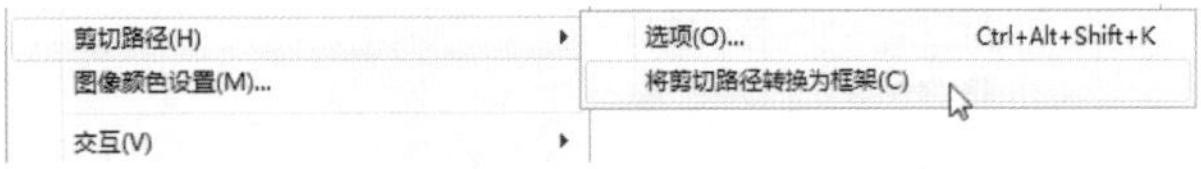

剪切路径(H)
图像颜色设置(M)...
交互(V)
选项(O)... Ctrl+Alt+Shift+K
将剪切路径转换为框架(C)

图2.77 选择【将剪切路径转换为框架】命令

2.9 页面和跨页操作

在使用【文件】|【新建】|【文档】命令，打开【新建文档】对话框，或者使用【文件】|【文档设置】对话框时，选择【对页】复选框，文档页面将以跨页的形式显示。选择【窗口】|【页面】命令，即可打开【页面】面板，在【页面】面板中可以查看相关的页面和跨页显示效果如图2.78所示。

技巧

按F12键，可以快速打开或关闭【页面】面板。

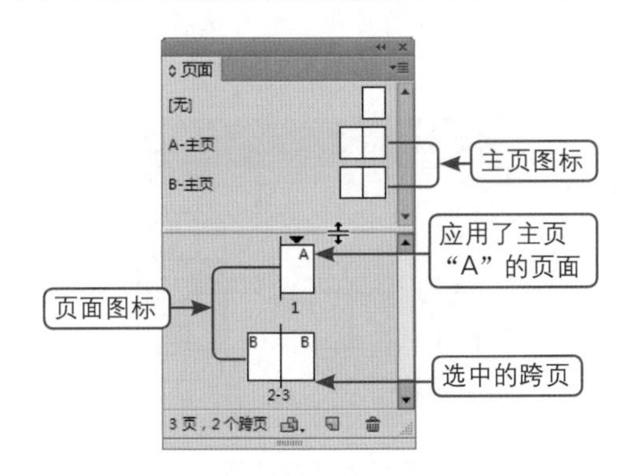

图2.78 【页面】面板

提示

在【文档设置】对话框中将【装订】选项设置为【从右到左】时，在【页面】面板中，数字将从右到左显示。

2.9.1 【页面】面板简介

页面操作是页面排版中相当重要的部分通过页面操作可以完成页面和选取、移动、添加新页面、合并跨页、主页设置、页码章节等页面信息的操作，可以说是InDesign CC的核心部分。下面就分别讲解页面操作的相关内容。

单击【页面】面板右上角的▾≡图标，可以打开【页面】页面菜单，通过该菜单可以完成插入页面、移动页面、新建主页、复制跨页、删除跨页等操作，如图2.79所示。

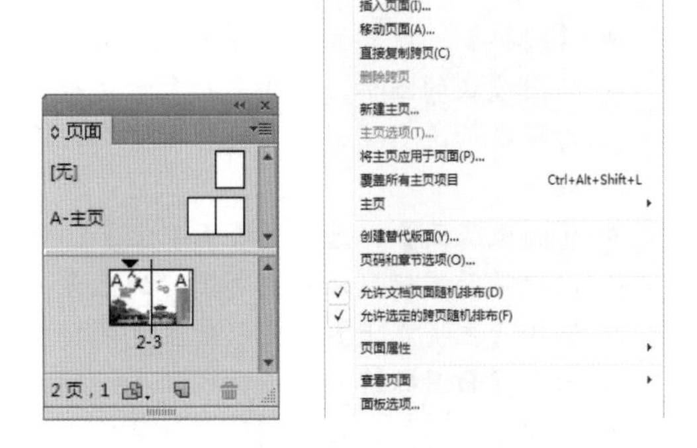

图2.79 面板菜单

2.9.2 更改页面和跨页显示

【页面】面板提供了有关页面、跨页和主页的信息，以及对它们的控制。默认情况下，【页面】面板显示每个页面内部的缩略图。

在【页面】面板菜单中选择【面板选项】命令，打开【面板选项】对话框，如图2.80所示。

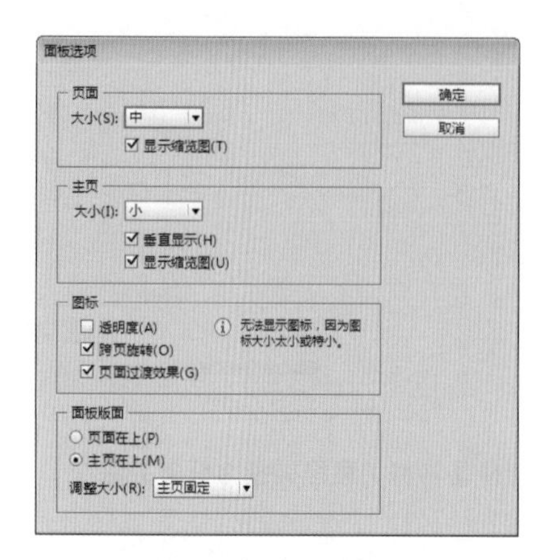

图2.80 【面板选项】对话框

【面板选项】对话框中各选项的含义如下。

- 【大小】：为页面或主页指定图标的大小。
- 【垂直显示】：勾选该复选框，将在一个垂直列中显示跨页；撤选该复选框，跨页将以并排的形式显示。
- 【显示缩览图】：勾选该复选框，可以显示页面或主页的内容缩略图。

提示

【显示缩览图】复选框，在【大小】选择了【小】或【特小】时，此选项将不可用。因为【页面】和【主页】选项组的选项一样，所以这里以综合的形式来讲解的。

- 【图标】：设置显示在【页面】面板缩略图旁边的图标，这些图标表示是否为跨页添加透明度、跨页旋转或页面过渡效果。
- 【面板版面】：选择【页面在上】，可以使页面图标显示在主页图标的上方；选择【主页在上】，可以使主页图标显示在页面图标的上方。
- 【调整大小】：在右侧的下拉菜单中，可以选择一个选项，用来控制在调整面板大小时各个部分的显示方式。选择【按比例】选项，可以同时调整面板的页面和主页部分的大小；选择【页面固定】选项，可以保持页面部分的大小不变而只调整主页部分的大小；选择【主页固定】选项，可以保持主页部分的大小不变而只调整页面部分的大小。

视频讲座2-8：选择页面或跨页

案例分类：软件功能类
视频位置：配套光盘\movie\视频讲座2-8：选择页面或跨页.avi

通过【页面】面板或文档页面，可以快速选择页面或跨面。通过【页面】面板可以在当前页面中选择其他页面或跨页，而通过直接在文档页面中选择某个页面或跨页，同时会在【页面】面板中选择该页面或跨页。

- 选择页面：在【页面】面板中直接单击目标页面或跨页中的某一页面，即可选取该页面，如果双击目标页面图标，可以将该页面在文档中显示为当前页面。选择页面效果如图2.81所示。

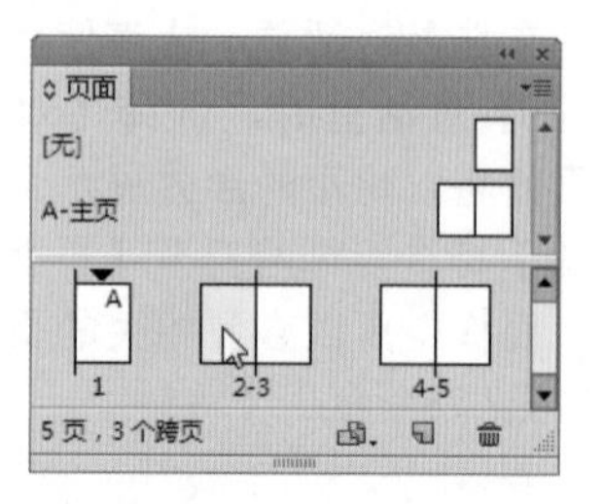

图2.81 选择页面

- 选择跨页：在【页面】面板中直接单击跨页下方的页码，即可选择该跨页。选择跨页的效果如图2.82所示。

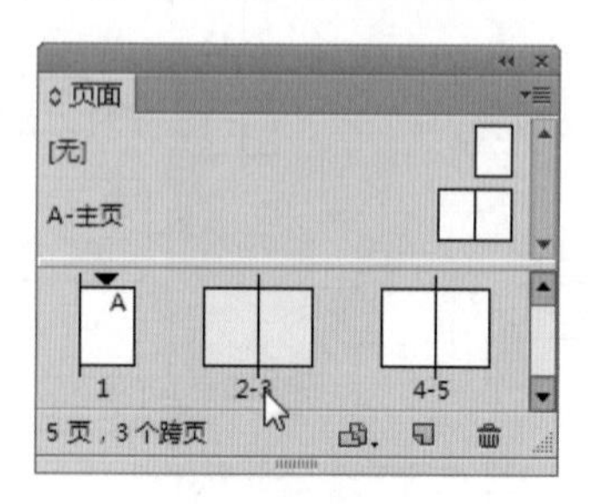

图2.82 选择跨页

技巧

在选择页面时，按住Shift键，可以选择连续的多个页面；按住Ctrl键，可以选择多个不连续的页面。

视频讲座2-9：移动页面或跨页

案例分类：软件功能类
视频位置：配套光盘\movie\视频讲座2-9：移动页面或跨页.avi

使用【页面】面板，可以快速地对页面进行重新调整，以重新安排页面的编排顺序，具体可以通过以下两种方法来完成。

① 利用菜单命令移动页面

利用菜单命令移动页面的操作方法如下。

ID 1 选择【版面】|【页面】|【移动页面】命令，也可以选择【页面】中的【移动页面】命令，打开【移动页面】对话框，如图2.83所示。

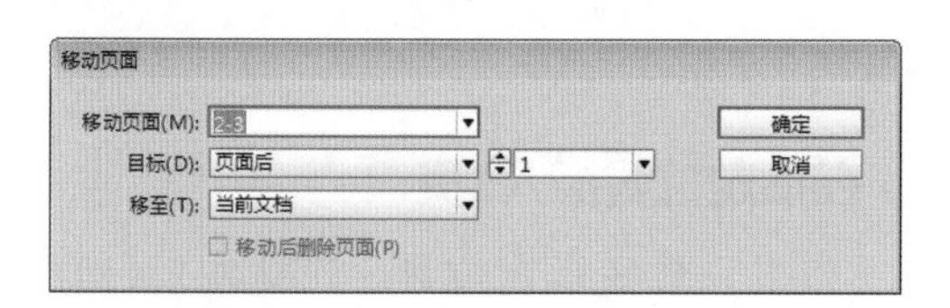

图2.83 【移动页面】对话框

【移动页面】对话框中各选项的含义说明如下。

- 【移动页面】：设置要移动的页面。如果要移动某一页，直接输入该页面的页码即可。如果是移动连续的多页，输入起始页页码并在起始页面中加“-”，如3-8页；如果是不连续的多页，可以在各页码中加逗号“，”，如3，5，8。
- 【目标】：设置移动页面的目标位置。可以选择【页面后】、【页面前】、【文档开始】或【文档末尾】，如果选择【页面后】或页面前，可以通过右侧的文本框输入目标页面。比如选择【页面后】，并在右侧的文本框中输入2，表示移动页面到第2页的后面。
- 【移至】：选择将移页面移动到的文档名称。可以选择在当前文档中移动，也可以将指定的页面移动到其他打开的文档中。
- 【移动后删除页面】：如果选择移动到其他文档中，可以激活该项，勾选该复选框，可以在移动页面后，将当前页面删除。

ID 2 在【移动页面】对话框中设置好相关的移动页面选项后，单击【确定】按钮，即可将设置的页面移动到指定的位置。

② 利用拖动法移动页面

除了使用菜单命令移动页面外，还可以在【页面】面板中，使用直接拖动的方法来移动页面，这也是在实际操作中常用的方法，它的好处是更加直观地移动页面。比如将第1页移动到第3页的后面，具体的操作方法如下：

ID 1 在【页面】面板中直接单击第1页页面选择第1页，然后拖动第1页到第3页的后面，如图2.84所示。

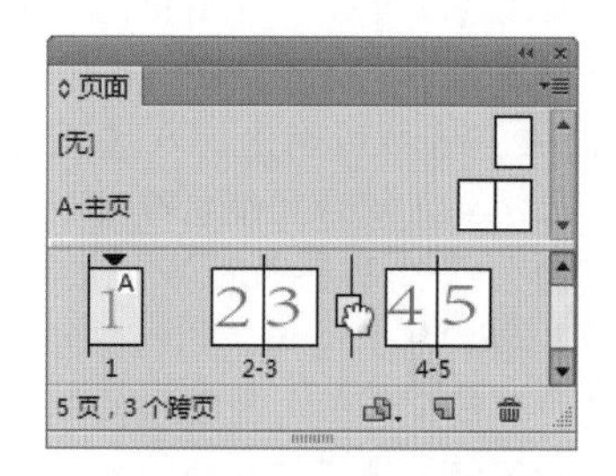

图2.84 移动页面效果

ID 2 当在第3页后出现一个粗黑的长线时，释放鼠标，即可将第1页移动到第3页的后面，此时，第2页变成第1页，第1页变成第3页，操作完成效果如图2.85所示。

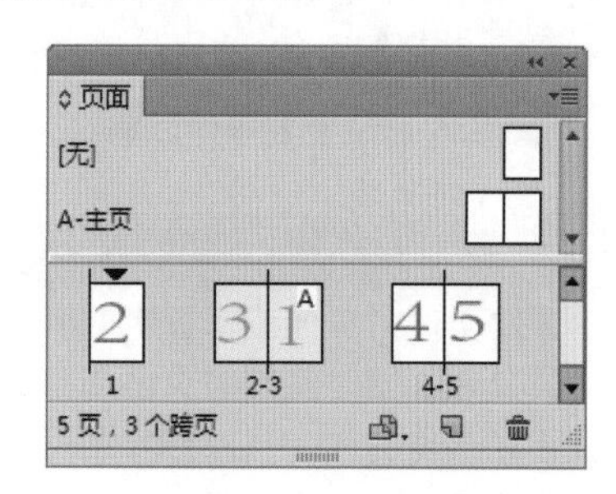

图2.85 移动后的效果

提示

在移动页面或跨页时，页面或跨页的位置会改变，但页面或跨页上的文本与其他页面上的串接不会有任何改变。在移动页面时，还要注意选择【页面】菜单中的【允许文档页面随机排布】和【允许选定的跨页随机排布】选项，否则会出现拆分跨页或合并跨页的现象。

视频讲座2-10：复制页面或跨页

案例分类：软件功能类
视频位置：配套光盘\movie\视频讲座2-10：复制页面或跨页.avi

在排版过程中，如果想复制页面或跨页，可以通过以下3种方法来完成。

- 方法1：菜单法。在【页面】面板中选择要复制的页面或跨页，然后选择【版面】|【页面】|【直接复制页面】或【直接复制跨页】命令，或者在【面板】菜单中选择【直接复制页面】或【直接复制跨页】命令，即可将选择的页面或跨页复制。复制出的新页面或跨页会按顺序排列的文档的末尾。
- 方法2：直接拖动法。在【页面】面板中选择要复制的页面或跨页，然后将其拖动到【页面】面板下方的【新建页面】按钮上，释放鼠标即可将选择的页面或跨页复制。复制出的新页面或跨页会按顺序排列的文档的末尾。具体的操作过程如图2.86所示。

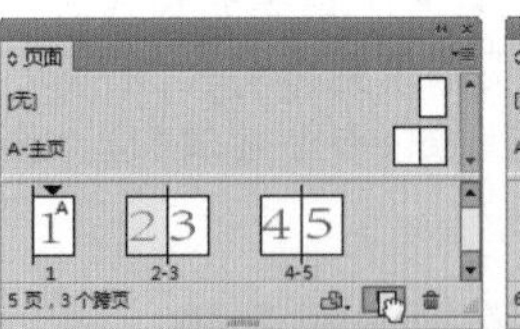

图2.86 拖动复制操作过程

提示

复制页面或跨页时，页面或跨页上的所有对象也将被一同复制，同时复制的页面或跨页与其他页面文本串接将消失，只保留复制页面或跨页中的文本串接。

- 方法3：辅助键法。在【页面】面板中选择要复制的页面或跨页，按住Alt键的同时将其拖动到【页面】面板中空白区域，当光标右下角出现一个十字形标记时，释放鼠标即可完成复制。复制出的新页面或跨页会按顺序排列的文档的末尾。具体的操作过程分别如图2.87、图2.88所示。

图2.87 拖动光标变化效果　图2.88 复制后的效果

提示

复制页面的操作方法还可以应用于主页，主页的复制方法与页面的复制方法相同，在后面主页的讲解中不再赘述。

2.9.3 插入新页面

当创建的页面不能满足排版需要时，可以通过相关命令插入新的页面。插入新页面的方法有以下3种：

① 在指定位置插入1页

如果只想在指定位置一次插入1页新页面，可以在选择页面或跨页之后，单击【页面】面板下方的【新建页面】按钮，或者选择【版面】|【页面】|【添加页面】命令即可。

技巧

添加页面的快捷键为Shift + Ctrl + P。

② 在文档末尾插入1页或多页

要向文档末尾插入一页或多页，可以选择【文件】|【文档设置】命令，打开【文档设置】对话框，如图2.89所示。在【页数】右侧的文本框中输入新的数值即可。

提示

在应用方法1和方法2项操作添加页面时，新添加的页面主页与当前活动页面保持一致。

图2.89 【页面设置】对话框

提示

在【页数】右侧的文本框中输入的数值大于原页数时，将在文档末尾插入新的页面；如果输入的数值小于原页数时，将从文档的末尾开始删除多余的页面。

③ 在指定位置插入1页或多页

前面讲解了在指定位置插入1页页面的操作方法，如果用户想在指定位置插入多页，可以应用下面的方法来操作。

ID 1 选择【页面】面板菜单中的【插入页面】命令，或者选择【版面】|【页面】|【插入页面】命令，打开【插入页面】对话框，如图2.90所示。

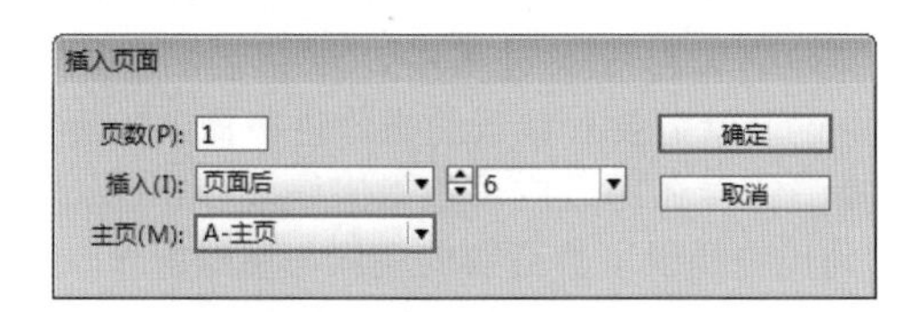

图2.90 【插入页面】对话框

【插入页面】对话框中各选项的含义说明如下。

- 【页数】：指定要插入的页数。取值范围为1~9999之间。
- 【插入】：设置插入新页面的目标位置。可以选择【页面后】、【页面前】、【文档开始】或【文档末尾】，如果选择【页面后】或【页面前】，可以通过右侧的文本框输入目标页面。比如选择【页面后】，并在右侧的文本框中输入6，表示插入新页面到第6页的后面。
- 【主页】：可以从右侧的下拉菜单中为新添加的页面指定主页。

ID 2 设置好添加的页数、添加的位置和所使用的主页后，单击【确定】按钮，即可完成页面的添加。

2.9.4 删除页面或跨页

通过【删除页面】命令，可以将不需要的页面删除。具体的操作方法如下：

- 在【页面】面板中选择一个或多个页面，然后将其拖动到面板下方的【删除选中页面】按钮上，即可将选择的页面删除。
- 在【页面】面板中选择一个或多个页面，然后单击页面下方的【删除选中页面】按钮，即可将选择的页面删除。
- 在【页面】面板中选择一个或多个页面，然后在【页面】面板菜单中选择【删除页面】或【删除跨页】命令；也可以选择【版面】|【页面】|【删除页面】命令，即可将选择的页面删除。

提示

在删除页面的操作中，如果要删除的页面中包含对象，则系统将弹出一个询问对话框，提示是否要删除包含对象的页面。如果要删除包含对象的页面，单击【确定】按钮；如果不删除包含对象的页面，单击【取消】按钮。

2.10 存储、还原与重做文档

当完成一件作品时，就需要将作品进行保存，但如果出现异常现象时，InDesign CC还为用户提供了自动恢复文档的功能，虽然可以将文档大部分恢复，但为了避免损失，最好在制作时进行分时保存。

2.10.1 存储文档

存储文档的操作方法很简单，在【文件】菜单下面有3个命令可以将文件进行存储，分别为【文件】|【存储】、【文件】|【存储为】和【文件】|【存储副本】命令。

- 当应用【新建】命令创建一个新的文档并进行编辑后，要将该文档进行保存。这时，应用【存储】和【存储为】命令性质是一样的，都将打开【存储为】对话框，将当前文件进行存储。
- 当对一个新建的文档应用过保存后，或者打开一个图像进行编辑后，再次应用【存储】命令时，不会打开【存储为】对话框，而是直接将原文档覆盖。
- 如果不想将原有的文档覆盖，就需要使用【存储为】命令。利用【存储为】命令进行存储，无论是新创建的文件还是打开的图片都可以弹出【存储为】对话框，将编辑后的图像重新命名进行存储。
- 如果不想将原文档覆盖，还可以使用【存储副本】命令。利用【存储副本】命令只是在当前编辑位置将文档另存为一个副本，不会对当前文档造成影响，当前文档仍处于当前编辑位置；而使用【存储为】命令将当前文档保存后，当前文档为新存储的文档。

选择【文件】|【存储】命令，或者选择【文件】|【存储为】命令，都将打开【存储为】对话框，如图2.91所示。在打开的【存储为】对话框中设置合适的名称和格式后，单击【保存】按钮即可将图像进行保存。

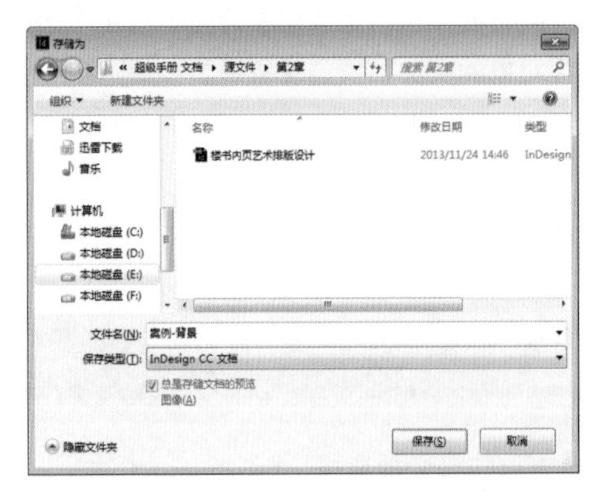

图2.91 【存储为】对话框

技巧

【存储】的快捷键为Ctrl + S；【存储副本】的快捷键为Alt + Ctrl + S。

【存储为】对话框中各选项的含义说明如下。

- 【文件名】：可以在其右侧的文本框中，输入要保存文件的名称。
- 【保存类型】：可以从右侧的下拉菜单中选择要保存的文件格式。
- 【总是存储文档的预览图像】：为存储的文件创建缩览图。默认情况下，InDesign CC软件自动为其创建。

2.10.2 还原和重做文档

在编辑排版的过程中，难免会出现误操作，这时就需要对错误的操作进行撤消处理，而撤消错误还可以应用重做来恢复，InDesign CC为用户提供了数百次的还原与重做操作。当操作步骤过多时，想直接还原到前次的保存位置，可以应用恢复命令来完成，具体的操作方法如下。

- 如果想还原最近的修改，可以选择【编辑】|【还原**】命令。其快捷键为Ctrl + Z。
- 如果想重做某操作，可以选择【编辑】|【重做**】命令，其快捷键为Shift + Ctrl + Z。

提示

这里的**指的是当前操作的动作名称。

- 如果想还原到上次存储的位置，可以选择【文件】|【恢复】命令。在打开的询问对话框中，单击【是】按钮即可。要关闭对话框而不应用更改，可单击【取消】按钮。

2.11 上机实训——楼书内页艺术排版设计

案例分类：版式设计类
视频位置：配套光盘\movie\2.11 上机实训——楼书内页艺术排版设计.avi

2.11.1 技术分析

本例讲解楼书内页艺术排版设计。首先置入图片并根据图片特点摆放在不同的页面位置；然后输入文字并调整；最后添加圆形气泡效果，完成楼书内页艺术排版设计。

2.11.2 本例知识点

- 【文字工具】的使用
- 顺时针旋转的方法
- 描边圆形气泡的制作
- 楼书内面艺术排版

2.11.3 最终效果图

本实例的最终效果如图2.92所示。

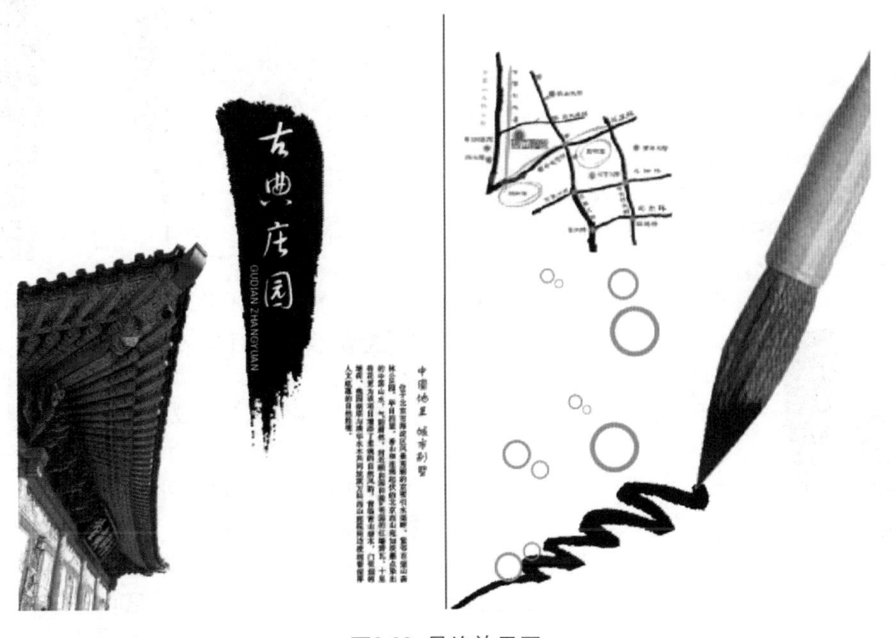

图2.92 最终效果图

2.11.4 操作步骤

ID 1 选择【文件】|【新建】|【文档】命令，打开【新建文档】对话框，设置【页数】为2，勾选【对页】复选框，【起始页码】设置为2，【宽度】为210毫米，【高度】为285毫米，如图2.93所示。

图2.93 【新建文档】对话框

ID 2 单击【边距和分栏】按钮，打开【新建边距和分栏】对话框，将上、下、内、外【边距】的值都设置为0毫米，如图2.94所示。

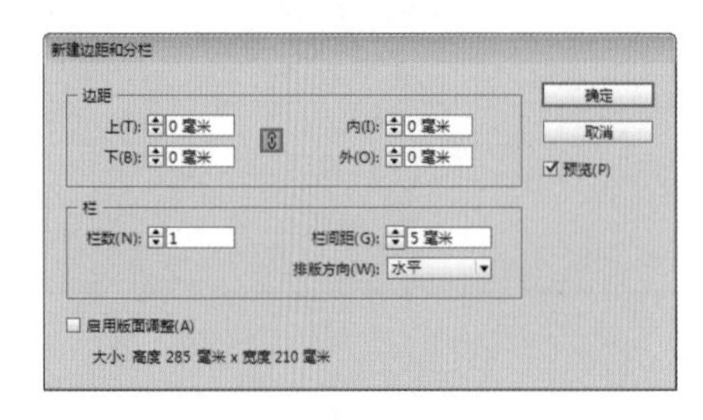

图2.94 【新建边距和分栏】对话框

ID 3 选择【文件】|【置入】命令，打开【置入】对话框，选择配套光盘中的“调用素材\第2章\亭角.psd、墨迹.psd”文件，将亭角适当缩小并放置在页面的左下角位置，将墨迹放置在中间位置，如图2.95所示。

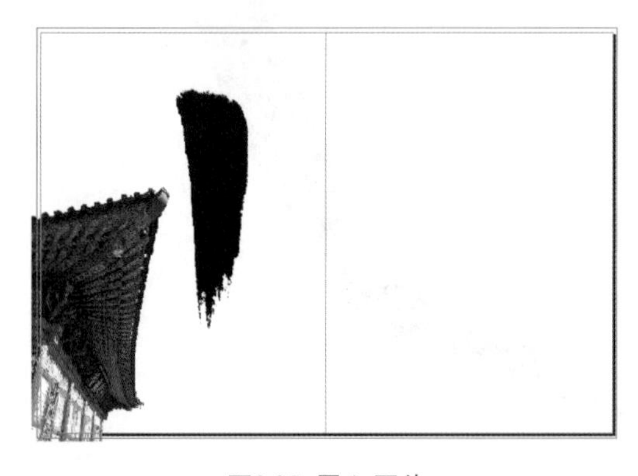

图2.95 置入图片

ID 4 选择工具箱中的【直排文字工具】，在墨迹上方输入文字，设置文字的字体为“方正黄草简体”，文字的大小为68点，如图2.96所示；文字的【颜色】设置为白色，【描边】设置为无，文字效果如图2.97所示。

图2.96 文字参数设置　　图2.97 文字效果

ID 5 选择工具箱中的【文字工具】T，输入拼音，设置文字的字体为“DINPro”，文字的大小为“15点”，如图2.98所示；将文字【颜色】设置为白色，【描边】设置为无，将文字选中，单击控制栏中的【顺时针旋转90 】按钮，将其旋转90°，并放置在墨迹的上方，如图2.99所示。

图2.98 文字参数设置　　图2.99 旋转放置文字

ID 6 使用【直排文字工具】再次输入文字，设置“中国地王 城市别墅”文字的字体为“方正舒体简体”，文字的大小为“18点”；设置其他文字的字体为“宋体”，文字的大小为“10点”，如图2.100所示。

ID 7 选择【文件】|【置入】命令，打开【置入】对话框，选择配套光盘中的“调用素材\第2章\地图.psd、毛笔.psd、墨纹.psd”文件，将这些图片进行适当地调整，放置在右侧页面中合适的位置，如图2.101所示。

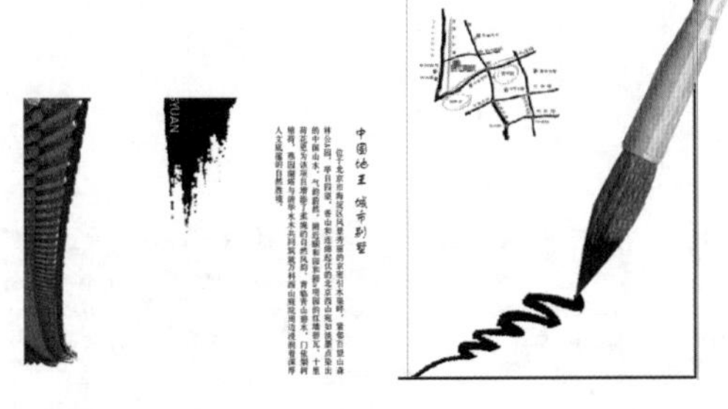

图2.100 再次输入文字　　图2.101 摆放图片

ID 8 选择工具箱中的【椭圆工具】，在页面中拖动绘制一个圆形，将椭圆的填充设置为无，描边设置为灰色（C:0；M:0；Y:0；K:60），并将其描边【粗细】设置为3点，如图2.102所示。

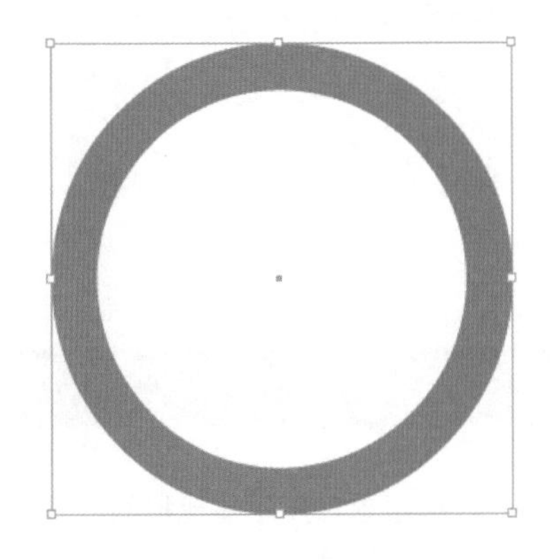

图2.102 绘制圆形

ID 9 将图形复制多份，并分别调整它们的大小及描边粗细，放置在墨纹的旁边位置，如图2.103所示。这样就完成了楼书内页艺术排版设计。

图2.103 复制多份并调整

第3章 文本及段落编辑

〔内容摘要〕

本章主要讲解文本的编辑操作，首先介绍了文本的基本编辑技巧，亚洲字体的设置及段落的编辑操作。掌握文本的编辑技巧。

〔教学目标〕

- 文本编辑操作
- 亚洲字体格式的设置
- 段落编辑操作

3.1 编辑文本

InDesign CC提供了非常强大的文本编辑功能，这也是以前排版软件所不能比拟的。有了InDesign CC提供的文本编辑功能，在InDesign CC编辑文本也变得相当的容易。

3.1.1 选择文本

要进行文本编辑，首先要了解文本的选择，选择文本的操作方法与一般文字处理软件的操作方法相同，具体可以通过如下方法来选择文本。

- 拖动法：选择文字工具，光标将变成I状，使用鼠标直接拖动需要的文本，I形光标经过的文本将被选中。
- 双击字符：使用I形光标在文字旁双击，可以选择相同类型的连续字符。例如罗马字符、汉字或拉丁字母，如果是中文则选择以标点为分隔的一段文字。
- 如果在【编辑】|【首选项】|【文字】对话框中，选择【三击以选择整行】复选框。在任意一行中单击鼠标三次，即可选择该行。如果撤选该复选框，在任意一行中单击鼠标三次将选择整个段落。
- 如果在【编辑】|【首选项】|【文字】对话框中，选择【三击以选择整行】复选框。则在段落的任意位置单击鼠标四次，可以选择整个段落。单击鼠标五次可以选择整篇文档。

视频讲座3-1：字符格式的设置

案例分类：排版技法类
视频位置：配套光盘\movie\视频讲座3-1：字符格式的设置.avi

要设置字符格式，首先要使用文字工具选择字符，然后通过【字符控制栏】或【字符】面板进行相关设置。

① 了解【字符】面板

【字符】面板在整个字符格式设置中占有重要的地位，基本上利用【字符】面板可以完成字符格式的所有设置，它的部分功能与【字符控制栏】相同，所以既可以使用【字符】面板设置字符格式，也可以使用【字符控制栏】来设置字符格式。

选择【窗口】|【文字和表】|【字符】命令，可以打开【字符】面板。【字符】面板及其菜单效果如图3.1所示。

技巧

按Ctrl + T组合键，可以快速打开【字符】面板。

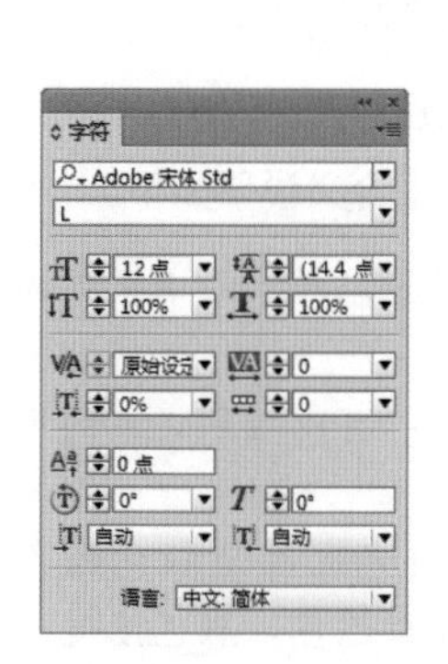

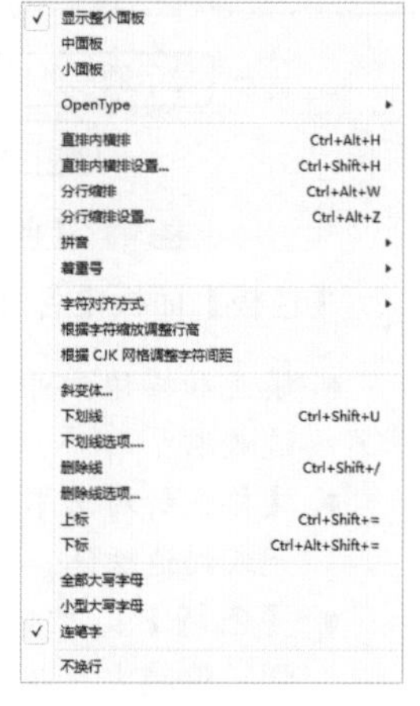

图3.1 【字符】面板及其菜单效果

② 设置字体与字号

要设置字体与字号，可以使用文字工具选择需要设置的文本，也可以选择一个框架，对其中的所有文本设置字体与字号，但该框架不能是串接的一部分框架。如果想先设置字体与字号，然后再输入文本，可以先单击定位插入点，设置字体与字号后，再输入文本即可。具体的操作方法如下。

ID 1 使用文字工具单击以设置插入点，或者选择要设置格式的文本。

ID 2 利用【字符】面板中的字体与字号选项设置，也可以在控制栏中单击字【字符格式控制】按钮，显示的字符控制栏，如图3.2所示。

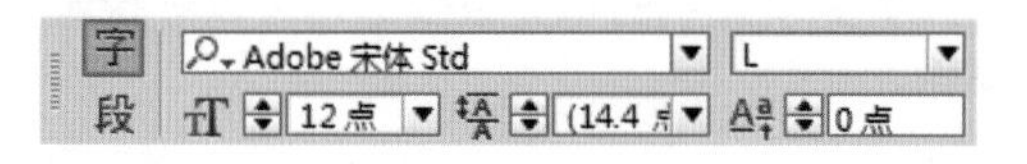

图3.2 字符控制栏

ID 3 修改字体与字号选项即可。

③ 垂直与水平缩放文字

默认的文本缩放比例为100%，即高度与宽度是相等的，如果想缩放文字的高度（垂直）或宽度（水平）比例，可以利用【垂直缩放】和【水平缩放】来完成。当值大于100%时，文本将垂直或水平放大；当值小于100%时，文本将垂直或水平缩放。垂直与水平缩放文字效果如图3.3所示。

垂直缩放	垂直缩放	垂直缩放
原始效果	缩放200%	缩放50%
水平缩放	水平缩放	水平缩放
原始效果	缩放150%	缩放50%

图3.3 垂直与水平缩放文字效果

④ 旋转与倾斜文字

InDesign CC不但可以缩放文本，还可以对文本进行旋转和倾斜操作。利用【字符旋转】可以旋转单独的字符，正值表示文字按顺时针旋转；负值表示文字按逆时针旋转。利用【倾斜】*T*可以倾斜字符，正值表示文字向右倾斜；负值表示文字向左倾斜。旋转与倾斜效果如图3.4所示。

旋转字符	旋转字符	
原始效果	旋转效果	
倾斜字符	*倾斜字符*	倾斜字符
原始效果	倾斜40	倾斜-40

图3.4 旋转与倾斜字符效果

⑤ 上标与下标

上标与下标是数学公式中比较常用的设置。可以利用【字符控制栏】中的【上标】T^1和【下标】T_1设置，也可以应用【字符】面板菜单中的【上标】和【下标】命令来操作。

技巧

【上标】的快捷键为Shift + Ctrl + =；【下标】的快捷键为Alt + Shift + Ctrl + =。

首先选择设置上标与下标的字符，然后单击【字符控制栏】中的【上标】T^1或【下标】T_1按钮。上标与下标其实就是自定的的基线位移，通过直接在【字符】面板中修改【基线偏移】的值，也可以创建上标和下标，并且可以控制文字基线的上下位置，如图3.5所示。

M3+N3=Q3　　$M^3+N^3=Q^3$

图3.5 设置上标前后效果对比

提示

如果想更改上标与下标的默认值，可以选择【编辑】|【首选项】|【高级文字】命令，打开【首选项】对话框，在【高级文字】选项的【字符设置】中修改上标与下标的默认值。

⑥ 创建路径文本

使用【路径文字工具】和【垂直路径文字工具】都可以沿路径创建文本，不同之处是【路径文字工具】创建的文字基线和路径平行，如图3.6所示；【垂直路径文字工具】创建的文字基线和路径垂直，如图3.7所示。

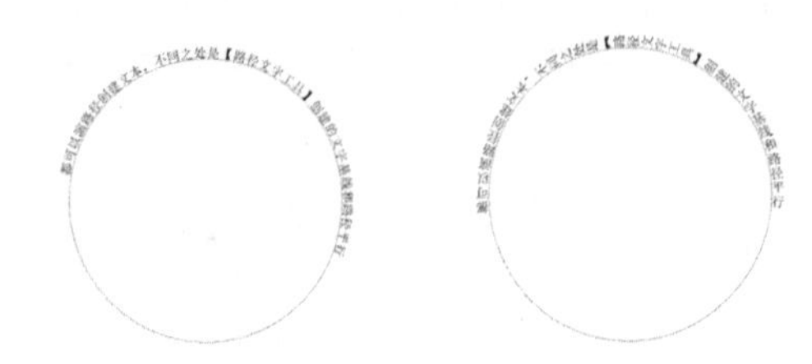

图3.6 路径文字工具　　图3.7 垂直路径文字

视频讲座3-2：更改文本颜色

案例分类：软件功能类
视频位置：配套光盘\movie\视视频讲座3-2：更改文本颜色.avi

使用【色板】面板和【描边】面板，可以为文字或文本框架填充颜色、渐变和描边。选择【窗口】|【颜色】|【色板】命令，打开【色板】面板，如图3.8所示。

提示

按F5键，可以快速打开或关闭【色板】面板。

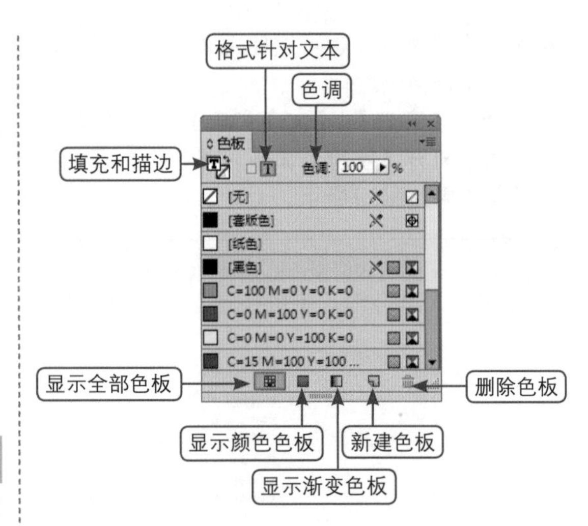

图3.8 【色板】面板

【色板】面板中各选项含义说明如下。

- 填充和描边：可以控制对象的填充或描边效果。
- 【格式针对文本】：可以控制文本的填充或描边颜色。
- 【色调】：控制填充或描边颜色的色调。值越大，越接近原色，颜色浓度越大；值越小，颜色越浅，越接近白色。
- 【显示全部色板】：显示所有的颜色和渐变色板。
- 【显示颜色色板】：显示所有的颜色色板。
- 【显示渐变色板】：显示所有的渐变色板。
- 【新建色板】：利用【颜色】或【渐变】面板编辑颜色或渐变后，或者使用【吸管工具】吸取颜色后，单击该按钮，可以新建一个颜色或渐变色板。
- 【删除色板】：用来删除颜色或渐变。在【色板】面板中选择一个要删除的颜色或渐变，然后单击该按钮，或者直接将要删除的颜色或渐变拖动到该按钮上，即可将该颜色或渐变色板删除。

要更改文字的填充或描边，可以进行如下操作。

ID 1 使用文字工具选择某一文本框架中的部分文本，或者直接使用【选择工具】选择某个框架。

ID 2 在工具箱或【色板】面板中单击【格式针对文本】按钮，然后在填充和描边区域指定要应用颜色的位置，如果选择【填充】，则只填充文本；如果选择【描边】，则只影响字符的轮廓。

ID 3 在【色板】面板中单击一种颜色或渐变色板，即可对文本进行填充或描边颜色，也可以通过【描边】面板来设置描边的粗细和其他参数。还可以通过工具箱中的【渐变色板工具】和【渐变羽化工具】，拖过选定文本来对文本应用渐变。

技巧

如果要创建反白字效果，可以将文本的填充颜色更改为白色或【纸色】，将文本框架的填充颜色更改为较深的颜色。

3.1.2 使用下划线和删除线

利用【字符】面板菜单中的【下划线】或【删除线】命令，可以为文字添加下划线或删除线。

① 添加下划线或删除线

ID 1 选择目标文本。

ID 2 单击【字符】面板菜单中的【下划线】或【删除线】命令，即可为目标文本添加下划线或删除线。添加的前后效果如图3.9所示。

利用【字符】面板菜单中的【下划线】或【删除线】命令，可以为文字添加下划线或删除线。

利用【字符】面板菜单中的【下划线】或【删除线】命令，可以为文字添加下划线或删除线。

图3.9 添加下划线和删除线的前后效果对比

② 修改下划线或删除线

InDesign CC提供了多种下划线和删除线的类型，并可以通过【字符】面板或【字符控制栏】菜单中的【下划线选项】和【删除线选项】命令来修改下划线和删除线的相关参数。

技巧

按Shift + Ctrl + U组合键，可以快速为目标文本添加下划线；按Shift + Ctrl + / 组合键，可以快速为目标文本添加删除线。

单击【字符】面板或【字符控制栏】菜单中的【下划线选项】命令，打开【下划线选项】对话框，如图3.10所示。

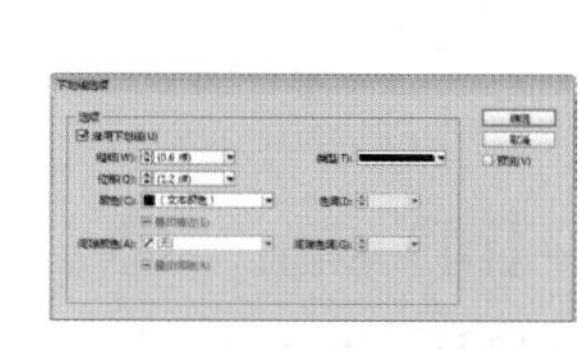
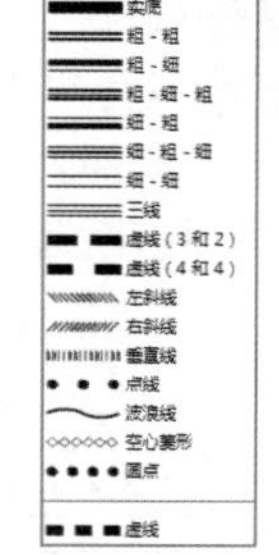

图3.10 【下划线选项】对话框

【下划线选项】对话框中各选项的含义说明如下。

- 【启用下划线】：勾选该复选框，为当前目标文本添加下划线。
- 【粗细】：从右侧的文本框中选择一个数值或输入一个数值，以确定下划线的线条粗细。
- 【类型】：从右侧的下拉菜单中选择一个下划线的样式类型，如实底、三线、虚线、点线、波浪线等。
- 【位移】：指定下划线的位置。位移从基线开始算起，正值将使下划线移到基线的下方。
- 【颜色】：指定下划线的颜色。

提示

这里的【颜色】下拉菜单显示的颜色与【色板】中的颜色相对应，即【色板】面板中有什么颜色，这里也显示什么颜色。如果想使用某种颜色，首先要将该颜色添加到色板中。

- 【色调】：控制颜色的色调。值越大，越接近原色，颜色浓度越大；值越小，颜色越浅，越接近白色。
- 【叠印描边】：勾选该复选框，可以停止在印刷时描边不会被下层油墨挖空。

3.1.3 更改大小写

InDesign CC可以利用【更改大小写】、【全部大写字母】和【小型大写字母】命令来修改英文字母、单词或句子的大小写。

① 全部大写字母和小型大写字母

全部大写字母方法用于将所有罗马字文本变成大写形式。小型大写字母方法用于将所有罗马字文本变成大写形式，并使其具有小写字符的大小。

ID 1 选择目标文本框架或目标文本。

ID 2 从【字符】面板或【字符控制栏】菜单中选择【全部大写字母】或【小型大写字母】命令，即可将所选目标文字进行转换。转换效果如图3.11所示。

原始文本 → InDesign CC

全部大写字母 → INDESIGN CC

小型大字字母 → InDesign CC

图3.11 转换效果

提示

如果文本在原来输入时就全部是大写字母，则选择【小型大写字母】命令不会更改此文本。

② 指定小型大写字母的大小

默认情况下小型大写字母方法用于将所有罗马字文本变成大写形式，并使其具有小写字符的大小，用户可以根据自己的需要修改小型大写字母的大小。

ID 1 选择【编辑】|【首选项】|【高级文字】命令，打开【首选项】|【高级文字】对话框，如图3.12所示。

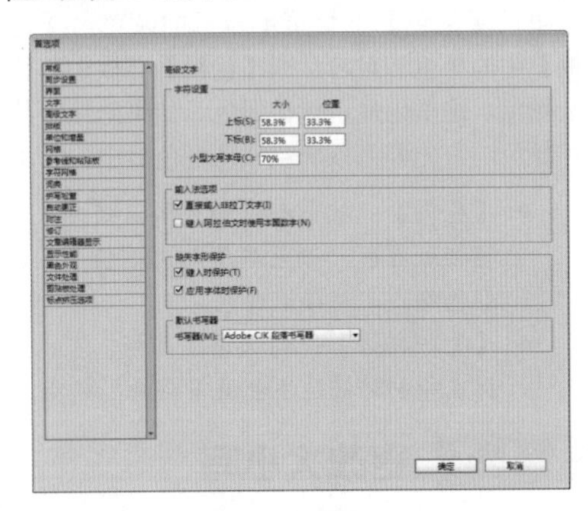

图3.12 【首选项】|【高级文字】对话框

ID 2 在【字符设置】选项组中修改【小型大写字母】的数值，设置为小型大写字母的文本输入原始字体大小的百分比，然后单击【确定】按钮即可。

③ 更改大小写

利用【文字】|【更改大小字】菜单命令中的了菜单命令，可以对文字进行大小写的更改，还可以设置标题大小写和句子大小写。

ID 1 选择目标文本框架或目标文字。

ID 2 选择【文字】|【更改大小写】中的菜单命令，如图3.13所示。

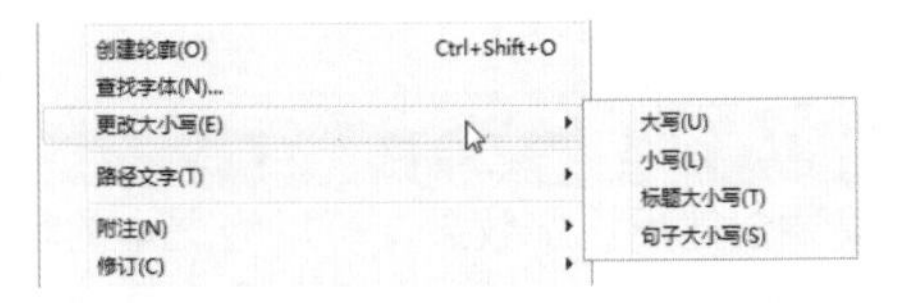

图3.13 【更改大小写】子菜单命令

- 【大写】：要将所有的字符更改为大写，可选择【大写】命令。
- 【小字】：要将所有的字符更改为小写，可选择【小写】命令。
- 【标题大小写】：要将每个单词的第一个字母变成大写，可选择【标题大小写】命令。
- 【句子大小写】：要将每个句子的第一个字母变成大写，可选择【句子大小写】命令。

④ 斜变体

斜变体与简体的自行倾斜不同，区别是他同时会缩放字形。可以利用此功能在不更改字形的高度的情况下，以文本的中心点为固定点调整其大小或角度。

选中文字并单击【字符】面板中的按钮，选择菜单中的【斜变体】命令，打开【斜变体】对话框，设置【放大】和【角度】参数，来调整文字的放大程度和倾斜角度，设置完成后单击【确定】按钮保存设置，效果如图3.14所示。

图3.14 斜变体效果

3.1.4 复制与粘贴文本

InDesign CC与其他软件一样，可以进行复制和粘贴，但粘贴的方式又细分为多种，用户可以根据需要选择粘贴的方式。

① 直接粘贴文本

选择目标文本后，选择【编辑】|【复制】命令，将文本复制（可以从外界的其他地方复制文本），然后选择【编辑】|【粘贴】命令，即可将复制的文本粘贴过来。如果插入点在文本框架内，则文本将粘贴到该框架中；如果没有选择任何文本框架，系统将自动创建一个文本框架来存放粘贴的文本。

技巧

【复制】命令的快捷键为Ctrl + C；【粘贴】命令的快捷键为Ctrl + V。

② 粘贴时不包含格式

复制文本后，选择【编辑】|【粘贴时不包含格式】命令，可以清除所粘贴文本中的所有格式，比如颜色、字号和字体等，而是使用当前文本的格式效果。

技巧

按Shift + Ctrl + V组合键，可以快速应用【粘贴时不包含格式】菜单命令。

提示

如果选择【编辑】|【首选项】|【粘贴板处理】命令，然后在【从其他应用程序粘贴文本和表格时粘贴】选项中，勾选【仅文本】单选按钮，则【粘贴时不包含格式】命令将不可用。

③ 粘贴时不包含网格格式

选择【编辑】|【粘贴时不包含网格格式】命令，将文本粘贴到框架网格中，粘贴的文本将保留被复制文本的字体、字号和字符间距设置。如果想应用网格格式，将文本选取，然后选择【编辑】|【应用网格格式】命令，系统将根据框架网格的字符属性，设置所粘贴的文本格式。

视频讲座3-3：利用吸管工具复制文本属性

案例分类：排版技法类
视频位置：配套光盘\movie\视频讲座3-3：利用吸管工具复制文本属性.avi

InDesign CC中的【吸管工具】类似于Word软件中的格式刷，可以使用该工具复制文字属性，如填充、描边、字符和段落等对象属性，然后将这些属性应用到其他文字中。默认情况下，【吸管工具】可以复制所有文字属性。

① 复制文字属性到未选中的文本中

可以利用【吸管工具】吸取文字属性后，将其应用到未选中的文本中，具体操作方法如下。

ID 1 选择工具箱中的【吸管工具】，将鼠标移动到要复制属性的文字上，鼠标将显示为状，如图3.15所示，单击鼠标吸取文字鼠标，此时鼠标将显示为状，表示已经吸取了文字的属性，如图3.16所示。

图3.15 吸取文字属性 　　图3.16 拖动应用属性

ID 2 将【吸管工具】移到目标文本上，按住鼠标拖动选取要应用文字属性的文本对象，如图3.17所示，释放鼠标即可将应用文字属性。只要【吸管工具】处于状，就可以继续选取其他文本来应用属性。

提示

要取消吸管工具，可以在工具箱中单击其他任意工具。

图3.17 应用文字属性

技巧

吸管吸取文字属性后，如果想在不取消原属性的情况下再复制其他文字属性，可以按住Alt键，然后在需要复制属性的文字上单击鼠标，即可重新吸取文字属性。

② 复制文字属性到选中的文本中

可以利用【吸管工具】复制文字属性且直接应用到选中的文本中。具体操作方法如下：

ID 1 使用文字工具选取要复制属性的目标文本。

ID 2 在工具箱中选择【吸管工具】，然后单击要复制属性的文本对象，这时选择的目标文本即自动应用了复制的文字属性。

③ 吸管选项设置

【吸管工具】可以复制文字属性，如填充、描边、字符、段落等对象属性，这些属性用户可以根据需要自己来定义。具体定义的方法如下：

ID 1 在工具箱中双击【吸管工具】，打开【吸管选项】对话框，如图3.18所示。

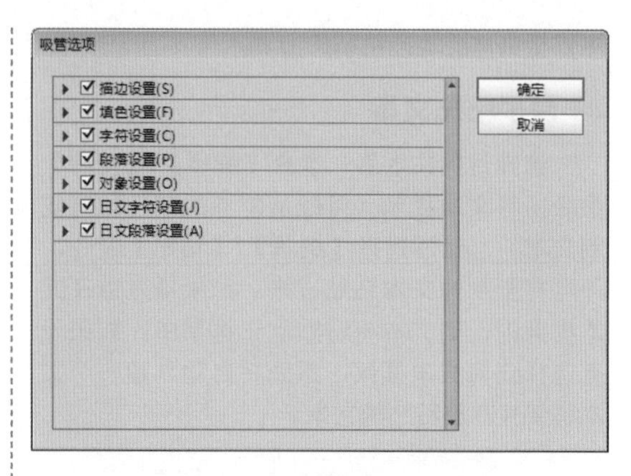

图3.18 【吸管选项】对话框

ID 2 在【吸管选项】对话框中，显示了所有吸管可以复制的对象属性，如果不需要某种属性，直接撤选其复选框，然后单击【确定】按钮即可。

技巧

如果只复制应用段落属性，可以不用更改【吸管选项】对话框中的设置，只需要在使用【吸管工具】单击文本时按住Shift键即可。

3.2 设置亚洲字体格式

在排版中，有时需要对文本进行特殊的处理，比如直排内横排、分行缩排等操作，下面来讲解这些特殊文本的处理方法。

视频讲座3-4：在直排内使用横排

案例分类：排版技法类
视频位置：配套光盘\movie\视视频讲座3-4：在直排内使用横排.avi

直排内横排又称为"纵中横"或"直中横"，这是将直排不符合阅读习惯的一部分文本，如阿拉伯数字、外语单词、时间等采用横排的方法。具体的操作方法如下：

ID 1 选择【文件】|【打开】命令，打开【打开文件】对话框，选择配套光盘中的"调用素材\第3章\在直排内使用横排.indd"文件。

ID 2 利用文字工具选择文本中的"5"，如图3.19所示。

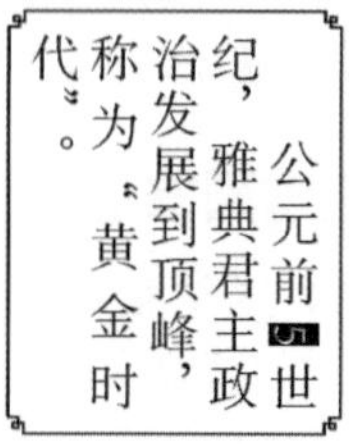

ID 3 在【字符】面板菜单中选择【直排内横排】命令，即可改变直排的文字为横排效果，改变后的效果如图3.20所示。

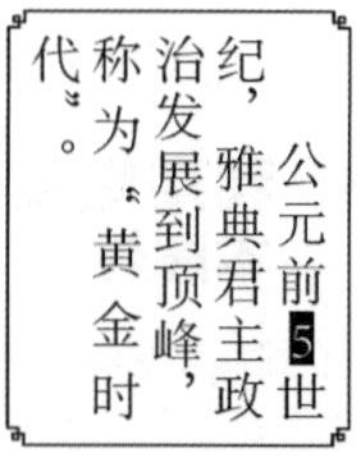

公元前5世纪，雅典君主政治发展到顶峰，称为"黄金时代"。

图3.19 选择字符"5"

公元前5世纪，雅典君主政治发展到顶峰，称为"黄金时代"。

图3.20 修改直排内横排效果

提示

如果对直排内横排中的字符位置不满意，可以在【字符】面板或【字符控制栏】菜单中选择【直排内横排设置】命令，打开【直排内横排设置】对话框，如图3.21所示。通过【上下】和【左右】参数的修改来更改字符的位置。如果想取消直排内横排，可以再次单击【字符】面板菜单中的【直排内横排】命令，或者再次按Alt + Ctrl + H组合键。

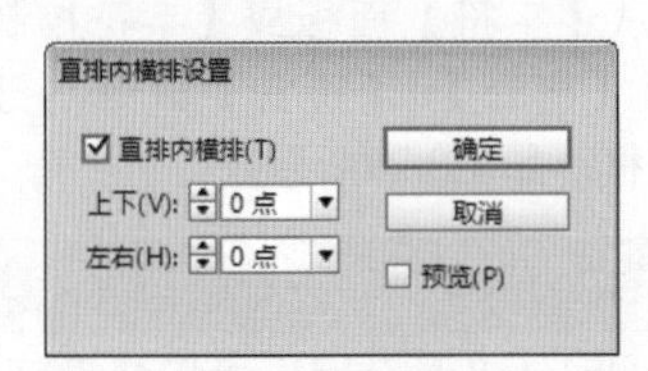

图3.21 【直排内横排设置】对话框

技巧

如果想为特定的段落设置自动直排内横排，可以首先在该段落中单击放置文本插入点，然后在字符控制栏菜单中选择【自动直排内横排】命令，或者按Alt + Shift + Ctrl + H组合键，打开【自动直排内横排设置】对话框，如图3.22所示。在【元组数】中指定要横排的字符的数量。例如，如果该选项设置为2，将不横排字符串“123”，但会横排字符“12”。勾选【包含罗马字】复选框，将直排内横排应用于罗马字文本。

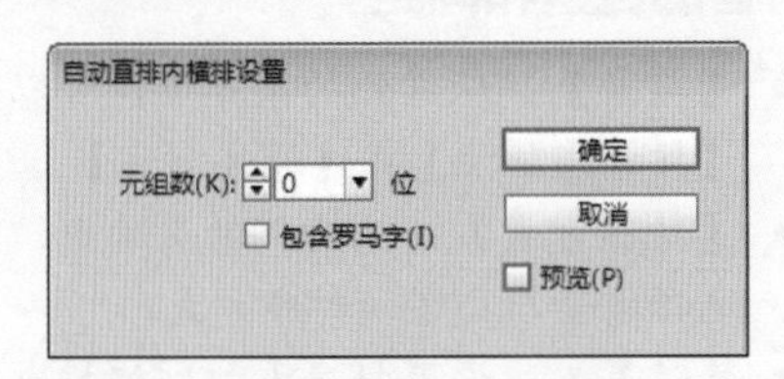

图3.22 【自动直排内横排设置】对话框

视频讲座3-5：使用分行缩排

案例分类：排版技法类
视频位置：配套光盘\movie\视频讲座3-5：使用分行缩排.avi

分行缩排就是将所选文本的文字大小缩小为原大小的一定比例，并根据原来的文字方向，将文字分成两行或多行水平或垂直排列。分行缩排常用于标题或装饰性文字的排版。分行缩排的具体操作方法如下：

ID 1 选择【文件】|【打开】命令，打开【打开】对话框，选择配套光盘中的“调用素材\第3章\分行缩排.indd”文件。

ID 2 使用文字工具选择需要分行缩排的文本，如图3.23所示。

排版高手完全掌握 InDesign CC 超级手册标准版

图3.23 选择文本

ID 3 从【字符】面板或【字符控制栏】菜单中选择【分行缩排】命令，即可将文字进行分行缩排，如图3.24所示。

技巧

按Alt + Ctrl + W组合键，可以快速应用【分行缩排】命令。

排版高手完全掌握 InDesign CC 超级手册标准版

图3.24 分行缩排效果

ID 4 修改分行缩排的文字。确定分行缩排的文字处于选中状态，从【字符】面板或【字符控制栏】菜单中选择【分行缩排设置】命令，打开【分行缩排设置】对话框，如图3.25所示。

技巧

按Alt + Ctrl + Z组合键，可以快速打开【分行缩排设置】对话框。

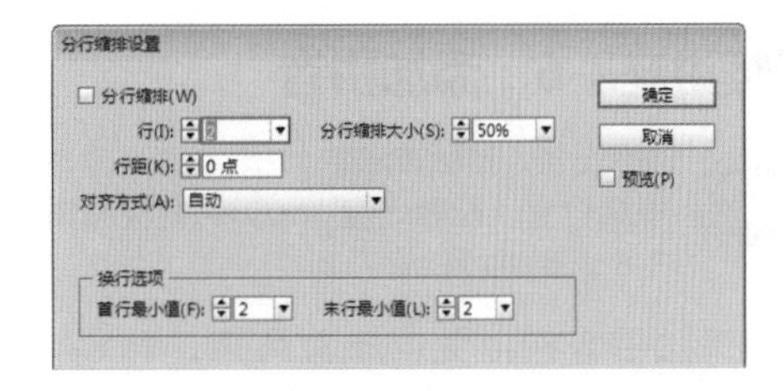

图3.25 【分行缩排设置】对话框

【分行缩排设置】对话框中各选项的含义说明如下。

- 【分行缩排】：勾选该复选框，应用分行缩排效果。
- 【行】：设置分行缩排字符所分的文本行数。取值范围为2~5行。
- 【分行缩排大小】：设置分行缩排字符大小占正文文本大小的百分比。一般设置为50%。

- 【行距】：设置分行缩排的行间距。值越大，行间距就越大。
- 【对齐方式】：设置分行缩排字符的对齐方式。
- 【首行最小值】：设置在换行时，首行开始新文字时所需要的最少字符数。
- 【末行最小值】：设置在换行时，结尾开始新文字时所需要的最少字符数。

ID 5 在【分行缩排设置】对话框中修改相关的分行缩排参数，对分行缩排的文字进行修改，如设置【对齐方式】为【强制双齐】，如图3.26所示。

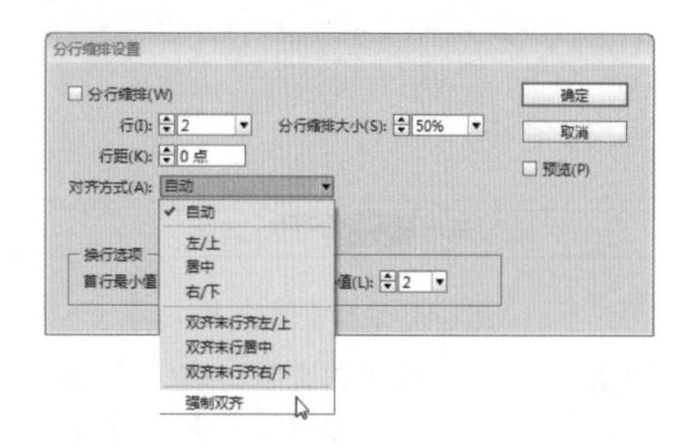

图3.26 设置【对齐方式】为【强制双齐】

ID 6 在【分行缩排设置】对话框中设置【对齐方式】为【强制双齐】后，单击【确定】按钮，此时的分行缩排效果如图3.27所示。

排版高手完全掌握InDesign CC超级手册标准版

图3.27 分行缩排效果

视频讲座3-6：添加拼音

案例分类：排版技法类
视频位置：配套光盘\movie\视视频讲座3-6：添加拼音.avi

添加拼音在中文中非常常用，特别是儿童读物中更加常见。利用【拼音】对话框，不但可以为文字添加注音，还可以调整拼音的位置、间距、字体、字号、颜色等内容。添加拼音的具体操作如下：

ID 1 选择【文件】|【打开】命令，打开【打开】对话框，选择配套光盘中的“调用素材\第3章\添加拼音.indd”文件。

ID 2 使用文字工具选择需要添加拼音的文本，如图3.28所示。

拼音的添加

图3.28 选择文本

ID 3 从【字符】面板或【字符控制栏】菜单中选择【拼音】|【拼音】命令，打开【拼音】对话框，如图3.29所示。

技巧

按Alt + Ctrl + R组合键，可以快速打开【拼音】对话框。

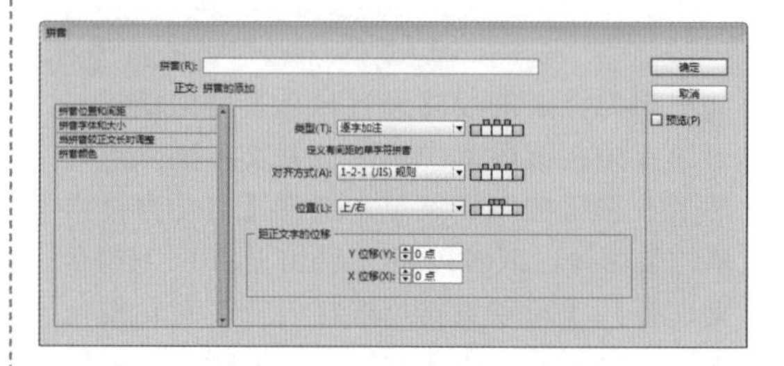

图3.29 【拼音】对话框

【拼音】对话框中各选项的含义说明如下。

❶ 拼音的位置和间距

- 【类型】：从右侧的菜单中，可以选择【按词组加注】或【逐字加注】。
- 【对齐方式】：从右侧的菜单中，可以选择拼音与文字的对齐方式。
- 【位置】：设置拼音添加到横排或直排文本的位置。选择“上/右”，拼音将在横排文本上方，直排文本的右方；选择“下/左”，拼音将在横排文本的下方，直排文本的左方。
- 【距正文的位移】：设置拼音与文字之间的间距。通过【Y位移】和【X位移】的参数进行修改。如果输入正值，拼音将远离文字；如果输入负值，拼音将靠近文字。

❷ 拼音字体和大小（参数如图3.30所示）

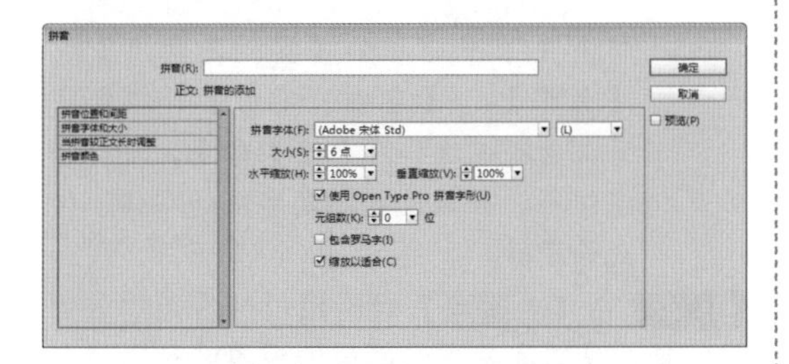

图3.30 拼音字体和大小参数

- 【拼音字体】：设置拼音的字体和字体样式。
- 【大小】：设置拼音字符的大小。默认的拼音大小为正文字符大小的一半。
- 【水平缩放】和【垂直缩放】：设置拼音字符的宽度和高度的缩放。
- 【使用Open Type Pro拼音字形】：勾选该复选框，可以使用拼音的替换字形。
- 【元组数】：指定要横排的字符的数量。
- 【包含罗马字】：勾选【包含罗马字】复选框，将直排内横排应用于罗马字文本。
- 【缩放以适合】：勾选【缩放以适合】复选框，可以使拼音字符串内的直排内横排强制采用相同尺寸。

❸ 当拼音校正文长时调整（参数如图3.31所示）

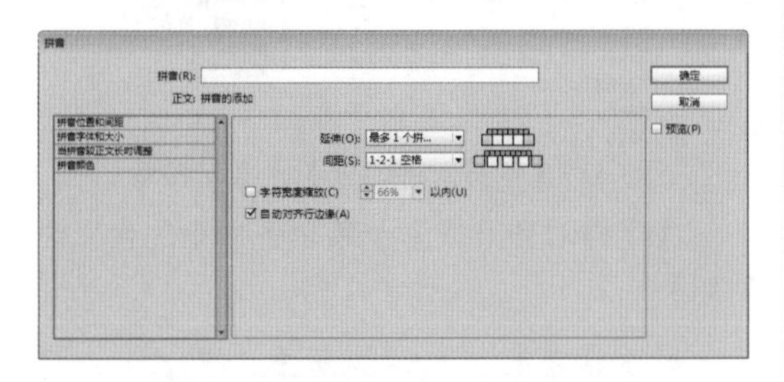

图3.31 当拼音校正文长时调整参数

- 【延伸】：设置当拼音总宽度大于正文字符的宽度时拼音的横向溢出。
- 【间距】：设置拼音所需的正文字符间距。
- 【字符宽度缩放】：勾选该复选框，可以在右侧的文本框中，设置拼音字符宽度缩放比例。
- 【自动对齐行边缘】：勾选该复选框，可以将正文文本的首行和末行对齐。

❹ 拼音颜色（参数如图3.32所示）

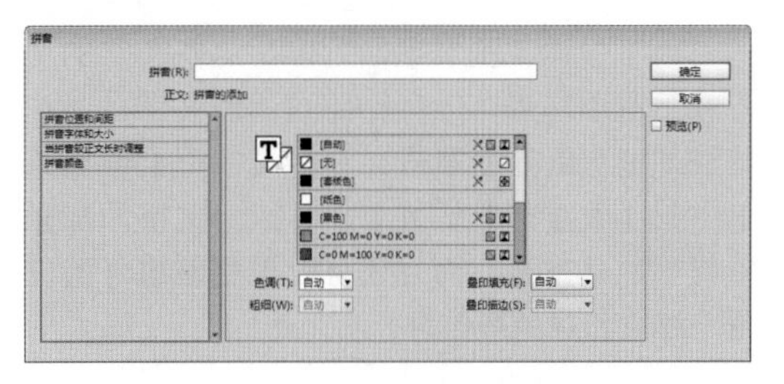

图3.32 拼音颜色参数

- 颜色设置：从列表框中，可以选择拼音的填充或描边颜色。
- 【色调】：设置颜色的饱和程度。值越小，颜色越浅。
- 【粗细】：设置字符描边的线条粗细程度。值越大，线条越粗。
- 【叠印填充】和【叠印描边】：设置拼音填充和描边的叠印。

ID 1 在【拼音】右侧的文本框中单击以定位光标位置，然后使用利用键盘直接输入拼音字母，如图3.33所示。

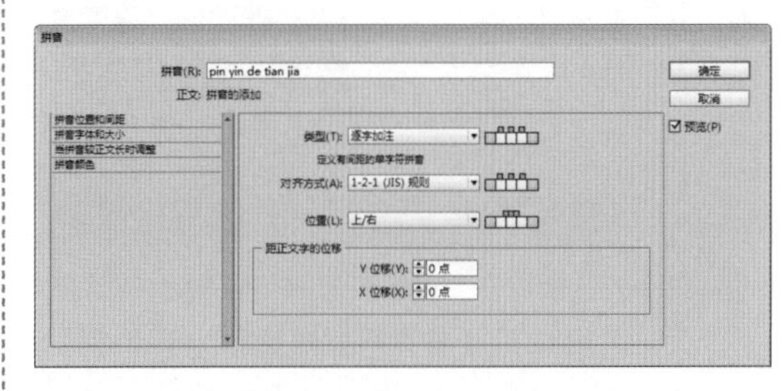

图3.33 输入拼音字母

ID 2 输入拼音字母后，勾选【预览】复选框，可以查看当前文档中添加的拼音效果，如果对添加的位置、颜色、大小等不满意，可以相关的参数来修改，修改完成后，单击【确定】按钮，即可完成拼音的添加。添加拼音后的文本效果如图3.34所示。

pin yin de tian jia
拼音的添加

图3.34 添加拼音后的效果

视频讲座3-7：添加着重号

案例分类：排版技法类
视频位置：配套光盘\movie\视频讲座3-7：添加着重号.avi

为了强调某些文字，可以为这些文字的上方或下方添加点，以突出要强调的文字，而这些添加的点就是着重号。利用【字符】面板菜单中的【着重号】子菜单，可以为文字添加多种样式的着重号，而且还可以调整着重号的位置、缩放和颜色等信息。

ID 1 选择【文件】|【打开】命令，打开【打开】对话框，选择配套光盘中的“调用素材\第3章\着重号.indd”文件。

ID 2 利用文字工具，拖动选择要添加着重号的文字。

ID 3 从【字符】面板或【字符控制栏】菜单中选择【着重号】|【着重号】命令，打开【着重号】对话框，如图3.35所示。

技巧

按Alt + Ctrl + K组合键，可以快速打开【着重号】对话框。

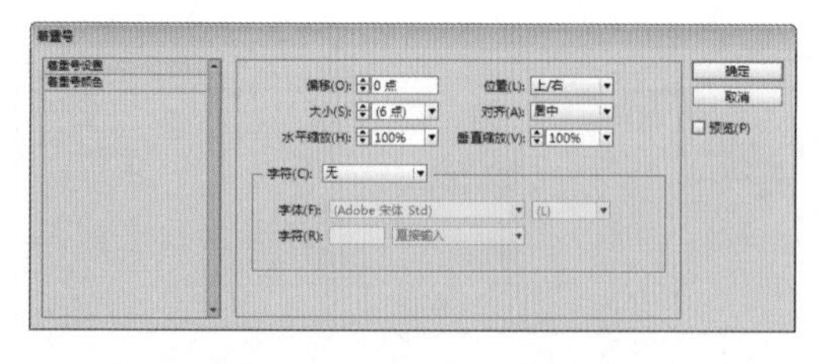

图3.35 【着重号】对话框

【着重号】对话框中各选项的含义说明如下。

- 【偏移】：指定着重号与字符之间的间距。
- 【位置】：指定着重号在字符上的位置。选择【上/右】，着重号将附加在横排文本上方或直排文本右方；选择【下/左】，着重号将附加在横排文本下方或直排文本左方。
- 【大小】：指定着重号的大小。
- 【对齐】：指定着重号与字符的对齐方式。选择【左】着重号将与横排文本左端对齐，与直排文本顶对齐；选择【居中】，着重号将显示在字符全角字框的中心对齐位置。
- 水平和垂直缩放：指定着重号字符的高度和宽度缩放。
- 【字符】：从右侧的下拉菜单中指定一种着重号字符，如【实心芝麻点】、【鱼眼】、【空心三角形】等自定字符。也可以选择【自定】命令，自行指定字符，并且设置指定字符的字体、样式等参数。

ID 4 在【着重号】对话框中进行相应着重号的参数设置和着重号颜色的设置，然后单击【确定】按钮，即可为选择的文字添加着重号。添加不同着重号的效果如图3.36所示。

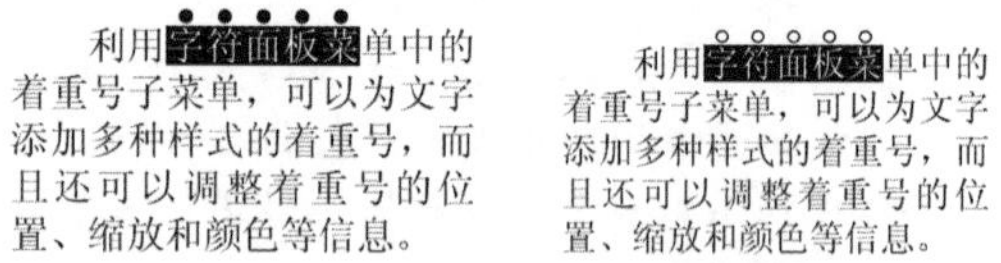

利用字符面板菜单中的着重号子菜单，可以为文字添加多种样式的着重号，而且还可以调整着重号的位置、缩放和颜色等信息。

利用字符面板菜单中的着重号子菜单，可以为文字添加多种样式的着重号，而且还可以调整着重号的位置、缩放和颜色等信息。

图3.36 添加不同着重号的效果

3.2.1 对齐不同大小字符

当在一行中定位大小不同的字符时，可以使用【字符】面板或【字符格式控制】菜单中的【字符对齐方式】子菜单命令来进行处理。子菜单效果如图3.37所示。

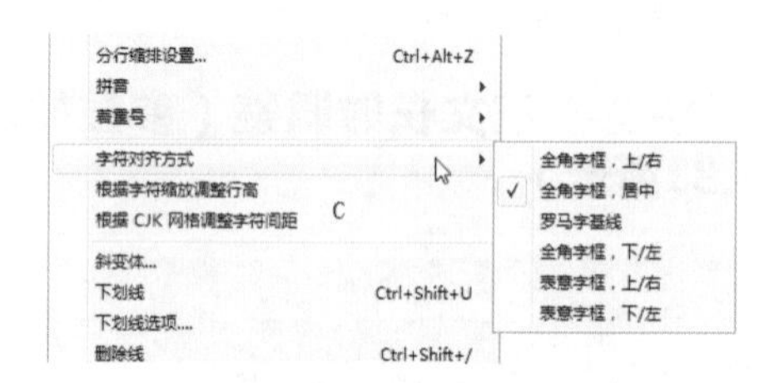

图3.37 【字符对齐方式】子菜单命令

【字符对齐方式】子菜单各命令的含义说明如下。

- 全角字框（上/右、居中、下/左）：将一行文字中的大字符与小字符按指定的位置进行对齐。在直排文本中，【上/右】对应右边缘，【居中】对应字符中心，【下/左】对应左边缘。
- 罗马字基线：将一行文字中的大字符与小字符按基线网络进行对齐。
- 表意字框（上/右、下/左）：将一行文字中的大字符与小字符按表意字框进行对齐。在直排文本中，【上/右】将文本与表意字框的右边缘对齐，【下/左】将文本与表意字框的左边缘对齐。

提示

表意字框是字体设计程序在设计构成某种字体的表意字时所采用的平均高度和宽度。

3.2.2 不同大小字符的对齐应用

利用不同大小字符的对齐功能，可以将不同大小的字符进行对齐操作。具体的操作如下：

ID 1 选择【文件】|【打开】命令，打开【打开】对话框，选择配套光盘中的“调用素材\第3章\对齐不同大小字符.indd”文件。

ID 2 选择要对齐的字符文本或字符行范围，或者使用【选择工具】选择一个文本框架。

ID 3 从【字符】面板或【字符控制栏】菜单中选择【字符对齐方式】菜单中相应命令即可。不同对齐效果如图3.38所示。

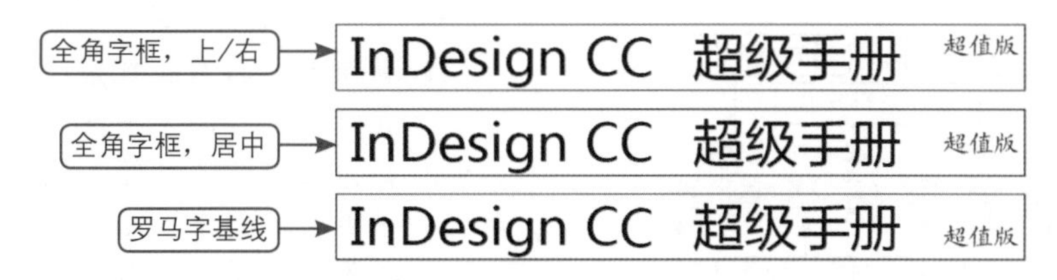

图3.38 全角字框3种不同对齐效果

3.3 编辑段落

在输入文字时，按Enter键即可创建一个段落，InDesign CC提供了强大的段落编辑功能，随意翻开一本书，都可以看到排列整齐的段落分布。

3.3.1 【段落】面板介绍

【段落】面板是进行格式化段落设置的地方，它与【字符】面板一样，在段落格式设置中占有重要的地位，基本上所有的段落设置都可以利用【段落】面板来完成，它的部分功能与【段落格式控制】相同，所以即可以使用【段落】面板设置段落格式，也可以使用【段落格式控制】来设置段落格式。

选择【窗口】|【文字和表】|【段落】命令，打开【段落】面板，【段落】菜单也包含了很多段落参数设置。【段落】面板及菜单效果如图3.39所示。

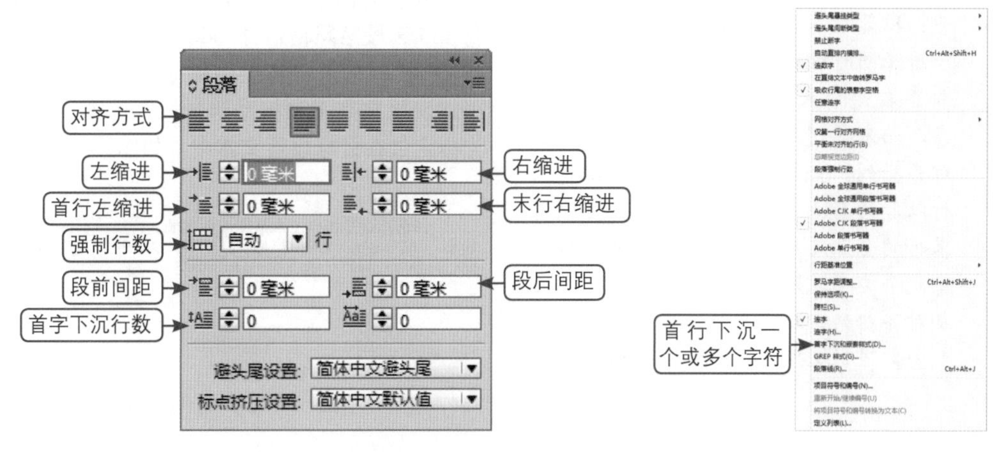

图3.39 【段落】面板及菜单效果

技巧

按Ctrl + M或Alt + Ctrl + T组合键，可以快速打开【段落】面板。

3.3.2 对齐段落文本

段落文本的对齐，主要是以文本框架为依据，并根据文本框架进行对齐，文本可以与文本框架的左侧或右侧边缘对齐，也可以与框架居中对齐。还有其他多种对齐方式，选择段落文本后，可以在【段落】面板或【段落格式控制】栏中单击相应的按钮，如图3.40所示。

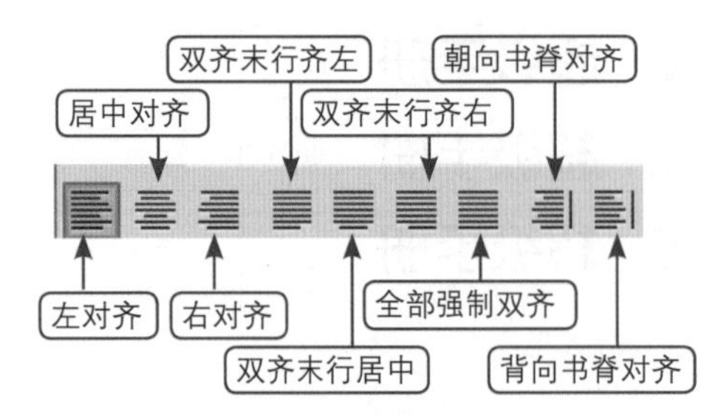

图3.40 对齐按钮说明

【段落】面板中的对齐按钮说明如下。

- 左对齐、居中对齐和右对齐。段落文本以框架为依据，文本分别与框架的左侧、框架中心和框架的右侧边缘对齐。左、居中和右对齐效果如图3.41所示。

段落文本的对主要是以文本框架为依据，并根据文本框架进行对齐，文本可以与文本框架的左侧或右侧边缘对齐

段落文本的对主要是以文本框架为依据，并根据文本框架进行对齐，文本可以与文本框架的左侧或右侧边缘对齐

段落文本的对主要是以文本框架为依据，并根据文本框架进行对齐，文本可以与文本框架的左侧或右侧边缘对齐

图3.41 左、居中和右对齐效果

- 双齐末行齐左、居中、右和全部强制双齐：段落文本以框架为依据，文本与两个边缘同时对齐。双齐末行齐左、居中和齐右是除末行以外所有文本两侧对齐，而末行则以左对齐、居中对齐或右对齐排列。全部强制双齐不但可以将末行以外的其他文字两侧对齐，也可以将末行的全部文本两侧对齐，如果末行只有几个文字，则将扩大文字的间距来两侧对齐排列。双齐末行齐左、居中、右和全部强制双齐效果如图3.42所示。

段落文本的对主要是以文本框架为依据，并根据文本框架进行对齐，文本可以与文本框架的左侧或右侧边缘对齐

段落文本的对主要是以文本框架为依据，并根据文本框架进行对齐，文本可以与文本框架的左侧或右侧边缘对齐

段落文本的对主要是以文本框架为依据，并根据文本框架进行对齐，文本可以与文本框架的左侧或右侧边缘对齐

段落文本的对主要是以文本框架为依据，并根据文本框架进行对齐，文本可以以与文本框架的左侧或右侧边缘对齐

图3.42 双齐末行齐左、居中、右和全部强制双齐

- 朝向和背向书脊对齐：应用【朝向书脊对齐】时，左手页文本将进行右对齐，但当该文本转入或框架移动到右手页时，会变成左对齐。同样，在对段落应用【背向书脊对齐】时，左手页文本将进行左对齐，而右手页文本会执行右对齐。

技巧

在垂直框架中，【朝向书脊对齐】和【背向书脊对齐】使用无效，因为是文本对齐方式与书脊方向平行。

3.3.3 对齐段落网格

默认情况下，框架网格中的文本与全角字框中心对齐，用户也可以将某一段落网格的对齐方式设置为全角字框、罗马字基线或表意字框对齐。具体的使用方法如下：

ID 1 选择【文件】|【打开】命令，打开【打开】对话框，选择配套光盘中的“调用素材\第3章\段落网格对齐.indd”文件。

ID 2 单击选择框架网格中的目标段落，也可以使用文字工具拖动选择目标段落，或者将光标定位在目标段落文本中，如图3.43所示。

图3.43 选择目标段落

ID 3 在【段落】面板菜单中选择【网格对齐方式】子菜单中的任意一个对齐方式，即可将段落进行对齐，如图3.44所示。

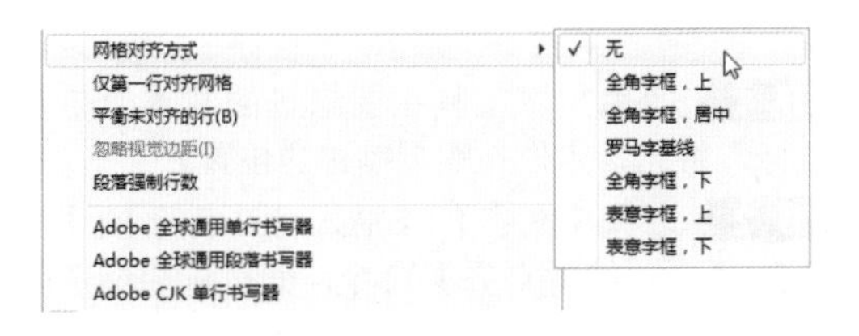

图3.44 【网格对齐方式】子菜单

【网格对齐方式】子菜单中相关命令使用说明如下。

- 全角字框（上、居中、下）：设置在全角字框中文本的对齐。在直排文本框架中，【全角字框，上】将文本与全角字框的上边缘对齐；【全角字框，居中】将文本与全角字框的中心对齐；【全角字框，下】将文本与全角字框的下边缘对齐。
- 罗马字基线：将段落与基线网格进行对齐。
- 表意字框（上、下）：将段落按表意字框进行对齐。在直排文本框架中，【表意字框，上】将文本与表意字框的上边缘对齐；【表意字框，下】将文本与表意字框的下边缘对齐。

ID 4 在【段落】面板菜单中，选择【网格对齐方式】子菜单中【全角字框，居中】命令后的对齐效果如图3.45所示。

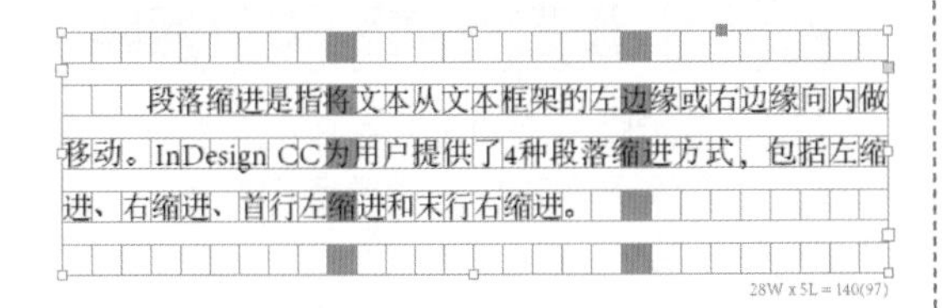

图3.45 【全角字框，居中】对齐效果

提示

如果默认的框架网格与文本的大小设置一致，则使用网格对齐方式命令时，文本位置将不会发生改变。如果默认的框架网格与文本大小不同时，使用网格对齐方式命令才可以显示出对齐效果。

3.3.4 设置段落缩进

段落缩进是指将文本从文本框架的左边缘或右边缘向内做移动。InDesign CC为用户提供了4种段落缩进方式，包括左缩进、右缩进、首行左缩进和末行右缩进。用户可以使用【制表符】面板、【段落格式控制】栏或【段落】面板来进行段落的缩进操作，还可以通过创建【项目符号列表和编号列表】来设置段落缩进。

提示

【首行缩进】是段落排版中比较常用的一种缩进方式，它的缩进量是依据左缩进来设置的。例如，段落的左缩进为6毫米，如果将首行缩进设置为5毫米，则段落的首行将从左侧缩进11毫米。

① 左或右缩进

左或右缩进主要是将文本从文本框架的左边缘或右边缘向内做缩进处理。具体的操作方法如下：

ID 1 单击选择框架网格中的目标段落，也可以使用文字工具拖动选择目标段落，或者将光标定位在目标段落文本中，如图3.46所示。

ID 2 在【段落】面板中的，设置左缩进的值为10毫米，右缩进的值为5毫米，按Enter键确认，可以看到文本左/右缩进的效果如图3.47所示。

图3.46 选择目标段落

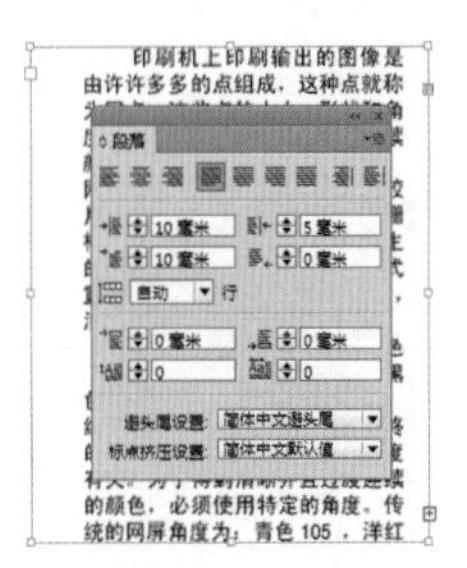

图3.47 设置左/右缩进

② 首行缩进

【首行缩进】是段落排版中比较常用的一种缩进方式，它的缩进量是依据左缩进来设置的，一般来说，首行缩进通常为2个字符。具体操作方法如下：

ID 1 使用文字工具拖动选择目标段落文本，或者将光标定位在目标段落文本中。

ID 2 在【段落】面板中的设置一个合适的【首行缩进】数值，这里设置为10毫米，按Enter键确认，可以看到文本首行缩进的效果。首行缩进前后对比效果如图3.48所示。

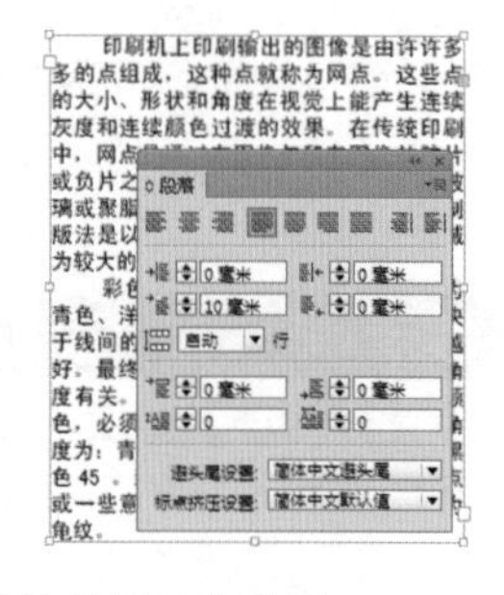

图3.48 首行缩进的前后对比效果

③ 悬挂缩进

悬挂缩进是指段落中除第一行以外的其他行进行缩进。一般悬挂缩进多用于添加项目符号列表和编号列表中。

ID 1 单击选择框架网格中的目标段落，也可以使用文字工具拖动选择目标段落，或者将光标定位在目标段落文本中。

ID 2 如果要创建一个10毫米的悬挂缩进，在【左缩进】文本框中输入一个正值10毫米，然后在【首行左缩进】文本框中输入一个负值10毫米。

ID 3 按Enter键确认，可以看到段落文本悬挂缩进的效果。悬挂缩进前后对比效果如图3.49所示。

图3.49 悬挂缩进前后对比效果

④ 使用【在此缩进对齐】命令

可以使用【在此缩进对齐】命令，独立于段落的左缩进值来缩进段落中的行。【在此缩进对齐】命令与段落左缩进不同点在于：一是【在此缩进对齐】属文本流的一部分，如同可视字符。如果文本重排，则该缩进会随之移动；二是【在此缩进对齐】命令影响的是它所在行之后的所有行，因此只能缩进段落的一部分行。

ID 1 使用文本工具在要缩进的文本处单击鼠标，将光标定位在需要缩进的位置。

ID 2 选择【文字】|【插入特殊字符】|【其他】|【在此缩进对齐】命令，即可应用缩进效果，缩进的前后对比效果如图3.50所示。

技巧

在相应位置定位光标后，按Ctrl + \组合键，可以快速应用【在此缩进对齐】命令。

印刷机上印刷输出的图像是由许许多多的点组成，这种点就称为网点。这些点的大小、形状和角度在视觉上能产生连续灰度和连续颜色过渡的效果。在传统印刷中，网点是通过在图像与印有图像的胶片或负片之间放置一块包含许多栅格点的玻璃或聚脂薄膜网屏而产生的。这种照相制版法是以点的模式重构图像，深色的区域为较大的点，浅色区域则为较小的点。
彩色印刷常用的四种颜色（CMYK）为青色、洋红、黄色和黑色。印刷质量取决于线间的距离，线间距越小则印刷质量越好。最终的效果还与网点产生时的网屏角度有关。为了得到清晰并且过渡连续的颜色，必须使用特定的角度。传统的网屏角度为：青色 105 ，洋红 75 ，黄色 90 ，黑色 45 。当角度设置不正确时，将产生斑点或一些

印刷机上印刷输出的图像是由许许多多的点组成，这种点就称为网点。这些点的大小、形状和角度在视觉上能产生连续灰度和连续颜色过渡的效果。在传统印刷中，网点是通过在图像与印有图像的胶片或负片之间放置一块包含许多栅格点的玻璃或聚脂薄膜网屏而产生的。这种照相制版法是以点的模式重构图像，深色的区域为较大的点，浅色区域则为较小的点。
彩色印刷常用的四种颜色（CMYK）为青色、洋红、黄色和黑色。印刷质量取决于线间的距离，线间距越小则印刷质量越好。最终的效果还与网点产生时的网屏角度有关。为了得到清晰并且过渡连续的颜色，必须使用特定的角度。传统的网屏角度为：青色 105 ，洋红 75 ，黄色 90 ，黑

图3.50 缩进的前后对比效果

技巧

【在此缩进对齐】命令插入的是一个特殊字符，选择【文字】|【显示隐藏字符】命令，或者按Alt + Ctrl + I组合键，可以将其显示出来。

3.3.5 设置行间距和段间距

行间距和段间距的设置可以美化版面，使行或段之间设置得疏松一些或紧密一些，以达到设计的目的。

① 设置行间距

行间距是指相邻行文字间的垂直间距或两行之间的垂直间距。行间距是通过测量一行文本的基线到上一行文本基线的距离得出的。

默认的自动行距为文字大小的120%，如10点的文字的行距大小为12点。设置自动行距后，InDesign CC将在【字符格式控制】栏或【字符】面板中，将行距的值显示在【行距】文本框的圆括号中。

提示

在设置行间距时，如果某行中的某个字的字号比较大，该行的自动行距也会相应的增加变大。在排版时，一般正文的行间距为原字号大小的150%~175%。

ID 1 使用文字工具拖动选择目标段落或直接选择要更改行间距的文本框架。

ID 2 在【字符】面板或【字符格式控制】栏的【行距】文本框中选择现有的行距值，或者根据需要输入新的数值，或者从【段落】面板菜单中选择【罗马字距调整】命令，打开【字距调整】对话框。

技巧

按住Alt键单击【字符格式控制】栏的中的【行距】图标或按Alt + Shift + Ctrl + J组合键，可以快速打开【字距调整】对话框，如图3.51所示。

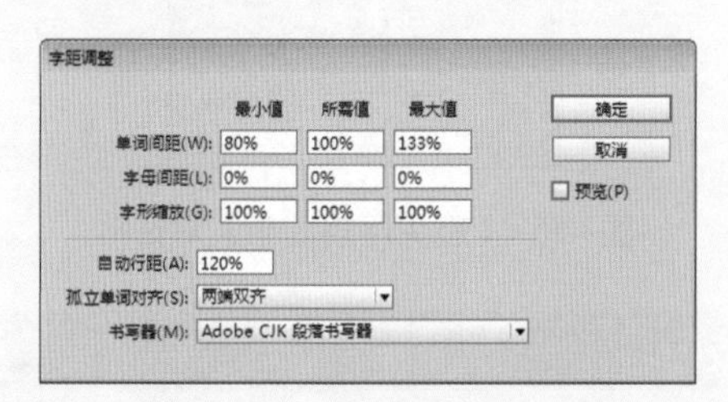

图3.51 【字距调整】对话框

ID 3 在【自动行距】文本框中输入需要的数值，比如200%，单击【确定】按钮，完成行距的设置。行间距设置的前后对比效果如图3.52所示。

图3.52 行间距设置的前后对比效果

② 设置段间距

段间距是指段与段之间的间距。当前段的最前一行与上一段最后一行之间除去行间距的距离叫段前间距，当前段的最后一行与下一段最前一行之间除去行间距的距离叫段后间距。

ID 1 使用文字工具拖动选择目标段落，或者将光标定位在目标段落文本中，如果要设置整个框架文本的段落间距，可以直接单击选择目标文本框架。

ID 2 在【段落】面板或【段落格式控制】中，在【段前间距】和【段后间距】文本框中输入所需的数值，如【段前间距】的值为5毫米，【段后间距】的值为2毫米，按下Enter键，完成段落间距的设置。完成的前后对比效果如图3.53所示。

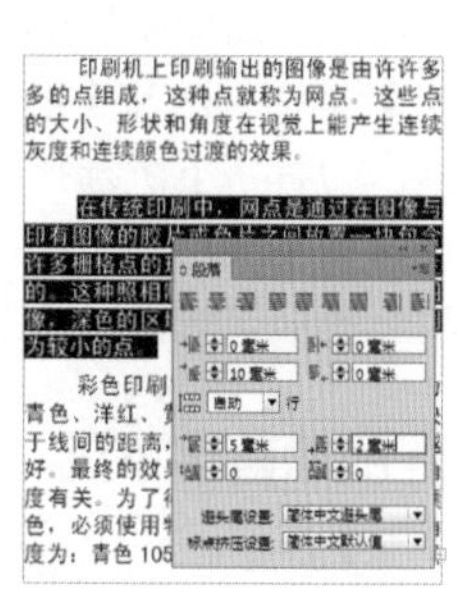

图3.53 段间距设置前后对比效果

视频讲座3-8：首字下沉

案例分类：排版技法类
视频位置：配套光盘\movie\视频讲座3-8：首字下沉.avi

首字下沉就是将段落中第一行的第一个字符或几个字符变大下沉到下面的行中，达到突出显示的效果。一次可以对一个或多个段落添加首字下沉。

① 应用首字下沉

要应用首字下沉，可以进行如下操作：

ID 1 使用文字工具在要设置首字下沉的段落中单击，将光标定位在当前段落中。

ID 2 在【段落】面板或【段落格式控制】中，如果要设置首字下沉行数，可以在【首字下沉行数】文本框中输入一个需要的数值；如果要首字下沉一个或多个字符，可以在【首字下沉一个或多个字符】文本框中指定要下沉的字符数。设置首字下沉的前后对比效果如图3.54所示。

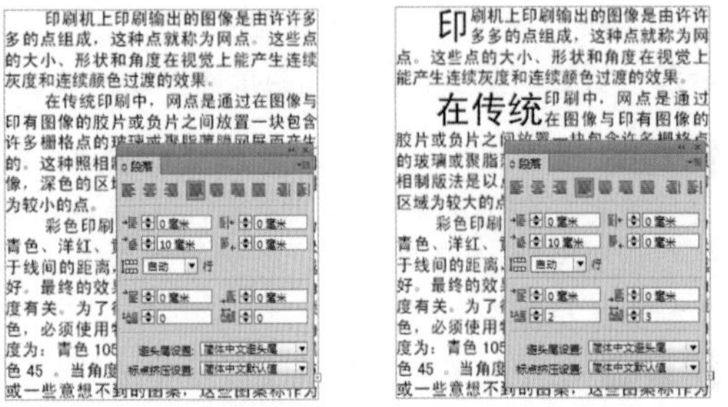

图3.54 设置首字下沉的前后对比效果

提示

如果要对首字下沉字符应用字符样式，可以从【段落】面板菜单中选择【首字下沉和嵌套样式】命令，打开【首字下沉和嵌套样式】对话框，为首字下沉选择合适的嵌套样式，也可以设置首字下沉的对齐、缩放、忽略框架网格、填充到框架网格或向上或向下扩展到网格。

② 删除首字下沉

要删除首字下沉效果，可以执行如下操作：

ID 1 使用文字工具在要删除首字下沉的段落中单击，以定位段落。

ID 2 在【段落】面板或【段落格式控制】中，在【首字下沉行数】或【首字下沉一个或多个字符】文本框中输入 0，然后按Enter键即可。

3.3.6 避头尾的设置

避头尾主要用于亚洲文本的换行方式，是中文、韩文、日文等双字节文字特有的字符设置。一般将不能出现在行首或行尾的字符称为避头尾字符，如中国人一般不习惯将标点符号放置在文本段落的行首或行尾。对于日本文本，可以使用【日文严格避头尾集】和【日文宽松避头尾集】，对于韩文或繁、简体中文，可以使用韩文或繁、简体避头尾。当然，还可以创建新的避头尾集来自定义设置。

① 为段落选择避头尾设置

InDesign CC默认提供了日文、韩文、简体和繁体中文等避头尾设置，对于使用简体中文的我们来说，一般只需要选择【简体中文避头尾】选项即可。具体应用避头尾的设置方法如下：

ID 1 选择一个目标段落或文本框架。

ID 2 在【段落】面板的【避头尾设置】下拉菜单中选择一个相应的选项，如【简体中文避头尾】选项。

② 自定义避头尾设置

InDesign CC虽然提供了多种避头尾集，但有时仍不能满足排版的需要，这时可以利用【避头尾规则集】对话框来自定义避头尾设置。

ID 1 选择【文字】|【避头尾设置】命令，或在【段落】面板的【避头尾设置】右侧的下拉菜单中，选择【设置】选项，打开【避头尾规则集】对话框，如图3.55所示。

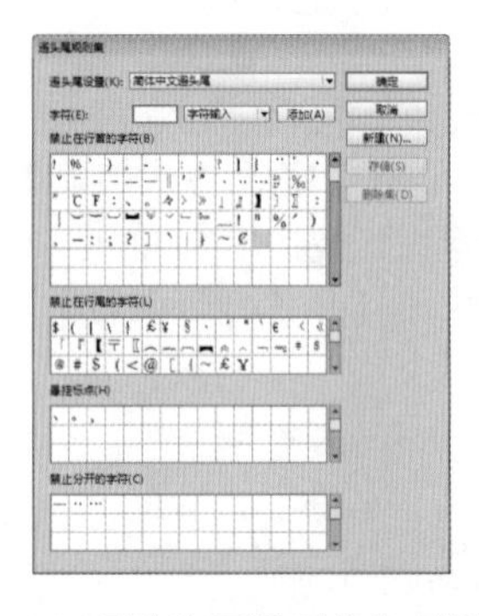

图3.55 【避头尾规则集】对话框

技巧

按Shift + Ctrl + K组合键，可以快速打开【避头尾规则集】对话框。

ID 2 在【避头尾规则集】对话框中单击【新建】按钮，打开【新建避头尾规则集】对话框，如图3.56所示。在【名称】文本框中输入一个新规则集名称。

图3.56 【新建避头尾规则集】对话框

ID 3 要在【禁止在行首的字符】、【禁止在行尾的字符】、【悬挂标点】或【禁止分开的字符】框中添加或删除字符，操作的方法是一样的。要添加字符，可以先在相应的框中空格处单击，然后在【字符】文本框中输入字符，单击【添加】按钮即可；要删除字符，可以先在相应的框中选择目标字符，然后单击【移去】按钮即可。

ID 4 设置完成后，单击【存储】按钮即可将自定义避头尾设置保存。

③ 删除避头尾集

自定义避头尾集后，如果不再需要该自定义避头尾集，可以将其删除。需要注意的是，默认的避头尾集是不能删除的，只能删除自定义的避头尾集。

ID 1 首先打开【避头尾规则集】对话框，然后从【避头尾设置】下拉菜单中选择要删除的自定义避头尾集选项。

ID 2 单击对话框右侧的【删除集】按钮即可。

④ 推入、推出避头尾换行方式

为了避免避头尾字符出现在段落的行首或行尾，可以对文本进行推入或推出设置。首先选择目标段落或文本框架，然后在【段落】面板菜单或【段落格式控制】菜单的【避头尾间断类型】子菜单中选择相应的命令，如图3.57所示。

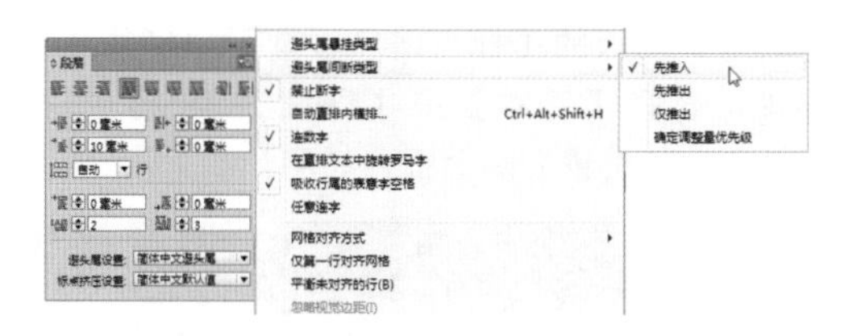

图3.57 【避头尾间断类型】子菜单

【避头尾间断类型】子菜单中相关命令的使用说明如下。

- 【先推入】：选择该命令后，将优先考虑将避头尾字符放在同一行中，而不进行换行操作。
- 【先推出】：选择该命令后，将优先考虑将避头尾字符将进行换行操作，放在下一行中。
- 【仅推出】：选择该命令后，始终将避头尾字符进行换行操作，放在下一行中。
- 【确定调整量优先级】：选择该命令，当推出字符所产生的间距扩展量大于推入字符所产生的字符间距压缩量时，将会使用推入字符。

技巧

在进行排版时，为了检查避头尾的应用位置，可以将避头尾文本突出显示出来，选择【编辑】|【首选项】|【排版】命令，打开【首选项】|【排版】对话框，在【突出显示】选项组中勾选【避头尾】复选框，避头尾文本将突出显示

⑤ 使用避头尾悬挂

避头尾悬挂主要是控制是否将中文标点符号，如句号、逗号等悬挂在文本框架外面，以及是否与文本框架的边缘对齐。具体设置方法如下：

ID 1 选择一个目标段落或文本框架。

ID 2 在【段落】面板菜单中或【段落格式控制】的【避头尾悬挂类型】子菜单中选择相应的命令即可，如图3.58所示。

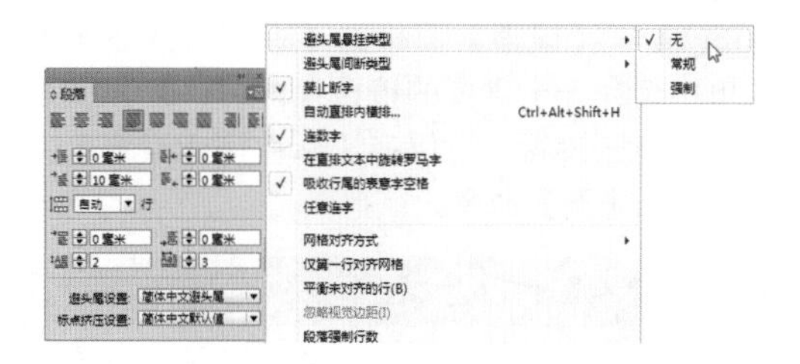

图3.58 【避头尾悬挂类型】子菜单

【避头尾悬挂类型】子菜单中相关命令的使用说明如下。

- 【无】：选择该命令，不进行悬挂设置。
- 【常规】：当目标段落文本设置为双齐或全部强制双齐时，选择该命令，将在确定位置时包含悬挂起标点。
- 【强制】：当目标段落文本设置为双齐或两端双齐时，选择该命令，将在确定位置之前，首先强制悬挂那些悬挂起标点。避头尾悬挂类型设置为【无】和【常规】的前后效果，如图3.59所示。

提示

【强制】命令只有当应用段落间距调整后，才会应用强制悬挂。

印刷机上印刷输出的图像是由许许多多的点组成，这种点就称为网点。这些点的大小、形状和角度在视觉上能产生连续灰度和连续颜色过渡的效果。

在传统印刷中，网点是通过在图像与印有图像的胶片或负片之间放置一块包含许多栅格点的玻璃或聚脂薄膜网屏而产生的。这种照相制版法是以点的模式重构图像，深色的区域为较大的点，浅色区域则为较小的点。

彩色印刷常用的四种颜色（CMYK）为青色、洋红、黄色和黑色。印刷质量取决于线间的距离，线间距越小则印刷质量越好。最终的效果还与网点产生时的网屏角度有关。为了得到清晰并且过渡连续的颜色，必须使用特定的角度。传统的网屏角度为：青色 105 ，洋红 75 ，黄色 90 ，黑色 45 。当角度设置不正确时，将产生斑点或一些意想不到的图案，这些图案称作为龟纹。

印刷机上印刷输出的图像是由许许多多的点组成，这种点就称为网点。这些点的大小、形状和角度在视觉上能产生连续灰度和连续颜色过渡的效果。

在传统印刷中，网点是通过在图像与印有图像的胶片或负片之间放置一块包含许多栅格点的玻璃或聚脂薄膜网屏而产生的。这种照相制版法是以点的模式重构图像，深色的区域为较大的点，浅色区域则为较小的点。

彩色印刷常用的四种颜色（CMYK）为青色、洋红、黄色和黑色。印刷质量取决于线间的距离，线间距越小则印刷质量越好。最终的效果还与网点产生时的网屏角度有关。为了得到清晰并且过渡连续的颜色，必须使用特定的角度。传统的网屏角度为：青色 105 ，洋红 75 ，黄色 90 ，黑色 45 。当角度设置不正确时，将产生斑点或一些意想不到的图案，这些图案称作为龟纹。

图3.59 避头尾悬挂类型设置为【无】和【常规】的前后效果

3.3.7 标点挤压的设置

在对双字节的汉字编排时，通过标点挤压控制中文和日文字符、罗马字、标点符号、特殊符号、行首、行尾和数字的间距，以更加适合排版版面的美观。

❶ 应用标点挤压集

应用标点挤压集的具体操作方法如下：

ID 1 选择目标段落或文本框架。

ID 2 在【段落】面板的【标点挤压设置】菜单中选择一个需要的挤压集即可；如果要取消标点挤压设置，可以在【标点挤压设置】菜单中选择【无】命令。

提示

要在【段落】面板的【标点挤压设置】菜单中显示需要的标点挤压设置，可以选择【首选项】|【标点挤压选项】命令，在【首选项】对话框中设置显示的标点挤压集。

❷ 更改标点挤压集

默认情况下，InDesign CC提供了 14 种日文标点挤压和两种中文标点挤压。通过【首选项】可以设置标点挤压预设。

ID 1 选择【编辑】|【首选项】|【标点挤压选项】命令，打开【首选项】|【标点挤压选项】对话框，如图3.60所示。

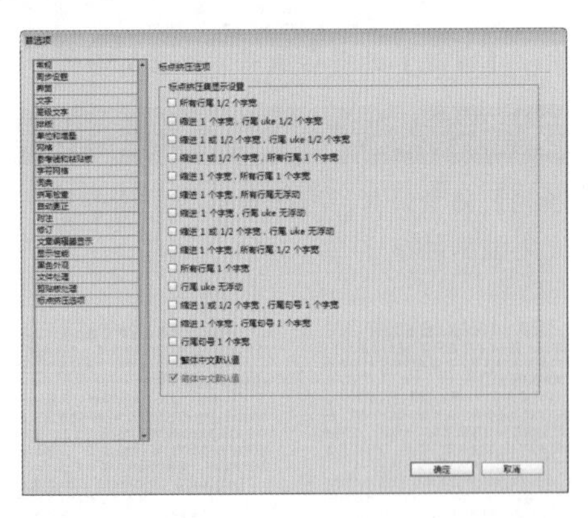

图3.60 【首选项】|【标点挤压选项】对话框

ID 2 如果想在【段落】面板中显示某个标点挤压集，可以直接勾选该项。如果不想显示某个标点挤压集，将其左侧的复选框取消选择，然后单击【确定】按钮，在【段落】面板中的【标点挤压设置】右侧的弹出菜单中，可以看到勾选标点挤压集的前后对比效果如图3.61所示。

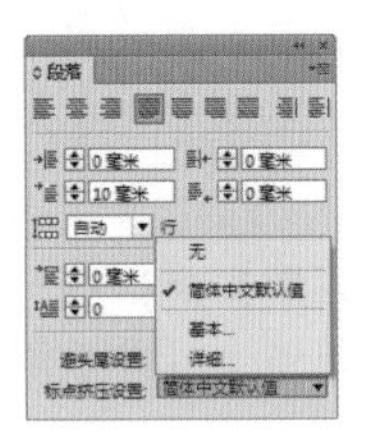

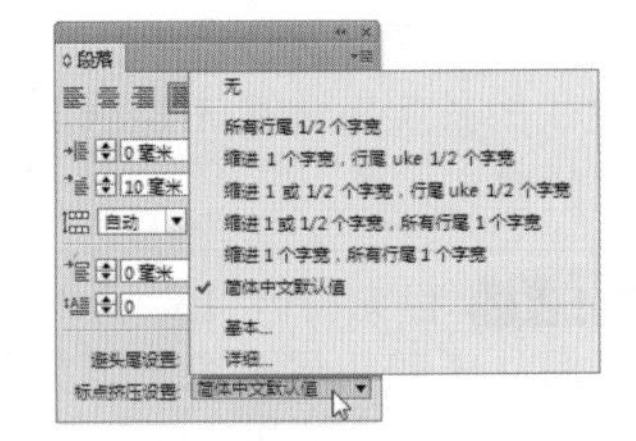

图3.61 勾选标点挤压集的前后对比效果

❸ 新建标点挤压集

除了使用现有的标点挤压集，还可以自己创建属于自己的标点挤压集。具体的操作方法如下：

ID 1 选择【文字】|【标点挤压设置】子菜单中的【基本】或【详细】命令，也可以在【段落】面板的【标点挤压设置】右侧的弹出菜单中选择【基本】或【详细】命令，打开【标点挤压设置】对话框，如图3.62所示。

技巧

【基本】的快捷键为Shift＋Ctrl＋X组合键；【详细】的快捷键为Alt＋Shift＋Ctrl＋X组合键。

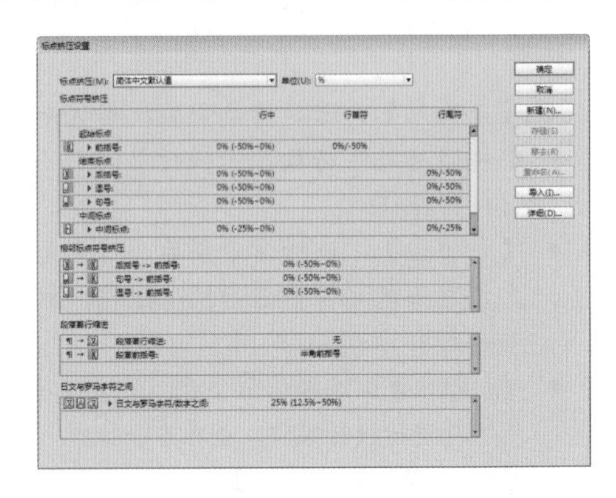

图3.62 【标点挤压设置】对话框

ID 2 在【标点挤压设置】对话框中单击【新建】按钮，打开【新建标点挤压集】对话框，在【名称】文本框中输入标点挤压集的名称，在【基于设置】下拉菜单中指定用作新集合基准的现有集合，如图3.63所示。然后单击【确定】按钮。

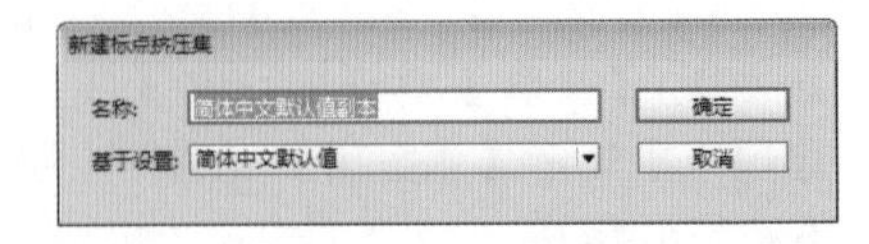

图3.63 【新建标点挤压集】对话框

ID 3 在【标点符号挤压】、【相邻标点符号挤压】、【段落首行缩进】和【中文与罗马字间距】各项目中指定【行中】、【行首符】和【行尾符】的值和挤压范围。其中【行中】值决定了避头尾时文本行挤压的程度，一般所指定的值小于【行首】值；【行尾符】值决定了两端对齐时文本行拉伸的程度，一般所指定的值大于【行中】值。

ID 4 在各项目中，如果某个项目名称的左侧有一个三角形指示符，则表示该项目有更详细的标点挤压参数设置。例如，在【标点符号挤压】部分的【结束标点】中单击【后括号】、【逗号】或【句号】其左侧的三角形指示符，将展开其参数设置，如图3.64所示。

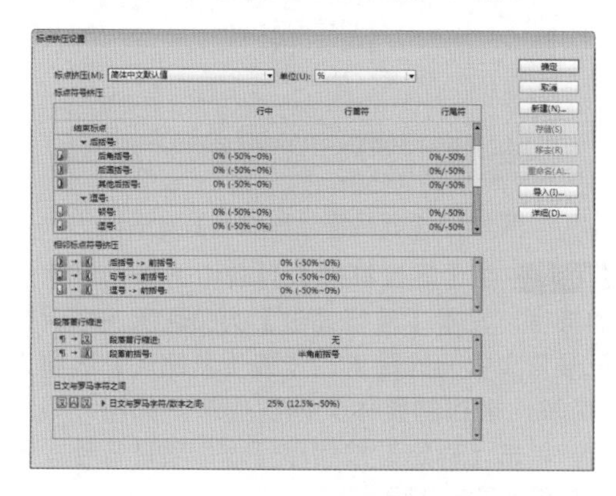

图3.64 展开更多参数设置

ID 5 设置完成后，单击【存储】或【确定】按钮即可创建新的标点挤压集；如果不想存储可单击【取消】按钮。

④ 编辑详细的标点挤压设置

前面讲解了新建标点挤压集的方法，下面来讲解编辑详细标点挤压设置的方法，具体的操作方法如下：

ID 1 选择【文字】|【标点挤压设置】|【详细】命令，或者在【段落】面板的【标点挤压设置】右侧的弹出菜单中选择【详细】命令，或者直接按Alt + Shift + Ctrl + X组合键，打开【标点挤压设置】对话框，如图3.65所示。

ID 2 从【单位】中选择是使用百分比、全角空格，还是使用字符宽度 / 全角空格。

提示

编辑标点挤压集，不能在锁定的标点挤压集上进行编辑。

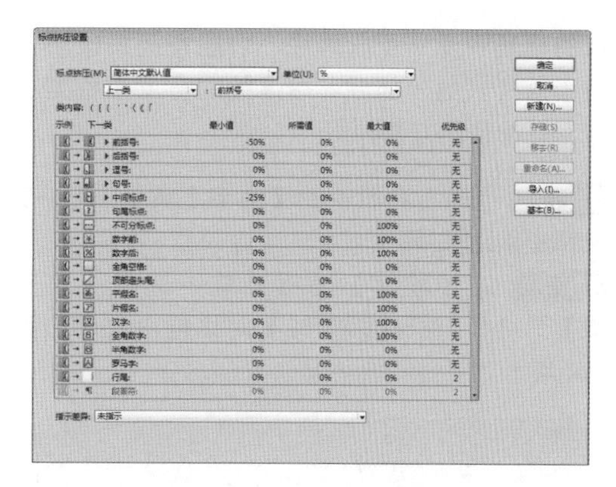

图3.65 【标点挤压设置】对话框

ID 3 从【标点挤压】弹出菜单中选择要编辑的标点挤压集名称，也可以单击【新建】按钮，创建一个新的集合，还可以单击【导入】按钮，从其他文档中导入一个集合进行编辑。在类中包含了可供编辑的设置列表，【前括号】、【后括号】、【逗号】、【句号】、【数字前】、【数字后】、【全角数字】、【行尾】等更加详细的挤压设置。

ID 4 还可以选择【上一类】或【下一类】，然后设置是在已输入字符之前还是之后输入该类空格值。还可以分别为每个项目设置【最小值】、【所需值】、【最大值】和【优先级】。其中【最小值】决定了避头尾时，文本行挤压的程度（所指定值应小于【所需值】）；【最大值】决定了两端对齐时，文本行拉伸的程度（所指定值应大于【所需值】）；【优先级】指定每个类的挤压优先级，以便确定各个类的挤压顺序。如果为某个字符类指定了 1，该项值比较大的字符的处理时间就比前者晚，值越大，优先级越靠后。指定为【无】的类将在最后处理。可以在多个间距选项中指定同一值（1~9）。

ID 5 从【指示差异】弹出菜单中指定选项，以指明用作比较基准的标点挤压表。选择差异表后，将以蓝色突出显示所有与该表不同的值。

ID 6 设置完成后，单击【存储】或【确定】按钮，即可完成设置。如果不想存储设置，可以单击【取消】按钮。

3.3.8 段落线

段落线是段落的一种属性，可以随段落在页面中一起移动并适当调节长短，如果在文档的标题中用到了段落线，可能希望将段落作为段落样式的一部分。段落线的宽度由栏宽决定，具体使用方法如下：

ID 1 选择工具箱中的【文字工具】T，在文档中输入文字。

ID 2 在【段落】面板菜单中选择【段落线】命令，打开【段落线】对话框，效果如图3.66所示。

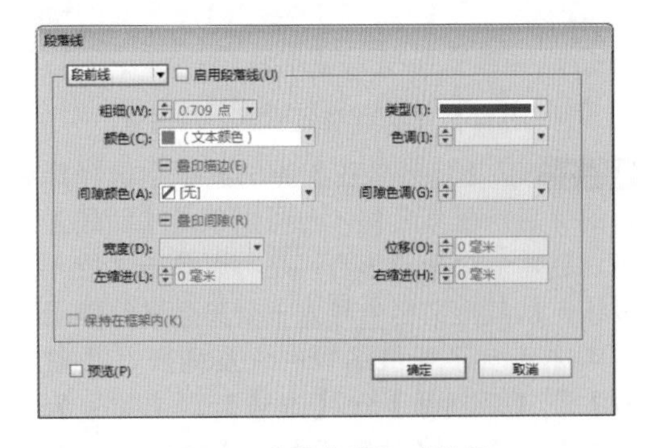

图3.66 【段落线】对话框

ID 3 在下拉列表中选择【段前线】选项，勾选对话框中【启用段落线】复选框，启动段前段落线，并在【粗细】下拉列表中选择2点，【宽度】下拉列表中选择【文本】选项，效果如图3.67所示。

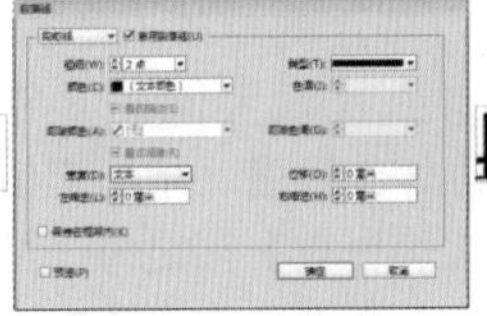

图3.67 设置参数

3.3.9 项目符号和编号

项目符号是指为每一段的开始添加符号；编号是指为每一段的开始添加序号。如果在添加了编号的列表的段落中添加段落或从中移去段落，其中的编号就会自动更新。

ID 1 选中需要添加项目符号的段落文本，如图3.68所示。在【段落】面板菜单中选择【项目符号和编号】命令，打开【项目符号和编号】对话框，效果如图3.69所示。

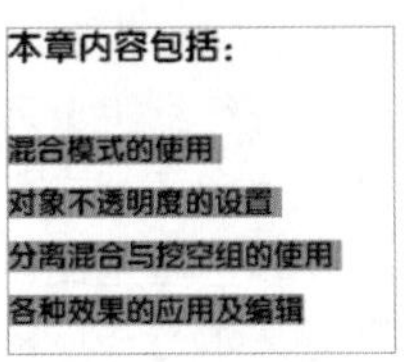

图3.68 选中段落文本

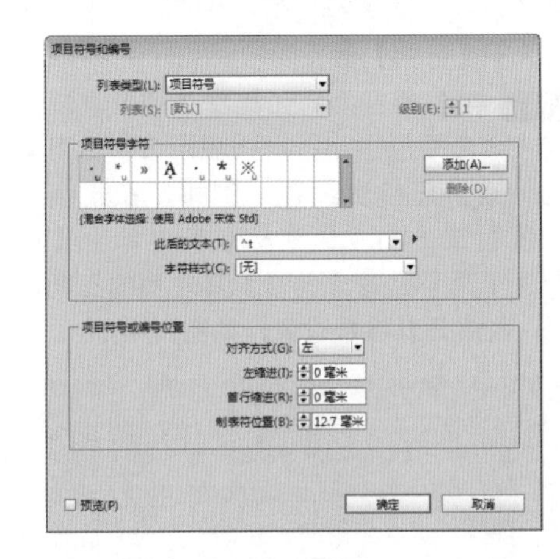

图3.69 【项目符号和编号】对话框

ID 2 在【项目符号】列表中选择需要添加的符号，设置【首行缩进】为-6毫米，来调整符号与文本间的距离，设置【左缩进】选项为6毫米，来控制整体文本的效果，如图3.70所示。单击【确定】按钮即可添加项目符号，最终效果如图3.71所示。

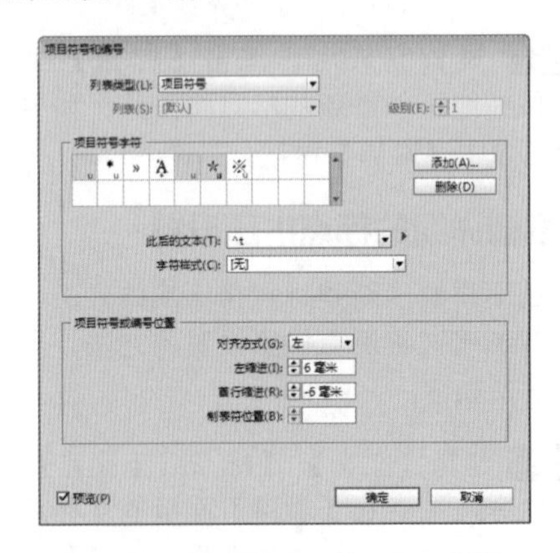

图3.70 【项目符号和编号】对话框

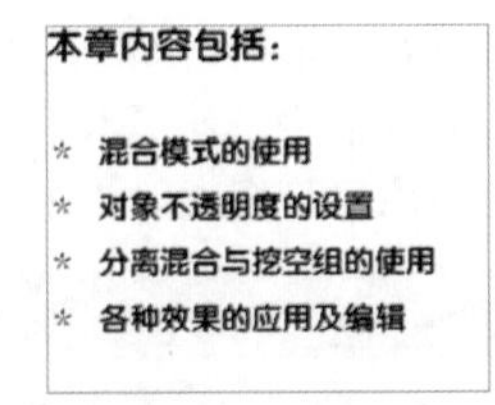

图3.71 添加项目符号的最终效果

3.4 上机实训——目录排版设计

案例分类：版式设计类
视频位置：配套光盘\movie\3.4 上机实训——目录排版设计.avi

3.4.1 技术分析

本例讲解目录排版设计。首先置入图片并缩小以作为目录背景；然后使用【矩形工具】绘制矩形并复制制作目录标题；最后通过制表符将目录排版，完成整个设计的制作。

3.4.2 本例知识点

- 【矩形工具】的使用
- 【直线工具】的使用
- 制表符的添加
- 制表符的排列及前导符的使用

3.4.3 最终效果图

本实例的最终效果如图3.72所示。

图3.72 最终效果图

3.4.4 操作步骤

ID 1 选择【文件】|【新建】|【文档】命令，打开【新建文档】对话框，设置【页数】为1，【超始页码】设置为1，【宽度】为208毫米，【高度】为297毫米，【页面方向】为纵向，如图3.73所示。

图3.73 【新建文档】对话框

ID 2 单击【边距和分栏】按钮，打开【新建边距和分栏】对话框，将上、下、内、外【边距】的值都设置为0毫米，如图3.74所示。

ID 3 选择【文件】|【置入】命令，打开【置入】对话框，选择配套光盘中的“调用素材\第3章\水墨.jpg”文件。选择工具箱中的【选择工具】，将水墨缩小并放置到页面中，作为目录的底纹图，效果如图3.75所示。

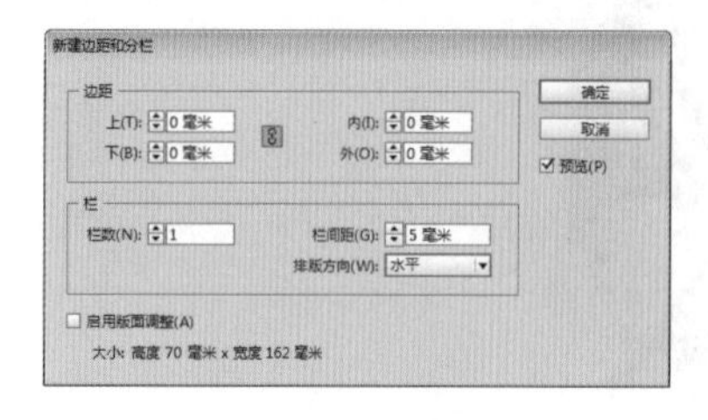

图3.74 【新建边距和分栏】对话框

图3.75 置入图片

ID 4 选择工具箱中的【矩形工具】，在页面中绘制一个矩形，将矩形填充为黑色，【描边】设置为无，如图3.76所示。

图3.76 绘制矩形

ID 5 将矩形复制一份，将【填充】更改为红色（C:0；M:100；Y:100；K:20），放置在黑色矩形的右侧，如图3.77所示。

图3.77 复制并更改颜色

ID 6 选择工具箱中的【直线工具】，在矩形的右侧绘制一条直线。打开【描边】面板，设置描边的【粗细】为4点，【类型】为实底，如图3.78所示。

图3.78 描边设置

ID 7 将直线的描边颜色设置为红色（C:0；M:100；Y:100；K:20），让其与矩形的底边对齐，效果如图3.79所示。

ID 8 选择工具箱中的【椭圆工具】，在直线的右侧按住Shift键绘制一个正圆，将其填充为红色（C:0；M:100；Y:100；K:20），【描边】设置为无，如图3.80所示。

图3.79 绘制直线

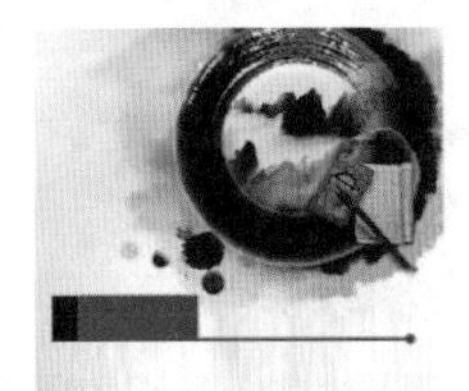

图3.80 绘制圆形

ID 9 选择工具箱中的【文字工具】T，在页面中输入文字“目录”和英文“Contents”，设置不同的字体、大小和颜色。其中“目录”文字的字体为“汉仪大黑简”，文字大小为53点，颜色为白色；设置英文的字体为“Franklin Gothic Medium”，大小为42点，颜色为黑色，如图3.81所示。

图3.81 输入文字

ID 10 使用【文字工具】T在页面中输入文字，输入文字时要注意目录文字与后面页码间加制表符，即按键盘上的Tab键，并在章节后加回车以区别，效果如图3.82所示。

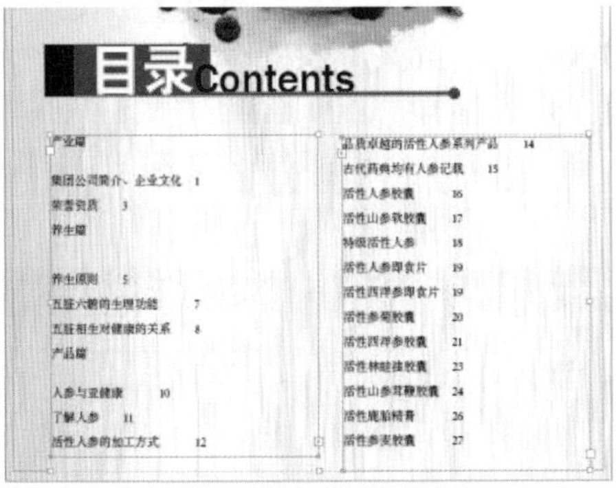

图3.82 输入目录文字

提示

在目录文字和页码间加制表符，是为了后面利用【制表符】命令制作目录效果。

ID 11 将文字全部选中，选择【文字】|【制表符】命令，打开【制表符】面板，单击【左对齐制表符】按钮，在X右侧的文本框中输入73毫米，【前导符】设置为“.”，输入完成后，可以看出目录的效果了，如图3.83所示。

提示

这里设置的【前导符】就是英文的句号。

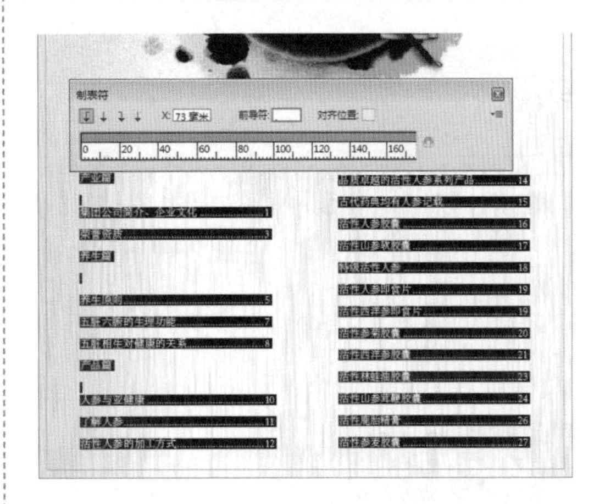

图3.83 设置制表符

ID 12 将部分文字设置为“宋体”，大小设置为“20点”，颜色设置为（C:0；M:100；Y:100；K:20），设置后的图像效果如图3.84所示。这样就完成了目录排版设计的最终效果。

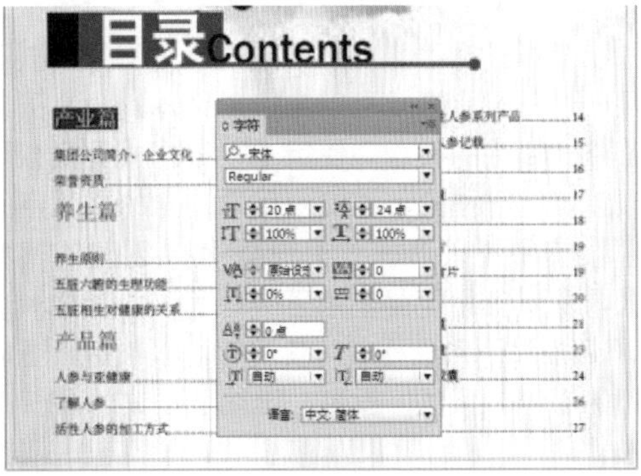

图3.84 设置文字

第4章 样式及文章的编排

〔内容摘要〕

InDesign CC提供了强大的样式功能，利用样式可以更好地统一排版和制图。本章首先认识样式面板；然后讲解字符样式和段落样式的创建，并介绍了段落和字符样式的导入方法及字符和段落样式的应用技巧；最后讲解了文章的编辑方法，学好这章内容，将为排版打下坚实的基础。

〔教学目标〕

- 认识样式面板
- 学习字符和段落样式的创建
- 段落和字符样式的导入
- 字符和段落样式的应用
- 文章的编辑
- 文本绕排及“库”的使用

4.1 样式面板介绍

在InDesign CC中，创建和应用样式都要使用样式面板来完成。使用最多的是【段落样式】和【字符样式】这两个面板。【段落样式】包括字符和段落格式属性，可应用于一个段落，也可应用于某范围内的段落。段落样式和字符样式有时称为文本样式。【字符样式】是通过一个步骤就可以应用于文本的一系列字符格式属性的集合。使用【字符样式】面板可以创建字符样式，主要应用于选定的文本字符中；使用【段落样式】面板可以创建段落样式，主要应用于整个段落中。另外，InDesign CC还提供了对象样式，使用它可以快速设置对象的描边、颜色、投影、透明度、文本绕排等格式。

新建的样式将随文档一起保存，每次打开相关文档时，样式都会显示在相对应的面板中，当选择文字字符或定位光标插入点时，应用于文本的任何样式都将突出显示在相应的样式面板中，除非该样式位于折叠的样式组中。如果选择的是包含多种样式的一系列文本，则样式面板中不突出显示任何样式。如果所选一系列文本应用了多种样式，样式面板将显示混合。

选择【文字】|【段落样式】或【字符样式】命令，可以打开【段落样式】或【字符样式】，【段落样式】和【字符样式】默认将在窗口的右侧显示，显示效果分别如图4.1、图4.2所示。

图4.1 【段落样式】面板

图4.2 【字符样式】面板

技巧

按F11键可以快速打开或关闭【段落样式】面板；按Shift + F11组合键，可以快速打开或关闭【字符样式】面板。

视频讲座4-1：新建字符样式

案例分类：软件功能类
视频位置：配套光盘\movie\视频讲座4-1：新建字符样式.avi

【字符样式】面板可以创建字符样式，主要应用于选定的文本字符中，相对【段落样式】来说，具有更大的灵活性。比如文本中大量字符需要设置斜变体、下划线、删除线、上标、下标等字符格式，如果逐一去设置会显得相当麻烦，通过【字符样式】面板中的样式可以快速解决。下面以对字符设置删除线为例讲解字符样式的创建方法。

ID 1 在【字符样式】面板菜单中选择【新建字符样式】命令，打开【新建字符样式】对话框，如图4.3所示。或者单击【字符样式】面板底部的【创建新样式】按钮，然后双击新建的【字符样式1】，打开【字符样式选项】对话框，进行字符样式的创建修改。

提示

使用这两种方法创建字符样式时，虽然打开的对话框不同，但都可以完成创建新的字符样式。

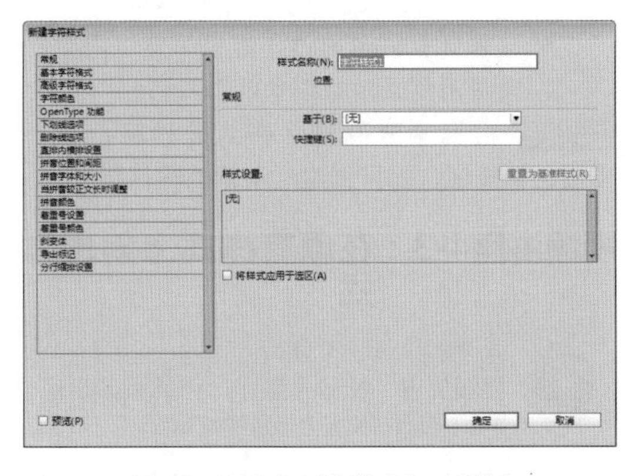

图4.3 【新建字符样式】对话框

ID 2 在【常规】选项中，设置【样式名称】为“删除线”，并设置【快捷键】为Shift + Num 7，效果如图4.4所示。

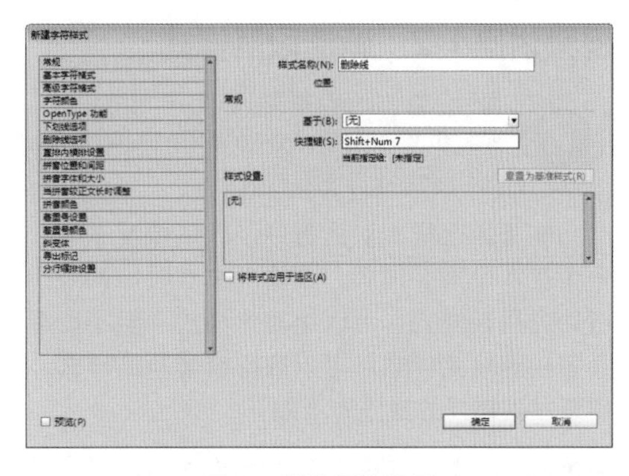

图4.4 【常规】设置

提示

在设置快捷键时，首先将光标定位在【快捷键】右侧的文本框中，然后按住Shift键的同时按键盘数字区域。

ID 3 设置删除线。在左侧的字符格式选项组中单击选择【删除线选项】，勾选【启用删除线】复选框，设置删除线的【粗细】为1点，【类型】为实底，【颜色】为红色，如图4.5所示。设置完成后单击【确定】按钮。

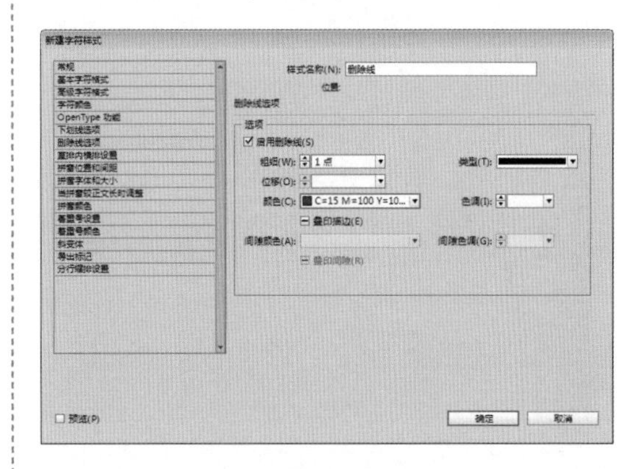

图4.5 删除线参数设置

ID 4 应用样式。选择目标字符，然后单击【字符样式】面板中的【删除线】样式，或者直接按Shift + Num 7组合键，即可对目标字符应用样式。目标字符应用样式的前后对比效果如图4.6所示。

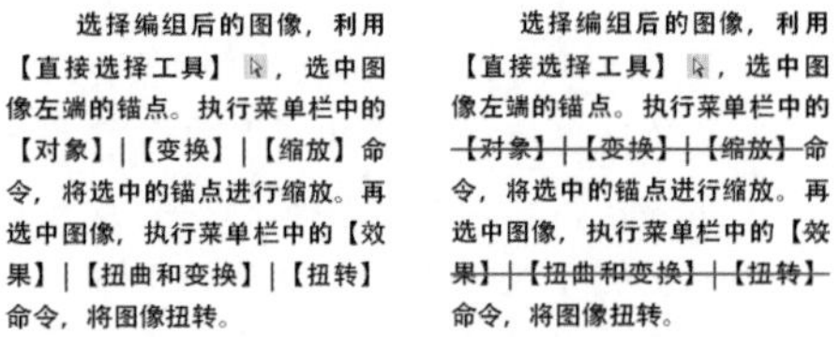

选择编组后的图像，利用【直接选择工具】，选中图像左端的锚点。执行菜单栏中的【对象】|【变换】|【缩放】命令，将选中的锚点进行缩放。再选中图像，执行菜单栏中的【效果】|【扭曲和变换】|【扭转】命令，将图像扭转。

选择编组后的图像，利用【直接选择工具】，选中图像左端的锚点。执行菜单栏中的~~【对象】|【变换】|【缩放】~~命令，将选中的锚点进行缩放。再选中图像，执行菜单栏中的【效果~~】|【扭曲和变换】|【扭转】~~命令，将图像扭转。

图4.6 目标字符应用样式的前后对比效果

视频讲座4-2：新建段落样式

案例分类：软件功能类
视频位置：配套光盘\movie\视频讲座4-2：新建段落样式.avi

在【段落样式】面板中，默认情况下有一个【基本段落】样式，当输入文本时，系统会自动应用该样式。可以编辑此样式，但不能重命名或删除此样式。可以自行创建新的样式，创建段落样式的操作方法如下：

ID 1 在【段落样式】面板菜单中选择【新建段落样式】命令，打开【新建段落样式】对话框，如图4.7所示。或者单击【段落样式】面板底部的【创建新样式】按钮，然后双击新建的【段落样式1】，在打开【段落样式选项】对话框中进行样式的修改创建。

技巧

如果想在现有的文本格式的基础上创建一个新的段落样式，可以选择该文本或将光标定位在该段落文本中。如果在样式面板中选择了一个组，则新创建的样式将放置在该组中。

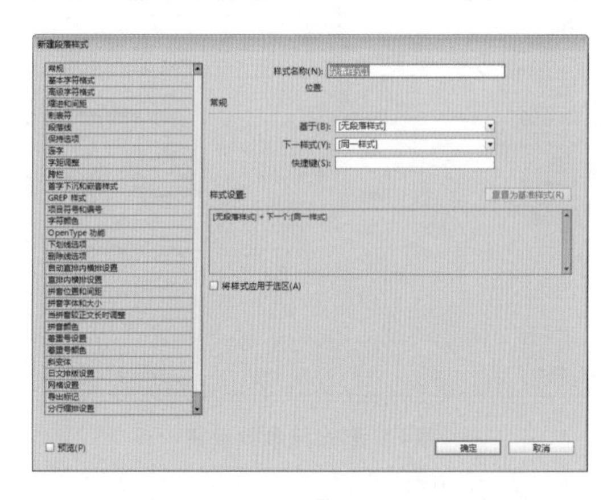

图4.7 【新建段落样式】对话框

【新建段落样式】|【常规】选项中的参数含义如下。

- 【样式名称】：指定新样式的名称。
- 【基于】：指定当前样式所基于的样式。对于各级文本样式，一般会存在类似的情况，使用【基于】可以将样式相互链接，以使父级样式的变化反应到基于它的子级样式中。默认情况下，新建段落样式基于【无段落样式】或基于当前选择的段落样式。
- 【下一样式】：下一样式主要是指应用完该段落的样式后，按下Enter 键或Return 键时在当前样式之后应用的样式。比如若想应用“标题二”样式之后应用“正文”样式，则可以将“标题二”的【下一样式】设置为“正文”，当应用完“标题二”之后按Enter键另起一段时，将另一段自动应用“正文”样式。
- 【快捷键】：设置当前样式的快捷键，以利用快捷键快速将样式应用在目标文本上，这样就不用在【段落样式】面板中单击使用该样式了。按住 Shift、Alt 和 Ctrl 键的任意组合或按Shift 、Ctrl键并按小键盘上的数字即可创建该样式的快捷键。

提示

要使用小键盘，首先要确认Num Lock键已经打开，指示灯亮。不能使用字母或非小键盘数字创建样式快捷键。

- 【样式设置】：在上方的显示框中，显示了当前样式的相关属性设置，从这里可以清楚的看到当前样式的相关信息。如果设置有误，可以单击【重置为基准样式】按钮，将其恢复到基本段落样式。
- 【将样式应用于选区】：在新建样式时，如果选定的有文本对象，勾选该复选框，可以将新样式应用于选定的文本。
- 【预览】：勾选该复选框，可以同步查看应用样式后的文本效果。

ID 2 根据需要设置好新的属性后，单击【确定】按钮，即可创建一个新的段落样式。

视频讲座4-3：在原有样式上创建样式

案例分类：软件功能类
视频位置：配套光盘\movie\视频讲座4-3：在原有样式上创建样式.avi

在文档的设计中，可以通过在原有样式的基础上创建新的样式，这样方便使用相同属性的样式快速的创建和修改，比如标题和小标题经常使用相同的字体。

通过创建一种基本的样式，并通过基于选项设置一个父样式，建立样式间的链接，制作出父、子样式效果。当编辑父样式时，子样式也会随之改变，而编辑子样式时，又不会影响到父样式，这样就可以创建出相似的另一种样式效果。

ID 1 创建一种新样式，在打开的【新建段落样式】或【新建字符样式】对话框中，从【基于】下拉菜单中选择一个父样式，这样新建的样式将变成子样式。默认情况下，新样式基于【无段落样式】、【无】或当前任何选定文本的样式。

ID 2 在新样式中修改格式，以创建一个与父样式不同的全新的新样式，如修改新样式的字体、字号等参数。设置完成后单击【确定】按钮，这样就在原有样式的基础上创建了一个新的段落样式或字符样式。

提示

如果想创建与当前其个样式相似的样式，比如只是字体或颜色不同，而且这两个样式不存在链接关系，可以选择一个样式后，选择样式面板菜单中的【直接复制样式】命令，然后进行需要的编辑操作即可。

4.2 导入段落或字符样式

从其他文档导入样式，不但可以省去创建样式的繁杂操作，还可以应用与该文档相同或是相似的样式，直接应用现有样式或利用现在样式修改出新的样式，达到快速创建新样式的目的。导入段落样式与字符样式的操作方法基本相同，这里就主要讲解导入段落样式的操作。

4.2.1 导入Word样式的方法

InDesign 可以利用导入的方法将Word样式转换为InDesign 样式，可以将导入的Word样式修改后使用，也可以直接使用Word样式。

ID 1 选择【文件】|【置入】命令，打开【置入】对话框，如图4.8所示，勾选【置入】对话框下方的【显示导入选项】复选框。

图4.8 【置入】对话框

技巧

【置入】的快捷键为Ctrl + D。

ID 2 单击【打开】按钮，将弹出【Microsoft Word 导入选项】对话框，如图4.9所示。根据自己的需要在该对话框中设置各选项，比如文本和表的样式和格式、导入随文图等。

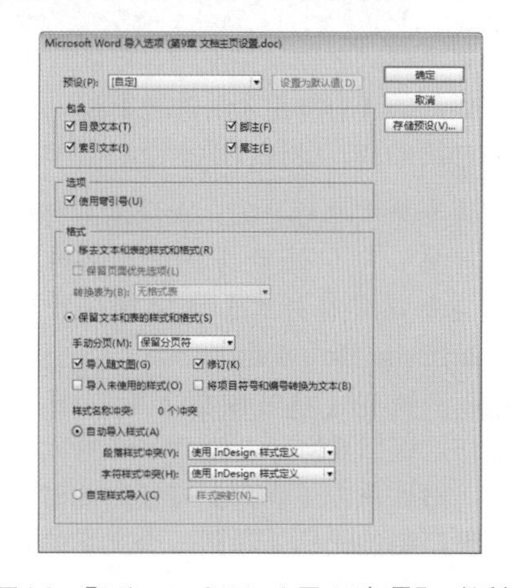

图4.9 【Microsoft Word 导入选项】对话框

ID 3 如果本身创建了一些样式，而置入时不想使用自动样式，可以选择【自定样式导入】单选按钮，然后单击【样式映射】按钮，打开【样式映射】对话框，如图4.10所示。

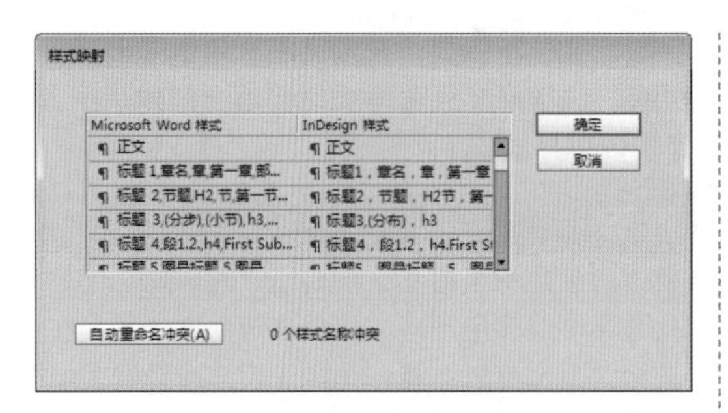

图4.10 【样式映射】对话框

在【样式映射】对话框中可以设置以下选项。

- 有样式名称冲突：当有样式名称冲突时，在【样式映射】对话框的底部，将显示出相关的提示信息。在InDesign样式下方的对应位置中，单击该名称，将弹出一个下拉菜单，选择【重新定义InDesign样式】选项，然后输入新的样式名称即可完成重新定义，也可以直接选择现有的InDesign样式名称；如果选择【自动重命名】选项，则系统将自动为发生冲突的样式名称重新命名。

提示

如果有多个样式名称发生冲突，可以直接单击对话框底部的【自动重命名冲突】按钮，将所有发生冲突的样式进行自动重命名。

- 没有样式名称冲突：如果没有样式名称冲突，可以选择【新建段落样式】、【新建字符样式】或选择一种现有的InDesign样式名称。

ID 4 设置完【样式映射】后，单击【确定】按钮，返回【Microsoft Word 导入选项】对话框，然后单击【确定】按钮。此时，可以在文档窗口中的光标处看到一个文字的置入符号，单击或拖动鼠标即可将Word文本置入到当前的文档中了。

提示

置入的Word样式，在样式面板中该样式的右侧会显示一个磁盘图标，除非对该样式进行了编辑操作。一般置入的Word样式，需要在InDesign中进行编辑后才会符合最终的要求。

4.2.2 导入InDesign样式的方法

如果有现成的InDesign文档，想使用现有InDesign文档中的段落和字符样式，这时就可以直接将该文档的样式导入，并通过相关选项设置需要的样式，从而导入需要的样式。

ID 1 在【段落样式】面板中，单击右上角的图标，打开【段落样式】面板菜单，然后从菜单中选择【载入段落样式】命令，如图4.11所示。

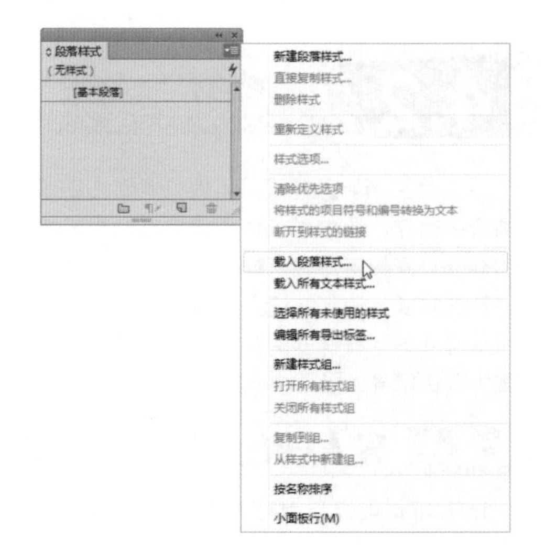

图4.11 选择【载入段落样式】命令

ID 2 此时，将打开【打开文件】对话框，选择要导入的文件后单击【确定】按钮，打开【载入样式】对话框，如图4.12所示。可以勾选需要载入的样式，如果想全部选择载入，可以单击【全部选中】按钮，如果想选择其中的几个样式，可以先单击【全部取消选中】按钮，然后再勾选需要的复选框。选择某一个样式，可以在【传入样式定义】下方的列表框中查看该样式的相关设置。如果与现有样式产生冲突，可以在【与现有样式冲突】下方选择相应的选项。

提示

与现有样式冲突时，选择【使用传入定义】选项，表示用载入的样式覆盖现有的样式，并将该样式应用到当前文档中使用原样式的所有文本中；如果选择【自动重命名】选项，将自动对产生冲突的样式进行重新命名。

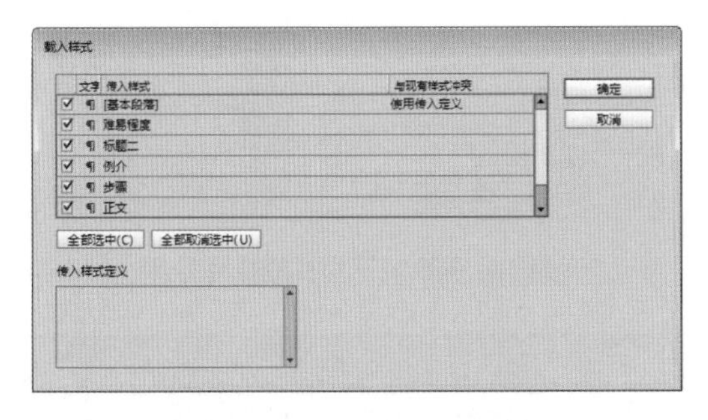

图4.12 【载入样式】对话框

ID 3 在【载入样式】对话框中设置好相关的参数后，单击【确定】按钮，即可将选中的样式载入到【段落样式】面板中，如图4.13所示。

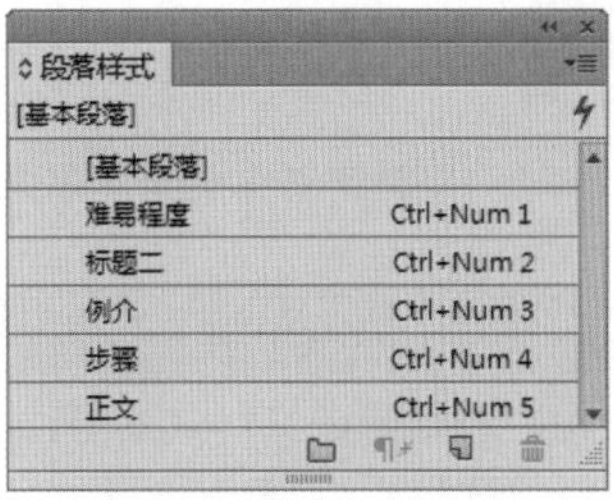

图4.13 载入样式效果

4.3 编辑与删除样式

将字符或段落样式应用于文本或段落中后，如果对当前的样式效果不满意，可以对该样式进行编辑。同样，如果有些样式不需要了，也可以将其删除。

4.3.1 编辑样式

字符样式和段落样式的编辑方法是相同的，这里以段落样式为例来讲解样式的编辑方法。

在【段落样式】面板中选择要修改的段落样式，然后在该样式名称上单击鼠标右键，在弹出的快捷菜单中选择【编辑“样式名称”】命令，如图4.14所示。此时将打开【段落样式选项】对话框，如图4.15所示，根据需要修改相关的参数，然后单击【确定】按钮，即可完成样式的编辑。

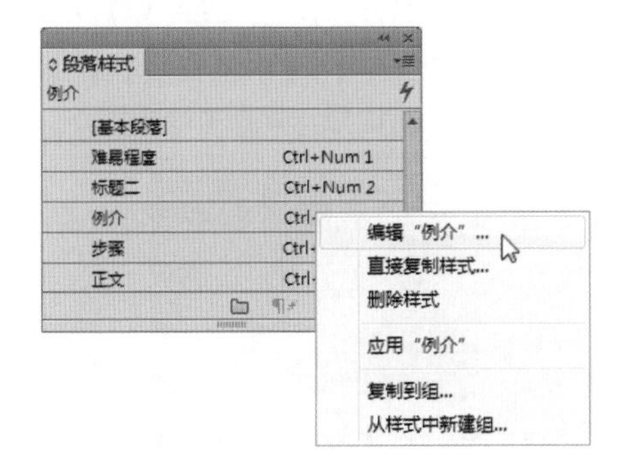

图4.14 选择【编辑“样式名称”】命令

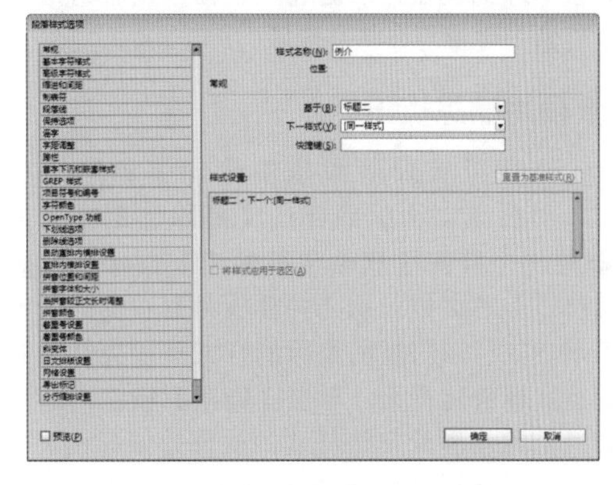

图4.15 【段落样式选项】对话框

除了使用单击右键快捷菜单编辑样式外，还可以直接双击要编辑的样式名称，或在【段落样式】面板菜单中，选择【样式选项】命令，打开【段落样式选项】对话框编辑样式。

4.3.2 在原有基础上重新定义样式

有时修改了某个样式文本中的局部文本或段落，在该样式的名称的右侧将显示一个“+”加号，表示这个样式中的文字进行了修改。如果想重新定义样式，可以先选择要修改的文字，然后在【字符样式】面板中单击右上角的▾≡按钮，从弹出的面板菜单中选择【重新定义样式】命令，即可将样式进行重新定义。重新定义样式操作效果如图4.16所示。

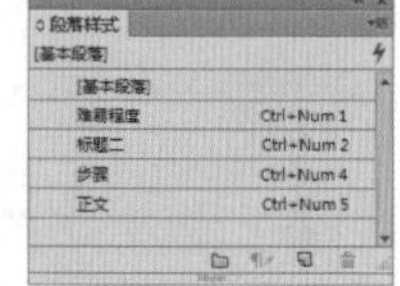

图4.16 重新定义样式操作效果

提示

【段落样式】的重新定义样式的方法与【字符样式】相似，这里不再赘述。

4.3.3 删除样式

要删除样式，首先在字符或段落面板中选择要删除的样式，然后通过下面的两种方法中的任意一种都可以将其删除。

❶ 使用删除按钮

在字符或段落面板中选择要删除的样式，然后单击面板底部的【删除选定样式】按钮，打开【删除字符样式】或【删除段落样式】对话框，从【并替换为】右侧的下拉菜单中，可以将当前删除的样式替换为其他的样式，或者选择无，单击【确定】按钮，即可将其删除。删除字符样式的操作效果如图4.17所示。

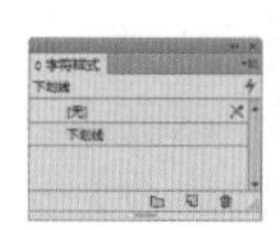
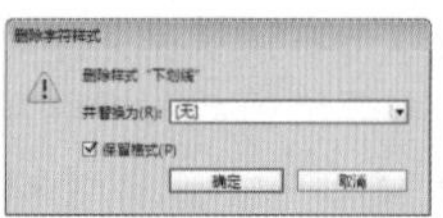

图4.17 删除字符样式的操作效果

提示

删除样式时，在删除字符或样式对话框中，可以通过并替换为右侧的下拉菜单来设置样式的替换，也可以勾选【保留格式】复选框，保留原来的样式。

❷ 使用菜单命令删除

在字符或段落面板中，选择要删除的样式，然后单击面板右上角的按钮，从弹出的快捷菜单中，选择【删除样式】命令，打开【删除字符样式】或【删除段落样式】对话框，单击【确定】按钮，即可将其删除，删除字符样式的操作效果如图4.18所示。

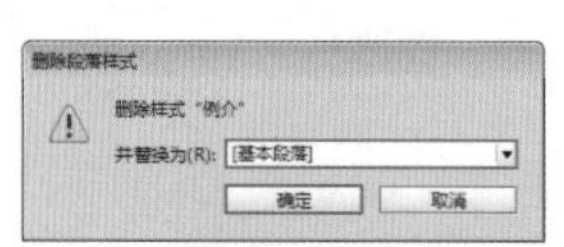

图4.18 删除字符样式的操作效果

提示

段落样式的删除与字符样式的删除操作是一样的。需要注意的是，如果当前样式并没有应用，在删除时将不会弹出提示对话框。

视频讲座4-4：字符样式的使用

案例分类：排版技法类
视频位置：配套光盘\movie\视频讲座4-4：字符样式的使用.avi

下面来讲解字符样式的使用方法，具体操作如下：

ID 1 选择【文件】|【打开】命令，打开【打开】对话框，选择配套光盘中的“调用素材\第4章\字符样式的使用.indd”文件，如图4.19所示。

ID 2 选择工具箱中的【文字工具】T，输入文本“HOUSE”，并复制一份，如图4.20所示。

图4.19 打开文件　　图4.20 输入文本

ID 3 选择【文字】|【字符样式】命令，打开【字符样式】对话框，如图4.21所示。

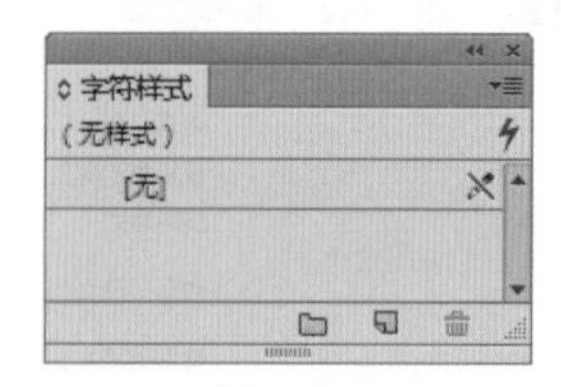

图4.21 【字符样式】面板

ID 4 单击【字符样式】面板中【创建新样式】按钮，然后在新建的字符样式名称上双击，打开【字符样式选项】对话框，如图4.22所示。

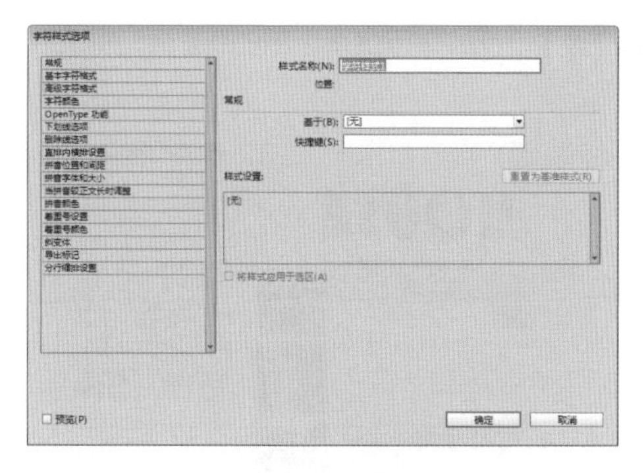

图4.22 【字符样式选项】对话框

ID 5 在【字符样式选项】对话框中的【样式名称】文本框中输入新建的样式名称“标题”，然后在【基于】下拉列表中选择想要的字符样式，再选中【快捷键】文本框，在键盘上按下想要指定应用该字符样式的快捷键，如图4.23所示。

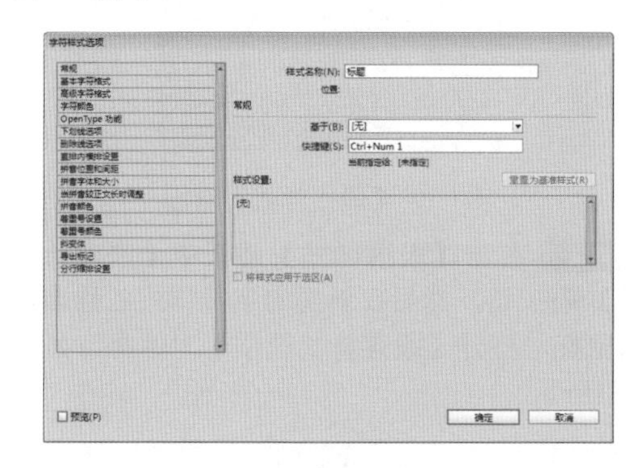

图4.23 设置【常规】选项

ID 6 在【字符样式选项】对话框中选择切换到【基本字符格式】选项，在【字体系列】下拉列表中选择“Bauhaus 93”，设置【大小】为155点，如图4.24所示。

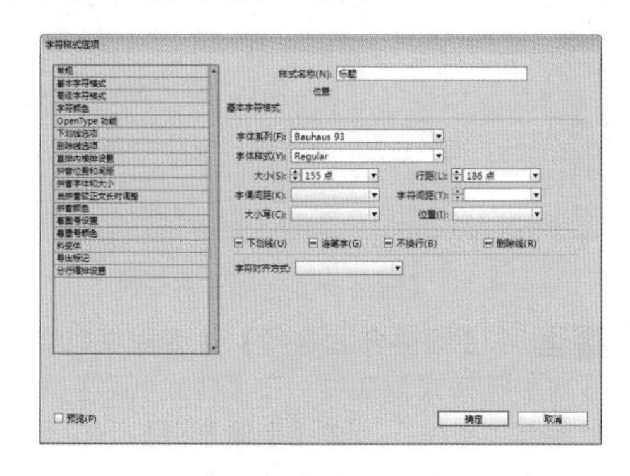

图4.24 设置【基本字符格式】选项

ID 7 在【字符样式选项】对话框中切换到【字符颜色】选项，在【字符颜色】下拉列表中选择【红色】，如图4.25所示。设置完成后单击【确定】按钮保存设置。

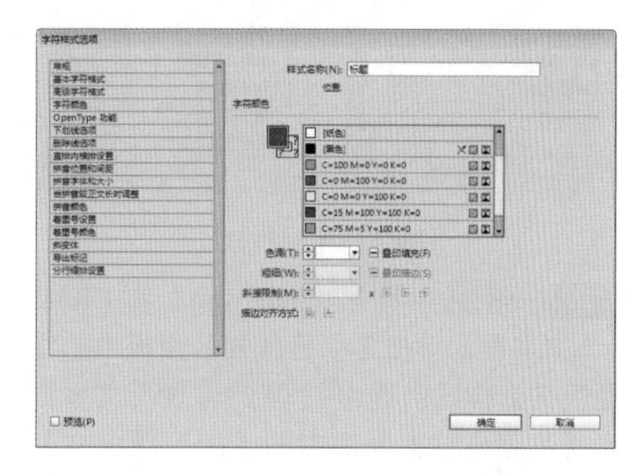

图4.25 设置【字符颜色】选项

ID 8 按照上面的方法再新建一个【辅助文字图形】字符样式，设置【字体】为“Brush Script Std”，设置【大小】为99点，【字符颜色】为红色。

ID 9 分别选中两个“HOUSE”文本框，单击【字符样式】面板中的【标题】和【辅助文字图形】样式，并将其摆放至合适位置，如图4.26所示。

图4.26 设置摆放之后效果

ID 10 选择工具箱中的【文字工具】T按钮，输入文本“Gangwan”、“家的温暖”、“Realize Life”、“感悟人生”。

ID 11 再次按照上面讲过的方法分别新建【副标题英文】和【副标题中文】字符样式。【副标题英文】字符样式【字体】设置为“Arial”，【大小】设置为30点，【字符颜色】为黑色；【副标题中文】字符样式【字体】设置为“汉仪中宋简”，【大小】设置为30点，【字符颜色】设置为黑色。

ID 12 单击【字符样式】中【副标题中文】样式，拖至面板底部按钮上，释放鼠标复制一份样式，如图4.27所示。将【副标题中文副本】的【字符颜色】设置为红色。

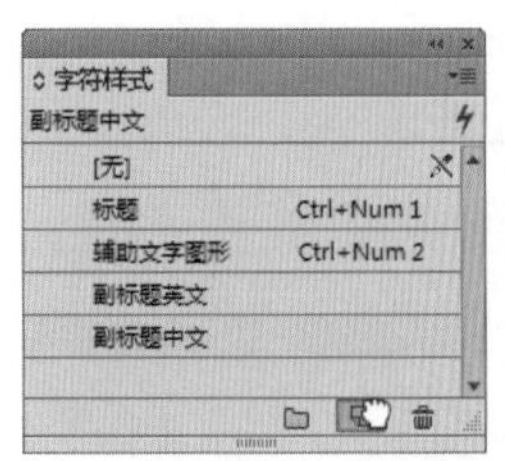

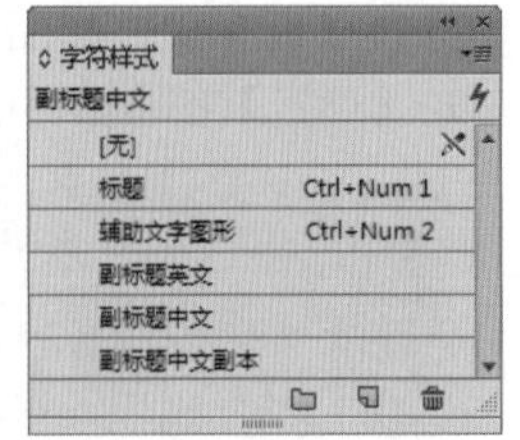

图4.27 复制样式

ID 13 分别选中两个“Gangwan”和“Realize Life”文本框，单击【字符样式】面板中的【副标题英文】样式；选中 “家的温暖”文本框，单击【字符样式】面板中的【副标题中文】样式；选中“感悟人生”文本框，单击【字符样式】面板中的【副标题中文副本】样式，再将其摆放至合适位置，效果如图4.28所示。

图4.28 标题字符样式效果

视频讲座4-5：段落样式的使用

案例分类：排版技法类

视频位置：配套光盘\movie\视频讲座4-5：段落样式的使用.avi

在创建段落样式的过程中，不仅能够设置段落样式的选项，还可以设置字符样式。

当将一个段落样式应用到文件段落时，在段落样式中设置好的文字、大小、字体、颜色等，一直到段落对齐方式、内所格式，都会被应用到所选择的的段落中。

ID 1 打开配套光盘中的“调用素材\第4章\家的温暖 感悟人生.doc”文件。选中正文其中一段的内容，按Ctrl + C组合键复制文字，回到InDesign软件中按Ctrl + V组合键粘贴文本，将剩下的内容以同样的方式复制到文档中。设置其中一个文本框的【大小】为94毫米×45毫米，【位置】为X:89毫米，Y:100毫米；设置另一个文本框的【大小】为118毫米×146毫米，【位置】为X：276毫米，Y:110毫米，如图4.29所示。

图4.29 复制文字

ID 2 选择【窗口】|【样式】|【段落样式】命令，打开【段落样式】面板，如图4.30所示。

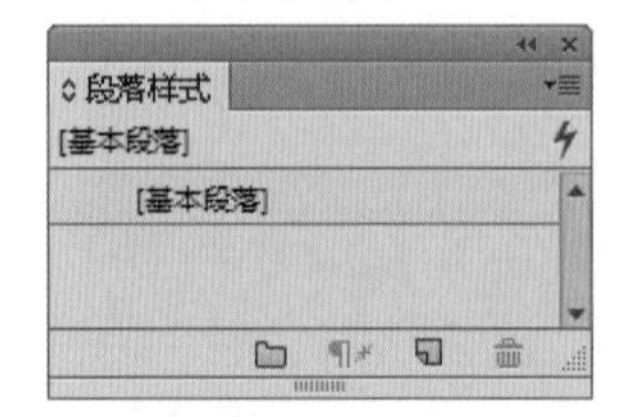

图4.30 【段落样式】面板

ID 3 单击【段落样式】面板中【创建新样式】按钮，然后在新建的字符样式名称上双击鼠标，打开【段落样式选项】对话框，如图4.31所示。

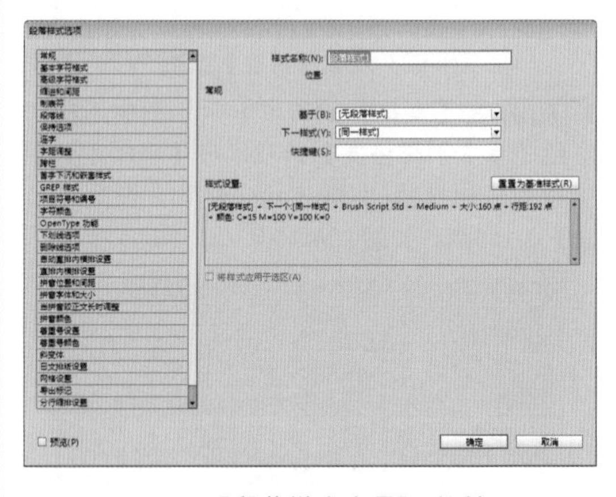

图4.31 【段落样式选项】对话框

ID 4 在【段落样式选项】对话框中切换到【基本字符格式】选项，在【样式名称】文本框中输入“正文”，在【字体系列】下拉列表中选择【宋体】，设置【大小】为10点，设置【行距】为25点，如图4.32所示。

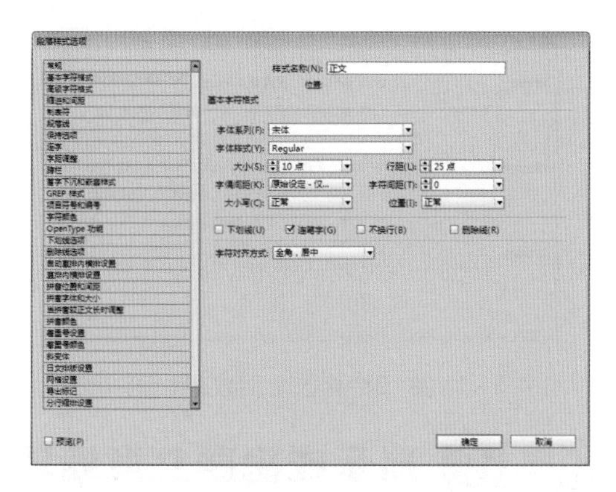

图4.32 设置【基本字符】选项

ID 5 在【段落样式选项】对话框中切换到【缩进和间距】选项，设置【首行缩进】为10毫米，如图4.33所示。

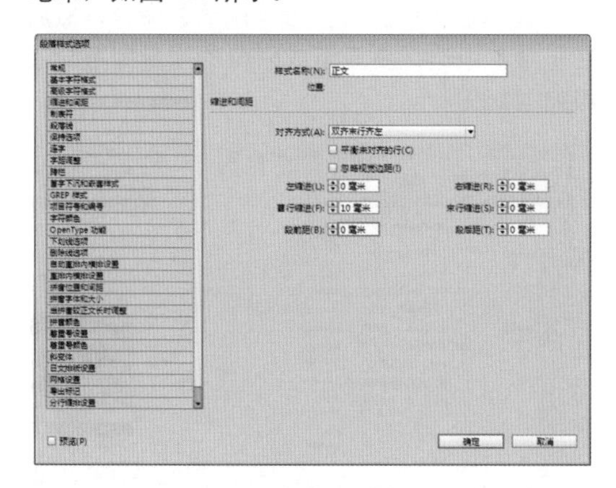

图4.33 【缩进和间距】选项

ID 6 在【段落样式选项】对话框中切换到【字符颜色】选项，在下拉列表中选择【黑色】，如图4.34所示。设置完成后单击【确定】按钮保存设置。

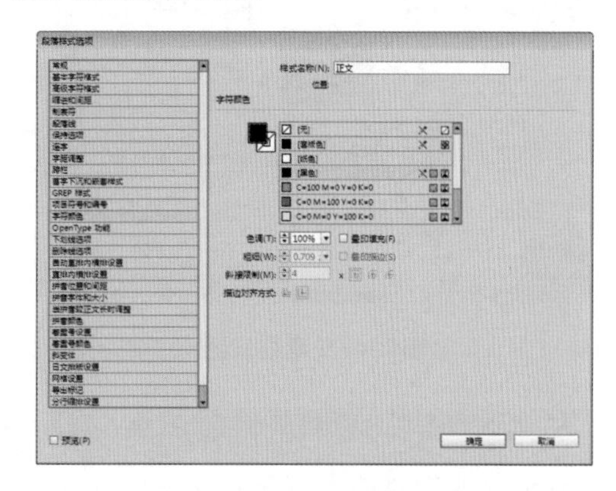

图4.34 【字符颜色】选项

ID 7 选中两段文本的文本框，单击【段落样式】中【正文】样式，最终效果如图4.35所示。

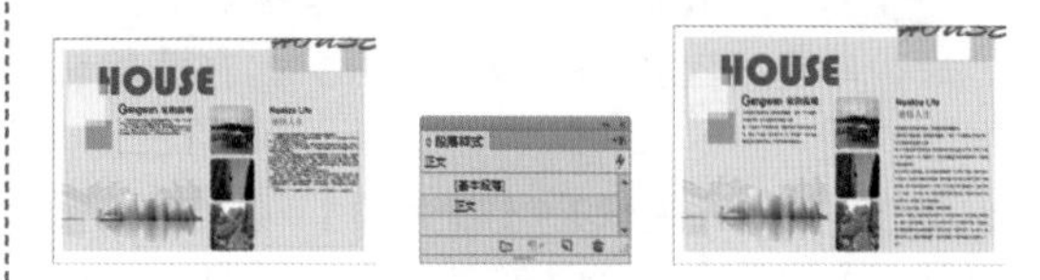

图4.35 最终效果

技巧

选择需要改变的字符或段落后，单击【字符样式】或【段落样式】面板右上角的【快速应用】按钮，可直接按Ctrl + Enter组合键，可以打开【快速应用】面板，应用字符或段落样式。

4.4 文章编辑器

文章编辑器是专用于编辑文章的窗口，文章编辑器中只显示所选择的的单一文字框或同一个串接文字排中的文字，并针对这些来进行阅读、校对、编辑等。一旦关闭窗口切换回版面中编辑状态时，内容也会自动更新。

4.4.1 打开文章编辑器

下面来讲解文章编辑器的打开方法，具体操作如下。

ID 1 选择【文件】|【打开】命令，打开【打开】对话框，选择配套光盘中的“调用素材\第4章\画册内页排版.indd”文件。

ID 2 选择工具箱中的【选择工具】，选中文档中的文本框，选择【编辑】|【在文章编辑器

中编辑】命令，如图4.36所示。

图4.36 文章编辑器

提示

文章编辑器窗口的左侧显示文本的样式名称，在右侧可以更改文本内容。如果文本中出现红色竖线则表示文本是溢流文本。

ID 3 当文章编辑器窗口中文章编辑完成文本后，单击右上角 × 按钮即可关闭文章编辑器窗口。

ID 4 执行【编辑】|【首选项】|【文章编辑器显示】命令，打开【首选项】对话框，可以改变文章编辑器窗口中文本的大小、字体等，如图4.37所示。设置完毕后，单击【确定】按钮，关闭对话框，效果如图4.38所示。

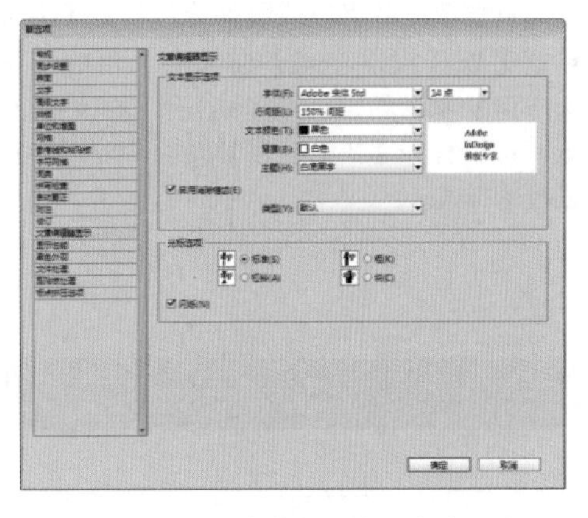

图4.37 设置文章编辑器窗口文本大小

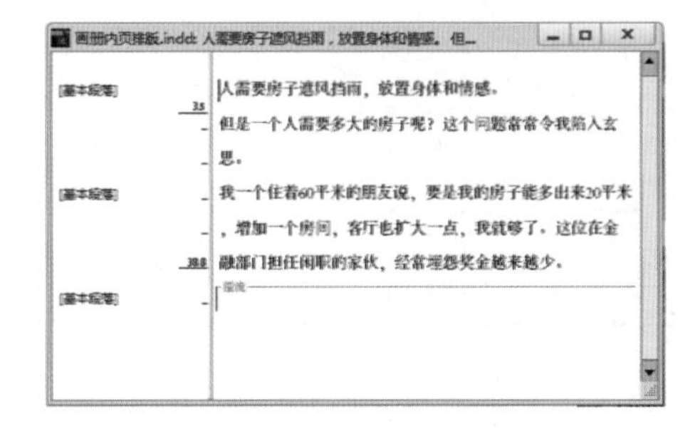

图4.38 修改之后效果

4.4.2 显示或隐藏文章编辑器项目

在文章编辑器中，能够可以显示或隐藏样式名称和深度标尺，也可以扩展或折叠脚注。

选择【视图】|【文章编辑器】命令，然后在子菜单中选择要显示或隐藏的项目即可，效果如图4.39所示。

图4.39 菜单效果

提示

文章的所有文本都可以显示在文章编辑器中，可以同时打开多个文章编辑器窗口，包括同一篇文章的多个实例。垂直深度标尺指示文本填充框架的程度，直线指示文本溢流的位置。

4.5 文章检查

在InDesign中，使用【查找字体】和【查找/更改】命令对在编辑文章的时候，单词、字符或文本出现的错误进行查找并更改。

4.5.1 查找字体

下面来讲解查找字体和更改字体的方法，具体操作如下：

ID 1 选择【文字】|【查找字体】命令，打开【查找字体】对话框，如图4.40所示。

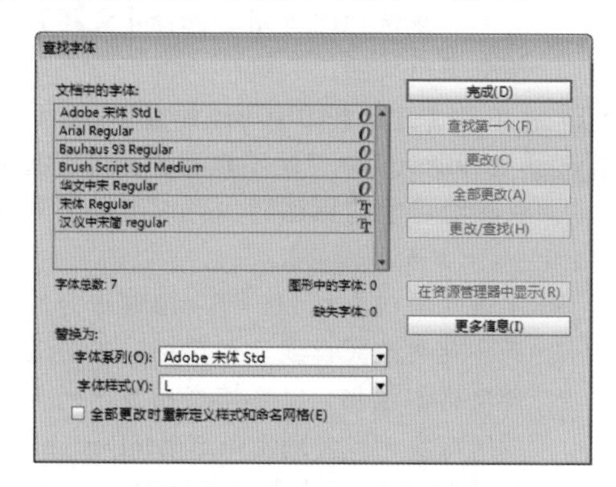

图4.40 【查找字体】对话框

ID 2 选择【文档中的字体】列表框中一个或多个字体的名称。

ID 3 如果想要查找列表中选定的版面的第一个实例，可以单击【查找第一个】按钮，使用该字体的文本就会移入视图中。如果在导入的图形中使用了选定字体，或者在列表中选择了多个字体，则【查找第一个】按钮将不可用。

ID 4 如果想要查看关于选定字体的详细信息，可以单击【更多信息】按钮。要隐藏详细信息，可以单击【较少信息】按钮，列表中如果选择了多个字体，那么信息区域为空白。

ID 5 如果想要替换某个字体，从【替换为】列表中选择要使用的新字体，执行下列操作之一：

- 如果只更改选定字体的某个实例，可以单击【更改】按钮。如果选择了多个字体，则该选项不可用。
- 如果要更改实例中的字体，然后查找下一个实例，单击【更改/查找】按钮。如果选择了多个字体，该选项不可用。
- 如果要更改列表中的选定字体的所有实例，单击【全部更改】按钮。如果要重新定义包含搜索到的字体的所有段落样式、字符样式或命名网格，可勾选【全部更改时重新定义样式和命名网格】复选框。如果文件中的字体没有更多实例，则字体名称从【文档中的字体】列表删除。

ID 6 如果单击【更改】按钮，则单击【查找下一个】按钮可以查找字体的下一实例。修改完成之后单击【完成】按钮关闭对话框。

4.5.2 更改文本

在写文章的时候输入错误是难以避免的，而且有时候会错误相同，分布位置广泛、不容易查找，这时可以使用【查找/更改】命令将文章中的错误找出并更改。可以使用【查找/更改】命令搜索文本、GREP、字形和对象并进行更改。

ID 1 选择【编辑】|【查找/更改】命令，打开【查找/更改】对话框，如图4.41所示。

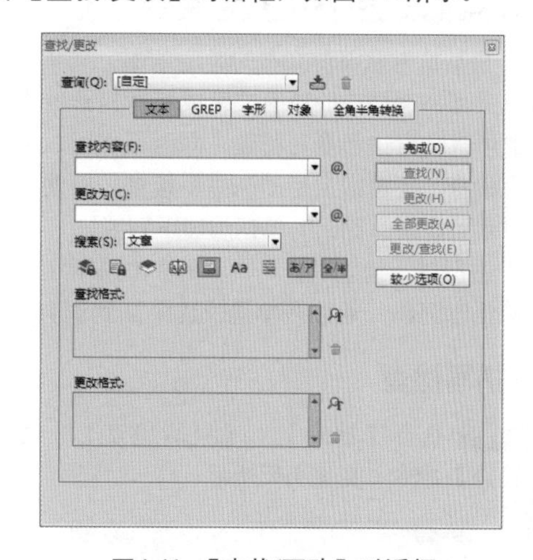

图4.41 【查找/更改】对话框

ID 2 在【查询】下拉列表中选择要查询的项目，如果想要查询自定义查找内容，可以选择【自定】选项，之后在下面的选项卡中设置要查找和更改的选项。

【查找/更改】对话框中各项的含义如下。

- ：包括锁定图层和锁定对象。
- ：包括锁定文章。
- ：包括隐藏的图层和隐藏的对象。
- ：包括主页。
- ：包括脚注。
- Aa：区分大小写。
- ：全字匹配。
- あ/ア：区分假名。
- 全/半：区分全角
- 【查找内容】选项：输入或粘贴要查找的文本。如果要查找特殊符号，可以单击文本框后面的【要搜索的特殊字符】按钮@，然后在弹出的菜单中选择要查找的特殊字符即可。

- 【更改为】选项：输入或粘贴要更改的文本，同样也可以在特殊字符菜单中选择要更改的特殊字符即可。
- 【搜索】下拉列表：用于在下拉列表中选择要搜索的范围。

ID 3 根据需求，单击对话框下面的图标按钮，包括锁定文章、区分大小写等。

ID 4 单击【查找】按钮，开始搜索要查找内容的第一个实例，这时按钮变为【查找下一个】按钮，单击此按钮，可以查找下一个实例。

4.5.3 应用拼写检查

拼写检查能够对文本的选定范围、文章中的所有文本、文档中的所有文章或所有打开的文档中的所有文章进行拼写检查，同时不仅可以进行拼写检查，还可以启用动态拼写检查，以便在输入时对可能拼写错误的单词添加下划线。

进行拼写检查时，InDesign将使用指定给文本的语言词典，能够将单词快速添加到词典。

① 拼写检查

ID 1 选择【编辑】|【拼写检查】|【拼写检查】命令，如图4.42所示。

图4.42 【拼写检查】对话框

ID 2 可以在【搜索】下拉列表中选择指定拼写检查的范围。

【搜索】下拉列表中主要选项含义如下。

- 【文档】：可以检查整个文档。
- 【所有文档】：可检查所有打开的文档。
- 【文章】：可检查当前选中框架中的所有文本，包括其串接文本框中的文字和溢流文字。
- 【所有文章】：可检查所有选中框架中的文章。
- 【到文章末尾】：可从插入点开始检查。
- 【选区】：仅检查选中文本。仅当选中文本时该选项才可用。选择【文档】可检查整个文档。

ID 3 单击【开始】按钮可以检查拼写。

ID 4 当InDesign中显示不熟悉的、拼写错误的单词或其他可能的错误时，可以选择下列选项之一：

- 单击【跳过】按钮，可以继续进行检查而不是更改突出显示的单词。单击【全部忽略】按钮，可忽略突出显示的单词的所有实例，直到重新启动InDesign。
- 从【建议校正为】列表中选择一个单词，或者在【更改为】文本框中输入正确的单词，然后单击【更改】按钮，可以仅更改拼写错误的单词的实例。也可以单击【全部更改】按钮更改文档中拼写错误的单词的所有实例。
- 要将单词添加到词典，可以从【添加到】下拉列表中选择该词典，并单击【添加】按钮。
- 单击【词典】按钮可以显示【词典】对话框，可以在该对话框中指定目标词典和语言。

② 动态拼写检查

启动动态拼写检查时，可以使上下菜单更正拼写错误。这时拼写错误的单词可能已带有下划线。

ID 1 选择【编辑】|【拼写查找】|【动态拼写检查】命令。

ID 2 右键单击带有下划线的单词，在弹出的快捷菜单中执行下列操作之一：

- 选择一个建议更正的单词。要是某个单词重复出现或需要大写，可以选择【删除重复单词】或【大写】。
- 选择【将单词添加到用户词典】，就会将单词自动添加到当前词典，就不用打开【词典】对话框。该单词在文本中保持不变。

- 选择【词典】，就会打开【词典】对话框，可在此对话框中选择目标词典、语言和更改链子分隔符，然后单击【添加】按钮，单词就会被添加到所选词典，切在文本中保持不变。
- 选择【全部忽略】可以忽略所有文档中该单词的实例。重新启动InDesign时，该单词重新标记为拼写错误的单词。

③ 自动更正

选择【自动更正】之后，将按照【自动更正】首选项中的设置进行自动更正。如果选择【自动更正大写错误】。就会自动更正所有的大写错误，也将会自动更正在【自动更正】列表中的单词。

④ 使用词典

选择【编辑】|【拼写检查】|【用户词典】命令，打开【用户词典】对话框，如图4.43所示。

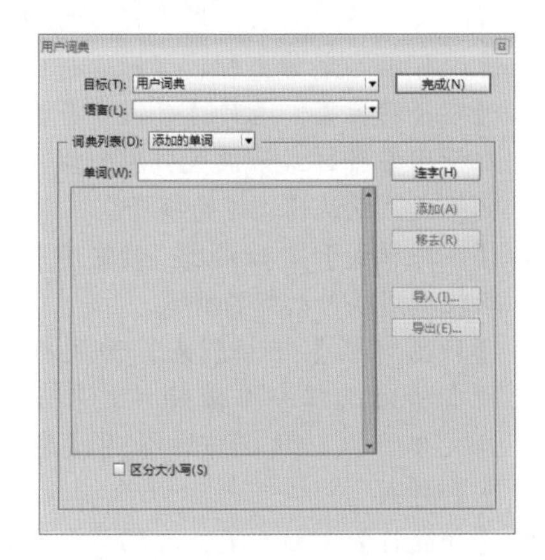

图4.43 【用户词典】对话框

- 在【目标】下拉列表中选择要存储的词典。使用【目标】菜单，可以在外部用户词典或任何打开InDesign文档中存储更改。
- 在【语言】下拉列表中选择一种语言，每种语言至少包含一个词典。
- 在【词典列表】下拉列表中，可以根据操作选择需要添加的单词、忽略的单词或删除的单词。
- 在【单词】文本框中，编辑或输入要添加到单词列表中的单词。
- 单击【连字】按钮来查看单词的默认连字。代字符表示可能的连字点。如果不想要InDesign的连字点，那么按照下面的准则指示单词的首选连字。
  - 输入一个代字符（～），表示单词中最可能的连字点或唯一接受的连字点。
  - 输入两个代字符（～～），表示第二个选择。
  - 输入三个代字符（～～～），表示并不理想但可以接受的连字点。
  - 如果是希望从不连字的单词，可以在单词的第一个字母之前输入一个代字符。
- 单击【添加】按钮，可以将单词添加到指定词典的词典列表中。
- 单击【移去】按钮，可以将指定单词从指定词典的词典列表中移去。
- 单击【导入】按钮，可以从文本文件导入单词列表。
- 单击【导出】按钮，可以将其他应用程序中的单词导出到一个文本文件中。

4.6 脚注

脚注用于对文章中难以理解的内容进行解释或对某些内容进行补充说明。脚注由两个相互连接的部分构成，即显示在文本中的脚注引用编号和显示在页面底部的脚注文本。

4.6.1 创建脚注

可以创建脚注或从RTF、Word文档中导入脚注。将脚注添加到文档时，脚注会自动编号，每篇文章中都会重新编号，能控制脚注的编号样式、位置和外观。不能见脚注添加到表或脚注文本。

ID 1 选择【文件】|【打开】命令，选择配套光盘中的“调用素材\第4章\凤凰古城.indd”文件，如图4.44所示。

ID 2 在想要脚注引用标号出现的地方置入插入点，本实例在文本“凤凰古城”处单击鼠标添加插入点，如图4.45所示。

图4.44 打开文件 　　图4.45 添加插入点

ID 3 选择【文字】|【插入脚注】命令，此时文本的右上侧插入序号，并在文本栏的底部插入相应的序号，如图4.46所示。

ID 4 当确认光标在底部文本栏中时，输入注解，如图4.47所示。

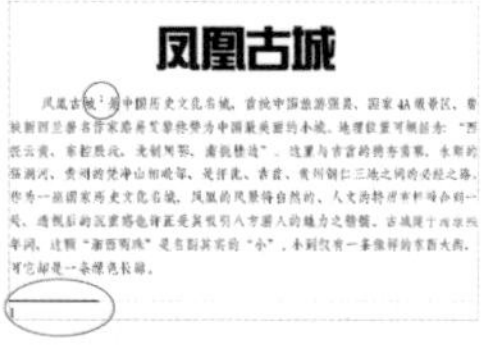

图4.46 插入脚注 　　图4.47 输入注解

4.6.2 脚注编号与格式设置

选择【文字】|【文档脚注选项】命令，打开【脚注选项】对话框，如图4.48所示。在【脚注选项】对话框中单击【编号与格式】选项卡，设置选项卡中的各选项。

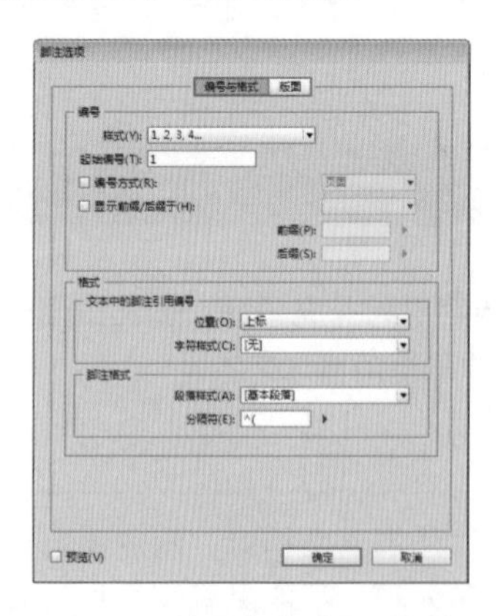

图4.48 【编号与格式】对话框

其中各选项含义如下。

- 【样式】下拉列表：选择脚注引用编号的编号样式，如“1，2，3，4”，“a，b，c，d”等。
- 【起始编号】选项：指定文章中第一个脚注所用的号码。文档中每篇文章的第一个脚注都具有相同的起始编号，如果书籍的多个文档具有连续页码，则可以使用每章的脚注编号都能继续上一章的编码。
- 【编号方式】选项：勾选此复选框，可以对文章的脚注重新编号，制定重新编号的位置，可以为页面、跨页或章节。
- 【显示前缀/后缀于】选项：勾选此复选框，能够显示脚注引用、脚注文本或两者中的前缀、后缀，在【前缀】与【后缀】中可以选择一种或多种字符。
- 【位置】下拉列表：用于指定的脚注位置，可以指定为上标、下标、拼音、普通字符的位置。选择【普通字符】，可以使用字符样式来设置引用的编号位置的格式，默认情况下为拼音。
- 【字符样式】下拉列表：指定用来设置脚注引用编号的字符样式。
- 【段落样式】下拉列表：为文档中的所有脚注选择一个段落样式来设置脚注文本。默认情况下，使用【基本段落】样式。
- 【分隔符】下拉列表：分隔符确定脚注编号和脚注文本开头之间的空白。如果要更改分隔符，可以选择或删除现有分隔符，然后选择新分隔符。分隔符包含多个字符，要插入空格字符，可以使用是当地额元字符作为全角空格。

4.6.3 脚注版面设置

选择【文字】|【文档脚注选项】命令，打开【脚注选项】对话框，切换到【版面】选项卡，如图4.49所示。

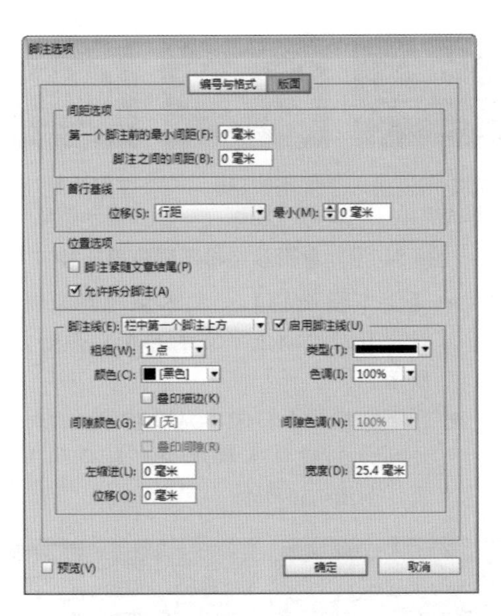

图4.49 【版面】选项卡

其中各项主要含义如下。

- 【第一个脚注前的最小间距】选项：输入数值以指定文本框架底部与首行脚注之间的最小间距。间距数值不能为负值。
- 【脚注之间的间距】选项：用于指定一个文本框中某一个脚注的最后一个段落与下一个脚注的距离。间距数值不能为负数。
- 【位移】选项：指定脚注分隔符与脚注文本的首行之间的距离。可以设置为字母上缘、大写字母高度、行距、X高度、全角字框高度或固定。
- 【脚注紧随文章结尾】选项：使用最后一栏的脚注显示在文章的最后一个文本框架中的文本的下面。否则文章的最后一个框架中的任何脚注将显示在栏底部。
- 【允许拆分脚注】选项：勾选此复选框，当脚注大小超过栏中脚注的可用间距大小时，将跨栏分隔脚注。否则包含脚注引用编号的行移动到下一栏，或者文本变为溢流文本。
- 【脚注线】选项：指定在页面中有分栏时，脚注线置于栏中第一个脚注上方，可以在【脚注线】选项组中设置脚注线的粗细、颜色、类型、色调、间隙颜色、间隙色调、左缩进、宽度和位移。

4.6.4 删除脚注

如果想要删除脚注，可以在文本中选择显示的脚注引用编号，然后按Delete键。如果仅删除脚注文本，那么脚注引用编号和脚注结构将保留下来。

4.7 文本绕排

我们经常会遇到图片和文本同在一个图层中，并且文本域图像有重叠，为了防止文字被图形图像遮盖，需要让文字绕开图形图像时，就可以使用文本绕排来解决。

视频讲座4-6：应用文本绕排

案例分类：排版技法类
视频位置：配套光盘\movie\视频讲座4-6：应用文本绕排.avi

InDesign的文本绕排功能，可以将图片与文字融合成一体。利用文字插入图片的功能，可以将图片与文字结合成一个对象。

ID 1 选择【文件】|【打开】命令，打开配套光盘中的“调用素材/地4章/饺子画册.indd”文件，如图4.50所示。

图4.50 打开文件

ID 2 确认选中要应用文本绕排的图片，如图4.51所示。

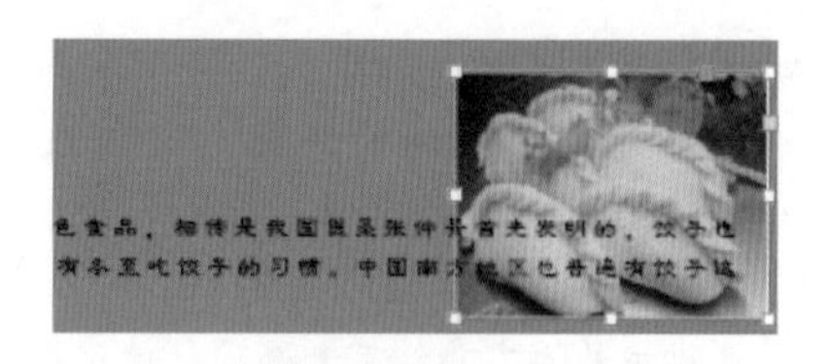

图4.51 选中图片

ID 3 选择【窗口】|【文本绕排】命令，打开【文本绕排】面板，如图4.52所示。【文本绕排】面板上方的一排图片为绕排方式，从左到右分别为【无文本绕排】、【沿定界框绕排】、【沿对象形状绕排】、【上下型绕排】、【下型绕排】。

图4.52 【文本绕排】面板

【文本绕排】面板中各选项主要含义如下。

- 【无文本绕排】：图片与文字没有排齐效果，文本与图片还是重叠状态。
- 【沿定界框绕排】：文本沿对象的定界框绕排。文本与图片的距离可以自行设定。如图4.53所示为距离分别为0毫米、3毫米、5毫米的状态。

0毫米状态　3毫米状态　4毫米状态

图4.53 沿定界框绕排的不同距离

- 【沿对象形状绕排】：文本沿着图片或图形的形状绕排，文本与对象的距离可以自行设定。如图4.54所示分别为没有应用【沿对象形状绕排】效果、应用【沿对象形状绕排】方式，距离0毫米的效果、应用【沿对象形状绕排】方式，距离6毫米的效果。

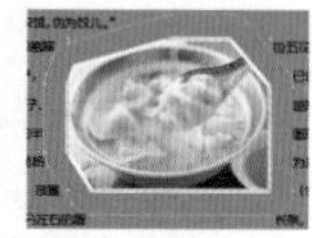

没有应用沿对象形状绕排　应用效果0毫米距离　应用效果6毫米距离

图4.54 沿对象形状绕排不同效果比较

- 【上下型绕排】：文本跳过对象所在行，只对象的上下文本存在，如图4.55所示。
- 【下型绕排】：文本只在对象的上方，文字走到对象下放后会自动跳到下一页，如图4.56所示。

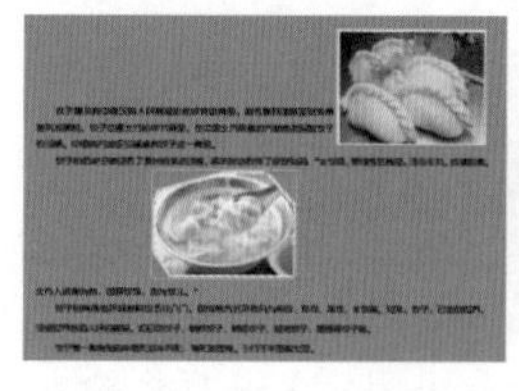
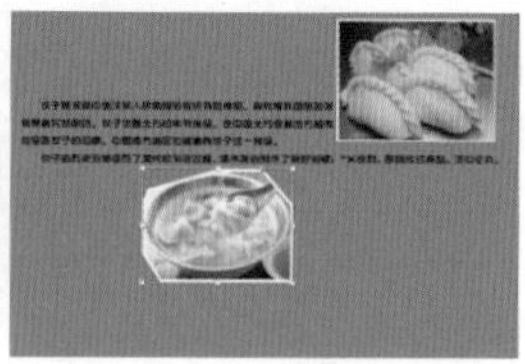

图4.55 上下型绕排　图4.56 下型绕排

- 【反转】：在图形应用绕排效果的前提下选择【反转】，将绕排在图像周围的文本放置在图像中，图像的左右无文本，对比效果如图4.57所示。

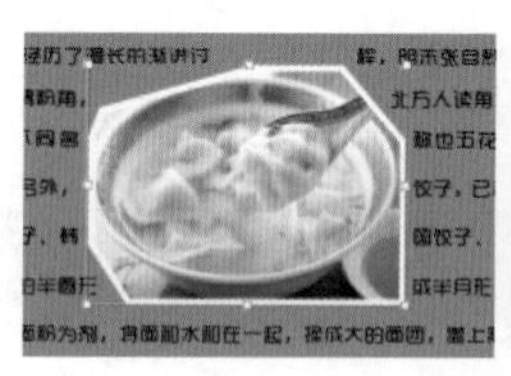
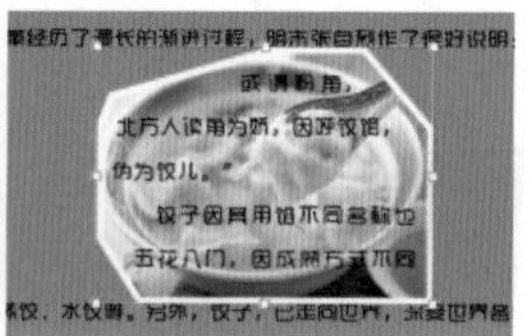

图4.57 反转前后对比效果

ID 4 在【文本绕排】面板的上、下、左、右位移文本框中设置绕排位移的值，如图4.58所示。如果数值为正值，绕排将远离框的边缘；如果是复制，绕排边界将位于框边缘内。

提示

如果图片应用【沿对象形状绕排】命令，则只有上位移可以设置。

ID 5 在【绕排至】下拉列表中列出了几个绕排选项，这些选项，使文本绕排至对象的特定一侧或书脊的特定一侧，如图4.59所示。

图4.58 设置绕排位移

图4.59 选择命令

ID 6 如果是导入的带有Photoshop路径或Alpha通道的图片，并且应用【沿对象形状绕排】时，那么可以在【类型】下拉列表中选择绕排要应用的轮廓，如图4.60所示。

ID 7 通过以上方法，将“饺子画册”右上侧图片设置为【沿定界框绕排】，设置位移选项值为1毫米，将位于中间的图片设置为【沿对象形状绕排】，设置位移选项为2毫米，最终效果如图4.61所示。

图4.60 【类型】下拉列表

图4.61 最终效果

4.7.1 更改文本绕排的形状

在InDesign中可以根据不同需要来修改绕排图片的框架和轮廓，使文本绕排效果与实际需要更符合。

选择工具箱中的【直接选择工具】，选中需要编辑的锚点进行拖动，也可以使用【钢笔工具】来编辑锚点。如图4.62所示为更改前后的对比效果。

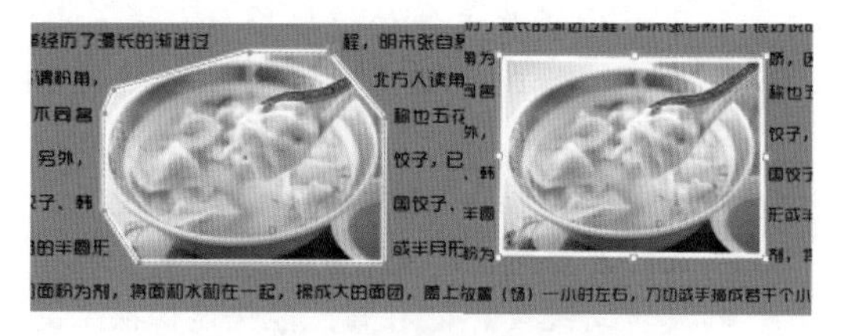

图4.62 更改前后对比效果

提示

按住Ctrl键的同时可以单击选中位于底层的图片。

视频讲座4-7：链接面板

案例分类：排版技法类
视频位置：配套光盘\movie\视频讲座4-7：链接面板.avi

将图片置入InDesign文件后，InDesign是通过链接的方式来显示图片，因为图片可以存储在文档文件外部，所以使用链接可以最大程度地降低文档大小。此外，在导出或打印文档时，将使用链接查找原始图像，然后根据原始图像的完全分辨率创建最终输出。

所以置入到InDesign文档中的图像都将列在【链接】面板中，用户可以在该面板中对置入图像的连接关系进行调整。

ID 1 选择【窗口】|【连链接】命令，或者按Ctrl + Shift + D快捷键，可以打开【连接】面板，如图4.63所示。

图4.63 【链接】面板

- 【缺失】按钮：带问号的红色圆形为缺失文件的链接图标，即是图形不在位于导入的位置，可能是存放位置或文件名称已经被修改，或者是被删除，但仍存放于某个地方。

- 【修改】按钮：带感叹号的黄色三角形为修改文件的链接图标，表示图片已被修改，需要更新会显示新的图片属性。
- 【重新链接】按钮：能打开【定位文件】对话框，重新查找与链接文件。
- 【转到链接】按钮：能快速切换至图片所置入页面与位置。
- 【更新链接】按钮：能自动搜寻并将图片修改至更新后属性。
- 【编辑原稿】按钮：能打开系统中所安装的图片视图或编辑软件，以进行图片的编辑工作。

ID 2 选中【链接】面板中“饺子4.jpg”文件，单击底部的【转到链接】按钮，这时页面中的“饺子4.jpg”被选中，并将图片文件完整显示，如图4.64所示。

图4.64 转到链接

ID 3 确认选中“饺子2.jpg”文件，单击面板底部的【重新连接】按钮，即可打开【重新链接】对话框，在对话框中选择“饺子.jpg”文件，如图4.65所示，单击【打开】按钮，页面中的“饺子4.jpg”文件即可替换为“饺子.jpg”文件，如图4.66所示。

ID 4 在【链接】面板中选择“饺子4.jpg”，单击面板底部的【编辑原稿】按钮，即可在【Windows图片和传真查看器】中查看文件，如图4.67所示。单击底部的编辑按钮，即可在打开的【画图】编辑器中进行编辑，编辑完成后，将文件保存。在InDesign软件中可查看到效果。

ID 5 双击【链接】面板中的项目，即可在【链接】面板下方展开【连接信息】面板，如图4.68所示。

图4.65 【重新链接】对话框

图4.66 重新连接图片

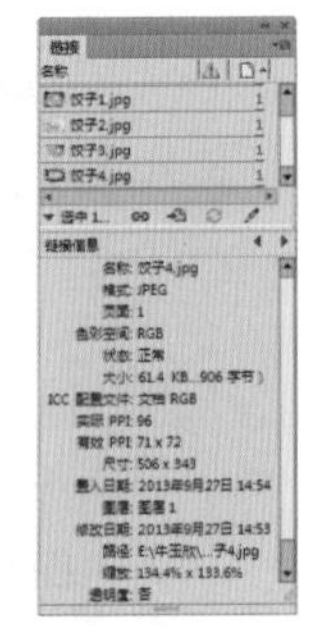

图4.67 在Windows照片查看器中 图4.68 链接信息

4.7.2 将文件嵌入文档中

嵌入文件时，会断开指向原始文件的链接。如果没有链接，当原始文件发生更改时，【链接】面板将不会发出警告，也无法自动更新相应的文件。

在【链接】面板中选择一个文件，在扩展菜单中选择【嵌入链接】命令，即可嵌入文件，文件嵌入文档之后，文件将保留在【链接】面板中，并标记有嵌入链接的图标。此外，嵌入文件会增加文档文件的大小。

4.8 使用“库”管理对象

InDesign中库的使用是相当关键的，它可以大大提高排版效率，只需要将一些重复的对象放置在库中，通过库即可快速管理这些对象。

视频讲座4-8：新建对象库

案例分类：排版技法类
视频位置：配套光盘\movie\视频讲座4-8：新建对象库.avi

对象库在磁盘上是以命名件的形式存在的。库打开后将显示为面板形式，可以与其他面板编组，对象库的文件名将显示在面板选项卡中。

ID 1 选择【文件】|【打开】命令，打开【打开】对话框，选择配套光盘中的“调用素材/地4章/饺子画册.indd”文件。

ID 2 选择【文件】|【新建】|【库】命令，打开【库】面板，如图4.69所示，在面板中选择存储的位置。

图4.69 【库】面板

ID 3 在【文件名】文本框中输入名称，设置完成后单击【保存】按钮即可打开新建的【库】，如图4.70所示。

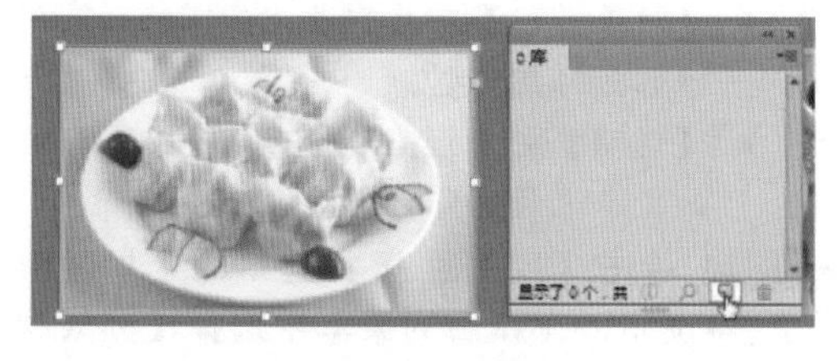

图4.70 打开新建的【库】

ID 4 选择要添加到【库】中的对象左侧的图片，单击【库】面板底部的【新建库项目】按钮，即可将选择的对象保存到库中，如图4.71所示。

图4.71 向【库】中添加文件

ID 5 单击【库】面板右上角【扩展菜单】按钮，在打开的菜单中选择【将第1页上的项目作为单独对象添加】命令，即可将该页中的全部对象添加到库面板中，如图4.72所示。

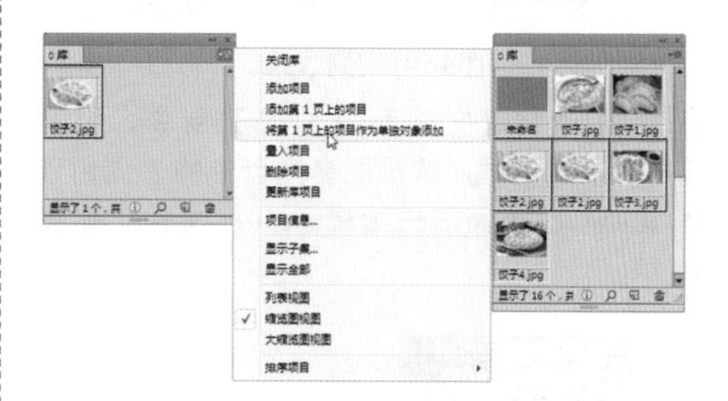

图4.72 添加到【库】中的对象

提示

更新库中项只需要单击【库】面板右上角的【扩展菜单】按钮，在打开的快捷菜单中选择【更新项目】命令，即可将选择的库项目更新为新的对象。

选择需要删除的库项目，单击【库】面板底部的【删除库项目】按钮，弹出如图4.73所示的提示对话框，单击【确定】按钮，即可将选择的库项目删除。

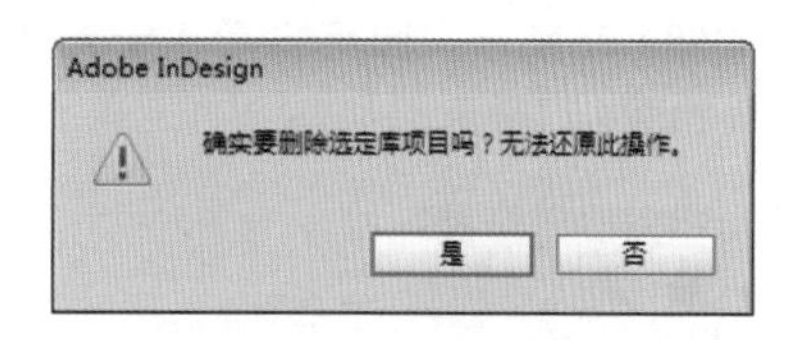

图4.73 删除对象

视频讲座4-9：从对象库中置入对象

案例分类：排版技法类
视频位置：配套光盘\movie\视频讲座4-9：从对象库中置入对象.avi

有两种方法可以将存储在库中的对象置入到文档中。一种是使用命令将对象置入到文档中；另一种是直接将库项目拖到文档中。

下面我们通过实例来详细讲解，实例如图4.74所示。

图4.74 实列效果

ID 1 选择【文件】|【打开】命令，打开【打开】对话框，选择配套光盘中的“调用素材/第4章/时尚画册未编辑.indd”文件，如图4.75所示。

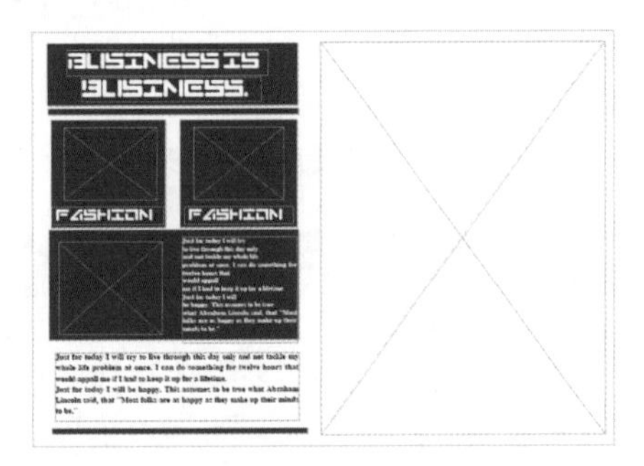

图4.75 打开文件

ID 2 选择左侧的框架后，打开名为“时尚画册图片库.indl”的库，选中库中需要置入的文件，单击【库】面板右上角的【扩展菜单】按钮，在弹出的菜单中选择【置入项目】命令，如图4.76所示。即可将图片置入到框架中，效果如图4.77所示。

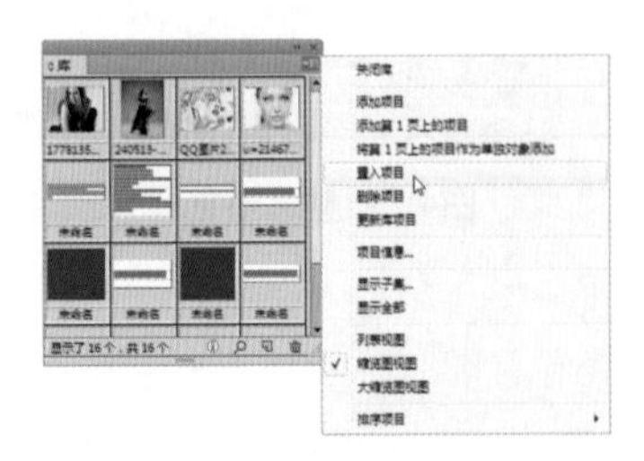

图4.76 置入图片

图4.77 置入图片后效果

提示

也可以直接选中需要置入的图片，然后按住鼠标左键将其拖入到框架中。

4.8.1 管理对象库

为了方便我们查找对象库中的项目，读者可以在面板菜单中选择【项目信息】命令，或者单击【库】面板底部的【库项目信息】按钮，在打开的对话框中设置项目名称、类型并输入说明。

ID 1 选中“时尚画册图片库.indl”库中我们上面置入的图片，单击【库】面板右上角的【扩展菜单】按钮，在弹出的菜单中选择【项目信息】命令，打开【项目信息】对话框。在其中设置【项目名称】为1，并且输入说明“辅助图片”，单击【确定】按钮保存设置，如图4.78所示。

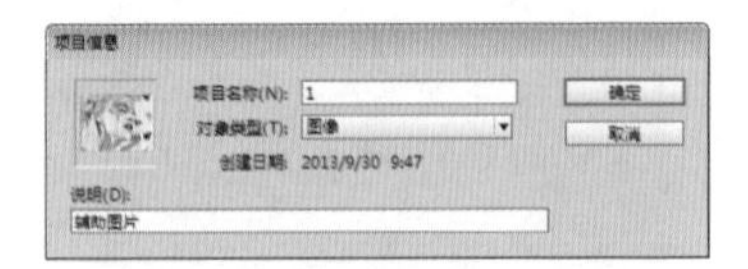

图4.78 【项目信息】对话框

其中【项目信息】对话框中各选项含义如下。

- 【项目名称】选项：在文本框中输入文本，可以更改项目名称。
- 【对象类型】下拉列表：此下拉列表用于选择对象类型。
- 【说明】文本框：读者可在此文本框输入文本记录项目的相关信息。

ID 2 单击【库】面板右上角的【扩展菜单】按钮，在弹出的菜单中选择【列表视图】命令，库中的项目内容即可列表显示，如图4.79所示。

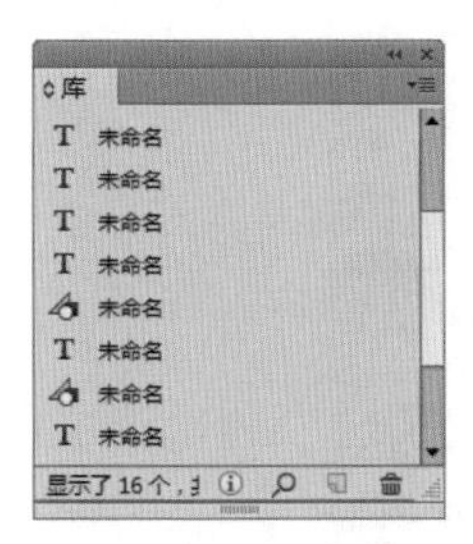

图4.79 列表显示

4.8.2 查找项目

库中可以存储多个库项目，但是过多的时候会导致很难查找到需要的项目库。可以单击【库】面板底部的【显示库子集】🔍，打开【显示子集】对话框，如图4.80所示，在这里可以查找需要的项目。

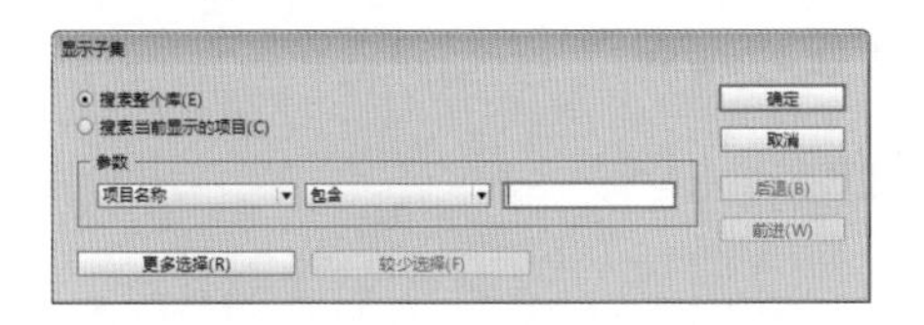

图4.80 【显示子集】对话框

单击【更多选择】按钮，可以显示更多的项目，如图4.81所示。

图4.81 显示更多选项

其中各项含义如下。

- 【搜索整个库】：单击此按钮，系统将在整个库中搜索项目。
- 【搜索当前显示的项目】：单击此单选按钮，系统将在当前库中搜索项目。
- 【参数】：【项目名称】下拉列表用于选择搜索类型；【包含】下拉列表用于选择搜索时包含还是排除的条件；末尾一个文本框用于输入指定范围中的关键词。
- 【匹配全部】按钮：单击此单选按钮，将会只显示与所有搜索条件都匹配的对象。

4.9 上机实训——超市宣传单页版式设计

案例分类：平面设计类
视频位置：配套光盘\movie\4.9 上机实训——超市宣传单页版式设计.avi

4.9.1 技术分析

本例讲解超市宣传单页版式设计。首先绘制一个矩形并填充为渐变颜色；然后使用钢笔工具在页面中绘制一个三角的形状，将形状旋转复制多份并调整不透明度制作成背景放射效果；最后置入图片，输入文字，完成最终效果。

4.9.2 本例知识点

- 【旋转工具】的使用
- 中心点的调整
- 再次变换序列命令的使用

4.9.3 最终效果图

本实例的最终效果如图4.82所示。

图4.82 最终效果图

4.9.4 操作步骤

ID 1 选择【文件】|【新建】|【文档】命令，打开【新建文档】对话框，设置【页数】为1，【宽度】为210毫米，【高度】为285毫米，如图4.83所示。

图4.83 【新建文档】对话框

ID 2 单击【边距和分栏】按钮，打开【新建边距和分栏】对话框，将上、下、内、外【边距】的值都设置为0，如图4.84所示。

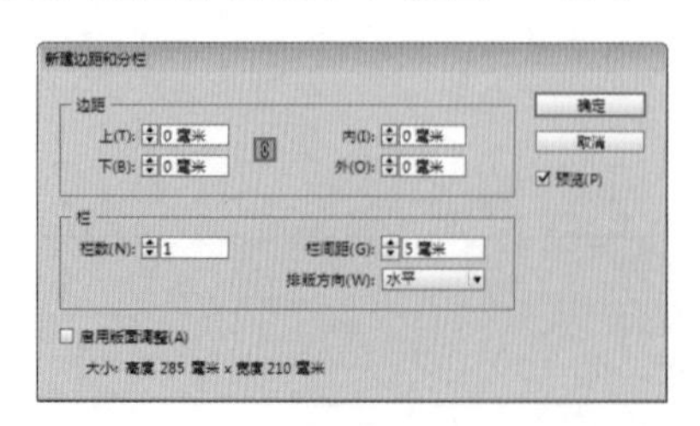

图4.84 【新建边距和分栏】对话框

ID 3 选择工具箱中的【矩形工具】，在页面中绘制一个与页面相同大小的矩形，打开【渐变】面板，设置由白色到淡蓝色（C:75；M:32；Y:6；K:0）的径向渐变，如图4.85所示。

ID 4 选择工具箱中的【渐变色板工具】，从矩形的上方向右下方拖动，将其填充渐变，效果如图4.86所示。

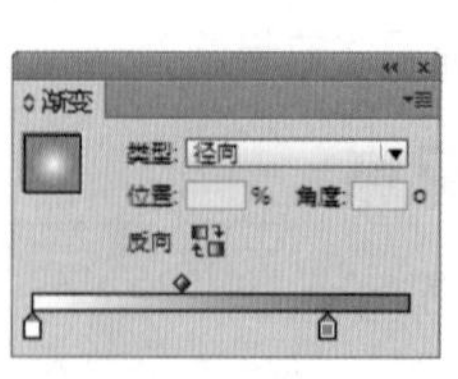

图4.85 渐变编辑　　图4.86 填充渐变

ID 5 选择工具箱中的【钢笔工具】，在页面中绘制一个三角的形状，选择工具箱中的【旋转工具】，将三角形选中，此时在变换框中会看到一个中心点标志，将光标移动的中心点位置，当光标变成状时按住鼠标拖动，将中心点移动到三角形的下方，如图4.87所示。

ID 6 在没有取消选择的情况下，选择【对象】|【变换】|【旋转】命令，打开【旋转】对话框，将旋转的【角度】设置为15°，如图4.88所示。

提示

调整完中心点后，要直接应用【旋转】命令进行旋转变换，不能进行其他操作，否则中心点可能会自己变换到其他位置。

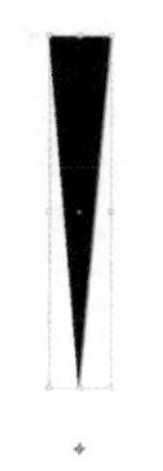

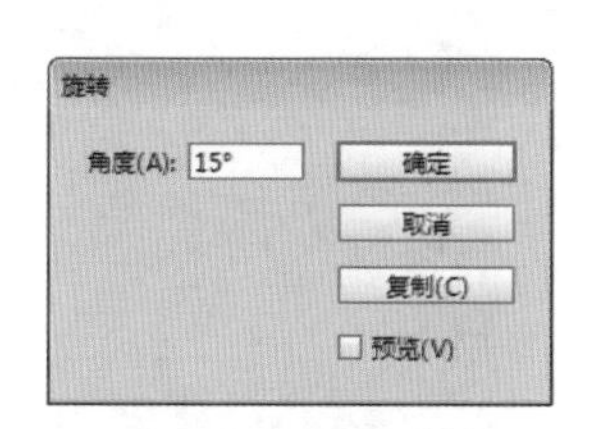

图4.87 中心点效果　图4.88 【旋转】对话框

ID 7 单击【复制】按钮，经过旋转复制后的效果如图4.89所示。多次按Ctrl + Alt + 4组合键将图形复制多份，如图4.90所示。

技巧

选择【对象】|【再次变换】|【再次变换序列】命令，即可执行再次变换序列命令，其快捷键是Ctrl + Alt + 4，该命令是在前次变换的基础上再次对图形进行变换的重复性操作。

图4.89 旋转复制一份　图4.90 复制多份效果

ID 8 将三角形全部选中，选择【对象】|【编组】命令，将其编组，然后将编辑后的三角形填充为白色，打开【效果】面板，修改其【不透明度】为20%，如图4.91所示；将其放置在页面中偏上的位置，效果如图4.92所示。

图4.91 设置不透明度　图4.92 旋转后的效果

ID 9 选择【文件】|【置入】命令，打开【置入】对话框，选择配套光盘中的“调用素材\第4章\礼物.psd”文件，首先将礼物图等比例缩小，然后将其放置到页面中合适的位置，效果如图4.93所示。

ID 10 选择工具箱中的【文字工具】T，在页面中输入文字“送”，将文字的字体设置为“汉仪魏碑简”，大小设置为220点，填充颜色设置为粉红色（C:0；M:100，Y:0；K:0；），描边颜色设置为黄色（C:10；M:0；Y:83；K:0），描边【粗细】设置为6点，效果如图4.94所示。

图4.93 置入图片　图4.94 文字效果

ID 11 使用【文字工具】T，在页面中输入其他相关的文字，将“佳乐佳超市”的文字字体设置为“汉仪综艺体简”，文字的大小设置为35点，字符间距设置为-100；将其他文字的字体设置为“汉仪粗黑简”，文字的大小设置为49点，并设置白色描边，放置到页面中合适的位置，如图4.95所示。

图4.95 添加文字

ID 12 使用【矩形工具】，在页面的下方绘制一个矩形，将矩形的【填充】颜色设置为白色，【描边】颜色设置为无，效果如图4.96所示。

图4.96 绘制矩形

ID 13 使用【文字工具】T，在页面中输入文字，将文字设置为不同的大小，不同的颜色，然后放置到页面中合适的位置，完成单页最终效果，如图4.97所示。

图4.97 最终效果

第5章 长文档与交互文档的编排

〔内容摘要〕

在大型出版物的排版中，主页的使用是相当关键的，通过主页的设置，可以影响所有应用该主页的页面。主页一般可以快速添加如公司徽标、版面装饰、页眉、页脚和页码等在其他页面中重复出现的对象，包括相同的部分和不同的部分，同时书籍的排版也是InDesign的一个功能体现。本章主要讲解主页的使用技巧，及书籍排版中的常用技法。通过本章的学习，掌握主页的使用技巧及书籍排版中各元素的使用方法。

〔教学目标〕

- 主页的使用
- 创建与编辑页码和章节
- 主页的覆盖与分离
- 文章跳转页码的使用
- 书籍的创建与编排
- 索引及目录的使用
- 交互文档的创建

5.1 使用主页

主页在排版中占有相当重要的位置，通过主页的设置，可以影响所有应用该主页的页面。比如在主页上创建一个图形，所有使用该主页的页面都将显示这个图形。主页一般可以快速添加如公司徽标、版面装饰、页眉、页脚和页码等在其他页面中重复出现的对象，包括相同的部分和不同的部分。

视频讲座5-1：新建主页

案例分类：软件功能类
视频位置：配套光盘\movie\视频讲座5-1：新建主页.avi

可以通过两种方法来创建主页：一种是菜单法，另一种是转换法。前一种可以从无到有的创建主页，后一种可以将原有的页面转换成主页。

将主页应用到其他页面之后，对源主页的修改将直接反应在其子页中，即改变主页上的内容将直接影响子页的内容，而在主页上的内容不能直接在子页上进行修改，除非该内容与主页分离。下面来讲解这两种创建主页的方法。

① 利用菜单创建主页

通过【页面】面板菜单，可以快速创建主页。也可以创建基于某一主页的子主页，具体操作如下：

ID 1 选择【页面】面板菜单中的【新建主页】命令，打开【新建主页】对话框，如图5.1所示。

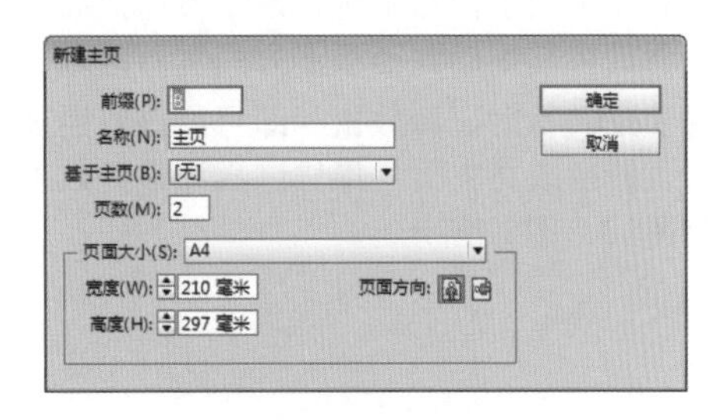

图5.1 【新建主页】对话框

【新建主页】对话框中各选项的含义如下。

- 【前缀】：指定一个用于识别主页的前缀。最多可以输入4个汉字。
- 【名称】：指定主页的名称。
- 【基于主页】：指定一个以此主页为基础的主页，可以以这个主页为基础创建该主页的子主页。
- 【页数】：指定新建主页跨页中包含的页数。取值范围为1~10。
- 【页面大小】：设置新建文档的页面尺寸。可以从右侧的下拉菜单中选择预置的常用页面尺寸，也可以直接在【宽度】和【高度】文本框中输入自定的尺寸大小。
- 【页面方向】：设置页面的方向。单击【纵向】按钮，可以将页面切换成纵向，此时页面的高度值大于页面的宽度值；单击【横向】按钮，可以将页面切换成横向，此时页面的高度值小于页面的宽度值。

ID 2 在【新建主页】对话框中设置好相关选项参数后，单击【确定】按钮，即可创建新的主页。主页创建的前后对比效果如图5.2所示。

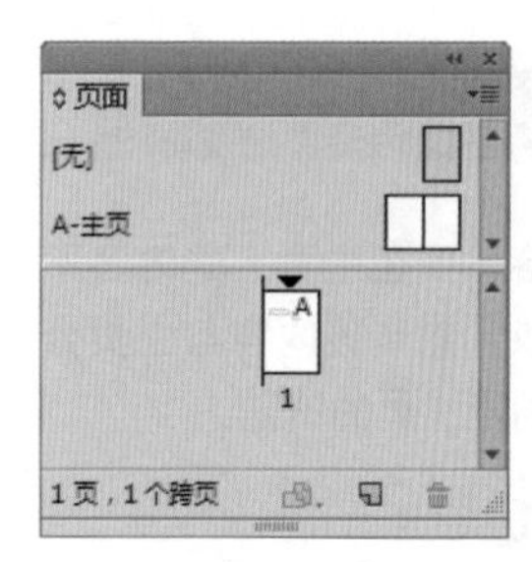

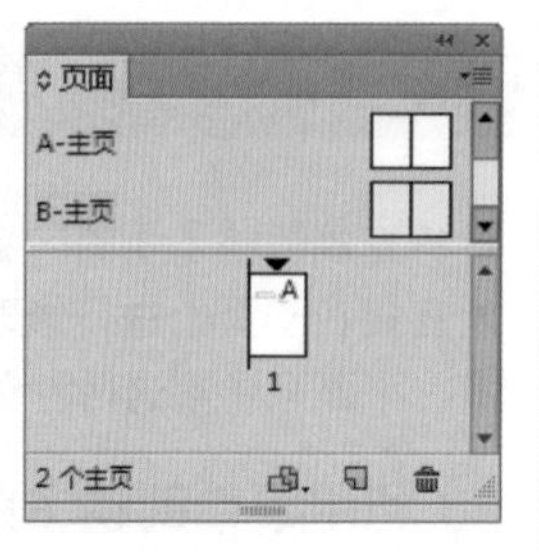

图5.2 主页创建的前后对比效果

② 将普通页面转换为主页

用户可以将现有的普通页面直接转换为主页，如果该普通页面已经应用了某个主页，则新创建的主页将是该主页的子主页。

在【页面】面板中选择某个普通页面或跨页，然后将其拖动到面板上方的主页区域，当光标变成状时，释放鼠标即可将该普通页面或跨页转换成将主页。操作过程和最终效果分别如图5.3、图5.4所示。

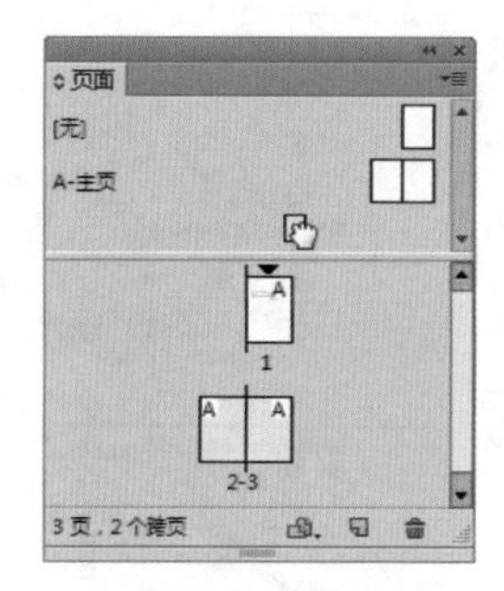

图5.3 拖动的效果

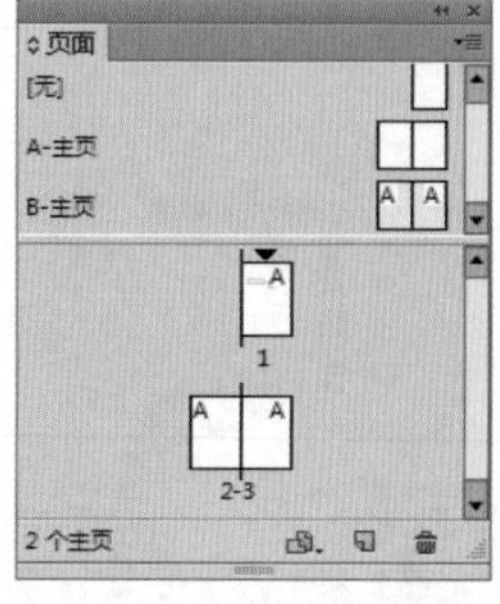

图5.4 转换后的效果

提示

如果要对新建后的主页进行修改，可以选择【页面】面板菜单中的【“**”的主页选项】（这里的**表示的是主页的名称）命令，打开【主页选项】对话框进行修改。

5.1.1 存储为和载入主页

除了利用前面讲过的新建主页方法创建主页，还可以利用存储为和载入命令来创建新主页。存储为主页命令可以将现有的普通页面直接转换为主页，类似于前面讲过的将普通页面转换为主页；载入主页命令可以将保存的某个文档主页直接载入到当前页面中作为主页，免去了相同主页的再次创建的重复操作。

① 存储为主页

在【页面】面板中选择要存储为主页的页面或跨页，然后选择【页面】面板菜单中的【存储为主页】命令，即可将选择的页面或跨页存储为主页。

提示

不能只选择跨页中的单面，否则存储为主页命令将不可用。

② 载入主页

选择【页面】面板菜单中的【载入主页】命令，将弹出【打开文件】对话框，选择一个.indd格式的文件，然后单击【打开】按钮，即可将该文件的主页载入到当前页面中。

视频讲座5-2：应用主页

案例分类：软件功能类
视频位置：配套光盘\movie\视视频讲座5-2：应用主页.avi

新创建的主页还没有应用到普通页面中，只有将主页应用到普通页面中，才可以发挥主页的作用，主页不但可以应用在单个页面、单个跨页中，也可以应用在多个连续页面或多个不连续的页面中。

❶ 将主页应用在单个页面或跨页

将主页应用在单个页面或跨页，可以通过直接拖动主页的方法来实现，具体的操作方法如下。

- 应用在单个页面：在【页面】面板中选择要应用的主页，拖动该主页图标到某个页面中，当要应用该主页的页面周围显示黑色边框时，释放鼠标即可将主页应用在该页面中，操作方法如图5.5所示。

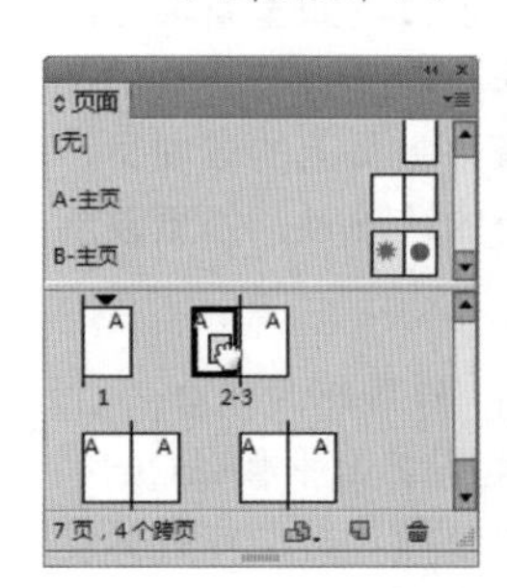
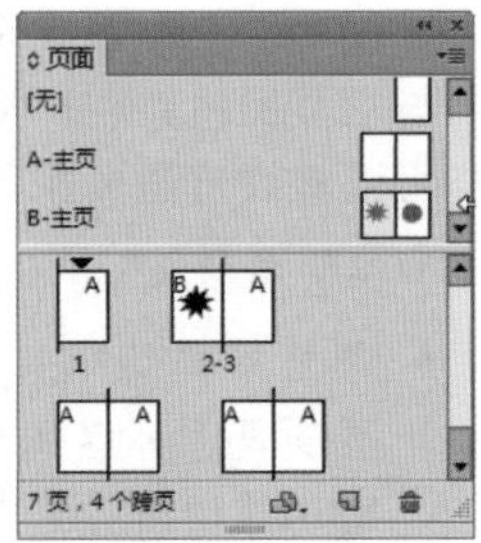

图5.5 主页应用在单个页面的操作效果

- 应用在跨页：在【页面】面板中选择要应用的主页，拖动该主页图标到某个跨面的左下或右下方角点位置，当要应用该主页的跨页周围显示黑色边框时，释放鼠标即可将主页应用在该跨面中，操作方法如图5.6所示。

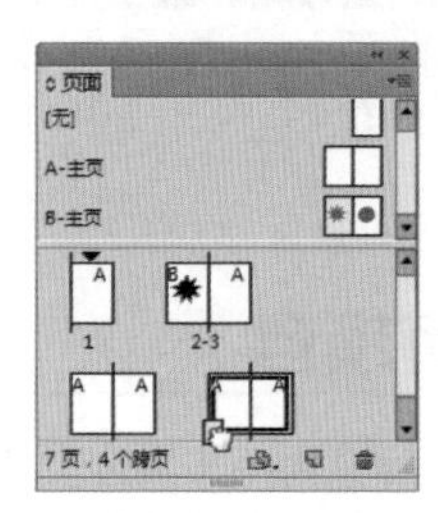
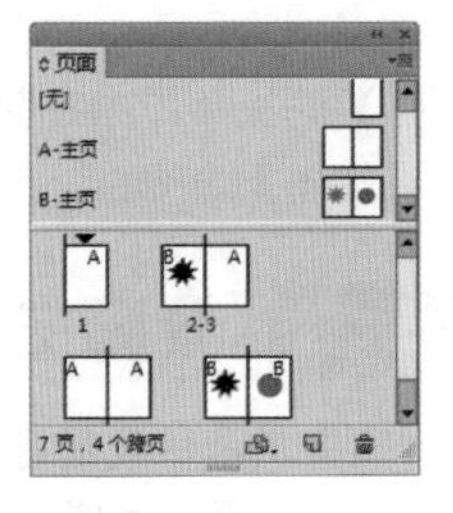

图5.6 主页应用在跨面的操作效果

❷ 将主页应用在多个页面

将主页应用在多个页面中，有两种方法来实现：一种通过快捷键的操作；另一种可过菜单命令来完成。具体的操作方法如下：

- 在【页面】面板中，通过前面讲过的方法选择要应用主页的页面，然后按住Alt键的同时单击要应用的主页，即可将该主页应用在选择的页面中。
- 选择【版面】|【页面】|【将主页应用于页面】命令，或者选择【页面】面板菜单中的【将主页应用于页面】命令，打开【应用主页】对话框，如图5.7所示。从【应用主页】中选择一个主页，然后在【于页面】右侧的文本框中输入要应用选择主页的页面，利用该方法可以将主页应用于一个页面，也可以应用于多个页面。如果只应用于某一个页面，可以直接输入该页面的页码，如应用于第3页，就可以输入3；如果应用于多个页面，可以输入多个页面的页码，连续的页面可以加“-”，不连续的可以加“，”，如输入3，6-12，21，表示将主页应用于第3、6-12、21页。

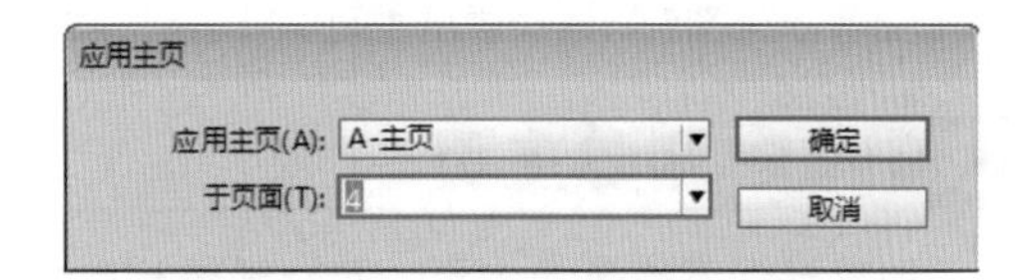

图5.7 【应用主页】对话框

提示

如果想取消某页面所应用的主页，可以先选择该页面，然后在按住Alt键的同时单击【页面】面板中主页区域的【无】主页图标，即可取消选择页面的主页应用。

5.1.2 基于另一个主页使用主页

在【页面】面板的【主页】部分，执行下列操作之一：

- 选择“B-主页”，单击【页面】面板右侧的【扩展菜单】按钮，在弹出的快捷菜单中选择【“B-主页”的主页选项】命令。打开【主页选项】对话框，在【基于主页】下拉列表中选择一个不同的主页，如图5.8所示，然后单击【确定】按钮，则“B-主页”就以“A-主页”为基础。

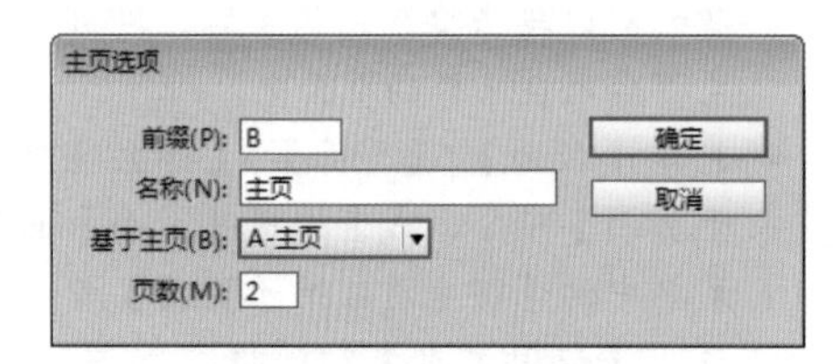

图5.8 【主页选项】对话框

- 选中要作为基础的主页跨页的名称，然后拖动到要应用该主页的另一个主页名称上，如图5.9所示。

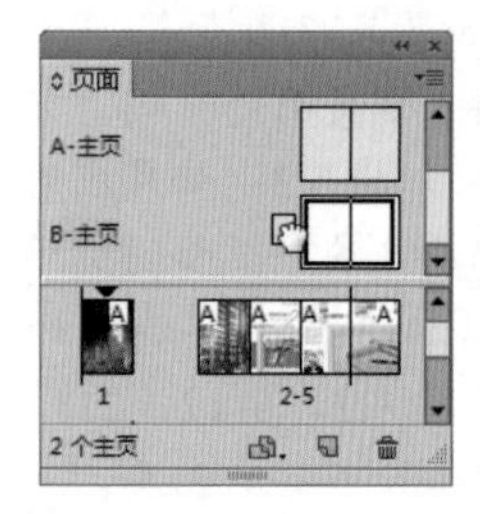

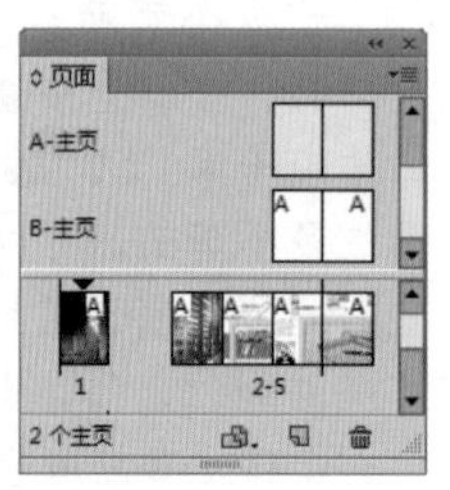

图5.9 拖动应用主页

5.1.3 删除主页

如果出现不需要的主页，可以通过删除主页命令将不需要的主页删除，具体的操作方法如下：

- 在【页面】面板中选择一个或多个主页，然后将其拖动到面板下方的【删除选中页面】按钮上，即可将选择的主页删除。
- 在【页面】面板中选择一个或多个主页，然后单击页面下方的【删除选中页面】按钮，即可将选择的主页删除。
- 在【页面】面板中选择一个或多个主页，然后在【页面】面板菜单中选择【删除主跨页“**”命令（这里的**代表的是主页的名称），即可将选择的主页删除。

提示

在删除主页的操作中，如果要删除的主页已经应用于其他普通页面中，则系统将弹出一个询问对话框，提示是否要删除使用中的主页。如果要删除该主页，可单击【确定】按钮；如果不删除该主页，可单击【取消】按钮。

如果想查找没有使用过的主页，可以在【页面】面板菜单中选择【选择未使用的主页】命令，即可将没有使用过的主页选中。

5.1.4 覆盖主页项目

主页上的所有对象，即主页项目将显示在应用该主页的所有页面中，如果想修改某个页面中的主页项目，可以利用覆盖主页项目或分离主页项目的方法来完成。

覆盖后的主页项目可以自行修改，不会影响其他的页面，而且覆盖后的项目与主页保持一定的关联。覆盖主页项目后，可以在普通页面中编辑修改覆盖后的项目，如重新填充颜色、修改项目大小等操作，而没有被修改的部分将与主页保持关联，修改主页上的该项目，同样可以修改普通页面上的该项目，如更改旋转、描边颜色等。

- 覆盖指定的项目：如果想覆盖单个主页项目，可以在文档页面中按住Ctrl + Shift键的同时单击该项目，即可将其覆盖激活编辑修改。
- 覆盖所有项目：如果想覆盖所有的主页项目，可以选择目标页面或跨页，然后选择【页面】面板菜单中的【覆盖所有主页项目】命令，或者按Alt + Shift + Ctrl +L组合键，即可将所有项目覆盖。

提示

要覆盖主页项目，必须保证该主页项目在【页面】面板菜单中选择了【在选区上允许主页项目优先】命令。

5.1.5 分离主页项目

分离主页项目就是将目标页面与主页进行分离，断开与主页的关联。它与覆盖主页项目的区别就是覆盖后的主页项目与主页还有关联性，而

分离后的主页项目则与主页完全断开关联。

在分离主页项目时，首先要覆盖该项目，使其创建一个本地的副本，然后再进行分离处理即可。

- 分离指定的项目：如果想分离单个主页项目，首先在文档页面中，按住Ctrl + Shift键的同时单击该项目将其覆盖，然后在【页面】面板菜单中选择【分离来自主页的选区】命令，即可将该项目分离。
- 分离所有项目：如果想覆盖所有的主页项目，首先选择目标页面或跨页，选择【页面】面板菜单中的【覆盖所有主页项目】命令，或者按Alt + Shift + Ctrl +L组合键将所有项目覆盖，然后在【页面】面板菜单中选择【分离所有来自主页的对象】命令，即可将目标页面中的所有项目分离出来。

提示

如果不想覆盖或分离某些主页项目，可以首先选择目标项目，然后取消【页面】面板菜单中【在选区上允许主页项目优先】的选择，这样就不能对该项目进行覆盖或分离操作了。

5.1.6 重新应用主页对象

当覆盖了页面或跨页上的主页对象时，可以重新恢复到原来的状态，恢复之后，当对象被编辑时，这些对象也随之改变。

- 重新应用一个或多个主页：选择这些原本是主页对象的对象，在【页面】面板的扩展下拉菜单中选择【移去选中的本地覆盖】选项，这样选中的主页对象就自动恢复为原来的属性。
- 重新应用页面或跨页中的所有元素：选中要恢复的页面或跨页，在【页面】面板下拉菜单中选择【移去全部本地覆盖】选项，那么选中的整个页面或跨页自动恢复为应用的主页状态。

提示

一旦这些页面或跨页已经删除了原先使用的主页，那么将无法恢复主页，只能重新将主页应用于这些页面。

5.1.7 删除页面优先选项

对于已经覆盖的主页对象，因为它与主页项目还有关联性，删除主页优先选项后，该项目将恢复为于主页对应的属性状态，重新建立与主页的链接关系，当再次编辑主页上的该项目时，在文档中的该项目将随主页项目自动更新，而且本地副本将被取代，并且在普通页面中不能再对其进行编辑。

对于已经分离的主页对象，因为它与主页项目断开了所有的关联性，应用删除页面优先选项将不能恢复分离的项目，但可以重新应用主页项目，而原来分离的项目将以普通的编辑项目存在，可以自由的编辑处理。删除页面优先选项的操作如下：

- 移去一个或多个项目：如果想移去一个或多个覆盖的项目，首先选择这些项目，然后在【页面】面板菜单中，选择【删除选定的页面优先选项】命令，即可重新应用主页项目。
- 移去跨页中所有项目：如果想移去跨页中覆盖的所有项目，首先选择该目标跨页，然后在【页面】面板菜单中，选择【删除所有页面优先选项】命令，即可重新应用主页项目。

5.2 书籍的创建与编排

书籍文件可以共享色板、样式、主页和其他项目的文档集。可以按顺序给编入书籍的文档中的页面编号、打印书籍中选中的文档或者将它们导出为PDF。一个文档可以隶属多个书籍文件，如果添加到书籍文件中的其中一个文档便是样式源。

一般情况下，书籍的第一个文档为样式源，也可以随时选择新的样式源，在对书籍中的文档进行同步时，样式源中指定的样式和色板会替换为其他编入书籍的文档中的样式和色板。

5.2.1 创建书籍文件

选择【文件】|【新建】|【书籍】命令，打开【新建书籍】对话框，在【文件名】文本中输入文件名，如图5.10所示，单击【保存】按钮，即可创建后缀名为“.indb”的文件，如图5.11所示。

图5.10 【新建书籍】对话框

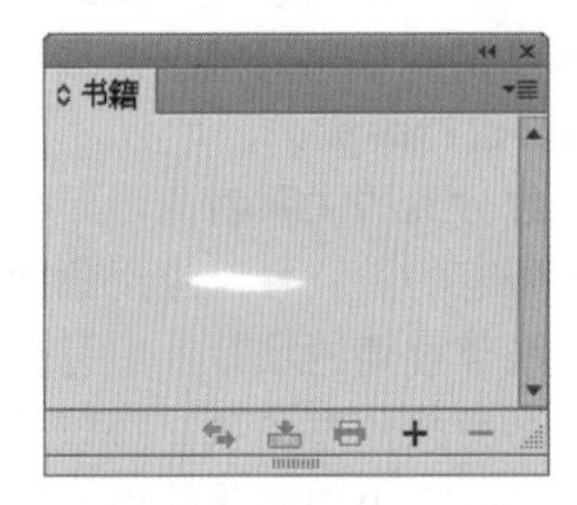

图5.11 【书籍】文件

5.2.2 存储书籍文件

当创建并且在书籍中添加书籍中的全部文档后，应该存储书籍文件。因为书籍文件独立于文档文件，所以在执行【存储书籍】命令时，InDesign会存储对书籍（而非书籍中文档）的更改。存储方法执行下列操作之一即可：

- 使用新名称存储书籍，单击【书籍】面板右侧的【扩展菜单】按钮，在弹出的菜单中选择【将书籍存储为】命令，如图5.12所示。打开【将书籍存储为】对话框，如图5.13所示，指定新的位置和文件名称后，单击【保存】按钮。
- 使用统一名称存储现有书籍，单击【书籍】面板右侧的【扩展菜单】按钮，在弹出的快捷菜单中选择【存储书籍】命令，也可单击【书籍】面板底部的【存储】按钮即可。

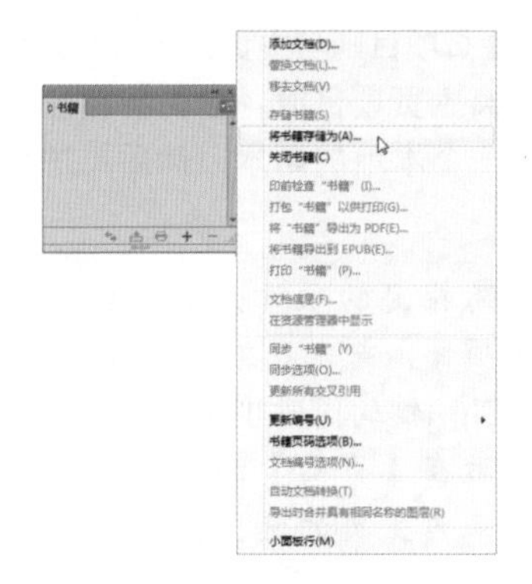

图5.12 扩展菜单

图5.13 【将书籍存储为】对话框

5.2.3 添加和删除书籍文件

将想要管理的文档文件置入书籍，以方便统一与整合。一个书籍文件中最多可包含1000个文档。下面我们来讲解添加与删除文档的具体操作方法。

❶ 添加文档

单击【书籍】面板右侧的【扩展菜单】按钮，在弹出的菜单中选择【添加文档】命令，或者单击【书籍】面板右下角的【添加文档】按钮，打开【添加文档】对话框，选中需要添加的文件，也可按住Ctrl的同时选择多个文件，如图5.14所示，单击【打开】按钮即可将它们导入，如图5.15所示。

图5.14 【添加文档】对话框

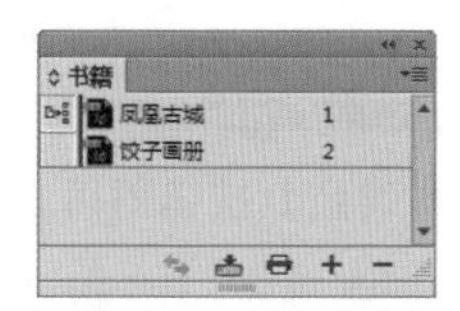

图5.15 添加的文档

② 删除文档

在【书籍】面板中选中想要删除的文件，单击【书籍】面板右侧的【扩展菜单】按钮，在弹出的快捷菜单中选择【删除文档】命令，也可以单击【书籍】面板底部的【移去文档】按钮，即可移除不需要的文件。

提示

当添加在早期版本InDesign软件中创建的文档，那么在添加到书籍时会弹出【存储为】对话框，在【存储为】对话框中，分别为每个文档指定一个新的名称或保留其源文件，单击【保存】按钮即可。

5.2.4 打开书籍中的文档

如果需要修改文档时，可以直接在书籍中打开想要编辑的文档进行修改，InDesign中不仅可以修改书籍中文件的属性，也可以同步修改文档文件的原稿属性。

双击【书籍】面板要编辑的文档，即可打开所选择的文档文件以供修改，打开的文档名称的右侧会显示一个打开书籍的图标，如图5.16所示。

图5.16 双击打开需要编辑的文件

5.2.5 调整书籍文档的顺序

文件会有排列顺序作为书籍中页码编列的依据，当感觉排列顺序不妥时，可以自己根据需求调整。

在【书籍】面板中选中需要调整的文档，按住鼠标左键，将文件拖动到要调整的目的位置，调整完成后，释放松开鼠标即可，如图5.17所示。调整之后，文件的排列顺序会被修改，InDesign也会根据文件的排列顺序重新调整与编排页码，如图5.18所示。

图5.17 拖动文档

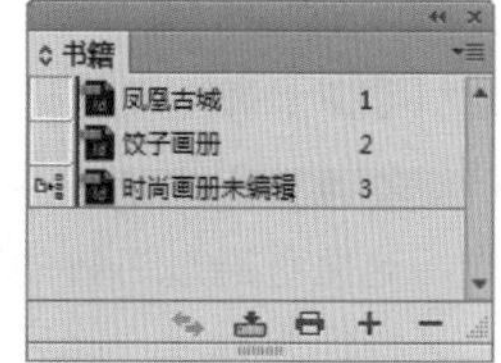

图5.18 页码重新编排

5.2.6 移去或替换缺失的书籍文档

书籍中文档文件是以链接方式存在的，可以随时通过书籍中所显示的状态图标来预览文件的相关状态。【书籍】控制面板中的相关状态图标说明如下。

- ●：表示链接的书籍已经被打开。
- ⚠：表示链接的书籍已经被修改，但是书籍中的文件没有更改。
- ❓：表示链接的书籍路径已经被修改或者文件被删除，导致文件缺失。

如果文件为未更新或缺失时，可以通过更新和重新链接的功能，将文件调整至正常链接状态。当有缺失的文件时，可执行下列操作之一：

- 执行【书籍】面板扩展菜单中的【文档信息】命令，单击【替换】按钮，替换文档。
- 执行【书籍】面板扩展菜单中的【替换文档】命令，打开【替换文档】窗口，在【查找范围】菜单中找到文件存放的文件夹，选择要替换文件文档的文档，然后单击【添加】按钮。即可替换原本显示缺失的文件，显示正常链接状态。
- 执行【书籍】面板扩展菜单中的【移去文档】命令，文档则会在书籍中被删除。

当有未更新文档时，在【书籍】中直接打开想要更换的文件，软件会自动将文件更新，且显示正常连接状态。

5.2.7 同步书籍文档

通过书籍同步的功能，能够将书籍中文件格式整合统一。默认情况下，书籍中的页码会根据文档文件中的页数及文件的排列顺序来依次编码。

❶ 同步书籍

在书籍当中的每个文档中有各式各样的格式，这里可通过书籍的同步功能，将其中某以一文件作为标准，此文件的格式就会被应用到其他文件中。

ID 1 在【书籍】面板中，单击要作为样式源的文档旁边的空白框，其中样式原图标会指示文档为样式源，如图5.19所示。如果没有选中任何文档，将会同步整个书籍。

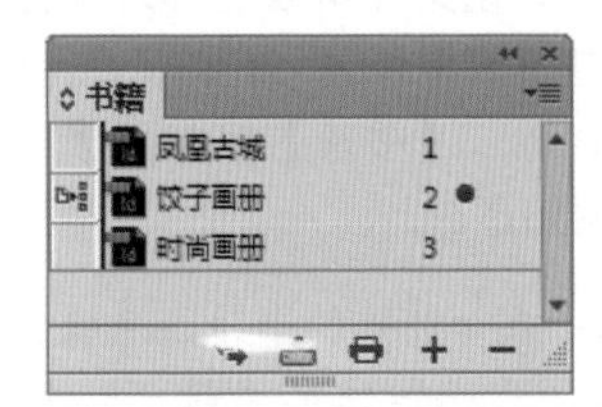

图5.19 选中的样式源

ID 2 单击【书籍】面板右侧的【扩展菜单】按钮，在弹出的菜单中选择【同步选项】命令，打开【同步选项】对话框，如图5.20所示。选择其中要从样式源复制到其他书籍文档中的样式和色板，单击【确定】按钮保存设置。

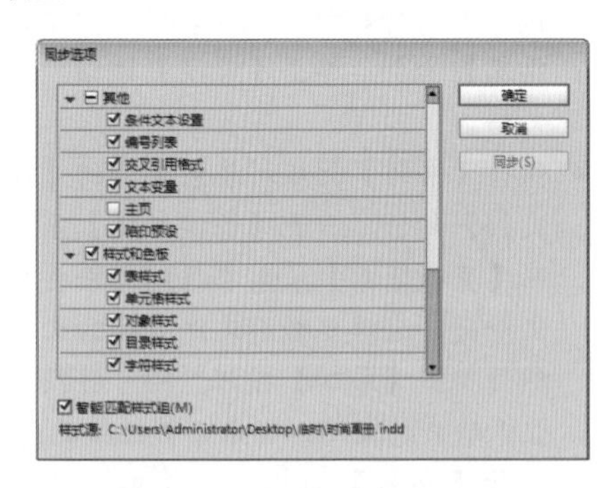

图5.20 【同步选项】对话框

ID 3 单击【书籍】面板右侧的【扩展菜单】按钮，在弹出的菜单中选择【同步书籍】或者【同步选中的文档】命令，或者单击【书籍】面板底部的【使用“样式源”同步样式和色板】按钮，打开【书籍“书籍.indb”】对话框，如图5.21所示，提示同步已完成，单击【确定】按钮即可。

图5.21 【书籍“书籍.indb”】对话框

❷ 编排书籍中的页码

书籍的页码会在添加文件时自动依照排列顺序续编完成。如果不想使用默认的页码，也可以自定义合适需求的页码格式，如页面顺序、编码模式、页码类型等。

ID 1 在【书籍】面板中选择要重新编码的文档，单击【书籍】面板右侧的【扩展菜单】按钮，在弹出的菜单中选择【文档编号】命令，也可以在【书籍】面板中双击该文档页码，打开【文档编号选项】对话框，如图5.22所示。

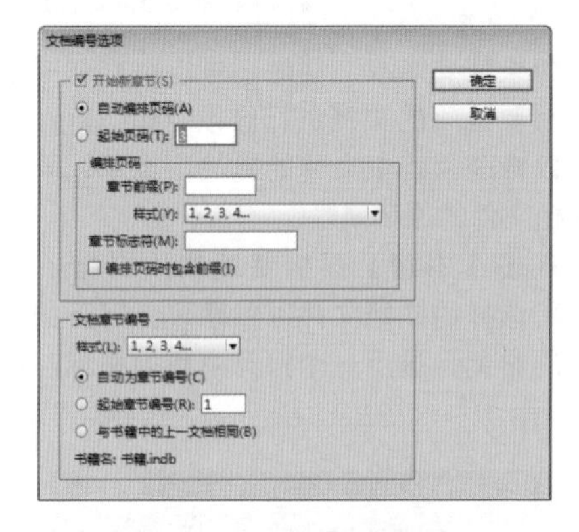

图5.22 【文档编号选项】

ID 2 这里可以设置需要的章节编号、样式、页码编号等内容，设置完成后单击【确定】按钮即可保存设置。

ID 3 在【书籍】面板中选中要重新编码的文档，单击【书籍】面板右侧的【扩展菜单】按钮，在弹出的快捷菜单中选择【书籍页码选项】命令，打开【书籍页码选项】对话框，如图5.23所示，选择要应用的编码模式与相关选项，之后再单击【确定】按钮即可保存设置。

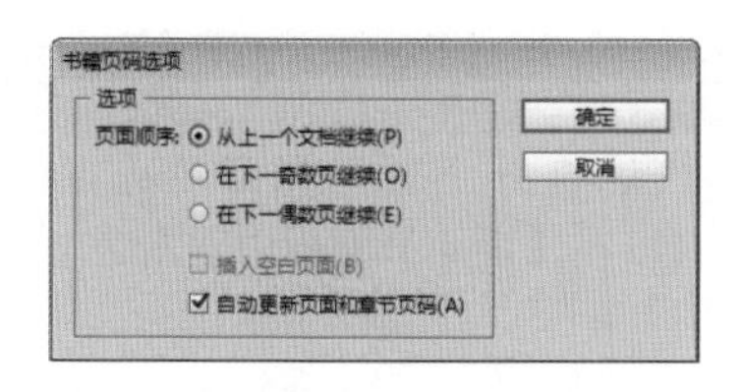

图5.23 【书籍页码选项】对话框

【书籍页码选项】对话框中主要选项含义说明如下。

- 从上一个文档继续：使书籍文档中的页码继续上一文档的页码。
- 在下一个奇数页继续：使书籍中的文档按奇数页起始来编码。
- 在下一个偶数页继续：使书籍中的文档按偶数页起始来编码。
- 插入空白页面：使空白页面添加到任意文档的结尾处，方便于后续文档必须起始于偶数页或奇数页。
- 自动更新页面和章节页码：在编入书籍的文档中移去或添加页面，那么页码就会重新进行编排。

设置完成后，所有选择的文件会依指定的格式重新编码，排列在该文档后方的文件也会跟着应用所设置的页码格式与模式重新编码。

5.3 创建与编辑页码和章节

在InDesign CC中，主页除了前面讲过的作用，还有一个重要的作用，就是用来创建与编辑页码。如果想将页码显示在基于某个主页的所有页面上，就需要在该主页上创建页码。对于一个文档或书籍要进行页码的编排，就需要应用主页来创建自动页码，因为只有在主页创建页码，普通文档中才会出现连续的页码，而且在普通页面中即使文档页面进行了编辑修改，也不会对页码造成影响。

视频讲座5-3：添加自动更新页码

案例分类：排版技法类
视频位置：配套光盘\movie\视频讲座5-3：添加自动更新页码.avi

在主页中设置页码后，默认情况下，文档的第1页为右页1，而且页码为奇数的页面显示的文档的右侧。如果想将第1页变成左手页，可以利用【页码和章节选项】命令将起始页改为偶数页，这样第1页即可变成左页。另外，添加的自动页码可以按照处理文本的方法设置页码标志符的格式和样式。添加自动更新页码的操作方法如下：

ID 1 切换主页页面为当前页面，在工具箱中选择文字工具，然后在左侧主页页面中按住鼠标拖动出一个文本框架，以设置页码文字，并确定文本框的位置为想要设置页码的位置。

ID 2 拖动绘制完文本框后，在文本框中会看到一个闪动的光标效果，表示插入点已经处于激活状态，然后选择【文字】|【插入特殊字符】|【标志符】|【当前页码】命令，即可在当前位置插入自动更新页码标志符“A”，如图5.24所示。

技巧

按Alt + Shift + Ctrl + N组合键，可以快速插入当前页码。

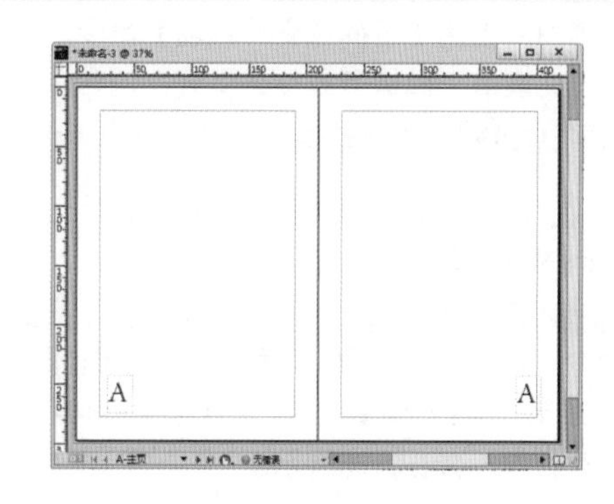

图5.24 添加自动页码效果

ID 3 复制右侧页码标志符。在工具箱中选择【选择工具】，按住Alt的同时拖动刚创建的左侧页码标志符到右主页中，即可用复制的方法快速制作出右侧的自动更新页码标志符。一般排版的页码左右页为对称效果，所以在复制时注意页面的对称性，在主页中创建自动页码标志符后，在普通页面中的相同位置将按起始页码顺序显示出页码效果，如图5.25所示。

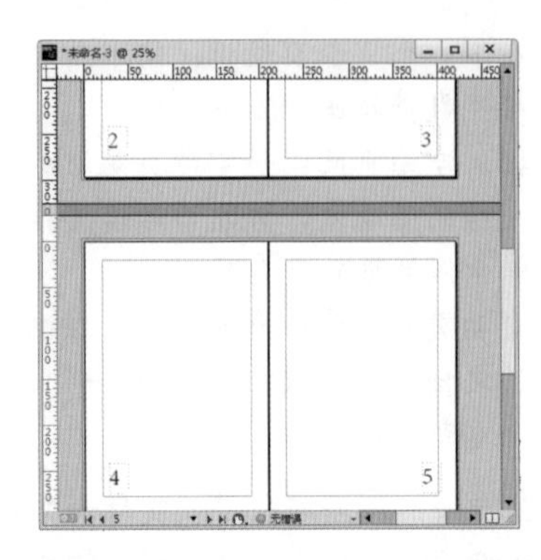

图5.25 普通页面显示的页码效果

提示

如果自动页码插入到普通页面中，自动页码将显示当前页面所处的页码数；如果将自动页码拖动到粘贴板上，将显示为“PB”。为了让读者看得更清楚，这里将页码的字号设置得比较大。

视频讲座5-4：重新定义起始页码

案例分类：排版技法类
视频位置：配套光盘\movie\视视频讲座5-4：重新定义起始页码.avi

默认情况下，文档页码是按照阿拉伯数字连续排列的，使用【页码和章节选项】命令，可以重新定义章节页码编号或编号样式。例如，让页码从第5页开始，具体的操作方法如下：

ID 1 在【页面】面板中选择要重新定义章节页码的第1页。

ID 2 选择【版面】|【页码和章节选项】菜单命令，或者在【页面】面板菜单中选择【页码和章节选项】命令，打开【页码和章节选项】对话框，如图5.26所示。

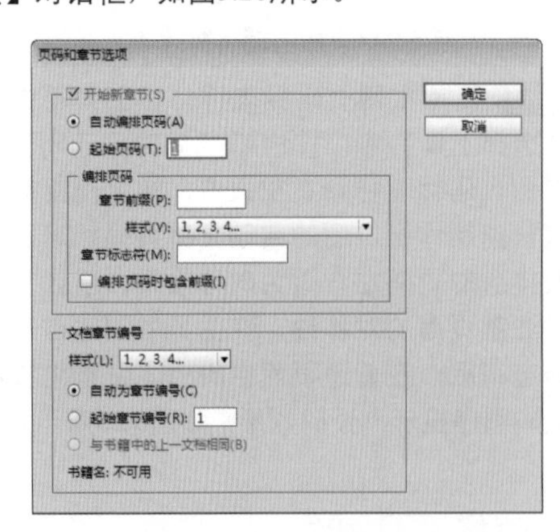

图5.26 【页码和章节选项】对话框

提示

如果想快速打开【页码和章节选项】对话框，还可以在【页面】面板中双击章节指示符图标。

【页码和章节选项】对话框中各选项的含义说明如下。

- 【开始新章节】：利用该项可以重新指定章节页码，也可以恢复章节页码。
- 【自动编排页码】：选中该单选按钮，当前页码将自动跟随前面的页码顺序排列，当在它前面添加页面时，页码将自动更新。
- 【起始页码】：指定文档独立开始的页码，如果某个章节想独立于其他章节进行编排，可以输入该章节的起始页，其他章节会自动编排。

提示

如果当前的页码不是阿拉伯数字，在该文本框中仍要输入阿拉伯数字。

- 【章节前缀】：为章节设置一个标志。前缀的长度最多为8个字符，如“A-”等字符。
- 【样式】：指定页码的样式。从右侧的下拉菜单中，可以选择如阿拉伯数字、罗马字符、英文大小写字母等。该样式仅应用于本章节中的所有页面。
- 【章节标志符】：指定一个章节标志符。该标志符将显示在应用【文字】|【插入特殊字符】|【标志符】|【章节标志符】命令时章节标志符的位置。
- 【编排页码时包含前缀】：勾选该复选框，将在打印页面时显示前缀；如果不勾选该复选框，将在打印页面时隐藏该前缀。
- 【（文档章节编号）样式】：指定章节编号的样式。从右侧的下拉菜单中，可以选择如阿拉伯数字、罗马字符、英文大小写字母等。该样式可应用于整个文档页面中。
- 【自动为章节编号】：如果选中该单选按钮，系统将自动为章节进行编号。如果不想按照顺序编号，可以选中【起始

章节编号】单选按钮，并可以重新指定新的章节起始编号。

- 【与书籍中的上一文档相同】：选中该单选按钮，可以将当前书籍的章节编号与书籍中上一文档保持一致。

ID 3 设置新的起始页码。在【页码和章节选项】对话框中选中【起始页码】单选按钮，并在右侧的文本框中输入5，表示页码从第5页开始，如图5.27所示。

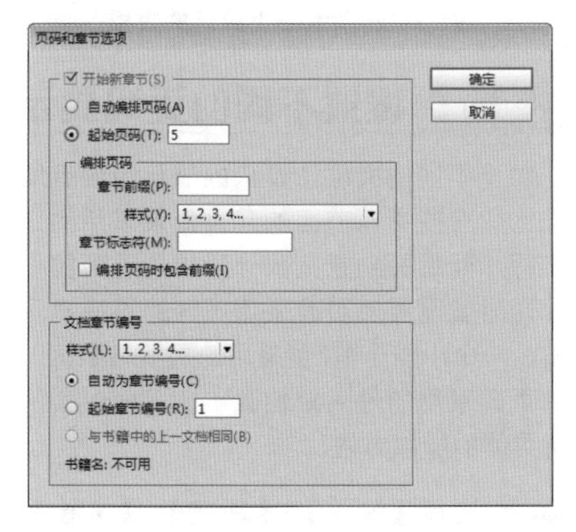

图5.27 起始页码设置

ID 4 参数设置完成后，单击【确定】按钮。在【页面】面板中，可以看到页面页码变化的效果，如图5.28所示。

提示

在【页面】面板中，页码视图可以根据需要进行调整，选择【编辑】|【首选项】|【常规】命令，打开【首选项】对话框，在页码【视图】中，可以选择【绝对页码】和【章节页码】。【绝对页码】表示在【页码和章节选项】对话框中设置页码为何种样式，在【页面】面板中页码的标识都从第1页开始显示连续的阿拉伯数字；【章节页码】表示在【页码和章节选项】对话框中设置页码为何种样式，都会直观地在【页面】面板中显示出来。比如上面的例子，如果使用的是【绝对页码】，则在【页面】面板中不会有任何变化，但页面中的实际页数会有变化。

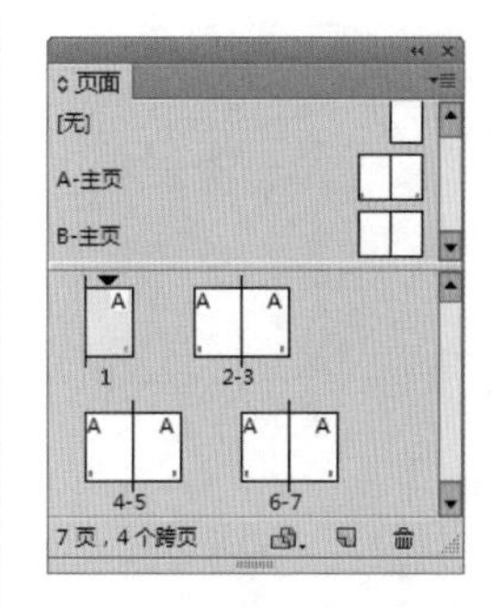

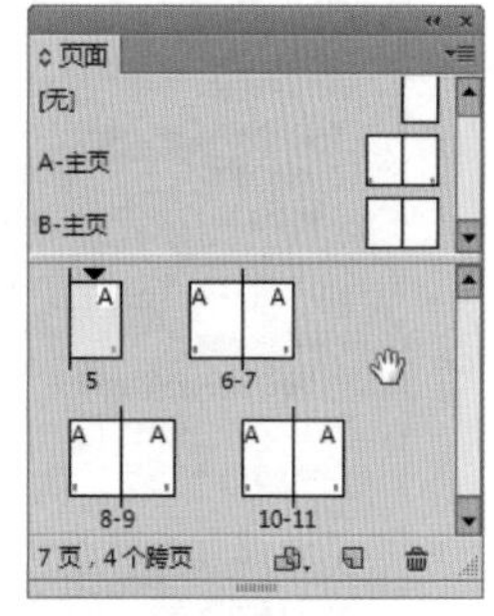

图5.28 重新定义章节页码前后效果

5.3.1 新建章节页码

页码在默认情况下使用阿拉伯数字，并且页码从第一个页面为页码1开始连续编号的。可以通过【页码和章节选项】命令修改页码样式，如罗马字符、汉字数字、英文字母等，也可以重新指定页码和章节的编号及前缀。例如，书籍前面有3页目录，要将第4页设置为新的起始页面，可以按下面的步骤进行操作：

ID 1 在【页面】面板中选择目标页第4页，以确定要起始的页面，如图5.29所示。

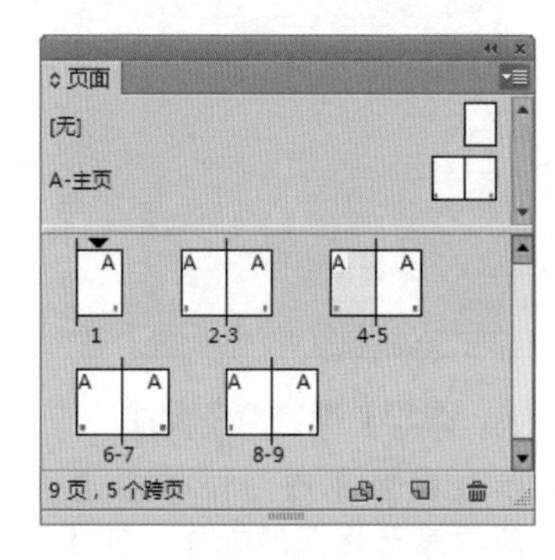

图5.29 选择目标页第4页

ID 2 选择【版面】|【页码和章节选项】命令，或者在【页面】面板菜单中选择【页码和章节选项】命令，打开【新建章节】对话框，如图5.30所示。

提示

使用【页码和章节选项】命令，打开的对话框名称取决于当前选择的页面，如果选择的是第1页，该对话框的名称为【新建章节】；如果选择的是其他页面，该对话框的名称为【页码和章节选项】。

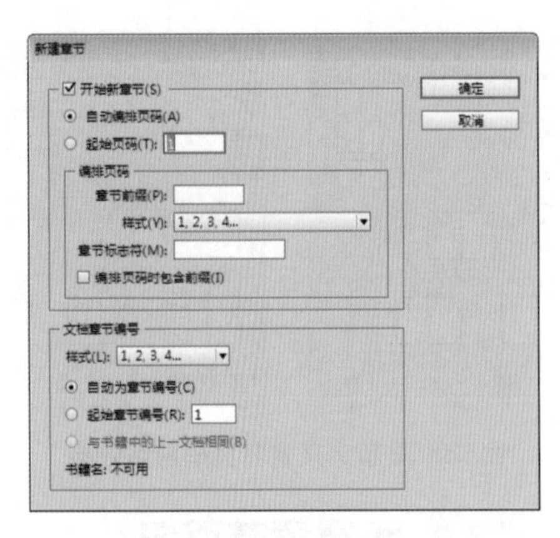

图5.30 【新建章节】对话框

ID 3 在【新建章节】对话框中选中【起始页码】单选按钮，并在右侧的文本框中输入1，设置当前页面第4页为新的起始页，为了区分页码，在页码【样式】下拉菜单中选择罗马字符作为新页码标志，如图5.31所示。

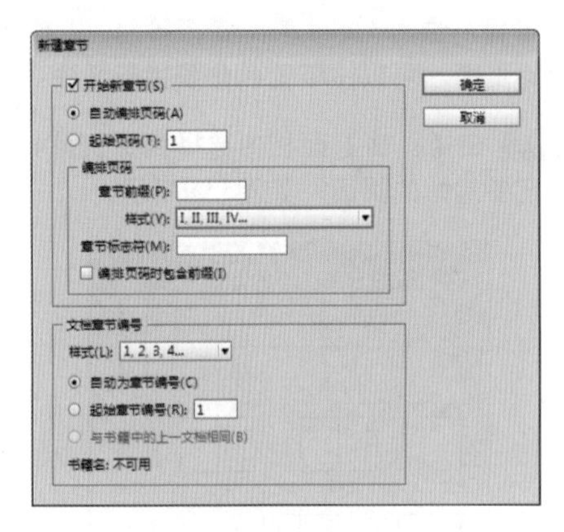

图5.31 新建章节设置

ID 4 参数设置完成后，单击【确定】按钮，完成新建章节页码的操作，在【页面】面板中，可以看到章节指示符图标显示在第4页页面图标上方，表示新章节的开始。完成前与完成后的【页面】面板中页码的显示效果分别如图5.32、图5.33所示。

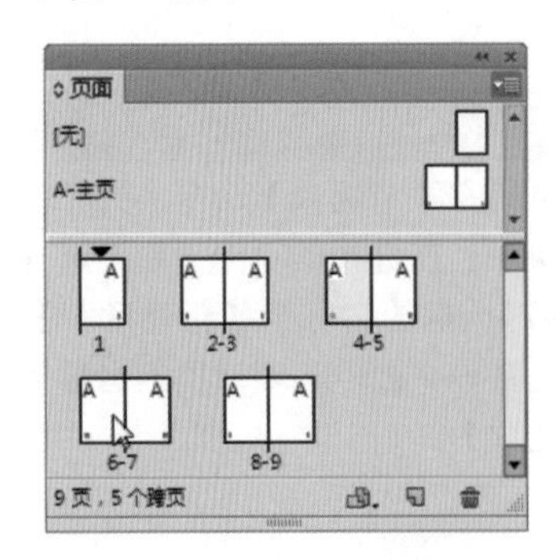

图5.32 选择目标页面第4页

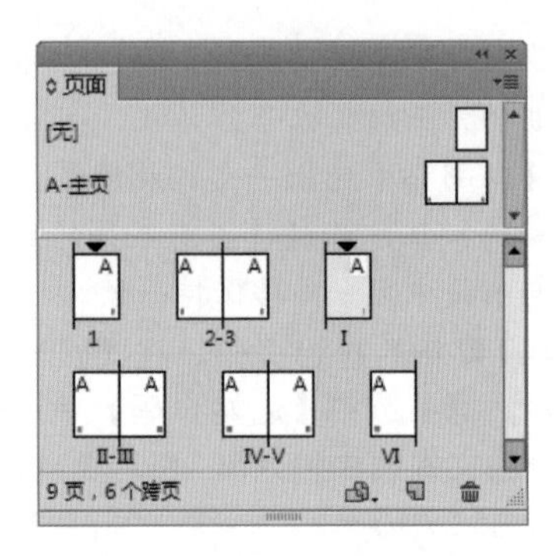

图5.33 新建章节页码后的效果

5.3.2 设置不同的页码显示

对于不同的文档，页码的显示也会有所不同，比如有些书籍前面的几页目录采用的是罗马字符，而后面的正文部分采用的是阿拉伯数字，这时就需要对页面采用不同的页码显示。例如，一个小册子前8页采用的是罗马字符，后面的页码采用的是阿拉伯数字，下面以实例来讲解具体的操作方法。

ID 1 选择【文件】|【新建】|【文档】命令，或者按Ctrl + N组合键，打开【新建文档】对话框，设置【页数】为17，其他选项设置如图5.34所示。

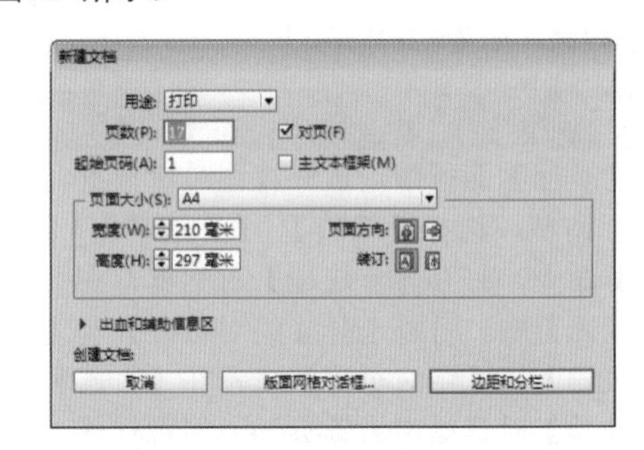

图5.34 【新建文档】对话框

ID 2 在【新建文档】对话框中单击【边距和分栏】按钮，打开【新建边距和分栏】对话框，如图5.35所示，不进行任何参数的改变，直接单击【确定】按钮，完成文档的创建。

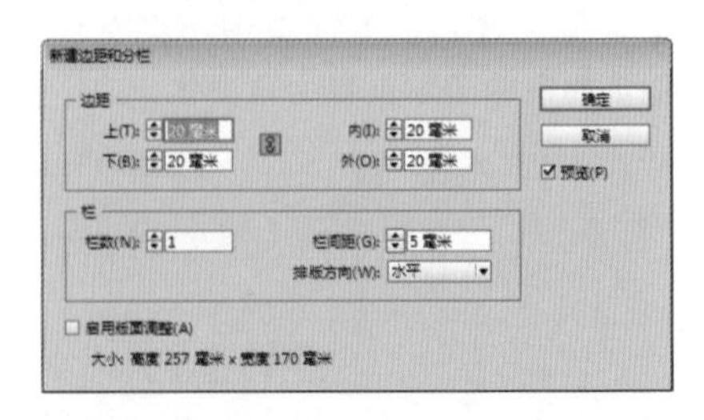

图5.35 【新建边距和分栏】对话框

ID 3 打开【页面】面板，然后在该面板中单击选择第9页，如图5.36所示，以设置第9页为新建页码的开始页。

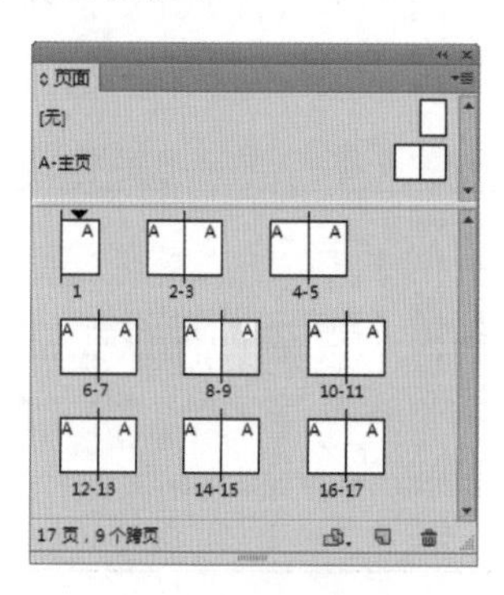

图5.36 单击选择第9页

ID 4 选择【版面】|【页码和章节选项】命令，打开【新建章节】对话框，选中【起始页码】单选按钮，并在右侧的文本框中输入1，以设置第8页为新页码的开始页，如图5.37所示。

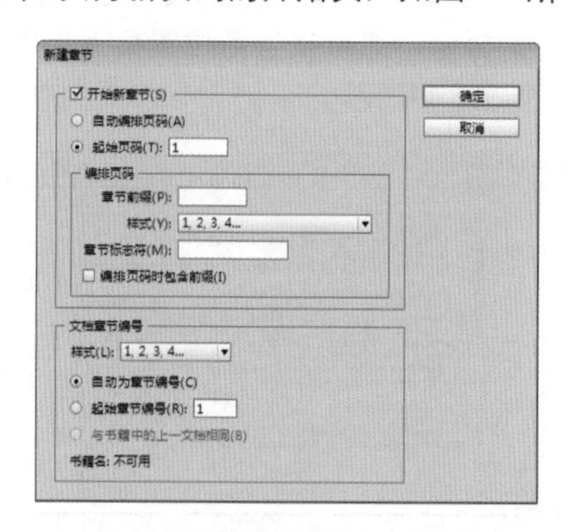

图5.37 【新建章节】对话框

ID 5 参数设置完成后，单击【确定】按钮，在【页面】面板中可以看到第9页变成了新章节的起始页面第1页，并在该页面图标的上方出现一个章节指示符图标，如图5.38所示。

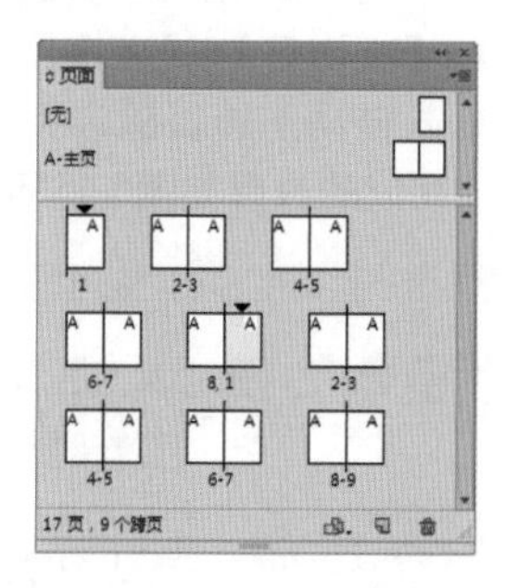

图5.38 修改起始页码后的效果

ID 6 修改前面8页的页码显示为大写英文字母。选择前面8页的第1页，然后双击第1页上方章节指示符图标，打开【页码和章节选项】对话框，在【编排页码】选项组中设置页码的样式为大写英文字母，如图5.39所示。

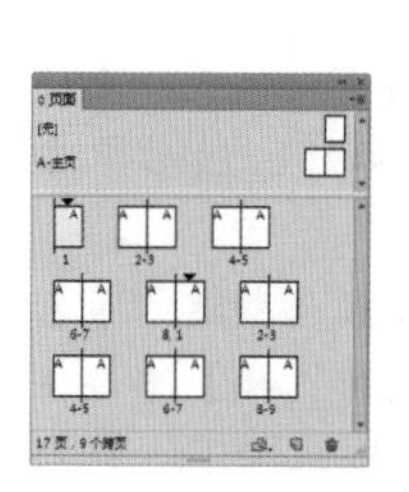

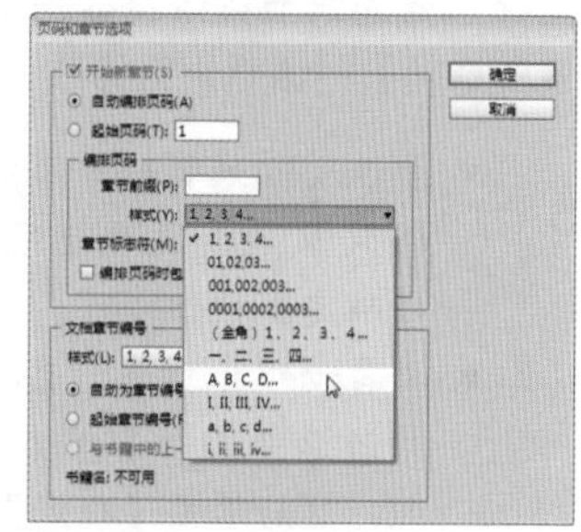

图5.39 设置页码的样式为罗马字符

ID 7 设置完成后，单击【确定】按钮，完成页码的显示修改，修改后的效果如图5.40所示。

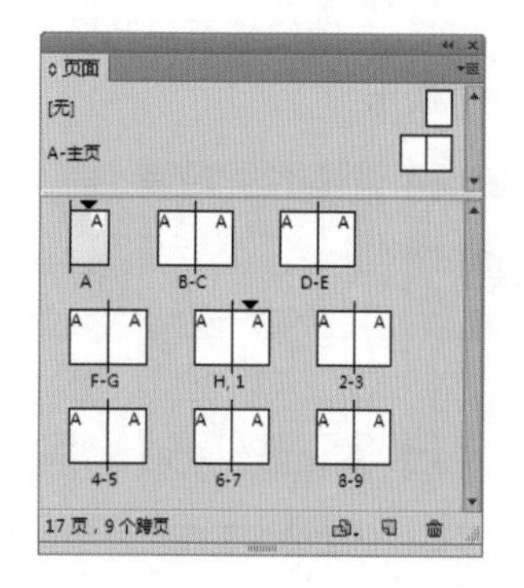

图5.40 页码显示修改后的效果

ID 8 在主页中为文档设置自动页码，然后在普通页面中可以看到新设置的页码前8页和后面页码显示的不同效果，其中第8页与阿拉伯数字显示第1页的页码显示效果如图5.41所示。

图5.41 不同页码显示效果

5.3.3 编辑和移除章节页码

对于已经设置好的章节页码，还可以通过【页码和章节选项】对话框对其进行修改编辑，也可以移除章节。选择带有章节指示符图标的页面，然后选择【版面】|【页码和章节

选项】命令，或者在【页面】面板菜单中选择【页码和章节选项】命令，或者直接双击页面图标上方的章节指示符图标，打开【页码和章节选项】对话框进行修改。

- 要改变起始页码章节编号或样式，直接修改章节或页码选项参数，然后单击【确定】按钮即可。
- 要自动编排页码，直接在【新建章节】对话框中选中【自动编排页码】单选按钮，然后单击【确定】按钮即可。
- 要顺序重排页码，在【新建章节】对话框中取消勾选【开始新章节】复选框，然后单击【确定】按钮即可。

原始页码、自动编排页码和顺序重排页码效果如图5.42所示。

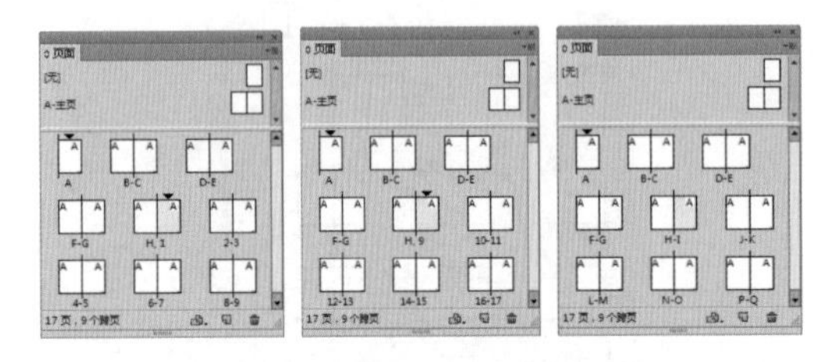

图5.42 原始页码、自动编排页码和顺序重排页码效果

视频讲座5-5：创建文章跳转自动页码

案例分类：排版技法类

视频位置：配套光盘\movie\视频讲座5-5：创建文章跳转自动页码.avi

在排版过程中，如果一篇文章因为版面原因不能在一页中放完，这时就需要为文档创建跳转页码，如“下转**页”或“上接**页”。利用InDesign CC可以轻松创建和编辑文章跳转，当页码发生变化或跳转文本框移动到其他位置时，创建的跳转页码都能正确显示。具体的创建方法如下：

ID 1 选择工具箱中的【文字工具】，然后在需要创建跳转的文字末尾单击拖动绘制一个能够放置文字大小的文本框。

ID 2 选择工具箱中的【选择工具】，然后移动文本框到合适的位置，并单击【文本绕排】面板中的【沿定界框绕排】按钮，将文本框与文字进行绕排处理。

ID 3 选择工具箱中的文字工具或直接双击文本框，激活输入状态，然后在文本框中输入文字，如“下转第页”，如图5.43所示。

提示

如果当前没有打开【文本绕排】面板，可以选择【窗口】|【文本绕排】命令，打开【文本绕排】面板。

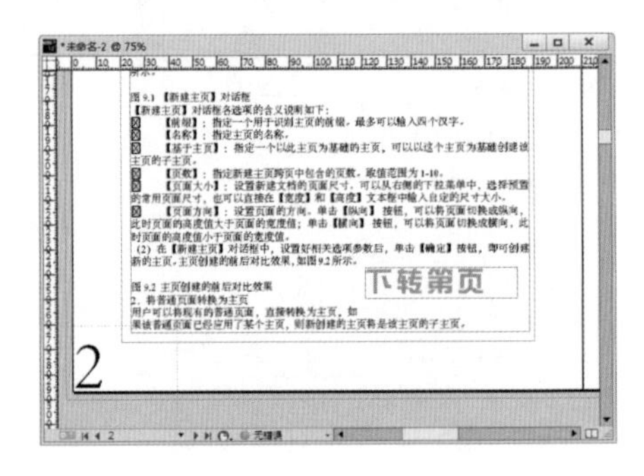

图5.43 输入文字效果

ID 4 输入文字后，将在“第”和“页”中间单击，确定光标插入点的位置，然后选择【文字】|【插入特殊字符】|【标志符】|【下转页码】命令，即可在当前位置插入自动下转页码，如图5.44所示。

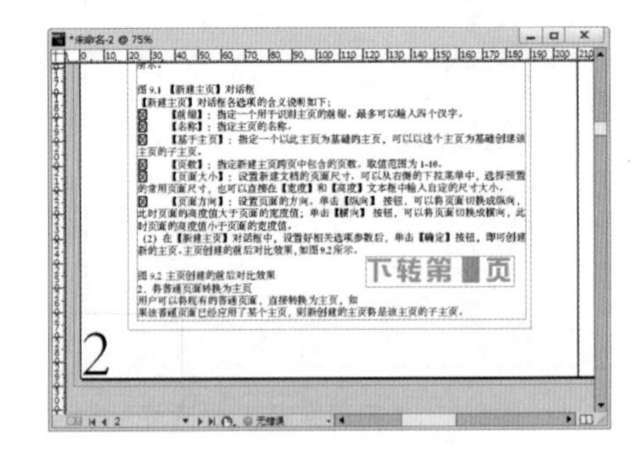

图5.44 插入下转页码效果

ID 5 按照前面步骤1~3的操作在下一页创建文本框，并输入“上接第页”文字。将光标定位在“第”和“页”中间，选择【文字】|【插入特殊字符】|【标志符】|【上接页码】命令，在当前位置插入自动上转页码，完成跳转自动页码的设置，完成的效果如图5.45所示。

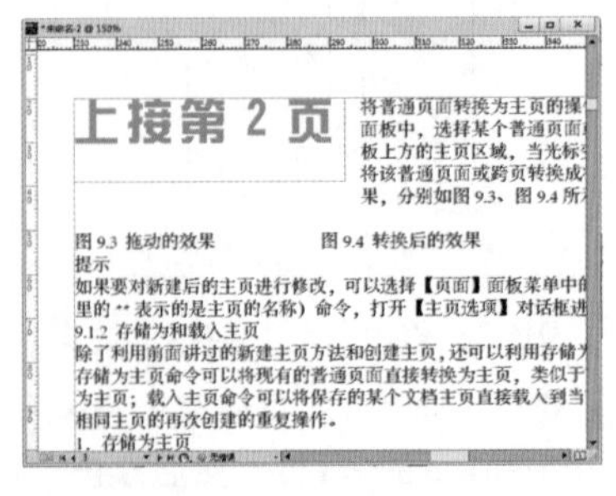

图5.45 上接页码的创建效果

5.4 使用索引

可以针对书中信息创建简单的关键字索引或综合性详细指南，只能为文档或主机创建一个索引，要创建索引，需要将索引标识符置于文本中，将每个索引标志符与要显示在索引中的单词建立关联。

生成索引时，会列出每个主题及主题位于哪个页面，主题一般在分类标题下按字母顺序排列。其中每个索引条目包含一个主题（即要查找的词条）在加上一个页面引用（页码或页面范围）或交叉引用。交叉引用将读者指引大屏索引中的其他条目，而不是某一页。

视频讲座5-6：索引的创建

案例分类：排版技法类

视频位置：配套光盘\movie\视频讲座5-6：索引的创建.avi

索引条目是由主题和引用两部分组成。当处于【引用】模式时，预览区域显示当前文档或书籍的完整索引条目。当处于【主题】模式时，预览区域只显示主题，而不显示页码或交叉引用。【主题】模式主要用于创建索引结构，而【引用】模式则用于添加索引条目。

① 为索引创建主题列表

ID 1 选择【窗口】|【文字和表】|【索引】命令，打开【索引】面板，如图5.46所示。

ID 2 选中【索引】面板中【主题】单选按钮，之后单击面板底部的【创建新索引条目】按钮，打开【新建主题】对话框，如图5.47所示。

图5.46 【索引】面板

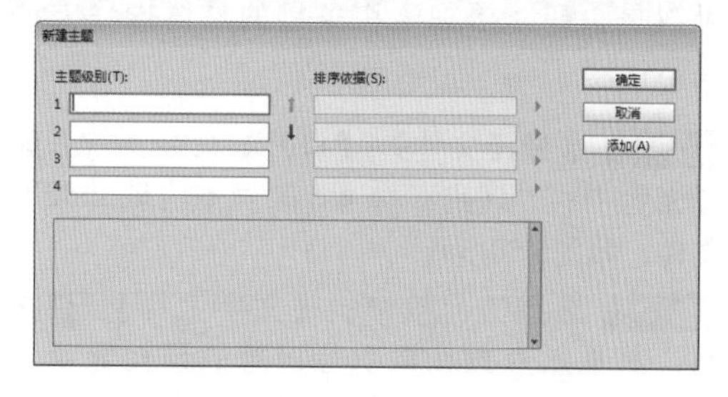

图5.47 【新建主题】对话框

ID 3 执行以下操作之一：

- 在【主题级别】下的第一个框中输入主题名称。如果想要创建副主题，那么就在第二个框中输入名称。以此类推，要在副主题下创建主题，可在第三个框中输入名称。
- 选中一个现有的主题，依次在第二、第三和第四个框中输入副主题。

ID 4 单击【添加】按钮添加主题，主题将会显示在【新建主题】对话框和【索引】面板中，如图5.48所示。

ID 5 主题添加完成后，单击【确定】按钮。单击【索引】面板右侧的三角图标，可以将折叠隐藏的项目展开查看列表，如图5.49所示。

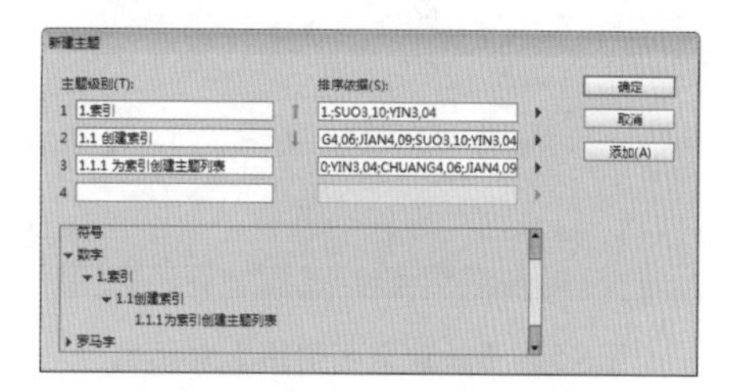

图5.48 【新建主题】对话框

图5.49 【索引】面板

② 添加索引条目

索引可以是对其他主体的交叉引用，也可以是页码。添加索引条目的具体操作方法如下：

ID 1 选择【文件】|【打开】命令，打开配套光盘中的“调用素材/第5章/凤凰古城.indd”文件，如图5.50所示。

ID 2 选择工具箱中的【文字工具】T按钮，将插入点放在索引标识符的预期显示位置，或者在文档中选择索引引用所给予的文本，如图5.51所示。

图5.50 打开文档

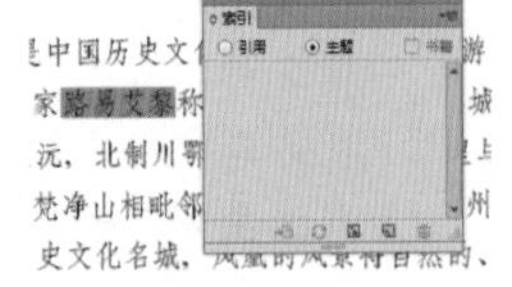

图5.51 选中索引对象

ID 3 选择【窗口】|【文字和表】|【索引】命令，打开【索引】面板。单击【索引】面板中的【引用】按钮，然后单击面板底部的【创建新索引条目】按钮，打开【新建页面引用】对话框，如图5.52所示。

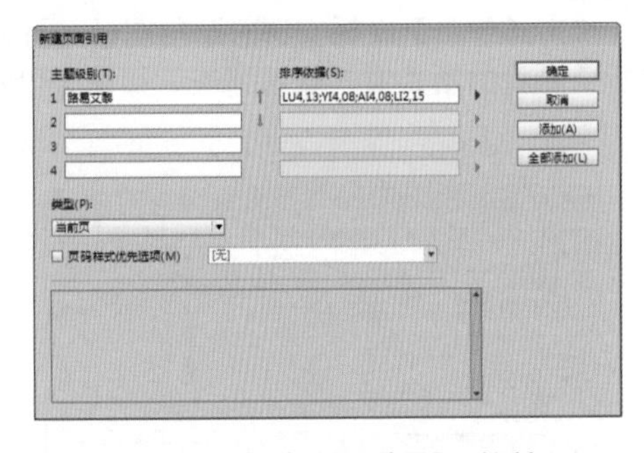

图5.52 【新建页面引用】对话框

ID 4 执行以下任意操作可向【主题级别】文本框中添加文本：

- 想要创建简单的索引条目，在第一个【主题级别】文本中输入此条目。
- 想要创建条目和子条目，在第一个【主题级别】文本框中输入上一级别名称，并在之后的文本框中输入子条目。这里可以单击向上和向下的箭头来更改位于选定项目之上和之下的项目位置。

ID 5 如果想要替换【主题级别】所列文本的排列顺序，可以在相邻的【排序依据】文本框中输入作为排序基础的文本。

ID 6 在【新建页面】对话框中，【类型】下拉菜单为指定索引条目的类型，如图5.53所示。

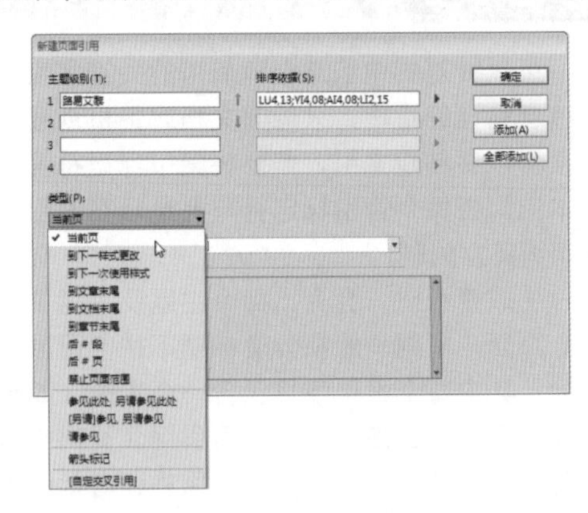

图5.53 选择索引类型

其中各主要选项的主要含义如下：

- 【当前页】选项：指页面范围不扩展到当前页面之外。
- 【到下一样式更改】选项：指页面范围从索引标志符到段落样式的下一更改处。
- 【到下一次使用样式】选项：指页面范围从索引标志符到制定与【邻近段落样式】弹出菜单的段落样式的下一个实例所出现的页面。
- 【到文章末尾】选项：指页面范围从索引标志符到包含文本的文本框架当前串接的结尾。
- 【到文档末尾】选项：指页面范围从索引标志符到文档结尾。
- 【到章节末尾】选项：指页面范围从索引标志符到【页面】面板中所定义的当前章节的结尾。
- 【后#段】选项：指页面范围从索引标志符到【邻近】框中所制定的段落的结尾。或者是到现有的所有段落的结尾。
- 【后#页】选项：指页面范围从索引标志符到【邻近】框中所制定的页数和结尾，或者是到现有地所有页面的结尾。
- 【禁止页面范围】选项：指关闭页面范围。

ID 7 如果想要强调特定的索引条目，勾选【页码样多优先选项】复选框，然后在后面的下拉菜单中指定字符样式。

ID 8 执行以下操作之一，可以在索引中添加条目：

- 单击【添加】按钮添加当前条目，要保持对话框的打开状态以便添加其他条目。
- 单击【确定】按钮添加索引条目，对话框会关闭。

提示

如果单击【添加】按钮后再单击【取消】按钮，刚添加的条目不会被移去。可以选择【编辑】|【还原新建页面引用】命令来移去条目。

ID 9 单击【确定】按钮来添加索引条目及页面中的标志符，如图5.54所示。

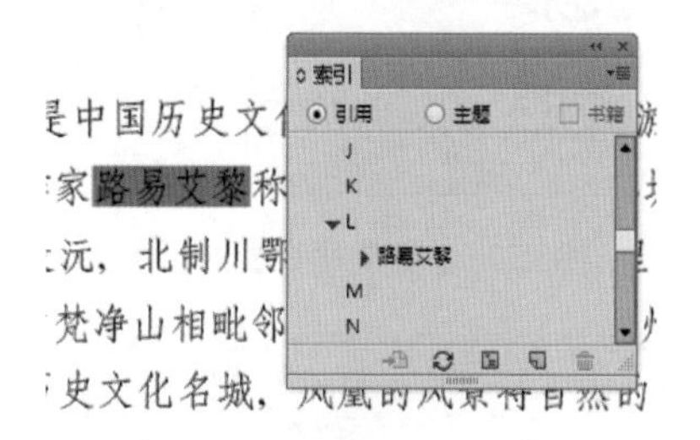

图5.54 添加条目后效果

5.4.1 索引的生成

当添加完成索引条目后，就可以生成索引文章。

索引文章既可以显示为独立文档也可以显示为现有文档。在生成索引文章时，软件会汇集索引条目并更新整篇文档或整部书籍页码，当添加或删除索引条目或对文档重新分页时，需要重新生成索引更新其内容。

ID 1 执行以下操作之一：

- 为单篇文档创建索引，需要在文档末尾添加新页面。
- 为书籍中的多篇文档创建索引，需要创建或打开索引设计文档，确保其包含在书籍中。

ID 2 单击【索引】面板右侧的【扩展菜单】按钮，在弹出的菜单中选择【生成索引】命令，打开【生成索引】对话框，如图5.55所示。

图5.55 【生成索引】对话框

【生成索引】对话框中主要选项含义如下。

- 【标题】文本框：设置显示在索引顶部的文本。
- 【标题样式】下拉列表：选择下拉列表中的样式来确定标题格式。
- 【替换现有索引】复选框：更新现有索引，如果没有生成索引，选项为灰色。
- 【包含书籍文档】复选框：为当前书籍列表中的所有文档创建一个索引，重新编排书籍的页码。如果只为当前文档生成索引，那么可以取消此选项。
- 【包含隐藏图层上的条目】复选框：选中该复选框，可以将隐藏图层上的索引标志符包含在索引中。

ID 3 完成设置之后，单击【确定】按钮，当没有选择【替换现有索引】复选框的时候，将显示载入的文本图标，比如像放置任何其他文本那样放置索引文章，之后根据需求装饰。

5.4.2 查找索引条目

单击【索引】面板右侧的【扩展菜单】按钮，在弹出的菜单中选择【显示查找栏】命令，即可在【索引】面板中显示查找栏，如图5.56所示。

图5.56 显示查找栏

可在【查找】文本框中输入要定位的条目名称，然后单击向上或向下箭头来进行查找。

5.5 使用目录

在创建目录的过程中需要三个步骤：首先要创建并应用要用做目录基础的段落样式；其次指定要在目录中使用哪些样式及如何设置目录的格式，最后将目录排入文档中。

5.5.1 目录

创建目录条目后，目录条目便会自动添加到【书签】面板中，以便在到处为Adobe PDF的文档中使用。

在设计目录时需要考虑以下事项：

- 有些目录是根据实际出版文档中并不出现的内容（如消费者的客户名单）创建的。在InDesign中操作的时候，需要先在隐藏图层上输入内容，之后在生成目录时将该内容包含在其中。
- 可以在其他文档或书籍中载入目录样式，来构建相同设置和格式的新目录。（要是文档中的段落样式名称与源文档中的段落样式名称不匹配，则可能需要编辑导入的目录样式。）
- 可以根据需要为目录的标题和条目创建段落样式，包括制表位和前导符。在之后就可以在生成目录时应用这些段落样式。
- 可以通过创建适当的字符样式、控制页码及将页码和条目区分开来的字符的格。例如，如果以带下划线字体来显示页码，则应该创建包含下划线字体属性的字符样式，之后在创建目录时在选择该字符样式。

5.5.2 格式化目录

使用目录样式可以方便地设置目录包含哪些段落样式标记内容及设置标题、条目和页码的显示格式。能够为文档或书籍中包含的不同目录创建唯一的目录样式。在创建目录样式前，需要确定目录中包含哪些段落样式标记内容，还需定义设置目录文章格式时使用所有段落或文字样式。

❶ 创建目录样式

选择【版面】|【目录样式】命令，打开【目录样式】对话框，如图5.57所示，单击【新建】按钮，打开【新建目录样式】对话框，如图5.58所示。单击【更多选项】按钮，切换到多选项状态。设置完成后单击【确定】按钮即可创建目录样式。

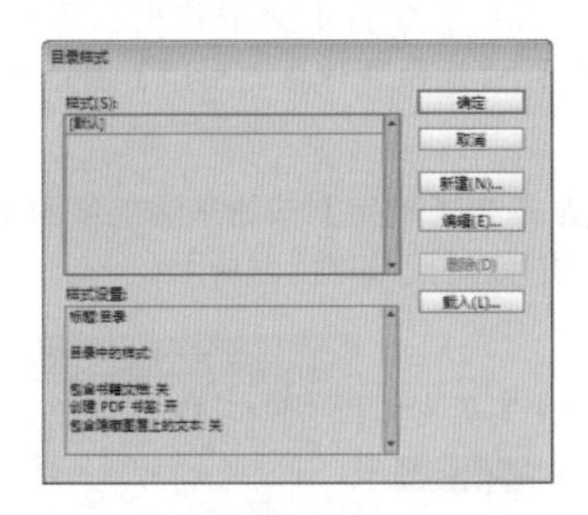

图5.57 【目录样式】对话框

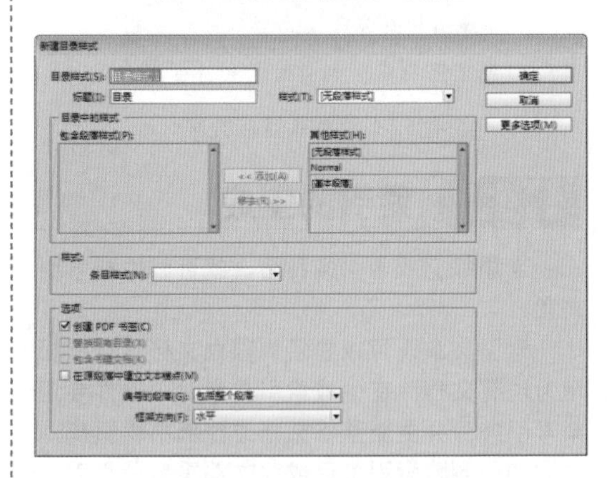

图5.58 【新建目录样式】对话框

【新建目录样式】对话框中各主要含义如下：

- 【目录样式文】文本框：设置创建新目录样式的名称。
- 【标题】文本框：设置目录标题（如目录或插图列表）。然后在【样式】菜单中选择一个样式以制定应用于标题的样式。
- 【其他样式】列表：选择与目录中所含内容相符的段落样式，然后单击【添加】按钮，将其添加到【包含段落样式】列表中。如果要移去添加的段落样式，则选中要删除的段落样式，然后单击【移去】按钮。

- 【条目样式】下拉列表：选中一个段落样式，以便对以上【包含段落样式】中每个样式关联的目录设置格式。如果【包含段落样式】中有一个以上的样式，那么每个样式指定一个【条目样式】。
- 【创建PDF书签】选项：将目录包含在【书签】面板中。
- 【包含书籍文档】选项：可以为书籍列表中的所有文档创建一个目录，然后重编该书的页码，如果只想为当前文档生成目录，则可以取消选择此选项。

❷ 从其他文档中导入目录样式

选择【版面】|【目录样式】命令，打开【目录样式】对话框，单击【载入】按钮，即可打开【打开文件】对话框，选择要包含复制的目录样式的InDesign文档，单击【打开】按钮，文档便可载入，单击【确定】按钮即可新建目录样式。

5.5.3 创建目录

在创建目录的时候需要做好以下几方面的准备工作：

- 在创建目录之前，要验证书籍列表是否完整、所有文档是按否正确顺序排列、所有标题是否以正确的段落样式统一格式。
- 要确保在书籍中使用一致的段落样式。避免使用不同定义但名称相同的样式创建文档。一旦有多个不同定义但名称相同的样式，InDesign则会使用当前文档中的样式定义（如果存在的话）。或者是书籍中的第一个样式。
- 当【目录】对话框的弹出菜单中未显示必要的样式，则可能需要对书籍进行同步，以便将样式复制到包含目录的文档中。
- 如果希望目录中显示页码前缀（如2-2、2-4等），可使用节编号，而不要使用章编号。节号前缀可以包含在目录中。

InDesign的目录创建功能既简单又实用，不管是单一文件还是书籍文件，只要先将文件中的标题样式设置完成，就可以通过InDesign目录创建成功，轻松地管理完成的目录项目。具体操作方法如下：

ID 1 选择【版面】|【目录】命令，打开【目录】对话框。在对话框中选择要应用的目录样式并设置目录标题，如果对预定义的目录样式不满意，可以在此对话框中更改选项。

ID 2 设置完成后单击【确定】按钮，便出现载入的文本图标，在页面中合适的位置单击，即可看到生成的目录。系统就会依照设置的样式自动应用文件中设置的样式属性，并在指定的位置中建立目录，之后可根据需要稍作调整。

5.5.4 更新目录

目录相当于文档内容的缩影，如果文档中的页码发生变化，或者对标题或与目录条目相关的其他元素进行更改时，则需要重新生成目录以便进行更新。选择【版面】|【更新目录】命令即可更新。

提示

当遇到以下情况时，使用【更新目录】不起作用，可以根据需要直接更改相关的内容。

- 更改目录条目，编辑所涉及的单篇文档或编入书籍的多篇文档，而不是编辑目录文章本身。
- 要更改用于目录标题、条目、页码的格式，可以编辑与这些元素相关联的段落和字符样式。
- 要更改页面的编号样式（如01,02,03…或者A，B，C…），可以更改文档或书籍中的页码章节。
- 如果想要执行新标题在目录中使用其他段落样式，或者对目录条目的样式进行进一步设置，可以编辑目录样式。

5.6 交互文档

交互文档即带有交互式链接的文档，将InDesign文档导出为Flash或PDF格式，并根据需要添加链接或导航按钮或过渡效果的文档，以此来创建交互文档。

5.6.1 创建书签

书签包含代表性文本的链接，可以更容易地导出Adobe PDF文档导航。创建的书签将会显示在Acrobat或Adobe窗口左侧的【书签】面板中，各个书签都能跳转到文档中的某一页、图形或文本。

目录中生成的条目可自动添加到【书签】面板中，也可以使用书签进一步自定义文档，来引导读者的注意力或使导航更容易。

① 创建一个书签

可以通过添加书签来引导注意力，在要返回的文档中标记一个位置或转到文档中的某个位置。操作方法如下：

ID 1 选择【窗口】|【交互】|【书签】命令，打开如图5.59所示的【书签】面板。

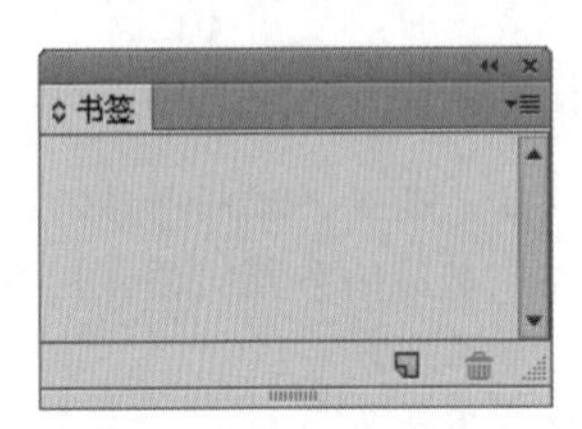

图5.59 【书签】面板

ID 2 选择要将新书签置于其下的书签，当不选择书签的时候，新书签将自动添加到列表末尾。

ID 3 执行以下操作之一来指定书签跳转的位置：

- 在文本中单击以置入一个插入点。
- 选择文本（默认情况下，选择的文本将成为书签标签。）
- 选择工具箱中的【选择工具】，选择一个图形。
- 在【页面】面板中双击某个页面以在文档窗口中查看。

ID 4 创建书签可以执行以下操作之一：

- 单击【书签】面板底部的【创建新书签】按钮，系统则会新建一个未命名的书签，可以根据需要输入名称。本实例中选中图片，所以新建书签命名为【图片书签】，如果双击图片，页面会跳转到之前选中的【图片书签】，如图5.60所示。

图5.60 创建书签

- 单击【书签】面板右侧的【扩展菜单】按钮，在弹出的菜单中选择【新建书签】命令，即可创建新书签。

提示

当更新目录时，书签会重新排序，从目录生成的所有书签均会显示在列表末尾。

② 管理书签

【书籍】面板可以对书签进行重命名、删除和排列书签。

- 重命名书签：单击选中【书签】面板中要修改名字的书签，然后在扩展菜单中选择【重命名书签】命令。
- 删除书签：单击选中【书签】面板中要删除的书签，然后在扩展菜单中选择【删除书签】命令。

③ 排列书签

书签可以嵌套列表来方便显示主题之间的关系。嵌套会创建父级/子级关系。可以根据需要来展开或折叠层次结构表。在更改书签的顺序或嵌套顺序时并不影响实际文档的外观。可执行以下操作之一：

- 单击书签旁边的三角形，可以展开或折叠书签层次结构，显示或隐藏它所包含的任何子级书签，如图5.61所示。
- 选择要嵌套的书签或书签范围，然后将图标拖动到父级书签上，书签将会嵌套在其他书签下，如图5.62所示。
- 单击【书签】面板右侧的【扩展菜单】按钮，在弹出的菜单中选择【排列书签】命令，书签就会按照其跳到的页面顺序显示。也可以选择一个书签并将其移到一个新位置，以方便对书签进行排序。

图5.61 书签层级

图5.62 拖动书签

提示

当拖动的书签嵌套在父级书签下时，实际页面仍保留在文档的原始位置。

5.6.2 超链接的使用

超链接（Hyperlink）在网页中是网页文件最重要的特性，它能够使文件在选择文字、图形或特定区域时自动连接到指定的文件位置、文件或Web界面。在InDesign内建的超链接功能，可以在文件中建立具有超级链接性的对象，来方便在阅览文件时快速跳跃到需要的信息。

【源】是超链接文本、超链机构文本框架或超链接图形框架。【目标】是超链接跳转到达的URL、电子邮件地址、页面文本锚点、文件或共享目标。一个源只能跳转到一个目标，但是可以有任意数目的源跳转到达同一个目标。

① 创建超链接

ID 1 选中要作为超链连的文本图形。选择【窗口】|【交互】|【超链接】命令，打开【超链接】面板，如图5.63所示。

ID 2 单击【超链接】面板右侧的【扩展菜单】按钮，在弹出的菜单中选择【新建超链接】命令，或者单击【超链接】底部的【新建超链接】按钮，打开【新建超链接】对话框，在【链接到】下拉列表中选择【页面】选项，如图5.64所示。

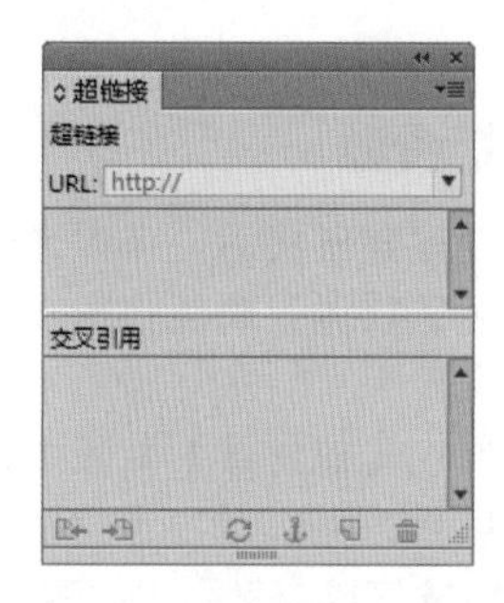

图5.63 【超链接】面板

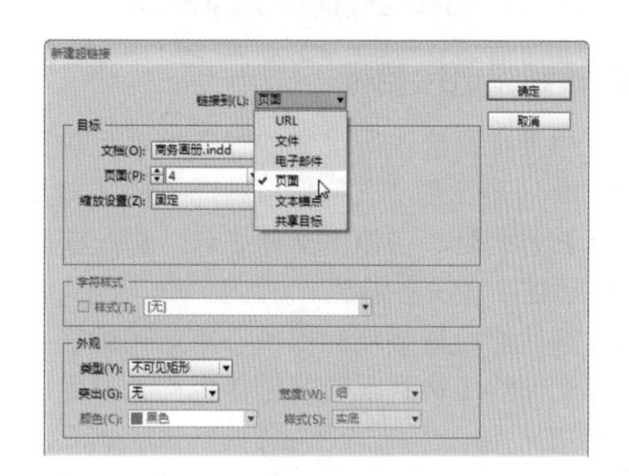

图5.64 【新建超链接】对话框

【新建超链接】对话框中各选项的含义如下。

- 【页面】选项：表示要链接到的文档文件。
- 【链接到】下拉列表：设置将要链接的类型，包括URL、文件、电子邮件、页面等6种类型。
- 【缩放设置】选项：设置当链接至目标文件后，目标文件要应用的显示方式，如固定、适合窗口大小、适合的宽度和高度等。
- 【类型】下拉列表：给指定的对象周围加上可见或不可见的矩形外框，方便分辨是否用超级链接设置。
- 【突出】下拉列表：设置超链接在导出的PDF文件中的外观，包括反转、外框和内缩3种效果。
- 【宽度】下拉列表：设置矩形外框的宽度。
- 【颜色】下拉列表：设置矩形外框的颜色。
- 【样式】下拉列表：用来设置举行外框为实线或虚线类型。

设置完成后，超链接控制面板就会显示所设置的超链接项目，所选择的文字也会应用指定的链接外框。

❷ 转到链接资源

文档中创建超链接后，可以通过控制面板中的【转到超链接源】功能快速转到该链接项目所属的文件属性。

如果想要在【超链接】面板中选择链接至原始属性的项目，可以单击【超链接】面板底部的【转到超链接或交叉引用的源】按钮，则会自动选择并转到该项目的原始属性。

❸ 转到超链接目标

如果想要检查所设置的超链接项目是否连接正确，可以通过超链接控制面板的【链接至目标】的功能，在输出文件之前，先检查所设置的超链接有没有错误。

选择要检查链接的项目，单击【超链接】面板底部的【转到所选超链接或交叉引用的目标】按钮。

❹ 编辑或删除超链接

- 编辑超链接

双击【超链接】面板中要编辑的项目，按需要对项目进行编辑，然后单击【确定】按钮。

- 删除超链接

选中要移去的项目，单击【超链接】面板底部的【删除选定超链接】按钮，删除超链接时，原文本或图形仍然保留。

5.6.3 创建影片和声音文件

InDesign能够将影片和声音剪辑添加到文档中，也能连接到Internet上的流式视频文件。媒体剪辑无法直接在InDesign中播放，但是可以在将文档导出为Adobe PDF，或者导出为XML并重定位标签时播放。

在InDesign中处理影片需要使用Quick Time 6.0或更高版本。用户可以添加Quick Time、AVI、MPEG和SWF影片，但是Quick Time不再完全支持SWF文件。另外，还可以添加WAV、AIF和AU声音剪辑。InDesign只支持8位或16位WAN文件。

对于要在PDF文档中查看媒体的其他用户，必须安装Acrobat 6.x或更高版本以播放MPEG和SWF影片，或者必须安装Acrobat 5.0或更高版本以播放Quick Time和AVI影片。

❶ 将影片和声音文件添加到文档

执行菜单栏中【文件】|【置入】命令，打开【置入】对话框，在打开的【置入】对话框中双击要置入的影片或声音文件。之后单击要显示的影片位置，即可将文件置入，如图5.65所示。（当拖动来创建媒体框架，影片边界则可能出现歪斜。）

放置影片或者声音文件时，框架会显示一个媒体对象，此媒体对象是链接到媒体文件，可以调整此媒体对象的大小来确定播放区域的大小。

提示

当影片的中心点显示在页面的外部，则不导出该影片。

想要预览或更改设置时，选择【窗口】|【交互】|【媒体】命令，打开【媒体】面板，如图5.66所示，这里可以进行查看。

图5.65 置入声音文件

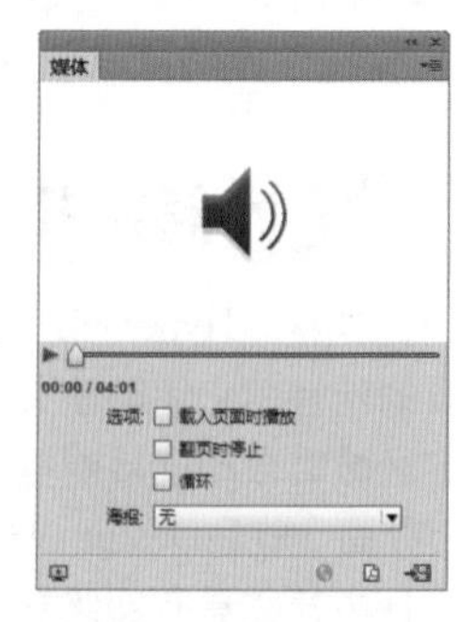

图5.66 【媒体】面板

提示

如果想要导出Abode PDF或SWF格式，选择【文件】|【导出】命令，在【保存列表】中选择【Adobe PDF（交互）】选项，不要选择【Adobe PDF（打印）】选项。

❷ 更改影片选项

想要更改影片可以通过【媒体】面板来设置。选中文档中的声音对象，选择【窗口】|【交互】|【媒体】命令，打开【媒体】面板，如图5.67所示。

图5.67 影片【媒体】面板

提示

置入的SWF文件可能具有其相应的控制器外观，使用【预览】面板可以测试控制器的选项。

其中各主要选项的含义如下。

- 【载入页面时播放】选项：当转至影片所在的页面播放影片时，如果其他页面也设置为【载入页面时播放】，可以使用【计时】面板来确定播放顺序。
- 【循环】选项：重复播放影片。如果源文件是Flash视频格式，则循环播放功能只适合导出SWF文件，而不是用于导出PDF文件。
- 【海报】下拉列表：指定要在播放区域中显示的图像类型。【无】选项表示不显示影片剪辑或声音剪辑的海报；【标准】选项表示显示不基于文件内容的一般影片或声音海报。【默认海报】选项表示显示影片文件自带的海报图像。要是选定影片没有指定为海报的框架，则影片的第一帧将用作海报图像。
- 【控制器】下拉列表：如果影片文件为Flash视频（FLV或F4V）文件或H.264编码的文件，就可以指定预制的控制器外观，用户可以采用各种方式暂停、开始和停止影片播放。如果用户选择了【悬停鼠标时显示控制器】，则表示当鼠标指针悬停在媒体对象上时，就会显示这些控件。使用【预览】面板可以预览选定的控制器外观。
- 如果影片文件为传统文件（如.AVI或.MPEG），则可以选择【无】或【显示控制器】，后者可以显示一个允许用户暂停、开始和停止影片播放的基本控制器。
- 【导航点】选项：要创建导航点，将视频快进至特定的帧，导航点可以在不同起点处播放视频。创建视频播放按钮时，可以使用【从导航点播放】选项，在添加的任意导航点开始播放视频。

③ 更改声音选项

【媒体】面板同样可以更改声音设置。选中文档中的对象，选择【窗口】|【交互】|【媒体】命令，打开【媒体】面板，如图5.68所示。

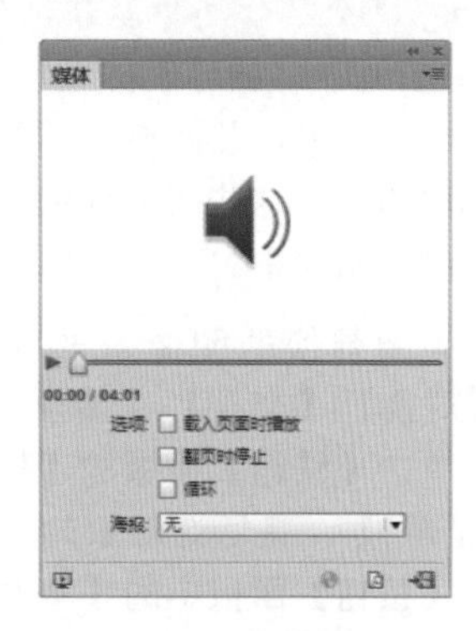

图5.68 声音【媒体】面板

其中各主要选项的含义如下。

- 【载入页面时播放】选项和【循环】选项：同更改影片选项相同。
- 【翻页时停止】选项：转至其他页面时，停止播放MP3声音文件。当音频不是MP3文件时，此选项处于不可用状态。
- 【海报】下拉列表：指定要在播放区域中显示的图像类型。

5.6.4 创建按钮

InDesign中可以使用按钮创建按钮，图形或者文本框架也可以转换为按钮。

① 创建按钮

使用【按钮工具】创建按钮时，拖动按钮区域，也可以单击指定按钮在对话框中的高度和宽度。

创建完成后执行下列操作：

- 使按钮成为交互按钮。如果单击SWF或PDF导出文件中的某个按钮，将会执行相应动作。

- 使用【按钮】面板的【外观】部分定义相应特定鼠标动作的外观。
- 设置PDF页面中各个按钮的跳位顺序。
- 选择交互工作区来处理按钮及设计动态文档。

❷ 从对象转换按钮

ID 1 利用【文字工具】或绘制工具（矩形工具或钢笔工具）绘制按钮形状，还可以根据需求使用【文字工具】给按钮添加文字，如“上一页”或“确定”。

提示

如果需要在主页中添加导航按钮（如“上一页”或“下一页”），从而不需要在每个页面反复创建这些按钮。这些按钮将显示在主页所应用的所有文档页面中。

ID 2 选中要转换的图像、形状或文本框架，选择【对象】|【交互】|【转换为按钮】命令。还可以单击【按钮】面板的【外观】列表框中的【[正常]】，将所选对象转换为按钮，也可以单击【按钮】面板中的【将对象转换为按钮】图标。

ID 3 执行【窗口】|【交互】|【按钮】命令，打开【按钮和表单】面板，如图5.69所示。

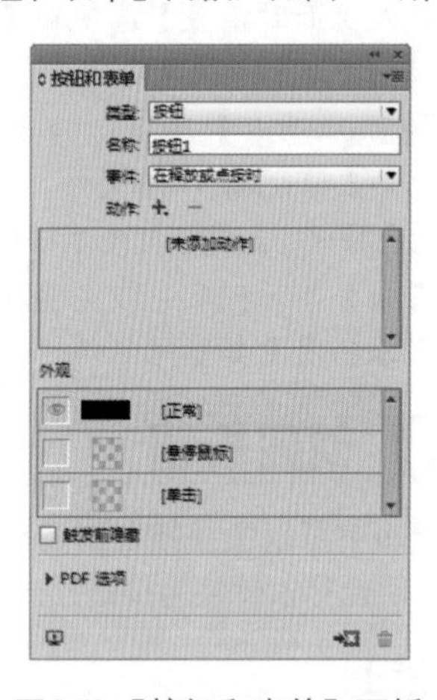

图5.69 【按钮和表单】面板

ID 4 选择工具箱中的【选择工具】，之后执行下列任何一项：

- 在【名称】文本框中设置按钮的指定名称，来区分与其他创建的按钮。
- 给按钮指定一个或多个动作来确定PDF或SWF导出文件中单击按钮时，将会发生什么情况。
- 激活其他外观状态和更改这些状态外观，来确定导出的PDF或SWF文件中使用鼠标翻转按钮或单击按钮时的按钮外观。

❸ 从【示例按钮】面板中添加按钮

【示例按钮】面板中有一些预先创建的按钮，可以将这些按钮拖到文档中。示例按钮中包括渐变羽化、投影等效果，当悬停鼠标时，按钮的外观会有所不同。示例按钮有指定的动作，如示例箭头按钮预设有【转至下一页】或【转至上一页】动作。这些按钮可以根据需要来编辑。

【示例按钮】是一个对象库，同其他对象库一样，可以添加按钮、删除按钮。示例按钮存储在Button Library.indl文件中，文件位于InDesign应用程序文件夹下的Presets/Button Library文件夹中。

单击【按钮】面板右侧的【扩展菜单】按钮，在弹出的菜单中选择【样本按钮和表单】命令，打开【示例按钮】面板，如图5.70所示。

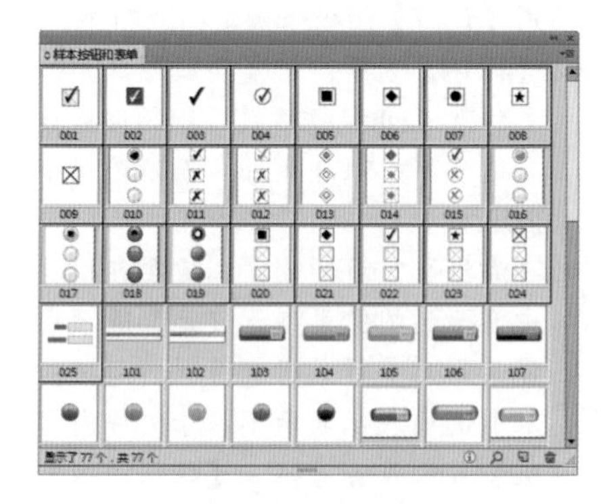

图5.70 示例按钮

可以从【示例按钮】面板中拖动需要的按钮到文档中，使用【选择工具】选择该按钮，然后根据需要使用【按钮】面板编辑该按钮。

编辑示例按钮时应注意以下几点：

- 当为按钮添加文本时，切记将文本从【正常】按钮状态复制并粘贴到【悬停鼠标】按钮状态，否则，当鼠标翻转PDF或SWF文件中的按钮时，就不再会显示所添加的文本。
- 要调整一对【上一页】/【下一页】箭头按钮时，可以先调整第一个按钮的大小，然后选择第二个按钮，选择【对象】|【再次变换】|【再次变换】命令。

5.7 上机实训——咖啡单折页艺术排版

案例分类：版式设计类
视频位置：配套光盘\movie\5.7 上机实训——咖啡单折页艺术排版.avi

5.7.1 技术分析

本例讲解咖啡单折页艺术排版。首先导入图片制作背景；然后绘制矩形并通过【角选项】为矩形添加艺术转角效果；最后绘制咖啡豆线描图，制作出咖啡折页背景，以及输入文字并通过制表符进行排列对齐，完成整个咖啡折页艺术排版。

5.7.2 本例知识点

- 【矩形工具】的使用
- 【直线工具】的使用
- 花式转角的制作
- 制表符的使用

5.7.3 最终效果图

本实例的最终效果如图5.71所示。

图5.71 最终效果图

5.7.4 操作步骤

ID 1 选择【文件】|【新建】|【文档】命令，打开【新建文档】对话框，设置【页数】为2，勾选【对页】复选框，【起始页码】设置为2，【宽度】为210毫米，【高度】为285毫米，如图5.72所示。

图5.72 【新建文档】对话框

ID 2 单击【边距和分栏】按钮，打开【新建边距和分栏】对话框，将上、下、内、外【边距】的值都设置为0，如图5.73所示。

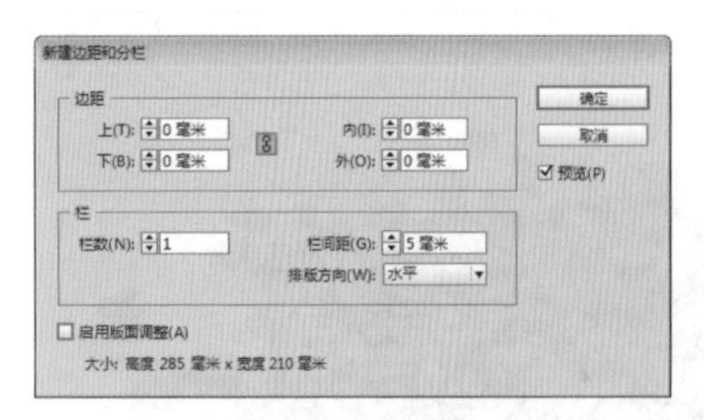

图5.73 【新建边距和分栏】对话框

ID 3 选择【文件】|【置入】命令，打开【置入】对话框，选择配套光盘中的“调用素材\第5章\咖啡杯.jpg”文件。将图片适当放大，放置在页面的左侧作为背景，如图5.74所示。

图5.74 调整图片大小

ID 4 选择工具箱中的【矩形工具】，在左侧页面中绘制一个矩形，将矩形填充为黑色，描边的颜色设置为黄色（C:0；M:0；Y:100；K:0），如图5.75所示。

图5.75 绘制矩形

ID 5 打开【描边】面板，设置描边的【粗细】为4点，如图5.76所示。

图5.76 设置描边

ID 6 选择刚绘制的矩形，选择【对象】|【角选项】命令，打开【角选项】对话框，设置转角大小为5毫米，形状为花式，如图5.77所示；设置完成后的图形效果如图5.78所示。

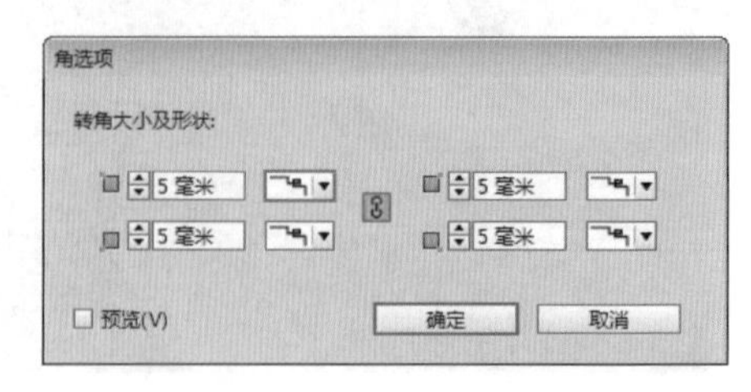

图5.77 【角选项】对话框

图5.78 角效果

ID 7 选择工具箱中的【文字工具】T，在矩形的上方输入文字，并设置文字的字体为"幼圆"，颜色为深橙色（C:0；M:49；Y:93；K:19），设置不同的大小，以活跃文字效果，如图5.79所示。从文字中可以看到，文字现在的对齐有点问题，从【字符】面板菜单中选择【字符对齐方式】|【罗马字基线】命令，让文字以罗马字基线对齐，如图5.80所示。

图5.79 输入中文文字

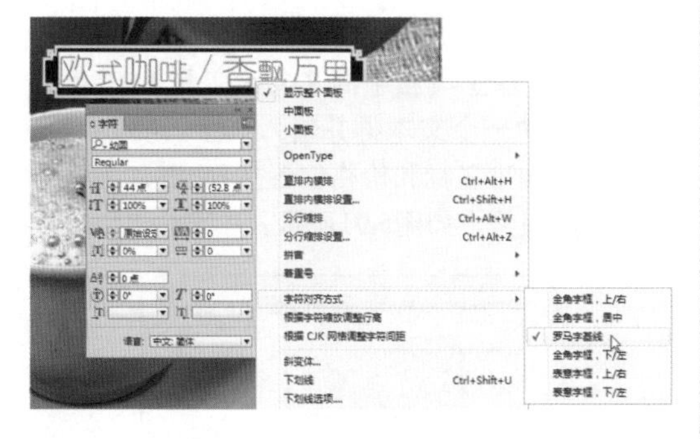

图5.80 对齐设置

ID 8 再次输入拼音文字，设置文字的颜色为白色，其他参数设置如图5.81所示。

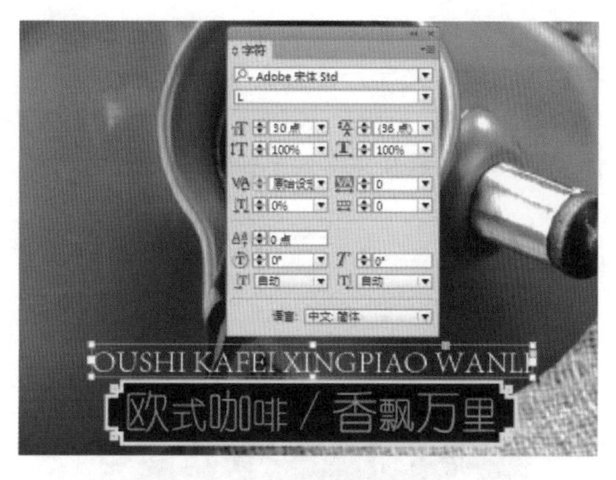

图5.81 输入拼音

ID 9 选择【文件】|【置入】命令，打开【置入】对话框，选择配套光盘中的"调用素材\第5章\咖啡豆.jpg"文件。将图片适当缩小并放置在右页的上方位置，如图5.82所示。

图5.82 置入图片并放置在合适位置

ID 10 选择工具箱中的【矩形工具】，在右页下方空白处绘制一个矩形，将其填充为浅黄色（C:0；M:0；Y:11；K:0），【描边】设置为无，如图5.83所示。

图5.83 绘制矩形

ID 11 选择工具箱中的【文字工具】T，在矩形上输入文字，设置文字的颜色为橙灰色（C:28；M:36；Y:59；K:0），并设置不同的字体等，参数设置及文字效果如图5.84所示。

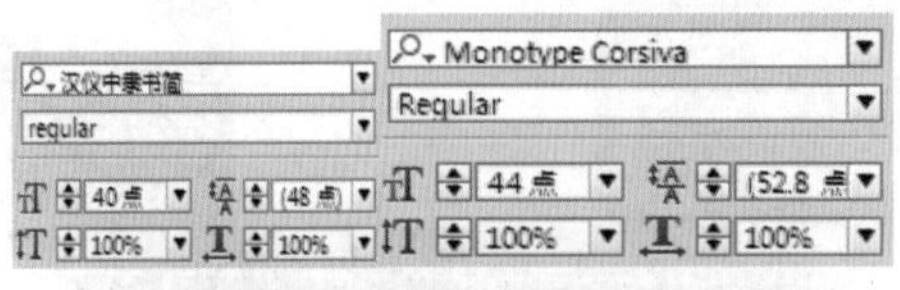

图5.84 输入文字

ID 12 选择工具箱中的【直线工具】，在文字的右侧绘制一条直线，将直线【描边】的颜色设置为橙灰色（C:28；M:36；Y:59；K:0），如图5.85所示；将其描边的【粗细】设置为3点，如图5.86所示。

图5.85 绘制直线

图5.86 设置描边粗细

ID 13 选择工具箱中的【椭圆工具】，在页面中拖动绘制一个椭圆，如图5.87所示；选择【直线工具】沿椭圆的中间位置绘制一条直线，如图5.88所示。同时选择椭圆和直线，将其描边的颜色设置为深橙色（C:56；M:72；Y:76；K:19），描边的【粗细】设置为1点。

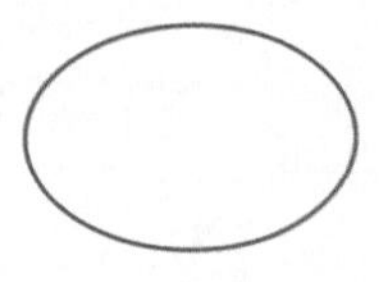

图5.87 绘制椭圆　　图5.88 绘制直线

ID 14 选择【对象】|【编组】命令，将其编组，然后打开【效果】面板，将其【不透明度】设置为34%，如图5.89所示。

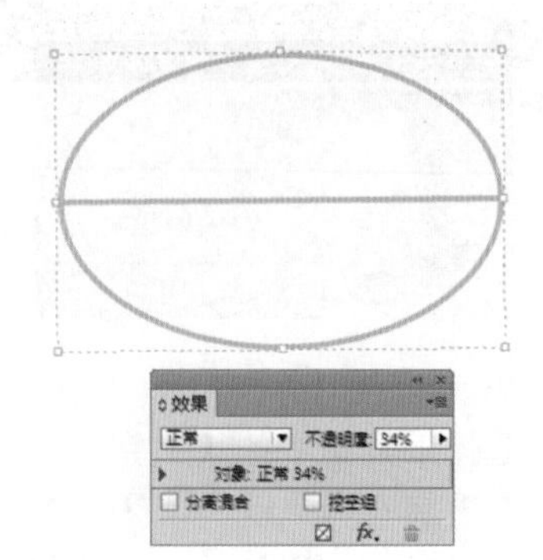

图5.89 设置不透明度

技巧

按Ctrl + G组合键，可以快速将选择的图形编组。

ID 15 按住Alt键将其复制多份，并分别调整其大小，旋转不同的角度，放在不同的位置，以制作出散落的咖啡豆效果，如图5.90所示。

图5.90 复制并摆放

ID 16 选择工具箱中的【文字工具】T，在矩形上拖动一个文本框并输入文字，特别需要提示的，咖啡名称和价格位置按Tab键，为其添加一个制表符，如图5.91所示。

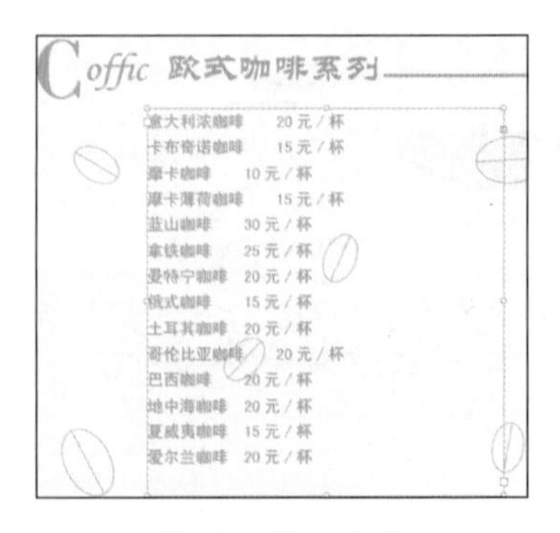

图5.91 输入文字

提示

Tab键也叫制表符键，主要用来设置制表符的位置，在下面讲解时，添加制表符后会在这个位置自动排列和对齐。

ID 17 设置文字的字体为“黑体”，字体大小为18点，颜色为橙灰色（C:28；M:36；Y:59；K:0），如图5.92所示。

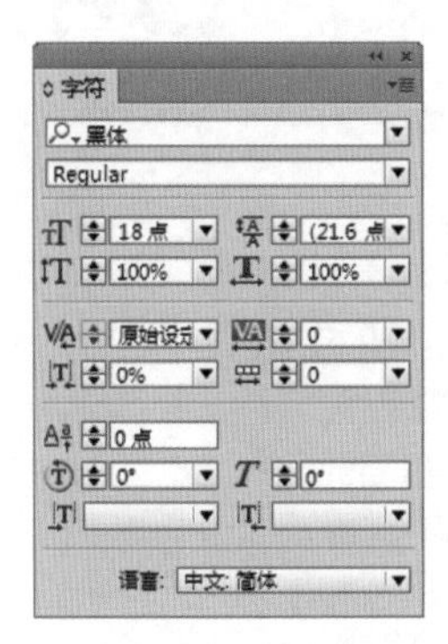

图5.92 字符设置

ID 18 将文字全部选中，选择【文字】|【制表符】命令，打开【制表符】面板，单击【左对齐制表符】按钮，然后在制表符标尺上方单击鼠标，为其添加一个左对齐制表符，也可以直接在X右侧的文本框中指定添加制表符的位置，比如输入101毫米；在【前导符】右侧的文本框中输入省略号，以制作前导符，此时可以看到文字按制表符自动进行了左对齐排列，并产生省略号的前导符效果，如图5.93所示。这样就完成了咖啡单折页最终效果。

提示

按Shift + Ctrl + T组合键，可以快速打开【制表符】面板。

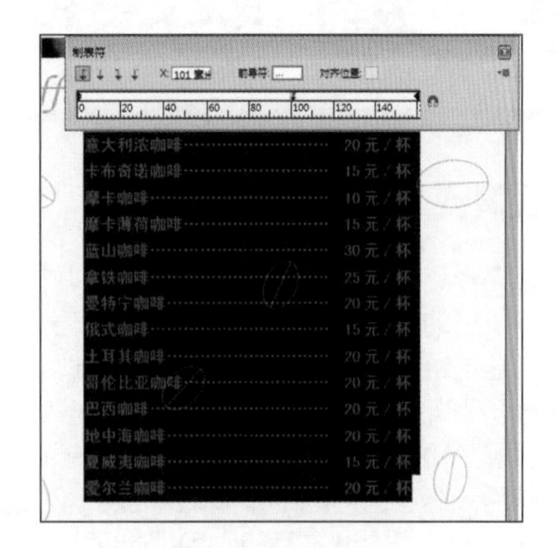

图5.93 添加制表符

提示

在使用制表符时，会自动按前面讲解时添加的Tab位置进行自动排列，如果前面没有添加Tab键制表符，则这里不会有任何变化。

第6章 基本绘图与编辑

〔内容摘要〕

本章首先介绍了几何绘图工具的使用，并详细讲解了多边形的设置及各种图形的转换技巧；接着介绍了徒手绘图工具的使用，并详细讲解了剪刀工具修剪图形的技巧；然后讲解路径与锚点，详细讲解了钢笔工具的使用及路径的编辑修改技巧。最后介绍了图形的选择技巧，并讲解图形对象的移动技巧。通过本章的学习，能够进一步掌握各种绘图工具的使用技巧，掌握图形的绘制及编辑技巧。

〔教学目标〕

- 几何绘图工具的使用
- 了解路径和锚点
- 【钢笔工具】的使用
- 路径的编辑与修改
- 图形的选择
- 图形对象的移动
- 图形对象的复制
- 多重复制命令的使用

6.1 几何绘图工具

InDesign CC为用户提供了基本的绘图工具，通过这些工具可以轻松地绘制简单的图形，如直线、矩形、椭圆、多边形等。使用这些工具不但可以绘制矩形、圆形和多边形，还可以绘制各种各样的星形，并且选择【对象】|【角选项】命令，还可以对这些形状进行修改，制作出丰富多彩的图形效果。

6.1.1 使用【直线工具】绘制直线

【直线工具】╱主要用来绘制不同的直线，可以使用直接绘制的方法来绘制直线段，在【工具箱】中选择【直线工具】╱，然后在页面的适当位置单击鼠标确定直线的起点，然后在按住鼠标不放的情况下向所需要的位置拖动，当到达满意的位置时释放鼠标，即可绘制一条直线段。绘制过程如图6.1所示。

1 2 3

图6.1 绘制直线段过程

技巧

在绘制直线段时，按住空格键可以移动直线的位置；按住Shift键可以绘制出成45°整数倍方向的直线；按住Alt键可以从单击点为中心向两端延伸绘制直线。

视频讲座6-1：使用矩形工具绘制矩形或正方形

案例分类：软件功能类
视频位置：配套光盘\movie\视频讲座6-1：使用矩形工具绘制矩形或正方形.avi

使用【矩形工具】绘制矩形有多种方法，可以直接绘制，也可以精确绘制，并且利用相关的辅助键可以绘制正方形。

① 直接绘制矩形或正方形

在【工具箱】中选择【矩形工具】，将光标移动到页面中，在合适的位置按住鼠标拖动，当达到需要的位置时，释放鼠标即可绘制一个矩形。绘制矩形的操作过程，如图6.2所示。

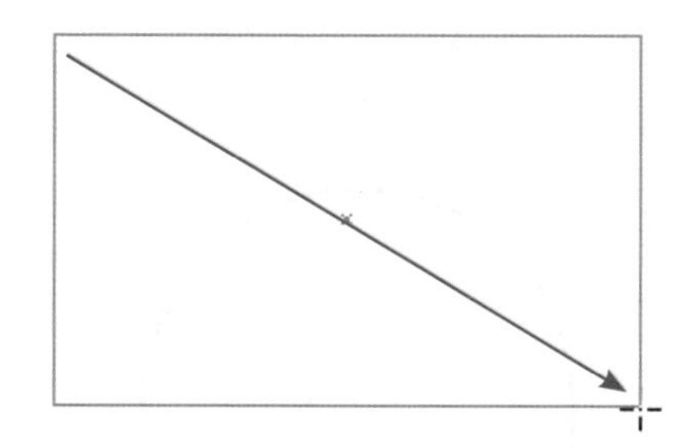

图6.2 绘制矩形的操作过程

技巧

在使用【矩形工具】绘制时，按住空格键可以移动矩形的位置；按住Shift键可以拖动绘制一个正方形；按住Alt 键，可以以单击点为中心绘制矩形；按住Alt + Shift组合键，可以以单击点为中心绘制正方形。

② 精确绘制矩形或正方形

使用直接绘制的方法绘制矩形或正方形，绘制的大小不容易控制。除了直接绘制矩形或正方形外，还可以精确绘制矩形或正方形。具体操作如下：

ID 1 在【工具箱】中选择【矩形工具】，在页面中单击鼠标，此时系统将弹出【矩形】对话框，如图6.3所示。

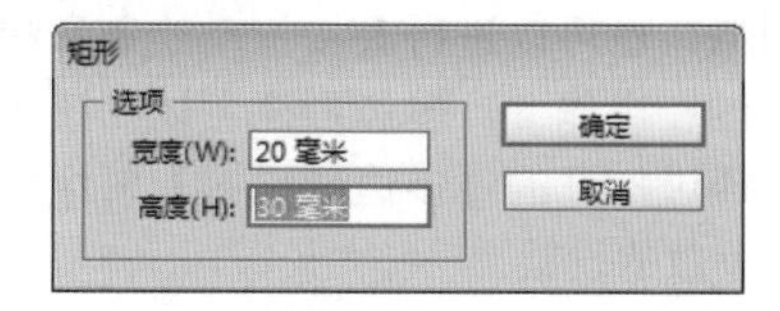

图6.3 【矩形】对话框

ID 2 在【宽度】右侧的文本框中输入宽度值，如20毫米；在【高度】右侧的文本框中输入高度值，如30毫米，单击【确定】按钮，将绘制一个矩形，如图6.4所示。

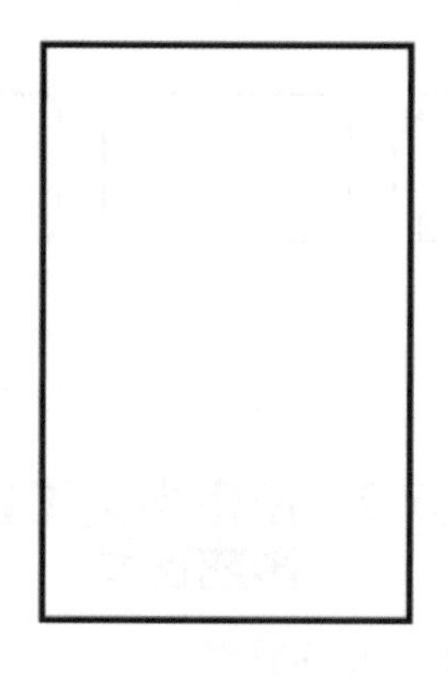

图6.4 绘制的矩形

提示

在精确绘制矩形时，如果将【宽度】和【高度】的值设置为相同的值，则可以绘制一个精确的正方形。

③ 使用【角选项】修改矩形

绘制好矩形后，将矩形选中，然后选择【对象】|【角选项】命令，打开【角选项】对话框，【角选项】在InDesign CC中有更灵活的提升，不再像CS4版本那样，只能同时调整4个角，在CC中则可以分别调整任何一个角。在左侧的【大小】文本框中输入数值或单击微调按钮，可以设置角点的半径值，以修改各种角效果的大小。在右侧的效果下拉菜单中，可以为矩形选择一个角效果，以制作各种不同的角效果，如图6.5所示。

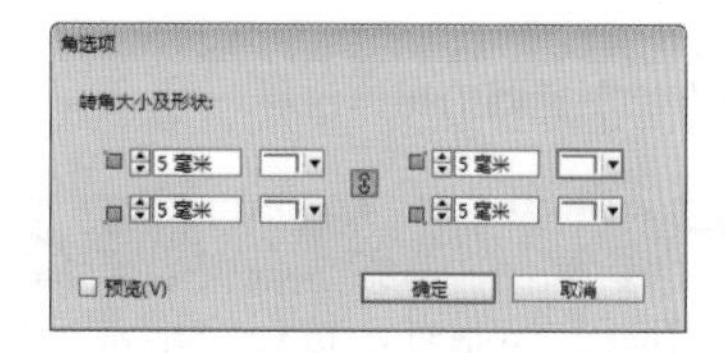

图6.5 【角选项】对话框

使用【角效果】修改矩形的不同显示效果如图6.6所示。

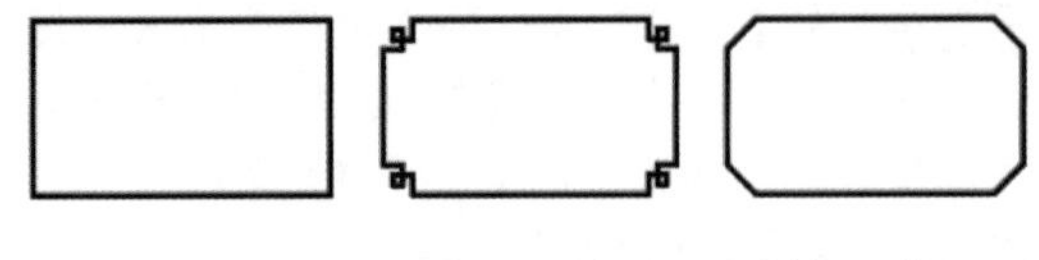

原图　　【花式】效果　【斜角】效果

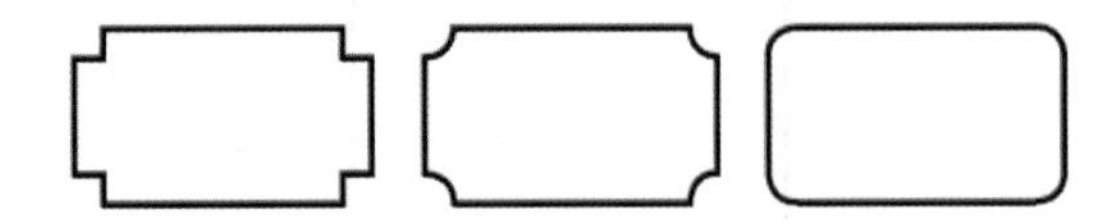

【内陷】效果　【反向圆角】效果　【圆角】效果

图6.6 矩形的不同角效果显示

视频讲座6-2：使用椭圆工具绘制椭圆或正圆

案例分类：软件功能类
视频位置：配套光盘\movie\视频讲座6-2：使用椭圆工具绘制椭圆或正圆.avi

使用【椭圆工具】可以绘制椭圆或正圆，可以直接绘制，也可以精确绘制，并且利用相关的辅助键可以绘制正圆。

❶ 直接绘制椭圆或正圆

在【工具箱】中选择【椭圆工具】，将光标移动到页面中，在合适的位置按住鼠标拖动，当达到需要的位置时，释放鼠标即可绘制一个椭圆。绘制椭圆的操作过程，如图6.7所示。

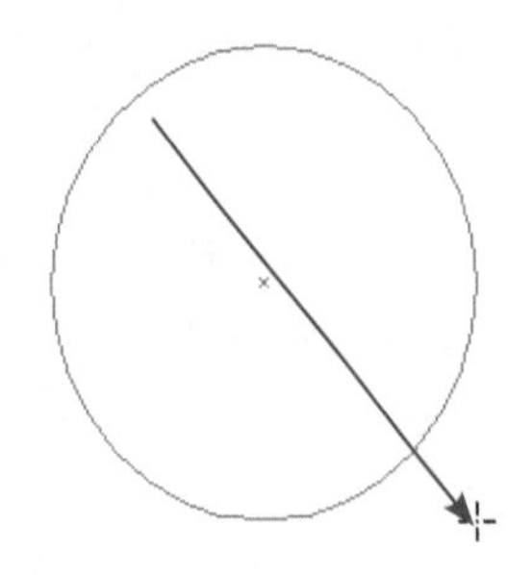

图6.7 绘制椭圆的操作过程

技巧

在使用【椭圆工具】绘制时，按住空格键可以移动椭圆的位置；按住Shift键可以拖动绘制一个正圆；按住Alt 键，可以以单击点为中心绘制椭圆；按住Alt + Shift组合键，可以以单击点为中心绘制正圆。

❷ 精确绘制椭圆或正圆

使用直接绘制的方法绘制椭圆或正圆，绘制的大小不容易控制。除了直接绘制椭圆或正圆外，还可以精确绘制椭圆或正圆。具体操作如下：

ID 1 在【工具箱】中选择【椭圆工具】，在页面中单击鼠标，此时系统将弹出【椭圆】对话框，如图6.8所示。

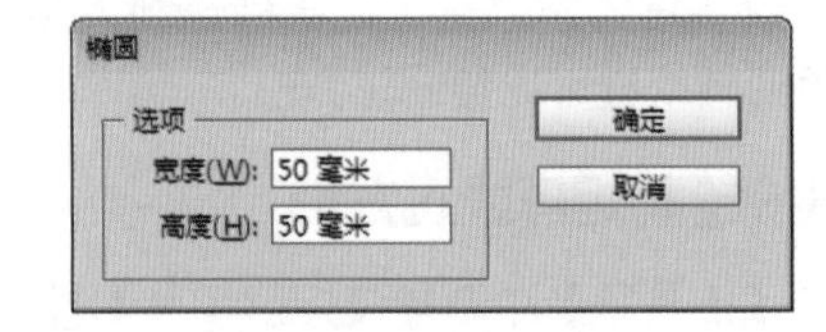

图6.8 【椭圆】对话框

ID 2 在【宽度】右侧的文本框中输入宽度值，如50毫米；在【高度】右侧的文本框中输入高度值，如50毫米，单击【确定】按钮，将绘制一个正圆，如图6.9所示。

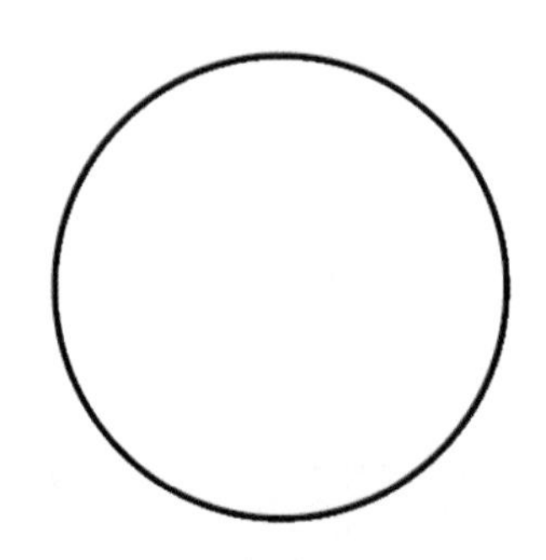

图6.9 绘制的正圆效果

提示

在精确绘制椭圆时，如果将【宽度】和【高度】的值设置为相同的值，则可以绘制一个精确的正圆。

视频讲座6-3：使用多边形工具绘制多边形

案例分类：软件功能类
视频位置：配套光盘\movie\视频讲座6-3：使用多边形工具绘制多边形.avi

【多边形工具】主要用来绘制多边形，它与【矩形工具】和【椭圆工具】绘制方法上有些相似，也可以进行直接拖动绘制和精确绘制。不过在操作上，多边形还可以在该工具上双击，通过打开的【多边形设置】对话框来进行初始参数的设置。

❶ 直接绘制多边形

在【工具箱】中选择【多边形工具】，将光标移动到页面中，在合适的位置按住鼠标拖动，当达到需要的位置时，释放鼠标即可绘制一个多边形。绘制多边形的操作过程如图6.10所示。

技巧

在使用【多边形工具】前，如果想修改多边形默认的边数和内陷，可以在【工具箱】中双击【多边形工具】按钮，打开【多边形设置】对话框，来修改多边形的默认绘制效果。

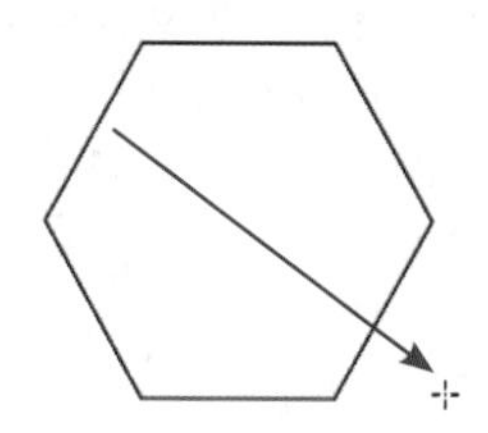

图6.10 绘制多边形的操作过程

技巧

在使用【多边形工具】绘制时，按住空格键可以移动多边形的位置；按住Shift键可以拖动绘制一个正多边形，即所有边长都一样的多边形；按住Alt 键，可以以单击点为中心绘制多边形；按住Alt + Shift组合键，可以以单击点为中心绘制正多边形。

❷ 单击法精确绘制多边形

使用直接绘制的方法绘制多边形，使用的是默认的多边形设置，绘制出的也是默认的多边形，下面来讲解通过单击打开【多边形】对话框，绘制多边形的方法。

ID 1 在【工具箱】中选择【多边形工具】，在页面中单击鼠标，此时系统将打开【多边形】对话框，如图6.11所示。

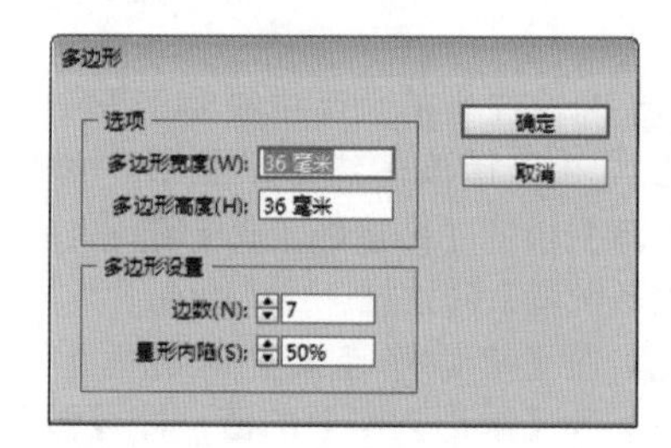

图6.11 【多边形】对话框

【多边形】对话框中各选项的含义说明如下。

- 【多边形宽度】：用来设置多边形的宽度值。值越大，多边形的宽度就越大。
- 【多边形高度】：用来设置多边形的高度值。值越大，多边形就越高。
- 【边数】：设置多边形的边数。比如五边形设置为5，六边形设置为6。取值范围必须介于3~100之间。
- 【星形内陷】：设置多边形角度的锐化程度。通过该值的设置，可以创建星形。

ID 2 在【多边形宽度】右侧的文本框中输入宽度值，如36毫米；在【多边形高度】右侧的文本框中输入高度值，如36毫米，在【边数】右侧的文本框中输入多边形的边数，如7，在【星形内陷】右侧的文本框中输入星形内陷的值，如为50%，单击【确定】按钮，将绘制一个多边形，如图6.12所示。

图6.12 绘制的多边形效果

提示

在精确绘制多边形时，如果将【多边形宽度】和【多边形高度】的值设置为相同的值，则可以绘制一个精确的正多边形。

❸ 使用【角选项】修改多边形

绘制好多边形后，将多边形选中，然后选择【对象】|【角选项】命令，打开【角选项】对话框，在左侧的【大小】文本框中输入数值或单击微调按钮，可以设置角点的半径值，以修改各种角效果的大小。在右侧的效果下拉菜单中，可以为多边形选择一个角效果，以制作各种不同的角效果。使用【角效果】修改多边形的不同显示效果如图6.13所示。

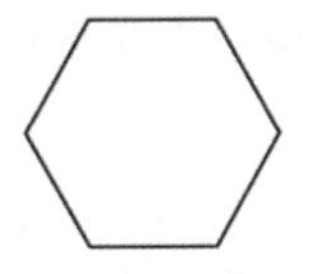

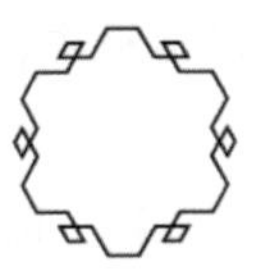

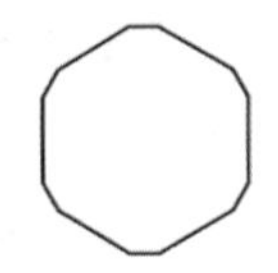

原图
【花式】效果
【斜角】效果
【内陷】效果
【反向圆角】效果
【圆角】效果

图6.13 多边形的不同角效果显示

视频讲座6-4：使用多边形工具绘制星形

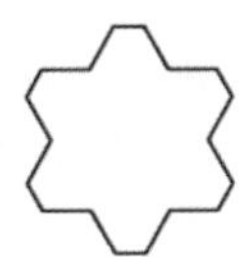

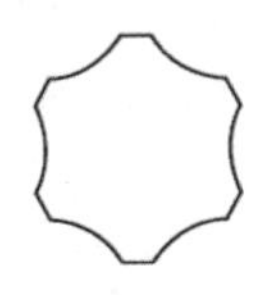

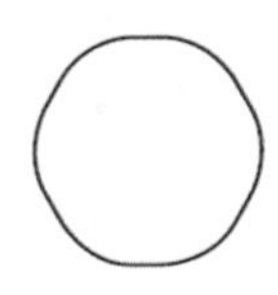

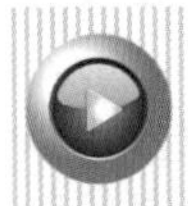

案例分类：软件功能类
视频位置：配套光盘\movie\视频讲座6-4：使用多边形工具绘制星形.avi

InDesign CC在【工具箱】中，并没有提供星形工具，但可以通过【多边形工具】直接绘制星形。

❶ 直接绘制星形

双击【工具箱】中的【多边形工具】按钮，打开【多边形设置】对话框，修改【边数】和【星形内陷】的值，如图6.14所示。

多边形设置
选项
边数(N): 5
星形内陷(S): 50%
确定
取消

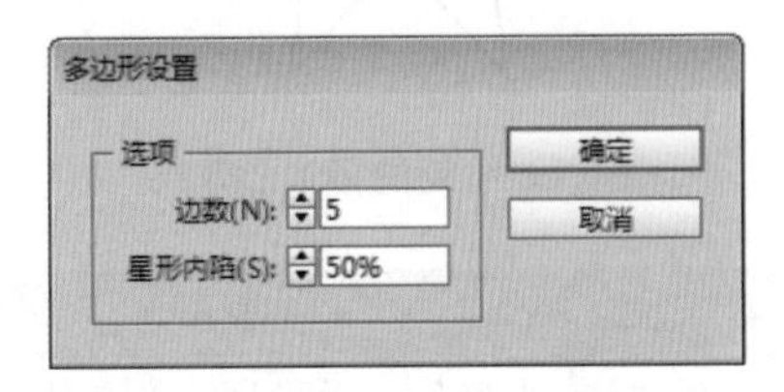

图6.14 【多边形设置】对话框

设置好参数后，将光标移动到页面中合适的位置，按住鼠标拖动到合适的位置，释放鼠标即可绘制一个星形，绘制星形的操作过程如图6.15所示。

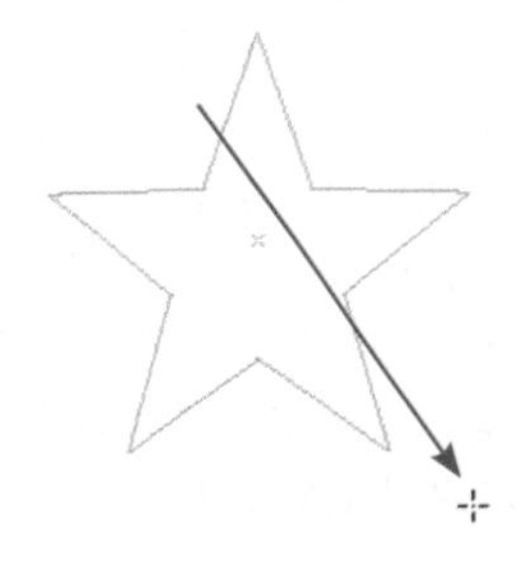

图6.15 绘制星形的操作过程

技巧

在精确绘制星形时，按住空格键可以移动星形的位置；如果按住Shift键，可以绘制一个正星形；如果按住Alt键，可以以鼠标单击点为中心，绘制一个星形；如果按住Alt + Shift组合键，可以以鼠标单击点为中心绘制一个正星形。

❷ 使用【角选项】修改星形

绘制好星形后，将星形选中，然后选择【对象】|【角选项】命令，打开【角选项】对话框，在左侧的【大小】文本框中输入数值或单击微调按钮，可以设置角点的半径值，以修改各种角效果的大小。在右侧的效果下拉菜单中，可以为星形选择一个角效果，以制作各种不同的角效果。使用【角效果】修改星形的不同显示效果如图6.16所示。

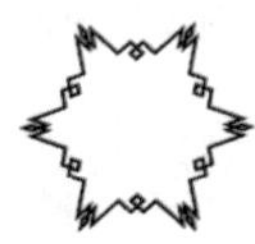

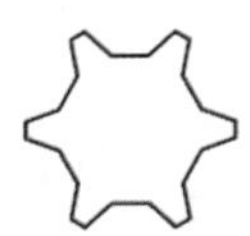

原图
【花式】效果
【斜角】效果
【内陷】效果
【反向圆角】效果
【圆角】效果

图6.16 星形的不同角效果显示

6.1.2 多边形设置

使用【多边形工具】绘制出多边形后，还可以通过【多边形设置】来修改多边形，比如将多边形修改为星形，或者将星形修改为多边形，改变多边形的边数等操作。具体的操作方法如下：

ID 1 确认在当前页面中绘制了一个多边形或星形，并选择该多边形或星形，然后双击【工具箱】中的【多边形工具】按钮，打开【多边形设置】对话框。

ID 2 在【多边形设置】对话框中，修改【边数】和【星形内陷】的值，即可修改当前选中的多边形或星形。如图6.17所示为原图；

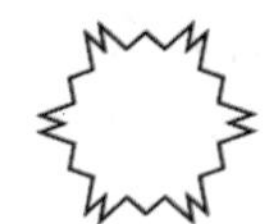

【边数】为6，【星形内陷】为50%；【边数】为5，【星形内陷】为10%；【边数】为6，【星形内陷】为0%；【边数】为6，【星形内陷】为10%的不同显示效果对比。

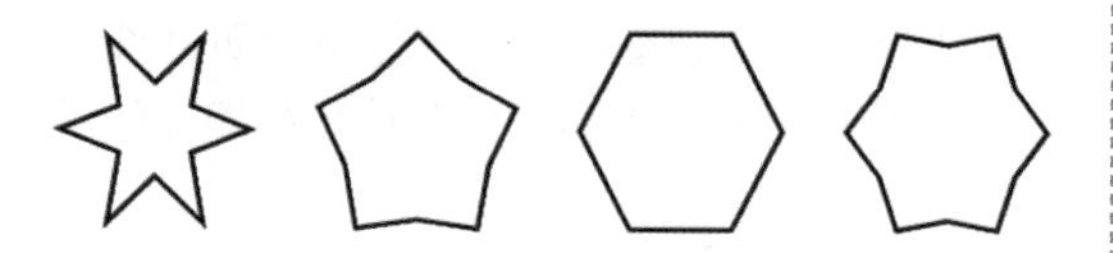

图6.17 原图和不同参数值修改效果

6.1.3 形状的转换技能

InDesign CC为用户提供了形状转换功能，选择要转换形状的图形后，选择【对象】|【转换形状】命令，在其子菜单中选择不同的命令，如图6.18所示，即可完成形状之间的转换。

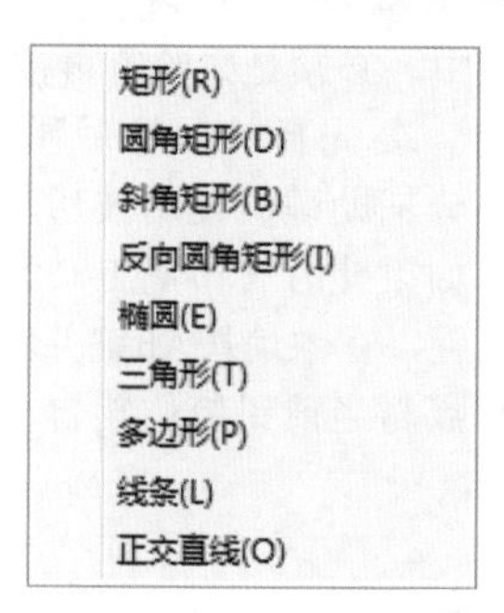

图6.18 子菜单命令

除了使用菜单命令来转换图形外，还可以选择【窗口】|【对象和版面】|【路径查找器】命令，打开【路径查找器】面板，利用【转换形状】选项组中的相关按钮，可以完成形状之间的转换，如图6.19所示。

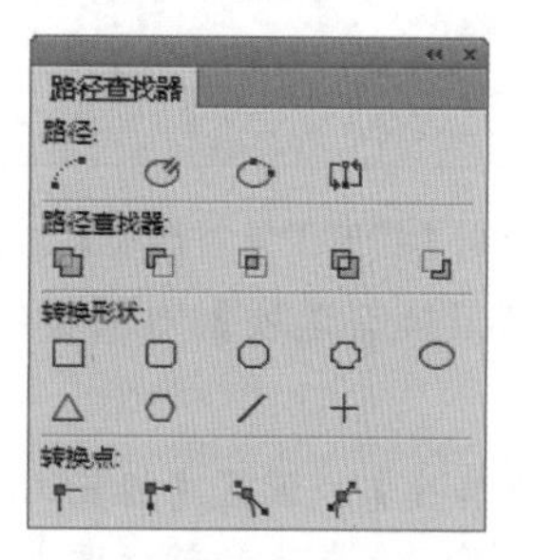

图6.19 【路径查找器】面板

提示

在【工具箱】中，还有几个与矩形、椭圆、多边形工具相似的工具，它们是矩形、椭圆和多边形框架工具，绘制的方法与其相同，这里不再赘述。

6.2 徒手绘图工具

除了前面讲过的基本绘图工具，还可以选择以徒手形式来绘制图形。徒手绘图工具包括【铅笔工具】、【平滑工具】、【涂抹工具】和【剪刀工具】，利用这些工具可以徒手绘制各种比较随意的图形效果。

6.2.1 铅笔工具

使用【铅笔工具】能够绘制自由形状的曲线，能够创建开放路径和封闭路径。就如同在纸上用铅笔绘图一样，这对速写或建立手绘外观很有帮助，当完成绘制路径后，还可以随时对其进行修改。与钢笔工具相比，尽管【铅笔工具】所绘制的曲线不如【钢笔工具】精确，但【铅笔工具】能绘制的形状更为多样，使用方法更为灵活，容易掌握。可以说使用【铅笔工具】就可完成大部分精度要求不是很高的几何图形。

另外，使用【铅笔工具】还可以设置它的保真度、平滑度、保持选定、编辑所选路径等，有了这些设置，使【铅笔工具】在绘图中更加随意和方便。

❶ 设置铅笔工具首选项

双击【工具箱】中的【铅笔工具】按钮，弹出【铅笔工具首选项】对话框，如图6.20所示。

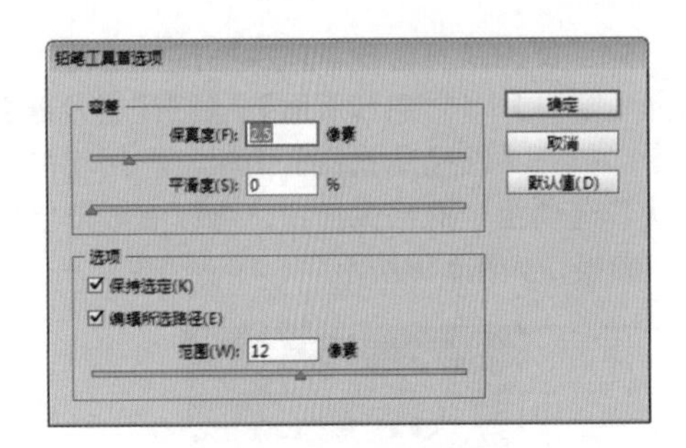

图6.20 【铅笔工具首选项】对话框

【铅笔工具首选项】对话框中各项说明如下。

- 【保真度】：设置【铅笔工具】绘制曲线时路径上各点的精确度，值越小，所绘曲线越粗糙；值越大，路径越平滑且越简单。取值范围为0.5~20像素之间。
- 【平滑度】：指定【铅笔工具】所绘制曲线的光滑度。平滑度的范围从0%~100%，值越大，所绘制的曲线越平滑。
- 【保持选定】：勾选该复选框，将使【铅笔工具】绘制的曲线处于选中状态。
- 【编辑所选路径】：勾选该复选框，则可编辑选中的曲线的路径，可使用【铅笔工具】来改变现有选中的路径，并可以在【范围】设置文本框中设置编辑范围。当铅笔工具与该路径之间的距离接近设置的数值，即可对路径进行编辑修改。

❷ 绘制开放路径

在工具箱中选择【铅笔工具】，然后将光标移动到页面，此时光标将变成状，按住鼠标并根据自己的需要拖动，当达到所需要求时释放鼠标，即可绘制一条开放的路径，如图6.21所示。

图6.21 绘制开放路径

❸ 绘制封闭路径

选择【铅笔工具】，在页面按住鼠标拖动绘制开始路径，当达到自己希望的形状时，返回到起点位置按住Alt键，可以看到铅笔光标的右下角出现一个圆圈标记，释放鼠标即可绘制一个封闭的图形。绘制封闭路径过程如图6.22所示。

图6.22 绘制封闭路径过程

技巧

在绘制过程中，必须是先绘制再按Alt键，当绘制完成时，要先释放鼠标后释放Alt键。这也是大部分辅助键的使用技巧，要特别注意。另外，如果此时【铅笔工具】并没有返回到起点位置，在中途按Alt键并释放鼠标，系统会沿起点与当前铅笔位置自动连接一条线将其封闭。

❹ 编辑路径

如果对绘制的路径不满意，还可以使用【铅笔工具】本身来快速修改绘制的路径。首先要确认路径处于选中状态，将光标移动到路径上，当光标变成状时，按住鼠标按自己的需要重新绘制图形，绘制完成后释放鼠标即可看到路径的修改效果。操作效果如图6.23所示。

图6.23 编辑路径效果

提示

如果想使用上面的方法编辑路径，首先要确认，在【铅笔工具首选项】对话框中，勾选了【编辑所选路径】复选框，否则将不能使用该方法编辑路径。

⑤ 转换封闭与开放路径

利用【铅笔工具】还可以将封闭的路径转换为开放路径，或者将开放路径转换为封闭路径。首先选择要修改的封闭路径，将【铅笔工具】移动到封闭路径上，当光标变成 状时，按住鼠标向路径的外部或内部拖动，当到达满意的位置后，释放鼠标即可将封闭路径转换为开放的路径。操作效果如图6.24所示。

提示

这里为了让读者能够清楚地看到路径的断开效果，故意将路径锚点移动了一些。

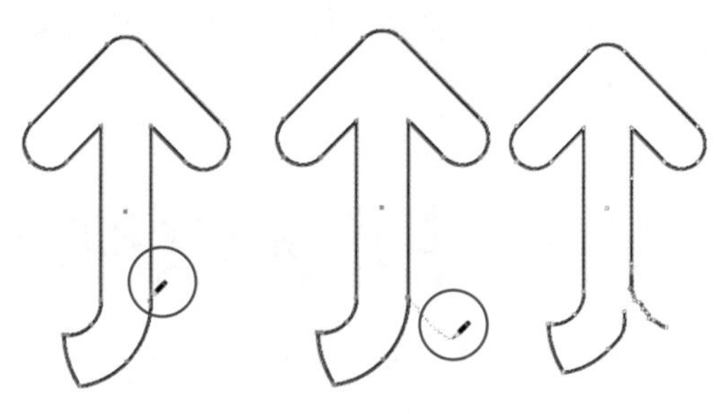

图6.24 转换为开放路径操作效果

如果要将开放的路径封闭起来，可以先选择要封闭的开放路径，然后将光标移动到开放路径上，当光标变成 状时，鼠标拖动的同时按住Alt键，到达到满意的位置时，释放鼠标即可将开放的路径封闭起来。封闭操作过程如图6.25所示。

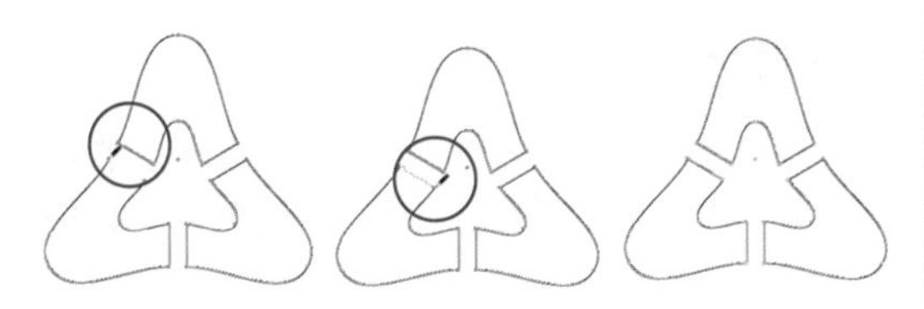

图6.25 封闭路径操作效果

提示

在封闭路径操作中，要特别注意辅助键的使用，在释放鼠标时，一定要先释放鼠标，后释放辅助键。

6.2.2 平滑工具

【平滑工具】可以将锐利的曲线路径变得更平滑。【平滑工具】主要是在原有路径的基础上，根据用户拖动出的新路径自动平滑原有路径，而且可以多次拖动以平滑路径。

在使用【平滑工具】前，可以通过【平滑工具选项】对话框，对平滑工具进行相关的平滑设置。双击工具箱中的【平滑工具】按钮，弹出【平滑工具首选项】对话框，如图6.26所示。

图6.26 【平滑工具选项】对话框

【平滑工具选项】对话框的各选项含义如下。

- 【保真度】：设置【平滑工具】平滑时路径上各点的精确度。值越小，路径越粗糙；值越大，路径越平滑且越简单。取值范围为0.5~20像素之间。
- 【平滑度】：指定【平滑工具】所修改路径的光滑度。平滑度的范围从0%~100%，值越大，修改的路径越平滑。
- 【保持选定】：勾选该复选框，在平滑路径时，路径始终处于选中的状态，否则将取消选中状态。

要对路径进行平滑处理，首先选择要处理的路径，然后使用【平滑工具】在图形上按住鼠标拖动，如果一次不能达到满意效果，可以多次拖动将路径平滑。平滑路径前后效果如图6.27所示。

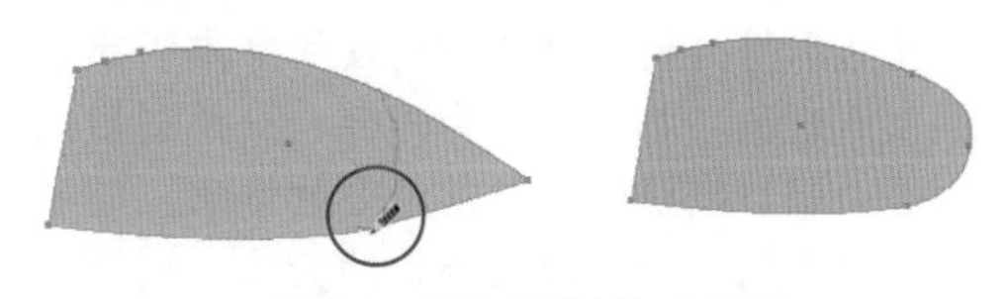

图6.27 平滑路径前后效果

6.2.3 涂抹工具

使用【涂抹工具】可以擦去画笔路径的全部或其中一部分，也可以将一条路径分割为多条路径。

要擦除路径，首先要选中当前路径，然后使用【涂抹工具】在需要擦除的路径位置单击鼠标，在不释放鼠标的情况下拖动鼠标擦除路径，到达满意的位置后释放鼠标，即可将该段路径擦除。擦除路径效果如图6.28所示。

图6.28 擦除路径效果

6.2.4 剪刀工具

【剪刀工具】主要用来将选中的路径分割开来，可以将一条路径分割为两条或多条路径，也可以将封闭的路径剪成开放的路径。

下面来将一个路径分割为两个独立的路径。在工具箱中选择【剪刀工具】，将光标移动到路径线段或锚点上，在需要断开的位置单击鼠标，然后移动光标到另一个要断开的路径线段或锚点上，再次单击鼠标，这样就可以将一个图形分割为两个独立的图形。分割的图形如图6.29所示。

图6.29 分割图形效果

提示

为了方便读者查看剪切效果，这里将完成的效果图进行了移动操作。

6.3 路径和锚点

路径和锚点（节点）是矢量绘图中的重要概念。任何一种矢量绘图软件的绘图基础都是建立在对路径和节点的操作之上的。InDesing最吸引人之处就在于它能够把非常简单的、常用的几何图形组合起来并作色彩处理，生成具有奇妙形状和丰富色彩的图形。这一切得以实现是因为引入了路径和锚点的概念。本节重点介绍InDesign CC中各种路径和锚点。

6.3.1 认识路径

在InDesign CC中，使用绘图工具绘制所有对象，无论是单一的直线、曲线对象或是矩形、多边形等几何形状，甚至使用文本工具录入的文本对象，都可以称为路径，这是矢量绘图中一个相当特殊但又非常重要的概念。绘制一条路径之后，可通过改变它的大小、形状、位置、颜色等对其进行编辑。

路径是由一条或多条线段或曲线组成，在InDesign CC中的路径根据使用的习惯以及不同的特性可以分为3种类型：开放路径、封闭路径和复合路径。

❶ 开放路径

开放路径是指像直线或曲线那样的图形对象，它们的起点和终点没有连在一起。如果要填充一条开放路径，则系统将会在两个端点之间绘制一条假想的线并且填充该路径，如图6.30所示。

图6.30 开放路径效果

❷ 封闭路径

封闭路径是指起点和终点相互连接的图形对象，如矩形、椭圆、圆、多边形等。如图6.31所示。

图6.31 封闭路径效果

❸ 复合路径

复合路径是一种较为复杂的路径对象，它是由两个或多个开放或封闭的路径组成，复合路径相当于将多个路径复合起来，可以同时进行选择和编辑操作。

选择多个路径后，可以选择【对象】|【路径】|【建立复合路径】命令来制作复合路径，也可以选择【对象】|【路径】|【释放复合路径】命令将复合路径释放。

如图6.32所示为两个独立的圆形，应用【建立复合路径】命令前后的效果对比。

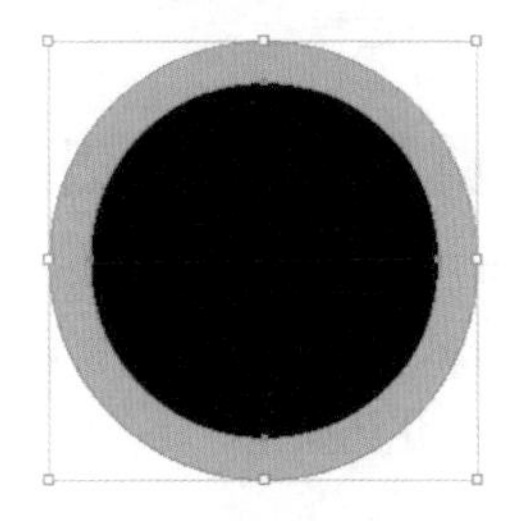
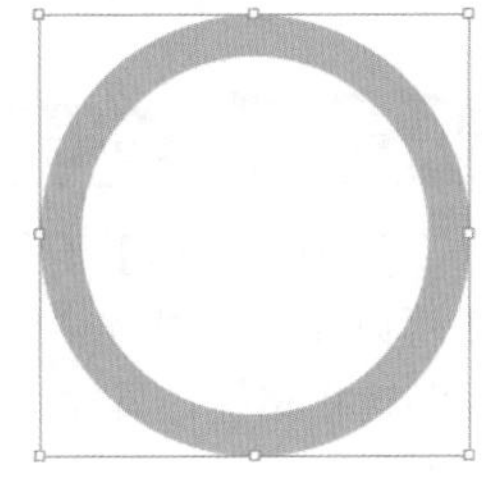

图6.32 复制路径前后对比

技巧

按Ctrl + 8组合键，可以快速将选择的路径建立复合路径；按Alt + Shift + Ctrl + 8组合键，可以快速将复合路径释放。

6.3.2 认识锚点

锚点也叫节点，是控制路径外观的重要组成部分，通过移动锚点，可以修改路径的形状，使用【直接选择工具】选择路径时，将显示该路径的所有锚点。在InDesign中，根据锚点属性的不同，可以将它们分为两种，分别是角点和平滑点，如图6.33所示。

角点会突然的改变方向，而且角点的两侧没有控制柄。平滑点不会突然的改变方向，在平滑点某一侧或两侧将出现控制柄，有时平滑点的一侧会是直线另一侧是曲线。

❶ 角点

角点是指能够使通过它的路径方向发生突然改变的锚点。如果在锚点上两个直线相交成一个明显的角度，这种锚点就叫做角点，角点的两侧没有控制柄。

❷ 平滑点

在InDesign CC中曲线对象使用最多的锚点就是平滑点，平滑点可以将路径调整为曲线，在平滑点某一侧或两侧将出现控制柄，而且控制柄可以是独立的，也可以是具有关联性的，可以单独操作以改变路径曲线。

图6.33 角点和平滑点

6.4 钢笔工具

【钢笔工具】是InDesign CC中绘图工具里功能最强大的工具之一，利用【钢笔工具】可以绘制各种各样的图形。【钢笔工具】可以轻松绘制直线和相当精确的平滑、流畅曲线。

6.4.1 利用【钢笔工具】绘制直线

利用【钢笔工具】绘制直线是相当简单的，首先从工具箱中选择【钢笔工具】，将光标移动到页面，在任意位置单击一点作为起点，然后移动光标到适当位置单击确定第2点，两点间就出现了一条直线段，如果继续单击鼠标，则又在单击点与上一次单击点之间画出一条直线，如图6.34所示。

技巧

如果想结束路径的绘制，按Ctrl键的同时在路径以外的空白处单击鼠标，即可取消继续绘制。

图6.34 绘制直线

技巧

在绘制直线时，按住Shift键的同时单击，可以绘制水平、垂直或成45°角的直线。

6.4.2 利用【钢笔工具】绘制曲线

选择【钢笔工具】，在页面中单击鼠标确定起点，然后移动光标到合适的位置，按住鼠标向所需的方向拖动绘制第2点，即可得到一条曲线；同样的方法可以继续绘制更多的曲线。可以将起点也绘制成曲线点，在拖动绘制曲线时，将出现两个控制柄，控制柄的长度和坡度将决定了线段的形状。绘制过程如图6.35所示。

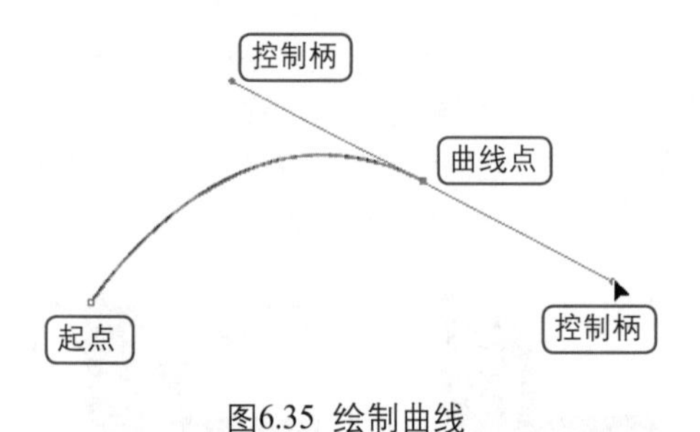

图6.35 绘制曲线

技巧

在绘制过程中，按住空格键可以移动锚点的位置；按住Alt键，可以将两个控制柄分离成为独立的控制柄。

6.4.3 利用【钢笔工具】绘制封闭图形

下面利用【钢笔工具】来绘制一个封闭的心形效果，首先在页面中单击绘制起点，在适当的位置单击拖动，绘制出第2个曲线点，即心形的左肩部；然后再次单击鼠标绘制心形的第3点；在心形的右肩部单击拖动，绘制第4点；将鼠标移动到起点上，当放置正确时在指针的旁边出现一个小的圆环，单击鼠标封闭该路径。绘制过程如图6.36所示。

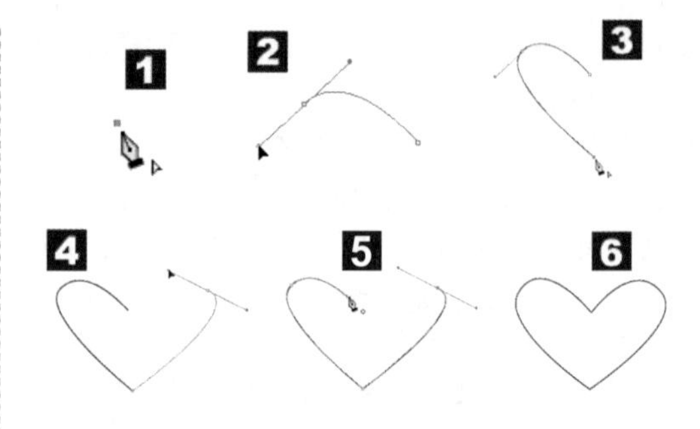

图6.36 绘制心形过程

6.4.4 钢笔工具的其他用法

【钢笔工具】不但可以绘制直线和曲线，还可以在绘制过程中添加和删除锚点、重绘路径和连接路径，具体的操作介绍如下。

① 添加删除锚点

在绘制路径的过程中，或者选择一个已经绘制完成的路径图形，选择【钢笔工具】，将光标靠近路径线段，当钢笔光标的右下角出现一个加号时，单击鼠标即可在此处添加一个锚点，操作过程如图6.37所示。如果要删除锚点，可以将光标移动到路径锚点上，当光标右下角出现一个减号时单击鼠标，即可将该锚点删除。

图6.37 添加锚点过程

② 重绘路径

在绘制路径的过程中，不小心中断了绘制，此时再次绘制路径将与刚才的路径独立，不再是一个路径了，如果想从刚才的路径点重新绘制下去，就可以应用重绘路径的方法来继续绘制。

首先选择【钢笔工具】，然后将光标移动到要重绘的路径锚点处，当光标变成状时单击鼠标，此时可以看到该路径变成选中状态，然后就可以继续绘制路径了。操作过程如图6.38所示。

图6.38 重绘路径操作过程

③ 连接路径

在绘制路径的过程中，利用钢笔工具还可以将两条独立的开放路径连接成一条路径。首先选择【钢笔工具】，然后将光标移动到要重绘的路径锚点处，当光标变成状时单击鼠标，然后将光标移动到另一条路径的要连接的起点或终点的锚点上，当光标变成状时，单击鼠标即可将两条独立的路径连接起来，连接时系统会根据两个锚点最近的距离生成一条连接线。操作过程如图6.39所示。

图6.39 连接路径的操作过程

6.5 路径的编辑与修改

对路径的编辑包括添加和删除锚点、转换锚点，路径的连接、平均、轮廓化、偏移路径等多项操作，以使路径更加的美观。调整路径工具主要对路径进行锚点和角点的调整，如添加删除锚点，转换角点与曲线点等，包括【添加锚点工具】、【删除锚点工具】、和【转换方向工具】。

6.5.1 利用添加锚点工具添加锚点

锚点的多少直接影响路径的形状，一般来说，锚点越多，路径越精细。如果想在某个路径上添加更多的锚点，可以使用【添加锚点工具】来完成锚点的添加。

在【工具箱】中选择【添加锚点工具】，将光标移动到要添加锚点的路径上，然后单击鼠标即可添加一个新的锚点，同样的方法可以添加更多的锚点。添加锚点过程如图6.40所示。

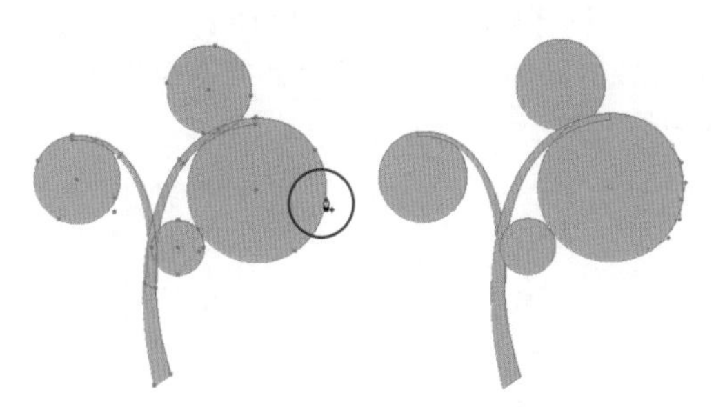

图6.40 添加锚点

6.5.2 利用删除锚点工具删除锚点

太多的锚点会增加路径的复杂程度，需要删除一些锚点，这时就可以应用【删除锚点工具】来完成。

在【工具箱】中选择【删除锚点工具】，将光标移动到不需要的锚点上，然后单击鼠标即可将该锚点删除。同样的方法可以删除更多的锚点。删除锚点的过程如图6.41所示。

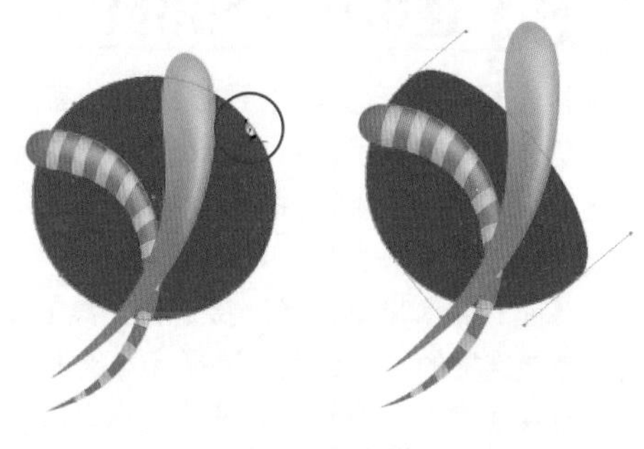

图6.41 删除锚点

6.5.3 利用转换方向工具转换角点与曲线点

【转换方向工具】用于在角点与曲线点之间的转换，它可以将角点转换为曲线点，也可以将曲线点转换为角点。

① 将角点转换为曲线点

在【工具箱】中选择【转换方向工具】，将光标移动到要转换为曲线点的角点上，然后按住鼠标向外拖动，释放鼠标即可将角点转换为曲线点。转换效果如图6.42所示。

图6.42 角点转换曲线点效果

② 将曲线点转换为角点

在【工具箱】中选择【转换方向工具】，将光标移动到要转换为角点的曲线点，然后单击鼠标，即可将曲线点转换为角点。转换效果如图6.43所示。

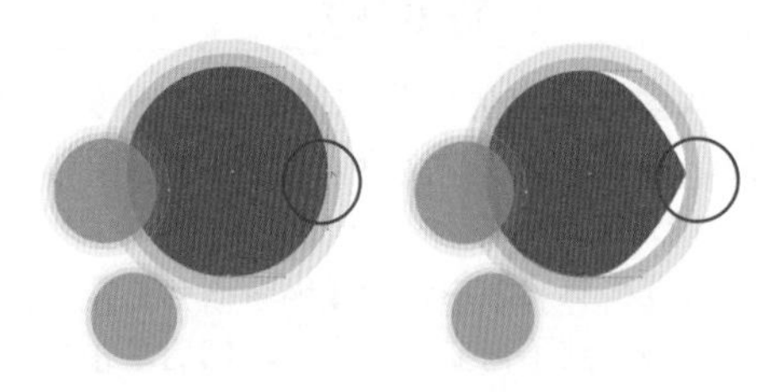

图6.43 曲线点转换角点效果

6.5.4 连接开放的路径

连接路径用来连接两个开放路径的锚点，并将它们连接成一条路径。如果这两个路径有一定距离，使用连接路径命令，可以在这两个路径之间自动产生一条线，将其连接。

在【工具箱】中选择【直接选择工具】，然后选择要连接的两个锚点，选择【对象】|【路径】|【连接】命令，系统会在两个锚点之间自动生成一条线段并将选择锚点的两条路径连接在一起。连接操作如图6.44所示。

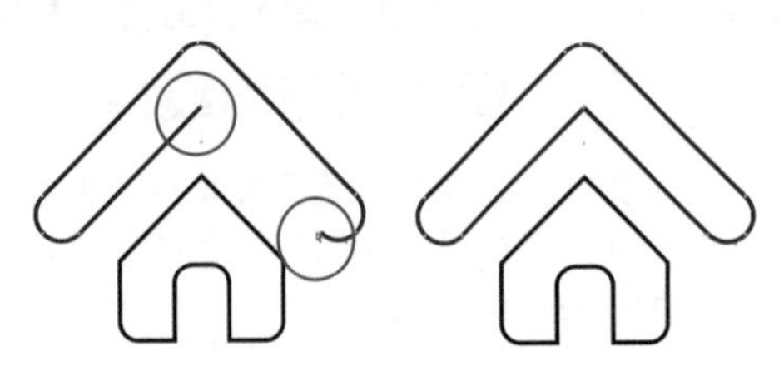

图6.44 连接效果

提示

连接路径不但可以连接选择锚点的路径，也可以直接选择两个开放的路径，然后应用【连接】命令，系统将自动将两个最近的开放锚点连接起来，形成一个路径。

6.5.5 将封闭的路径开放

开放路径用来将封闭的路径断开，变成开放的路径，它与剪刀工具分割路径相似，但只对开放的路径有效。

在页面中选择一个封闭的路径，然后选择【对象】|【路径】|【开放路径】命令，即可将封闭的路径断开。开放路径的操作效果如图6.45所示。

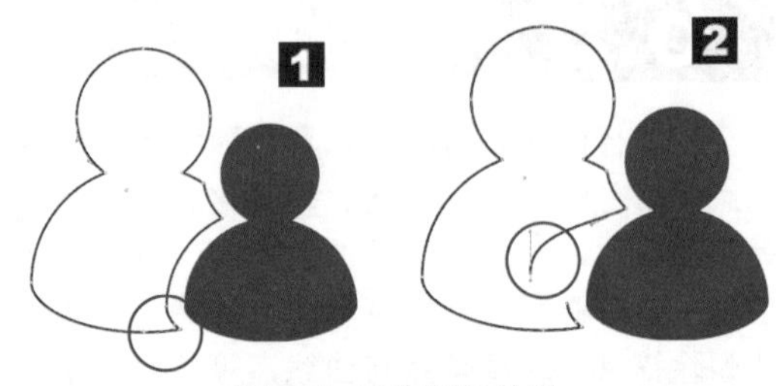

图6.45 开放路径效果

提示

为了方便读者看到使用【开放路径】命令将路径断开的效果，这里将路径进行了移动，并不是应用后会出现路径位移效果。

6.5.6 将开放的路径封闭

封闭路径与开放路径的用法正好相反，用来将开放的路径变成变形封闭的路径，如果开放路径的两个锚点位于不同的位置，系统将自动在两个锚边点产生一条线，用来连接路径将其封闭。

在页面中选择一个开放的路径，然后选择【对象】|【路径】|【封闭路径】命令，即可将开放的路径封闭。封闭路径的操作效果如图6.46所示。

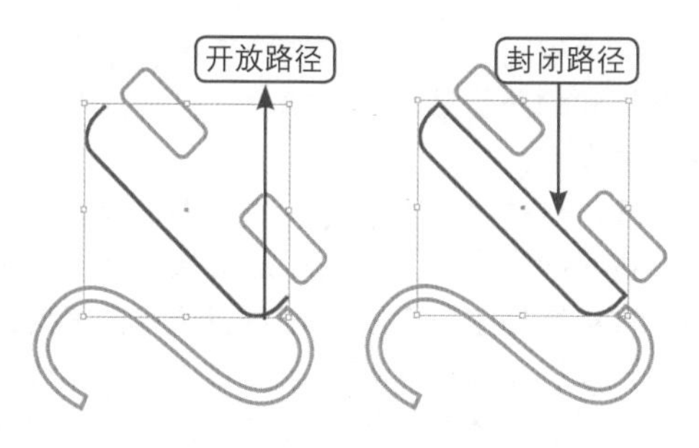

图6.46 封闭路径效果

6.5.7 反转路径的起始点

反转路径用来反转路径的起点和终点，比如绘制一条直线，开始单击的点为起点，最后绘制的点就为终点，通过反转路径，可以将开始绘制的起点变成终点，将最后绘制的终点变成起点。

在页面中选择一个路径，然后选择【对象】|【路径】|【反转路径】命令，即可将路径的起点和终点进行反转。反转路径的操作效果如图6.47所示。

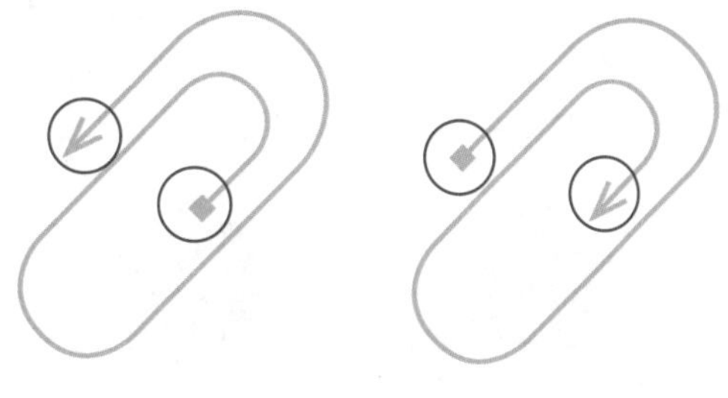

图6.47 反转效果

提示

除了使用菜单命令来连接、开放、封闭和反转路径外，还可以通过【路径查找器】面板【路径】组中的相关按钮来完成这些操作，如图6.48所示。

图6.48 【路径查找器】面板

6.6 选择图形

在绘图的过程中，需要不停地选择图形来进行编辑。因为在编辑一个对象之前，必须先把它从它周围的对象中区分开来，然后再对其进行移动、复制、删除、调整路径等编辑。InDesign CC提供了两种选择工具，包括【选择工具】和【直接选择工具】两种，这两种工具在使用上各有各的特点和功能，只有熟练掌握了这些工具的用法，才能更好地绘制出优美的图形。

6.6.1 使用选择工具选择图形

【选择工具】主要用来选择和移动图形对象，它是所有工具中使用最多的一个工具。当选择图形对象后，图形将显示出它的路径和一个变换框，在变换框的四周显示八个空心的正方形，表示变换框的控制点，如图6.49所示。

图6.49 选择的图形效果

使用【选择工具】选取图形分为两种选择方法：点选和框选。下面来详细讲解这两种方法的使用技巧。

- 方法1：点选。所谓点选就是单击选择图形。选择【选择工具】，将光标移动到目标对象上，当光标变成状时单击鼠标，即可将目标对象选中，选中的图形将出现变换框，如图6.50所示。在选择时，如果当前图形只是一个路径轮廓，而没有填充颜色，需要将光标移动到路径上进行点选。如果当前图形有填充，只需要单击填充位置即可将图形选中。

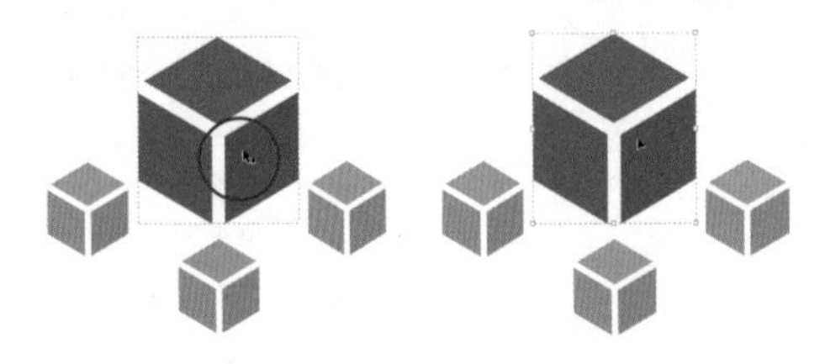

图6.50 点选图形操作效果

技巧

点选一次只能选择一个图形对象，如果想选择更多的图形对象，可以在选择时按住Shift键，以添加更多的选择对象。如果选择了多个图形对象，想取消某个图形的选择，也可以按住Shift键，单击要取消选择的图形，即可将其取消选中状态。

- 方法2：框选。框选就是通过拖动出一个虚拟的矩形框的方法进行选择。使用【选择工具】在适当的空白位置按住鼠标拖动出一个虚拟的矩形框，到达满意的位置后释放鼠标，即可将图形对象选中。在框选图形对象时，不管图形对象是部分与矩形框接触相交，还是全部在矩形框内都将被选中。框选效果如图6.51所示。

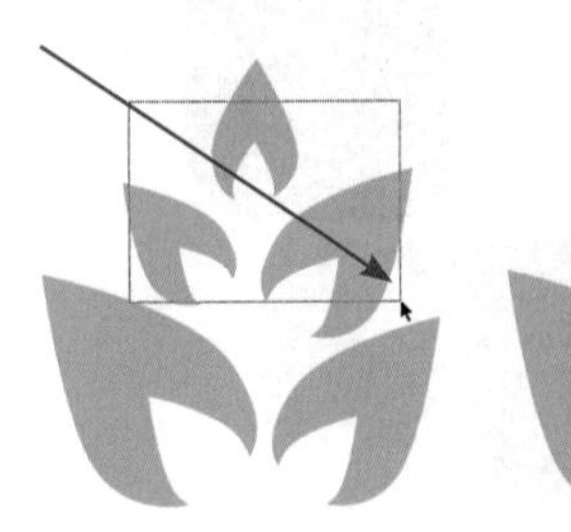

图6.51 框选效果

技巧

如果要取消图形对象的选择，在页面任意的空白区域位置单击鼠标即可。

6.6.2 使用直接选择工具选择锚点

【直接选择工具】与【选择工具】在用法上基本相同，但【直接选择工具】主要用来选择和调整图形对象的锚点、曲线控制柄和路径线段。

【直接选择工具】在选择图形对象时，光标显示的不同，选择的图形对象也不同。利用【直接选择工具】单击可以选择图形对象上的一个锚点或多个锚点，也可以直接选择一个图形对象，还可以激活整个路径，以进行路径的编辑。下面来讲解具体的操作方法。

❶ 选择一个或多个锚点

选择【直接选择工具】，将光标移动到图形对象的锚点位置，此时在光标的右下角出现一个空心的正方形图标，单击鼠标即可选择该锚点。选中的锚点将显示为实色填充的矩形效果（没有选中的锚点将显示为空心的矩形效果），也就是锚点处于激活的状态中，这样可以清楚地看到各个锚点和部分控制柄，有利于编辑修改。如果想选择更多的锚点，可以按住Shift键继续单击。选择单个锚点效果如图6.52所示。

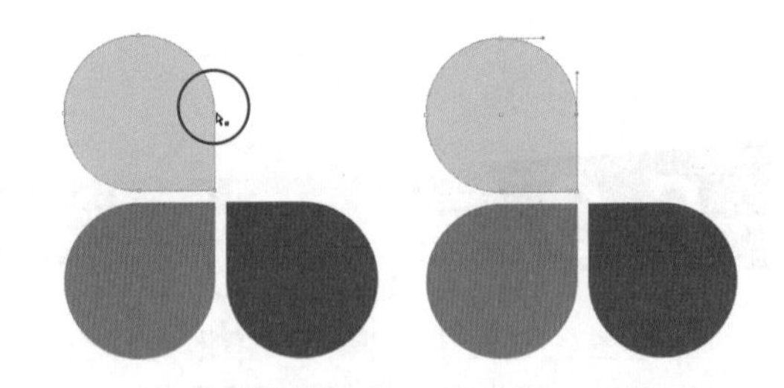

图6.52 选择单个锚点效果

提示

【直接选择工具】也可以应用点选和框选的方式选择圆形对象，其用法与【选择工具】选取图形对象的操作方法相同，这里不再赘述。

❷ 选择整个图形

选择【直接选择工具】，将光标移动到图形对象的填充位置，可以看到在光标的右下角出现一个实心的小矩形，此时单击鼠标，即可将整个图形选中。选择整个图形效果如图6.53所示。

提示

这里要特别注意的是，这种选择方法只能用于带有填充颜色的图形对象，没有填充颜色的图形对象则不能利用该方法选择整个图形。

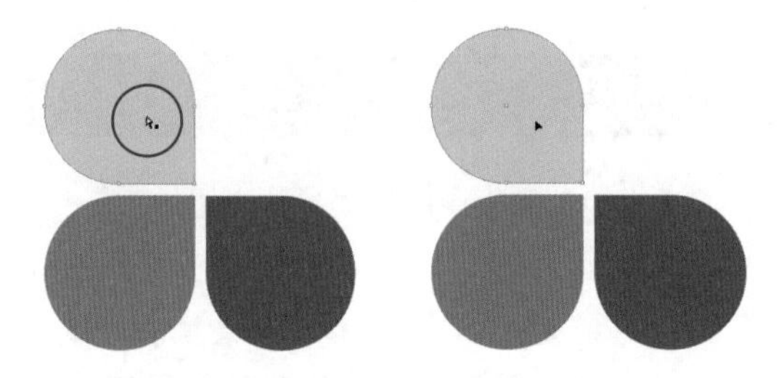

图6.53 选择整个图形锚点

③ 激活路径

要对路径上的锚点进行编辑修改，需要将路径的锚点激活。选择【直接选择工具】，将光标移动到图形对象的边缘位置，可以看到在光标的右下角出现一个小斜线，此时单击鼠标选择的不是整个图形对象的锚点，而是将整个图形对象的锚点激活，显示出没有选中状态下的锚点和控制柄效果，激活路径后方便选择锚点并进行编辑。激活路径的效果如图6.54所示。

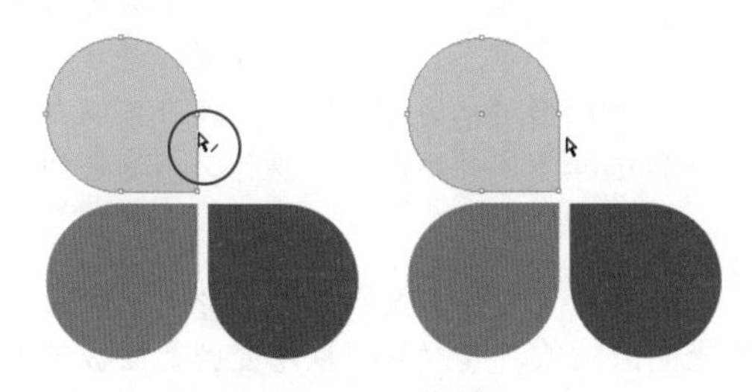

图6.54 激活路径效果

6.6.3 使用菜单命令选择图形

前面讲解了选择工具选择图形的操作方法，在有些时候使用这些工具就显得有些麻烦，对于特殊的选择任务，可以使用菜单命令来完成。选择【对象】|【选择】命令，然后在其子菜单中选择相应的命令，即可完成图形的选择，如图6.55所示。

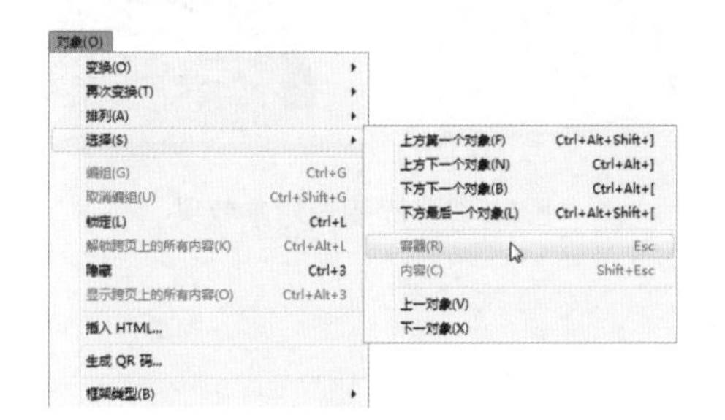

图6.55 【选择】子菜单

【选择】子菜单中的相关命令功能介绍如下：

- 【上方第一个对象】：选择该命令，将选择当前选中对象上方的第一个对象，即当前选中对象最上面的对象。
- 【上方下一个对象】：选择该命令，将选择当前选中对象上方的下一个对象，即当前选中对象上面的对象。
- 【下方下一个对象】：选择该命令，将选择当前选中对象下方下一个对象，即当前选中对象下面的对象。
- 【下方最后一个对象】：选择该命令，将选择当前选中对象下方的最后一个对象，即当前选中对象最下面的对象。
- 【容器】：选择该命令，将选择贴入图形的容器，即贴入的框。
- 【内容】：选择该命令，将选择贴入的图形对象。
- 【上一对象】：选择该命令，将选择当前选中对象的上一个对象。与【上方下一对象】命令正好相反。
- 【下一对象】：选择该命令，将选择当前选中对象的下一个对象。与【下方下一对象】命令正好相反。

技巧

按Alt + Shift + Ctrl +] 组合键，可以快速选择上方第一个对象；按Alt + Ctrl +]组合键，可以快速选择上方下一个对象；按Alt + Ctrl + [组合键，可以快速选择下方下一个对象；按Alt + Shift + Ctrl + [组合键，可以快捷选择下方最后一个对象。

另外，除了选择【对象】|【选择】子菜单中的命令选择对象，还可以选择【编辑】|【全选】命令，选取页面中的所有对象。

技巧

按Ctrl + A组合键，可以快速应用【全选】命令。

6.7 移动图形

对图形的编辑变换，最简单的要数移动图形对象了，选择图形对象后，使用相关的工具或命令，即可对其进行移动。

6.7.1 使用工具移动图形

在InDesign CC中有许多工具可以完成移动图形对象的任务，如【选择工具】、【直接选择工具】、【位置工具】、【自由变换工具】等，使用的基本方法都是一样的，而最常用的移动工具是【选择工具】。这里就以【选择工具】为例来讲解移动图形对象的方法。

在页面中要移动的图形对象上按住鼠标拖动，此时可以看到一个虚框显示移动的图形效果，到达满意的位置后释放鼠标，即可移动图形对象的位置。移动图形位置效果如图6.56所示。

图6.56 移动图形位置效果

6.7.2 使用【变换】面板精确移动图形

使用【选择工具】可以随意移动图形对象，在操作上要方便很多，却很难精确地移动图形对象，而利用【变换】面板，则可以利用精确的数值来移动图形对象。

选择【窗口】|【对象和版面】|【变换】命令，可以打开【变换】面板，如图6.57所示。利用【变换】面板，可以水平或垂直精确移动图形对象。

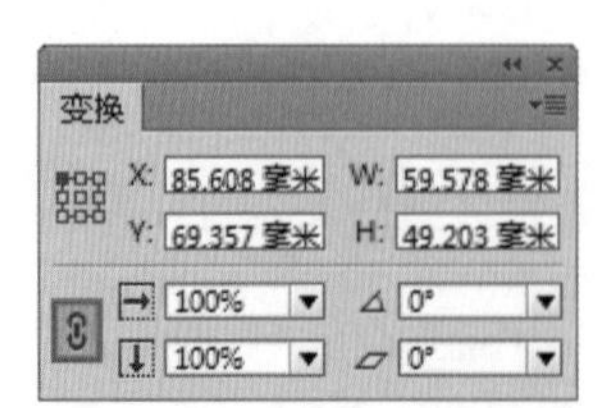

图6.57 【变换】面板

【变换】面板中的移动参数介绍如下：

- X：其右侧的文本框中显示当前选择图形对象的水平坐标值。如果想水平移动选中的图形对象，修改该值即可。输入的值大于当前值时，图形对象向右移动；小于当前值时，图形对象向左移动。
- Y：其右侧的文本框中显示当前选择图形对象的垂直坐标值。如果想垂直移动选中的图形对象，修改该值即可。输入的值大于当前值时，图形对象向下移动；小于当前值时，图形对象向上移动。
- 参考点：辅助移动的参考点。共有9个参考点，分别对应图形的中心点和变换框的8个控制点，通过单击可以切换不同的参考点。在移动、缩放、旋转和倾斜图形对象时相当有用，读者可以自己选择不同的参考点来操作，感受它的强大功能。

要使用【变换】面板移动图形对象，首先选择图形对象，此时可以从【变换】面板中看到当前图形对象的水平与垂直的坐标值，输入一个新的坐标值，如修改X轴的值为98毫米，按Enter（回车）键，即可看到图形的移动效果。这里将图形水平向右移动了18毫米，移动图形对象效果如图6.58所示。

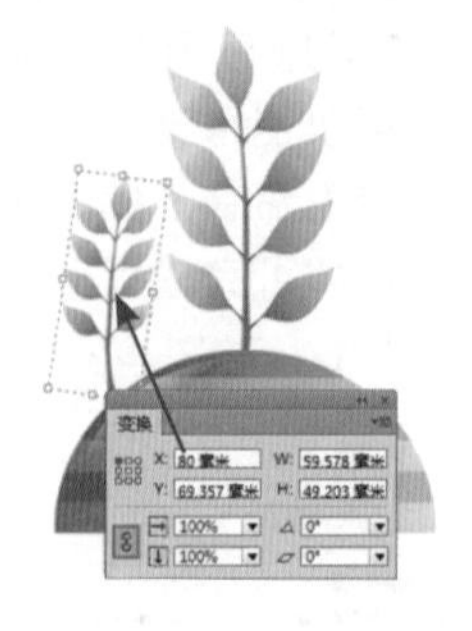
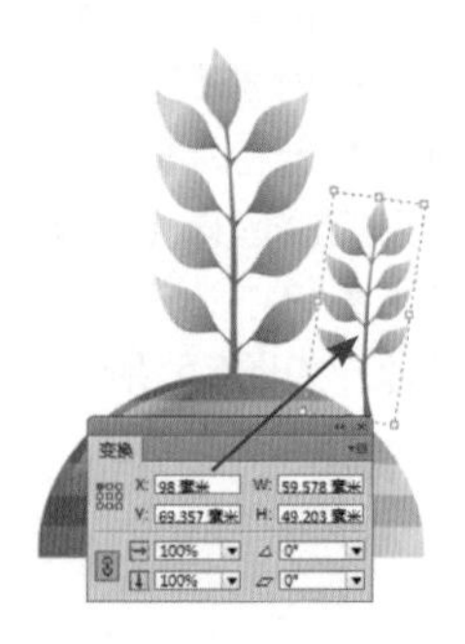

图6.58 移动图形对象效果

视频讲座6-5：使用【移动】命令精确移动图形

案例分类：软件功能类
视频位置：配套光盘\movie\视频讲座6-5：使用【移动】命令精确移动图形.avi

使用【选择工具】不能精确移动，而使用【变换】面板虽然可以精确移动，但对于角度和距离的控制又有所欠缺，使用【移动】命令，就可以很好地解决这些问题。

选择【对象】|【变换】|【移动】命令，可以打开【移动】对话框，如图6.59所示，通过该对话框，不但可以指定水平或垂直的移动，还可以指定移动的距离和角度，通过这些配合使用，可以达到意想不到的效果。

技巧

按Shift + Ctrl + M组合键，可以快速打开【移动】对话框。

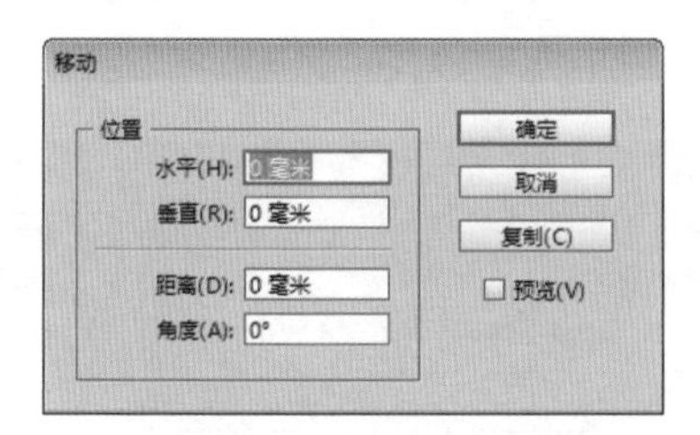

图6.59 【移动】对话框

【移动】对话框中相关的参数说明介绍如下。

- 【水平】：指定水平移动的距离，与【变换】面板中的X轴用法相同。
- 【垂直】：指定垂直移动的距离，与【变换】面板中的Y轴用法相同。
- 【距离】：指定图形对象移动的距离，这个距离可以指水平或垂直距离，也可以指有一定角度的斜角距离。
- 【角度】：指定移动的角度。

例如，要将一个图形对象沿30度移动10毫米的操作方法如下。

ID 1 在页面中选择要移动的图形对象，然后选择【对象】|【变换】|【移动】命令，打开【移动】对话框，此时的移动对话框为默认的状态。

ID 2 在【角度】右侧的文本框中输入30；在【距离】右侧的文本框中输入10，勾选【预览】复选框，在页面中可以看到图形对象移动后的效果，如图6.60所示。单击【确定】按钮，即可完成移动。

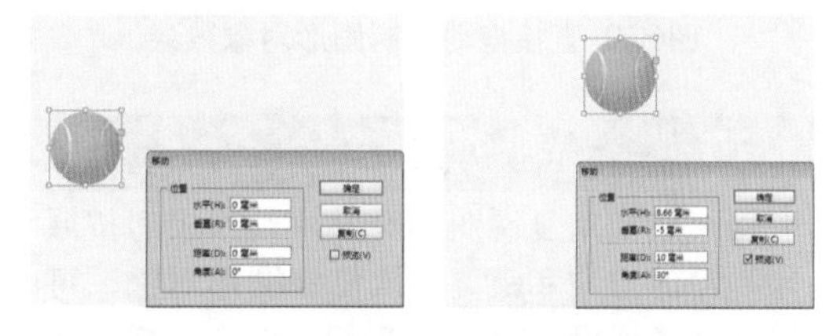

图6.60 【移动】命令移动图形对象效果

提示 

除了使用上面讲解的移动图形对象的方法，移动图形对象外，还可以使用控制栏移动图形对象，它的使用与【变换】面板相同，所以这里不再赘述。控制栏移动参数如图6.61所示。

图6.61 控制栏

6.8 复制图形

在进行图形制作时，有时需要同一图形对象的多个相同副本，这时就需要应用到复制操作，InDesign CC提供了众多的复制操作，除了常用的剪切、复制、粘贴命令外，还提供了如直接复制、多重复制等命令。

6.8.1 直接拖动复制图形

直接拖动复制是最常用的一种复制方法，它不但操作方便、直观，而且易于掌握，基本上所有的设计软件都支持这种方法。

选择要复制的图形对象，然后将光标移动到图形对象上，按住Alt键，此时光标将变成▶状，拖动图形对象到合适的位置后，先释放鼠标然后释放Alt键，即可复制一个图形对象。复制图形对象效果如图6.62所示。

技巧

在移动或复制图形时，按住Shift键可以沿水平、垂直或成45°倍数的方向移动或复制图形对象。

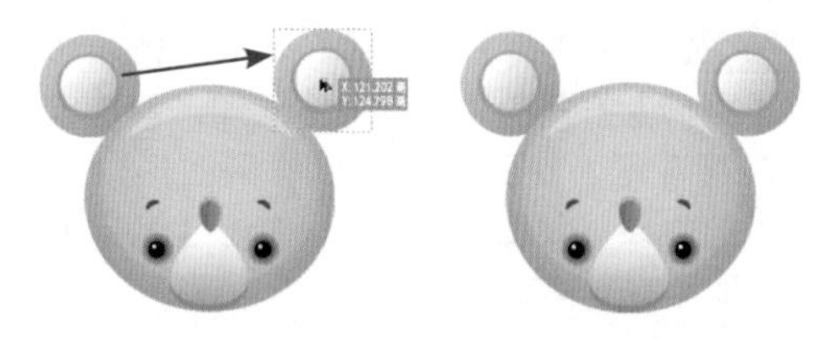

图6.62 直接拖动复制图形对象效果

技巧

利用直接拖动复制图形对象后，如果想按原来拖动的方向和距离再次复制图形对象，可以选择【编辑】|【直接复制】命令，或者按Alt + Shift + Ctrl + D组合键，直接复制图形对象，多次应用该命令可以按相同的方式复制出更多的图形对象。

6.8.2 原位复制图形

原位复制就是将图形对象粘贴到原图形对象的位置，让其保持重合状态。不过一般使用原位复制都要和其他的变换命令相结合，比如与【变换】面板或控制栏中的参考点相结合来使用。下面来讲解原位复制与控制栏中参考点结合使用，复制图形对象的方法。

ID 1 在页面中选择要进行原位复制的图形对象，然后按Ctrl + C组合键，将图形复制。

ID 2 选择【编辑】|【原位粘贴】命令，将原图粘贴一个副本，因为是原位粘贴，副本与原图是重合的状态，所以在页面中并看不出有什么变化。

ID 3 在控制栏中单击左侧中间的参考点▦，将参考点设置到左侧中心的位置，然后选择【对象】|【变换】|【水平翻转】命令，将副本进行水平翻转，完成制作。完成的效果如图6.63所示。

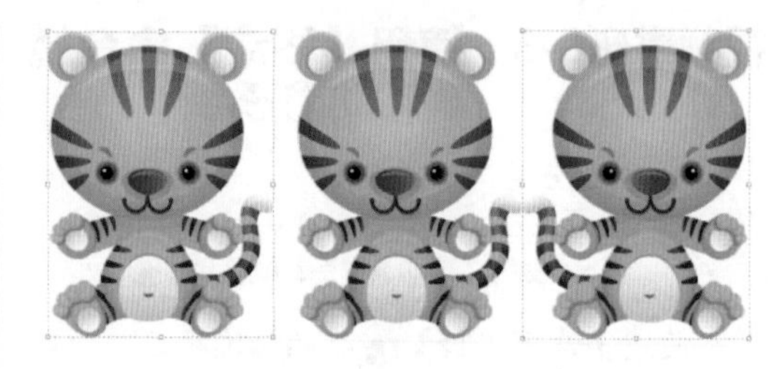

图6.63 水平翻转后的效果

6.8.3 利用多重复制快速复制图形

多重复制可以在水平、垂直或一定角度上按照一定的距离，复制出多个图形副本，是比较常用的一个复制命令，一般常用来制作图案填充效果。选择【编辑】|【多重复制】命令，打开【多重复制】对话框，如图6.64所示。

技巧

按Alt + Ctrl + U组合键，可以快速打开【多重复制】对话框。

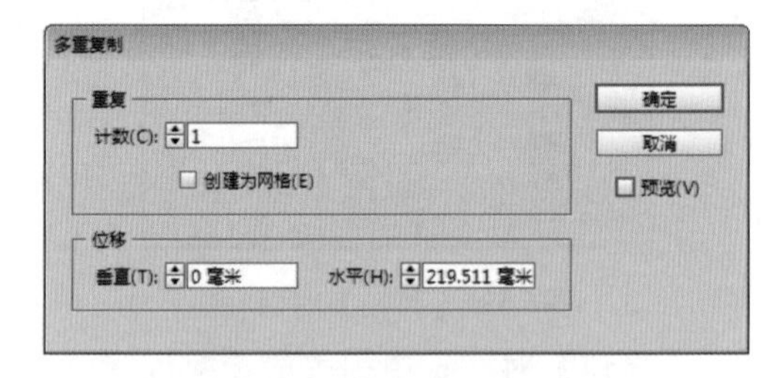

图6.64 【多重复制】对话框

【多重复制】对话框中各选项含义说明如下。

- 【计数】：指定复制图形对象的数量（不包括原图形）。值越大，复制的图形对象就越多。
- 【创建为网格】：勾选该复选框，【计数】选项位置将变成【行】和【列】，通过指定行数和列数并配合位置，可以创建基于平面的多行多列图形。
- 【垂直】：指定垂直移动复制的距离。输入的值大于当前值时，图形对象向下移动；小于当前值时，图形对象向上移动。
- 【水平】：指定水平移动复制的距离。输入的值大于当前值时，图形对象向右移动；小于当前值时，图形对象向左移动。

技巧

要创建填满副本的页面，首先将【垂直】或【水平】设置为0；将创建一列或行副本，然后选择整行或整列，并将【水平】或【垂直】设置为0，沿着该页面重复该列或行。

视频讲座6-6：利用【多重复制】命令快速复制图形

案例分类：软件功能类
视频位置：配套光盘\movie\视频讲座6-6：利用【多重复制】命令快速复制图形.avi

下面通过【多重复制】命令复制图案来讲解【多重复制】命令的使用方法。

ID 1 选择【文件】|【打开】命令，打开【打开文件】对话框，选择配套光盘中的“调用素材\第6章\多重复制.indd”文件。

ID 2 使用【选择工具】选择页面中要复制的砖块图形，如图6.65所示。然后选择【编辑】|【多重复制】命令，打开【多重复制】对话框，勾选【创建为网格】复选框，设置【行】的值为8；【列】的值为4，【垂直】位置为14毫米，【水平】位置为37毫米，如图6.66所示。

图6.65 选择花纹

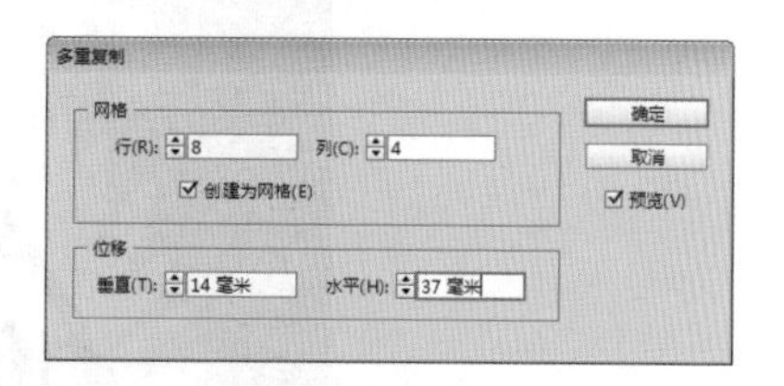

图6.66 【多重复制】对话框

ID 3 设置完成后，单击【确定】按钮，即可将砖块复制8行4列，复制后的效果如图6.67所示。

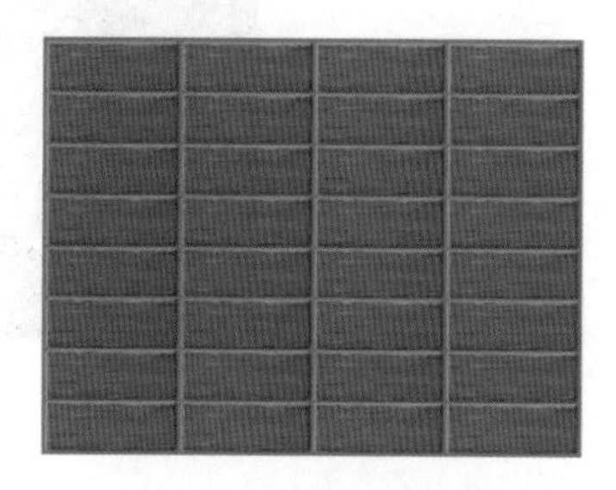

图6.67 多重复制效果

6.9 上机实训——音乐之声海报制作

案例分类：平面设计类
视频位置：配套光盘\movie\6.9 上机实训——音乐之声海报制作.avi

6.9.1 技术分析

本例讲解音乐之声海报制作。首先绘制一个矩形并填充渐变；然后绘制一个正圆，通过多重复制将正圆复制多份并降低不透明度，制作出海报的背景；最后置入图片素材并输入文字，完成整个海报的制作。

6.9.2 本例知识点

- 【多重复制】命令的使用
- 【投影】效果的使用
- 混合模式的设置
- 不透明度的设置

6.9.3 最终效果图

本实例的最终效果如图6.68所示。

图6.68 最终效果图

6.9.4 操作步骤

ID 1 选择【文件】|【新建】|【文档】命令，打开【新建文档】对话框，设置【页数】为1，【超始页码】设置为1，【宽度】为190毫米，【高度】为260毫米，【页面方向】为纵向，如图6.69所示。

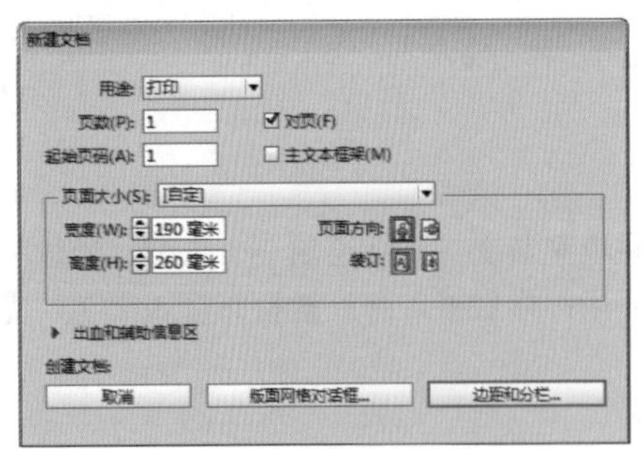

图6.69 【新建文档】对话框

ID 2 单击【边距和分栏】按钮，打开【新建边距和分栏】对话框，将上、下、内、外【边距】的值都设置为0毫米，如图6.70所示。

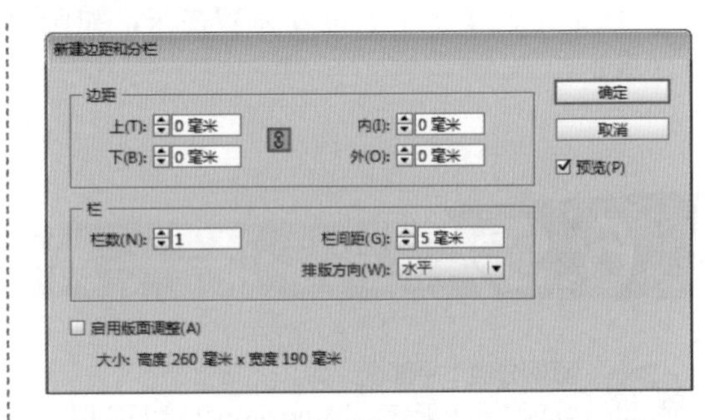

图6.70 【新建边距和分栏】对话框

ID 3 选择工具箱中的【矩形工具】，在页面中绘制一个矩形，打开【渐变】面板，编辑从黄色（C:10；M：0；Y:83；K:0）到深红色（C:27；M:100；Y:100；K:30；）的渐变，设置【类型】为径向，如图6.71所示。

ID 4 选择工具箱中的【渐变色板工具】，从矩形的中心向右侧拖动，为矩形填充渐变，效果如图6.72所示。

图6.71 设置渐变

图6.72 填充渐变

ID 5 选择工具箱中的【椭圆工具】，在页面中单击鼠标，将弹出【椭圆】对话框，设置【宽度】和【高度】都为5毫米，如图6.73所示。

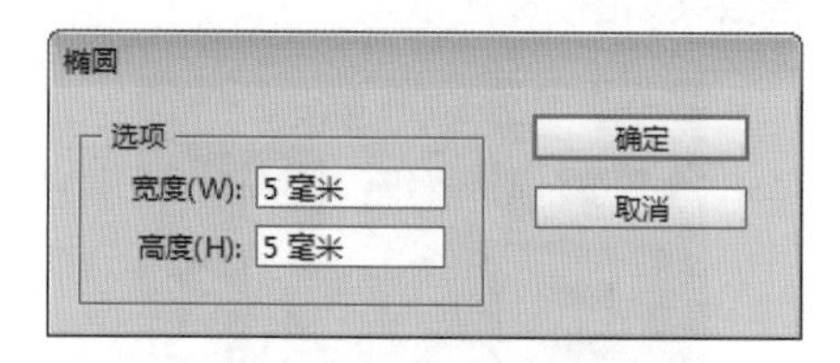

图6.73 【椭圆】对话框

ID 6 将绘制好的正圆填充为白色，描边设置为无，如图6.74所示。

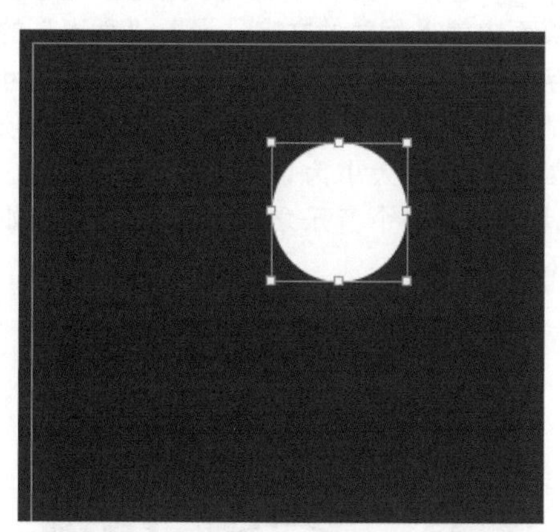

图6.74 填充正圆

ID 7 选择白色正圆，选择【编辑】|【多重复制】命令，打开【多重复制】对话框，勾选【创建为网格】复选框，设置【行】为39，【列】为29，【垂直】位移为7毫米，【水平】位移为7毫米，如图6.75所示。

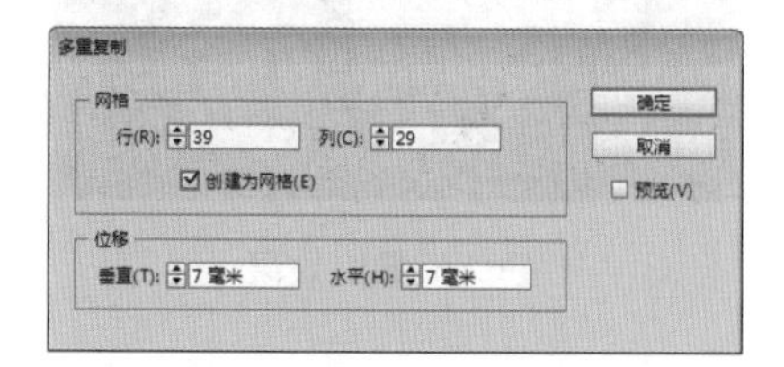

图6.75 绘制正圆

ID 8 单击【确定】按钮，复制后的圆形效果如图6.76所示。将正圆全部选中，选择【对象】|【编组】命令，或者按Ctrl + G组合键将选中的正圆编组。

图6.76 复制效果

ID 9 选择编组后的正圆，选择【窗口】|【效果】命令，打开【效果】对话框，设置【不透明度】为5%，如图6.77所示。设置不透明度后的正圆效果如图6.78所示。

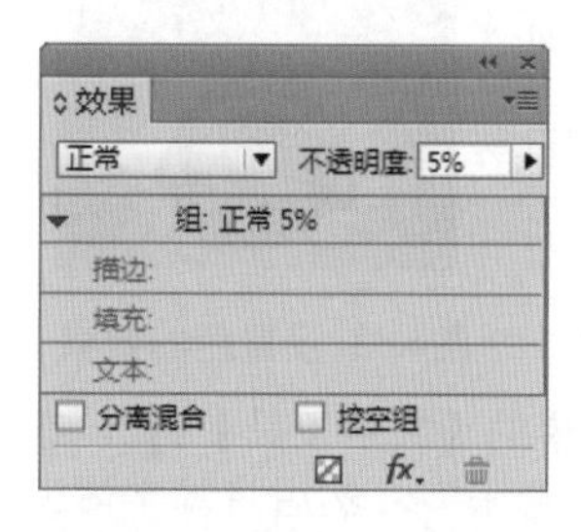

图6.77 设置不透明度

图6.78 不透明度效果

ID 10 选择【文件】|【置入】命令，打开【置入】对话框，选择配套光盘中的“调用素材\第6章\黑色剪影.psd、耳机.psd”文件，将黑色剪影和耳机缩小并分别放置到页面的合适位置，效果如图6.79所示。

图6.79 置入图片

ID 11 选择工具箱中的【矩形工具】，在页面的上方绘制一个矩形，将其填充为白色，【描边】设置为无，效果如图6.80所示。

图6.80 绘制矩形并填充

ID 12 选择白色矩形，打开【效果】对话框，设置【混合模式】为叠加，【不透明度】为50%，如图6.81所示；此时可以看到矩形与背景产生了叠加效果，如图6.82所示。

图6.81 设置不透明度

图6.82 设置后的效果

ID 13 选择工具箱中的【文字工具】T，在矩形上方输入文字“音乐”，然后将其字体设置为“汉仪长艺体简”，文字大小为110，颜色为黄色（C:10；M:0；Y:83；K:0），效果如图6.83所示。

图6.83 输入文字

ID 14 将文字选中，选择【对象】|【效果】|【投影】命令，打开【投影】对话框，设置参数为默认，如图6.84所示。

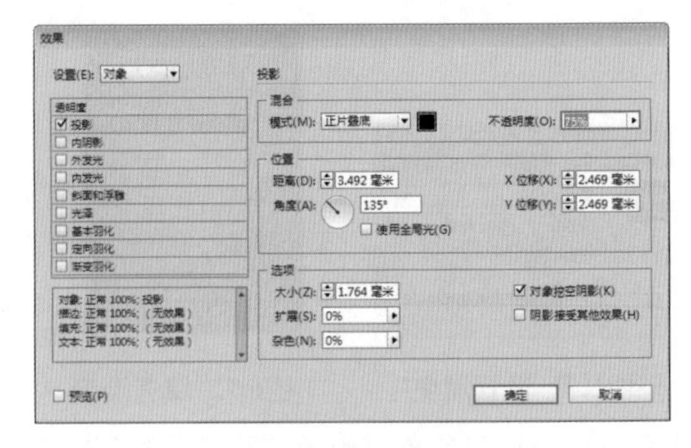

图6.84 投影对话框

ID 15 单击【确定】按钮确认，添加投影后的图形效果如图6.85所示。

图6.85 应用投影后的效果

ID 16 选择工具箱中的【文字工具】T，在页面中输入相关的文字，设置“之声”的文字字体为“汉仪长艺体简”，文字大小为66点，颜色为黑色；其他文字的字体为“汉仪中宋简”，文字大小为16点，颜色为黑色，这样就完成了整个音乐之声海报的制作，如图6.86所示。

图6.86 最终效果

第7章 图形的颜色控制

〔内容摘要〕

本章详细讲解了InDesign CC颜色的控制及填充，包括单色、渐变填充和描边控制，各种颜色面板的使用及设置方法，图形的描边技术。还介绍了图形的颜色模式：灰度、RGB、Lab和CMYK4种颜色模式的转换，以及这些颜色模式的含义和使用方法。最后详细讲解了编辑颜色的各种命令，如色板的复制与载入、渐变的编辑与色标的修改及其在实战中的应用。通过本章的学习，读者能够熟练掌握各种颜色的控制及设置方法，掌握图形的填充和描边技巧。

〔教学目标〕

- 单色填充
- 颜色和色板面板的使用
- 渐变填充
- 描边设置

7.1 单色填充

单色填充也叫实色填充，它是颜色填充的基础，一般可以使用【颜色】和【色板】来编辑用于填充的单色。对图形对象的填充分为两个部分：一是内部的填充；二是描边。在设置颜色前要先确认填充的对象，是内部填充还是描边填色。确认的方法很简单，可以通过【工具箱】底部相关区域来设置，也可以通过【颜色】面板来设置。通过单击【填色】或【描边】按钮，将其设置为当前状态，然后设置颜色即可。

在设置颜色区域中单击【互换填色和描边】按钮，可以将填充颜色和描边颜色相互交换；单击【默认填色和描边】按钮，可以将填充颜色和描边颜色设置为默认的无填充和黑色描边效果；单击【格式针对容器】按钮，可以对容器进行填充或描边；单击【格式针对文本】按钮，可以对容器中的文本进行填充或描边；单击【应用颜色】按钮，可以为图形填充或描边单色效果；单击【应用渐变】按钮，可以为图形填充渐变色；单击【应用无】按钮，可以将填充或描边设置为无色效果。相关的图示效果如图7.1所示。

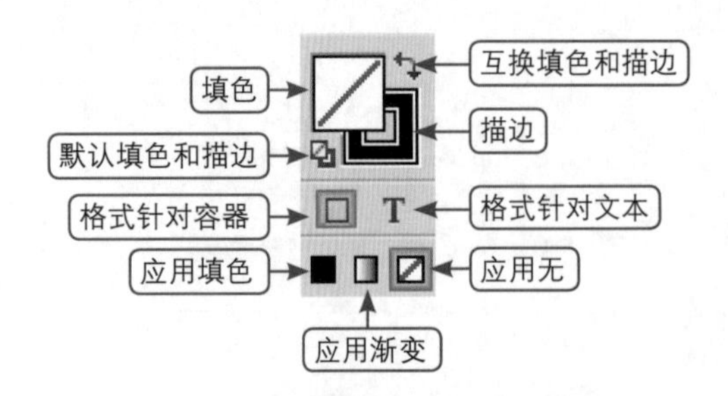

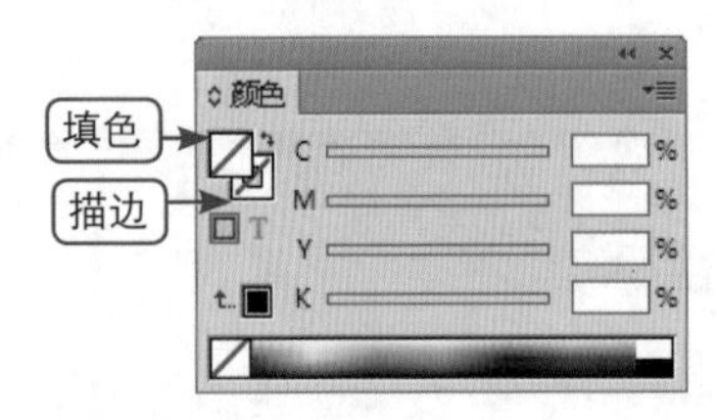

图7.1 填色与描边的图示效果

技巧

在英文输入法下，按X键可以互换填色和描边的当前状态；按D键可以将填充颜色和描边颜色设置为默认的黑白颜色；按，（逗号）键可以设置为单色填充；按。（句号）键可以设置为渐变填充；按/（斜杠）键可以将当前的填色或描边设置为无色。

视频讲座7-1：单色填充

案例分类：软件功能类
视频位置：配套光盘\movie\视频讲座7-1：单色填充.avi

在页面中选择要填色的图形对象，然后在工具箱中单击【填色】图标，将其设置为当前状态，双击该图标，打开【拾色器】对话框，在该对话框中选择要填充的颜色，然后单击【确定】按钮，即可将图形填充单色效果，操作过程如图7.2所示。

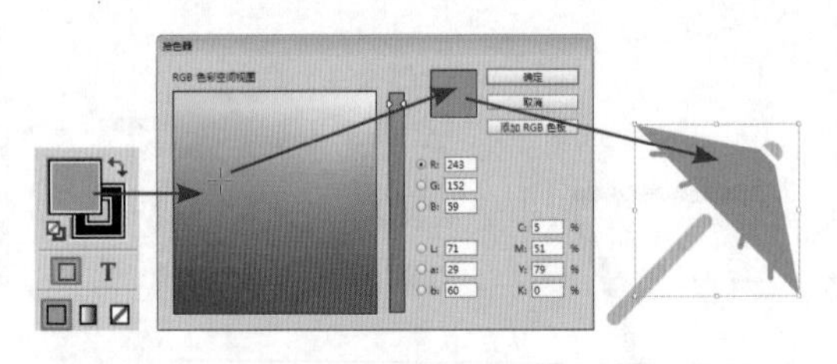

图7.2 单色填充效果

视频讲座7-2：应用描边

案例分类：软件功能类
视频位置：配套光盘\movie\视频讲座7-2：应用描边.avi

在页面中选择要进行描边的图形对象，然后在【工具箱】中单击【描边】图标，将其设置为当前状态，然后双击该图标，打开【拾色器】对话框，在该对话框中设置要描边的颜色，然后单击【确定】按钮，确认设置需要的描边颜色，即可将图形以新设置的颜色进行描边处理，操作过程如图7.3所示。

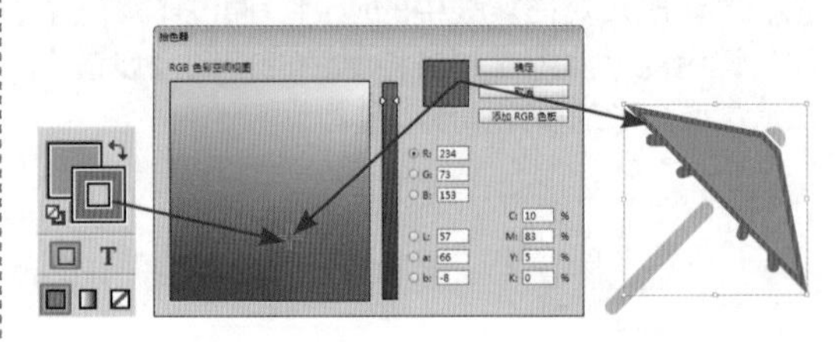

图7.3 图形描边的操作效果

技巧

除了双击打开【拾色器】设置填色或描边外，还可以使用【色板】和【颜色】面板来设置填色或描边的颜色。

7.2 【颜色】面板介绍

【颜色】面板可以通过修改不同的颜色值精确地指定所需要的颜色。选择【窗口】|【颜色】命令，即可打开如图7.4所示的【颜色】面板。通过单击【颜色】面板右上角的按钮，可以弹出【颜色】面板菜单，选择不同的颜色模式。

技巧

按F6键，可以快速打开【颜色】面板。

在【颜色】面板中，通过单击【填色】或【描边】来确定设置颜色的对象，通过拖动【颜色滑块】或修改【颜色值】来精确设置颜色，也可以直接在下方的色谱中吸取一种颜色。如果不想设置颜色，可以单击【无】区，

将选择的填色或描边设置为无颜色。

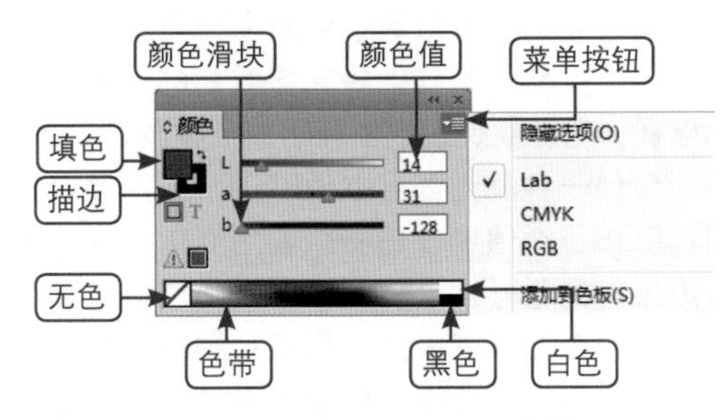

图7.4 【颜色】面板及菜单

InDesign有4种颜色模式：灰度模式、RGB模式（即红、绿、蓝）、Lab模式和CMYK模式（即青、洋红、黄、黑）。这4种颜色模式各有不同的功能和用途，不同的颜色模式对于图形的显示和打印效果各不相同，有时甚至差别很大，所以有必要对颜色模式有个清楚的认识。下面分别讲述【颜色】面板菜单中4种颜色模式的含义及用法技巧。

7.2.1 灰度模式

灰度模式属于非色彩模式。它只包含256级不同的亮度级别，并且仅有一个Black通道。在图像中看到的各种色调都是由256种不同强度的黑色表示。

灰度模式简单地说，就是由白色到黑色之间的过渡颜色。在灰度模式中把从白色到黑色之间的过渡色分为100份，以百分数来计算设白色为0%、黑色为100%，其他灰度级用介于0%~100%百分数来表示。各灰度级其实表示了图形灰色的亮度级。在出版、印刷许多地方都要用到黑白图（即灰度图）就是灰度模式的一个极好的例子。

7.2.2 Lab色彩模式

Lab有3个色彩通道，一个用于照度（Luminosity），另两个用于色彩范围，简单地用字母a和b表示。a通道包括的色彩从深绿色（低亮度值）到灰（中亮度值）再到粉红色（高亮度值）；b通道包括的色彩从天蓝色（低亮度值）到灰色再到深黄色（高亮度值）；Lab模型和RGB模型一样，这些色彩混在一起产生更鲜亮的色彩，只有照度的亮度值使色彩黯淡。所以，可以把Lab看作是带有亮度的两个通道的RGB模式。

Lab色彩模式是在不同色彩模式之间转换时使用的内部安全格式。它的色域能包含RGB色彩模式和CMYK色彩模式的色域。Lab模式既不依赖光线，也不依赖于颜料，它是CIE组织确定的一个理论上包括了人眼可以看见的所有色彩的色彩模式。

RGB在蓝色与绿色之间的过渡色太多，绿色与红色之间的过渡色又太少，CMYK模式在编辑处理图片的过程中损失的色彩则更多，而Lab模式在这些方面都有所补偿，Lab模式弥补了RGB和CMYK两种色彩模式的不足。因此，如果将RGB模式图片转换成CMYK模式时，在操作步骤上应加上一个中间步骤，即先转换成Lab模式。在非彩色报纸的排版过程中，应用Lab模式将图片转换成灰度图是经常用到的。

在【颜色】菜单中选择Lab命令，即可将【颜色】面板的颜色显示切换到Lab模式，如图7.5所示。可以通过拖动滑块或修改参数来设置颜色，也可以在色谱中吸取颜色。

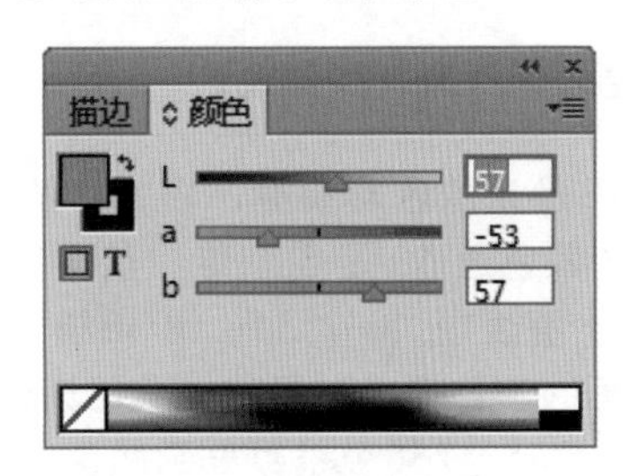

图7.5 Lab模式

7.2.3 CMYK模式

CMYK模式主要应用于图像的打印输出，该模式是基于商业打印的油墨吸收光线，当白光落在油墨上时，一部分光被油墨吸收了，没有吸收的光就返回到眼睛中。青色（C）、洋红（M）和黄色（Y）这3种色素能组合起来吸收所有的颜色以产生黑色，因此它属于减色模式，所有商业打印机使用的都是减色模式。但是因为所有的打印油墨都包含了一些不纯的东西，因此这3种油墨实际产生了一种浑浊的棕色，必须结合黑色油墨才能产生真正的黑色。结合这些油墨来产生颜色被称为四色印刷打印。CMYK色彩模型中色彩的混合正好和RGB色彩模式相反。

当使用CMYK模式编辑图像时，应当十分小心，因为通常都习惯于编辑RGB图像，在CMYK模式下编辑的需要一些新的方法，尤其是编辑单个色彩通道时。在RGB模式中查看单色通道时，白色表示高亮度色，黑色表示低亮度色；在CMYK模式中正好相反，当查看单色通道时，黑色表示高亮度色，白色表示低亮度色。

在【颜色】菜单中选择CMYK命令，即可将【颜色】面板的颜色显示切换到CMYK模式，如图7.6所示。可以通过拖动滑块或修改参数来设置颜色，注意C、M、Y、K数值都在0～100范围内。也可以在色谱中吸取颜色。

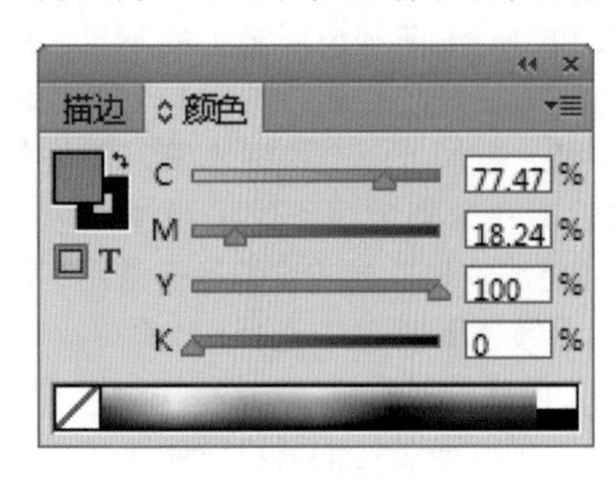

图7.6 CMYK模式

7.2.4 RGB模式

RGB是光的色彩模型，俗称三原色（也就是三个颜色通道）：红、绿、蓝。每种颜色都有256个亮度级（0~255）。RGB模式是一种发光屏幕的加色模式，将每一个色谱分成256份，用0~255这256个整数表示颜色的深浅，其中0代表颜色最深，255代表颜色最浅。所以RGB模式所能显示的颜色有256×256×256，即16,777,216种颜色，远远超出了人眼所能分辨的颜色。如果用二进制表示每一条色谱的颜色，需要用8位二进制来表示，所以RGB模式需要用24位二进制来表示，这也就是常说的24位色。

RGB模型也称为加色模式，因为当增加红、绿、蓝色光的亮度级时，色彩变得更亮。所有显示器、投影仪和其他传递与滤光的设备，包括电视、电影放映机都依赖于加色模型。

任何一种色光都可以由RGB三原色混合得到，RGB三个值中任何一个发生变化都会导致合成出来的色彩发生变化。电视彩色显像管就是根据这个原理得来的，但是这种表示方法并不适合人的视觉特点，所以产生了其他的色彩模式。

在【颜色】菜单中选择RGB命令，即可将【颜色】面板的颜色显示切换到RGB模式，如图7.7所示。可以通过拖动滑块或修改参数来设置颜色，也可以在色谱中吸取颜色。RGB模式在网页中应用较多。

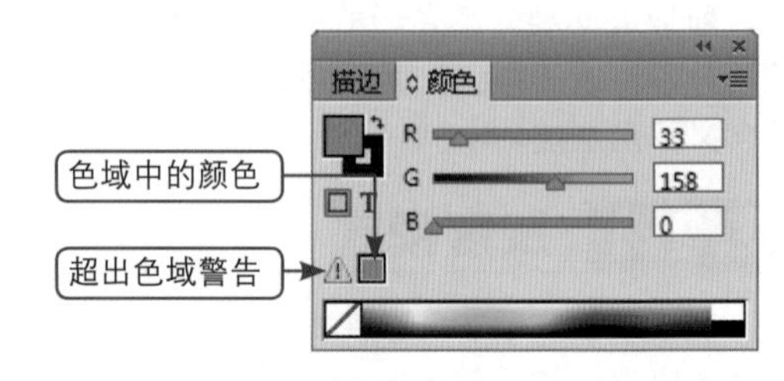

图7.7 RGB模式

提示

在使用Lab或RGB颜色时，在【颜色】面板左侧下方出现一个中间有感叹号的黄色三角形，这表示设置颜色为超出色域警告，即这种颜色不能用CMYK油墨打印。在黄色三角形右侧将出现一个与设置的颜色最接近的CMYK颜色块。单击该CMYK颜色块就可以用它来替换超出色域警告的颜色。

7.3 【色板】面板介绍

【色板】面板主要用来存放颜色，包括颜色、渐变、图案等。选择【窗口】|【色板】命令，即可打开如图7.8所示的【色板】面板。

单击【色板】面板右上角的按钮，弹出【色板】面板菜单，利用相关的菜单命令，可以对【色板】进行更加详细的设置。

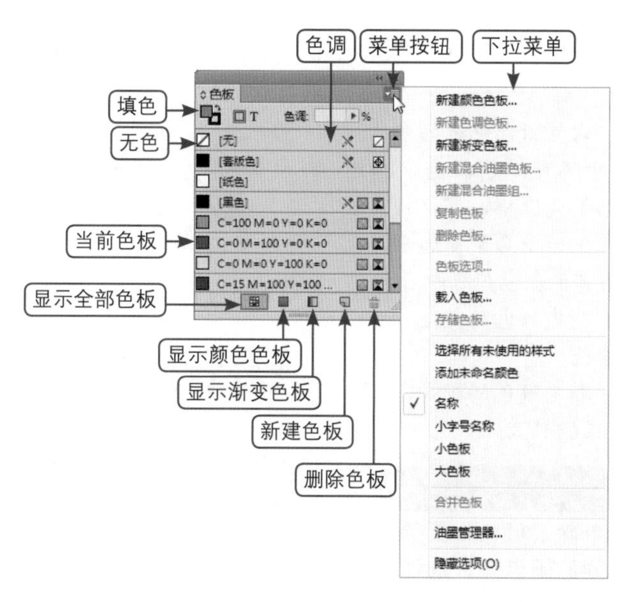

图7.8 【色板】面板及菜单

默认状态下，【色板】显示了所有的颜色信息，包括颜色和渐变，如果想单独显示不同的颜色信息，单击【显示颜色色板】按钮，只显示颜色色板；单击【显示渐变色板】，只显示渐变色板；如果单击【显示全部色板】按钮，将显示全部色板。

7.3.1 新建色板

新建色板说的是在【色板】面板中添加新的颜色块。如果在当前【色板】面板中没有找到需要的颜色，可以应用【颜色】面板或其他方式创建新的颜色。为了以后使用的方便，可以将新建的颜色添加到【色板】面板中，创建属于自己的色板。

新建色板有多种操作方法，可以使用【颜色】面板用拖动的方法来添加色板，也可以使用【新建色板】按钮来添加色板，还可以从其他文件导入色板。

① 拖动法添加色板

首先打开【颜色】面板并设置好需要的颜色，然后拖动该颜色到【色板】中，可以看到【色板】中产生一条黑色的线，并在光标的右下角出现一个“田”字形的标记，释放鼠标即可将该颜色添加到【色板】中。操作效果如图7.9所示。

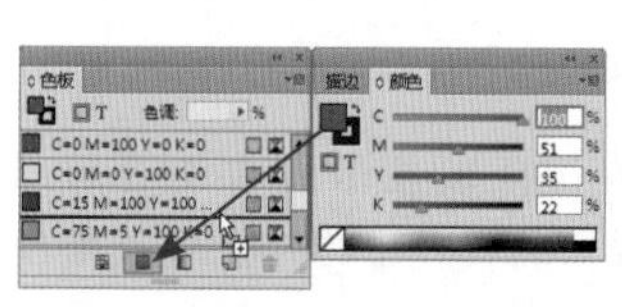

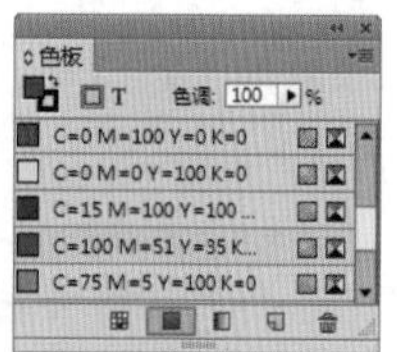

图7.9 拖动法添加颜色操作效果

提示

除了使用拖动法添加颜色，还可以在【颜色】面板中设置好颜色后，从【颜色】面板菜单中选择【添加到色板】命令来添加色板。

② 使用【新建颜色色板】命令添加色板

在【色板】面板中单击菜单，选择【新建颜色色板】命令，打开【新建颜色色板】对话框，如图7.10所示。

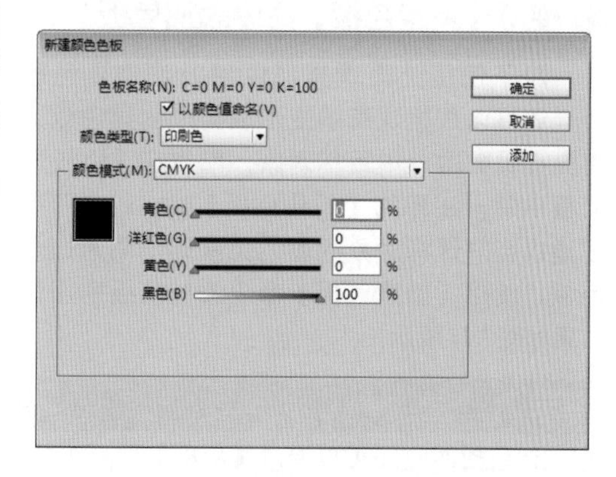

图7.10 【新建颜色色板】对话框

【新建颜色色板】对话框中各选项的使用说明如下：

- 【色板名称】：设置新建色板的名称。默认状态下处于不可编辑状态，撤选【以颜色值命名】复选框，可以将其激活。勾选【以颜色值命名】复选框，色板的名称将以当前的颜色值来命名。
- 【颜色类型】：指定颜色的类型。可以选择印刷色或专色。
- 【颜色模式】：指定颜色的模式，可以选择Lab、RGB或CMYK。

提示

【颜色模式】下拉菜单除了可以设置颜色模式外，还可以选择不同的颜色库，选择目标颜色库即可将颜色库中部分或全部色板添加到【色板】面板中。另外，还可以通过选择【其他库】命令，打开其他文件中的色板，以添加色板。

- 色板颜色：该区域显示当前设置的颜色，即在右侧的模式中拖动滑块或修改参数值设置的颜色。设置完成后单击【确定】按钮或单击【添加】按钮，即可将其添加到【色板】面板中。

提示

单击【确定】按钮，可以确定当前设置的颜色，如果想再添加色板，需要重新打开【新建颜色色板】对话框，而使用【添加】按钮则可以将当前颜色添加到【色板】中，并不关闭【新建颜色色板】对话框，还可以继续设置颜色并添加。

③ 使用【新建色板】命令添加色板

除了使用上面调整颜色的方法创建色板外，还可以根据现有的图形填充来创建色板。首先在页面中选中目标对象，然后在【色板】面板中单击底部的【新建色板】按钮，即可创建以当前选择对象的颜色为基础，创建一个色板。使用【新建色板】命令添加色板的操作效果如图7.11所示。

提示

在创建色板时，还可以通过【色板】面板中的【填色】与【描边】按钮，以确定从图形的填充还是描边来创建色板。

图7.11 使用【新建色板】命令添加色板

7.3.2 复制、编辑和删除色板

创建了色板以后，还可以应用复制命令来复制色板；使用【色板选项】命令来编辑色板；如果出现多余的色板，还可以将其删除。

① 复制色板

复制色板的操作方法很简单，在【色板】面板中选择要进行复制的色板，然后将其拖动到面板底部的【新建色板】按钮上，此时鼠标光标将显示为手形，并在右下角显示一个“田”字形的标记，释放鼠标即可复制一个色板，新色板将以原色板名称加“副本”2字进行重命名。复制色板操作效果如图7.12所示。

图7.12 复制色板操作效果

技巧

选择一个色板后，在【色板】面板菜单中选择【复制色板】命令，也可以复制一个色板副本。

② 编辑色板

如果想修改色板的相关属性，可以在【色板】面板中双击该色板，打开【色板选项】对话框，即可修改当前色板的相关属性，因为【色板选项】与前面讲解过的【新建色板】对话框用法相同，这里不再赘述。

> **提示**
>
> 在【色板】面板中，色块的右侧带有✕标记的，表示不可编辑。

③ 删除色板

在【色板】面板中选择一个或多个色板，然后单击【色板】面板底部的【删除色板】🗑按钮，也可以选择【色板】面板菜单中的【删除色板】命令，即可将选择的色板颜色删除。删除色板操作效果如图7.13所示。

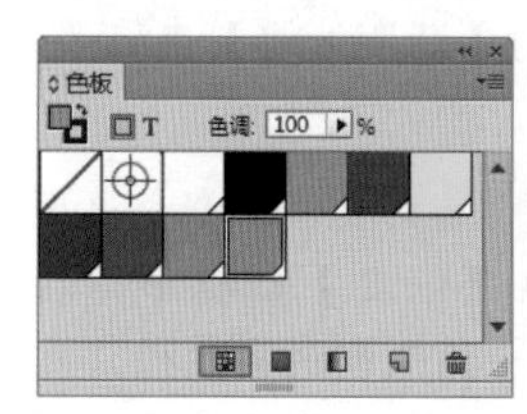

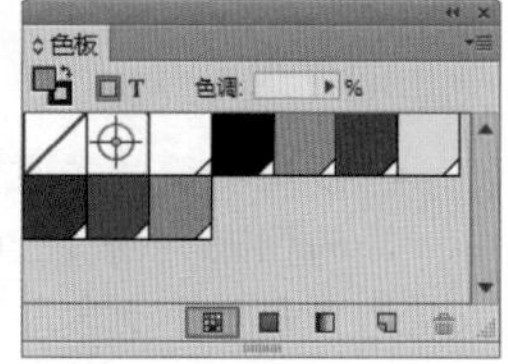

图7.13 删除色板操作效果

> **提示**
>
> 如果当前要删除的色板正在使用中，则系统将弹出一个【删除色板】对话框，可以设置删除色板的替换颜色，或者直接将其未命名使用。

7.3.3 载入和存储色板

前面讲解了多种添加色板的方法，利用【载入色板】命令可以载入其他文档中的色板。添加色板后，还可以将色板进行存储，以方便下次使用。

① 载入色板

如果要载入其他文档中的色板，可以在【色板】面板菜单中选择【载入色板】命令，从【打开文件】对话框中选择要载入的文件，然后单击【打开】按钮即可。

② 存储色板

如果要将色板进行存储，可以在【色板】面板菜单中选择【存储色板】命令，打开【另存为】对话框，指定存储的名称及路径后单击【保存】按钮，即可将色板保存，下次使用时，可以使用【载入色板】命令，将其载入即可。

7.3.4 修改【色板】的显示

InDesign CC为用户提供了修改【色板】面板显示的方法，在【色板】面板菜单中，可以选择【名称】、【小字号名称】、【小色板】和【大色板】4种方式来显示【色板】。不同显示效果如图7.14所示。

名称

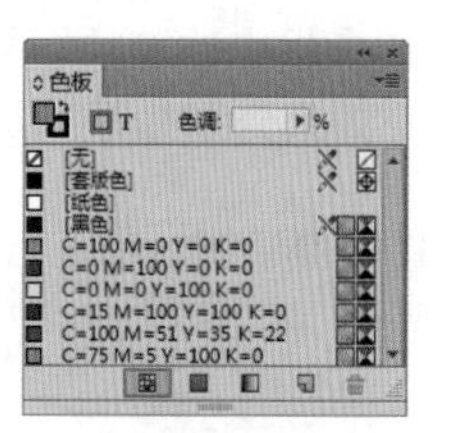

小字号名称

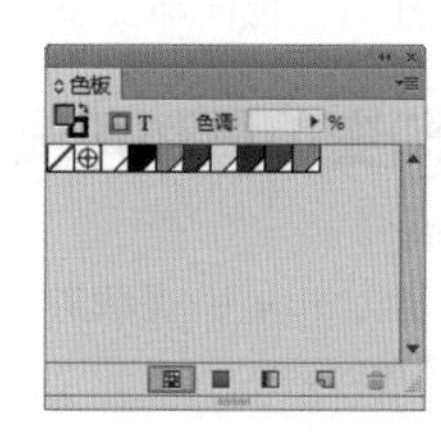

小色板

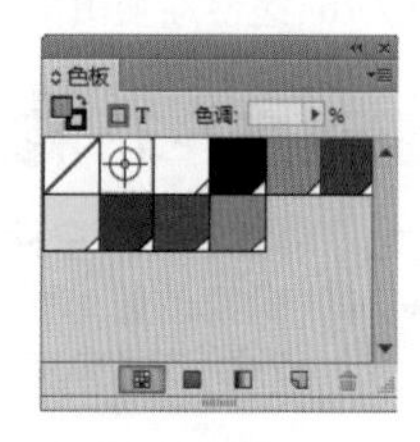

大色板

图7.14 4种不同的显示效果

7.4 渐变填充

渐变填充是实际制图中使用率相当高的一种填充方式，它与单色填充最大的不同就是单色由一种颜色组成，而渐变则是由两种或两种以上的颜色组成。

7.4.1 【渐变】面板介绍

选择【窗口】|【渐变】命令，即可打开如图7.15所示的【渐变】面板，该面板主要用来编辑渐变颜色。

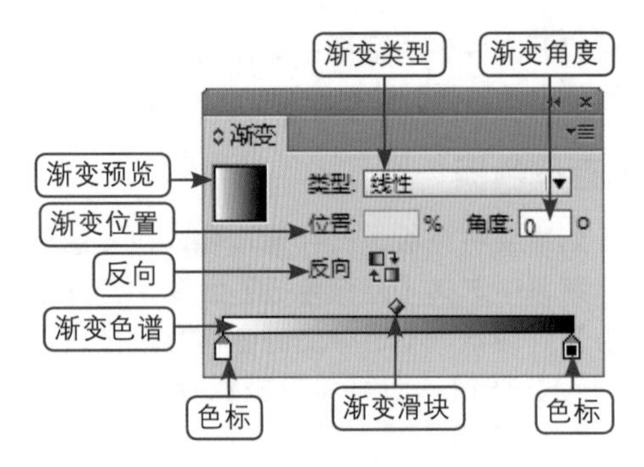

图7.15 【渐变】面板

7.4.2 修改渐变类型

渐变包括两种类型：一种是线性；一种是径向。线性即渐变颜色以线性的方式排列；径向即渐变颜色以圆形径向的形式排列。如果要修改渐变的填充类型，只需要选择填充渐变的图形后，在【渐变】面板的【类型】下拉列表中选择相应的选项即可。线性渐变和径向渐变填充效果分别如图7.16、图7.17所示。

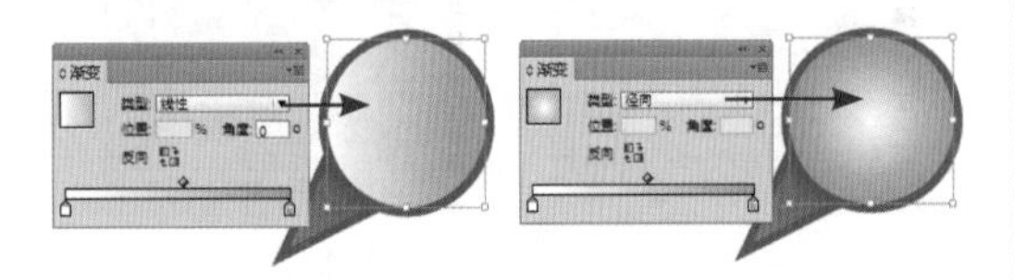

图7.16 线性渐变填充　　图7.17 径向渐变填充

视频讲座7-3：修改渐变位置和角度

案例分类：软件功能类
视频位置：配套光盘\movie\视频讲座7-3：修改渐变位置和角度.avi

渐变填充的位置和角度将决定渐变填充的效果，渐变的位置和角度可以利用【渐变】面板来修改，也可以使用【渐变色板工具】来修改。

① 利用【渐变】面板修改

- 修改渐变位置：在【渐变】面板中选择要修改位置的色标，可以从【位置】文本框中看到当前色标的位置。输入新的数值或左右拖动色标的位置，即可修改选中色标的位置。修改渐变颜色位置效果如图7.18所示。

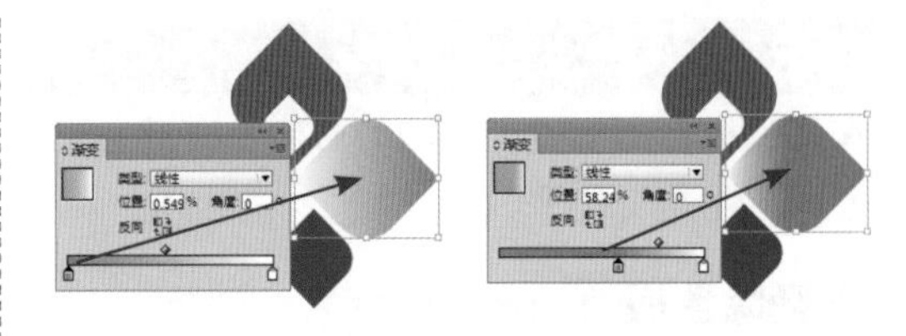

图7.18 修改渐变位置

技巧

除了选择色标后修改【位置】参数来修改色标位置，还可以直接左右拖动色标来修改颜色的位置，也可以拖动【渐变滑块】来修改颜色的位置。

- 修改渐变的角度：选择要修改渐变角度的图形对象，在【渐变】面板中，在【角度】文本框中输入新的角度值，然后按Enter键即可。修改角度效果如图7.19所示。

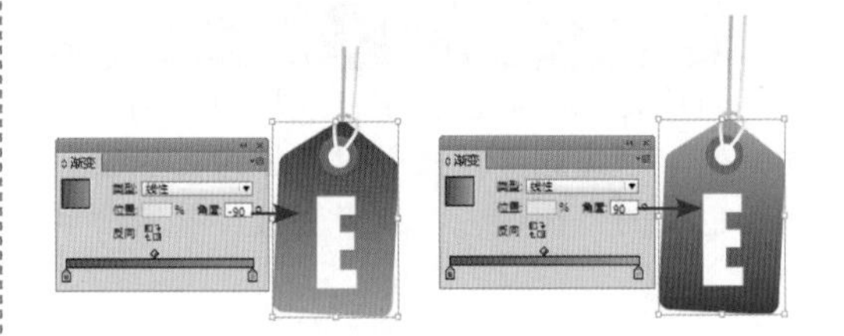

图7.19 修改渐变角度

② 利用【渐变色板工具】修改

【渐变色板工具】主要用来控制渐变填充。利用该工具不仅可以填充渐变，还可以通过拖动起点和终点的不同，填充不同的渐变效果。使用【渐变色板工具】比使用【渐变】面板来修改渐变的角度和位置的最大好处是比较直观，而且修改方便。

要使用【渐变色板工具】修改渐变填充，首先选择要填充渐变的图形，然后在【工具箱】中选择【渐变色板工具】，在合适的位置按住鼠标确定渐变的起点，然后在不释放鼠标的情况下拖动鼠标确定渐变的方向，达到满意效果后释放鼠标，确定渐变的终点，释放鼠标就可以修改渐变填充。修改渐变效果如图7.20所示。

图7.20 修改渐变

技巧

使用【渐变色板工具】编辑渐变时，起点和终点的位置不同，渐变填充的效果也不同。在拖动时，按住Shift键可以限制渐变为水平、垂直或成45°角倍数的角度进行填充。

7.4.3 编辑渐变颜色

在进行渐变填充时，默认的渐变不一定适合制图的需要，这时就需要编辑渐变。

在【渐变】面板中，渐变的颜色主要由色标来控制，要修改渐变的颜色只需要修改不同位置的色标颜色即可。修改渐变颜色可以使用【色板】和【颜色】面板来完成，具体的操作方法如下。

- 使用【色板】面板修改渐变颜色：首先确定打开【色板】面板，然后在【色板】中拖动需要的颜色到【渐变】面板相关的色标上，此时鼠标将变成手形，并在右下角显示一个"田"字形的标记，释放鼠标即可修改渐变的颜色；同样的方法可以修改其他色标的颜色；使用【色板】面板修改渐变颜色操作效果如图7.21所示。

图7.21 使用【色板】面板修改渐变颜色

技巧

未选中的色标的顶部三角形位置为灰色的显示为状，选中的色标在色标的顶部三角形位置为黑色的填充显示为状。

提示

使用【色板】面板修改渐变的颜色需要注意，拖动到色标上时，容易出现添加色标的效果，所以这种方法读者了解一下就可以了，不赞成使用该方法修改渐变颜色。

- 使用【颜色】面板修改渐变颜色：首先选择【窗口】|【颜色】命令，打开【颜色】面板，单击选择要修改的色标，可以看到与之对应的【颜色】面板自动处于激活状态，此时可以在【颜色】面板中通过拖动滑块或修改数值来修改需要的颜色，即可修改该色标的颜色；同样的方法可以修改其他色标的颜色。使用【颜色】面板修改渐变颜色效果如图7.22所示。

技巧

如果【颜色】面板已经处于激活状态，可以直接选择【渐变】面板中的色标，然后在【颜色】面板中修改颜色即可。

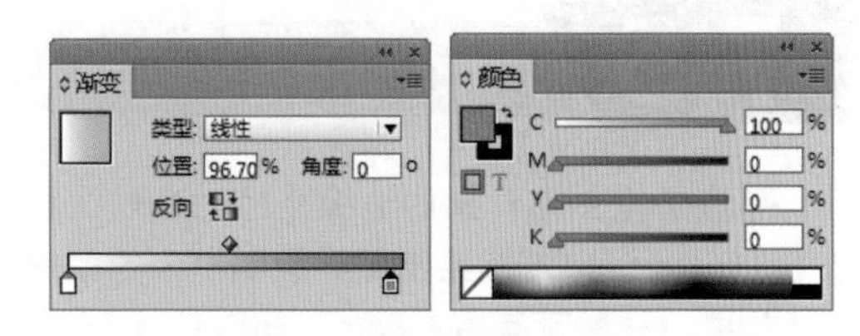

图7.22 使用【颜色】面板修改渐变颜色

提示

在应用渐变填充时，如果默认的渐变填充不能满足需要，可以选择【窗口】|【色板库】|【渐变】命令，然后选择子菜单中的渐变选项，打开更多的预设渐变，以供不同需要使用。

视频讲座7-4：添加、删除色标

案例分类：软件功能类
视频位置：配套光盘\movie\视视频讲座7-4：添加、删除色标.avi

虽然InDesign CC为用户提供了渐变填充，但也无法满足所有用户的需要。用户可根据自己的需要，在【渐变】面板中添加色标，当然，如果渐变的色标过多，则需要将多余的色标删除，以创建自己需要的渐变效果。

❶ 添加色标

将光标移动到【渐变】面板底部渐变色谱下方的空白位置，单击鼠标即可添加一个色标；同样的方法可以在其他空白位置单击，添加更多的色标。添加色标操作效果如图7.23所示。

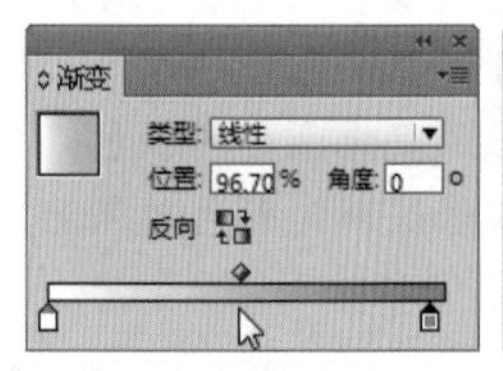

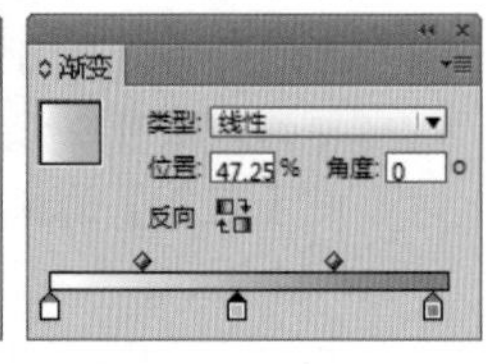

图7.23 添加色标

提示

添加完色标后，可以使用编辑渐变颜色的方法，修改新添加色标的颜色，以编辑需要的渐变效果。

❷ 删除色标

要删除不需要的色标，可以将光标移动到该色标上，然后按住鼠标向【渐变】面板的下方拖动该色标，当【渐变】面板中该色标的颜色显示消失时释放鼠标，即可将该色标删除。删除色标的操作效果如图7.24所示。

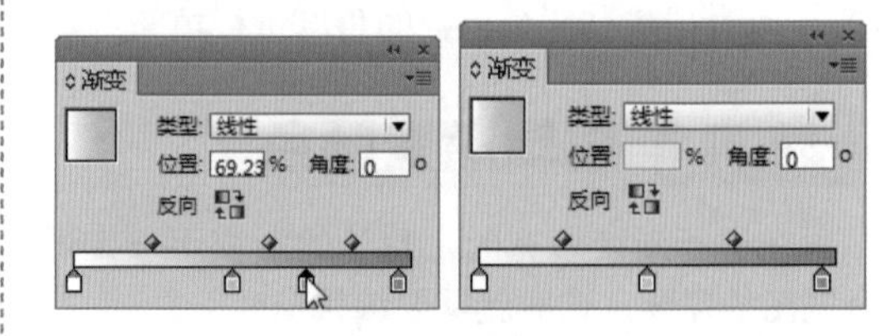

图7.24 删除色标

提示

因为渐变必须具有两种或两种以上的颜色，所以在删除色标时，【渐变】面板中至少有两个色标。当只有两个色标时，就不能再删除色标了。

7.5 描边设置

描边是指图形对象的边缘路径，在默认状态下，InDesign CC的绘图工具绘制出来的就是描边效果，一般没有填充颜色。InDesign CC提供了描边的修改功能，比如描边的粗细、斜接限制、对齐描边、描边类型等。

7.5.1 【描边】面板介绍

除了使用颜色对描边进行填色外，还可以使用【描边】面板设置描边的其他属性，如描边的粗细、斜接限制、对齐描边、描边虚线等。选择【窗口】|【描边】命令，即可打开如图7.25所示的【描边】面板。

技巧

按F10快捷键，可以快速打开【描边】面板。

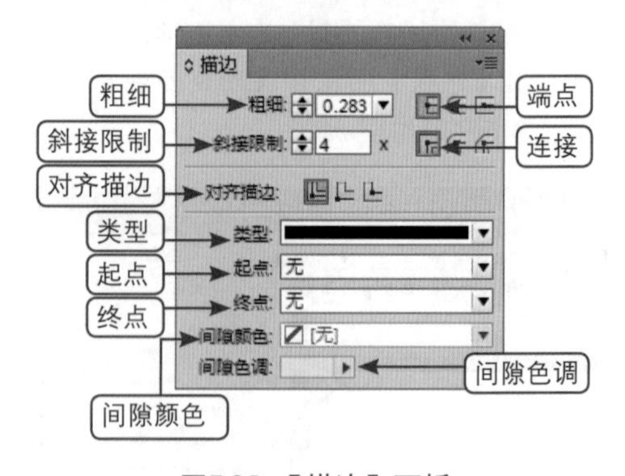

图7.25 【描边】面板

7.5.2 线条的粗细设置

在【描边】面板中，通过【粗细】选项，可以设置线条的粗细，即线条的宽度大小，值越大，线条越粗；值越小，线条最细；当值为0

时，表示没有描边。选择要设置粗细的图形对象后，在【粗细】右侧的文本框中输入一个数值，或若直接从下拉菜单中选择一个宽度值，即可修改线条的宽度。不同粗细值显示的图形描边效果如图7.26所示。

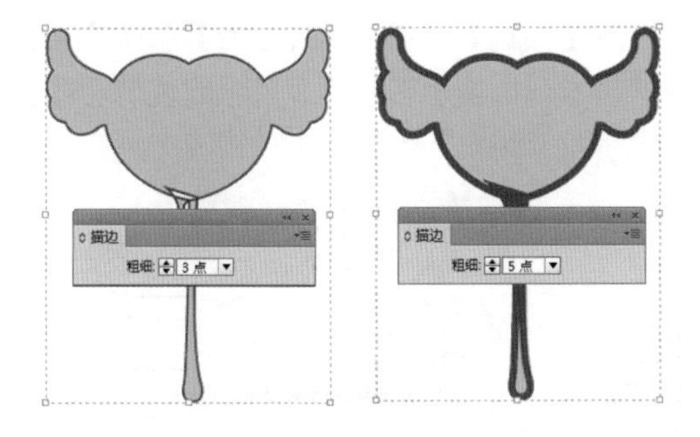

图7.26 不同值的描边效果

7.5.3 线条的端点设置

线条的端点设置就是描边路径的端点形状。分为【平头端点】、【圆头端点】和【投射末端】3种。平头端点与路径的端点对齐；圆头端点与投射末端都将超出路径端点一半的宽度，不同的是圆头和平头之分。投射末端有时也叫平头端点。要设置描边路径的端点，首先选择要设置端点的路径，然后单击需要的端点按钮即可。不同端点的路径显示效果如图7.27所示。

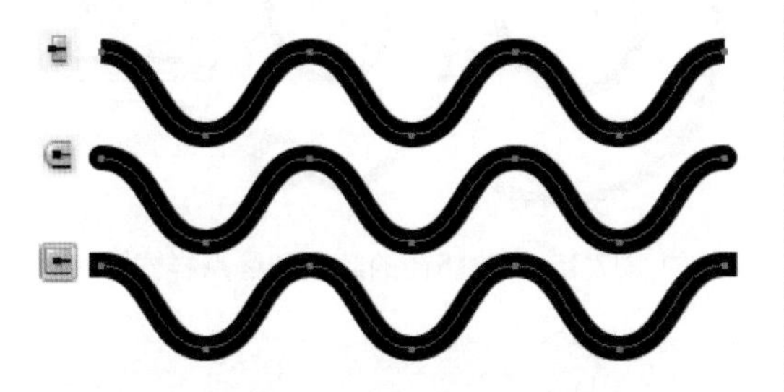

图7.27 不同端点的路径显示效果

7.5.4 线条的斜接限制

斜接限制设置路径转角的连接效果，可以通过数值来控制，也可以直接单击右侧的【斜接连接】、【圆角连接】和【斜面连接】来修改。要设置图形的转角连接效果，首先要选择要设置转角的路径，然后单击需要的连接按钮即可。不同连接效果如图7.28所示。

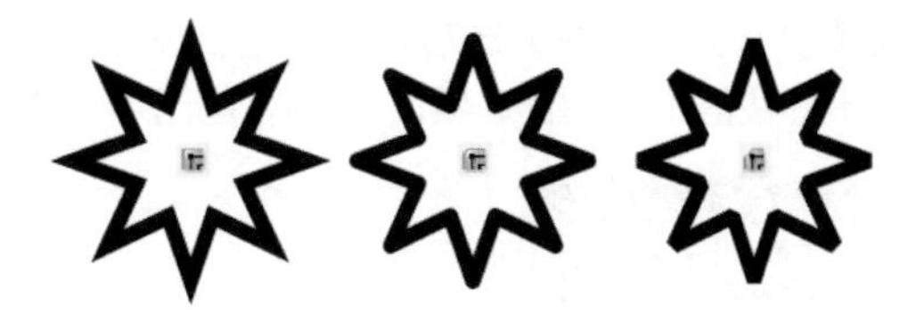

图7.28 不同连接效果

7.5.5 描边的对齐操作

【对齐描边】设置填色与路径之间的相对位置。包括【描边对齐中心】、【描边居内】和【描边居外】3个选项。选择要设置对齐描边的路径，然后单击需要的对齐按钮即可。不同的描边对齐效果如图7.29所示。

图7.29 不同的描边对齐效果

视频讲座7-5：编辑线条的类型

案例分类：软件功能类
视频位置：配套光盘\movie\视频讲座7-5：编辑线条的类型.avi

在【描边】面板【类型】右侧的下拉菜单中，可以选择不同的线型。设置的方法相当简单，只要选择要修改类型的线条，然后在下拉菜单中选择需要的类型就可以了。【类型】下拉菜单如图7.30所示。

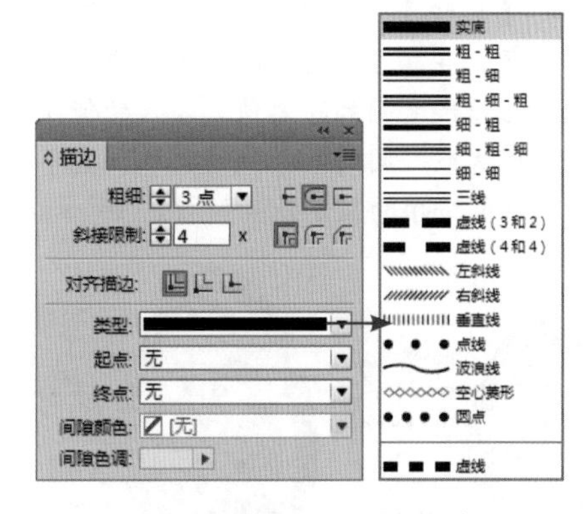

图7.30 【类型】下拉菜单

除了使用系统提供的这些线型外，用户还可以自定义虚线效果，在【类型】右侧的下拉菜单中选择【虚线】选项，【描边】面板将显示出虚线的相关设置选项，如图7.31所示。

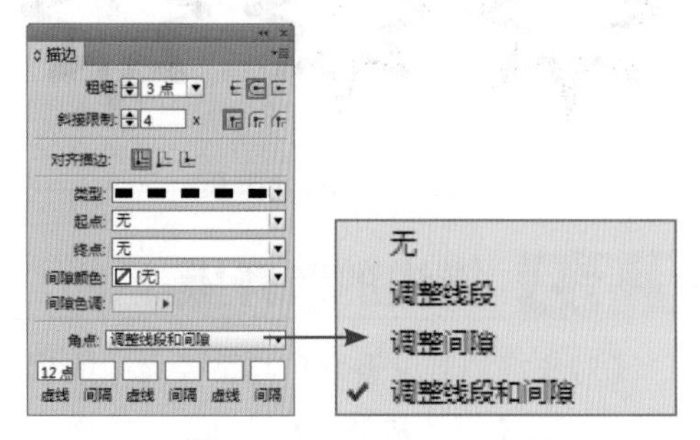

图7.31 虚线的相关设置选项

虚线的相关设置选项使用说明如下。

- 【角点】：指定虚线角点的调整方法。包括【无】、【调整线段】、【调整间隙】和【调整线段和间隙】4个选项。
- 【虚线】：指定第一段虚线段的距离。在其上方对应的文本框中指定虚线之间的距离值。输入的值越大，虚线的长度就越长。如果此时只设置虚线而不设置间隔，间隔的值将自动保持与虚线的长度一致。设置不同虚线值的显示效果如图7.32所示。

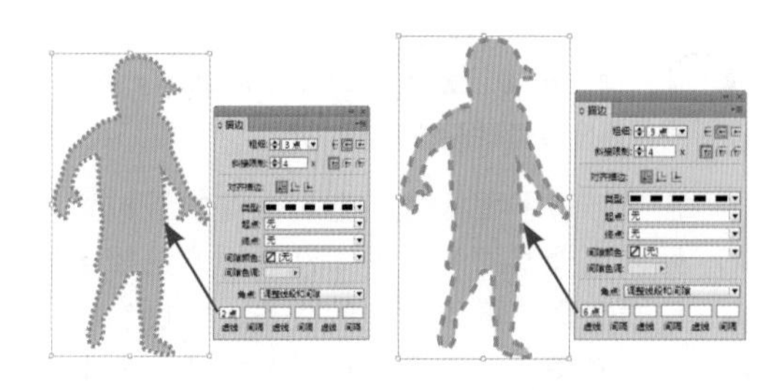

图7.32 不同虚线值显示效果

- 【间隔】：设置虚线与虚线之间的距离。在其上方对应的文本框中指定虚线与虚线之间的距离值。输入的值越大，虚线段之间的间距就越大。设置不同虚线间隔值的显示效果如图7.33所示。

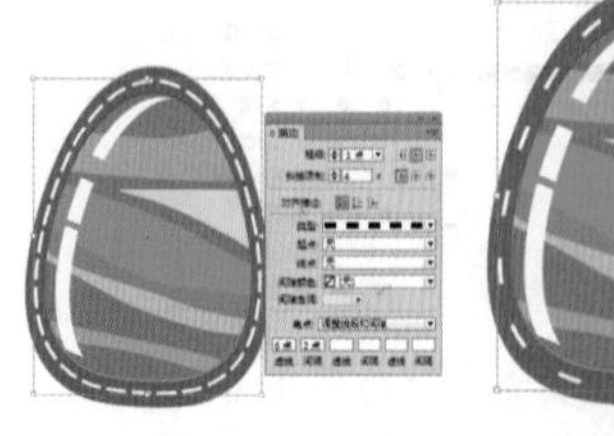
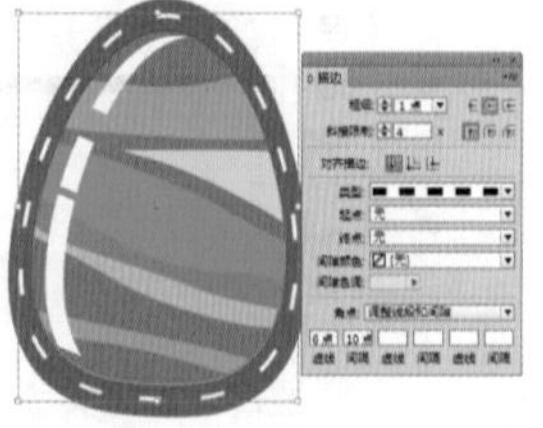

图7.33 不同虚线间隔值的显示效果

视频讲座7-6：修改线条的起点和终点

案例分类：软件功能类

视频位置：配套光盘\movie\视频讲座7-6：修改线条的起点和终点.avi

在【描边】面板中，【起点】和【终点】选项用来控制线条的起点与终点的类型，起点和终点的下拉菜单效果如图7.34所示。

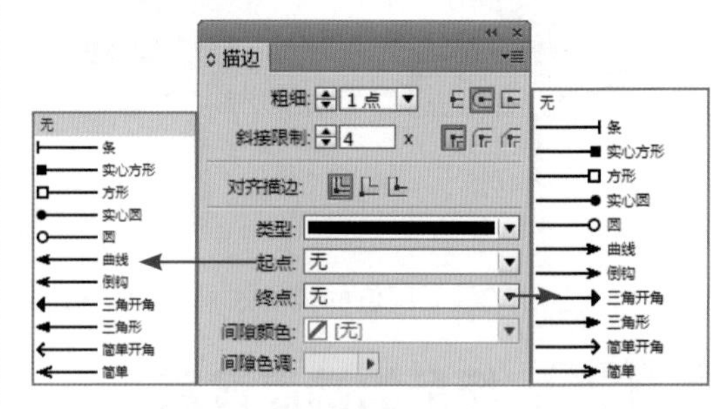

图7.34 起点和终点下拉菜单

要设置线条路径的起点和终点效果，在页面中选择要设置起点和终点的路径，然后在【起点】下拉菜单中选择一个需要的样式，如【方形】；在【终点】下拉菜单中选择一个需要的样式，如【圆】，即可修改路径的起点和终点样式，效果如图7.35所示。

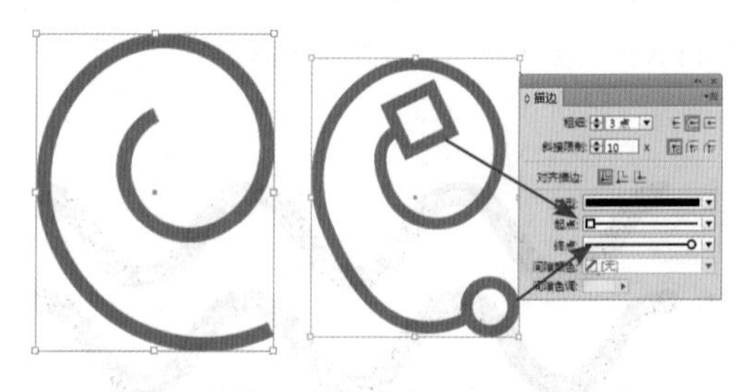

图7.35 修改路径的起点和终点样式

技巧

路径的起点和终点是根据绘制的顺序自动生成的，一般开始绘制的为起点，最后绘制的为终点。如果想修改路径的起点和终点，可以选择【对象】|【路径】|【反转路径】命令，即可将起点和终点进行反向。

7.5.6 间隙颜色与间隙色调

在【描边】面板中，当线条为虚线、斜线、点线、空心菱形或圆点时，可以通过【间隙颜色】来控制它们的间隙颜色，并可以通过【间隙色调】调整颜色的色调。

在【描边】面板【类型】下拉菜单中选择一个线型，如【虚线】；在【间隙颜色】右侧的下拉菜单中选择一种颜色，并调节【间隙色调】的值，即可创建出间隙颜色与间隙色调效果，如图7.36所示。

图7.36 间隙颜色与间隙色调设置效果

提示

色调是指当前颜色的原色层次，即当前颜色的不同深浅显示效果。例如，红色，利用色调可以调整红色的深浅显示，如显示为浅红色。但需要注意的是，色调只能将当前颜色调整的更浅，而不能调整的深过当前颜色。

7.6 上机实训——创意海报设计

案例分类：平面设计类
视频位置：配套光盘\movie\7.6 上机实训——创意海报设计.avi

7.6.1 技术分析

本例主要讲解创意海报设计。首先绘制一个矩形；然后使用【钢笔工具】绘制一个灯泡效果，并利用描边和箭头制作出灯泡中的多个箭头效果，使用【路径文字工具】沿路径输入文字；最后输入其他相关的文字并经过调整放置到页面中不同的位置，完成海报最终效果。

7.6.2 本例知识点

- 【钢笔工具】的使用
- 线条箭头的添加
- 【路径文字工具】的使用
- 路径文字的调整方法

7.6.3 最终效果图

本实例的最终效果如图7.37所示。

图7.37 最终效果图

7.6.4 操作步骤

ID 1 选择【文件】|【新建】|【文档】命令，打开【新建文档】对话框，设置【页数】为1，【宽度】为210毫米，【高度】为297毫米，如图7.38所示。

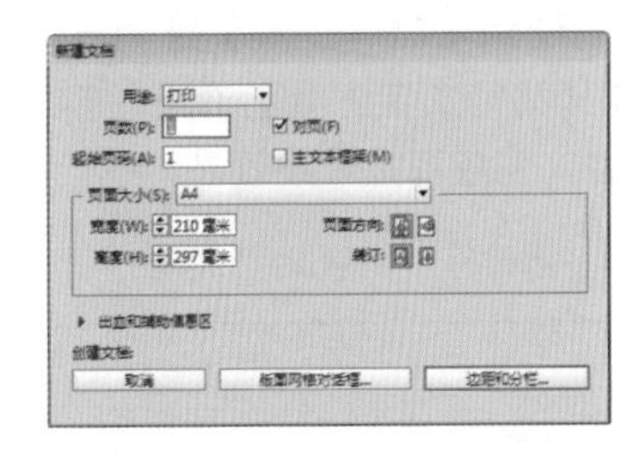

图7.38 【新建文档】对话框

ID 2 单击【边距和分栏】按钮，打开【新建边距和分栏】对话框，将上、下、内、外【边距】的值都设置为0毫米，如图7.39所示。

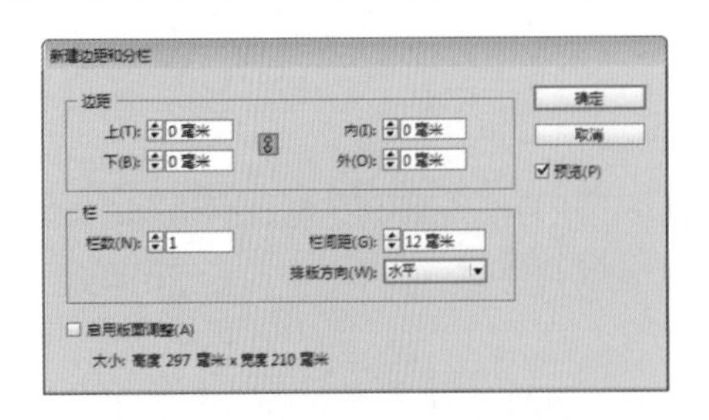

图7.39 【新建边距和分栏】对话框

ID 3 选择工具箱中的【矩形工具】，在页面绘制一个与页面同样大小的矩形。打开【渐变】面板，设置为从黑色到蓝色（C:100；M:65；Y:0；K:0）的渐变，【类型】为径向，效果如图7.40所示。

ID 4 选择工具箱中的【渐变色板工具】，在页面中拖动并填充渐变，填充后的效果如图7.41所示。

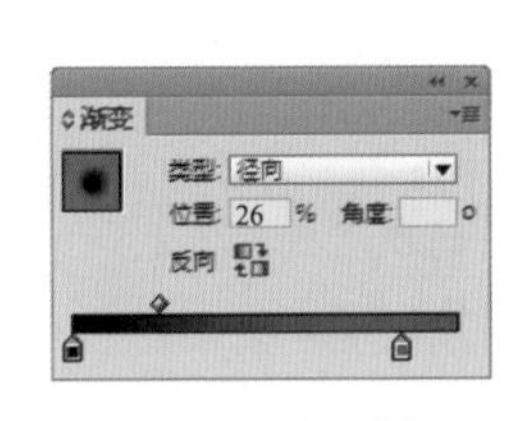

图7.40 设置渐变

图7.41 填充渐变

ID 5 选择工具箱中的【钢笔工具】，在页面的中心位置绘制一个灯泡的形状，然后将其填充为白色，【描边】设置为无，效果如图7.42所示。

ID 6 选择工具箱中的【矩形工具】，在页面中绘制一个矩形，然后将其填充颜色设置为浅青色（C:60；M:0；Y:0；K:0），效果如图7.43所示。

图7.42 绘制灯泡形状 图7.43 绘制矩形并填充

ID 7 选择工具箱中的【选择工具】，将浅青色矩形选中，然后选择【对象】|【角选项】命令，打开【角选项】命令，设置转角形状为圆角，如图7.44所示。

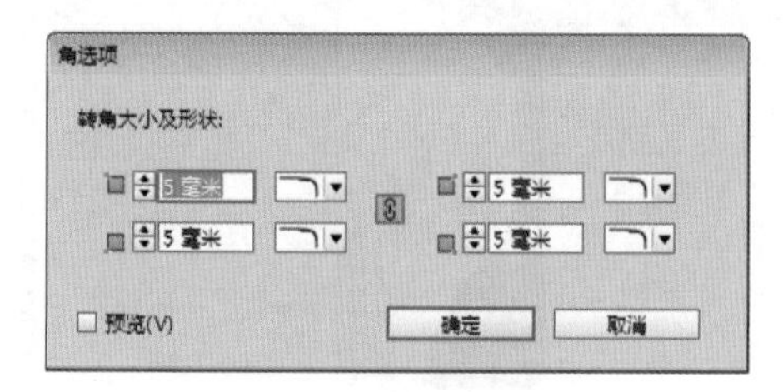

图7.44 设置角效果

ID 8 单击【确定】按钮确认，应用【角选项】后的矩形效果如图7.45所示。

图7.45 缩小并移动

ID 9 将设置好的圆角矩形复制几份并更改为不同的颜色，并适当的放大，制作出灯泡的丝口效果，效果如图7.46所示。

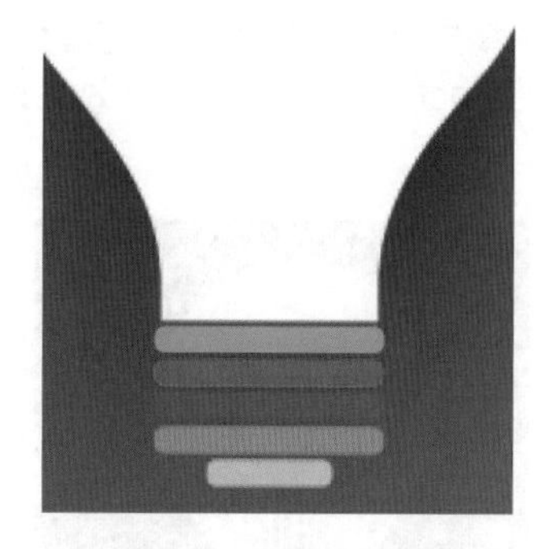

图7.46 复制并调整

ID 10 选择工具箱中的【钢笔工具】，在页面中绘制一条曲线，如图7.47所示。将其【描边】颜色设置为黄色（C:0；M:10；Y:100；K:0），打开【描边】面板，设置描边【粗细】8点，在【终点】下拉菜单中选择【三角形】，效果如图7.48所示。

图7.47 绘制并填充 图7.48 设置描边

ID 11 将绘制好的箭头复制多份，并使用【直接选择工具】对其他箭头进行调整，并将其【描边】颜色修改为不同的颜色，效果如图7.49所示。

图7.49 复制并调整箭头

ID 12 选择工具箱中的【钢笔工具】，沿着灯泡的上边缘绘制一条路径，效果如图7.50所示。

图7.50 绘制路径

ID 13 选择工具箱中的【路径文字工具】，将光标移动到路径上，当光标右上角出现一个十字形标志时，在路径上单击并输入文字，设置文字的字体为“汉仪中圆简”，文字的大小为12点，如图7.51所示；设置文字的颜色为白色，效果如图7.52所示。

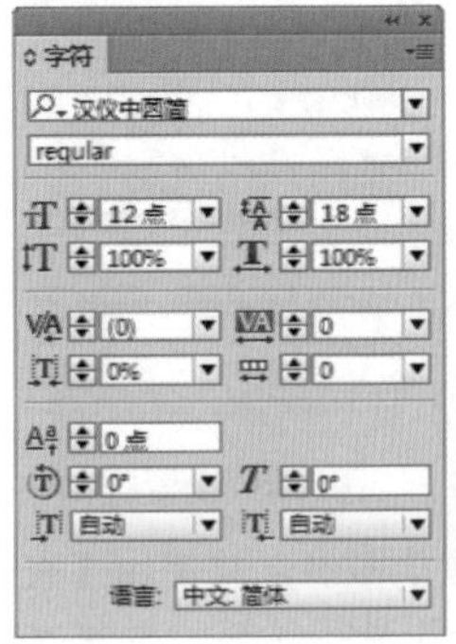

图7.51 【字符】面板　　图7.52 路径文字效果

提示

输入路径文字后，如果对文字的位置不满意，可以使用【直接选择工具】对路径文字进行调整，具体调整的方法在配套光盘中有详细的讲解。

ID 14 选择工具箱中的【文字工具】T，在页面中输入“创意”，设置字体为“华康海报体”，设置字体大小73.6点，如图7.53所示；设置文字的颜色为白色，效果如图7.54所示。

ID 15 使用【文字工具】T再次输入文字，分别填充为青色（C:100；M:20；Y:0；K:0）和白色，并在英文单词中适当加入空格，以表现随意的创意效果，并设置不同的字体和大小，如图7.55所示。

图7.53 设置文字参数　　图7.54 输入效果

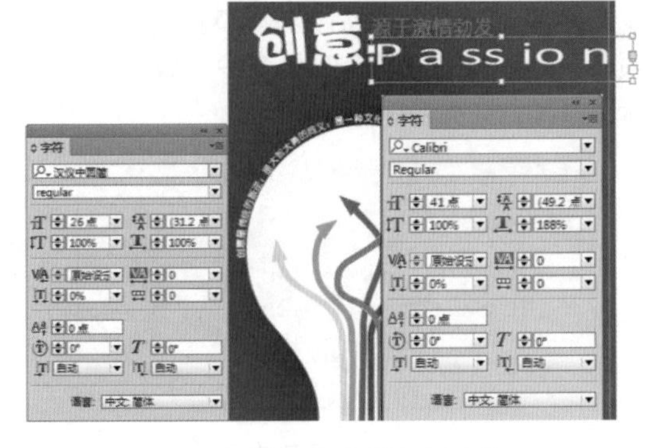

图7.55 输入文字并设置字体

ID 16 再次使用【文字工具】T在海报的底部输入文字，设置不同的大小并适当添加空格，将颜色设置为白色，完成创意海报的设计，最终效果如图7.56所示。

图7.56 最终效果

第8章 图形的变换与管理

〔内容摘要〕

本章主要讲解图形的变换及管理技能，如图形的不同缩放方法、图形的旋转、切变、镜像技能、图形的合并、分割剪切等，另外还讲解了路径查找器的应用。最后讲解了图层的使用，包括图层的选取、锁定、新建、复制和合并及改变图层选项等。通过本章的学习，掌握图形的变换与管理技巧。

〔教学目标〕

- 图形的缩放、旋转、切变、镜像
- 路径查找器面板
- 对齐与分布图形
- 编组与锁定图形
- 图层的操作
- 图形的描边

8.1 缩放图形

InDesign CC为用户提供了许多缩放图形对象的方法，如最常用的使用【移动工具】进行拖动缩放。另外，还有很多缩放方法，如使用【选择工具】、【自由变换工具】、【变换】面板、控制栏、【缩放】命令和【缩放工具】等进行缩放。

8.1.1 使用【选择工具】缩放图形

【选择工具】不但可以选择图形对象，还可以缩放图形对象，因为这种方法比较直观、简单，所以这种方法是最常用的一种缩放图形的方法。

提示

在缩放图形对象时，还可以使用【自由变换工具】对图形对象进行缩放，操作方法与【选择工具】基本相同，这里不再赘述。

首先选择要缩放的图形对象，此时图形对象将显示出一个变换框，将光标移动到变换框的任意一个控制点上，当光标变成↔、↕、↖或↗状时，按住鼠标向外或向内拖动，就可以调整图形的大小。将图形放大的操作过程如图8.1所示。

图8.1 调整图形大小的操作过程

技巧

在调整图形对象的大小时，按住Shift键可以等比缩放图形对象。

8.1.2 使用【缩放】命令缩放图形

除了使用【选择工具】和【自由变换工具】进行自由缩放图形外，还可以应用【缩放】命令来精确缩放图形对象。

首先在页面中选择要缩放的图形对象，然后选择【对象】|【变换】|【缩放】命令，打开【缩放】对话框，如图8.2所示。

图8.2 【缩放】对话框

【缩放】对话框中各选项含义说明如下。

- 【X 缩放】：指定水平的缩放值。输入的值大于100%，图形水平放大；输入的值小于100%，图形水平缩小。
- 【Y 缩放】：指定垂直的缩放值。输入的值大于100%，图形垂直放大；输入的值小于100%，图形垂直缩小。

提示

在设置【X 缩放】与【Y 缩放】值时，如果输入的值为负值，则图形将出现水平或垂直的翻转效果。

- 【约束缩放比例】：该按钮控制等比缩放。当单击该按钮，按钮变成状时，表示等比缩放，即水平与垂直进行等比例缩放；当按钮变成状时，表示不等比缩放。
- 【副本】：单击该按钮，图形将按照缩放参数设置，自动复制出一个副本。

视频讲座8-1：使用【缩放】命令缩放花朵

案例分类：软件功能类

视频位置：配套光盘\movie\视频讲座8-1：使用【缩放】命令缩放花朵.avi

下面通过缩放图形对象来讲解缩放图形的方法。

ID 1 选择【文件】|【打开】命令，打开【打开】对话框，选择配套光盘中的“调用素材\第8章\缩放命令.indd”。

ID 2 使用【选择工具】选择页面中要缩放的图形，比如这里选择左上方的花朵，然后选择【对象】|【变换】|【缩放】命令，打开【缩放】对话框。

ID 3 如果要等比缩放，确认【约束缩放比例】按钮为状态，然后在【X 缩放】或【Y 缩放】右侧的文本框中输入一个数值，如输入50%，勾选【预览】复选框，即可看到缩放图形的效果，满意后单击【确定】按钮，完成缩放。操作效果如图8.3所示。

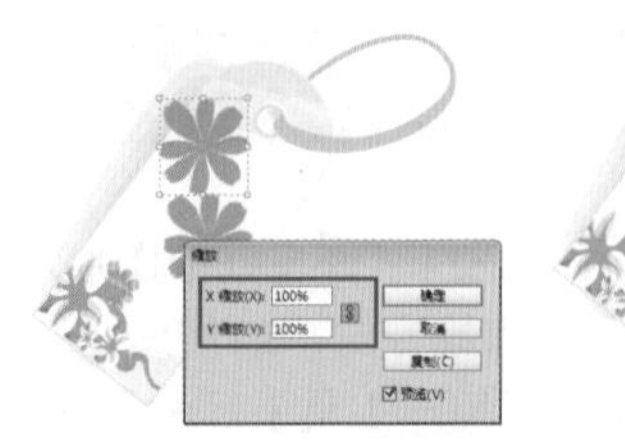
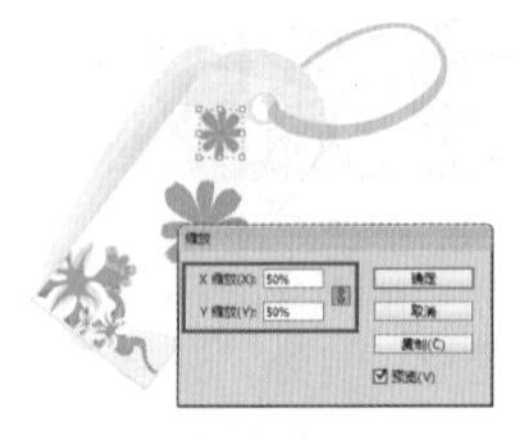

图8.3 使用【缩放】命令缩放图形对象

8.1.3 了解【变换】面板

除了上面讲解的缩放方法，还可以使用【变换】面板对图形对象进行缩放，缩放时通过设置参考点来控制缩放的位置。【变换】面板的打开方法前面已经讲解过，这里不再赘述，【变换】面板如图8.4所示。在【变换】面板中指定参考点，以确定缩放的位置，可以通过设置精确【W（宽度）】和【H（高度）】的参数值来缩放图形对象；还可以通过百分比来缩放图形对象；通过【约束缩放比例】按钮，控制等比缩放和不等比缩放效果。

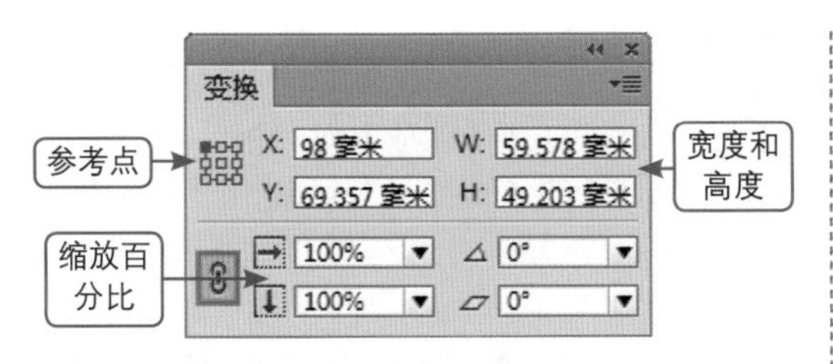

图8.4 【变换】面板

下面来使用【变换】面板缩放图形对象。

ID 1 在页面中选择要进行缩放的图形对象，然后打开【变换】面板。

ID 2 在【变换】面板中，调整参考点的位置为左下角，确认当前【约束缩放比例】为约束状态，在【X 缩放百分比】右侧的文本框中输入200，表示将图形对象放大到200%，然后按键盘上的Enter（回车）键，完成图形对象的缩放。使用【变换】面板缩放图形对象的效果如图8.5所示。

技巧

在缩放对象时，设置参考点非常重要，参考点就相当于一个固定点，缩放值将以当前的参考点为参照进行缩放，而且参考点位置的图形不会发生移动。

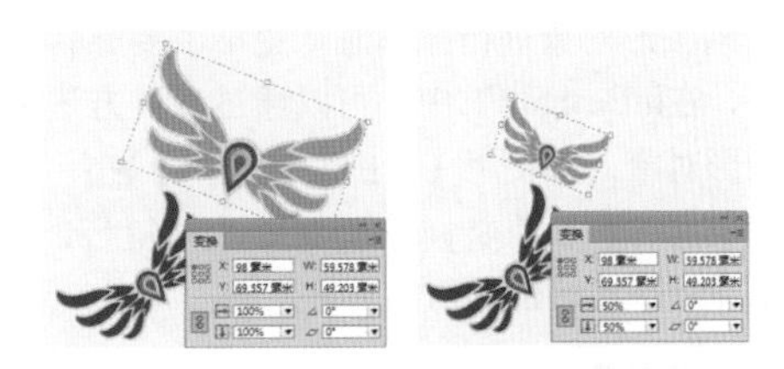

图8.5 使用【变换】面板缩放图形对象

提示

使用控制栏缩放图形对象与使用【变换】面板缩放的设置基本相同，控制栏的参数如图8.6所示。

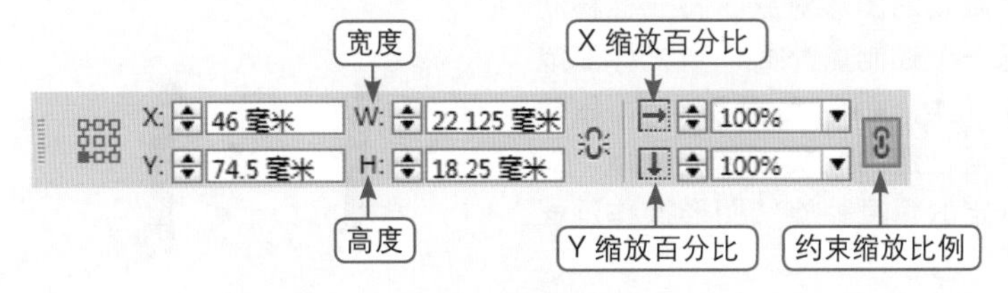

图8.6 控制栏

8.1.4 使用【缩放工具】缩放图形

使用【缩放工具】缩放图形，可以自由地设置缩放的参考点，而且较为直观，但实际应用中使用并不多，下面来讲解其应用方法。

ID 1 在【工具箱】中选择【缩放工具】，在需要缩放的图形上单击鼠标将其选中，此时可以看到图形的变换框，并显示出参考点（中心点）。

ID 2 此时光标将变为十字状，将光标移动到要参考点的位置，光标将呈状，此时按住鼠标拖动，即可调整参考点的位置；按住鼠标向外或向内拖动，即可放大或缩小图形对象。缩小图形对象的操作效果如图8.7所示。

图8.7 缩小图形的操作效果

提示

选择图形对象后，双击【工具箱】中的【缩放工具】，可以打开【缩放】对话框，对图形进行缩放。该对话框与选择【对象】|【变换】|【缩放】命令打开的【缩放】对话框相同，前面已经讲解过，这里不再赘述。

8.2 旋转图形

对图形对象进行操作时，免不了要旋转图形对象，在InDesign CC中，可以通过多种方法来旋转图形对象，如使用【自由变换工具】、【旋转工具】、【变换】面板、控制栏和【旋转】命令来旋转图形对象。

8.2.1 使用【自由变换工具】旋转图形

在前面讲解过使用【自由变换工具】缩放图形对象的方法，其实它还可以对图形对象进行旋转操作。

首先选择要旋转的图形对象，将光标移动到变换框的任意一个控制点外面，当光标变成↶、↷、↶、↷、↶、↷、↶或↷状时，按住鼠标拖动，旋转至合适的位置后释放鼠标，即可将图形旋转一定的角度。旋转图形操作过程如图8.8所示。

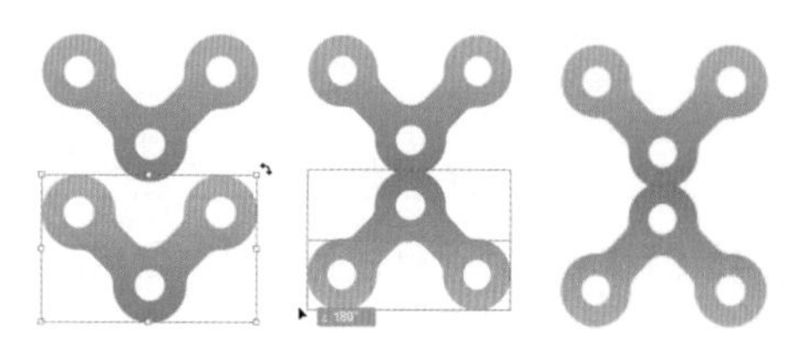

图8.8 旋转图形操作过程

技巧

在旋转图形时，按住Shift键拖动变换框，可以将图形成45°倍数进行旋转。

视频讲座8-2：使用【旋转工具】旋转图形

案例分类：软件功能类

视频位置：配套光盘\movie\视频讲座8-2：使用【旋转工具】旋转图形.avi

使用【自由变换工具】旋转图形对象时，图形对象是沿着默认的图形中心点来旋转，而使用【旋转工具】旋转图形，则可以设置旋转的中心点。

ID 1 在【工具箱】中选择【旋转工具】，然后在要进行旋转的图形对象上单击鼠标，将其选中，此时将出现一个变换框，并在变换框的中心位置显示出旋转的中心点。

ID 2 练光标变成十字 -¦- 状，将光标移动到要参考点的位置，光标将呈▶状，此时按住鼠标拖动，即可调整中心点的位置，然后按住鼠标拖动，即可旋转图形对象。旋转图形对象的操作效果如图8.9所示。

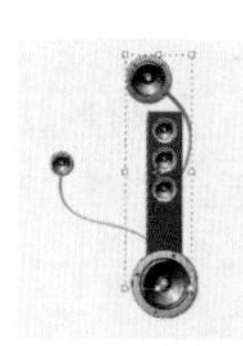

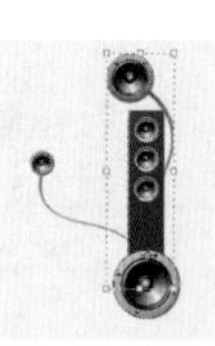

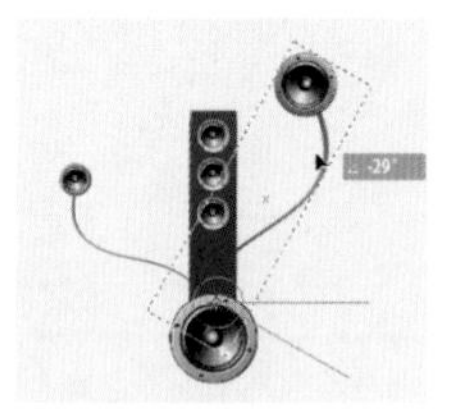

图8.9 旋转图形对象的操作效果

技巧

双击【旋转工具】按钮，可以打开【旋转】对话框，对图形对象进行旋转。默认情况下旋转的中心点为变换框的对角线交点，如果想设置旋转中心点，可以先使用【旋转工具】设置旋转中心点，然后双击打开【旋转】对话框进行旋转。同样，选择【对象】|【变换】|【旋转】命令，打开【旋转】对话框，也可以对图形对象进行旋转，其操作方法与双击【旋转工具】打开的【旋转】对话框是相同的。

8.2.2 使用【变换】面板旋转图形

前面多次讲解过利用【变换】面板进行移动、缩放等，利用【变换】面板还可以进行图形对象的旋转，并可以指定旋转的角度，精确旋转图形对象。下面来详细讲解使用【变换】面板旋转图形对象的用法。

ID 1 首先选择要进行旋转的图形对象，然后打开【变换】面板。

ID 2 在【变换】面板中，将参考点保持默认的中心位置，让其中心位置旋转，在【旋转角度】右侧的文本框中输入旋转角度值，也可以从下拉菜单中选择一个角度值。当输入的值为负值时，图形对象按顺时针方向旋转；当输入的值为正值时，图形对象按逆时针方向旋转。这里输入90，然后按Enter（回车）键，即可完成旋转，使用【变换】面板旋转图形的操作效果如图8.10所示。

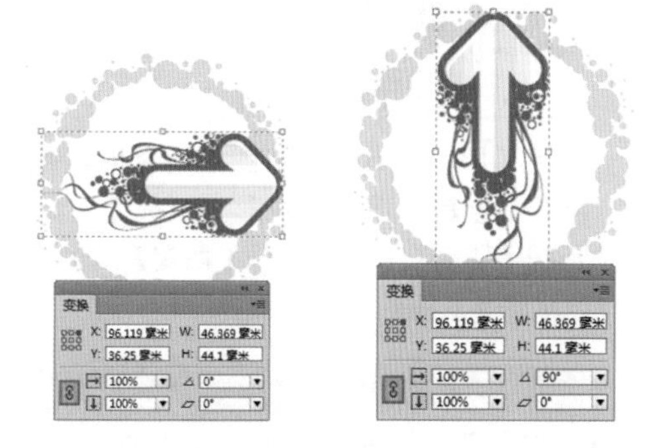

图8.10 使用【变换】面板旋转图形的操作效果

提示

使用控制栏旋转图形对象与使用【变换】面板旋转的参数设置基本相同，控制栏的参数如图8.11所示。详细使用参考【变换】面板旋转操作，这里不再赘述。不过，使用控制栏可以单击按钮，将图形顺时针旋转90；按按钮，可以将图形逆时针旋转90。也可以直接选择【对象】|【变换】|【顺时针旋转 90】或【逆时针旋转 90】命令来旋转图形对象。

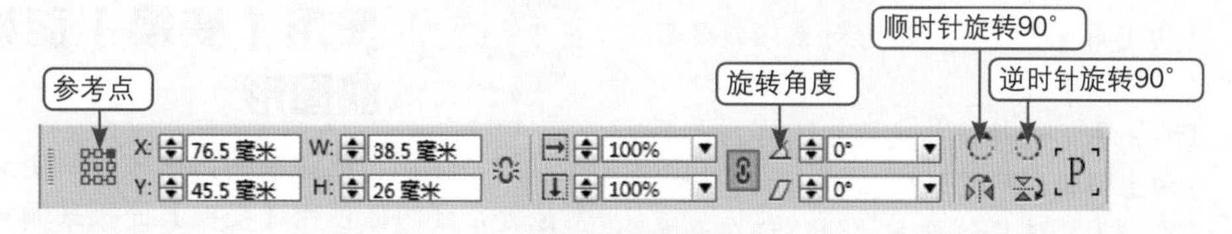

图8.11 控制栏

8.3 切变、扭曲图形

切变就是将图形对象沿指定的水平或垂直轴向做倾斜处理，一般用来模拟对象的透视效果，常用在制作倾斜文本或图形投影。

8.3.1 使用【切变工具】扭曲图形

使用【切变工具】可以非常直观地对图形对象进行倾斜变形，操作方法非常简单。首先在【工具箱】中选择【切变工具】，然后选择要倾斜变形的图形对象。

此时光标将变成十字状，将光标移动到要参考点的位置，光标将呈状，此时按住鼠标拖动，即可调整中心点的位置。比如将中心点的位置调整到底部中心位置上，确定倾斜的参考点，然后按住鼠标拖动到合适的位置，释放鼠标即可完成倾斜图形对象的目的。利用【切变工具】倾斜变形操作如图8.12所示。

图8.12 利用【切变工具】倾斜变形操作

8.3.2 使用【切变】命令扭曲图形

使用【切变工具】变形图形对象时虽然直观，但并不能精确地对其变形。选择【对象】|【变换】|【切变】命令，打开【切变】对话框，则可以精确变形图形对象，如图8.13所示。

提示

在【工具箱】中双击【切变工具】，也可以打开【切变】对话框。

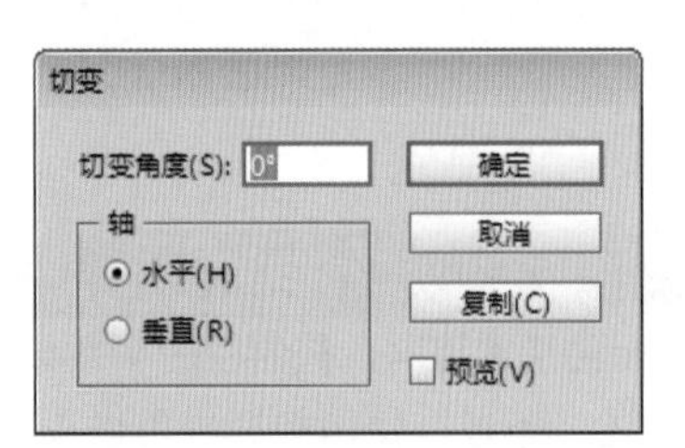

图8.13 【切变】对话框

【切变】对话框中各选项的含义说明如下。

- 【切变角度】：指定图形对象倾斜变形的角度大小。
- 【水平】：选择该单选按钮，将在水平方向上倾斜变形图形对象。
- 【垂直】：选择该单选按钮，将在垂直方向上倾斜变形图形对象。
- 【复制】：单击该按钮，将产生一个副本，并对副本应用倾斜变形。

视频讲座8-3：扭曲切变图形

案例分类：软件功能类
视频位置：配套光盘\movie\视频讲座8-3：扭曲切变图形.avi

使用【切变】命令倾斜变形图形对象的操作方法如下：

ID 1 选择【文件】|【打开】命令，打开【打开】对话框，选择配套光盘中的“调用素材\第8章\切变命令.indd”。

ID 2 在页面中选中要进行倾斜变形的图形对象，选择【对象】|【变换】|【切变】命令，或者单击【工具箱】中的【切变工具】按钮，打开【切变】对话框。

技巧

默认情况下，图形对象以默认的图形中心点为参考点来切变图形，如果想修改参考点，可以先使用控制栏调整参考点，然后再应用【切变】命令。

ID 3 设置【切变角度】为20，在【轴】选项组中选择【水平】单选按钮，将其沿水平方向倾斜变形，如图8.14所示。设置完成后，单击【确定】按钮，即可完成切变。

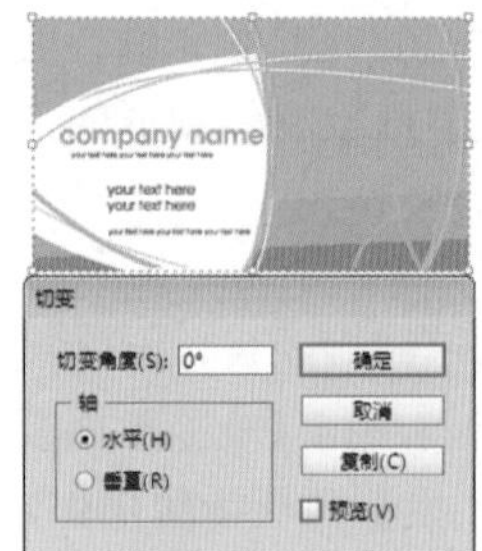

图8.14 使用【切变】命令倾斜变形

8.3.3 使用【变换】面板扭曲图形

除了使用上面讲解的方法来倾斜变形图形对象外，还可以使用【变换】面板来倾斜图形对象。

打开【变换】面板，在【X 切变角度】文本框中输入要倾斜变形的角度值，也可以从下拉菜单中选择一个角度值，然后按Enter（回车）键，完成图形对象的切变。如图8.15所示，当输入一个正值时，图形对象将向右倾斜变形；当输入一个负值时，图形对象将向左倾斜变形；输入0表示不变形。

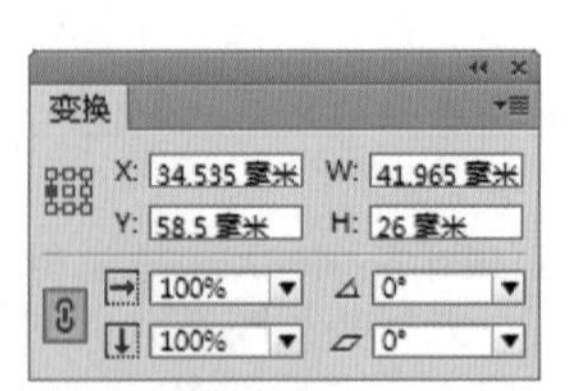

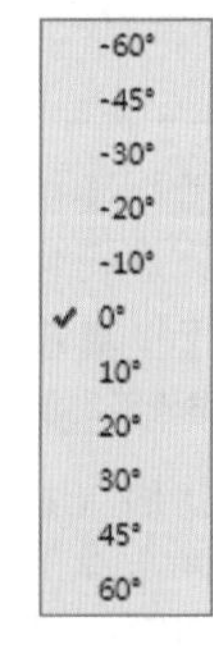

图8.15 【变换】面板及切变菜单

提示

倾斜图形对象，还可以使用控制栏进行切变操作，并设置参考点，如图8.16所示。

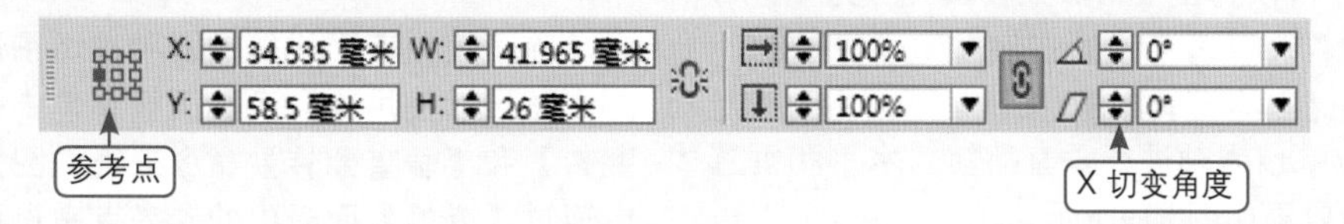

图8.16 控制栏

8.4 镜像图形

镜像图形对象就是水平或垂直翻转图形，使其产生镜像效果。使用【选择工具】或【缩放工具】通过拖动，可以制作出镜像效果，但容易使图形变形，不容易控制，下面来讲解利用菜单命令和控制栏镜像图形的方法。

8.4.1 使用菜单命令镜像图形

在页面中选择要进行镜像的图形对象，然后选择【对象】|【变换】|【水平翻转】命令，即可将图形进行水平翻转；选择【垂直翻转】命令，即可将图形对象进行垂直翻转。原图、水平翻转和垂直翻转后的效果如图8.17所示。

提示

使用【水平翻转】和【垂直翻转】命令时，图形将沿默认的中心点作为参考点来进行翻转，如果想改变其参考点，可以在使用菜单命令前进行修改。

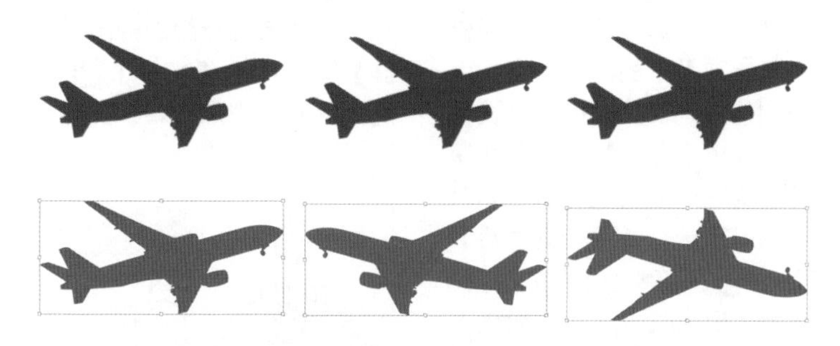

图8.17 原图、水平翻转和垂直翻转后的效果

视频讲座8-4：使用控制栏镜像图形

案例分类：软件功能类
视频位置：配套光盘\movie\视频讲座8-4：使用控制栏镜像图形.avi

使用控制栏镜像图形，在操作上更加简单，而且更加直观。首先设置图形的参考点，然后单击【水平翻转】按钮，可以将图形对象进行水平翻转；单击【垂直翻转】按钮，可以将图形对象进行垂直翻转，如图8.18所示。

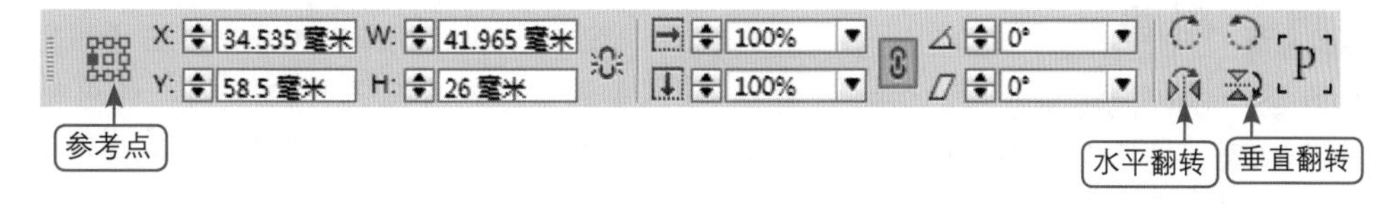

图8.18 控制栏

参考点在镜像时也非常实用，比如将参考点设置在右侧中心位置，然后单击【水平翻转】，可以将图形对象以右侧中心为轴进行水平翻转；将参考点设置在底部中心位置，然后单击【垂直翻转】按钮，可以将图形对象以底边中心为轴进行垂直翻转。水平和垂直翻转图形效果如图8.19所示。

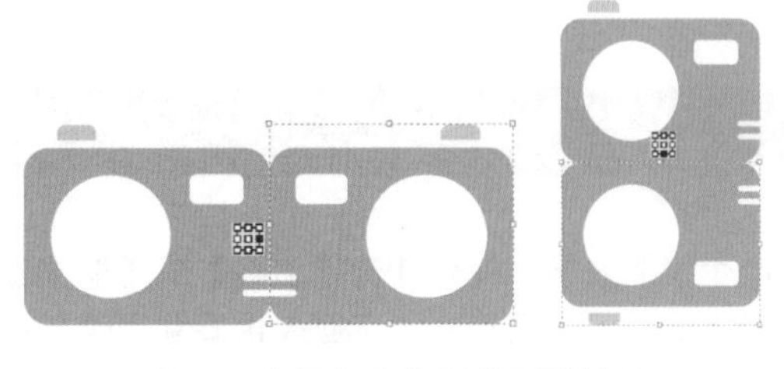

图8.19 水平和垂直翻转图形效果

8.4.2 使用【变换】面板菜单命令镜像图形

除了使用前面讲解的两种镜像图形的方法外，还可以使用【变换】面板菜单中的【水平翻转】和【垂直翻转】命令来镜像图形，并可以通过【变换】面板中的参考点来设置镜像参考点，如图8.20所示。其用法相当简单，与前面讲解过的知识相似，这里不再赘述。

图8.20 【变换】面板及菜单

8.5 路径查找器

【路径查找器】面板可以对图形对象进行各种修剪操作，通过相加、减去、交叉等方式对图形进行修剪造型，可以通过简单的图形修改出复杂的图形效果。熟悉它的用法将会大大增强对多元素的控制能力，使复杂的图形设计变得更加得心应手。选择【窗口】|【对象和版面】|【路径查找器】命令，即可打开如图8.21所示的【路径查找器】面板。【路径查找器】选项组包括【相加】、【减去】、【交叉】和【排除重叠】和【减去后方对象】5个按钮。

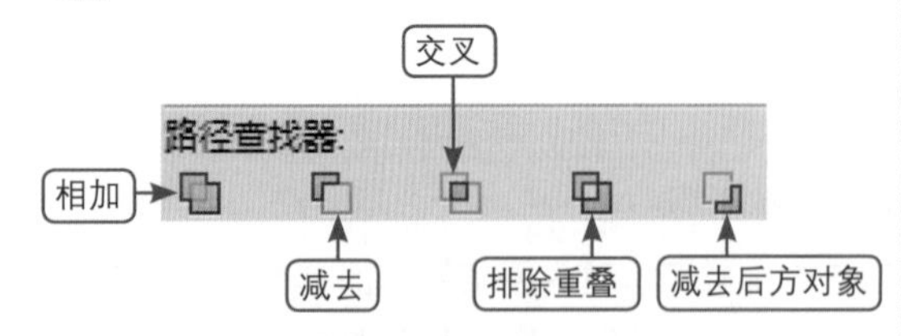

图8.21 路径查找器选项组

8.5.1 相加

该命令按钮可以将所选择的所有对象合并成一个对象，被选对象相交的内部所有对象都被合并掉。相加后的新对象最前面一个对象的填充颜色与着色样式应用到整体合并的对象上。

选择要进行相加的图形，单击【路径查找器】面板中的【相加】按钮，即可将选择的图形对象相加。相加操作前后效果如图8.22所示。

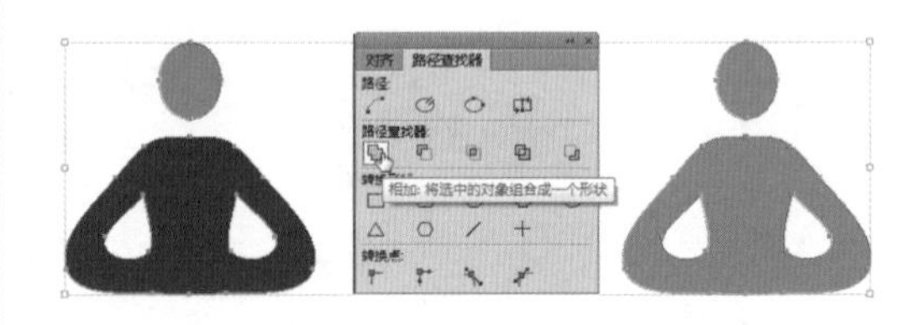

图8.22 相加操作效果

8.5.2 减去

该命令按钮可以从选定的图形对象中减去一部分，通常是使用前面对象的轮廓为界线，减去下面图形与之相交的部分，同时前面的对象消失。

选择要进行相减的图形，单击【路径查找器】面板中的【减去】按钮，即可将选择的图形对象相减。减去操作前后效果如图8.23所示。

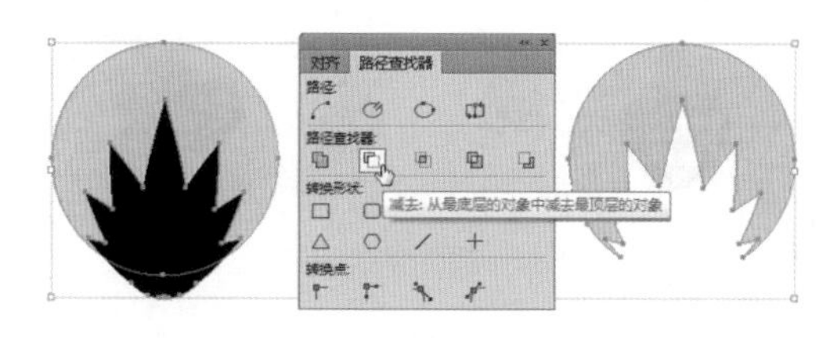

图8.23 减去操作效果

8.5.3 交叉

该命令按钮可以将选定的图形对象中相交的部分保留，将不相交的部分删除，如果有多个图形，则保留的是所有图形的相交部分。

选择要进行相交的图形，单击【路径查找器】面板中的【交叉】按钮，即可将选择的图形对象交叉处理。交叉操作前后效果如图8.24所示。

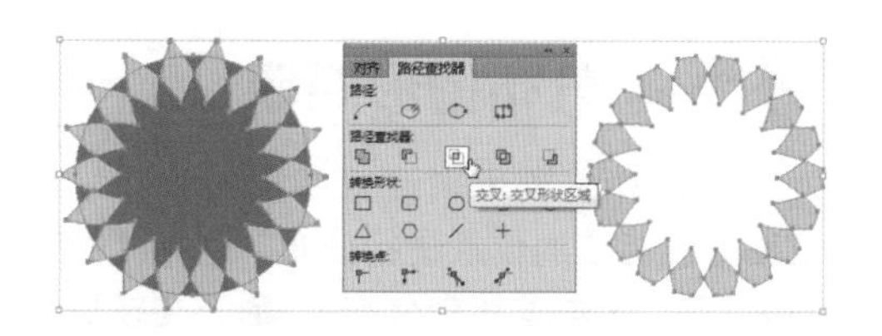

图8.24 交叉操作效果

8.5.4 排除重叠

该命令按钮与【交叉】按钮产生的效果正好相反，可以将选定的图形对象中不相交的部分保留，而将相交的部分删除。如果选择的图形重叠个数为偶数，那么重叠的部分将被删除；如果重叠个数为奇数，那么重叠的部分将保留。

选择要进行排除重叠的图形对象，单击【路径查找器】面板中的【排除重叠】按钮，即可将选择的图形对象排除重叠。排除重叠操作前后效果如图8.25所示。

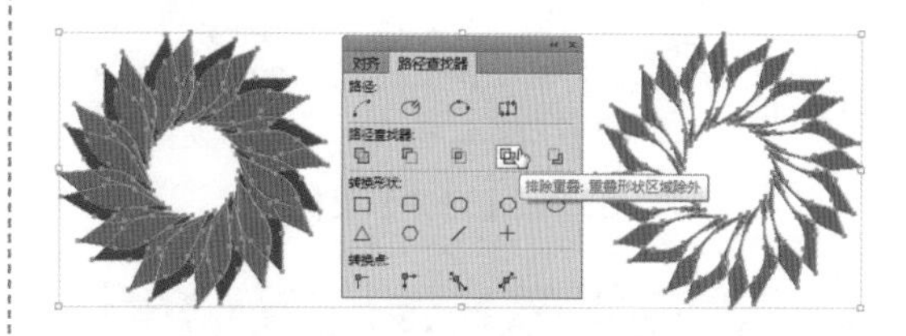

图8.25 排除重叠操作效果

8.5.5 减去后方对象

该命令与前面讲解过的【减去】用法相似，只是该命令使用最后面的图形对象修剪前面的图形对象，保留前面没有与后面图形产生重叠的部分，并删除后方对象。

选择要进行减去后方对象的图形对象，然后单击【路径查找器】面板中的【减去后方对象】按钮，即可使用后方的图形对象修剪前方的图形对象。减去后方对象操作前后效果如图8.26所示。

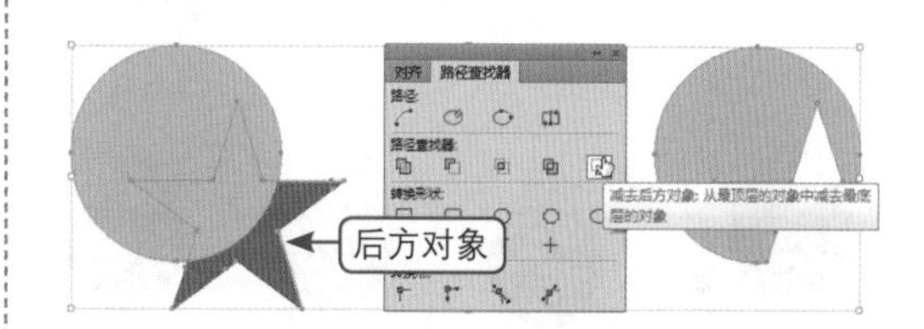

图8.26 减去后方对象操作效果

8.6 对齐与分布

在制作图形过程中经常需要将图形对齐，在前面的章节中介绍了参考线和网格的应用，它们能够准确确定对象的绝对定位，但是对于大量图形的对齐与分布来说，应用起来就显得麻烦了许多。InDesign CC为用户提供了【对齐】面板，利用该面板中的相关命令，可以轻松完成图形的对齐与分布处理。

要使用【对齐】面板，可以选择【窗口】|【对象和版面】|【对齐】命令，打开【对齐】面板。如果想显示更多的对齐选项，可以在【对齐】面板菜单中选择【显示选项】命令，将【对齐】面板中的其他选项全部显示出来，如图8.27所示。利用该面板中的相关命令，可以对图形进行对齐和分布处理。

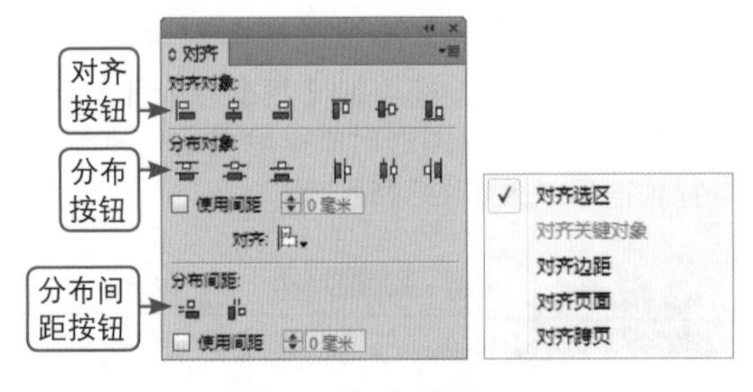

图8.27 【对齐】面板

技巧

按Shift + F7组合键，可以快速打开【对齐】面板。

8.6.1 对齐图形对象

对齐对象主要用来设置图形的对齐，包括【左对齐】、【水平居中对齐】、【右对齐】、【顶对齐】、【垂直居中对齐】和【底对齐】6种对齐方式，对齐命令一般需要至少两个对象才可以使用。

在页面中选择要进行对齐操作的多个图形对象，然后在【对齐】面板中单击需要对齐的按钮即可将图形对齐。各种对齐效果如图8.28所示。

水平对齐原始图形 左对齐 水平居中对齐 右对齐

垂直对齐原始图形

顶对齐

垂直居中对齐

底对齐

图8.28 各种对齐效果

8.6.2 分布图形对象

分布对齐主要用来设置图形的分布，以确定图形以指定的位置进行分布。包括【按顶分布】、【垂直居中分布】、【按底分布】、【按左分布】、【水平居中分布】和【按右分布】6种分布方式。分布一般至少三个对象才可以使用。

在页面中选择要进行分布操作的多个图形对象，然后在【对齐】面板中单击需要分布的按钮即可将图形分布处理。各种分布效果如图8.29所示。

垂直分布原始图形 按顶分布

垂直居中分布　　　　按底分布

水平分布原始图形

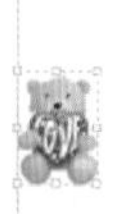

按左分布

水平居中分布

按右分布

图8.29 各种分布效果

技巧

在应用分布对象命令时，要保证没有勾选【使用间距】复选框，否则将按指定的间距分布图形对象。如果想让图形按指定的间距分布，可以勾选【使用间距】复选框，并在【使用间距】右侧的文本框中输入一个数值，然后再单击相关的分布按钮，可以让图形按指定的间距和基准图形进行分布。在分布图形时，还可以通过对齐设置，指定按选区、边距、页面或跨页分布。

8.6.3 分布图形间距

分布间距与分布对象命令的使用方法相同，只是分布的依据不同，分布间距主要是对图形间的间距进行分布对齐。包括【垂直分布间距】和【水平分布间距】。

下面以【水平分布间距】为例讲解分布间距的应用方法。分布间距分为两种方法：自动法和指定法。

① 自动法

在页面中选择要进行分布操作的多个图形对象，然后在【对齐】面板中确定【使用间距】复选框为撤状态，然后单击【水平分布间距】按钮，图形将按照平均的间距进行分布。分布的前后效果如图8.30所示。

图8.30 分布的前后效果

② 指定法

所谓指定法，就是自己指定一个间距，让图形按指定的间距进行分布。在页面中选择要进行分布操作的图形对象，在【对齐】面板中勾选【使用间距】复选框并在【使用间距】右侧的文本框中输入一个数值，如为20mm，然后单击【水平分布间距】按钮，以20mm为分布间距，将图形进行分布。分布的前后效果如图8.31所示。

图8.31 分布的前后效果

> **提示**
>
> 自动法和指定法不但可以应用在【分布间距】组命令中，还可以应用在【分布对象】组命令中，操作的方法是一样的。在分布图形时，还可以通过对齐设置，指定按选区、边距、页面或跨页分布。

8.6.4 参照对齐

在【对齐】面板中，对齐参照有4个命令：【对齐选区】、【对齐边距】、【对齐页面】和【对齐跨页】，通过不同的设置将产生不同的对齐效果。下面以对齐页面和【按左分布】按钮为例讲解对齐参照不同的使用方法。原始图形对象效果如图8.32所示。

图8.32 原始图形对象效果

❶ 对齐选区

【对齐选区】是指所有选择的图形对象，在选择的范围内进行对齐。这种方法与页面、边距和跨页无关。选择要对齐的图形对象，设置对齐参照为【对齐选区】，然后单击【对齐】面板中的【按左分布】按钮，图形对象将以选择的范围为参照进行分布。对齐选区分布效果如图8.33所示。

图8.33 对齐选区分布效果

❷ 对齐边距

【对齐边距】是指所有选择的图形对象，相对于页边距进行对齐。选择要对齐的图形对象，设置对齐参照为【对齐边距】，然后单击【对齐】面板中的【按左分布】按钮，图形对象将以页边距为参照进行分布。对齐边距分布效果如图8.34所示。

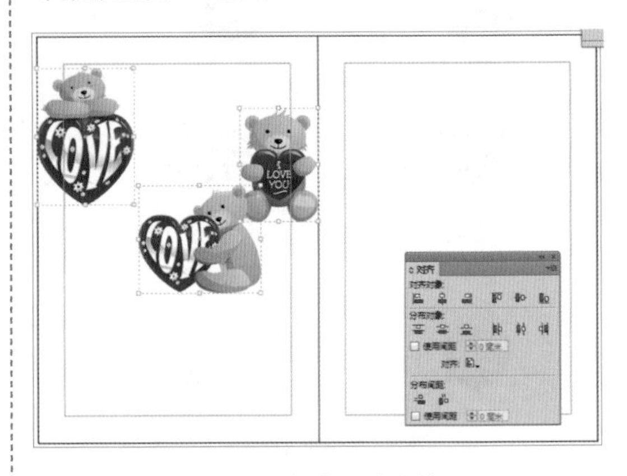

图8.34 对齐边距分布效果

❸ 对齐页面

【对齐页面】是指所有选择的图形对象，相对于页面进行对齐。选择要对齐的图形对象，设置对齐参照为【对齐页面】，然后单击【对齐】面板中的【按左分布】按钮，图形对象将以页面为参照进行分布。对齐页面分布效果如图8.35所示。

图8.35 对齐页面分布效果

④ 对齐跨页

【对齐跨页】是指所有选择的图形对象，相对于跨页进行对齐。选择要对齐的图形对象，设置对齐参照为【对齐跨页】，然后单击【对齐】面板中的【按左分布】按钮，图形对象将以跨页为参照进行分布。对齐跨页分布效果如图8.36所示。

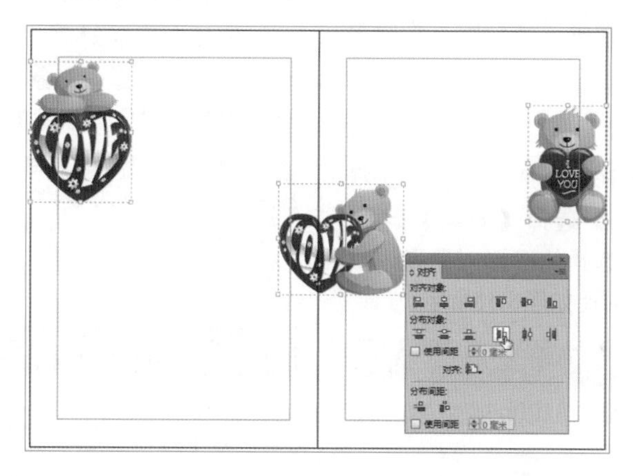

图8.36 对齐跨页分布效果

8.7 编组与锁定

在图形处理过程中，往往需要对多个图形对象进行操作，在操作中会出现误操作，这时可以将这些图形对象绑在一起，做成一个组合，这就是编组。而在移动图形对象时，也容易误操作，本来不希望移动的图形也一起移动了，这时就需要将其锁定，以避免误操作。使用编组与锁定命令来配合处理，可以使操作更加灵活。

8.7.1 图形编组

在处理图形的过程中，处理图形对象时不仅仅是对某个图形对象的处理，而是希望对多个图形对象的整体处理，比如对多个图形对象组成的一个标志图形，为了操作的方便，可以将这些图形对象进行编组处理。

① 创建编组

选择要进行编组的图形对象，选择【对象】|【编组】命令，即可将选择的图形对象进行编组。编组前后效果对比如图8.37所示。

图8.37 编组前后效果对比

技巧

按Ctrl + G组合键，可以快速将选择的图形对象编组。

将多个图形对象编组以后，可以看到图形对象的变换框变成了一个大的变换框，不再是单独的个体。使用【选择工具】选择编组后的图形对象时，会发现图形对象是一个整体，而不能单独选择某一个图形对象了。

如果想单独编辑编组后的单个图形对象，可以选择【工具箱】中的【直接选择工具】，在要选择的图形对象上单击鼠标，即可将其选中，并可以对图形对象进行缩放、移动等操作。

② 多重编组

对象的组合不仅是单一的编组，而且可以是对象的多重编组。比如先选择几个图形对象，将其编组，然后将该编组和其他单独的图形再次选中，再次应用编组命令，即可创建多重编组。

③ 取消编组

如果想将编组的图形对象取消编组，选择要取消编组的图形对象，选择【对象】|【取消编组】命令，即可将选择的图形对象取消编组。取消编组前后效果对比如图8.38所示。

技巧

按Shift + Ctrl + G组合键，可以快速将编组的图形对象取消编组。

图8.38 取消编组前后效果对比

提示

执行一次【取消编组】命令只能取消最后一次编组的组合，如果想取消更多的编组，可以多次选择多重编组的其他组合，再次执行【取消编组】命令。

8.7.2 图形锁定

在处理图形的过程中，由于有时图形对象过于复杂，经常会出现误操作。这时，可以应用锁定命令将其锁定，以避免对其误操作。

要锁定图形对象，首先选中要锁定的图形对象，然后选择【对象】|【锁定】命令，锁定选择的图形对象。锁定的图形将不能再选择。

技巧

按Ctrl + L组合键，可以快速将选择的图形对象锁定。

提示

锁定后的图形还会显示出来，只是无法编辑。对于打印和输出没有任何影响。

如果想将锁定的图形对象取消锁定，首先选择锁定的图形对象，然后选择【对象】|【解锁跨页上的所有内容】命令，即可将全部锁定对象取消锁定。

技巧

按Alt + Ctrl + L组合键，可以快速将所有锁定图形对象解除锁定。

8.8 图层的操作

前面讲解了编组和锁定图形对象，主要用来帮助设计图形，以免误操作，其实使用图层更加方便复杂图形的操作，可以将复杂的图形操作变得轻松无比。

选择【窗口】|【图层】命令，打开如图8.39所示的【图层】面板。在默认情况下，【图层】面板中只有一个【图层1】图层，可以通过【图层】面板下方的相关按钮和【图层】面板菜单中的相关命令，对图层进行编辑。在同一个图层内的对象不但可以进行对齐、组合、排列等处理，还可以创建、删除、隐藏、锁定、合并图层等处理。

技巧

按F7键可以快速打开或关闭【图层】面板。

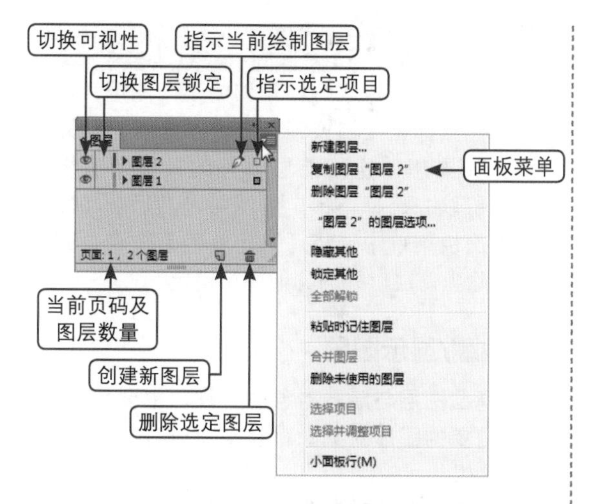

图8.39 【图层】面板

【图层】面板中各选项的含义说明如下。

- 【切换可视性】：控制图层的可见性。单击眼睛图标，眼睛图标将消失，表示图层隐藏；再次单击该区域，眼睛图标显示，表示图层可见。

技巧

按住Alt键单击【切换可视性】区域，可以将该层以外的其他图层全部隐藏或显示。

- 【切换图层锁定】：控制图层的锁定。单击该空白区域，将出现一个锁形标志，表示锁定了该层；再次单击该区域，锁形标志消失，表示解除该层的锁定。

技巧

按住Alt键单击【切换锁定】区域，可以将该层以外的其他图层全部锁定或取消锁定。

- 当前页码及图层数量：显示当前所在页码及【图层】面板中的图层数量。
- 【指示当前绘制图层】：当选择某个图层时，该层将显示一个钢笔图标，表示该层为当前层，绘制图形时将绘制在该层上。如果将该层锁定，钢笔图标将显示一条斜的红线，表示当前层被锁定，当前层上的图形将不能被编辑。
- 【指示选定项目】：显示当前图层上有选定的图形对象。当在页面中选择图形对象时，图形对象所在的层将显示一个彩色的方块，方块的填充颜色为当前图层的颜色。通过拖动该方块图标，可以实现不同图层图形对象的移动和复制。
- 【创建新图层】：单击该按钮，可以创建新的图层。
- 【删除选定图层】：单击该按钮，可以将选择的图层删除。
- 【图层】面板菜单：单击【图层】面板右上角的按钮，即可打开该菜单。利用该菜单可以新建、复制或删除图层，设置图层选项，隐藏或锁定图层等操作。

8.8.1 图层的选取

要想使用某个图层，首先要选择该图层，同时，还可以利用【图层】面板来选择页面中的相关图形对象。

❶ 选取图层

在InDesign CC中，选取图层的操作方法非常简单，直接在要选择的图层处单击，即可将其选取。选取的图层将显示为蓝色，并在该层名称的右侧显示一个钢笔图标。按住Shift键单击图层，可以选取邻近的多个图层。按住Ctrl键，单击图层，可以选中或取消选取任意的图层。选取图层效果如图8.40所示。

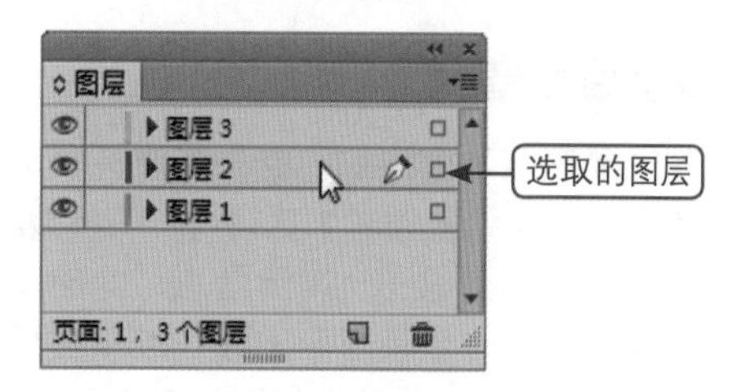

图8.40 选取图层

❷ 选取图层中的对象

选择图层与选取图层内的图形对象是不同的，如果某图层在页面中有图形对象被选中，在该图层名称的右侧会显示出一个彩色的方块，表示该层有对象被选中。

除了使用【选择工具】在页面中直接单击来选择图形外，还可以使用【图层】面板中的图层来选择图形对象，而且非常方便选择复杂的图形对象。

要选择某个图层上的对象，可以在按住Alt键的同时单击该层，即可将该层上的所有对象选中，并在【图层】面板中该层的右侧出现一个彩色的方块。利用图层选择对象的操作效果如图8.41所示。

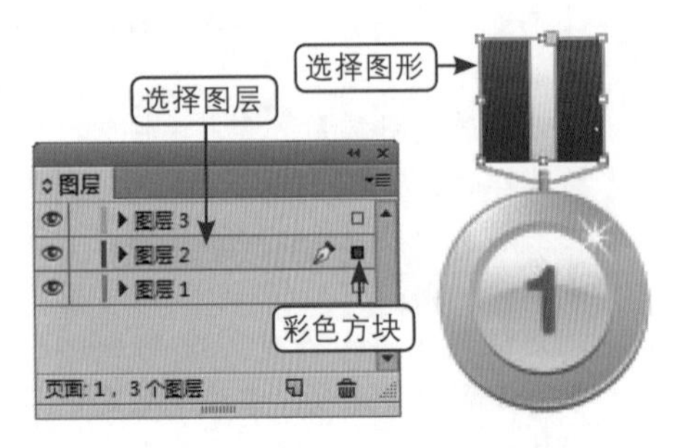

图8.41 选择图形对象操作效果

视频讲座8-5：图层的锁定与隐藏

案例分类：软件功能类
视频位置：配套光盘\movie\视频讲座8-5：图层的锁定与隐藏.avi

在编辑图形对象的过程中，利用图层的锁定和隐藏可以大大提高工作效率，比起前面的锁定对象使用起来更加方便，但含义有相似之处。锁定图层可以将该层上的所有对象全部锁定，该层上的所有对象将不能进行选择和编辑，但可以打印；而隐藏图层可以将该层上的所有对象全部隐藏，但隐藏的所有对象将不参加打印，所以在图形设计完成后，可以将辅助图形隐藏，有利于打印修改。

❶ 锁定/解锁图层

如果要锁定某个图层，首先将光标移动到该图层左侧的【切换锁定】区域，光标将变成手形标志，并出现一个提示信息，此时单击鼠标，可以看到一个锁形标志，表示该层被锁定。锁定图层的操作效果如图8.42所示。

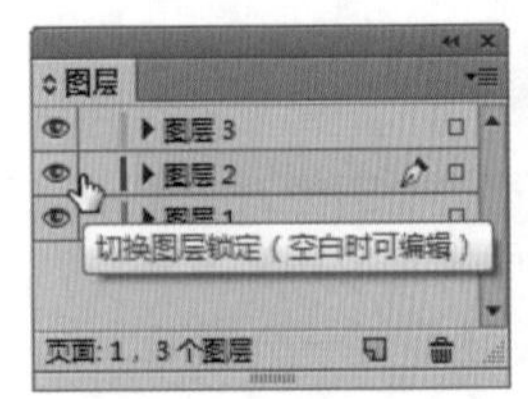

图8.42 锁定图层的操作效果

如果要解除图层的锁定，可以单击该图层左侧的锁形标志，锁形标志消失，表示该图层解除了锁定；如果要解除所有图层的锁定，可以在【图层】面板菜单中选择【解锁全部图层】命令即可。

技巧

如果想一次锁定或解锁相邻的多个图层，可以按住鼠标在【切换锁定】区域上下拖动即可。如果想锁定当前层以外的其他所有图层，可以先选择不锁定的图层，然后从【图层】面板菜单中选择【锁定其他】命令，即可将除当前层以外的其他图层锁定。

❷ 隐藏/显示图层

隐藏图层与隐藏对象的一样，主要是将暂时不需要的图形对象隐藏起来，以方便复杂图形的编辑。

如果要隐藏某个图层，首先将光标移动到该图层左侧的【切换可视性】区域，在眼睛图标上单击鼠标，使眼睛图标消失，这样就将该图层隐藏了，同时位于该图层上的图形也被隐藏。隐藏图层的操作效果如图8.43所示。

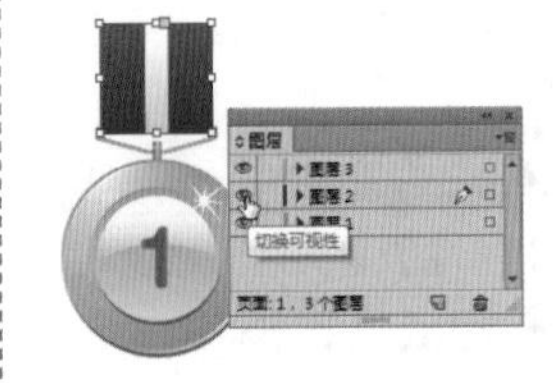

图8.43 隐藏图层的操作效果

技巧

如果想快速隐藏当前层以外的其他所有图层，可以从【图层】面板菜单中选择【隐藏其他】命令，即将除当前层以外的其他图层隐藏。

视频讲座8-6：图层的新建与删除

案例分类：软件功能类
视频位置：配套光盘\movie\视频讲座8-6：图层的新建与删除.avi

在InDesign CC中，为了操作的方便，可以自由创建新图层，如果有不需要的图层，还可以应用相关的命令将其删除。

❶ 创建图层

在【图层】面板中，单击面板底部的【创建新图层】按钮，也可以从【图层】面板菜单中选择【新建图层】命令，即可在所有图层的上方创建一个新的图层。在创建图层时，系统会根据创建图层的顺序自动为图层命名为"图层1、图层2……"依此类推。创建新图层的操作效果如图8.44所示。

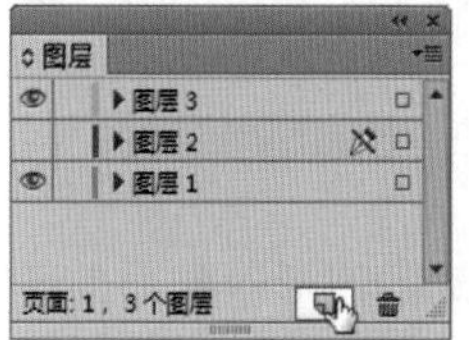
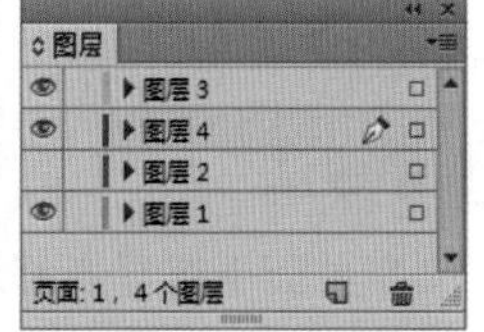

图8.44 创建新图层的操作效果

技巧

在创建新图层时，如果按住Ctrl键单击面板底部的【创建新图层】按钮，可以在当前图层的上方创建一个新图层；如果按住Alt + Ctrl组合键单击面板底部的【创建新图层】按钮，可以在当前图层的下方创建一个新图层。如果按住Alt键单击面板底部的【创建新图层】按钮，可以打开【新建图层】对话框。

② 删除图层

删除图层主要是将不需要的或误创建的图层删除。要删除图层可以通过两种方法来完成，具体介绍如下：

- 方法1：直接删除法。在【图层】面板中选择（在选择图层时，可以使用Shift或Ctrl键来选择更多的图层）要删除的图层，然后单击【图层】面板底部的【删除选定图层】按钮，即可将选择的图层删除。如果该图层上有图形对象，将弹出一个询问对话框，直接单击【确定】按钮即可。删除图层时，该图层上的所有图形对象也将被删除。直接删除图层的操作效果如图8.45所示。

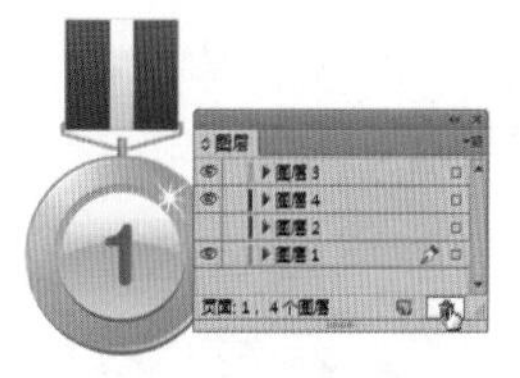
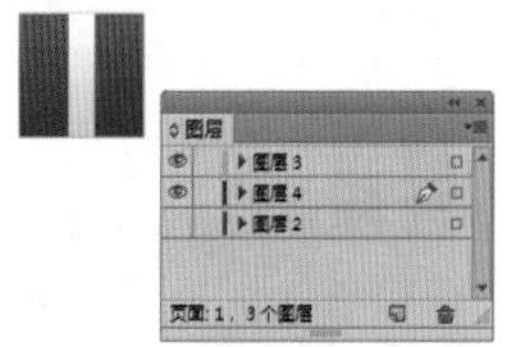

图8.45 直接删除图层的操作效果

提示

在【图层】面板菜单中选择【删除未使用的图层】命令，可以将没有使用的图层全部删除。

- 方法2：拖动法。在【图层】面板中选择要删除的图层，然后将其拖动到【图层】面板底部的【删除所选图层】按钮上，释放鼠标，即可将选择的图层删除。删除图层时该图层上的所有图形对象也将被删除。拖动法删除图层的操作效果如图8.46所示。

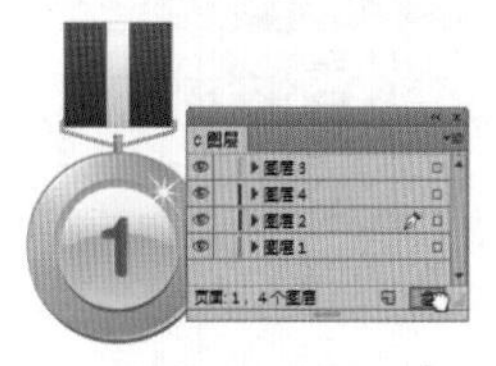

图8.46 拖动法删除图层的操作效果

提示

还可以选择一个或多个图层后，在【图层】面板菜单中选择【删除图层】命令，将其删除。在删除图层时，如果只有一个图层，则不能再进行图层的删除操作。

8.8.2 图层的复制与拼合

要设计处理图形时，有时需要相同图层的一些相同图形对象，这时就可以将原有的图层复制，制作出一个副本，提高工作效率。

拼合图层主要是将多个图形对象进行拼合，以将选中图层中的内容合并到一个现有的图层中，合并图层可以减小图层的复杂度，方便图层的操作。

① 复制图层

复制图层可以通过两种方法来实现：一种是菜单命令法；一种是拖动复制法。复制图层不但将图形对象全部复制，还将图层的所有属性与图形的所有属性全部复制一个副本。

- 方法1：菜单命令法。在【图层】面板中选择要复制的单个图层，然后执行【图层】面板菜单中的【直接复制图层"当前层名称"】命令，打开【直接复制图层】对话框，单击【确定】按钮，即可将当前图层复制一个副本。如果选择的是多个图层，则【图层】面板菜单中的【复制“当前层名称”】命令将变成【复制所选图层】命令。

- 方法2：拖动复制法。在【图层】面板中选择要复制的图层，然后在选择的图层上按住鼠标，将其拖动到【图层】面板底部的【创建新图层】按钮上，当图标变成状时，释放鼠标即可复制一个图层副本。拖动复制图层的操作效果如图8.47所示。

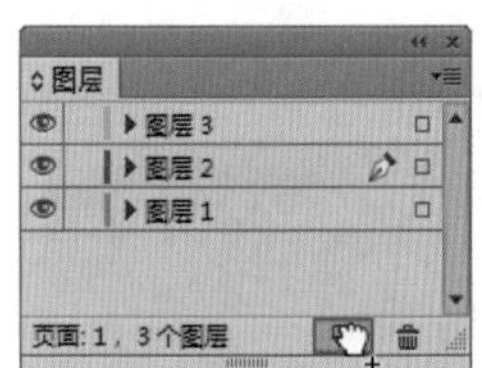

图8.47 拖动复制图层的操作效果

② 合并图层

合并图层可以将选择的多个图层合并成一个图层，在合并图层时，所有选中的图层中的图形都将合并到一个图层中，并保留原来图形的堆放顺序。

在【图层】面板中选择要合并的多个图层，然后从【图层】面板菜单中，选择【合并所选图层】命令，即可将选择的图层合并为一个图层。合并图层的操作效果如图8.48所示。

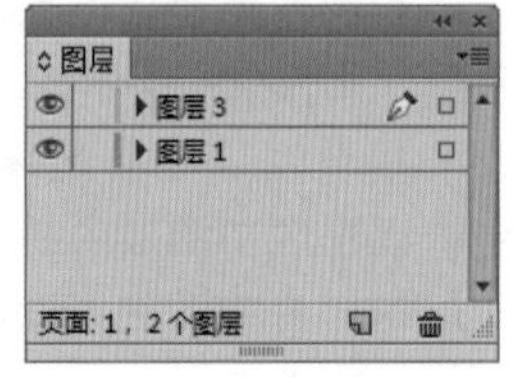

图8.48 合并图层的操作效果

提示

在合并图层时，所有图层将被合并到当前图层中，即显示钢笔图标的图层中，并以该层的名称为新图层的名称。

8.8.3 图层的移动与复制

利用【图层】面板可以将一个整体对象的不同部分分置在不同图层上，以方便复杂图形的管理。由于图形位于不同的图层上，有时需要在不同图层间移动对象，而且不但可以在页面中复制图形对象，还可以通过图层来复制图形对象。下面来讲解两种不同图层间移动、复制图形对象的方法：一种是命令法；另一种是拖动法。

① 命令法

在页面中选择要移动的图形对象，也可以在按住Alt键的同时单击【图层】面板中的图层，以选择要移动的图形对象，选择【编辑】|【剪切】命令，然后选择一个目标图层，选择【编辑】|【粘贴】命令，即可将图形对象移动到目标图层中。

使用【粘贴】命令会将图形对象粘贴到目标图层的最前面，这样有时会打乱原图形的整体效果，可以应用【原位粘贴】命令。【原位粘贴】表示将图形粘贴到原图形的前面，图形的位置不作任何的改变。如果在【图层】面板菜单中选择了【粘贴时记住图层】命令，则不管选择的目标图层为哪个层，都将粘贴到它原来所在的图层上。

技巧

选择【编辑】|【复制】命令，或者按Ctrl + C组合键，然后利用【粘贴】命令将图形复制到目标图层中。

② 拖动法

首先选择要移动的图形对象（如果要选择某层上的所有对象，可以在按住Alt键的同时单击该图层），可以在【图层】面板中当前图形所在层的右侧看到一个彩色的方块，将光标移动到该彩色方块上，然后按住鼠标拖动彩色方块到目标图层上，当看到一个空心的黑色方框时释放鼠标，即可将选择的图形对象移动到目标图层上。拖动法移动图形的操作效果如图8.49所示。

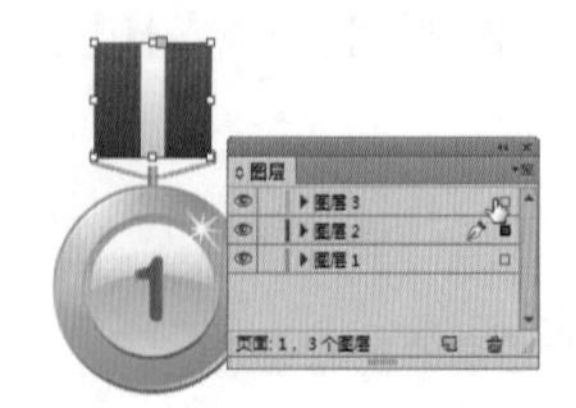

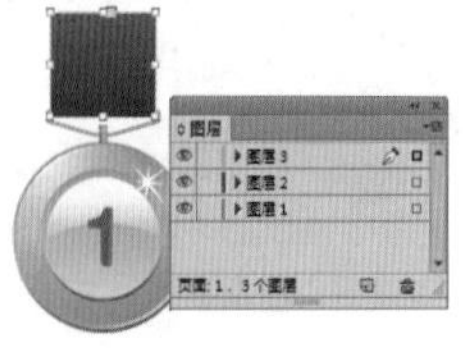

图8.49 拖动法移动图形的操作效果

技巧

使用拖动法移动图形对象时，目标图层不能为锁定的图层。如果想使用拖动法将图形移动到锁定的目标图层中，需要在按住Ctrl键的同时拖动。

使用拖动法移动图形对象时，如果按住Alt键拖动彩色方块，可以将对象复制到目标图层中。

8.8.4 改变图层顺序

在前面的章节中曾经讲解过对象排列顺序的调整方法，但那些调整方法的前提是在同一个图层中，如果在不同的图层中，利用【对象】|【排列】子菜单中的命令就无能为力了。对于不同图层之间的排列顺序，可以通过图层的调整来改变。

在【图层】面板中，在该图层名称位置按住鼠标向上或向下拖动，当拖动到合适的位置时，会在当前位置显示一条黑色的线条，释放鼠标即可修改图层的顺序，并可以在页面中看到图形对象改变顺序后的效果。修改图层顺序的操作效果如图8.50所示。

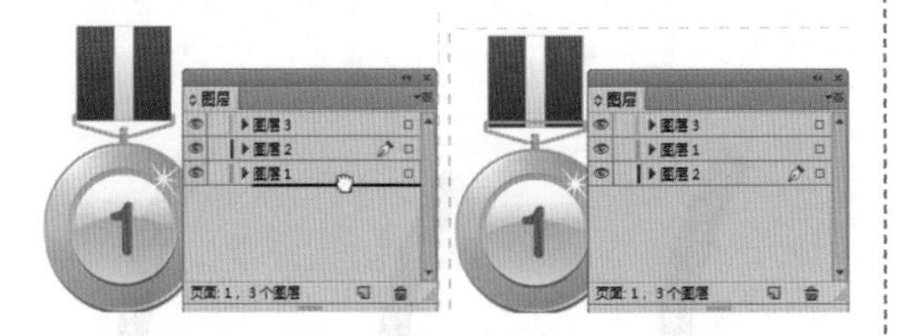

图8.50 修改图层顺序的操作效果

8.8.5 图层选项与面板显示

图层选项与面板显示分别用来设置图层属性与面板属性。下面来讲解图层选项与面板显示的相关命令的含义。

① 图层选项

图层选项主要用来设置图层的相关属性，如图层的名称、颜色、显示、锁定、是否可以打开等属性设置。双击某个图层或选择某个图层后，在【图层】面板菜单中选择【“当前图层名称”的图层选项】命令，即可打开如图8.51所示的【图层选项】对话框。

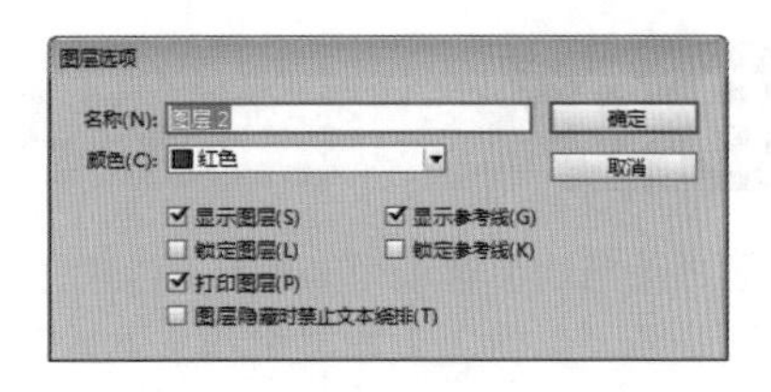

图8.51 【图层选项】对话框

【图层选项】对话框中各选项的含义说明如下。

- 【名称】：设置当前图层的名称。
- 【颜色】：设置当前图层的颜色，可以从右侧的下拉列表中选择一种颜色，也可以选择【自定】命令，打开【颜色】对话框自定义颜色。当选择该图层时，该层上的图形对象的所有锚点和路径及定界框都将显示这种颜色。
- 【显示图层】：勾选该复选框，该图层上的所有对象将显示在文档中；如果取消该复选框，该图层将被隐藏。
- 【显示参考线】：勾选该复选框，将显示位于该层上的参考线；否则将隐藏该层上的参考线。
- 【锁定图层】：勾选该复选框，该图层将被锁定。
- 【锁定参考线】：勾选该复选框，将该层上的参考线锁定；否则参考线不作锁定处理。
- 【打印图层】：控制该图层对象是否可以打印。勾选该复选框，该层图形对象可以打印出来，否则将不能打印出来。
- 【图层隐藏时禁止文本绕排】：勾选该复选框，当图层隐藏时，该层上的图形对象禁止文本绕排；否则可以进行文本绕排。

② 面板显示

【小面板行】主要用来控制【图层】面板的显示效果。在【图层】面板菜单中选择【小面板行】命令，其左侧将显示一个ü对号，表示使用【小面板行】显示。使用小面板行显示前后效果对比如图8.52所示。

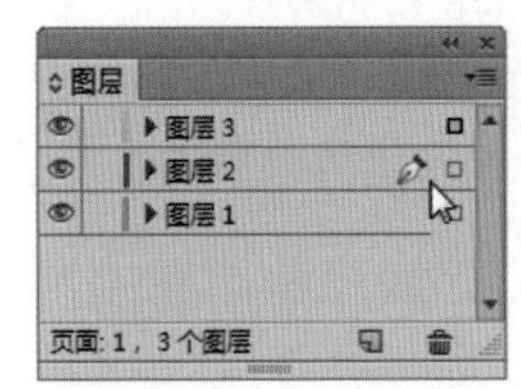

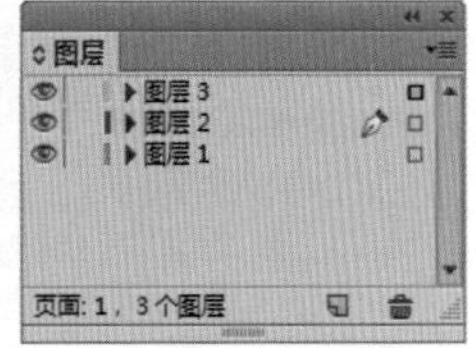

图8.52 使用小面板行显示前后效果对比

8.9 图形描边

通过【描边】选项可以将不同类型的线条应用于路径、形状，文本框架和文本轮廓。描边的设置主要在【描边】面板中进行。

8.9.1 图层选项与面板显示

【描边】面板提供对描边粗细和外观设置，这些选项可以设置路径如何链接、起点形状和重点形状及用于拐角点选项。

ID 1 选择【文件】|【打开】命令，打开【打开】对话框，选择配套光盘中的"调用素材\第8章\超市促销标签.indd"文件，如图8.53所示。

ID 2 选择【窗口】|【描边】命令，打开【描边】面板，如图8.54所示。

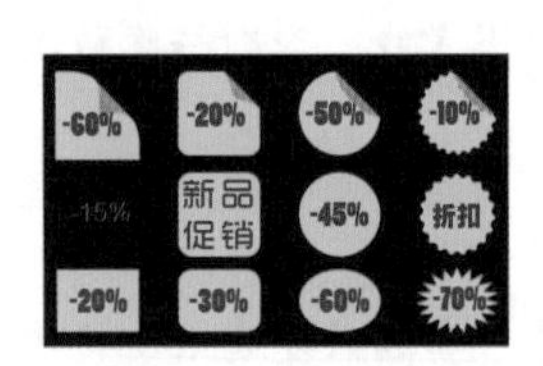

图8.53 打开文件　　图8.54 【描边】面板

【描边】面板中各项含义如下。

- 【粗细】选项：在此下拉列表中指定描边的粗细。如图8.55所示为从左到右依次为0.25点、0.5点、0.75点的效果。

图8.55 描边粗细

- 【斜接限制】选项：用于指定在斜角链接成为斜面链接之前拐点的长度与描边宽度的限制。斜接限制不适用于圆角链接。
  - 【斜接链接】按钮：创建当斜接的长度位于斜接限制范围内时超出端点扩展的尖角，如图8.56所示。
  - 【圆角链接】按钮：创建在端点之外扩展半个描边宽度的圆角，如图8.57所示。
  - 【斜面链接】按钮：创建与端点临接的方角，如图8.58所示。

图 8.56 斜接链接 　　图8.57 圆角链接

图8.58 斜面链接

- 【端点】选项：用于指定开放路径两端的外观。
  - 【平头端点】按钮：创建链接端点的方形端点，如图8.59所示。
  - 【圆头端点】按钮：创建在端点外扩展半个描边宽度的半圆端点，如图8.60所示。
  - 【投射末端】按钮：创建在端点之外扩展半个描边宽度的方形端点，如图8.61所示，这个选项使描边粗细与路径周围的所有方向均匀扩展。

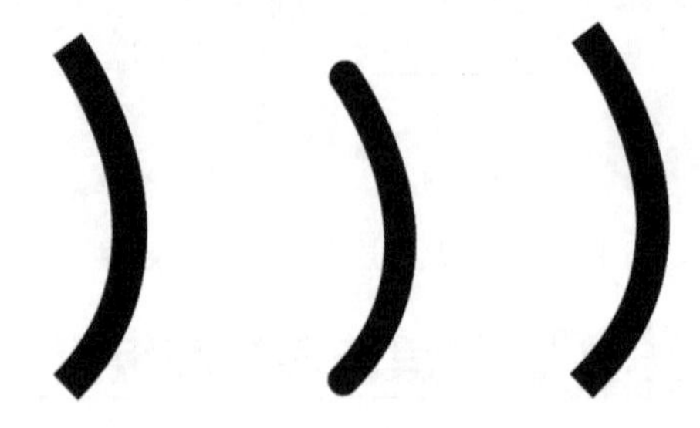

图8.59 平头端点　图8.60 圆头端点　图8.61 投射末端

- 【对齐描边】选项：指定描边相对于它的路径位置。
  - 【描边对齐中心】按钮：使描边居中于轮廓，如图8.62所示。
  - 【描边居内】按钮：居于轮廓内部描边，如图8.63所示。
  - 【描边局外】按钮：居于轮廓外部描边，如图8.64所示。

图8.62 描边对齐中心

图8.63 描边局内

图8.64 描边局外

8.9.2 起点形状与终点形状

对路径应用起点形状和终点形状，进一步丰富了路径描边的效果。

选择【描边】面板中的【起点】和【终点】选项，能将箭头或其他形状添加到开放路径的两个端点，如图8.65所示。

选择任意一个开放路径，在【描边】面板的【起点】和【终点】选项列表中选择一个样式。【起点】选项向路径的第一个端点应用形状，【终点】选项向最后一个端点应用形状，如图8.66所示为几种起点、终点及起点终点使用的形状。

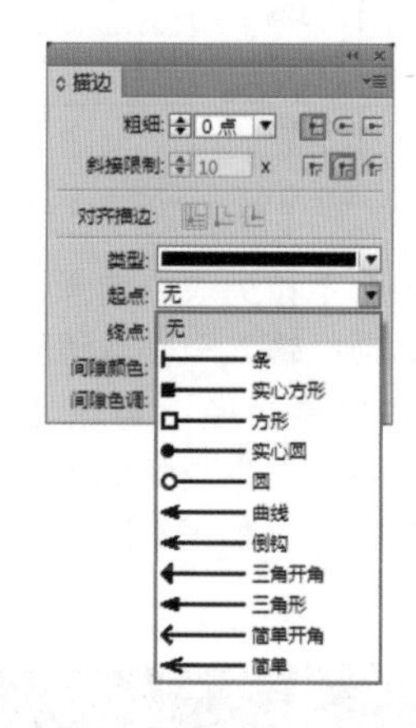

图8.65 起点与终点下拉列表

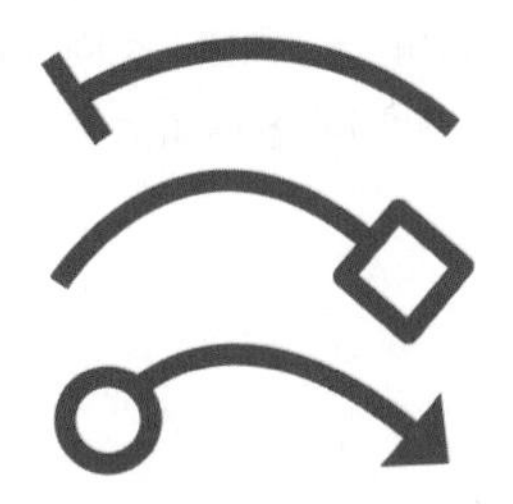

图8.66 不同形状的起点、终点形状

8.9.3 描边样式

在【描边】面板中提供了许多已经定义好的样式，而且用户自己也可以添加自定义描边样式。在【描边】面板的【类型】下拉列表中有多种描边样式，如图8.67所示。

ID 1 选中矩形框，在【类型】下拉列表中选择【虚线（3和2）】选项，设置【粗细】为0.75点，设置颜色为白色，如图8.68所示。

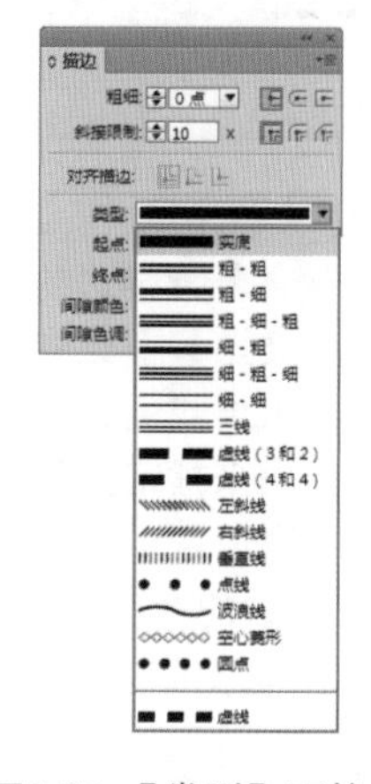

图8.67 【类型】下拉列表

图8.68 应用【虚线（3和2）】类型

ID 2 还可以自己添加自定义描边，单击【描边】面板右侧的扩展按钮，在展开的菜单中选择【描边样式】命令，打开【描边样式】对话框，如图8.69所示。

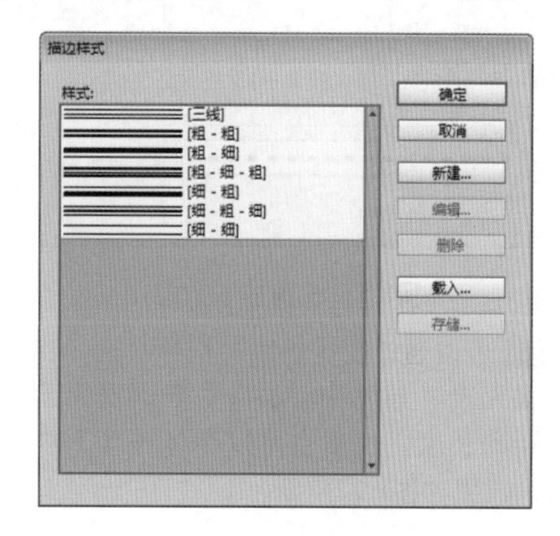

图8.69 【描边样式】对话框

ID 3 单击【新建】按钮，即可打开【新建描边样式】对话框，如图8.70所示。

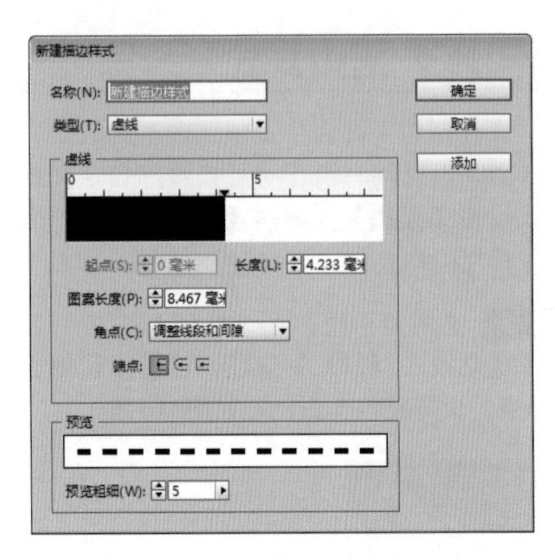

图8.70 【新建描边样式】对话框

ID 4 在【名称】文本框中输入新建描边的样式名称【自定义虚线】；在【类型】下拉列表中选择需要定义的线条类型，这里我们选【虚线】选项；【图案长度】选项用来指定重复图案的长度，在【预览】窗口中可以看到设置后的效果，这里设置【图案长度】的数值为6毫米，【端点】选择投射末端，如图8.71所示。

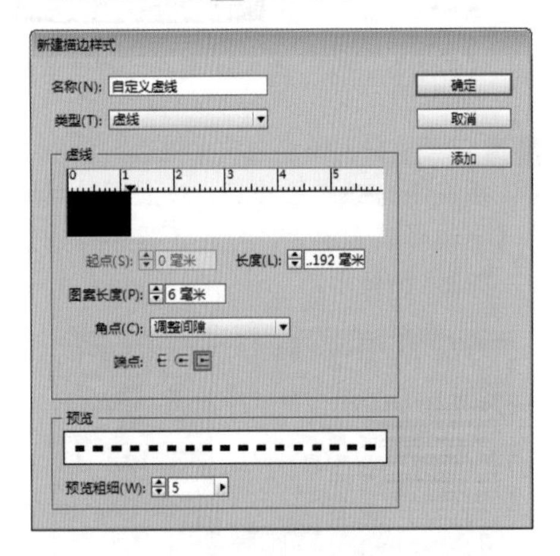

图8.71 设置各项数值

ID 5 可以通过在【虚线】框标尺上单击来添加图案元素，同时拖动符号来调整元素的具体间距和长度，长度也可以在【长度】中自行设置，效果如图8.72所示。

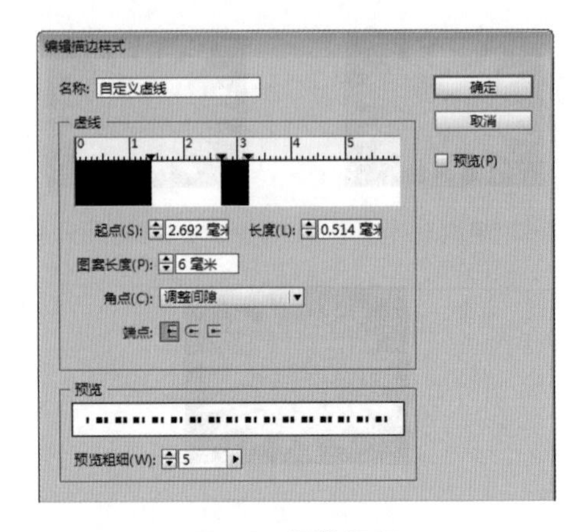

图8.72 调整间距

8.9.4 【角选项】命令

我们可以通过【角选项】来设置图形拐角处的外观样式，如花式、斜角、内陷等。

选中需要变换的对象，选择【对象】|【角选项】命令，打开【角选项】对话框，如图8.73所示。

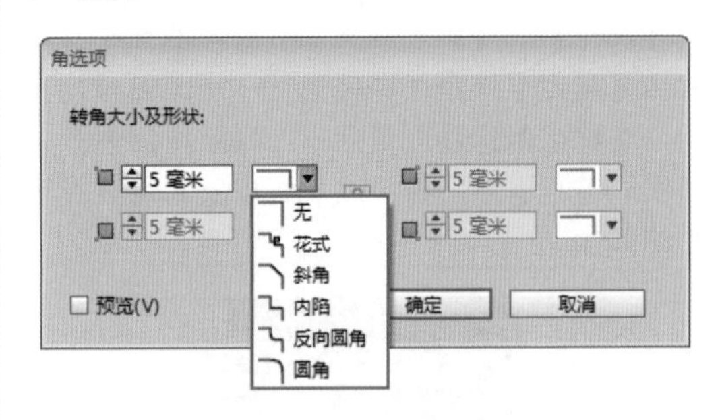

图8.73 【角选项】对话框

在【效果】下拉列表中选择不同的效果，在【大小】选项中输入一个数值可指定角效果到每个焦点的扩展半径，勾选【预览】复选框，可以直接到视图中观察效果，设置完成后单击【确定】按钮。如图8.74所示为几种不同的角效果。

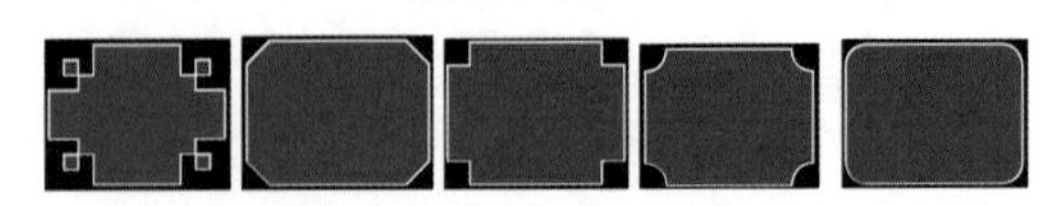

花式 斜角 内陷 反向圆角 圆角

图8.74 各种角效果

8.10 上机实训——网页横幅广告

案例分类：平面设计类
视频位置：配套光盘\movie\8.10 上机实训——网页横幅广告.avi

8.10.1 技术分析

本例讲解网页横幅广告设计。首先导入图片制作背景；然后绘制圆形并利用多重复制命令将其复制多份；最后添加文字并填充不同的颜色，完成整个网页横幅广告的制作。

8.10.2 本例知识点

- 【多重复制】命令的使用
- 渐变的编辑与填充
- 【钢笔工具】的使用
- 网页横幅广告的制作方法

8.10.3 最终效果图

本实例的最终效果如图8.75所示。

图8.75 最终效果图

8.10.4 操作步骤

STEP 1 选择【文件】|【新建】|【文档】命令，打开【新建文档】对话框，设置【页数】为1，【宽度】为162毫米，【高度】为70毫米，如图8.76所示。

图8.76 【新建文档】对话框

ID 2 单击【边距和分栏】按钮，打开【新建边距和分栏】对话框，将上、下、内、外【边距】的值都设置为0毫米，如图8.77所示。

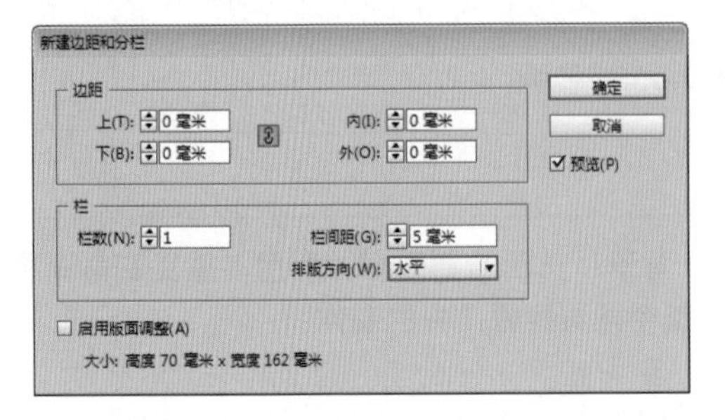

图8.77 【新建边距和分栏】对话框

ID 3 选择【文件】|【置入】命令，打开【置入】对话框，选择配套光盘中的“调用素材\第8章\内衣组合.jpg”。按住Shift + Ctrl组合键的同时将图片适当缩大并放置在页面中以制作背景，如图8.78所示。

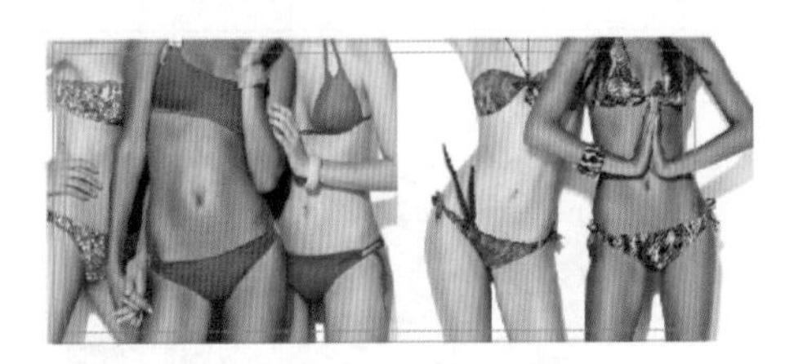

图8.78 放大图片

ID 4 选择工具箱中的【椭圆工具】，在页面中拖动绘制一个椭圆，将椭圆填充为紫色（C:26；M:100；Y:0；K:0），描边设置为无，如图8.79所示。

图8.79 绘制圆形并填充

ID 5 选择圆形，选择【编辑】|【多重复制】命令，打开【多重复制】对话框，设置【计数】为6，即复制6个；【水平】的值为10毫米，即让其水平移动10毫米，如图8.80所示。

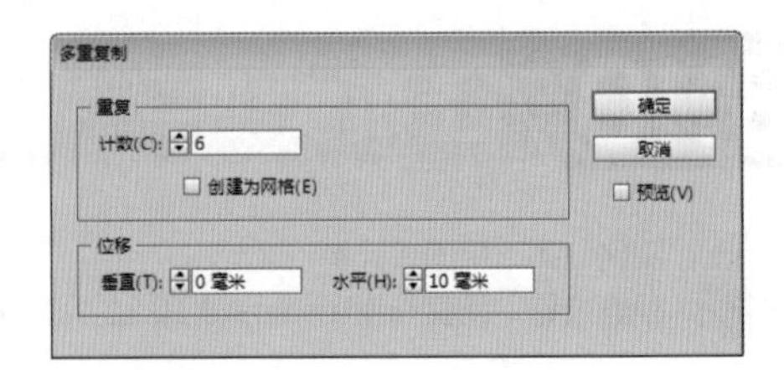

图8.80 【多重复制】对话框

ID 6 设置完成后，单击【确定】按钮，即可复制出多个圆形，复制后的效果如图8.81所示。

图8.81 复制图形

ID 7 选择工具箱中的【文字工具】T，在页面中圆形的上方输入文字，设置文字的字体为“微软雅黑”，字体的大小为26.487点，为了与圆形相匹配，注意设置字符间距，并将“初夏新品”的颜色设置为白色，“折扣季”的颜色设置为黄色（C:0；M:0；Y:100；K:0），如图8.82所示。

图8.82 输入文字

ID 8 使用【文字工具】T再次输入文字，将文字的【填充】设置为黑色，【描边】设置为白色，描边的【粗线】设置为1.7点，如图8.83所示；字体设置为“金桥简粗黑”，字体大小设置为51点，字符间距设置为-50，如图8.84所示。

图8.83 输入文字　　图8.84 设置文字参数

ID 9 选择“6.5”，将文字的大小修改为80点，然后打开【渐变】面板，编辑红色（C:0；M:100；Y:59；K:0）到深红色（C:0；M:100；Y:67；K:32）的线性渐变，如图8.85所示。将文字填充渐变后的效果如图8.86所示。

图8.85 编辑渐变　　图8.86 填充渐变

ID 10 使用【文字工具】T再次输入文字，将文字的字体设置为“微软雅黑”，字体的大小设置为22点，如图8.87所示；将文字填充为白色，【描边】的颜色设置为青色（C:100；M:0；Y:0；K:0），并设置描边的【粗细】为1，将文字旋转一定的角度，如图8.88所示。

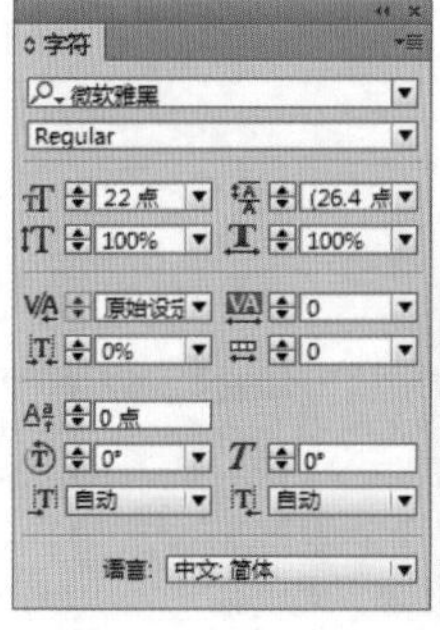

图8.87 文字设置　　图8.88 填充及描边文字

ID 11 选择工具箱中的【钢笔工具】，在文字的左侧绘制两个封闭的图形，制作出一种激情的视觉效果，并将其填充为黄色（C:0；M:0；Y:100；K:0），如图8.89所示。这样就完成了网页横幅广告的设计。

图8.89 绘制封闭图形

第9章 使用效果功能

〔内容摘要〕

本章详细讲解了【效果】面板及效果的使用方法，如投影、内阴影、外发光、内发光、会面和浮雕和光泽等，详细讲解了混合模式的使用，对象不透明度的控制及描边、填充、文本、编组等不透明度的控制，分离混合和挖空组的使用。通过本章的学习，读者可以使用效果中的相关命令来处理与编辑位图图像与矢量图形，同时为位图图像和矢量图形添加一些特殊效果。

〔教学目标〕

- 混合模式的使用
- 对象不透明度的设置
- 分离混合与挖空组的使用
- 各种效果的应用及编辑

9.1 【效果】面板介绍

选择【窗口】|【效果】命令，即可打开【效果】面板，如图9.1所示。

利用【效果】面板可以进行多种效果的制作，如混合模式、不透明度、投影、内阴影、外发光等，还可以进行图形的分离混合和挖空。

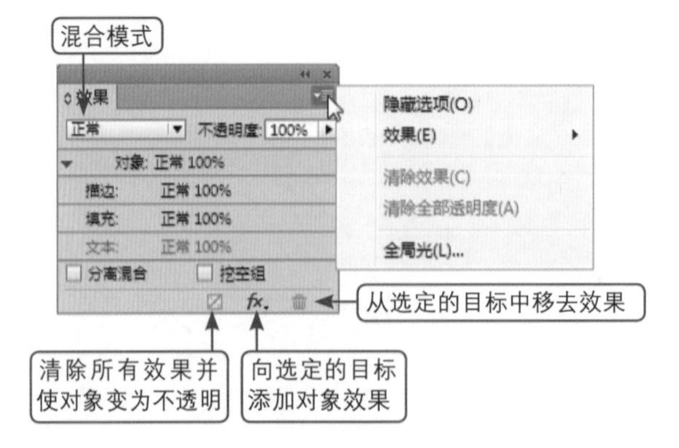

图9.1 【效果】面板

技巧

按Shift + Ctrl + F10组合键，可以快速打开【效果】面板。

9.1.1 混合模式

在InDesign中，混合模式具有相当重要的作用，模式的不同，得到的效果也不同，利用混合模式，可以制作出许多意想不到的艺术效果。下面来详细讲解混合模式相关命令的使用技巧。

首先要了解一下InDesign中图形的排列顺序，一般来讲，先绘制的图形会位于后绘制图形的下方。而在图层面板中，上面图层的图形位于下面图形的上方，混合模式主要是利用指定的图形，即为当前层和下面图层的混合效果。

为了更好地说明混合模式的使用，这里以Photoshop的【图层】面板图示，来讲解混合模式的使用。当前层，即使用混合模式的层和下面图层，即被作用层的关系如图9.2所示。

提示

因为在InDesign中，图层是没有预览显示的，所以这里以Photoshop的【图层】面板为图示，如果读者对Photoshop不熟悉，可以将其理解为两个一上一下的图形就可以了。

图9.2 层的分布效果

① 正常

这是InDesign的默认模式，选择此模式，当前层上的图像将覆盖下层图像，只有修改不透明度的值，才可以显示出下层图像。正常模式效果如图9.3所示

② 正片叠底

当前层图像颜色值与下层图像颜色值相乘，再除以数值255，得到最终像素的颜色值。任何颜色与黑色混合将产生黑色。当前层中的白色将消失，显示下层图像。正片叠底模式效果如图9.4所示。

图9.3 正常模式

图9.4 正片叠底模式

③ 滤色

该模式与正片叠底效果相反，通常会显示一种图像被漂白的效果。在滤色模式下使用白色绘画会使图像变为白色，使用黑色则不会发生任何变化。滤色模式效果如图9.5所示。

④ 叠加

该模式可以复合或过滤颜色，具体取决于当前图像的颜色。当前图像在下层图像上叠加，保留当前颜色的明暗对比。当前颜色与混合色相混合以反映原色的亮度或暗度。叠加后当前图像的亮度区域和阴影区将被保留。叠加模式效果如图9.6所示。

图9.5 滤色模式

图9.6 叠加模式

⑤ 柔光

该模式可以使图像变亮或变暗，具体取决于混合色，此效果与发散的聚光灯照射在图像上相似。如果混合色比50%灰色亮，则图像变亮，就像被减淡了一样；如果混合色比50%灰色暗，则图像变暗，就像被加深了一样。用黑色或白色绘图时会产生明显较暗或较亮的区域，但不会产生纯黑色或纯白色。柔光模式效果如图9.7所示。

⑥ 强光

该模式可以产生一种强烈的聚光灯照射

在图像上的效果。如果当前层图像的颜色比下层图像的颜色更淡，则图像发亮；如果当前层图像的颜色比下层图像的颜色更暗，则图像发暗。在强光模式下使用黑色绘图将得到黑色效果；使用白色绘图则得到白色效果。强光模式效果如图9.8所示。

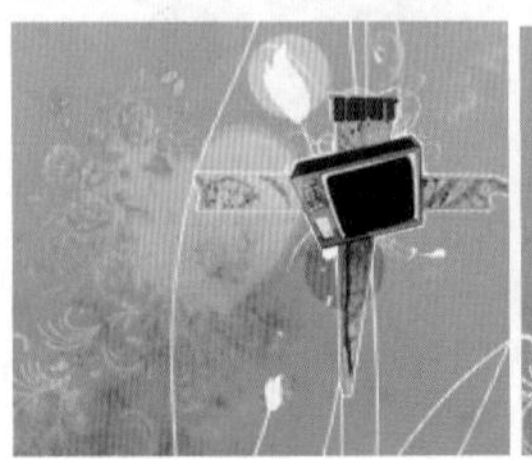
图9.7 柔光模式

图9.8 强光模式

⑦ 颜色减淡

该模式可以使图像变亮，其功能类似于减淡工具。它通过减小对比度使当前图像变亮以反映混合色，在图像上使用黑色绘图将不会产生任何作用；使用白色可以创建光源中心点极亮的效果。颜色减淡模式效果如图9.9所示。

⑧ 颜色加深

该模式可以使图像变暗，功能类似于加深工具。在该模式下利用黑色绘图将抹黑图像；而利用白色绘图将不起任何作用。颜色加深模式效果如图9.10所示。

图9.9 颜色减淡模式

图9.10 颜色加深模式

⑨ 变暗

当前层中的图像颜色值与下面层图像的颜色值进行混合比较，比混合颜色值亮的像素将被替换；比混合颜色值暗的像素将保持不变，最终得到暗色调的图像效果。变暗模式效果如图9.11所示。

⑩ 变亮

该模式可以将当前图像或混合色中较亮的颜色作为结果色。比混合色暗的像素将被取代，比混合色亮的像素保持不变。在这种模式下，当前图像中的黑色将消失，而白色将保持不变。变亮模式效果如图9.12所示。

图9.11 变暗模式

图9.12 变亮模式

⑪ 差值

当前图像像素的颜色值与下层图像像素的颜色值差值的绝对值就是混合后像素的颜色值。与白色混合将反转当前色值，与黑色混合则不发生变化。差值模式效果如图9.13所示。

⑫ 排除

与差值模式非常相似，但得到的图像效果比差值模式更淡。与白色混合将反转当前颜色，与黑色混合不发生变化。排除模式效果如图9.14所示。

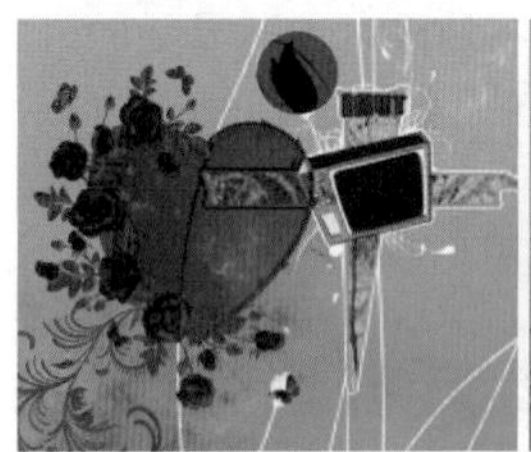
图9.13 差值模式

图9.14 排除模式

⑬ 色相

该模式可以使用当前图像的亮度和饱和度及混合色的色相创建结果色。色相模式效果如图9.15所示。

⑭ 饱和度

当前图像的色相值与下层图像的亮度值和饱和度值创建结果色。在无饱和度的区域上使用此模式绘图不会发生任何变化。饱和度模式效果如图9.16所示。

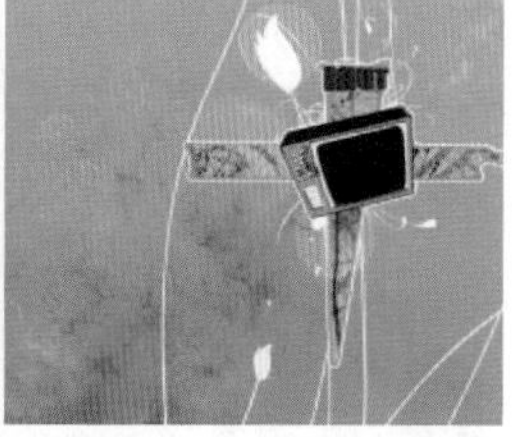

图9.15 色相模式　　图9.16 饱和度模式

⑮ 颜色

当前图像的亮度及混合色的色相和饱和度创建结果色。这样可以保留图像中的灰阶，并且对于给单色图像上色和给彩色图像着色都会非常有用。颜色模式效果如图9.17所示。

⑯ 亮度

使用当前图像的色相和饱和度及混合色的亮度创建最终颜色。此模式创建与颜色模式相反的效果。亮度模式效果如图9.18所示。

图9.17 颜色模式　　图9.18 亮度模式

9.1.2 对象不透明度

在【效果】面板中，可以对对象、填充、描边和文本分别设置不透明度，如果将图形对象进行编组，还可以直接设置编组的不透明度。

对象不透明度包括了填充与描边的不透明度，即设置了对象的不透明度，其实也就将图形的填充和描边都进行了设置。

要设置对象不透明度，首先在页面中选择要设置不透明度的图形对象，然后在【效果】面板中选择【对象：正常100%】选项，修改【不透明度】的参数值。可以单击【不透明度】右侧的三角形按钮，调整滑块修改不透明度，也可以直接在文本框中输入数值来修改不透明度的值，如输入50%，可以看到【对象：正常100%】变成了【对象：正常50%】，表示对象的不透明度设置为50%，在页面中可以看到当前选择的图形对象发生了不透明度的变化。设置对象不透明度的操作效果如图9.19所示。

图9.19 设置对象不透明度的操作效果

9.1.3 描边不透明度

描边不透明度主要是对图形对象的描边设置不透明度。要设置描边不透明度，首先在页面中选择要设置描边不透明度的图形对象，然后在【效果】面板中选择【描边：正常100%】选项，修改【不透明度】的参数值。可以单击【不透明度】右侧的三角形按钮，调整滑块修改不透明度，也可以直接在文本框中输入数值来修改不透明度的值，如输入40%，可以看到【描边：正常100%】变成了【描边：正常40%】，表示描边的不透明度设置为40%，在页面中可以看到当前选择的图形对象的描边发生了不透明度的变化。设置描边不透明度的操作效果如图9.20所示。

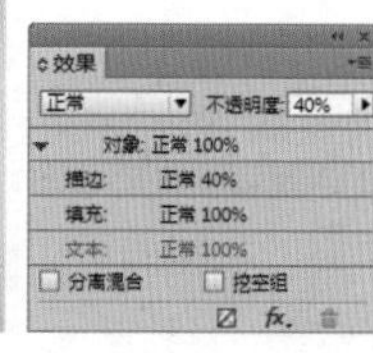

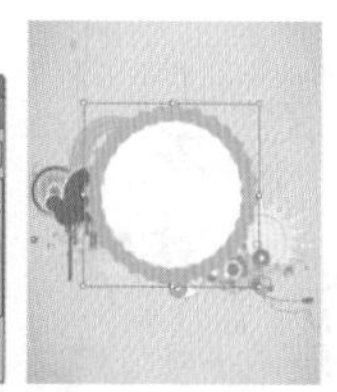

图9.20 设置描边不透明度的操作效果

9.1.4 填充不透明度

填充不透明度主要是对图形对象的填充设置不透明度。要设置填充不透明度，首先在页面中选择要设置填充不透明度的图形对象，然后在【效果】面板中选择【填充：正常100%】选项。修改【不透明度】的参数值，可以单击【不透明度】右侧的三角形按钮，调整滑块修改不透明度，也可以直接在文本框中输入数值来修改不透明度的值，如输入70%，可以看到【填充：正常100%】变成了【填充：正常70%】，表示填充的不透明度设置为70%，在页面中可以看到当前选择的图形对象的填充发生了不透明度的变化。设置填充不透明度的操作效果如图9.21所示。

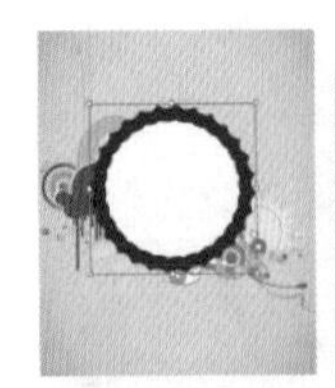

图9.21 设置填充不透明度的操作效果

9.1.5 文本不透明度

文本不透明度不同于填充与描边，有点像对象不透明度的控制，主要是对文本的填充和描边设置不透明度。要设置文本不透明度，首先在页面中选择要设置文本不透明度的文本对象，然后在【效果】面板中选择【文本：正常100%】选项。修改【不透明度】的参数值，可以单击【不透明度】右侧的三角形按钮，调整滑块修改不透明度，也可以直接在文本框中输入数值来修改不透明度的值，如输入30%，可以看到【文本：正常100%】变成了【文本：正常30%】，表示文本的不透明度设置为30%，在页面中可以看到当前选择的文本对象不透明度的变化。设置文本不透明度的操作效果如图9.22所示。

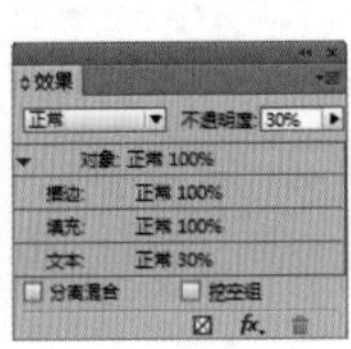

图9.22 设置文本不透明度的操作效果

9.1.6 编组不透明度

编组不透明度主要是对编组后的图形对象设置不透明度，它不再分填充、描边或文本对象。要设置编组不透明度，首先使用【选择工具】在页面中选择要设置编组不透明度的编组对象，然后在【效果】面板中选择【组：正常100%】选项。修改【不透明度】的参数值，可以单击【不透明度】右侧的三角形按钮，调整滑块修改不透明度，也可以直接在文本框中输入数值来修改不透明度的值，如输入40%，可以看到【组：正常100%】变成了【组：正常30%】，表示组的不透明度设置为40%，在页面中可以看到当前选择的组不透明度的变化。设置编组不透明度的操作效果如图9.23所示。

图9.23 设置编组不透明度的操作效果

技巧

如果修改编组中的单个图形对象，除了取消编组单独修改外，还可以使用【工具箱】中的【直接选择工具】选择编组中的单个图形对象，然后对其进行填充、描边、文本或对象的修改。

9.1.7 图形的分离混合

默认情况下，如果对某个图形对象应用了混合模式，则该图形对象下方的所有图形对象都将影响当前图形对象。如果不想让混合影响到其他图形对象，可以先将要混合的图形对象进行编组，然后在【效果】面板的底部勾选【分离混合】复选框，这样就可以只将被编组的对象进行混合，而编组以外的其他对象不参加混合。

选择最上面的图形设置混合模式，产生了与其他图形对象混合的效果，使用【选择工具】将需要混合的最上面的图形和圆形选中，然后进行编组，勾选【效果】面板底部的【分离混合】复选框，可以看到图形对象的混合效果发生了变化，混合效果只在编组的图形中产生效果，而其他图形不再受混合模式的影响。使用【分离混合】前后的效果对比如图9.24所示。

图9.24 使用【分离混合】前后的效果对比

9.1.8 挖空组的使用

【挖空组】与【分离混合】在使用上正好相反。图形对象设置完混合模式后，【分离混合】只影响的编组的图形对象，而【挖空组】则是不影响编组的图形对象，影响其他位于该图形下方的所有其他对象。

选择花形的图形设置了混合模式，产生了与其他图形对象混合的效果，使用【选择工具】将需要挖空组的花形和线条选中，然后进行编组，勾选【效果】面板底部的【挖空组】复选框，可以看到图形对象的混合效果发生了变化，混合效果只和背景层的图形中产生效果，而与它编组的线条图形则不再受到影响。使用【挖空组】前后的效果对比如图9.25所示。

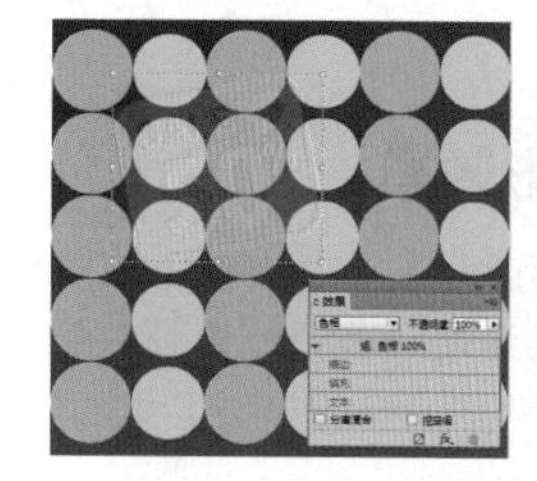
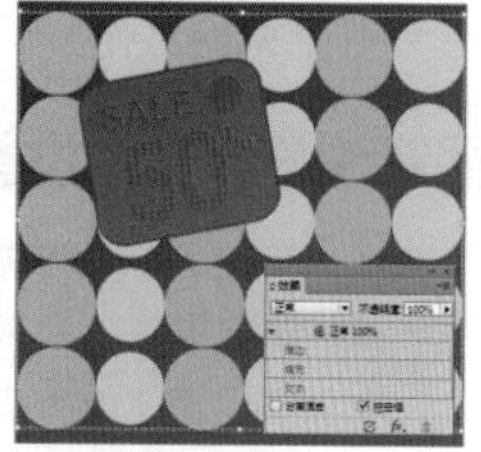

图9.25 使用【挖空组】前后的效果对比

9.2 神奇效果的应用

InDesign为用户提供了大量的特殊效果，如投影、内阴影、外发光、内发光、斜面和浮雕、光泽、基本羽化、定向羽化、渐变羽化等，利用这些效果可以为图形对象添加更加丰富的特效，制作出更加漂亮的艺术设计效果。

单击【效果】面板下方的【向选定的目标添加对象效果】fx按钮，或者在【效果】面板菜单中选择【效果】子菜单中的相关效果，也可以选择【对象】|【效果】命令，然后在其子菜单中选择相应的效果即可。【效果】面板及效果菜单如图9.26所示。

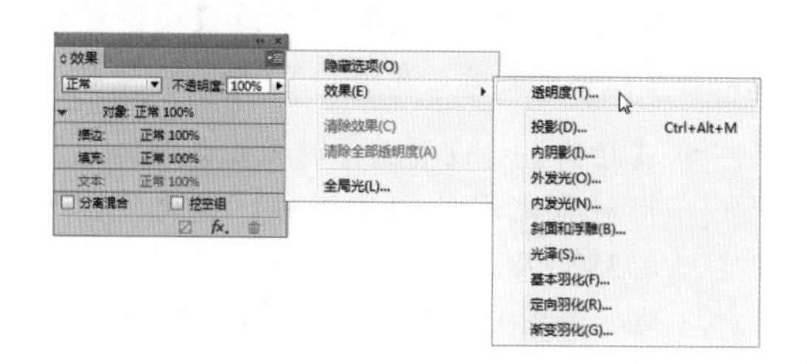

图9.26 几种不同的角效果

9.2.1 透明度效果

透明度效果与前面讲解的【效果】面板中不透明度的设置是相同的，单击【效果】面板下方的【向选定的目标添加对象效果】fx按钮，在弹出的菜单中选择【透明度】命令，即可打开【效果】|【透明度】对话框，如图9.27所示。

在该对话框中，通过【设置】下拉菜单，可以指定要设置透明度的对象，如对象、描边、填充、文本。【基本混合】选项组中的选项在前面都已经讲解过，用法上是相同的，这里不再赘述。另外，在样式使用列表的位置，将显示当前图形对象应用效果的详细情况。

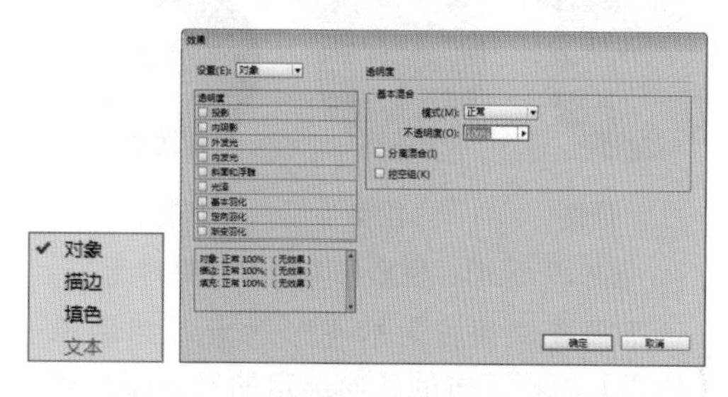

图9.27 【效果】|【透明度】对话框

要设置透明度，首先在页面中选择要设置透明度的图形对象，然后单击【效果】面板下方的【向选定的目标添加对象效果】fx按钮，在弹出的菜单中选择【透明度】命令，打开【效果】|【透明度】对话框，设置【不透明度】的值为50%，单击【确定】按钮，即可将当前图形对象的透明度设置为50%。应用【透明度】效果的操作过程如图9.28所示。

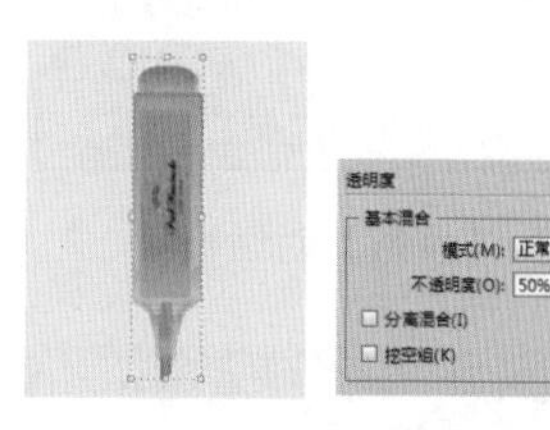
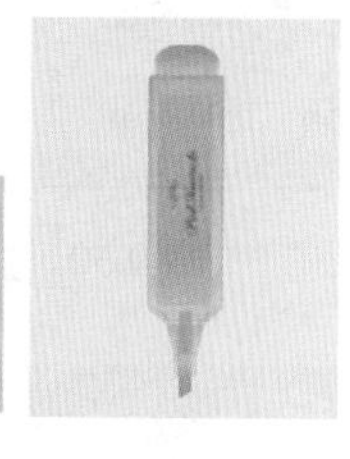

图9.28 应用【透明度】效果的操作过程

提示

在没有特殊说明的情况下，在【设置】选择时，所有效果的讲解应用都是组或对象，而不是填充或描边。

视频讲座9-1：投影效果

案例分类：软件功能类
视频位置：配套光盘\movie\视频讲座9-1：投影效果.avi

InDesign提供了两种阴影效果的制作，分别为【投影】和【内阴影】，这两种阴影效果区别在于：投影是在图层对象背后产生阴影，从而产生投影的效果；而内阴影则是内投影，即在图层以内区域产生一个图像阴影，使图形具有凹陷外观。原图、投影和内阴影效果如图9.29所示。

原图　　投影　　内阴影

图9.29 原图、投影和内阴影效果对比

选择要应用投影的图形对象，然后单击【效果】面板下方的【向选定的目标添加对象效果】fx.按钮，在弹出的菜单中选择【投影】命令，即可打开【效果】|【投影】对话框，如图9.30所示。

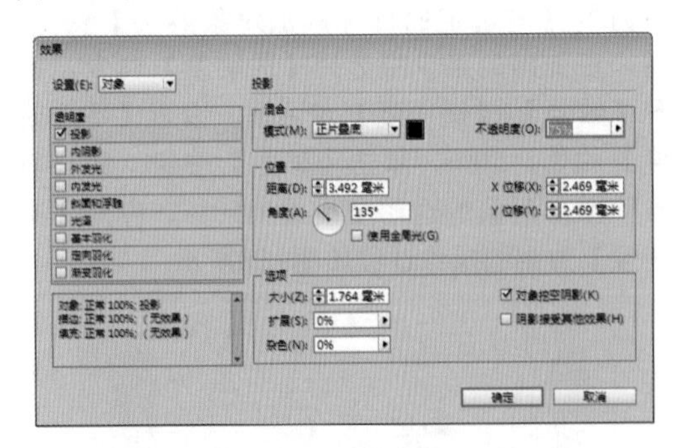

图9.30 【效果】|【投影】对话框

技巧

按Alt + Ctrl + M组合键，可以快速打开【效果】|【投影】对话框。

【效果】|【投影】对话框中各选项的含义含义说明如下：

❶ 设置投影混合模式

【混合】选项组主要用来设置投影的混合效果，如投影的模式、颜色和不透明度。

- 【模式】：设置投影效果与其下方图形对象的混合模式。在【模式】右侧有一个颜色块，单击该颜色块可以打开【效果颜色】对话框，可修改阴影的颜色。
- 【不透明度】：设置阴影的不透明度，值越大则，阴影颜色越深，阴影越不透明。如图9.31所示为不透明度分别为77%和35%时的效果对比。

不透明度为77%　　不透明度为35%

图9.31 不同不透明度的比较

❷ 设置投影位置

【位置】选项组主要用来设置投影的位置，包括投影的距离、角度、XY轴的位移等。

- 【距离】：设置图像的投影效果与原图形对象之间的相对距离，变化范围为0~352.778。数值越大，投影离原图像越远。如图9.32所示为距离分别为5和13的效果对比。

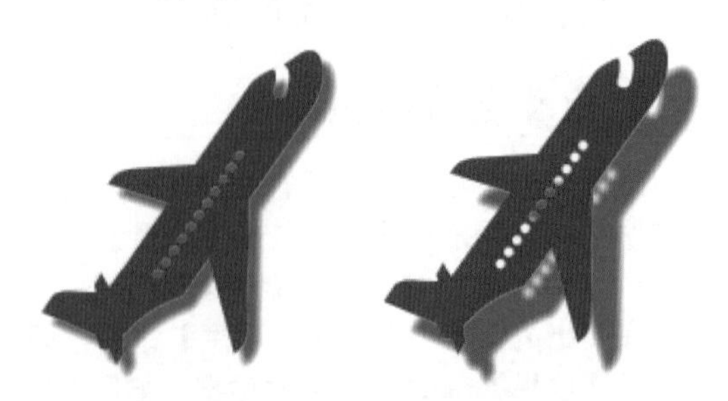

距离为5　　距离为13

图9.32 不同距离值的效果对比

- 【角度】：设置投影效果应用于图层时所采用的光照角度，阴影方向会随着角度变化而发生变化。可以拖动右侧的方向指针改变角度，也可以直接在文本框中输入一个角度值。如图9.33所示为角度分别为135°和-45°时的效果对比。

角度为135°　　角度为-45°

图9.33 不同角度的对比

- 【使用全局光】：勾选该复选框，可以将整个文档中的对象所使用的全局角度重置，而且所有应用该效果的对象将变成统一的角度。取消该复选框，则仅更改当前选择的对象角度。
- 【X位移】：设置投影效果与图形对象之间的水平距离。取值范围为-352.778毫米~352.778毫米之间。
- 【Y位移】：设置投影效果与图形对象之间的垂直距离。取值范围为-352.778毫米~352.778毫米之间。

③ 设置投影选项

【选项】选项组主要用来设置投影的大小、扩展和杂色，还可以对投影进行挖空和其他效果进行设置。

- 【大小】：设置阴影的柔化效果，变化范围为-352.778毫米~352.778毫米之间，值越大柔化程度越大。
- 【扩展】：设置投影效果边缘的模糊扩散程度，变化范围为0~100%，值越大，投影效果越强烈。但它与上方的【大小】选项相关联，如果【大小】值为0时，此项不起作用。
- 【杂色】：通过拖动右侧的滑块或直接输入数值，可以为阴影添加随机杂点效果。值越大，杂色越多。添加杂色的前后效果如图9.34所示。

图9.34 添加杂色的前后效果对比

- 【对象挖空阴影】：设置是否将投影与图形对象进行挖空。勾选将进行挖空处理。
- 【阴影接受其他效果】：设置阴影是否接受其他效果，比如图形对象添加阴影后，如果再添加其他效果，如外发光，勾选该复选框，阴影也将会使用外发光；如果不勾选该复选框，则阴影将不会产生外发光效果。

图形对象应用【投影】效果的操作过程如图9.35所示。

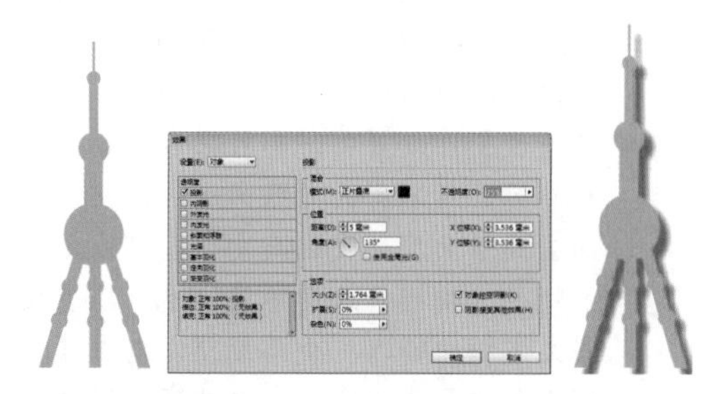

图9.35 图形对象应用【投影】效果的操作过程

视频讲座9-2：内阴影效果

案例分类：软件功能类
视频位置：配套光盘\movie\视频讲座9-2：内阴影效果.avi

【内阴影】与【投影】非常相似，只不过内阴影的阴影产生在图形的内部。选择要应用内阴影的图形对象，然后单击【效果】面板下方的【向选定的目标添加对象效果】按钮，在弹出的菜单中选择【内阴影】命令，即可打开【效果】|【内阴影】对话框，如图9.36所示。

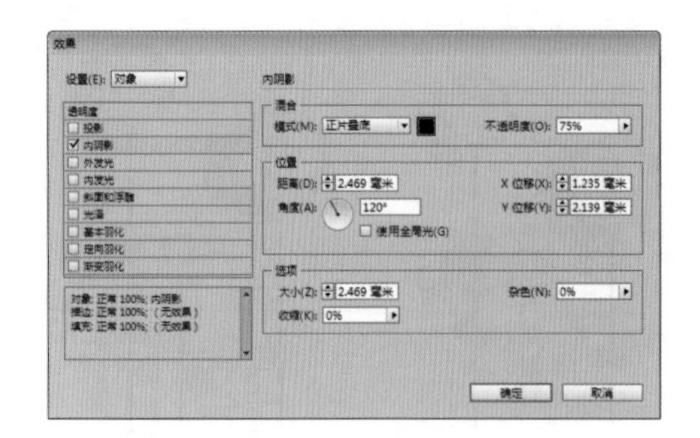

图9.36 【效果】|【内阴影】对话框

【效果】|【内阴影】对话框中各选项的含义说明如下。

- 【模式】：设置内阴影效果与其下方图形对象的混合模式。在【模式】右侧有一个颜色块，单击该颜色块可以打开【效果颜色】对话框，以修改内阴影的颜色。
- 【不透明度】：设置内阴影的不透明度，值越大，则阴影颜色越深，内阴影越不透明。
- 【距离】：设置图像的内阴影效果与原图形对象之间的相对距离，变化范围为0~352.778。数值越大，内阴影离原图像越远，内阴影越明显。
- 【角度】：设置内阴影效果应用于图形对象时，所采用的光照角度，内阴影方向会随着角度的变化而变化。可以拖动右侧的方向指针改变角度，也可以直接在文本框中输入一个角度值。勾选【使用全局光】复选框，可以为同一图像中的所有效果设置相同的光线照明角度。
- 【X位移】：设置内阴影效果与图形对象之间的水平距离。取值范围为-352.778毫米~352.778毫米之间。
- 【Y位移】：设置内阴影效果与图形对象之间的垂直距离。取值范围为-352.778毫米~352.778毫米之间。
- 【大小】：设置内阴影的柔化效果，变化范围为-352.778毫米~352.778毫米之间，值越大，柔化程度越大。
- 【收缩】：设置内阴影效果边缘的模糊扩散程度，变化范围0~100%，值越大，内阴影效果越强烈。它与上方的【大小】选项相关联，如果【大小】值为0时，此项不起作用。
- 【杂色】：通过拖动右侧的滑块或直接输入数值，可以为内阴影添加随机杂点效果。值越大，杂色越多。

图形对象应用【内阴影】效果的操作过程如图9.37所示。

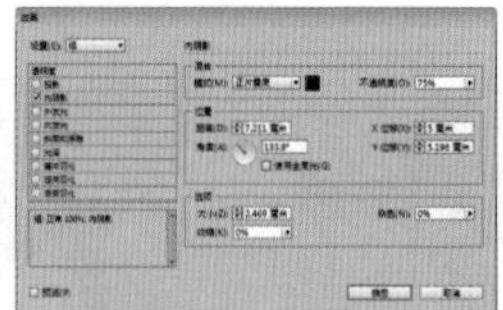

图9.37 图形对象应用【内阴影】效果的操作过程

视频讲座9-3：外发光效果

案例分类：软件功能类
视频位置：配套光盘\movie\视频讲座9-3：外发光效果.avi

在图像制作过程中，经常会用到文字或是图形对象发光的效果，发光效果在直觉上比【阴影】效果更具有电脑色彩，而其制作方法也比较简单，可以使用效果中的【外发光】或【内发光】命令来制作发光效果。

【外发光】主要在图像的外部创建发光效果，而【内发光】是在图像的内边缘创建发光效果。选择要应用外发光的图形对象，然后单击【效果】面板下方的【向选定的目标添加对象效果】*fx*按钮，在弹出的菜单中选择【外发光】命令，即可打开【效果】|【外发光】对话框，如图9.38所示。

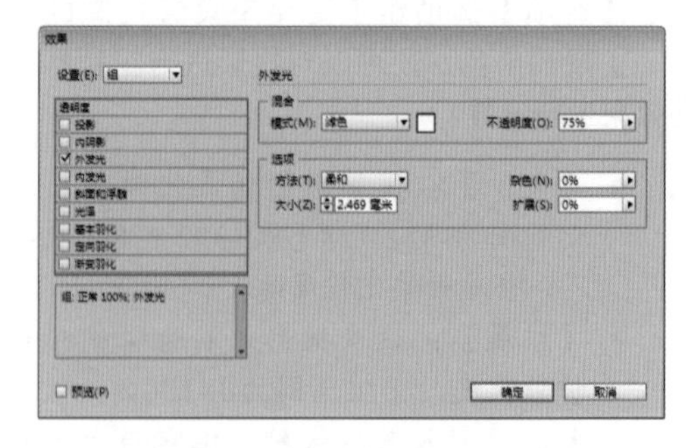

图9.38 【效果】|【外发光】对话框

【效果】|【外发光】对话框中各选项的含义说明如下。

- 【模式】：设置外发光效果与其下方图形对象的混合模式。在【模式】右侧有一个颜色块，单击该颜色块可以打开【效果颜色】对话框，以修改外发光的颜色。

- 【不透明度】：设置外发光的不透明度，值越大，则外发光颜色越深，外发光越不透明。
- 【方法】：指定创建发光效果的方法。单击其右侧的三角形▼按钮，可以从弹出的下拉菜单中选择发光的类型。当选择【柔和】选项时，发光的边缘产生模糊效果，发光的边缘根据图形的整体外形发光；当选择【精确】选项时，发光的边缘会根据图形的细节发光，根据图形的每一个部位发光，效果比【柔和】生硬。柔和与精确发光效果对比如图9.39所示。

图9.39 柔和与精确发光效果对比

- 【大小】：设置发光效果的范围及模糊程度，变化范围为-352.778毫米~352.778毫米之间，值越大，模糊程度越大。
- 【杂色】：设置在发光效果中添加杂点的数量。通过拖动右侧的滑块或直接输入数值，可以为外发光添加随机杂点效果。值越大，杂点越多。
- 【扩展】：设置发光效果边缘模糊的扩散程度，变化范围为0~100%，值越大，发光效果越强烈。它与左侧的【大小】选项相关联，如果【大小】的值为0或小于0值时，此项不起作用。

图形对象应用【外发光】效果的操作过程如图9.40所示。

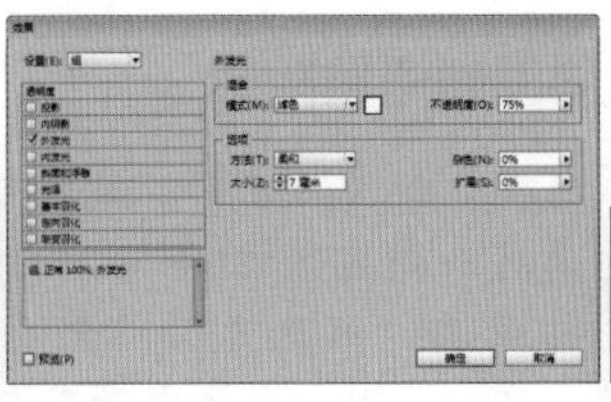
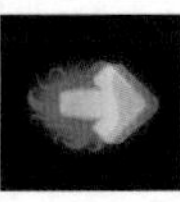

图9.40 图形对象应用【外发光】效果的操作过程

9.2.2 内发光效果

【内发光】是在图像的内边缘创建发光效果。选择要应用内发光的图形对象，然后单击【效果】面板下方的【向选定的目标添加对象效果】fx按钮，在弹出的菜单中选择【内发光】命令，即可打开【效果】|【内发光】对话框，如图9.41所示。

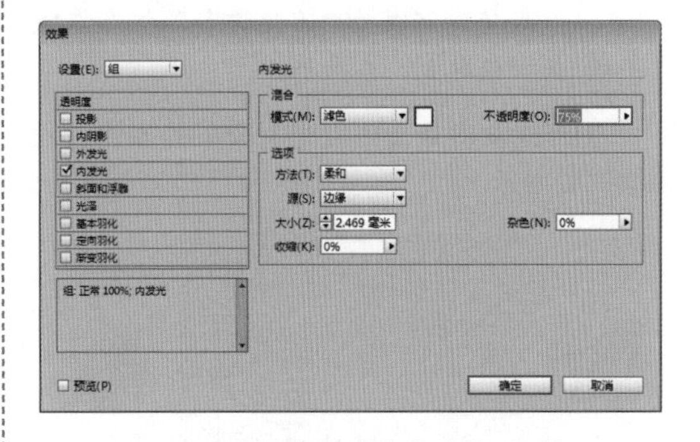

图9.41 【效果】|【内发光】对话框

【效果】|【内发光】对话框中各选项的含义说明如下。

- 【模式】：设置内发光效果与其下方图形对象的混合模式。在【模式】右侧有一个颜色块，单击该颜色块可以打开【效果颜色】对话框，以修改内发光的颜色。
- 【不透明度】：设置内发光的不透明度，值越大，则内发光颜色越深，内发光越不透明。
- 【方法】：指定创建发光效果的方法。单击其右侧的三角形▼按钮，可以从弹出的下拉菜单中选择发光的类型。当选择【柔和】选项时，发光的边缘产生模糊效果，发光的边缘根据图形的整体外形发光；当选择【精确】选项时，发光的边缘会根据图形的细节发光，根据图形的每一个部位发光，效果比【柔和】生硬。
- 【源】：指定创建发光效果的方式。单击其右侧的三角形▼按钮，可以从弹出的下拉菜单中选择发光的方式。当选择【中心】选项时，表示从当前图形对象的中心位置向外发光；当选择【边缘】选项时，表示从图形对象的边缘向内发光。
- 【大小】：设置发光效果的范围及模糊程度，变化范围为-352.778毫米~352.778毫米之间，值越大，模糊程度越大。

- 【收缩】：设置发光效果边缘的模糊扩散程度，变化范围0~100%，值越大，内阴影效果越强烈。它与上方的【大小】选项相关联，如果【大小】值为0时，此项不起作用。
- 【杂色】：设置在发光效果中添加杂点的数量。通过拖动右侧的滑块或直接输入数值，可以为内发光添加随机杂点效果。值越大，杂点越多。

图形对象应用【内发光】效果的操作过程如图9.42所示。

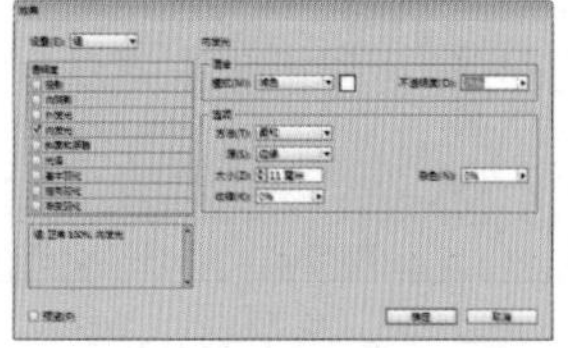

图9.42 图形对象应用【内发光】效果的操作过程

视频讲座9-4：斜面和浮雕效果

案例分类：软件功能类
视频位置：配套光盘\movie\视频讲座9-4：斜面和浮雕效果.avi

利用【斜面和浮雕】选项可以为选中的图形对象添加不同组合方式的高光和阴影区域，从而产生斜面浮雕效果。【斜面与浮雕】效果可以很方便地制作有立体感的文字或按钮效果，在效果设计中经常会用到它。

选择要应用【斜面和浮雕】的图形对象，然后单击【效果】面板下方的【向选定的目标添加对象效果】fx按钮，在弹出的菜单中选择【斜面和浮雕】命令，即可打开【效果】|【斜面和浮雕】对话框，如图9.43所示。

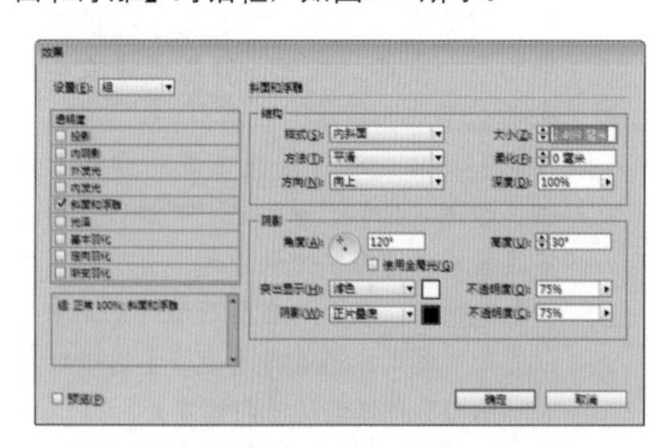

图9.43 【效果】|【斜面和浮雕】对话框

【效果】|【斜面和浮雕】对话框中各选项的含义说明如下。

❶ 设置斜面和浮雕结构

- 【样式】：设置浮雕效果生成的样式，包括【外斜面】、【内斜面】、【浮雕】和【枕状浮雕】4种浮雕样式，选择不同的浮雕样式会产生不同的浮雕效果。4种浮雕不同显示效果如图9.44所示。

外斜面　内斜面　浮雕　枕状浮雕

图9.44 4种浮雕不同显示效果

- 【方法】：用来设置浮雕边缘产生的效果，包括【平滑】、【雕刻清晰】和【雕刻柔和】3个选项。【平滑】表示产生的浮雕效果边缘比较柔和；【雕刻清晰】表示产生的浮雕效果边缘立体感比较明显，雕刻效果清晰；【雕刻柔和】表示产生的浮雕效果边缘在平滑与雕刻清晰之间。
- 【方向】：设置浮雕效果产生的方向，主要是高光和阴影区域的方向。选择【向上】选项，浮雕的高光位置在上方；选择【向下】选项，浮雕的高光位置在下方。
- 【大小】：设置产生浮雕的大小，即浮雕产生立体化的强度。
- 【柔化】：设置浮雕高光与阴影间的模糊程度，值越大，高光与阴影的边界越模糊。
- 【深度】：设置雕刻的深度，值越大，雕刻的深度也越大，浮雕效果越明显。

❷ 设置斜面和浮雕阴影

- 【角度】和【高度】：设置光照的角度和高度。高度接近0时，几乎没有任何浮雕效果。勾选【使用全局光】复选框，可以为同一图像中的所有效果设置相同的光线照明角度。

- 【突出显示】和【不透明度】：设置浮雕效果高光区域与其下图形对象的混合模式和透明程度。单击右侧的色块，可在弹出的【效果颜色】对话框中修改高光区域的颜色。
- 【阴影】和【不透明度】：设置浮雕效果阴影区域与其下图形对象的混合模式和透明程度。单击右侧的色块，可在弹出的【效果颜色】对话框中修改阴影区域的颜色。

图形对象应用【斜面和浮雕】效果的操作过程如图9.45所示。

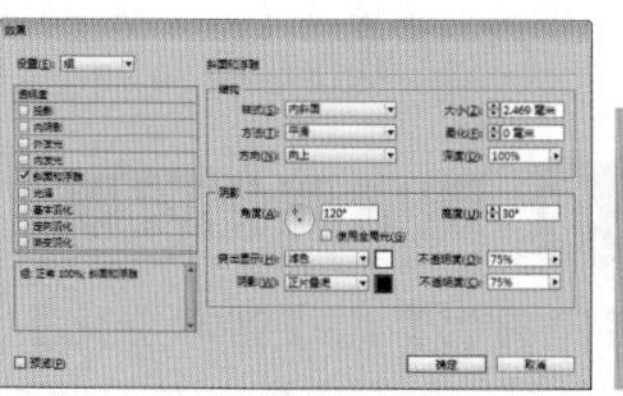

图9.45 图形应用【斜面和浮雕】效果的操作过程

9.2.3 光泽效果

光泽效果可以在图像内部产生类似光泽的效果。选择要应用【光泽】的图形对象，然后单击【效果】面板下方的【向选定的目标添加对象效果】fx按钮，在弹出的菜单中选择【光泽】命令，即可打开【效果】|【光泽】对话框，如图9.46所示。

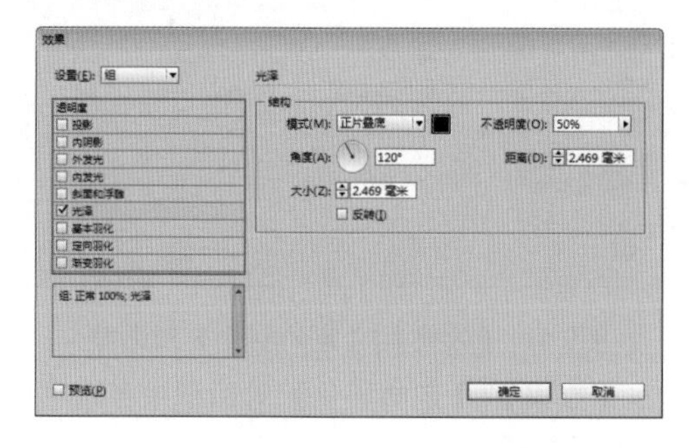

图9.46 【效果】|【光泽】对话框

【效果】|【光泽】对话框中各选项的含义说明如下。

- 【模式】：设置光泽效果与其下方图形对象的混合模式。在【模式】右侧有一个颜色块，单击该颜色块，可以打开【效果颜色】对话框，以修改光泽的颜色。
- 【不透明度】：设置光泽的不透明度，值越大，则光泽颜色越深，光泽越不透明。
- 【角度】：设置光泽效果应用于图形对象时，所采用的光照角度，光泽方向会随着角度变化而发生变化。可以拖动右侧的方向指针改变角度，也可以直接在文本框中输入一个角度值。
- 【距离】：设置图像的光泽效果与原图形对象之间的相对距离，变化范围为0~352.778毫米。数值越大，光泽离原图像越远，光泽越明显。
- 【大小】：设置光泽效果的范围及模糊程度，变化范围为0~352.778毫米之间，值越大，模糊程度越大。
- 【反转】：勾选该复选框，可以将光泽效果进行反向处理。

图形对象应用【光泽】效果的操作过程如图9.47所示。

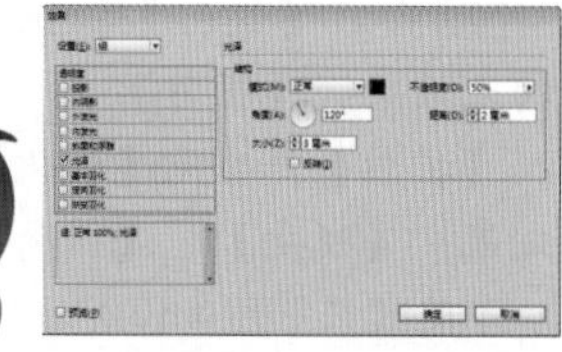

图9.47 图形对象应用【光泽】效果的操作过程

视频讲座9-5：基本羽化效果

案例分类：软件功能类
视频位置：配套光盘\movie\视视频讲座9-5：基本羽化效果.avi

在图像制作过程中，经常会用到图形对象的羽化效果。从而制作模糊的边缘，以更好地与其他图形进行融合。

【基本羽化】主要为图形对象添加边缘的羽化效果。选择要应用基本羽化的图形对象，然后单击【效果】面板下方的【向选定的目标添加对象效果】fx按钮，在弹出的菜单中选择【基本羽化】命令，即可打开【效果】|【基本羽化】对话框，如图9.48所示。

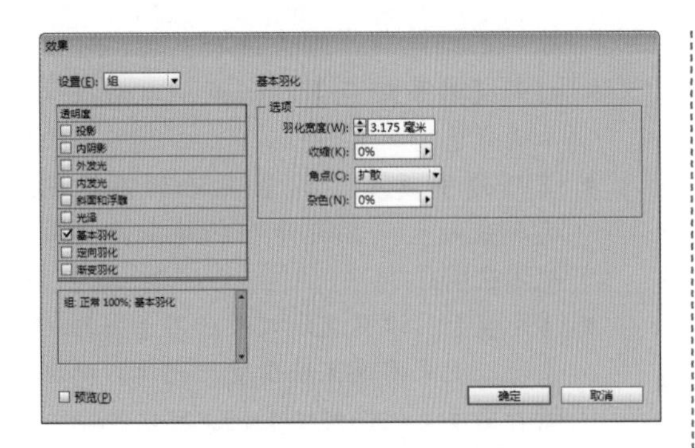

图9.48 【效果】|【基本羽化】对话框

【效果】|【基本羽化】对话框中各选项的含义说明如下。

- 【羽化宽度】：设置羽化的半径大小。值越大，羽化的范围就越大。取值范围为0毫米~352.778毫米。
- 【收缩】：设置边缘羽化的强度值，与【扩展】相似，只是【收缩】是向图形的内部收缩。它与【羽化宽度】相对应，如果【羽化宽度】的值为0，此项不起作用。
- 【角点】：设置图形对象角点的羽化程度，包括【锐化】、【圆角】和【扩散】3个选项。【锐化】将显示比较清楚的羽化效果；【圆角】将角点圆角化处理；【扩散】产生比【锐化】模糊的羽化效果。【锐化】、【圆角】和【扩散】的不同效果如图9.49所示。

原图

锐化

圆角

扩散

图9.49 设置不同角点效果

- 【杂色】：设置在基本羽化效果中添加杂点的数量。通过拖动右侧的滑块或直接输入数值，可以为基本羽化添加随机杂点效果。值越大，杂点越多。

图形对象应用【基本羽化】效果的操作过程如图9.50所示。

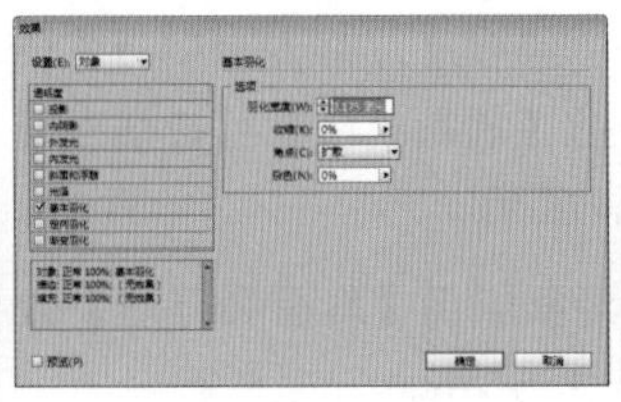

图9.50 图形对象应用【基本羽化】效果的操作过程

9.2.4 定向羽化效果

【定向羽化】比【基本羽化】更容易操作，【定向羽化】不但可以对图形对象进行羽化处理，还可以控制羽化的位置和形状。选择要应用定向羽化的图形对象，然后单击【效果】面板下方的【向选定的目标添加对象效果】fx按钮，在弹出的菜单中选择【定向羽化】命令，即可打开【效果】|【定向羽化】对话框，如图9.51所示。

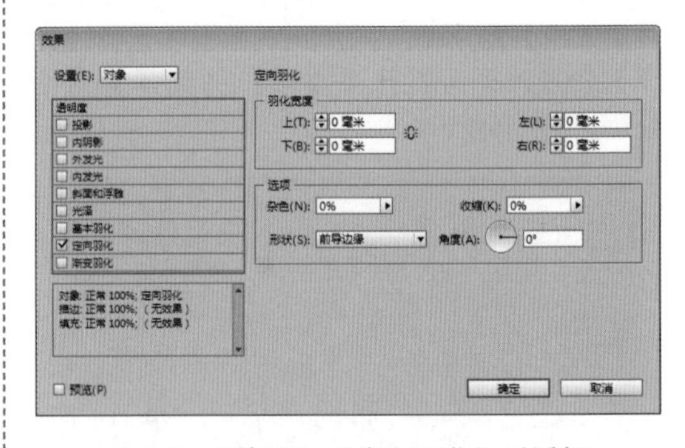

图9.51 【效果】|【定向羽化】对话框

【效果】|【定向羽化】对话框中各选项的含义说明如下。

- 【羽化宽度】：设置羽化的半径大小。可以分别调整【上】、【下】、【左】、【右】的羽化值，当【将所有设置设为相同】图标处于连接状时，可以同时修改【上】、【下】、

【左】、【右】的羽化值；当【将所有设置设为相同】图标处于断开状时，则可以分别修改【上】、【下】、【左】、【右】的羽化值。取值范围为0毫米~352.778毫米。值越大，羽化的范围就越大。

- 【杂色】：设置在定向羽化效果中添加杂点的数量。通过拖动右侧的滑块或直接输入数值，可以为定向羽化添加随机杂点效果。值越大，杂点越多。
- 【形状】：设置定向羽化的羽化方式，包括【仅第一个边缘】、【前导边缘】和【所有边缘】3个选项。
- 【收缩】：设置边缘羽化的强度值，与【扩展】相似，只是【收缩】是向图形的内部收缩。它与【羽化宽度】选项组中的【上】、【下】、【左】、【右】羽化值相对应，如果它们的值为0，此项不起作用。
- 【角度】：设置定向羽化的羽化角度。可以拖动右侧的方向指针改变角度，也可以直接在文本框中输入一个角度值。

图形对象应用【定向羽化】效果的操作过程如图9.52所示。

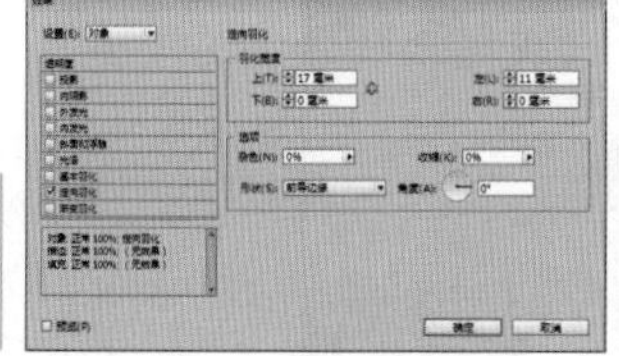
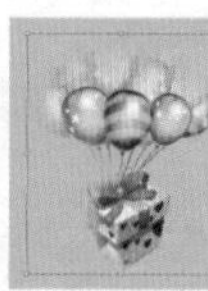

图9.52 图形对象应用【定向羽化】效果的操作过程

9.2.5 渐变羽化效果

【渐变羽化】可以利用渐变的方式对图形对象制作羽化效果，在InDesign的排版中应用非常广泛，一般常用在图片与背景的融合中，利用【渐变羽化】可以很好地将图片的某些部分与背景进行融合。选择要应用【渐变羽化】的图形对象，然后单击【效果】面板下方的【向选定的目标添加对象效果】fx按钮，在弹出的菜单中选择【渐变羽化】命令，即可打开【效果】|【渐变羽化】对话框，如图9.53所示。

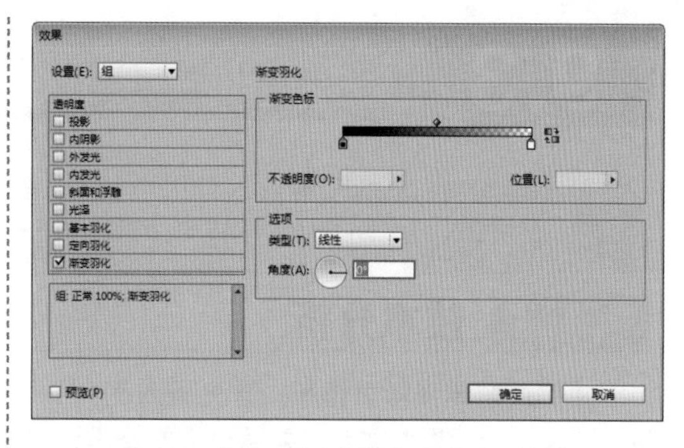

图9.53 【效果】|【渐变羽化】对话框

【效果】|【渐变羽化】对话框中各选项的含义说明如下。

- 【渐变色标】：该选项组主要用来编辑渐变羽化。这里需要注意的是，渐变羽化应用在图形对象上时，不透明度为100%的位置，图形对象将完全透明；不透明度为0%的位置，图形对象将完全不透明；如果值介于0%~100%之间，将根据不透明度显示不同的透明效果。
- 【选项】：该选项组包括两个选项：【类型】和【角度】。【类型】用来设置渐变的类型，【线性】或【径向】，如果选择【线性】，还可以通过下方的【角度】来修改线性渐变羽化的填充角度。

图形对象应用【渐变羽化】效果的操作过程如图9.54所示。

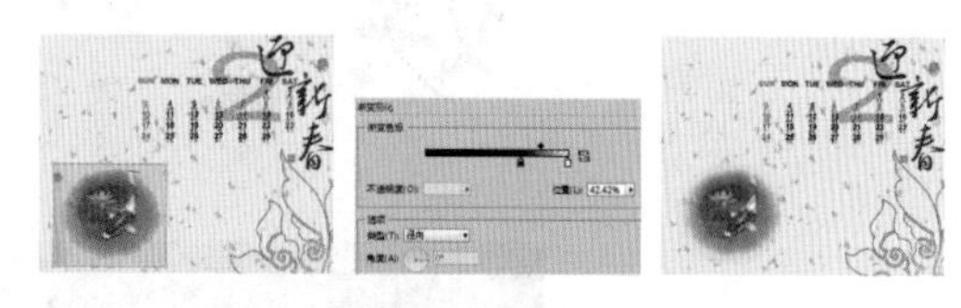

图9.54 图形对象应用【渐变羽化】效果的操作过程

技巧

利用【渐变羽化】对话框编辑渐变后，如果对填充的效果不满意，可以选择【工具箱】中的【渐变羽化工具】，然后在图形对象上按住鼠标拖动，即可改变渐变羽化的效果，拖动的长短、位置和方向的不同，将影响渐变羽化的最终效果。

9.3 上机实训——单张彩页排版

案例分类：版式设计类
视频位置：配套光盘\movie\9.3 上机实训——单张彩页排版.avi

9.3.1 技术分析

本例讲解单张彩页排版。首先置入图片并调整；然后利用【角选项】命令中的圆角将图片圆角化处理；最后输入文字，并通过文本绕排设置制作出绕排效果，完成单张彩页排版制作。

9.3.2 本例知识点

- 圆角图片处理
- 图片的描边
- 文字投影的制作
- 沿对象形状绕排文本
- 图文绕排的检测边缘设置

9.3.3 最终效果图

本实例的最终效果如图9.55所示。

图9.55 最终效果图

9.3.4 操作步骤

ID 1 选择【文件】|【新建】|【文档】命令，打开【新建文档】对话框，设置【页数】为1，【超始页码】设置为1，【宽度】为210毫米，【高度】为285毫米，【页面方向】为纵向，如图9.56所示。

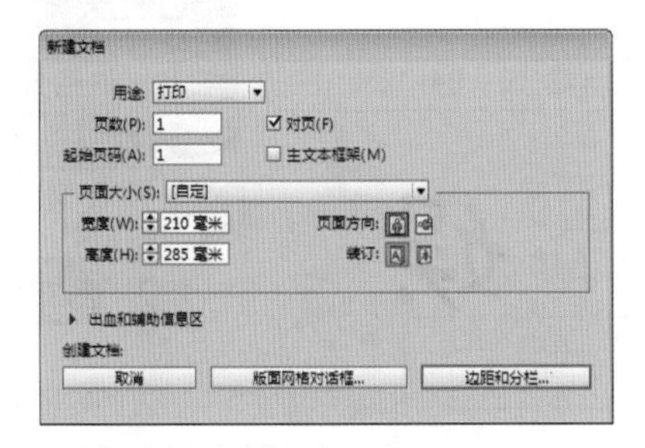

图9.56 【新建文档】对话框

ID 2 单击【边距和分栏】按钮，打开【新建边距和分栏】对话框，将上、下、内、外【边距】的值都设置为0毫米，如图9.57所示。

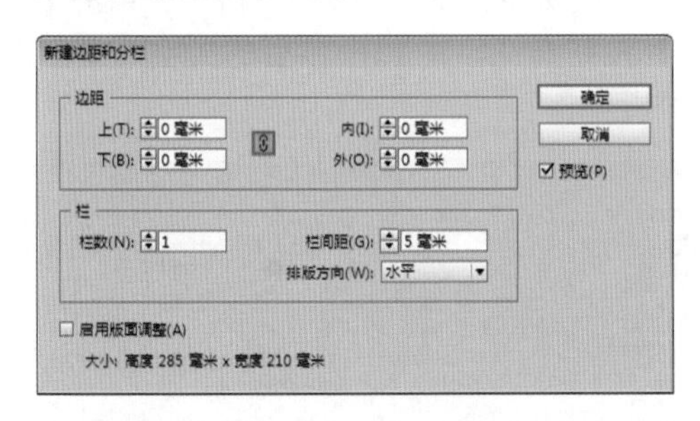

图9.57 【新建边距和分栏】对话框

ID 3 选择【文件】|【置入】命令，打开【置入】对话框，选择配套光盘中的“调用素材\第9章\风景1.jpg、风景2.jpg、风景3.jpg、风景4.jpg”，将图片缩小并适当修剪，将其排列在页面右上角位置，效果如图9.58所示。

图9.58 置入图片

ID 4 将所有的图片选中，选择【对象】|【角选项】命令，打开【角选项】对话框，设置转角形状为圆角，其他参数保持默认，如图9.59所示。

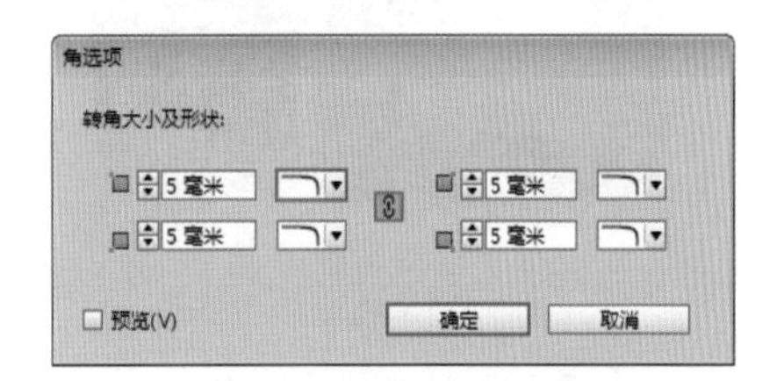

图9.59 【角选项】对话框

ID 5 单击【确定】按钮确认，应用圆角后的图片效果如图9.60所示。

图9.60 圆角效果

ID 6 选择上方左侧的图片，将其描边【粗细】设置为4点，【类型】设置为圆点，如图9.61所示。

图9.61 【描边】设置

ID 7 将【描边】颜色分别设置为紫色（C:0；M:94；Y:25；K:0），描边后的图片效果如图9.62所示。

图9.62 紫色描边效果

ID 8 选择第2排右侧的图片，使用同样的方法为其描边，设置描边的【粗细】为3点，【类型】设置为圆点，颜色为蓝色（C:65；M:24；Y:20；K:0），效果如图9.63所示。

图9.63 蓝色描边效果

ID 9 选择工具箱中的【直线工具】，在图片上方从左向右绘制一条直线，设置直线的【粗细】为3点，【类型】设置为圆点，【起点】设置为圆，如图9.64所示。将【描边】的颜色设置为蓝色（C:65；M:24；Y:20；K:0），描边后的效果如图9.65所示。

图9.64 描边设置

图9.65 描边效果

提示

绘制直线时，绘制顺序为从左向右绘制，这与后面设置描边的参数有关，如果绘制顺序不同，则设置描边【起点】时将出现相反的效果。

ID 10 选择工具箱中的【文字工具】T，在页面中分别输入文字，设置字体为“汉仪舒同体简”，设置不同的大小和颜色，分别放置到页面中合适的位置，效果如图9.66所示。

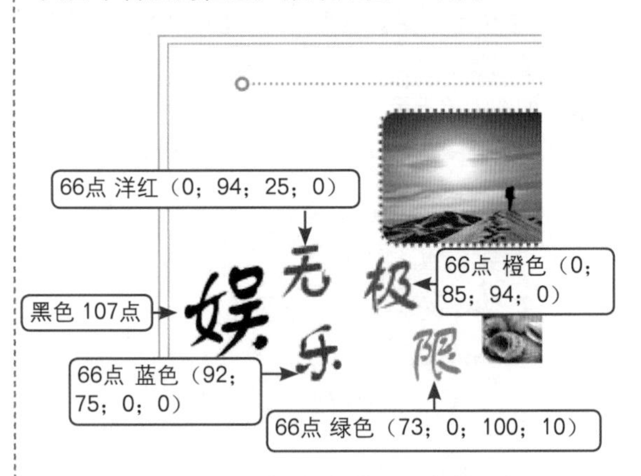

图9.66 输入文字并设置参数

ID 11 将文字全部选中，选择【对象】|【效果】|【投影】命令，打开【效果】对话框，将其参数保持默认，如图9.67所示；单击【确定】按钮确认，应用投影后的文字效果如图9.68所示。

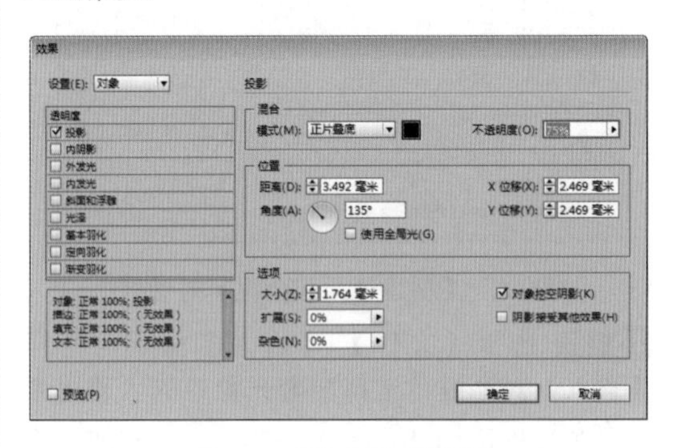

图9.67 【效果】对话框

图9.68 应用投影效果

ID 12 选择工具箱中的【矩形工具】，在页面中绘制一个矩形，将其填充为红色（C:39；M:98；Y:84；K:4），效果如图9.69所示。

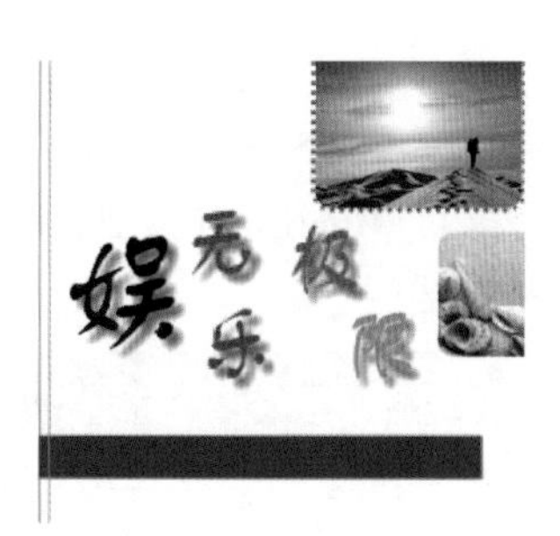

图9.69 绘制矩形

13 将红色矩形复制一份，然后调整宽度并放置其下方，调整后的图像效果如图9.70所示。

图9.70 复制调整矩形

14 选择工具箱中的【文字工具】T，在页面中输入“七彩娱乐无限中心”和拼音，将“七彩娱乐无限中心”的字体设置为“华文中宋”，字体大小设置为26点，颜色为蓝色（C:65；M:24；Y:20；K:0）；将拼音的字体设置为“Arial Black”，字体大小设置为11点，颜色设置为黑色，效果如图9.71所示。

图9.71 输入文字

15 选择【窗口】|【样式】|【段落样式】命令，打开【段落样式】面板，如图9.72所示。

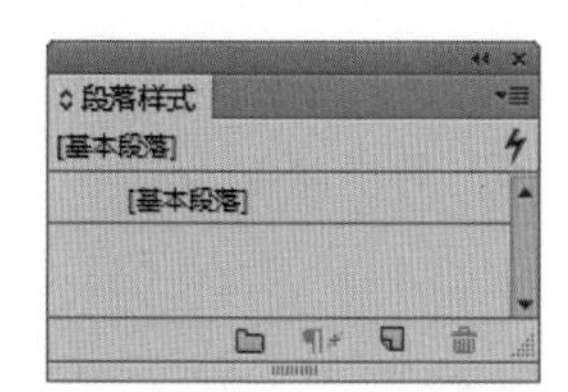

图9.72 【段落样式】面板

16 单击【段落样式】面板中【创建新样式】按钮，然后在新建的字符样式名称上双击，打开【段落样式选项】对话框，如图9.73所示。

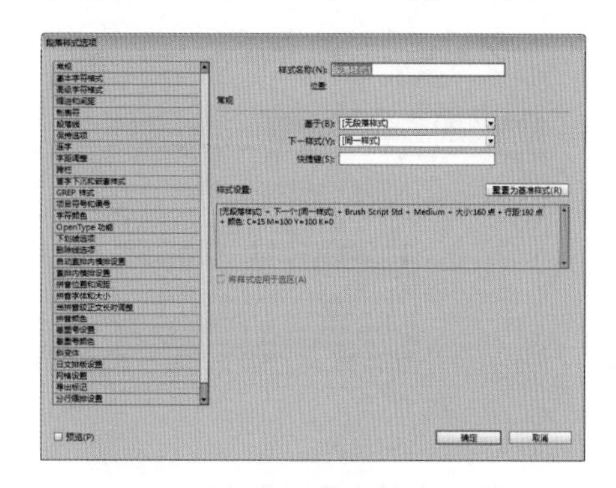

图9.73 【段落样式选项】对话框

17 在【段落样式选项】对话框中切换到【基本字符格式】选项，在【样式名称】文本框中输入“正文”，在【字体系列】下拉列表中选择【宋体】，设置【大小】为12点，设置【行距】为18点，如图9.74所示。

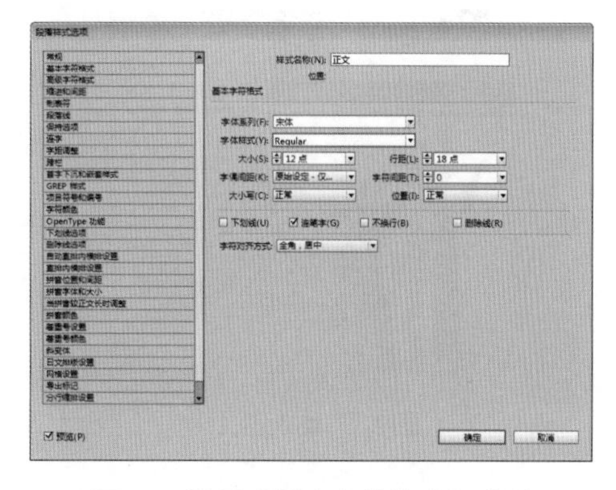

图9.74 设置【基本字符格式】选项

18 在【段落样式选项】对话框中切换到【缩进和间距】选项，设置【首行缩进】为6毫米，如图9.75所示。设置完成后单击【确定】按钮保存设置。

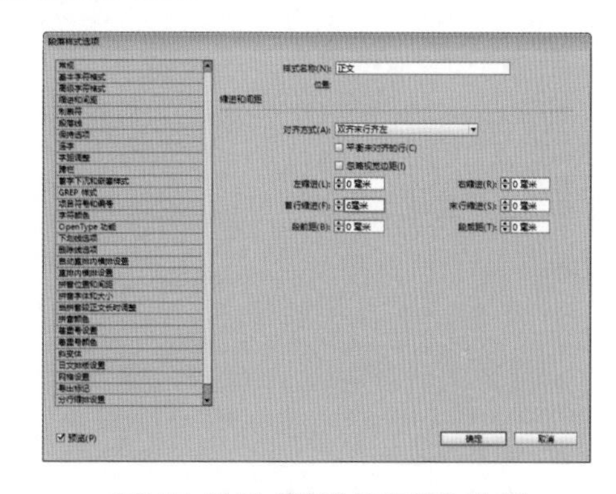

图9.75 设置【缩进和间距】选项

ID 19 选择工具箱中的【文字工具】T，拖动一个文本框，输入更多的文字，选中单击段落面板中的【正文】，效果如图9.76所示。

图9.76 输入文字并设置段落

ID 20 选择【文件】|【置入】命令，打开【置入】对话框，选择配套光盘中的“调用素材\第9章\手.jpg”，将其适当缩放，放置在文字的左侧，按Ctrl + [组合键将其调整到文字的后方，效果如图9.77所示。

图9.77 置入图片

ID 21 选择手图片，选择【窗口】|【文本绕排】命令，打开【文本绕排】面板，单击【沿对象形状绕排】按钮，【类型】设置为检测边缘，如图9.78所示。

图9.78 文本绕排面板

ID 22 应用文本绕排后的效果如图9.79所示。这样就完成了整个单张彩页排版制作的最终效果。

图9.79 文本绕排效果

第10章 表格的使用

〔内容摘要〕

表格是现代数据处理、会计账务、理财分析等不可缺少的重要组成部分。本章详细讲解了如何从外部置入表格的方法，表格与文本的转换技巧，同时还讲解了表格的选择与对象的添加，表格行、列的插入与删除，表格格式的设置技巧，表格描边与填充的控制技巧。

〔教学目标〕

- 表格的创建
- 表格的置入方法
- 表格与文本的相互转换
- 选择表格
- 向表格中添加文本或图形对象
- 表格行、列的插入与删除
- 格式化表格
- 表格的描边与填充

10.1 表格简介

InDesign CC不仅具有强大的排版绘图功能，而且还有强大的表格创建与编辑功能。表格是现代数据处理、会计账务、理财分析等不可缺少的重要组成部分。表格的基本组成如图10.1所示。

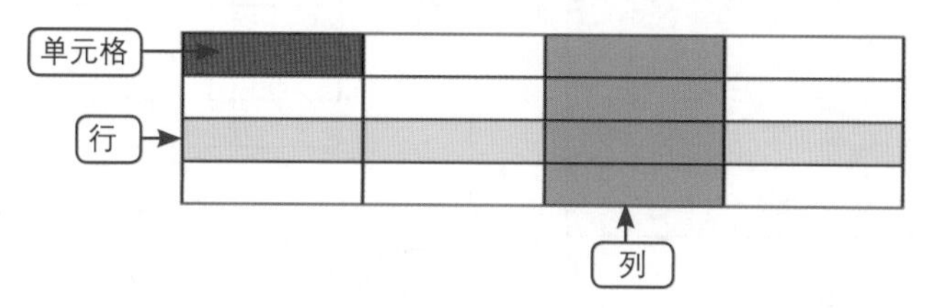

图10.1 表格的基本组成

10.2 表格的创建

在InDesign CC中，可以通过多种方法来创建表格，可以直接创建新的空白表格，也可以通过文本来创建表格，还可以置入其他软件制作的表格，如Word、Excel表格。

视频讲座10-1：利用插入表命令创建表格

案例分类：软件功能类

视频位置：配套光盘\movie\视频讲座10-1：利用插入表命令创建表格.avi

InDesign CC提供了直接创建表格的功能，利用其强大的功能，可以自行从无到有创建表格，具体创建方法如下：

ID 1 选择【工具箱】中的【文字工具】T，在页面中合适的位置单击鼠标，然后在不释放鼠标的情况下将其拖动到合适的位置，释放鼠标即可创建一个文本框。操作效果如图10.2所示。

图10.2 绘制文本框

提示

在InDesign CC中，如果想创建新的表格，必须基于文本框来创建，即要创建表格必须创建一个文本框，或者在现有文本框中单击定位，再进行创建。

ID 2 选择【表】|【插入表】命令，打开【插入表】对话框，可以看到表格的相关设置，如图10.3所示。

技巧

按Alt + Shift + Ctrl + T组合键，可以快速打开【插入表】对话框。

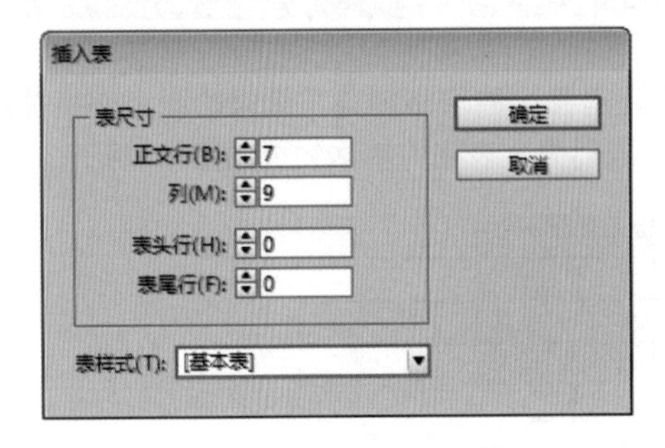

图10.3 【插入表】对话框

【插入表】对话框中各选项的含义说明如下。

- 【正文行】：指定表格的横向行数。
- 【列】：指定表格的纵向列数。
- 【表头行】：设置表格的表头行数。表头行是一个特殊的行，它不同于正文行，在选择时不会与正文行一起选择，表头行位于表格的最上方，一般用来放置表格的表头内容，如表格的标题。
- 【表尾行】：设置表格的表尾行数。与表头行一样，它也是一个特殊的行，只不过表尾行位于表格的底部。
- 【表样式】：设置表格的样式。可以从右侧的下拉菜单中选择一个表格样式，如果没有需要的样式，可以选择【新建表样式】命令，打开【新建表样式】对话框，创建一个新的表样式。

ID 3 在【插入表】对话框中设置表格的参数，如设置【正文行】为7，【列】为9，其他保持默认，单击【确定】按钮，即可创建一个表格，如图10.4所示。

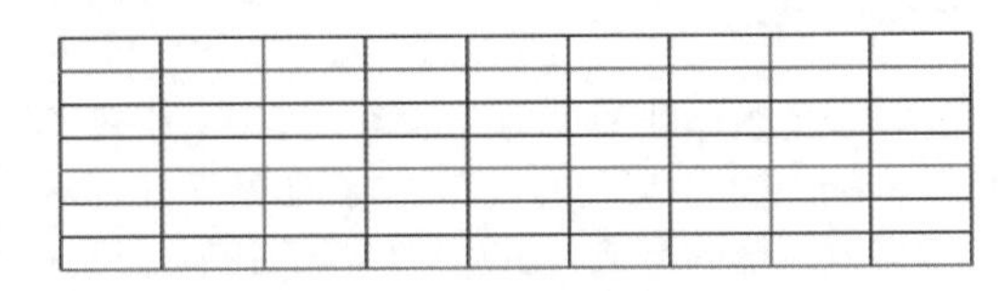

图10.4 创建的表格效果

视频讲座10-2：嵌套表格的创建

案例分类：软件功能类

视频位置：配套光盘\movie\视频讲座10-2：嵌套表格的创建.avi

利用创建表格命令，还可以在原来的表格中创建嵌套表格，具体的操作方法如下：

ID 1 选择【工具箱】中的【文字工具】T，在已有的表格相应的单元格中单击鼠标，定位插入点，如图10.5所示。

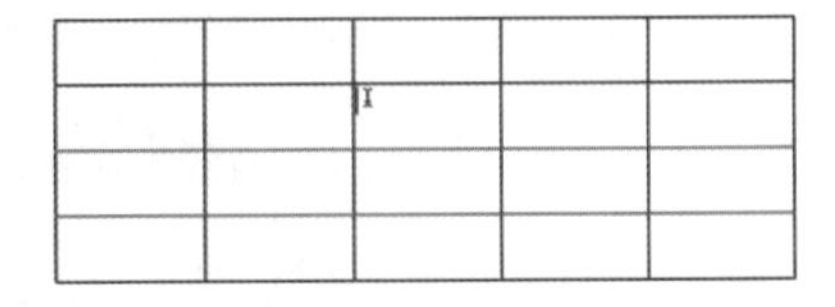

图10.5 定位插入点

ID 2 选择【表】|【插入表】命令，打开【插入表】对话框，可以根据自己的需要设置参数，这里设置【正文行】为4，【列】为3，其他为默认，如图10.6所示。

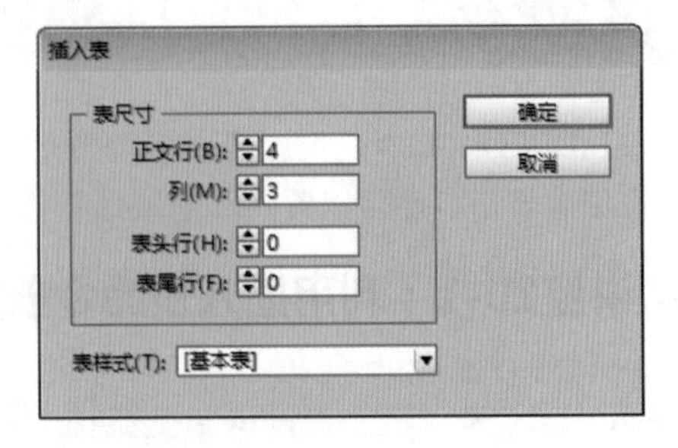

图10.6 【插入表】对话框

ID 3 参数设置完成后，单击【确定】按钮，系统将在定位的单元格内创建一个4行3列的嵌套表格，完成的效果如图10.7所示。

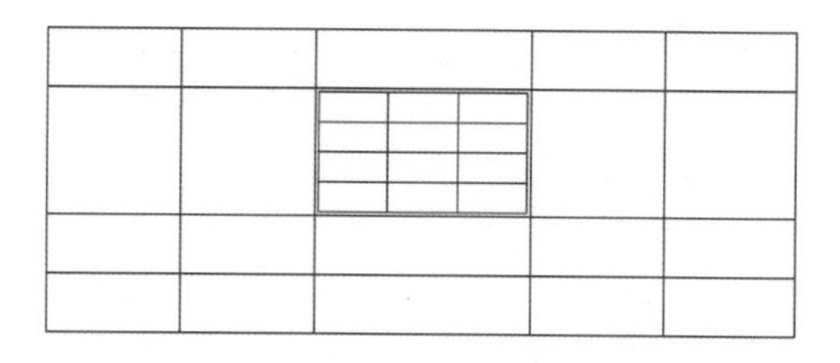

图10.7 创建的嵌套表格效果

10.3 表格的置入

InDesign CC能够很好地支持Word文档表格和Excel表格等软件制作的表格，可以将专业制作表格软件制作的表格置入，这样大大了提高工作效率。

视频讲座10-3：使用【置入】命令置入表格

案例分类：软件功能类
视频位置：配套光盘\movie\视频讲座10-3：使用【置入】命令置入表格.avi

通过InDesign CC的【置入】命令，可以将其他软件制作的表格直接置入到InDesign CC的页面中，具体的操作方法如下：

ID 1 在InDesign CC中，选择【文件】|【置入】命令，打开【置入】对话框，选择一个要置入的表格文件，如果想显示导入选项，可以勾选对话框左下方的【显示导入选项】复选框，如图10.8所示。

图10.8 【置入】对话框

提示

按Ctrl + D组合键，可以快速打开【置入】对话框。

ID 2 单击【确定】按钮，打开【Microsoft Excel 导入选项】对话框，如图10.9所示。在【工作表】下拉菜单中，可以选择导入的工作表名称；在【单元格范围】右侧的文本框中可以输入或选择要导入的单元格范围；还可以通过【表】选项设置置入表格的格式；通过【表样式】来设置表格的样式等。

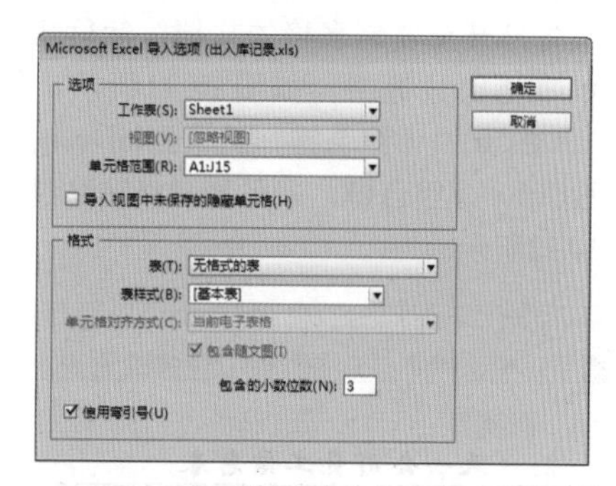

图10.9 【Microsoft Excel 导入选项】对话框

提示

导入选项对话框根据选择的表格文档不同，显示的内容也不同，比如导入的是Word表格，将显示Word的导入选项，因为选项的应用方法比较简单，这里不再详述。

ID 3 在【Microsoft Excel 导入选项】对话框中设置好相关的参数后，单击【确定】按钮，鼠标将变成一个置入的标志，在页面中单击或拖动即可将表格置入。置入表格后的效果如图10.10所示。

天天公司产品出入库数据一览表

日期	编码	品种	单位	入库数据			出库数据		
				单价	数量	金额	单价	数量	金额
8/1	A-002	电线	米	10.8	15	162			0
8/1	A-004	电线	米	10.8	5	54			0
8/1	B-002	可调电阻	个	1.6	50	80		25	0
8/1	B-001	可调电阻	个	1.6	50	80		45	0
8/1	C-002	胶线	卷	21	5	105			0
8/1	B-002	可调电阻	个	1.6		0		40	0
8/1	A-003	电线	米	9		0		11	0
8/1	D-002	铜包铝	KG	13.8	10	138			0
8/1	E-001	接线端子	个	2.1	40	84			0
8/1	D-001	铜包铝	KG	13.8		0		5	0
8/1	A-003	电线	米	9	10	90			0

图10.10 置入的表格效果

提示

在置入表格时，如果不勾选【显示导入选项】复选框，表格置入将以最后一次导入选项设置为准将表格置入。

视频讲座10-4：使用【粘贴】命令置入表格

案例分类：软件功能类

视频位置：配套光盘\movie\视频讲座10-4：使用【粘贴】命令置入表格.avi

除了使用上面讲解过的【置入】命令置入表格外，还可以使用更加方便的【粘贴】命令来置入表格。

首先打开要复制表格的文档，然后将需要复制的表格部分选中，如图10.11所示，按下Ctrl + X或Ctrl + C组合键，切换到InDesign CC中，按Ctrl + V组合键，即可将表格粘贴过来，如图10.12所示。

天一公司员工信息表

员工编号	入职日期	员工姓名	性别	籍贯	年龄	所属部门	学历
001	07/9/28	杨天花	女	湖南省	24	生产部	大专
002	06/9/15	李小华	男	湖南省	26	品质部	大专
003	05/6/30	赵军	男	湖南省	25	品质部	本科
004	08/2/18	李大双	男	江西省	25	设计部	大专
005	06/2/5	梁天天	女	湖南省	30	生产部	本科
006	04/3/16	黄小惠	女	湖南省	28	生产部	研究生
007	03/5/26	孙兰半	女	河南省	28	软件开发部	硕士
008	06/6/12	寇红	女	湖南省	26	财务部	研究生

图10.11 选中表格

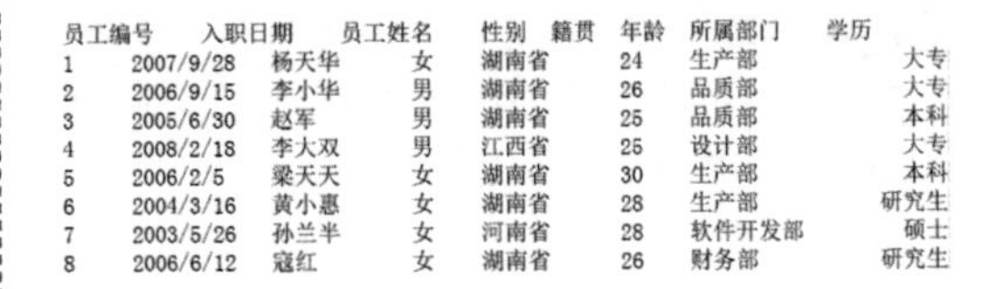

员工编号	入职日期	员工姓名	性别	籍贯	年龄	所属部门	学历
1	2007/9/28	杨天华	女	湖南省	24	生产部	大专
2	2006/9/15	李小华	男	湖南省	26	品质部	大专
3	2005/6/30	赵军	男	湖南省	25	品质部	本科
4	2008/2/18	李大双	男	江西省	25	设计部	大专
5	2006/2/5	梁天天	女	湖南省	30	生产部	本科
6	2004/3/16	黄小惠	女	湖南省	28	生产部	研究生
7	2003/5/26	孙兰半	女	河南省	28	软件开发部	硕士
8	2006/6/12	寇红	女	湖南省	26	财务部	研究生

图10.12 粘贴后的效果

默认情况下，粘贴的表格会以制表符分隔文本，而且显示为无格式的文本效果，如果想修改默认的粘贴表格效果，可以选择【编辑】|【首选项】|【剪贴板处理】命令，打开【首选项】|【剪贴板处理】对话框，选中【从其他应用程序粘贴文本和表格时】选项组中的【所有信息（索引标志符、色板、样式等）单选按钮，再次粘贴文本或表格时将带有所有信息，比如再次粘贴表格时的效果如图10.13所示。

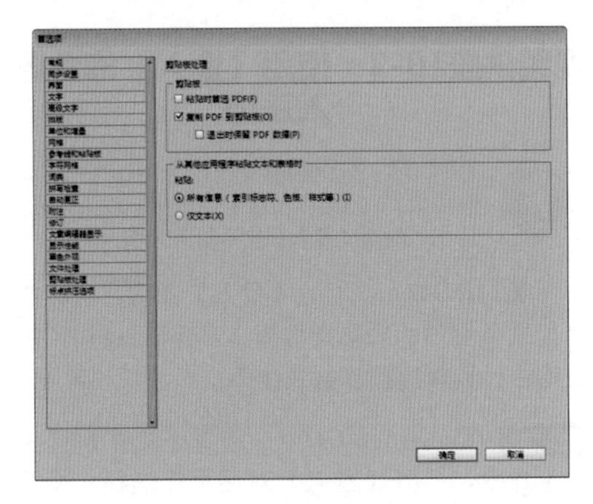

天一公司员工信息表

员工编号	入职日期	员工姓名	性别	籍贯	年龄	所属部门	学历
1	2007/9/28	杨天华	女	湖南省	24	生产部	大专
2	2006/9/15	李小华	男	湖南省	26	品质部	大专
3	2005/6/30	赵军	男	湖南省	25	品质部	本科
4	2008/2/18	李大双	男	江西省	25	设计部	大专
5	2006/2/5	梁天天	女	湖南省	30	生产部	本科
6	2004/3/16	黄小惠	女	湖南省	28	生产部	研究生
7	2003/5/26	孙兰半	女	河南省	28	软件开发部	硕士
8	2006/6/12	寇红	女	湖南省	26	财务部	研究生

图10.13 设置参数和粘贴效果

10.4 表格与文本的相互转换

InDesign CC可以轻松在表格和文本之间进行转换，不但可以将表格转换为文本，也可以将文本转换为表格。

10.4.1 将表格转换为文本技能

将表格转换为文本的操作方法非常简单，首先使用文字工具选择要转换的表格，或者直接将文字光标定位在表格中，然后选择【表】|【将表转换为文本】命令，打开【将表转换为文本】对话框，如图10.14所示。

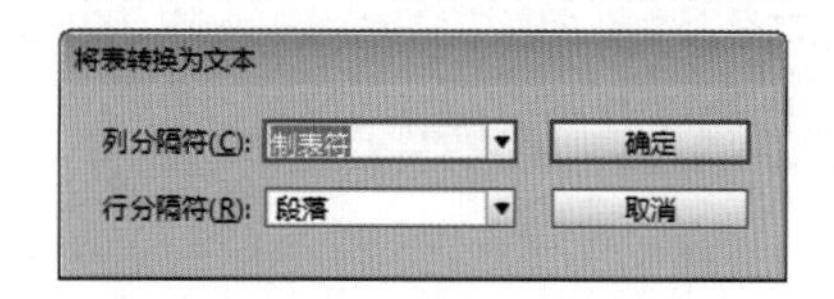

图10.14 【将表转换为文本】对话框

【将表转换为文本】对话框中各选项含义说明如下。

- 【列分隔符】：设置列的分隔符。包括制表符、逗号、段落和其他，所谓制表符，就是在输入文字时，在文字与文字之间按下Tab键产生的符号。
- 【行分隔符】：设置行的分隔符。与列分隔符用法相同。

提示

设置了分隔符，表即会按照设置的分隔符转换为文本。如果想将文本转换为表格时，可以使用相同的分隔符将其转换回来。

将表格转换为文本的操作前后效果如图10.15所示。

天一公司员工信息表

员工编号	入职日期	员工姓名	性别	籍贯	年龄	所属部门	学历
1	2007/9/28	杨天华	女	湖南省	24	生产部	大专
2	2006/9/15	李小华	男	湖南省	26	品质部	大专
3	2005/6/30	赵军	男	湖南省	25	品质部	本科
4	2008/2/18	李大双	男	江西省	25	设计部	大专
5	2006/2/5	梁天天	女	湖南省	30	生产部	本科
6	2004/3/16	黄小惠	女	湖南省	28	生产部	研究生
7	2003/5/26	孙兰半	女	河南省	28	软件开发部	硕士
8	2006/6/12	寇红	女	湖南省	26	财务部	研究生

天一公司员工信息表

员工编号 入职日期 员工姓名 性别 籍贯 年龄 所属部门 学历
1 2007/9/28 杨天华 女 湖南省 24 生产部 大专
2 2006/9/15 李小华 男 湖南省 26 品质部 大专
3 2005/6/30 赵军 男 湖南省 25 品质部 本科
4 2008/2/18 李大双 男 江西省 25 设计部 大专
5 2006/2/5 梁天天 女 湖南省 30 生产部 本科

图10.15 表格转换为文本的操作前后效果

10.4.2 将文本转换为表格技能

将文本转换为表格，可以理解为将表格转换为文本的反向操作，在输入文字时，要注意使用分隔符，比如按Tab键、逗号或段落回车等，这样才可以在转换为表格时选择适当的分隔符，否则会出现错误。如图10.16所示为输入时使用的制表符 » 和段落标记¶分隔符。

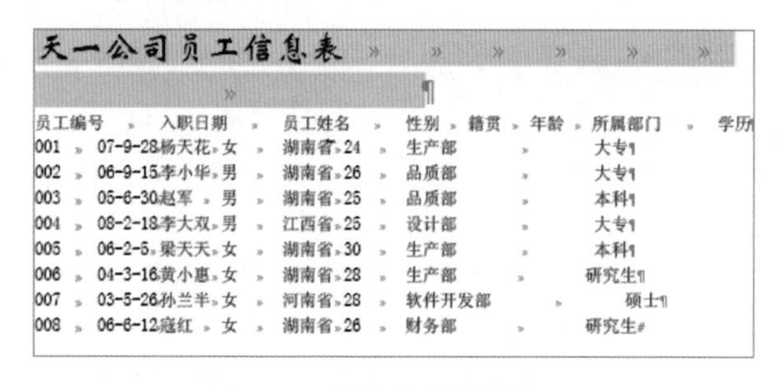

图10.16 制表符和段落标记

提示

分隔符如制表符、段落标记为隐藏字符，如果想查看隐藏字符，可以选择【文字】|【显示隐含的字符】命令，或按Alt + Ctrl + I组合键即可。

使用文字工具选择要转换为表格的所有文本，然后选择【将文本转换为表】命令，打开【将文本转换为表】对话框，选择对应的分隔符，然后单击【确定】按钮，即可将文本转换为表格。文本转换为表格的操作效果如图10.17所示。

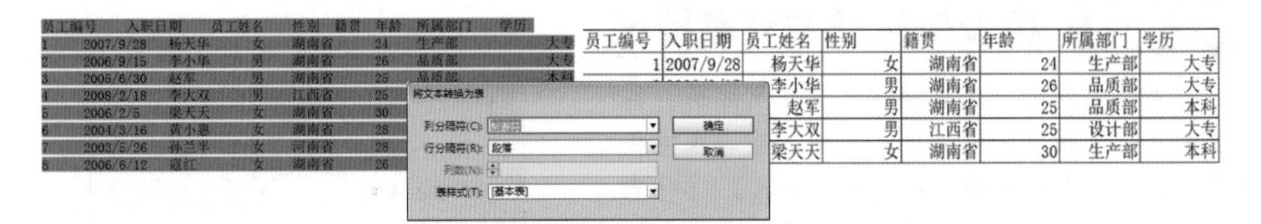

图10.17 文本转换为表格的操作效果

提示

将文本转换为表格时，要特别注意输入的制表符，在【将文本转换为表】对话框中设置相对应的分隔符，才能正确地将文本转换为表格，否则将出现错误。

10.5 表格的选择

创建好表格后，要对表格进行数据或图像的插入，对表格进行编辑处理。而编辑处理表格时，表格的选择就显得相当重要，本节将详细讲解表格的各种选择技巧。

10.5.1 选择单元格

表格所有的操作都在组成表格的单元格中完成。单元格是构成表格的基本元素。要选择单元格，可以通过以下3种方法来完成。

- 方法1：菜单命令法。选择【文字工具】T，在要选择的单元格内单击，或者使用表格中的文字，然后选择【表】|【选择】|【单元格】命令，即可选择当前单元格。

技巧

使用【文字工具】T，将光标定位在要选择的单元格中，按Ctrl + / 组合键，可以快速选择该单元格。

- 方法2：方向键法。选择【文字工具】T，在要选择的单元格内单击，定位光标位置，然后按住Shift键的同时，按键盘上的方向键，即可选择当前单元格。
- 方法3：拖动法。选择【文字工具】T，在要选择的单元格内按住鼠标，然后向单元格的右下角拖动，即可将该单元格选中。拖动选择单元格的操作效果如图10.18所示。

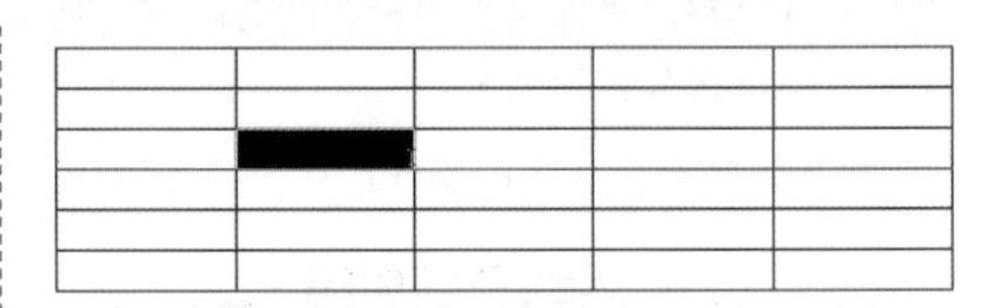

图10.18 拖动选择单元格

提示

在拖动选择单元格时，注意不要拖动行线或列线，否则将改变单元格的大小。拖动时如果选择了其他单元格，可以在不释放鼠标的情况下往回拖动，直到选择需要的单元格即可。

10.5.2 选择多个单元格

有时需要选择多个单元格，可以执行以下两种方法来选择多个单元格。

- 方法1：拖动法。选择【文字工具】T，在某个单元格内按住鼠标，然后向左、右、上或下拖动，即可选择多个单元格。拖动法选择多个单元格的操作效果如图10.19所示。

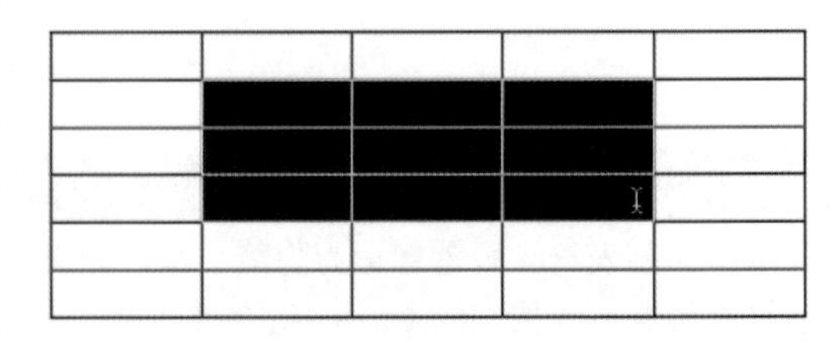

图10.19 拖动法选择多个单元格的操作效果

- 方法2：Shift + 方向键法。选择【文字工具】T，在要选择的某个单元格内单击，定位光标位置，然后按住Shift键的同时，多次按键盘上的方向键，即可将同方向上的单元格选中。

10.5.3 选择整行

选择行即是将表格的一整行全部选中，可以通过下面两种方法来选择。

- 方法1：菜单命令法。要选择某行，使用【文字工具】T在该行的任意单元格中单击，定位光标的位置，然后选择【表】|【选择】|【行】命令，即可将该行选中。

技巧

使用【文字工具】T，将光标定位在要选择的某行的任意单元格中，按Ctrl + 3 组合键，可以快速选择该行。

- 方法2：单击法。选择【文字工具】T，将鼠标光标移动到要选择行的左侧，当光标变成箭头形状➡时，单击鼠标即可选择该行。使用单击法选择行的操作效果如图10.20所示。

天天公司销售业绩提成表				
姓名	销售数量	销售总金额	提成率	提成金额
李丽	100	50,000	5%	2,500
周军	103	51,500	10%	5,150
张宏	125	62,500	10%	6,250
苏日	85	42,500	5%	2,125
刘民	186	93,000	15%	13,950
陈文	121	60,500	10%	6,050

天天公司销售业绩提成表				
姓名	销售数量	销售总金额	提成率	提成金额
李丽	100	50,000	5%	2,500
周军	103	51,500	10%	5,150
张宏	125	62,500	10%	6,250
苏日	85	42,500	5%	2,125
刘民	186	93,000	15%	13,950
陈文	121	60,500	10%	6,050

图10.20 单击法选择行的操作效果

10.5.4 选择整列

列的选择与行的选择操作非常相似，可以通过下面两种方法来完成。

- 方法1：菜单命令法。要选择某列，使用【文字工具】T在该列的任意单元格中单击，定位光标的位置，然后选择【表】|【选择】|【列】命令，即可将该列选中。

技巧

使用【文字工具】T，将光标定位在要选择的某列的任意单元格中，按Alt + Ctrl + 3 组合键，可以快速选择该列。

- 方法2：单击法。选择【文字工具】T，将鼠标光标移动到要选择列的上边缘，当光标变成箭头形状⬇时，单击鼠标即可选择该列。使用单击法选择列的操作效果如图10.21所示。

天天公司销售业绩提成表				
姓名	销售数量	销售总金额	提成率	提成金额
李丽	100	50,000	5%	2,500
周军	103	51,500	10%	5,150
张宏	125	62,500	10%	6,250
苏日	85	42,500	5%	2,125
刘民	186	93,000	15%	13,950
陈文	121	60,500	10%	6,050

天天公司销售业绩提成表				
姓名	销售数量	销售总金额	提成率	提成金额
李丽	100	50,000	5%	2,500
周军	103	51,500	10%	5,150
张宏	125	62,500	10%	6,250
苏日	85	42,500	5%	2,125
刘民	186	93,000	15%	13,950
陈文	121	60,500	10%	6,050

图10.21 单击法选择列的操作效果

10.5.5 选择整个表格

要想格式化表格，需要选择表格，选择表格与其他表格制作软件很相似，如果对其他表格制作软件非常熟悉的话，学习起来就相当容易了。选择整个表格可以通过下面两种方法来完成。

- 方法1：菜单命令法。要选择整个表格，使用【文字工具】T在该表格的任意单元格中单击，定位光标的位置，然后选择【表】|【选择】|【表】命令，即可将整个表格选中。

技巧

使用【文字工具】T，将光标定位在要选择的某列的任意单元格中，按Alt + Ctrl + A 组合键，可以快速选择整个表格。

- 方法2：单击法。选择【文字工具】T，将鼠标光标移动到表格左上角位置，当光标变成箭头形状↘时，单击鼠标即可选择整个表格。使用单击法选择整个表格的操作效果如图10.22所示。

员工工资表			
员工	基本工资	奖金	电话费
马其顿	￥1,800.00	￥1,600.00	￥300.00
李小山	￥1,600.00	￥1,200.00	￥300.00
郭大朋	￥1,200.00	￥1,000.00	￥200.00
张芳	￥1,000.00	￥1,000.00	￥100.00
孙武	￥800.00	￥800.00	￥100.00
杨小倩	￥800.00	￥600.00	￥100.00
艾青	￥800.00	￥500.00	￥100.00
尹志平	￥800.00	￥600.00	￥100.00

员工工资表			
员工	基本工资	奖金	电话费
马其顿	￥1,800.00	￥1,600.00	￥300.00
李小山	￥1,600.00	￥1,200.00	￥300.00
郭大朋	￥1,200.00	￥1,000.00	￥200.00
张芳	￥1,000.00	￥1,000.00	￥100.00
孙武	￥800.00	￥800.00	￥100.00
杨小倩	￥800.00	￥600.00	￥100.00
艾青	￥800.00	￥500.00	￥100.00
尹志平	￥800.00	￥600.00	￥100.00

图10.22 单击法选择整个表格的操作效果

10.5.6 选择表头行、正文行和表尾行

选择表头行、正文行和表尾行的操作方法非常简单，使用【文字工具】T在表格中任意的单元格中单击或选择单元格中的文本对象，然后选择【表】|【选择】|子菜单中的【表头行】、【正文行】或【表尾行】命令，即可选择相应的内容。原图与选择表头行、正文行和表尾行的不同效果如图10.23所示。

电脑销量抽样调查表			
城市	七喜	长城	联想
沈阳	1800	3200	2687
济南	359	159	546
天津	654	254	1800
唐山	1800	819	594
郑州	2586	3200	2687
哈尔滨	3257	647	1800
南京	3200	4659	654
西安	200	215	1545
总计	13856	13153	12313

原图

电脑销量抽样调查表			
城市	七喜	长城	联想
沈阳	1800	3200	2687
济南	359	159	546
天津	654	254	1800
唐山	1800	819	594
郑州	2586	3200	2687
哈尔滨	3257	647	1800
南京	3200	4659	654
西安	200	215	1545
总计	13856	13153	12313

选择表头行

电脑销量抽样调查表			
城市	七喜	长城	联想
沈阳	1800	3200	2687
济南	359	159	546
天津	654	254	1800
唐山	1800	819	594
郑州	2586	3200	2687
哈尔滨	3257	647	1800
南京	3200	4659	654
西安	200	215	1545
总计	13856	13153	12313

选择正文行

电脑销量抽样调查表			
城市	七喜	长城	联想
沈阳	1800	3200	2687
济南	359	159	546
天津	654	254	1800
唐山	1800	819	594
郑州	2586	3200	2687
哈尔滨	3257	647	1800
南京	3200	4659	654
西安	200	215	1545
总计	13856	13153	12313

选择表尾行

图10.23 原图与选择表头行、正文行和表尾行的不同效果

10.5.7 表头与表尾的设置

当创建比较长的表格式，表可能会跨多个栏、框架或页面。使用表头或表尾，可以在表的每个拆开部分的顶部或底部重复信息。

插入点放置在表中，选择【表】|【表选项】|【表头和表尾】命令，打【表头和表尾】选项卡，如图10.24所示。

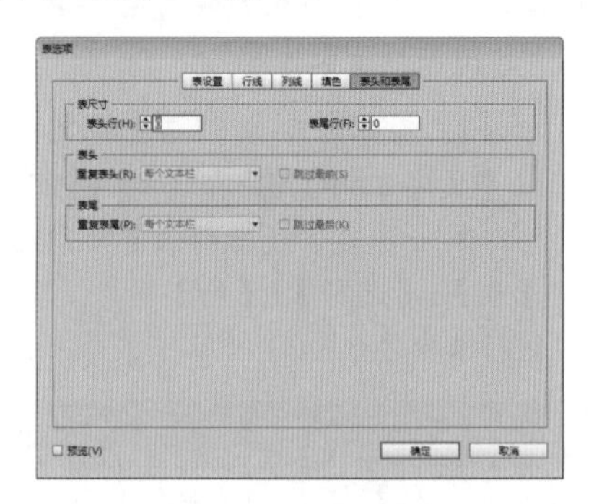

图10.24 表头和表尾选项卡

【表头和表尾】选项卡其中各项主要含义如下。

- 【表尺寸】：指定表头和表尾的数量，也能在表的顶部或底部添加空行。
- 【表头】：指定表中信息显示在每个文本栏中，每个框架显示一次或每页只显示一次。
- 【表尾】：指定表中信息显示在每个文本栏中，每个框架显示一次或者每页只显示一次。
- 【跳过最前】：选中后，表头信息将不会显示在表的第一行中，勾选【跳过最后】复选框，表头信息将不会显示在表的最后一行中。

10.6 向表格中添加文本或图形

创建了表格后，就可以在单元格中添加文本、图形、表头和表尾对象了，前面讲解了表格的选择，在添加文本或图形时，就可以在选定的单元格中添加这些对象了。

10.6.1 向表格中添加文本

要在表格中添加文本，其实就是在单元格中添加文本，可以通过以下3种方法来向表格中添加文本。

- 方法1：直接输入法。选择【文字工具】T，在要输入文本的单元格中单击鼠标，确定光标的位置，然后选择合适的输入法，输入文本即可。

- 方法2：粘贴法。选择【文字工具】T，拖动选择需要复制的文本，然后按Ctrl＋C组合键在需要粘贴文本的单元格中单击鼠标，按Ctrl＋V组合键即可。

提示

复制文本不但可以在InDesign文档内复制，还可以从其他的地方复制文本，然后将其粘贴到InDesign需要的单元格中即可。

- 方法3：置入法。选择【文字工具】T，在需要输入文本的单元格中单击鼠标，然后选择【文件】|【置入】命令，选择需要的对象置入即可。

视频讲座10-5：向表格中添加图形

案例分类：软件功能类
视频位置：配套光盘\movie\视频讲座10-5：向表格中添加图形.avi

InDesign表格中的单元格，还可以理解为文本框，不但可以输入文本，还可以插入图形，可以通过两种方法来添加图形。

① 粘贴法

使用【选择工具】选择要复制的图形，然后按Ctrl＋C组合键将其复制，然后选择【文字工具】T，在单元格中单击定位光标，按Ctrl＋V组合键，即可将图形添加到表格中。

② 命令法

使用【置入】命令可以快速将电脑中的其他图形添加到表格中，具体操作方法如下：

ID 1 选择【文字工具】T，在单元格中单击鼠标，将光标定位在要置入图形的单元格中，如图10.25所示。

商品			
上市时间	2008 年 08 月	2008 年 08 月	2008 年 11 月
产品类型	家用	家用	家用
产品定位	全能学生本	全能学生本	全能学生本
处理器系列	英特尔 低功耗版系列	英特尔 酷睿 2 双核 T6 系列	英特尔 酷睿 2 双核 T5 系列
处理器型号	Intel 酷睿 2 双核 P7350	Intel 酷睿 2 双核 T6400	Intel 酷睿 2 双核 T5800
前端总线	1066	800	800
二级缓存	3MB	2MB	2MB
主板芯片组	Intel PM45	Intel PM45	SIS671DX+968
标配内存容量	2GB	2GB	2GB
内存类型	DDRII	DDRII	DDRII

图10.25 定位光标位置

ID 2 选择【文件】|【置入】命令，打开【置入】对话框，选择要置入的图形，然后单击【打开】按钮，即可将其添加到表格中，调整图形的大小，如图10.26所示。

商品			
上市时间	2008 年 08 月	2008 年 08 月	2008 年 11 月
产品类型	家用	家用	家用
产品定位	全能学生本	全能学生本	全能学生本
处理器系列	英特尔 低功耗版系列	英特尔 酷睿 2 双核 T6 系列	英特尔 酷睿 2 双核 T5 系列
处理器型号	Intel 酷睿 2 双核 P7350	Intel 酷睿 2 双核 T6400	Intel 酷睿 2 双核 T5800
前端总线	1066	800	800
二级缓存	3MB	2MB	2MB
主板芯片组	Intel PM45	Intel PM45	SIS671DX+968
标配内存容量	2GB	2GB	2GB
内存类型	DDRII	DDRII	DDRII

图10.26 缩小图形

ID 3 使用同样的方法置入其他图片，并进行适当的调整，完成图形的添加。完成效果如图10.27所示。

商品			
上市时间	2008 年 08 月	2008 年 08 月	2008 年 11 月
产品类型	家用	家用	家用
产品定位	全能学生本	全能学生本	全能学生本
处理器系列	英特尔 低功耗版系列	英特尔 酷睿 2 双核 T6 系列	英特尔 酷睿 2 双核 T5 系列
处理器型号	Intel 酷睿 2 双核 P7350	Intel 酷睿 2 双核 T6400	Intel 酷睿 2 双核 T5800
前端总线	1066	800	800
二级缓存	3MB	2MB	2MB
主板芯片组	Intel PM45	Intel PM45	SIS671DX+968
标配内存容量	2GB	2GB	2GB
内存类型	DDRII	DDRII	DDRII

图10.27 添加图形效果

技巧

如果直接对置入的图形进行拖动缩放，将出现修剪的效果。如果想缩放图形而不出现修剪效果，可以在按住Ctrl键的同时拖动变换框进行缩放；如果想等比缩放图形，可以在按住Shift＋Ctrl组合键的同时拖动变换框进行缩放。

10.6.2 表格中的光标控制

在表格中输入文本或置入图形时，光标的定位相当重要。下面来讲解在表格中不移动光标的方法。

要控制光标的位置，首先来了解一下单元格的相关知识。这里以横排表格为例进行讲解，当前单元格即是图示中光标定位处的单元格；第一个单元格即左上角的单元格；最后一个单元格即右下角的单元格；前一个单元格即当前单元格左侧的单元格；后一个单元格即当前单元格右侧的单元格；上方单元格即当前单元格上方的单元格；下方单元格即当前单元格下方的单元格。单元格位置图示如图10.28所示。

	光标定位处		

图10.28 单元格位置图示

提示

直排表格会有所不同，读者可以自己操作一下，因为比较简单，这里不再赘述。

❶ 使用Tab键移动光标

按Tab键可以后移一个单元格，但如果当前光标在最后一个单元格中，按Tab键将在下方创建一个新行。

按Shift＋Tab组合键可以前移一个单元格，但如果当前光标在第一个单元格中，按Shift＋Tab组合键，光标将移动到最后一个单元格中。

❷ 使用方向键移动光标

在空白的横排表格中，按左箭头可以切换到前一个单元格；按右箭头可以切换到后一个单元格中；按上箭头可以切换到上方单元格中；按下箭头可以切换到下方单元格中。当光标位于某一行的第一个单元格中，按左箭头可以将光标移动到当前行的最后一个单元格中；而如果光标位于某一行的最后一个单元格中，按右箭头可以将光标移动到当前行的第一个单元格中。

10.7 表格行、列的插入与删除

对于已经创建的表格，如果表格中的行或列数量不能满足要求，可以通过相关命令插入新的行或列，也可以通过拖动的方法添加表格的行或列。

10.7.1 插入行

选择【文字工具】T，在要插入行的前一行或后一行中的任意单元格中单击鼠标，定位插入点，然后选择【表】|【插入】|【行】命令，打开【插入行】对话框，如图10.29所示。

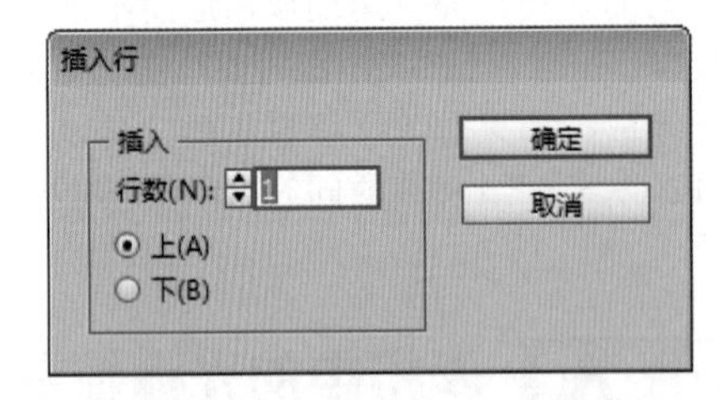

图10.29 【插入行】对话框

技巧

按Ctrl＋9组合键，可以快速打开【插入行】对话框。

【插入行】对话框中各选项含义说明如下。

- 【行数】：指定插入的行数。
- 【上】：指定插入行的位置。即在当前光标定位行的上面插入新行。
- 【下】：指定插入行的位置。即在当前光标定位行的下面插入新行。

将光标定位在第3行的位置，然后打开【插入行】对话框，设置【行数】为2，位置为【上】，单击【确定】按钮，即可在当前行上方插入两行，插入行的效果如图10.30所示。

天天公司销售业绩提成表

姓名	销售数量	销售总金额	提成率	提成金额
李丽	100	50,000	5%	2,500
周军	103	51,500	10%	5,150
张宏	125	62,500	10%	6,250
苏日	85	42,500	5%	2,125
刘民	186	93,000	15%	13,950
陈义	121	60,500	10%	6,050

天天公司销售业绩提成表

姓名	销售数量	销售总金额	提成率	提成金额
李丽	100	50,000	5%	2,500
周军	103	51,500	10%	5,150
张宏	125	62,500	10%	6,250
苏日	85	42,500	5%	2,125
刘民	186	93,000	15%	13,950
陈义	121	60,500	10%	6,050

图10.30 插入行效果

10.7.2 插入列

插入列与插入行的操作非常相似，首先选择【文字工具】T，在要插入列的左一列或右一行中的任意单元格中单击鼠标，定位插入点，然后选择【表】|【插入】|【列】命令，打开【插入列】对话框，该对话框中的参数与【插入行】参数基本相同，这里不再赘述。在【插入列】对话框中设置需要插入的列数，比如为1，指定插入的位置，比如为【左】，然后单击【确定】按钮，即可在当前列左侧插入一新列，插入列效果如图10.31所示。

技巧

按Alt + Ctrl + 9组合键，可以快速打开【插入列】对话框。

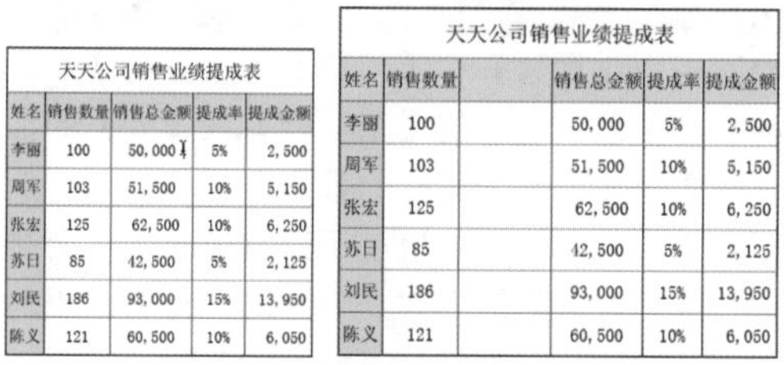

天天公司销售业绩提成表

姓名	销售数量	销售总金额	提成率	提成金额
李丽	100	50,000	5%	2,500
周军	103	51,500	10%	5,150
张宏	125	62,500	10%	6,250
苏日	85	42,500	5%	2,125
刘民	186	93,000	15%	13,950
陈义	121	60,500	10%	6,050

天天公司销售业绩提成表

姓名	销售数量		销售总金额	提成率	提成金额
李丽	100		50,000	5%	2,500
周军	103		51,500	10%	5,150
张宏	125		62,500	10%	6,250
苏日	85		42,500	5%	2,125
刘民	186		93,000	15%	13,950
陈义	121		60,500	10%	6,050

图10.31 插入列效果

技巧

如果想在表格的最后一行后再插入行，可以将光标定位在表格的最后一个单元格中，按Tab键，即可创建在最后一行后插入一个新行。

10.7.3 通过鼠标拖动插入行或列

InDesign CC不但提供了使用插入命令插入行或列的方法，还可以通过鼠标拖动表格的边框来插入行或列。

① 拖动法插入列

选择【文字工具】T，将光标放在要插入列的前一列右侧边框上，当光标变成↔状时，按住Alt键的同时向右拖动鼠标，到合适的位置后释放鼠标，即可插入一列，操作效果如图10.32所示。

姓名	性别	学历
王熙凤	女	大专
马东明	男	本科
许多多	男	本科
马明山	男	研究生
阳丽丽	女	博士
袁世荣	女	本科
赵明明	男	研究生
柯利	女	中专

姓名	性别	学历	
王熙凤	女	大专	
马东明	男	本科	
许多多	男	本科	
马明山	男	研究生	
阳丽丽	女	博士	
袁世荣	女	本科	
赵明明	男	研究生	
柯利	女	中专	

姓名	性别		学历
王熙凤	女		大专
马东明	男		本科
许多多	男		本科
马明山	男		研究生
阳丽丽	女		博士
袁世荣	女		本科
赵明明	男		研究生
柯利	女		中专

图10.32 拖动插入列操作效果

② 拖动法插入行

选择【文字工具】T，将光标放在要插入行的前一行下侧边框上，当光标变成↕状时，按住Alt键的同时向下拖动鼠标，到合适的位置后释放鼠标，即可插入行，操作效果如图10.33所示。

姓名	性别	学历
王熙凤	女	大专
马东明	男	本科
许多多	男	本科
马明山	男	研究生
阳丽丽	女	博士
袁世荣	女	本科

姓名	性别	学历
王熙凤	女	大专
马东明	男	本科
许多多	男	本科
马明山	男	研究生
阳丽丽	女	博士
袁世荣	女	本科

姓名	性别	学历
王熙凤	女	大专
马东明	男	本科
许多多	男	本科
马明山	男	研究生
阳丽丽	女	博士
袁世荣	女	本科

图10.33 拖动插入行操作效果

10.7.4 删除行、列或表格

行、列或表格创建完成后，如果想删除某些行、列或整个表格，则可以执行以下3种方法来完成。

① 菜单法删除

选择【文字工具】T，如果要删除一行或一列，将光标定位在该行或列中的任意单元格中。如果想删除多行或多列，可以选择多行或多列。然后选择【表】|【删除】子菜单中的【行】、【列】或【表】命令，即可删除行、列或表。删除多行的操作效果如图10.34所示。

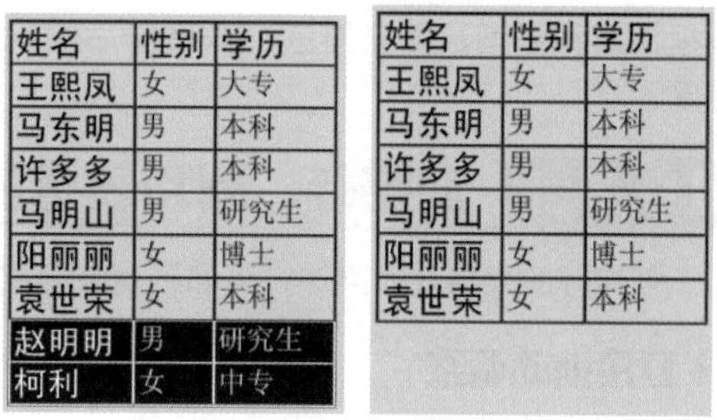

姓名	性别	学历
王熙凤	女	大专
马东明	男	本科
许多多	男	本科
马明山	男	研究生
阳丽丽	女	博士
袁世荣	女	本科
赵明明	男	研究生
柯利	女	中专

姓名	性别	学历
王熙凤	女	大专
马东明	男	本科
许多多	男	本科
马明山	男	研究生
阳丽丽	女	博士
袁世荣	女	本科

图10.34 删除行的操作效果

技巧

按Ctrl + Backspace组合键，可以快速将选择的行删除；按Shift + Backspace组合键，可以快速将选择的列删除。

② 对话框删除

选择【文字工具】T，在表中任意位置单击鼠标，定位光标点，然后选择【表】|【表选项】|【表设置】命令，打开【表选项】|【表设置】对话框，如图10.35所示。在【表尺寸】选项组中，指定新的【正文行】或【列】的数量，然后单击【确定】按钮，即可删除行或列。行将从表的底部开始删除，列将从表的开始删除。

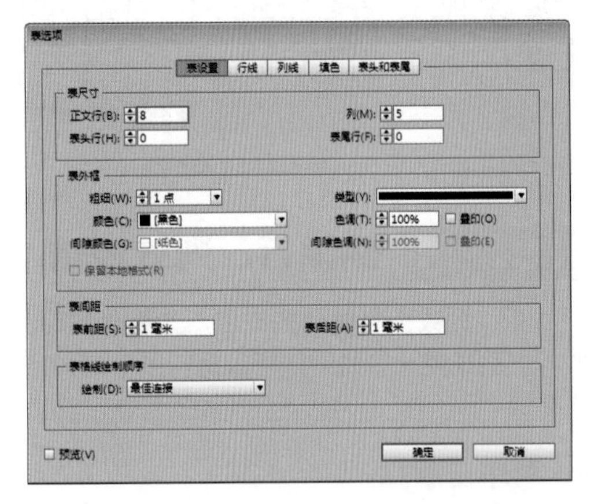

图10.35 【表选项】|【表设置】对话框

提示

在【表选项】|【表设置】对话框中，设置的【正文行】或【列】的数量，如果大于原有的数量，则将插入新的行或列。

③ 控制栏删除

使用控制栏也可以删除表格的行或列，在表中选择某行或某列，然后在表格控制栏中修改【行数】或【列数】的值，即可将行或列删除，如图10.36所示。

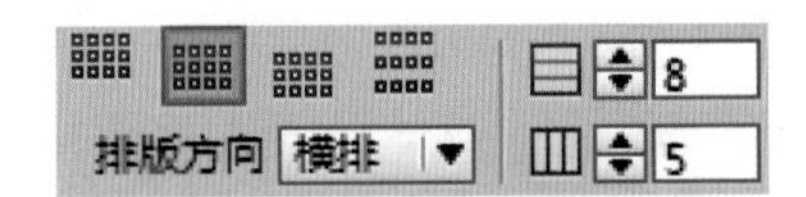

图10.36 表格控制栏

提示

控制栏中【行数】和【列数】的设置与【表设置】对话框中设置的【正文行】或【列】的情况相同，如果大于原有的数量，则将插入新的行或列。只有输入的值小于原有值时，才会删除行或列。删除的方式是一样的，行将从表的底部开始删除，列将从表的开始删除。

10.8 格式化表格

使用表格控制栏、【表选项】和【单元格选项】对话框，可以对表格的行数和列数、表格边框粗细和线型、填充颜色、表格前后的间距、编辑表头行和表尾行及其他表格格式进行详细设置。

10.8.1 调整行、列和表格的大小

创建好的表格，如果对行高和列宽或表格的大小不满意，可以使用多种方法对其进行调整。

① 直接拖动调整

直接拖动改变行、列或表格的大小，这是最常用的一种方法，因为它操作非常方便简单。

选择【文字工具】T，将光标放置在要改变大小的行或列的边缘位置，当光标变成↔状时，按住鼠标向左或向右拖动，可以增加或减小列宽；当光标变成↕状时，按住鼠标向上或向下拖动，可以增加或减小行高。改变列宽的操作效果如图10.37所示。

技巧

使用拖动改变行或列的间距时，如果想在不改变表格大小的情况下修改行高或列宽，可以在拖动时按下Shift键。

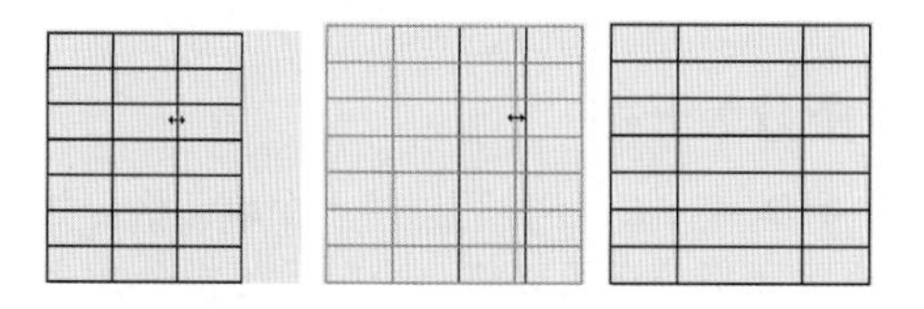

图10.37 改变列宽的操作效果

② 使用菜单命令精确调整

使用直接拖动的方法改变行、列或表大小，不能精确指定行、列或表格的大小。如果想精确设置表格的行高和列宽，则可以通过【行和列】命令来完成。

选择【文字工具】T，在要调整的行或列的任意单元格单击，定位光标位置。如果要改变多行，则可以选择要改变的多行，然后选择【表】|【单元格选项】|【行和列】命令，打开【单元格选项】对话框，系统自动切换到【行和列】选项卡中如图10.38所示。在【行高】右侧的下拉菜单中，选择【最少】或【精确】选项，然后在右侧的文本框中输入一个精确的行高值；在【列宽】右侧的文本框中输入精确的列宽值，单击【确定】按钮，即可精确调整行高或列宽。

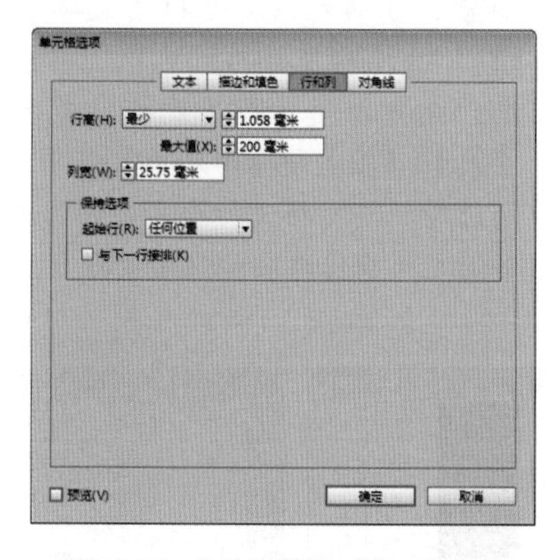

图10.38 【单元格选项】对话框

③ 使用【表】面板精确调整

除了使用菜单命令精确调整行高或列宽，还可以使用【表】面板来精确调整行高或列宽。

选择【文字工具】T，在要调整的行或列的任意单元格单击，定位光标位置。如果要改变多行，则可以选择要改变的多行，然后选择【窗口】|【文字和表】|【表】命令，打开【表】面板，如图10.39所示。在【行高】或【列宽】选项中输入行高或列宽的新数值，按回车键即可修改行高或列宽。

技巧

按Shift+F9组合键，可以快速打开【表】面板。

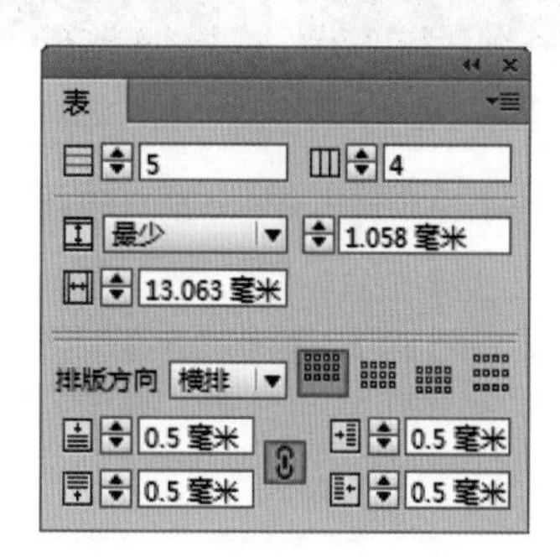

图10.39 【表】面板

提示

利用【表】面板中【行数】和【列数】选项，还可以添加或删除行或列。

④ 调整整个表格的大小

如果想修改表格的大小，选择【文字工具】T，然后将光标放置在表格的右下角位置，当光标变成↘状时，按住鼠标拖动向右下或左上拖动，即可放大或缩小表格的大小。调整整个表格大小的操作效果，如图10.40所示。如果在拖动时按住Shift键，则可以将表格等比例缩放。

姓名	性别	学历
王熙凤	女	大专
马东明	男	本科
许多多	男	本科
马明山	男	研究生

姓名	性别	学历
王熙凤	女	大专
马东明	男	本科
许多多	男	本科
马明山	男	研究生

姓名	性别	学历
王熙凤	女	大专
马东明	男	本科
许多多	男	本科
马明山	男	研究生

图10.40 调整整个表格大小的操作效果

10.8.2 均匀分布行和列

在表格的操作过程中，如果改变了某些行高或列宽，整个表格中就会出现不同的行高或列宽效果。如果想将表格中的某些或整个表格的行高或列宽相同，可以使用【均匀分布行】

或【均匀分布列】命令来实现。

选择【文字工具】T，选择要均匀分布的行，然后选择【表】|【均匀分布行】命令，即可将选中的行进行均匀分布。均匀分布行前后效果如图10.41所示。

天天公司销售业绩提成表				
姓名	销售数量	销售总金额	提成率	提成金额
李丽	100	50,000	5%	2,500
周军	103	51,500	10%	5,150
张宏	125	62,500	10%	6,250
苏日	85	42,500	5%	2,125
刘民	186	93,000	15%	13,950
陈义	121	60,500	10%	6,050

天天公司销售业绩提成表				
姓名	销售数量	销售总金额	提成率	提成金额
李丽	100	50,000	5%	2,500
周军	103	51,500	10%	5,150
张宏	125	62,500	10%	6,250
苏日	85	42,500	5%	2,125
刘民	186	93,000	15%	13,950
陈义	121	60,500	10%	6,050

图10.41 均匀分布行前后效果

选择【文字工具】T，选择要均匀分布的列，然后选择【表】|【均匀分布列】命令，即可将选中的列进行均匀分布。均匀分布列前后效果如图10.42所示。

天天公司销售业绩提成表				
姓名	销售数量	销售总金额	提成率	提成金额
李丽	100	50,000	5%	2,500
周军	103	51,500	10%	5,150
张宏	125	62,500	10%	6,250
苏日	85	42,500	5%	2,125
刘民	186	93,000	15%	13,950
陈义	121	60,500	10%	6,050

天天公司销售业绩提成表				
姓名	销售数量	销售总金额	提成率	提成金额
李丽	100	50,000	5%	2,500
周军	103	51,500	10%	5,150
张宏	125	62,500	10%	6,250
苏日	85	42,500	5%	2,125
刘民	186	93,000	15%	13,950
陈义	121	60,500	10%	6,050

图10.42 均匀分布列前后效果

10.8.3 单元格的合并与拆分

在表格制作过程中，为了更好地排版需要，可以将多个单元格合并为一个大的单元格；也可以将一个单元格拆分为多个小的单元格。

① 合并单元格

选择【文字工具】T，选择要合并的多个单元格，然后选择【表】|【合并单元格】命令，也可以单击控制栏中的【合并单元格】按钮，即可将选择的多个单元格合并成一个单元格。合并单元格的操作效果如图10.43所示。

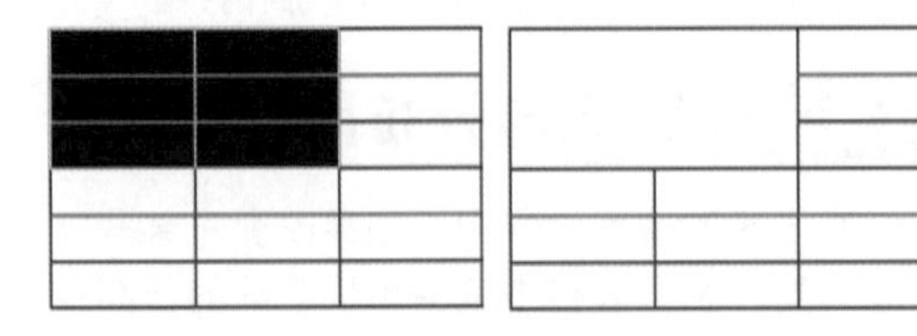

图10.43 合并单元格的操作效果

提示

如果想取消单元格的合并，可以选择【文字工具】，将光标定位在合并后的单元格中，然后选择【表】|【取消合并单元格】命令，即可将单元格恢复到原来合并前的样子。

② 拆分单元格

InDesign CC不但可以将多个单元格合并为一个单元格，还可以将一个单元格拆分为多个单元格。拆分单元格可以通过【水平拆分单元格】命令来拆分水平单元格，通过【垂直拆分单元格】命令来垂直拆分单元格。

- 水平拆分单元格。选择【文字工具】T，选择要拆分的单元格，可以是一个，也可以是多个单元格，然后选择【表】|【水平拆分单元格】命令，即可将选择的单元格进行水平拆分。水平拆分单元格操作效果如图10.44所示。

天天公司销售业绩提成表				
姓名	销售数量	销售总金额	提成率	提成金额
李丽	100	50,000	5%	2,500
周军	103	51,500	10%	5,150
张宏	125	62,500	10%	6,250
苏日	85	42,500	5%	2,125
刘民	186	93,000	15%	13,950
陈义	121	60,500	10%	6,050

天天公司销售业绩提成表				
姓名	销售数量	销售总金额	提成率	提成金额
李丽	100	50,000	5%	2,500
周军	103	51,500	10%	5,150
张宏	125	62,500	10%	6,250
苏日	85	42,500	5%	2,125
刘民	186	93,000	15%	13,950
陈义	121	60,500	10%	6,050

图10.44 水平拆分单元格操作效果

- 垂直拆分单元格。选择【文字工具】T，选择要拆分的单元格，可以是一个，也可以是多个单元格，然后选择【表】|【垂直拆分单元格】命令，即可将选择的单元格进行垂直拆分。垂直拆分单元格操作效果如图10.45所示。

天天公司销售业绩提成表				
姓名	销售数量	销售总金额	提成率	提成金额
李丽	100	50,000	5%	2,500
周军	103	51,500	10%	5,150
张宏	125	62,500	10%	6,250
苏日	85	42,500	5%	2,125
刘民	186	93,000	15%	13,950
陈义	121	60,500	10%	6,050

天天公司销售业绩提成表					
姓名	销售数量	销售总金额		提成率	提成金额
李丽	100	50,000		5%	2,500
周军	103	51,500		10%	5,150
张宏	125	62,500		10%	6,250
苏日	85	42,500		5%	2,125
刘民	186	93,000		15%	13,950
陈义	121	60,500		10%	6,050

图10.45 垂直拆分单元格操作效果

10.8.4 文字方向的更改

选择【文字工具】T，选择要更改文字方向的单元格，或者将光标定位在要更改文字方向的单元格中，然后选择【表】|【单元格选项】|【文本】命令，打开【单元格选项】对话框，在【排版方向】下拉菜单中选择合适的排版方向，如选择【垂直】选项，然后单击【确定】按钮，即可更改文字的方向。更改文字方向的操作如图10.46所示。

提示

除了使用【排版方向】来修改文字的方向外，还可以在【单元格选项】对话框中，通过【文本旋转】选项中的【旋转】选项来修改文字的方向。

天天公司销售业绩提成表

姓名	销售数量	销售总金额	提成率	提成金额
李丽	100	50,000	5%	2,500
周军	103	51,500	10%	5,150
张宏	125	62,500	10%	6,250
苏日	85	42,500	5%	2,125
刘民	186	93,000	15%	13,950
陈文	121	60,500	10%	6,050

天天公司销售业绩提成表

姓名	销售数量	销售总金额	提成率	提成金额
李丽	100	50,000	5%	2,500
周军	103	51,500	10%	5,150
张宏	125	62,500	10%	6,250
苏日	85	42,500	5%	2,125
刘民	186	93,000	15%	13,950
陈文	121	60,500	10%	6,050

图10.46 更改文字方向操作效果

提示

在【表】面板中，通过【排版方向】选项，也可以更改文字的方向，只需选择【横排】或【直排】命令即可。

10.8.5 调整文本与单元格的边距

所谓文字与单元格的边距，就是单元格中，文字离单元格四个边框之间的距离，通过【单元格内边距】选项可以调整文本与单元格的边距。

选择【文字工具】T，选择要调整文本与单元格边距的多个单元格，或者将光标定位在需要调整的单个单元格中，然后选择【表】|【单元格选项】|【文本】命令，打开【单元格选项】对话框，在【单元格内边距】选项组中修改【上】、【下】、【左】和【右】的值，设置合适的值后，单击【确定】按钮，即可调整文本与单元格边距的大小。调整文本与单元格边距的操作效果如图10.47所示。

姓名	销售数量	销售总金额
李丽	100	50,000
周军	103	51,500
张宏	125	62,500
苏日	85	42,500
刘民	186	93,000

姓名	销售数量	销售总金额
李丽	100	50,000
周军	103	51,500
张宏	125	62,500
苏日	85	42,500
刘民	186	93,000

图10.47 调整文本与单元格边距的操作效果

提示

除了使用【单元格选项】对话框来设置单元格内边距，还可以使用【表】面板中的【上单元格内边距】、【下单元格内边距】、【左单元格内边距】和【右单元格内边距】来调整文本与单元格的边距大小。在调整时，如果【将所有设置设为相同】按钮处于连接状态状，则4个值将保持相同；如果该按钮处于断开状，则可以分别设置上、下、左、右的内边距大小。

10.8.6 调整文字的对齐方式

默认状态下，单元格中文字的水平对齐方式为左对齐，垂直对齐方式为上对齐，如果这些对齐方式都能满足要求，可以自己来修改文字的对齐方式。

选择【文字工具】T，选择要进行文字对齐的单元格，然后选择【表】|【单元格选项】|【文本】命令，打开【单元格选项】对话框，在【垂直对齐】选项中的【对齐】下拉菜单中选择需要的对齐方式，单击【确定】按钮，即可完成文字的对齐操作。原图和不同的对齐效果如图10.48所示。

姓名	销售数量	销售总金额
李丽	100	50,000
周军	103	51,500
张宏	125	62,500
苏日	85	42,500
刘民	186	93,000

上对齐

姓名	销售数量	销售总金额
李丽	100	50,000
周军	103	51,500
张宏	125	62,500
苏日	85	42,500
刘民	186	93,000

居中对齐

姓名	销售数量	销售总金额
李丽	100	50,000
周军	103	51,500
张宏	125	62,500
苏日	85	42,500
刘民	186	93,000

下对齐

姓名	销售数量	销售总金额
李丽	100	50,000
周军	103	51,500
张宏	125	62,500
苏日	85	42,500
刘民	186	93,000

撑满

图10.48 原图和不同的对齐效果

10.9 表格的描边与填色

为了使表格更具有美感，InDesign CC提供了强大的表格描边和填色功能，可以为整个表格或指定行、列、单元格进行描边和填色。

10.9.1 表格边框的设置

在InDesign中，选择【表】|【表选项】|【表设置】命令，打开【表选项】对话框，在【表设置】选项卡中，通过【表外框】选项组，可以对表格的描边进行颜色、粗细、类型等进行设置如图10.49所示。

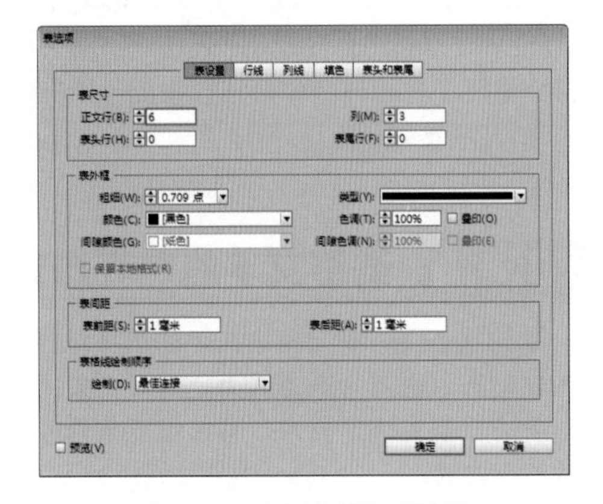

图10.49 【表选项】对话框

【表选项】对话框中【表外框】选项组中各选项含义说明如下。

- 【粗细】：指定表格边框的粗细程度。值越大，表格外边框就越粗。如果值为0，则表格无外边框。
- 【类型】：设置表格外边框的线条样式。如虚线、斜线、垂直线、点线等。
- 【颜色】：设置表格外边框的颜色。这里需要注意的是，下拉菜单中显示的为当前【色板】面板中的颜色。如果当前【色板】面板中没有需要的颜色，首先要将需要的颜色添加到【色板】面板中，然后再使用该选项来改变边框的颜色。
- 【色调】：设置表格边框颜色的油墨量。最大值为100%，值越小，油墨量就越小，颜色就越浅。
- 【间隙颜色】：当线条为虚线、斜线、点线、空心菱形、圆点等带有间隙线条时，可以通过【间隙颜色】来控制它们的间隙颜色。
- 【间隙色调】：用来设置间隙颜色的油墨量。最大值为100%，值越小，油墨量就越小，间隙颜色就越浅。

提示

【叠印】用来设置指定的颜色油墨量的应用，当勾选该复选框时，指定的油墨将应用于所有底色之上，而不是挖完这些底色。

通过【表选项】对话框设置表格边框的前后效果对比，如图10.50所示。

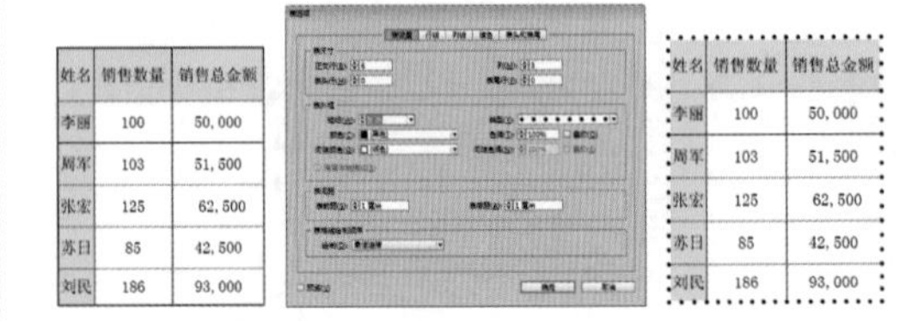

图10.50 设置表格边框前后效果对比

10.9.2 单元格描边和填色的设置

InDesign为用户提供了多种设置单元格描边和填色的方法，如【描边和填色】命令、【描边】、【颜色】和【色板】面板。另外，还可以使用【渐变】面板，单元格填充渐变效果。下面来详细讲解这些功能的使用方法。

① 使用【描边和填色】命令设置描边和填色

要使用【单元格选项】对话框对单元格进行描边或填色，首先选择【文字工具】T，在表格中选择要描边或填色的单元格，然后选择【表】|【单元格选项】|【描边和填色】命令，打开【单元格选项】对话框，如图10.51所示。通过相关选项即可设置单元格边框的粗细、类型、颜色及单元格的填色。

图10.51 【单元格选项】对话框

在【单元格选项】对话框中，分为两个部分：一部分是【单元格描边】，主要用来设置单元格描边的粗细、类型、颜色和间隙颜色等；一部分是【单元格填色】，主要用来设置单元格的填充颜色。

与【表选项】对话框中参数不同的是，在【单元格描边】选项组中有一项【描边选择区】，在该选择区中可以指定描边。

【描边选择区】是一个田字格式的显示，分别代表的外部边框和内部边框，在蓝色线条上单击鼠标，蓝色线将变成灰色，表示取消线条的选择，这样修改描边参数时，就不会对灰色的描边造成影响；在灰色线条上单击鼠标，灰色线将变成蓝色线，表示选择线条，这样修改描边参数时，将修改蓝色线条的描边效果；双击任意外部线条，可以选择整个外部矩形线条，双击任何内部线条，可以选择整个内部线条；如果在【描边选择区】任意位置单击鼠标3次，将选择或取消选择所有线条。

使用【描边和填色】命令描边和填色的操作效果如图10.52所示。

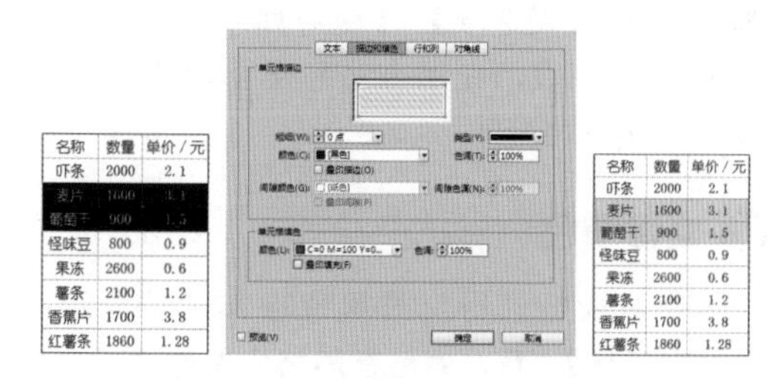

图10.52 使用【描边和填色】命令描边和填色的操作效果

② 使用【描边】面板设置描边

要使用【描边】面板对单元格描边，首先选择【文字工具】T，在表格中选择要描边的单元格，选择【窗口】|【描边】命令或按F10键，打开【描边】面板。在【描边选择区】中选择要修改的描边，然后设置合适的粗细和类型，完成单元格描边的设置。使用【描边】面板描边的操作效果如图10.53所示。

图10.53 使用【描边】面板描边的操作效果

③ 使用【色板】面板为单元格填色

要使用【色板】面板对单元格填色，首先选择【文字工具】T，在表格中选择要填色的单元格，选择【窗口】|【色板】命令或按F5键，打开【色板】面板，单击【填充】选项，将其设置为当前，然后单击需要的色板，完成单元格填色的设置。使用【色板】面板填色的操作效果如图10.54所示。

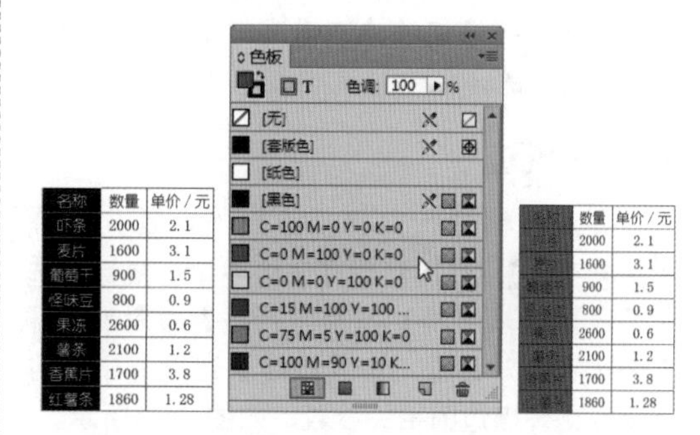

图10.54 使用【色板】面板填色的操作效果

提示

选择需要填色的单元格后，在【色板】面板左上角，要注意设置【填充】和【描边】，如果【描边】为当前选择状态，则改变的颜色为单元格的描边颜色。

④ 使用【渐变】面板为单元格填充渐变色

要使用【渐变】面板对单元格填充渐变色，首先选择【文字工具】T，在表格中选择要填色的单元格，选择【窗口】|【渐变】命令，打开【渐变】面板。在【工具箱】中确定【填充】为当前状态，然后在【渐变预览】位置单击并编辑需要的渐变，完成单元格渐变色

的填充。使用【渐变】面板填充渐变色的操作效果如图10.55所示。

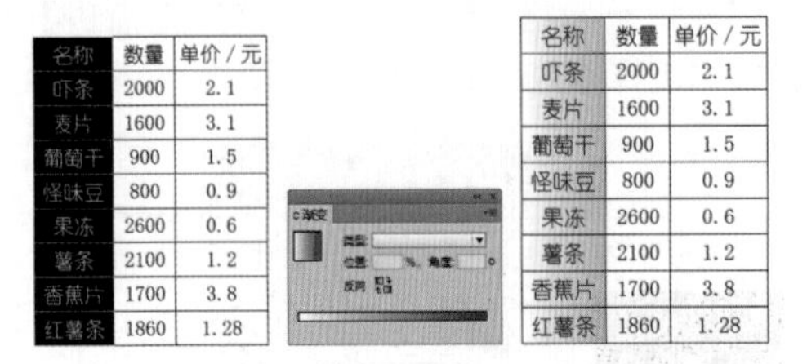

名称	数量	单价/元
吓条	2000	2.1
麦片	1600	3.1
葡萄干	900	1.5
怪味豆	800	0.9
果冻	2600	0.6
薯条	2100	1.2
香蕉片	1700	3.8
红薯条	1860	1.28

图10.55 使用【渐变】面板填充渐变色的操作效果

提示

选择需要填色的单元格后，在【工具箱】中要注意设置【填充】为当前选择状态，如果选择的是【描边】，则会为单元格的描边填充渐变色。

10.9.3 描边和填充的交替设置

InDesign为用户提供了交替描边和填充的方法，以进行表格的快速描边与填充，达到美化表格的目的。

① 交替描边

要对表格进行交替描边操作，首先选择【文字工具】T，然后在表格中单击鼠标，选择【表】|【表选项】|【交替行线】命令，打开【表选项】对话框，在【行线】选项卡中，可以设置交替描边的相关参数，如图10.56所示。

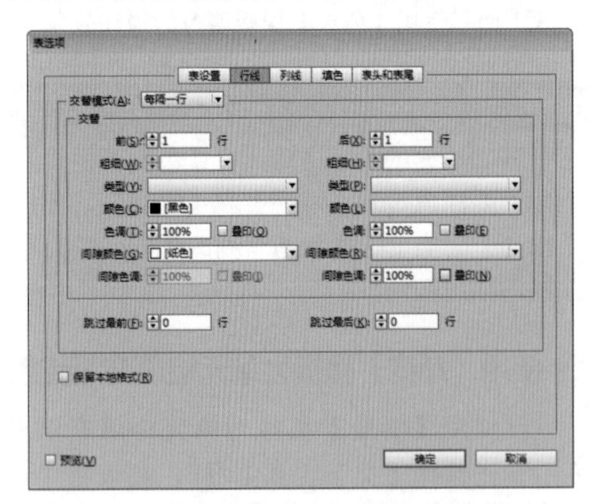

图10.56 【表选项】对话框

【表选项】对话框中有很多选项在前曾经详细讲解过，这里不再赘述，主要来讲解以前没有的参数使用方法。

- 【交替模式】：设置行线改变的交替模式。可以选择每隔一行、每隔两行、每隔三行或自定行，并根据下方的参数来修改行线的粗细、类型、颜色、间隔等。如果选择无，则不应用交替描边；如果已经设置了交替描边，选择该项可以取消原来的交替描边。
- 【前】：设置交替的前几行，如设置为3，表示从前面隔3行设置属性。
- 【后】设置交替的后几行，与【前】的用法相似。
- 【跳过最前】：设置表的开始位置，在前几行不显示描边属性。
- 【跳过最后】：设置表结束的位置，在后几行不显示描边属性。

应用【表选项】中的【行线】选项卡参数，对表交替描边的操作效果如图10.57所示。

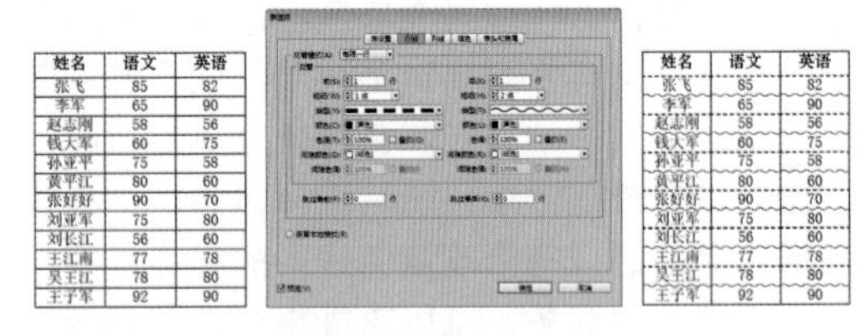

图10.57 对表交替描边的操作效果

提示

要对表格进行交替列线描边，首先选择【文字工具】T，然后在表格中单击鼠标，选择【表】|【表选项】|【交替列线】命令，设置相关的参数，使用方法与交替行线基本相同，这里不再赘述。

② 交替填色

要对表格进行交替填色操作，首先选择【文字工具】T，然后在表格中单击鼠标，选择【表】|【表选项】|【交替填色】命令，打开【表选项】对话框，在【填色】选项卡中，可以设置交替填色的相关参数，交替填充的参数与交替描行线或列线的参数相同，这里不再赘述。对表交替填色的操作效果如图10.58所示。

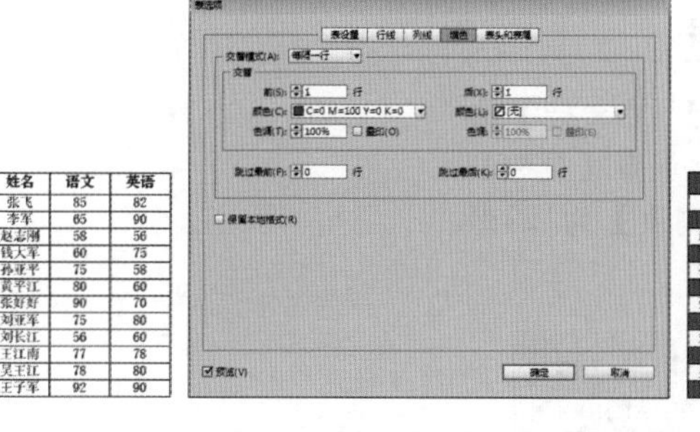

姓名	语文	英语
张飞	85	82
李军	65	90
赵志刚	58	56
钱大军	60	75
孙亚平	75	58
黄平江	80	60
张好好	90	70
刘亚军	75	80
刘长江	56	60
王江南	77	78
吴王江	78	80
王子军	92	90

图10.58 对表交替填色的操作效果

10.10 上机实训——瓷器拍卖招贴设计

案例分类：平面设计类

视频位置：配套光盘\movie\10.10 上机实训——瓷器拍卖招贴设计.avi

10.10.1 技术分析

本例讲解瓷器拍卖招贴设计。首先绘制两条曲线；然后将图片置入放置到合适的位置，使用了圆的形状来做装饰；最后将文字创建轮廓后修剪组合，使文字和图形合为一体，完成海报最终效果。

10.10.2 本例知识点

- 文字轮廓的创建
- 减去的修剪方法
- 相加的修剪方法
- 图形和文字组合
- 瓷器拍卖招贴设计技巧

10.10.3 最终效果图

本实例的最终效果如图10.59所示。

图10.59 最终效果图

10.10.4 操作步骤

ID 1 选择【文件】|【新建】|【文档】命令，打开【新建文档】对话框，设置【页数】为1，【宽度】为215毫米，【高度】为123毫米，如图10.60所示。

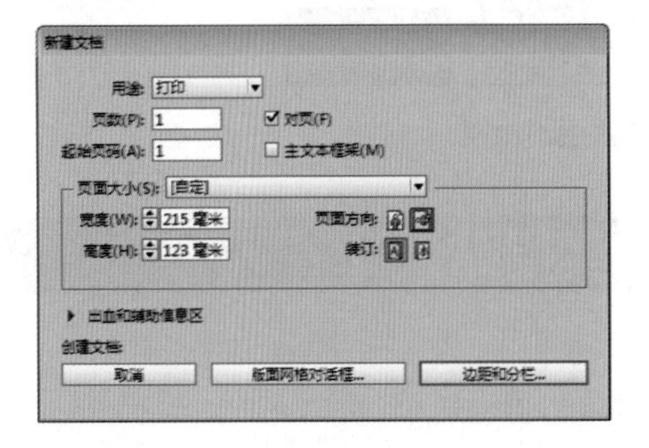

图10.60 【新建文档】对话框

ID 2 单击【边距和分栏】按钮，打开【新建边距和分栏】对话框，将上、下、内、外【边距】的值都设置为0毫米，如图10.61所示。

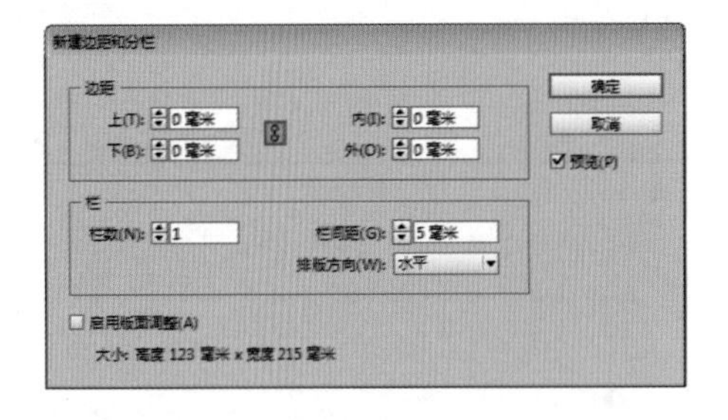

图10.61 【新建边距和分栏】对话框

ID 3 选择工具箱中的【矩形工具】，在页面中绘制一个与页面相同大小的矩形，编辑从灰白色（C:7；M:6；Y:10；K:0）到淡粉色（C:11；M:21；Y:9；K:0）的线性渐变，如图10.62所示；将其填充矩形，效果如图10.63所示。

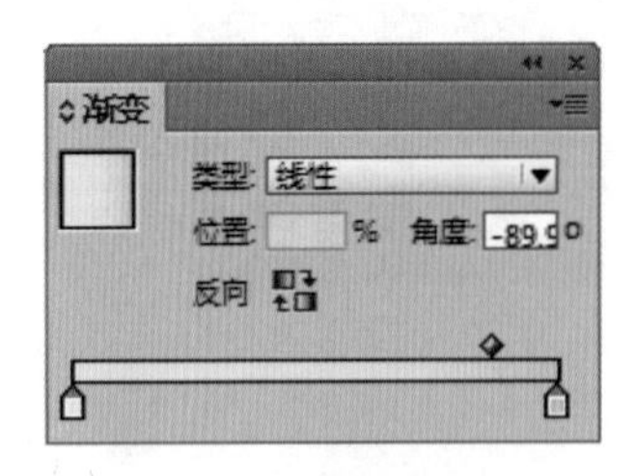

图10.62 编辑渐变

图10.63 填充效果

ID 4 选择工具箱中的【钢笔工具】，在页面中绘制一条曲线，将曲线的填充颜色设置为无，描边颜色设置为黄绿色（C:25；M:0；Y:100；K:0），【粗细】设置为1点，如图10.64所示；然后复制一份并调整后放置到页面中合适的位置，效果如图10.65所示。

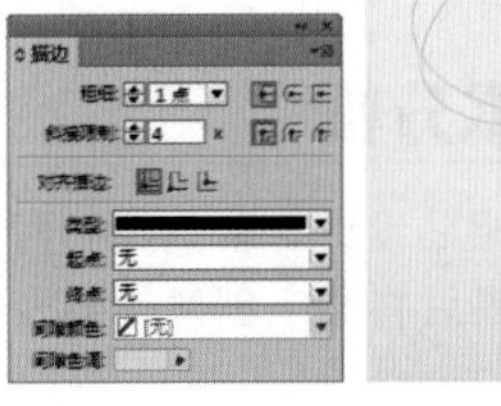

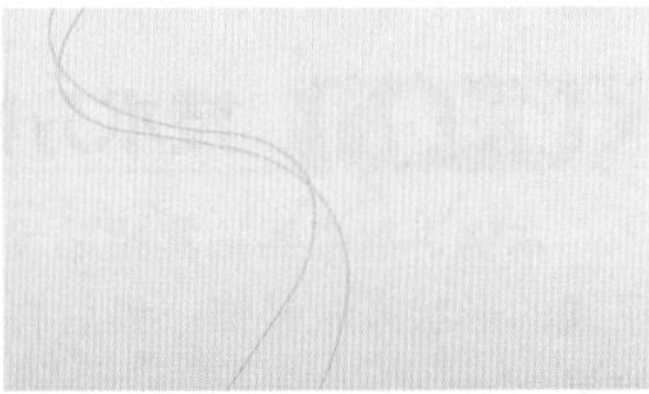

图10.64 描边设置　图10.65 曲线效果

ID 5 选择【文件】|【置入】命令，打开【置入】对话框，选择配套光盘中的“调用素材\第10章\瓷瓶1.psd、瓷瓶2.psd”。首先选择瓷瓶1，按住Shift + Ctrl组合键将其等比例缩小，然后将瓷瓶1放置到页面中合适的位置，效果如图10.66所示。

图10.66 瓷瓶1效果

ID 6 将置入的瓷瓶2等比例缩小，打开【效果】面板，将瓷瓶2的【不透明度】设置为50%，然后放置到页面的右下角，效果如图10.67所示。

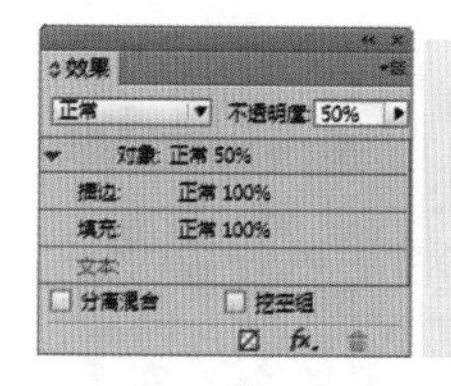

图10.67 瓷瓶2不透明度效果

ID 7 选择工具箱中的【椭圆工具】，在页面中绘制一个正圆，将正圆的填充颜色设置为黄绿色（C:25；M:0；Y:100；K:0），【描边】颜色设置为无；按住Alt键拖动鼠标将圆复制多份，将其缩放并放置在页面中不同的位置，效果如图10.68所示。

图10.68 复制圆

ID 8 使用【矩形工具】在页面中绘制一个矩形，将矩形的【填充】颜色设置为黄绿色（C:25；M:0；Y:100；K:0），【描边】颜色设置为无，效果如图10.69所示。

图10.69 矩形效果

ID 9 选择工具箱中的【文字工具】T，在页面中输入文字“起拍”，将文字“起拍”放置到黄绿色矩形中心，然后将文字的填充颜色设置为白色，字体设置为“汉仪大黑简”，大小设置为73点，【描边】颜色设置为无，效果如图10.70所示。

图10.70 文字效果

ID 10 选择【文字】|【创建轮廓】命令，然后将文字转换为轮廓，转换后的效果如图10.71所示。

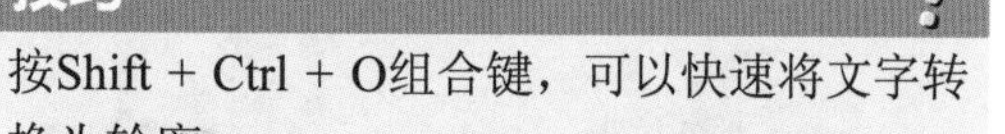

按Shift + Ctrl + O组合键，可以快速将文字转换为轮廓。

图10.71 转换轮廓效果

ID 11 打开【路径查找器】面板，将转换轮廓的文字和矩形全部选中，单击【减去】按钮，如图10.72所示；将图形和文字做成镂空的效果，效果如图10.73所示。

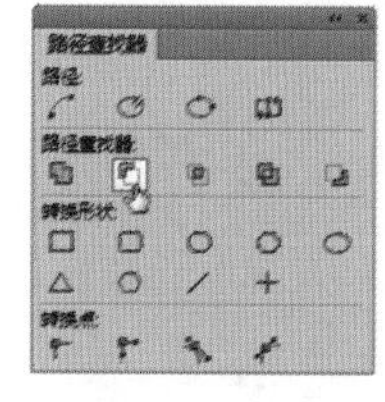

图10.72 单击【减去】按钮　图10.73 镂空效果

ID 12 使用【文字工具】T在页面在输入数字“13.13”将数字的字体设置为“汉仪圆叠体简”，颜色设置为黄绿色（C:25；M:0；Y:100；K:0），放置到矩形的上方，效果如图10.74所示。

图10.74 数字效果

ID 13 将输入的数字“13.13”按照上面的方法也转换为轮廓，转换后的具体效果如图10.75所示。

图10.75 轮廓效果

ID 14 将数字和矩形选中，在【路径查找器】中单击【相加】按钮，如图10.76所示，将数字和矩形组合，效果如图10.77所示。

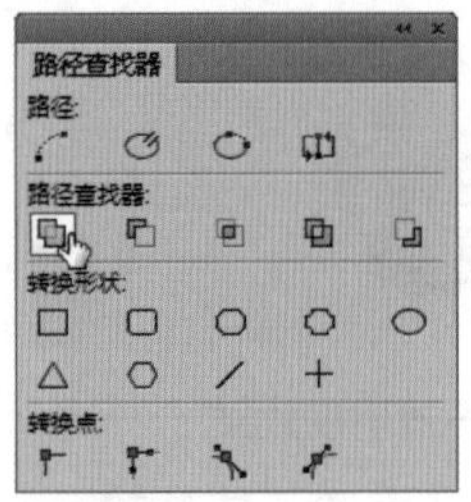

图10.76 单击【相加】按钮　图10.77 相加效果

ID 15 使用【文字工具】T，在页面中输入“ZHUGUHONG”，将文字的字体设置为“Arial Black”，颜色设置为黄绿色（C:25；M:0；Y:100；K:0），大小设置为83点，调整后并放置到页面的下方，完成整个海报的最终制作，如图10.78所示。

图10.78 最终效果

第11章 文档的输出与打印

〔内容摘要〕

打印输出是印刷出版物最后的一道工序，创建好的文档需要导出或打印出来。本章首先介绍了输出打印的基础知识及输出设备，印刷输出的知识及印刷的分类，然后详细讲解了PDF文件的导出设置，PDF的预览及文档打印的选项设置，以便将制作的成品打印出来。

〔教学目标〕

- 输出打印基础知识及输出设备
- 印刷输出知识及印刷分类
- PDF文件的导出
- 文档打印的相关设置

11.1 了解输出打印

印刷机上印刷输出的图像是由许许多多的点组成，这种点就称为网点。这些点的大小、形状和角度在视觉上能产生连续灰度和连续颜色过渡的效果。在传统印刷中，网点是通过在图像与印有图像的胶片或负片之间放置一块包含许多栅格点的玻璃或聚脂薄膜网屏而产生的。这种照相制版法是以点的模式重构图像，深色的区域为较大的点，浅色区域则为较小的点。

彩色印刷常用的四种颜色（CMYK）为青色、洋红、黄色和黑色。印刷质量取决于线间的距离，线间距越小则印刷质量越好。最终的效果还与网点产生时的网屏角度有关。为了得到清晰并且过渡连续的颜色，必须使用特定的角度。传统的网屏角度为：青色105 ，洋红75 ，黄色90 ，黑色45 。当角度设置不正确时，将产生斑点或一些意想不到的图案，这些图案称作为龟纹。

在印刷过程中，通过在纸上印出由大小不一的青、洋红、黄和黑点组成的图案，这样就可以产生任一种颜色。在近距离用放大镜观察这种彩色印刷图像，就会发现图案是由不同颜色和大小的点组成的。

11.1.1 了解网点

数字图像输出到印刷机或图像照排机上时也将被分解为网点。输出设备是通过将图像转化为一组更小的开或关状态的点来产生网点，这些点就是通常所说的像素。

如果输出设备是图像照排机，那么它可以输出到胶片和纸张上。输出分辨率为2450点每英寸（dpi）的图像照排机在每平方英寸面积内产生600万个点，标准的300dpi的激光打印机每平方英寸可产生90000个点。图像包含的点越多，图像的分辨率就越高，印刷质量也就越好。

像素不是网点，印刷时，像素组成一系列单元，这些单元形成网点。比如，1200dpi的图像照排机产生的点将被分成每英寸100个单位。通过控制单元内像素点的开或关，印刷机或图像照排机就产生了网点。

每英寸网点的数目被称作屏幕频率、屏幕尺寸或网目线数，以每英寸线数（lpi）计算。高屏幕频率如150lip的点与点非常紧密，可以产生清晰的图像和分明的颜色。屏幕频率较低时，网点彼此分离，图像将显得粗糙且缺乏真实色彩。

11.1.2 图像的印刷样张

用户把Photoshop项目送交印刷前，就检查图像的校样或样张。样张可以帮助预测最终的印刷质量。样张能指出哪些颜色将不能正确输出或是否会出现云纹图案，以及点增益的程度是多大（点增益是指由于油墨在纸上的扩散而造成的网点扩张或收缩）。

如果是印刷灰度图像，用300或600dpi的激光打印机产生样张就足够了。如果是彩色图像，产生样张有几种可选方案：数码样张（非印刷张）和印刷样张。

① 数码样张

数码样张是直接从Photoshop文件中的数字数据进行输出的。绝大多数数码样张需由热蜡打印机、彩色激光打印机或染料打印机生成。有时也可用高性有的喷墨打印机（比如Sctiex IRIS）或其他诸如Kodak Approval Color Proofer高性能打印机。数码样张在设计阶段是非常有用的。

尽管高性能打印机能产生与胶片输出非常接近的效果，但数码样张毕竟不是从图像照排机的胶片产生的，所以色彩的输出不能做到高保真。通常情况下，数码样张不能作为印刷机所能接受的标准样张。

② 印刷样张

印刷样张被认为是最精确的样张，因为这是用真正的印刷机印版产生的，而且所采用的纸张也是真正输出时选用的纸张。因此，印刷样张能很好的预测点增溢，并且能给出最终色彩恰当的评价。

印刷样张一般在单张纸印刷机上生成，这种印刷机比实际工作中的印刷机要慢。印刷样张所需要的印刷版和油墨是各种样张生成方法中最贵的，所以多数客户选择非印刷样张。然而，印刷样张在直接印刷工作中越来越流行。在直接印刷中不需胶片，大多数直接印刷工作是用于短期印刷。

11.2 了解输出设备

一旦开始在Photoshop中工作，就一定想打印出彩色图像，作为成品输出或校样，即最终印刷版本的样本。在胶片底片阶段之前，从桌面印刷系统生成的校样通常称为数字校样。若要在纸上打印校样，可以使用黑白或彩色打印机。用于生成彩色校样的输出设置通常包括喷墨打印机、热蜡打印机、彩色热升华打印机、彩色激光打印机以及图像照排机。大多数打印机生产厂家的产品都能接受来自Mac和PC的数据。

在输出时，考虑颜色的质量和输出的清晰度是十分重要的。打印机的分辨率通常是以每英寸多少点（dpi）来衡量的。点数越多，质量就越好。

11.2.1 喷墨打印机

低档喷墨打印机是生成彩色图像的最便宜方式。这些打印机通常采用所谓高频仿色技术，利用从墨盒中喷出的墨水来产生颜色。高频仿色过程一般采用青色、洋红、黄色以及通常使用的黑色（CMYK）等，墨水的色点图案产生上百万种颜色的错觉。在许多喷墨打印机里，色点图案是容易看出的，颜色也不总是高度精确的。虽然许多新的喷墨打印机以300dpi的分辨率输出，但大多数的高频仿色和颜色质量不太精确，因而不能提供屏幕图像的高精度输出。

中档喷墨打印机的新产品采用的技术提供了比低档喷墨打印机更好的彩色保真度。如果想得到更高的速度和更好的彩色保真度，可考虑Epson Stylus Pro5000。

喷墨打印机中最高档的要属Scitex IRISE及IRIS Series 3000打印机了，这些打印机通常用于照排中心和广告代理机构。IRIS通过在产生图像时改变色点的大小生成质量几乎与照片一样的图像。IRIS打印机能输出的最小样张约为11英寸Í17英寸，IRIS也能打印广告画大小的图像。

11.2.2 彩色激光打印机

最近，在打印技术方面的进步（特别是由Apple（苹果）和Hewlett-Packard（惠普）公司生产的）使彩色激光打印机成为高档彩色打印机的一种极有吸引力的替代产品。彩色激光打印技术使用青、洋红、黄和黑色墨粉来创建彩色图像。虽然图像质量不如传统彩色热升华打印机高，但彩色激光打印机的输出速度却比这快，而且耗材的价钱也比它便宜。

11.2.3 照排机

照排机主要用于商业印刷厂，Photoshop设计项目的最后一站便是图像照排机。图像照排机是印前输出中心使用的一种高级输出设备，以1200dpi~3500dpi的分辨率将图像记录在纸上或胶片上。印前输出中心可以在胶片上提供样张（校样），以便精确地预览最后的彩色输出。然后图像照排机的输出被送至商业印刷厂，由商业印刷厂用胶片产生印板。这些印板可用在印刷机上以产生最终产品。

11.2.4 颜色叠印设置

当打印文件遇到对象重叠的情况时，一般叠印的部分只会把显示最上面的对象属性打印出来，而在下方的部分不会被打印。也就是说下方的重叠的部分会被镂空。

而彩色叠印则会将下层的对象颜色和上层的对象颜色相加后打印出来。不仅能够使其呈现不同的颜色或效果，还可以用来修正叠印时没有对准对象的边缘部分。此外当设置彩色叠印时，大部分都是将彩色叠印设置在最上层的对象上，因为若将彩色叠印设置在最下层时，则不会有任何效果。

具体操作方法如下：

ID 1 单击工具箱中的【矩形工具】按钮，绘制一个矩形，在【色板】面板中选择填充【红色】，复制两个填充好的红色矩形，分别填充不同颜色，如图11.1所示。

ID 2 选择【窗口】|【输出】|【属性】命令，打开【属性】面板，选择蓝色矩形，勾选【属性】面板中的【叠印填充】复选框，如图11.2所示。

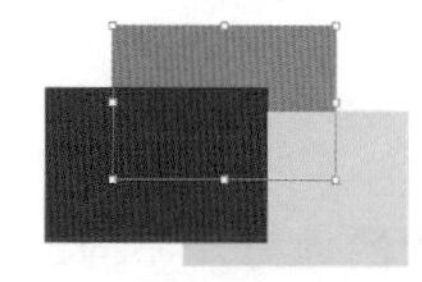

图11.1 填充不同颜色　　图11.2 【属性】面板

ID 3 按上述方法，分别选中对红色、蓝色对象后，在【属性】控制面板中勾选【叠印填充】。

ID 4 当设置完成对象没有变化的时候，是因为没有切换到叠印预览模式。选择【视图】|【叠印预览】命令，则可以看到叠印效果，如图11.3所示。

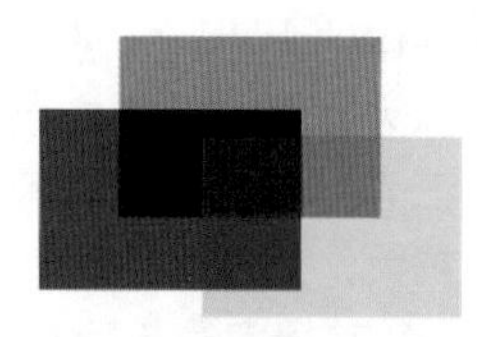

图11.3 叠印预览效果

提示

如果要在InDesign中挖空黑色，则就必须阻止黑色色板进行叠印，黑色色板与大多数颜色色板不同，大多数颜色色板在默认情况下会挖空对象。黑色色板在默认情况下时叠印对象，这些对象包括所有的黑色描边、填色和文本字符，100%印刷黑色在【色板】显示“[黑色]”。可以在【首选项】中取消选择叠印的默认设置，也可以通过复制默认黑色色板并将所复制的色板应用于挖空的颜色对象，可以挖空黑色对象。当在【首选项】对话框中禁用叠印设置，则会挖空（删除下面的油墨）【黑色】的所有实例。

11.3 印刷输出基础知识

设计完成的作品，还需要将其印刷出来，以做进一步的封装处理。现在的设计师，不但要精通设计，还要熟悉印刷流程及印刷知识，从而使制作出来的设计流入社会，创造其设计的目的及价值。在设计完作品然后进入印刷流程前，还要注意几个问题。

❶ 字体

印刷中字体是需要注意的地方，不同的字体有着不同的使用习惯。一般来说，宋体主要用于印刷物的正文部分；楷体一般用于印刷物的批注、提示或技巧部分；黑体由于字体粗壮，所以一般用于各级标题及需要醒目的位置；如果用到其他特殊的字体，注意在印刷前要将字体随同印刷物一齐交到印刷厂，以免出现字体的错误。

❷ 字号

字号即是字体的大小，一般国际上通用的是点制，也可称为磅制，在国内以号制为主，一般常见的如三号、四号、五号等。字号标称数越小，字形越大，如三号字比四号字大，四号字比五号字大，常用字号与磅数换算表如表1所示。

表1　常用字号与磅数换算表

字号	磅数
小五号	9磅
五号	10.5磅
小四号	12磅
四号	16磅
小三号	18磅
三号	24磅
小二号	28磅
二号	32磅
小一号	36磅
一号	42磅

❸ 纸张

纸张的大小一般都要按照国家制定的标准生产。在设计时还要注意纸张的开版，以免造成不必要的浪费。印刷常用纸张开数见表2所示。

表2　印刷常用纸张开数一览表

正度纸张：787×1092mm		大度纸张：889×1194mm	
开数（正）	尺寸单位（mm）	开数（大）	尺寸单位（mm）
2开	540×780	2开	590×880
3开	360×780	3开	395×880
4开	390×543	4开	440×590
6开	360×390	6开	395×440
8开	270×390	8开	295×440
16开	195×270	16开	220×2950
32开	195×135	32开	220×145
64开	135×95	64开	110×145

❹ 颜色

在交付印刷厂前，分色参数将对图片转换时的效果好坏起到决定性的作用。对分色参数的调整，将在很大程度上影响图片的转换，所有的印刷输出图像文件，要使用CMYK的色彩模式。

⑤ 格式

在进行印刷提交时，还要注意文件的保存格式，一般用于印刷的图形格式为EPS格式，当然TIFF也是较常用的，但要注意软件本身的版本，不同的版本有时会出现打不开的情况，这样也不能印刷。

⑥ 分辨率

通常，在制作阶段就已经将分辨率设计好了，但输出时也要注意，根据不同的印刷要求，会有不同的印刷分辨率设计，一般报纸采用分辨率为125~170dpi，杂志、宣传品采用分辨率为300dpi，高品质书籍采用分辨率为350~400dpi，宽幅面采用分辨率为75~150dpi，如大街上随处可见的海报。

11.4 印刷的分类

印刷也分为多种类型，不同的包装材料也有着不同的印刷工艺，大致可以分为凸版印刷、平版印刷、凹版印刷和孔版印刷4大类。

① 凸版印刷

凸版印刷比较常见，也比较容易理解，比如人们常用的印章，便利用了凸版印刷。凸版印刷的印刷面是突出的，油墨浮在凸面上，在印刷物上经过压力作用而形成印刷，而凹陷的面由于没有油墨，也就不会产生变化。

凸版印刷又包括有活版与橡胶版两种。凸版印刷色调浓厚，一般用于信封、名片、贺卡、宣传单等印刷。

② 平版印刷

平版印刷在印刷面上没有凸出与凹陷之分，它利用水与油不相融的原理进行印刷，将印纹部分保持一层油脂，而非印纹部分吸收一定的水分，在印刷时带有油墨的印纹部分便印刷出颜色，从而形成印刷。

平版印刷制作简便，成本低，可以进行大数量的印刷，则色彩丰富，一般用于海报、报纸、包装、书籍、日历、宣传册等的印刷。

③ 凹版印刷

凹版印刷与凸版印刷正好相反，印刷面是凹进的，当印刷时，将油墨装于版面上，油墨自然积于凹陷的印纹部分，然后将凸起部分的油墨擦干净，再进行印刷，这样就是凹版印刷。由于它的制版印刷等费用较高，一般性印刷很少使用。

凹版印刷使用寿命长，线条精美，印刷数量大，不易假冒，一般用于钞票、股票、礼券、邮票等。

④ 孔版印刷

孔版印刷就是通过孔状印纹漏墨而形成透过式印刷，像学校常用的用钢针在蜡纸上刻字然后印刷学生考卷，这种就是孔版印刷。现在常用的照相制版进行印刷。

孔版印刷油墨浓厚，色调鲜丽，由于是其透过式印刷，所以它可以进行各种弯曲的曲面印刷，这是其他印刷所不能的，一般用于圆形、罐、桶、金属板、塑料瓶等印刷。

11.5 导出PDF文件

InDesign CC提供了直接导出PDF文件的方法，这比以前的排版软件有很大的提升，PDF文件是出版物网上发行或应用于不同平台进行共享和传输的常用文件，它是国际通用的一种文件。只要用户安装了Adobe Reader软件，在任何环境下都可以打开PDF文件进行读取，它具有很好的导航功能，还可以进行文本的重新编排和标识，它还具有打印功能，越来越多的人使用PDF文件。

ID 1 要将文档导出成PDF文件，首先确认打开或创建了一个文档，然后选择【文件】|【导出】命令，打开【导出】对话框，在【保存类型】下拉菜单中选择Adobe PDF（打印）格式，如图11.4所示。

图11.4 【导出】对话框

技巧

按Ctrl + E组合键，可以快速打开【导出】对话框。

ID 2 单击【保存】按钮，将打开【导出Adobe PDF】对话框，如图11.5所示。在该对话框中设置相关的参数，然后单击【导出】按钮。

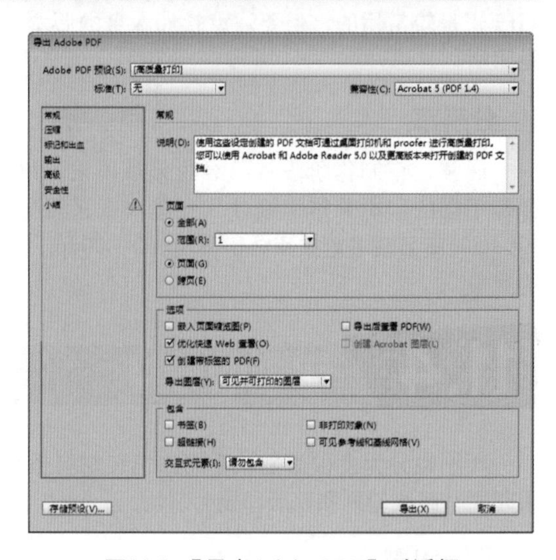

图11.5 【导出Adobe PDF】对话框

ID 3 导出完成后，在指定的保存位置找到该文件，如果确认电脑中安装了Adobe Reader软件，双击该文件即可将其打开，打开的效果如图11.6所示。

图11.6 打开的PDF文件效果

11.6 导出Abode PDF预设

PDF 预设是一组影响创建 PDF 处理的设置。这些设置旨在平衡文件大小和品质，具体取决于如何使用 PDF 文件。可以在 Adobe Creative Suite 组件间共享预定义的大多数预设，其中包括 InDesign、Illustrator、Photoshop 和 Acrobat。也可以针对用户特有的输出要求创建和共享自定预设。

尽管默认PDF预设基于最佳做法，您可能会发现您的工作流程，或者您的印刷商的工作流程需要专门 PDF 设置，而这些设置无法通过任何内置预设获得。如果是这种情况，您或您的服务提供商可创建自定预设。Adobe PDF 预设存储为.joboptions 文件。

可以通过定义的方法来设置导出Abode PDF的预设。选择【文件】|【Abode PDF预设】|【定义】命令，打开【Adobe PDF预设】对话框，如图11.7所示。

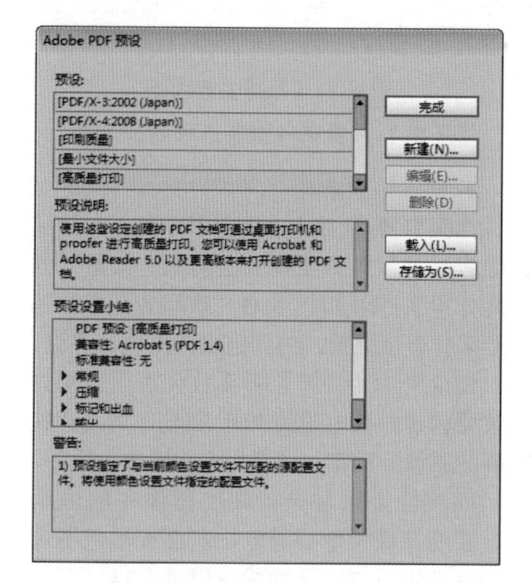

图11.7 【Adobe PDF预设】对话框

单击【新建】按钮，打开【新建PDF导出预设】对话框，如图11.8所示。

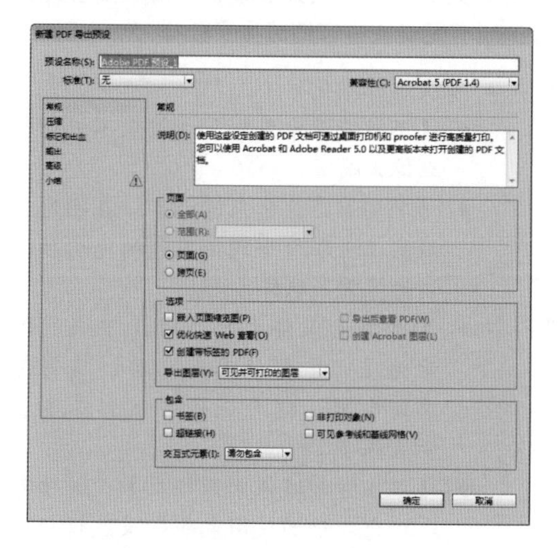

图11.8 【新建PDF导出预设】对话框

在【标准】和【兼容性】下拉菜单中有多种PDF导出预设格式，通过这些选项可以直接应用预设效果，当然也可以自己新建合适的格式选项。

❶ 【常规】设置

单击【常规】选项，可以设置Adobe PDF的常规内容，其中主要选项含义如下。

- 【说明】：显示选定预设中的说明，并提供一个地方供用户编辑说明。可以从剪贴板粘贴说明。
- 【全部】：选中该单选按钮，导出当前文档或书籍中的所有页面。
- 【范围】：指定当前文档中要导出页面的范围。可以使用连字符键入范围，并使用逗号分隔多个页面或范围。在导出书籍或创建预设时，此选项不可用。输入“1~10”，表示导出的范围是1~10页；输入“1,10”，表示导出的范围是第1页和第10页。
- 【页面】：选择该项输出时将以单页页面的形式输出。
- 【跨页】：集中导出页面，如同将其打印在单张纸上。
- 【嵌入页面缩览图】：为PDF中的每一页嵌入缩略图预览，这会增加文件大小。当 Acrobat 5.0 和更高版本的用户查看和打印 PDF 时，可取消选择此设置；这些版本在用户每次单击 PDF 的“页面”面板时，都会动态地生成缩略图。
- 【优化快速Web查看】：通过重新组织文件以使用一次一页下载（所用的字节），减小 PDF 文件的大小并优化 PDF 文件，以便在 Web 浏览器中更快地查看。此选项将压缩文本和线状图，而不考虑在【导出 Adobe PDF】对话框的【压缩】类别中选择的设置。
- 【创建带标签的PDF】：生成Acrobat PDF文件，在导出过程中，基于 InDesign 支持的 Acrobat 标签的子集自动为文章中的元素添加标签。此子集包括段落识别、基本文本格式、列表和表。
- 【导出后查看PDF】：使用默认的 PDF 查看应用程序打开新建的 PDF 文件来浏览。
- 【创建Acrobat图层】：将每个InDesign图层存储为PDF中的Acrobat图层。此外，还会将所包含的任何印刷标记导出为单独的标记和出血图层中。这些图层是完全可以导航的，允许 Acrobat 6.0 和更高版本的用户通过单个 PDF 生成此文件的多个版本。例如，如果要使用多种语言来发布文档，则可以在不同图层中放置每种语言的文本。然后，印前服务提供商可以显示和隐藏图层，以生成该文档的不同版本。

提示

只有【兼容性】设置为Acrobat 6或更高版本时，才能使用此选项。

- 【导出图层】：确定是否在 PDF 中包含可见图层和非打印图层。可以使用【图层选项】设置决定是否将每个图层隐藏或设置为非打印图层。导出为 PDF 时，可选择是导出“所有图层”（包括隐藏和非打印图层）、“可见图层”（包括非打印图层）还是“可见并可打印的图层”。
- 【书签】：创建目录条目的书签，保留目录级别。根据“书签”面板中指定的信息创建书签。
- 【超链接】：创建 InDesign 超链接、目录条目和索引条目的 PDF 超链接批注。
- 【非打印对象】：导出在“属性”面板中对其应用了【非打印】选项的对象。
- 【可见参考线和基线网格】：导出文档中当前可见的边距参考线、标尺参考线、栏参考线和基线网格。网格和参考线以文档中使用的相同颜色导出。
- 【交互式元素】：选中【包含外观】可以在PDF中包含如按钮和影片海报之类的项目。

② 【压缩】设置

如果将文档导出PDF时，可以压缩文本和线状图，并对位图图像进行压缩和缩减像素采样。可根据选择设置，压缩和缩减像素采样，可以明显减少PDF文件的大小，不会影响到细节和精度。

单击【压缩】选项，这里可以设置导出Adobe PDF的压缩设置，如图11.9所示。【压缩】选项组分为用于设置图片中的压缩和重新取样的彩色、灰度和单色图像三部分。

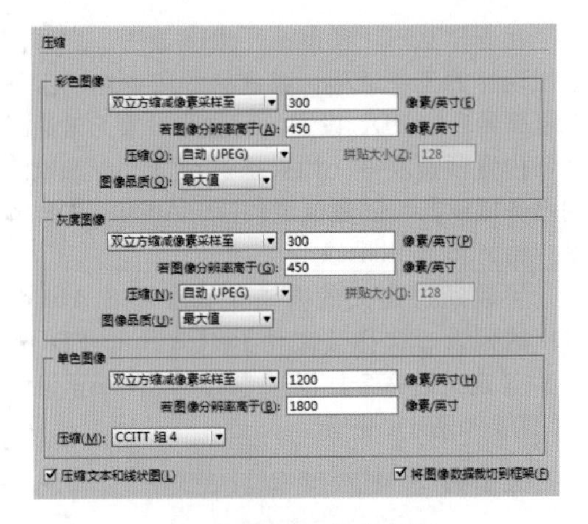

图11.9 【压缩】选项组

【压缩】设置中各主要选项含义如下。

- 缩减像素采样

如果打算在 Web上使用PDF文件，使用缩减像素采样以允许更高的压缩率。如果计划使用高分辨率打印 PDF 文件，在设置压缩和缩减像素采样选项之前，向印前服务提供商咨询。

还应考虑用户是否需要放大页面。例如，如果要创建一幅地图的 PDF 文档，可考虑使用较高的图像分辨率，以便用户能够放大地图。

缩减像素采样是指减少图像中的像素数量。要缩减像素取样颜色、灰度或单色图像，可选择插值方法：平均缩减像素取样、双立方缩减像素取样或次像素取样，然后输入所需分辨率（每英寸像素）。然后在【若图像分辨率高于】文本框中输入分辨率。分辨率高于此阈值的所有图像将进行缩减像素取样。

- 有关选择插值方法。
  - ◆ 【不缩减像素采样】：该项不进行什么像素缩减。
  - ◆ 【平均缩减像素采样至】：在指定区域影像上取得平均使用到的色彩后，将影像重新取样。
  - ◆ 【次像素采样至】：以正中央的像素为主，取得使用色彩后，将影像重新取样，这个选项会使影像质量变差很多。
  - ◆ 【双立方缩减像素采样至】：该项可以取得精确的使用色彩，虽然过程比较慢，但是重新取样后的影像色彩最平顺。
- 【压缩】下拉列表有关确定压缩所用的类型。

- ◆ 【无】：选择该项表示不进行压缩处理。
- ◆ 【自动（jpeg）】：自动确定彩色和灰度图像的最佳品质。对于大多数文件，此选项可以产生令人满意的结果。
- ◆ 【JPEG】：适合于灰度图像或彩色图像。JPEG 压缩是有损压缩，这意味着它会移去图像数据并可能会降低图像品质。但是，它会尝试在最大程度地减少信息损失的情况下缩小文件大小。由于 JPEG 压缩会删除数据，因此它获得的文件比 ZIP 压缩获得的文件小得多。
- ◆ 【ZIP】：非常适合于处理大片区域都是单一颜色或重复图案的图像，同时适用于包含重复图案的黑白图像。ZIP 压缩可能无损或有损耗，这取决于【图像品质】设置。

- 【图像品质】：确定应用的压缩量。对于 JPEG 或 JPEG 2000 压缩，可以选择【最小值】、【低】、【中】、【高】或【最大值】品质。对于 ZIP 压缩，仅可以使用 8 位。因为 InDesign 使用无损的 ZIP 方法，所以不会删除数据以缩小文件大小，因而不会影响图像品质。
- 【拼贴大小】：确定用于连续显示的拼贴大小。只有在“兼容性”设置为 Acrobat 6（PDF 1.5）和更高版本且“压缩”设置为【JPEG 2000】时，此选项才可用。
- 【压缩文本和线状图】：设置纯平压缩将会应用到所有文本和线状图，而不损失细节或品质。
- 【将图像数据裁切到框架】：如果仅导出位于框架可视区域内容的图像数据，可能会缩小文件大小。

③ 【标记和出血】设置

出血是位于打印定界框外的或位于裁切标记和剪切标记外的部分，来确保油墨在裁切页面后一直扩展到页面的边界。

指定印刷标记和出血及辅助信息区。尽管这些选项与【打印】对话框中的选项相同，但其计算略有不同，因为PDF不会输出为已知的页面大小。

选择【标记和出血】选项，可设置PDF的标记和出血设置，如图11.10所示。

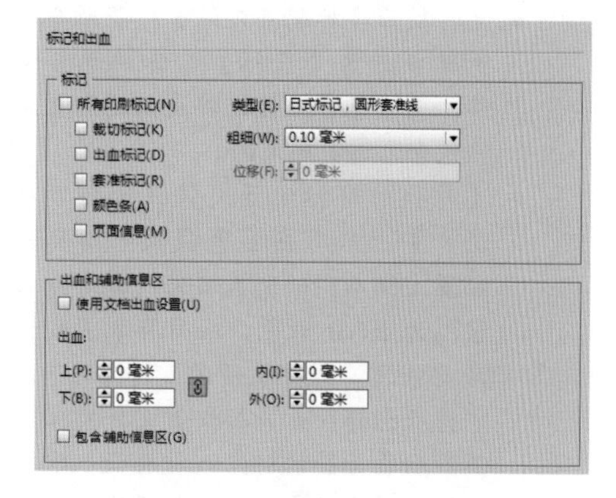

图11.10 【标记和出血】选项组

> **提示**
>
> 【标记和出血】选项和后面打印时讲解的内容相似，这里不再赘述。

④ 【输出】设置

【输出】设置用来控制颜色和 PDF/X 输出目的配置文件存储在 PDF 文件中的方式。

单击【输出】选项，可设置Adobe PDF的输出设置，如图11.11所示。

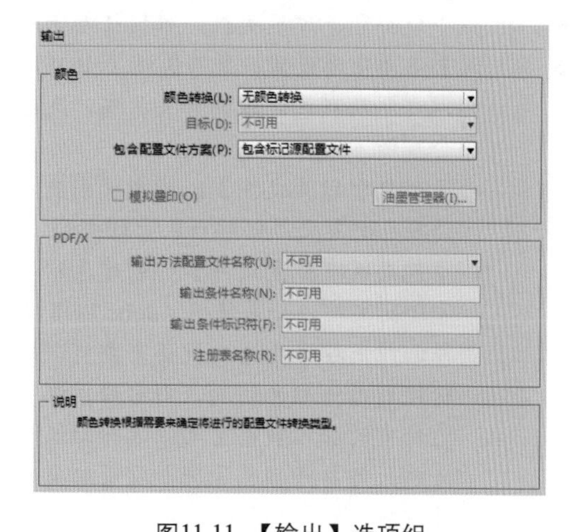

图11.11 【输出】选项组

【输出】选项组中主要选项含义如下。

- 【颜色转换】：指定如何在 Adobe PDF 文件中描绘颜色信息。在颜色转换过程中将保留所有专色信息；只有最接近于印刷色的颜色才会转换为指定的色彩空间。

- 【无颜色转换】：按原样保留颜色数据。在选择了【PDF/X-3】时，这是默认值。
- 【转换为目标配置文件】：将所有颜色转换成为【目标】选择的配置文件。是否包含配置文件是由【配置文件包含方案】确定的。
- 【转换为目标配置文件（保留颜色值）】：只有在颜色嵌入了与目标配置文件不同的配置文件（或者如果它们为 RGB 颜色，而目标配置文件为 CMYK，或相反情况）的情况下，才将颜色转换为目标配置文件空间。不带颜色标签的对象（没有嵌入配置文件的那些对象）和原始对象（如线状图或文字）不会进行转换。如果颜色管理处于关闭状态，则此选项不可用。是否包含配置文件是由【配置文件包含方案】确定的。

- 【目标】：描述最终 RGB 或 CMYK 输出设备（如显示器或 SWOP 标准）的色域。使用此配置文件，InDesign 可将文档的颜色信息（由“颜色设置”对话框的【工作空间】部分中的源配置文件定义）转换到目标输出设备的颜色空间。
- 【包含配置文件方案】：确定是否在文件中包含颜色配置文件。根据【颜色转换】菜单中的设置、是否选择了 PDF/X 标准之一及颜色管理的开关状态，此选项会有所不同。
  - 【不包含配置文件】：请勿使用嵌入的颜色配置文件创建颜色管理文档。
  - 【包含所有配置文件】：创建色彩受管理的文档。如果使用 Adobe PDF 文件的应用程序或输出设备需要将颜色转换到另一颜色空间，则它使用配置文件中的嵌入颜色空间。选择此选项之前，可打开颜色管理并设置配置文件信息。
  - 【包含标记源配置文件】：保持与设备相关的颜色不变，并将与设备无关的颜色在 PDF 中保留为最接近的对应颜色。如果印刷机构已经校准所有设备，使用此信息指定文件中的颜色并仅输出到这些设备，则此选项很有用。
  - 【包含所有 RGB 和标记源 CMYK 配置文件】：包括带标签的 RGB 对象和带标签的 CMYK 对象（如具有嵌入配置文件的置入对象）的任一配置文件。此选项也包括不带标签的 RGB 对象的文档 RGB 配置文件。
  - 【包含目标配置文件】：将目标配置文件指定给所有对象。如果选择“转换为目标配置文件（保留颜色值）”，则会为同一颜色空间中不带标签的对象指定该目标配置文件，这样不会更改颜色值。
- 【模拟叠印】：通过保持复合输出中的叠印外观，模拟打印到分色的外观。取消选择【模拟叠印】时，必须在 Acrobat 中选择【叠印预览】，才可以查看叠印颜色的效果。选择【模拟叠印】时，会将专色更改为对应的印刷色，并正确叠加颜色显示和输出，且无需在 Acrobat 中选择【叠印预览】。当打开【模拟叠印】且【兼容性】（位于此对话框的“常规”区域中）设置为 Acrobat 4 (PDF 1.3) 时，可以在于特定输出设备上再现文档之前，直接在显示器上软校样文档的颜色。
- 【油墨管理器】：控制是否将专色转换为对应的印刷色，并指定其他油墨设置。如果使用【油墨管理器】更改文档（例如，如果将所有专色更改为对应的印刷色），则这些更改将反映在导出文件和存储文档中，但设置不会存储到 Adobe PDF 预设中。
- 【输出方法配置文件名称】：设置文档的特殊打印条件。在【新建PDF导出预设】对话框的【常规】选项中选择PDF/X标准时，此选项才能使用。可用选项取决于颜色管理开关的状态。
- 【输出条件名称】：描述预期的打印条件。对于 PDF 文档的预期接收者而言，此选项可能十分有用。
- 【输出条件标识符】：通过指针指示有关预期打印条件的更多信息。对于包含在 ICC 注册中的打印条件，将会自动输入该标识符。当使用 PDF/X-3 预设或标准时，此选项不可用。

- 【注册表名称】：指明用于了解有关注册的更多信息的 Web 地址。对于 ICC 注册名称，将会自动输入该 URL。当使用 PDF/X-3 预设或标准时，此选项不可用。

⑤【高级】设置

单击【高级】选项，可设置Adobe PDF的高级设置，如图11.12所示。

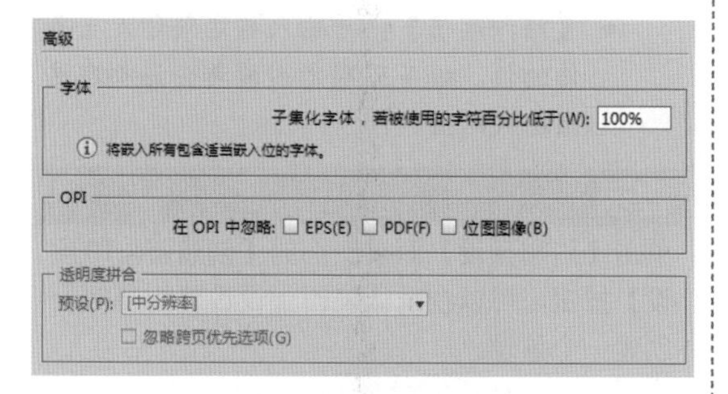

图11.12 【高级】选项组

【高级】选项组中主要选项含义如下。

- 【子集化字体，若被使用的字符百分比低于】：根据文档中使用的字体字符的数量，设置用于嵌入完整字体的阈值。如果超过文档中使用的任一指定字体的字符百分比，则完全嵌入特定字体。否则，子集化此字体。嵌入完整字体会增大文件的大小，但如果要确保完整嵌入所有字体，可输入 0（零）。也可以在“常规首选项”对话框中设置阈值，以根据字体中包含字形的数量触发字体子集化。
- 【OPI】：能够在将图像数据发送到打印机或文件时有选择地忽略不同的导入图形类型，并只保留 OPI 链接（注释）供 OPI 服务器以后处理。
- 【预设】：如果【兼容性】（位于此对话框的【常规】区域中）设置为 Acrobat 4（PDF 1.3），则可以指定预设（或选项集）以拼合透明度。这些选项仅在导出图稿中含透明度的跨页时使用。

提示

Acrobat 5（PDF 1.4）和更高版本会自动保留图稿中的透明度。因此，【预设】和【自定】选项对这些级别的兼容性不可用。

- 【忽略跨页优先选项】：将拼合设置应用到文档或书籍中的所有跨页，覆盖各个跨页上的拼合预设。
- 【使用Acrobat创建PDF文件】：创建作业定义格式（JDF）文件，并启动 Acrobat Professional 以处理此 JDF 文件。Acrobat 中的作业定义包含对要打印的文件的引用，以及为生产地点的印前服务提供商提供的说明和信息。仅当计算机上安装了 Acrobat 7.0 Professional 或更高版本时，此选项才可用。

⑥【小结】设置

单击【小结】选项，右侧就会有列表中列出的导出PDF中全部设置选项，如图11.13所示。如果想要储蓄小结内容，可以单击【存储小结】按钮。

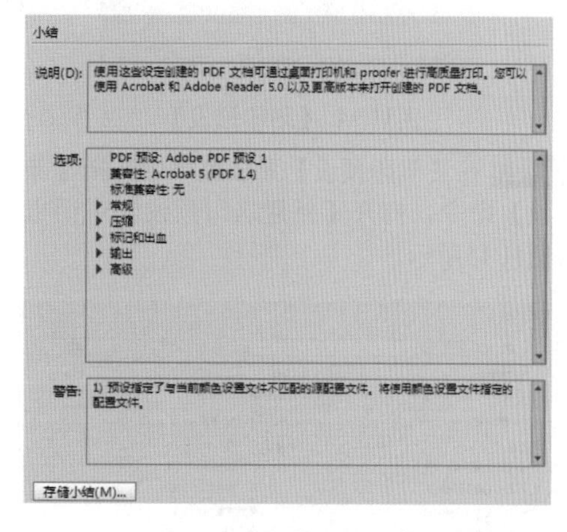

图11.13 【存储小结】按钮

11.7 陷印预设

陷印也叫漏白，设置文档的陷印其实就是补漏白，该项主要用来设置补漏白。人们面对印刷品时，总会感觉深色离人的眼睛近，浅色离人的眼睛远。所以，在对原稿进行陷印处理时，会设法不让深色下的浅色露出来，而上面的深色保持不变，来保证不影响市局效果。

陷印预设是陷印设置的集合，可将这些设置应用于文档中的一页或一个页面范围。【陷印预设】面板提供了一个用于输入陷印设置和存储陷印预设的界面。可以将陷印预设应用于当前文档的任意或所有页面，或者从另一个InDesign文档中导入预设。

如果没有对陷印页面范围应用陷印预设，该页面范围将使用【默认】陷印预设。

ID 1 选择【窗口】|【输出】|【陷印预设】命令，打开【陷印预设】面板，如图11.14所示。

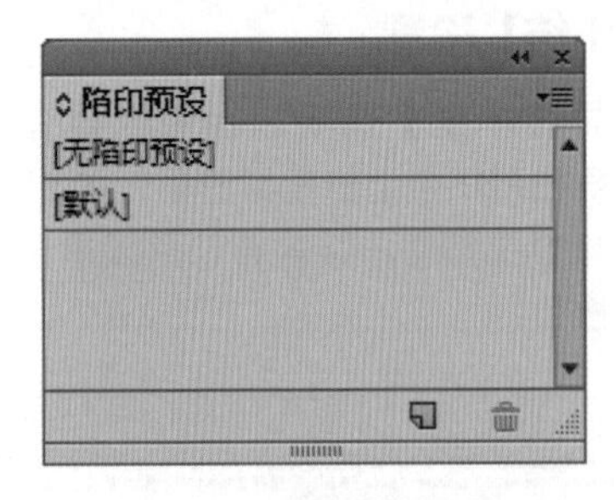

图11.14 【陷印预设】

ID 2 在【陷印预设】面板菜单中选择【新建预设】命令，打开【新建陷印预设】对话框，如图11.15所示。

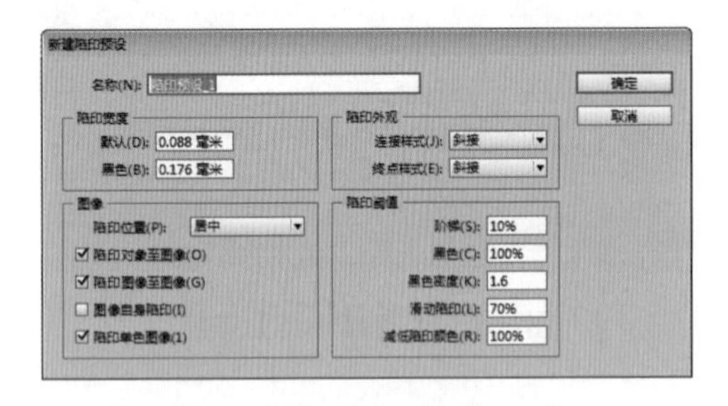

图11.15 【新建陷印预设】对话框

【新建陷印预设】对话框中各主要选项含义如下。

- 【名称】：键入预设的名称。不能更改【默认】陷印预设的名称。
- 【陷印宽度】：输入数值指定油墨重叠的值。
- 【陷印外观】：指定控制陷印形状的选项。
- 【图像】：设置决定如何陷印导入的位图图像。
- 【陷印阈值】：可输入指定陷印发生条件的值。许多不确定因素都会影响在这里输入的值。

提示

单击【陷印预设】面板底部的【创建新陷印预设】按钮，可以在默认陷印预设设置的基础上创建一个预设。

（1）陷印宽度

陷印宽度指陷印间的重叠程度。不同的纸张特性、网线数和印刷条件要求不同的陷印宽度。要确定每个作业适合的陷印宽度，可咨询商业印刷商。陷印预设为【陷印宽度】提供了两种不同的设置，如图11.16所示。

图11.16 【陷印宽度】选项组

【陷印宽度】选项组中主要选项的含义如下。

- 【默认】：以点为单位指定与单色黑有关的颜色以外的颜色的陷印宽度。默认值为0.25点。
- 【黑色】：指定油墨扩展到单色黑的距离，或者叫【阻碍量】，即陷印多色黑时黑色边缘与下层油墨之间的距离。默认值为0.5点。该值通常设置为默认陷印宽度的1.5~2倍。

（2）陷印外观

【节点】是两个陷印边缘重合相连的端点，可以控制两个陷印段和三个陷印交叉点的节点外形。【陷印外观】选项组包含两个选项，如图11.17所示。

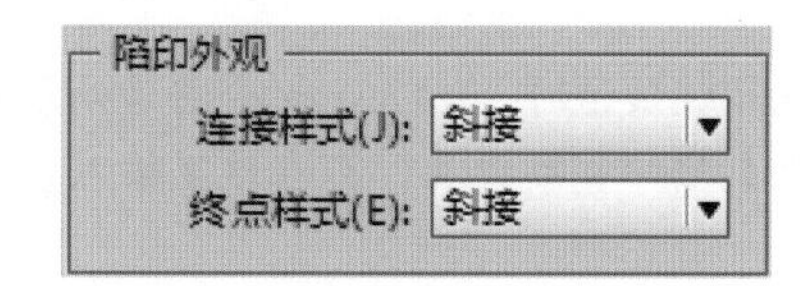

图11.17 【陷印外观】选项组

【陷印外观】选项组中主要选项含义如下。

- 【连接样式】：控制两个陷印段的节点形状，可从【斜接】、【圆形】和【斜角】中选择。默认设置为【斜接】，它与早期的陷印结果相匹配，以保持与以前版本的Adobe陷印引擎的兼容。
- 【终点样式】：控制三向陷印的交叉点位置。【斜接】会改变陷印端点的形状，使其不与交叉对象重合；【重叠】会影响由最浅的中性色密度对象与两个或两个以上深色对象交叉生成的陷印外形。最浅颜色陷印的端点会与三个对象的交叉点重叠。

（3）图像

可以创建陷印预设来控制图像间的陷印，以及位图图像（如照片和保存在光栅 PDF 文件中的其他图像）与矢量对象（例如来自绘图程序和矢量 PDF 文件中的对象）间的陷印。每个陷印引擎处理导入图形都不同。当设置陷印选项时，了解这些差别是非常重要的，如图11.18所示。

图11.18 【图像】选项组

【图像】选项组中主要选项含义如下。

- 【陷印位置】：提供决定将矢量对象（包括 InDesign 中绘制的对象）与位图图像陷印时陷印放置位置的选项。除【中性密度】外的所有选项均会创建视觉上一致的边缘。【居中】会创建以对象与图像相接的边缘为中心的陷印；【内缩】会使对象叠压相邻图像；【中性密度】应用与文档中其他位置相同的陷印规则。使用【中性密度】设置将对象陷印到照片会导致不平滑的边缘，因为陷印位置不断来回移动；【扩展】会使位图图像叠压相邻对象。
- 【陷印对象至图像】：确保矢量对象（如用作边框的线条）使用【陷印位置】设置陷印到图像。如果陷印页面范围内没有矢量对象与图像重叠，应考虑取消该选项以加快该页面范围陷印的速度。
- 【陷印图像至图像】：陷印图像至图像开启沿着重叠或相邻位图图像边界的陷印。本功能默认为选择状态。
- 【图像自身陷印】：开启每个位图图像中颜色之间的陷印（不仅仅是它们与矢量图稿和文本相邻的地方）。本选项仅适用于包含简单、高对比度图像（如屏幕抓图或漫画）的页面。对于连续色调图像和其他复杂图像，不要选择该选项，因为它可能创建效果不好的陷印。取消选择该选项可加快陷印速度。
- 【陷印单色图像】：确保单色图像陷印到邻接对象。本选项不使用【图像陷印位置】设置，因为单色图像只使用一种颜色。在大多数情况下，该选项为选中状态。在某些情况下，如单色图像的像素比较分散时，选择该选项，会加深图像颜色并减慢陷印速度。

（4）陷印阈值

【陷印阈值】选项组如图11.19所示。

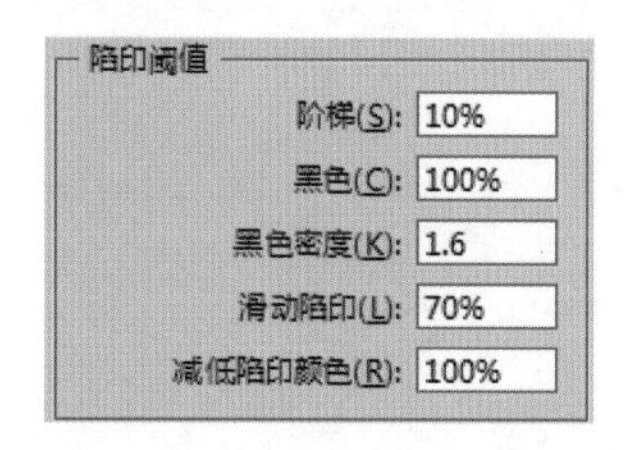

图11.19 【陷印阈值】选项组

【陷印阈值】选项组中主要选项含义如下。

- 【阶梯】：指定陷印引擎创建陷印的颜色变化阈值。有些作业只需要针对最明显的颜色变化进行陷印，而有些作业则需要针对非常细微的颜色变化进行陷印。
- 【黑色】：指定应用【黑色】陷印宽度

设置所需达到的最少黑色油墨量。默认值为 100%。为获得最佳效果，可使用不低于 70% 的值。

- 【黑色密度】：指定中性色密度值，当油墨达到或超过该值时，InDesign 会将该油墨视为黑色。例如，如果想让一种深专色油墨使用【黑色】陷印宽度设置，可在这里输入合适的中性色密度值。本值通常设置为默认的 1.6左右。
- 【滑动陷印】：确定何时启动陷印引擎以横跨颜色边界的中心线。该值是指较浅颜色的中性密度值与相邻的较深颜色的中性密度值的比例。例如，当【滑动陷印】的值设置为 70% 时，陷印开始横跨中心线的位置就会移动到较浅颜色中性密度超过较深颜色中性密度 70% 的地方（较浅颜色的中性密度除以较深颜色的中性密度所得的值大于 0.70）。除非【滑动陷印】设置为 100%，否则相同中性密度的颜色将始终使其陷印正好横跨中心线。
- 【减低陷印颜色】：指定使用相邻颜色中的成分来减低陷印颜色深度的程度。本设置有助于防止某些相邻颜色（例如蜡笔色）产生比其他颜色都深的不美观的陷印效果。指定低于 100% 的【减低陷印颜色】会使陷印颜色开始变浅；【陷印颜色深度减低】值为0% 时，将产生中性色密度等于较深颜色的中性色密度的陷印。

11.8 打印文档

在InDesign CC制作好图形设计或排版完成后，可以使用打印机将其打印出来，只需要连接一台打印机即可。

选择【文件】|【打印】命令，打开【打印】对话框，在【打印】对话框中有多个打印选项，而这些选项中有些是相同的选项，这里首先来讲解相同的选项，如图11.20所示。

技巧

按Ctrl + P组合键，可以快速打开【打印】对话框。

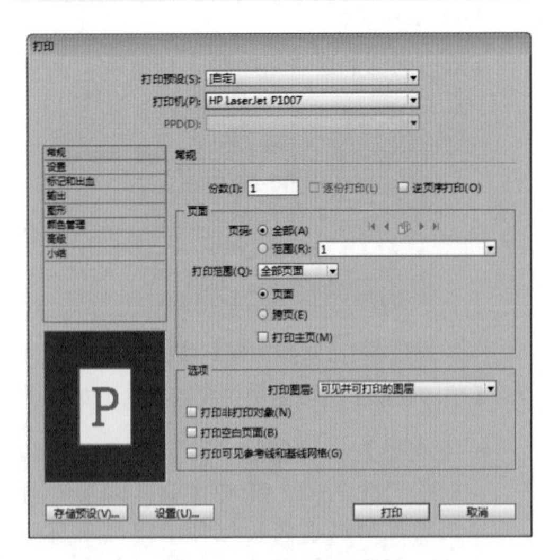

图11.20 【打印】对话框

【打印】对话框中相关选项含义如下。

- 【打印预设】：选择自定义或默认打印机。
- 【打印机】：选择任何一台在作业系统中安装的打印机名称。可以选择PostScript打印机，也可以是其他打印机。
- 【PPD】：该项主要针对特定的独立的PostScrpt驱动程式或装置输出PostScript，当在【打印机】下拉菜单中选择PostScrpt选项后，就可以在【PPD】选项中选择【设备无关】选项，或者是针对某一台打印机的PPD，输出专门的PostScrpt文档。
- 【打印设置选项】：用来对打印机的相关参数进行设置。可以选择不同的选项，进入相关选项的参数设置区对其进行设置。包括【常规】、【设置】、【标记和出血】、【输出】、【图形】、【颜色管理】、【高级】和【小结】8个选项。
- 【打印设置查看】：该区域显示当前打印状况。可以通过3种不同的显示模式进行显示，包括标准显示、文字显示和分色显示。标准显示显示页面内容在纸张上的显示位置，其中红色框表示出血区域；蓝色框表示标记区域；紫色框则显示的是这些区域的重叠部分。文字显示可以以文字的方式显示打印的相关信息。分色显示会以色彩输出模式或分色进行显示。直接在该区域中单击鼠标，即可切换不同的显示模式。3种显示模式不同的显示效果如图11.21所示。

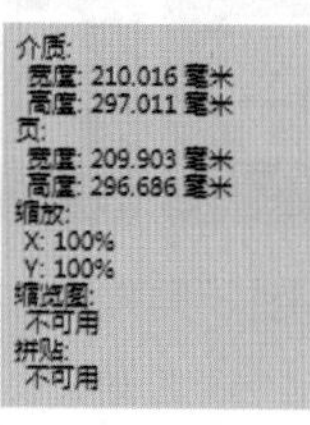

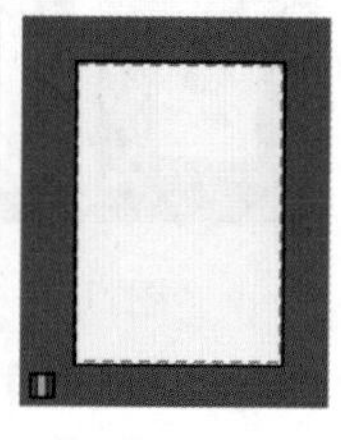

标准显示　　文字显示　　分色显示

图11.21 3种显示模式不同的显示效果

- 【存储预设】：用来将设置好的预设进行存储，以备后用。单击该按钮，将打开【存储预设】对话框，设置合适的名称后，单击【确定】按钮即可将其保存。
- 【设置】：用来对打印机等进行设置。如果InDesign的【打印】对话框中含有所需的打印设置，可以在打开的【打印】对话框中进行设置，以避免打印冲突。

11.8.1 【常规】选项

在【打印】对话框中左侧的【打印设置选项】中选择【常规】选项，在对话框的右侧将显示【常规】选项的相关参数设置。【常规】选项也是默认的显示选项。【常规】选项是打印的一般设置，如打印的数量、页面范围、打印图层等，如图11.22所示。

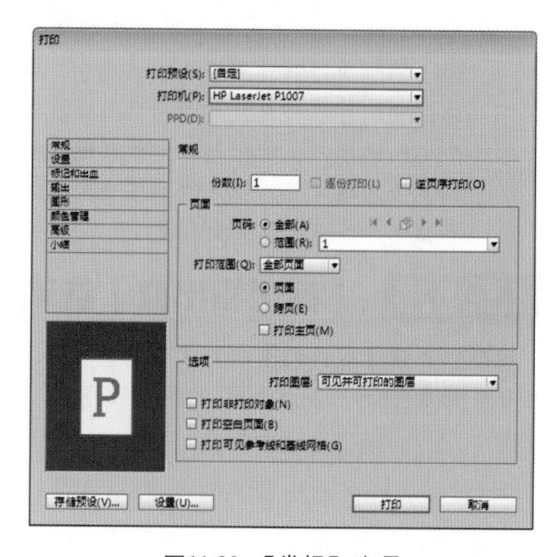

图11.22 【常规】选项

【常规】选项中各项的含义如下。

- 【份数】：指定文档打印的数量。取值范围为1~999之间。
- 【逐份打印】：设置打印的方式。勾选该复选框，将进行逐份打印，即将第一份的所有页面打印完成后，再打印第二份。如果没有勾选该复选框，系统将会将第1页的指定份出打印完成后再打印第2页。所以这里【份数】设置必须大于1，如果只有一份，刚此项不可用。
- 【逆页序打印】：设置打印的顺序。勾选该复选框，将使文档的页码按相反的方向打印，即从后往前的顺序来打印文档。如果不勾选该复选框，系统将按从前往后的顺序打印文档。
- 【页码】：设置打印的页码范围。选择【全部】单选按钮，将文档全部打印出来；如果选择【范围】单选按钮，可以在右侧的文本框中指定要打印的页码范围。可以使用边字符分隔连续的页码，如2-7，表示打印2到7页共打印6页；也可以使用逗号或空格分隔多个页码范围，如2，8，表示打印第2页和第8页打印2页；如果输入7-，表示打印第7页至最后一页；如果输入-7，表示打印第7页以及以前的所有页面。
- 【打印范围】：指定打印文档的范围。选择【全部页面】选项，表示打印指定页码的所有页面；选择【仅偶数页】选项，表示只打印指定页码中的偶数页；选择【仅奇数页】选项，表示只打印指定页码中的奇数页。勾选【跨页】复选框，可以将文档的跨页打印在一起，如果将这些页面装订在一起或打印在同一张纸上，适合用在校样使用，对设计者来说是比较有用的功能。勾选【打印主页】复选框，表示只打印主页，不打印其他的方法页面内容。这也是比较实用的一个功能。
- 【打印图层】：指定要参加打印的图层。选择【所有图层】选项，将打印所有图层中的内容，不管是隐藏的或是设置为非打印的，都将被打印；选择【可见图层】选项，将图层中所有可见的图层和设置为非打印的内容打印，而隐藏的图层将不被打印；选择【可见并可打印的图层】选项，将只打印可见的和可打印的图层，隐藏的或设置为非打印的内容将不被打印。

- 【打印非打印对象】：勾选该复选框，将打印所有的内容，不管其中某些内容的非打印或其他设置。
- 【打印空白页面】：勾选该复选框，将打印所有文档内容，包括没有文本或图形对象的空白页面。
- 【打印可见参考线和基线网格】：勾选该复选框，将打印可见的参考线和基线网格。

11.8.2 【设置】选项

在【打印】对话框中左侧的【打印设置选项】中选择【设置】选项，在对话框的右侧将显示【设置】选项的相关参数设置。【设置】选项主要设置文档的纸张大小、页面方向、缩放、页面位置等内容，如图11.23所示。

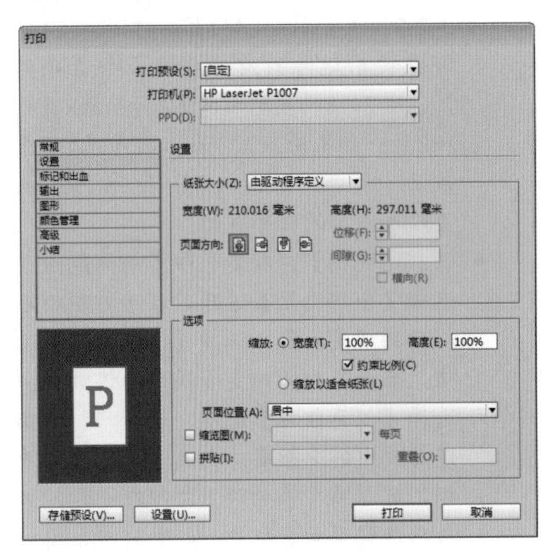

图11.23 【设置】选项

【设置】选项中各项的含义如下。

- 【纸张大小】：指定打印页面的尺寸。可以从右侧的下拉列表中选择一些预设的尺寸，也可以选择自定义，然后通过【宽度】和【高度】来自定义纸张大小。
- 【页面方向】：指定页面的方向。包括【纵向】、【横向】、【反纵向】和【反横向】4种，不同方向的显示效果如图11.24所示。

图11.24 4种不同方向的显示效果

- 【位移】：设置页面左侧边缘与纸张左侧边缘之间的距离。
- 【间隙】：设置页面与页面之间的距离。
- 【横向】：勾选该复选框，将改变纸张的旋转方向为水平方向。
- 【缩放】：当页面尺寸大于打印纸张的尺寸时，可以通过设置【宽度】和【高度】的值，来缩小文档以适合打印纸张。如果选择【约束比例】单选按钮，可以在保持原来的长度比例情况下缩放文档。如果不知道缩放比例，可以选择【缩放以适合纸张】单选按钮，让其自动缩放到与纸张适合的大小。
- 【页面位置】：指定文档在当前打印纸张上的位置。包括【左上】、【水平居中】、【垂直居中】和【居中】4个选项，默认情况下为【居中】。
- 【缩览图】：可以指定每页上有多少个缩览图，以此查看将多个页面打印在一张纸上的效果。
- 【拼贴】：当文档大小大于纸张大小时，不想通过缩放来修改文档尺寸，勾选该项，可以将超大尺寸的页面分在多个不同的纸张上进行打印，最后通过拼贴来恢复该文档。在右侧的【重叠】文本框中，可以输入重叠的值。

11.8.3 【标记和出血】选项

要想了解【标记和出血】选项，首先要了解一些相关的标记，标记说明如图11.25所示。

图11.25 标记说明图示

在【打印】对话框中左侧的【打印设置选项】中选择【标记和出血】选项，在对话框的右侧将显示【标记和出血】选项的相关参数设置。【标记和出血】选项主要设置标记的类型、粗细、角线标记、出乱转、辅助信息等，如图11.26所示。

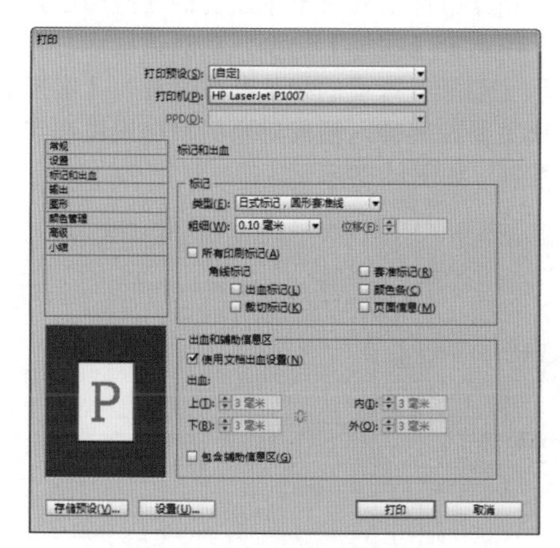

图11.26 【标记和出血】选项

【标记和出血】选项中各项的含义如下。

- 【类型】：指定显示裁切标记的显示类型。包括【默认】、【日式标记，圆形套准线】和【日式标记，十字套准线】3种，不同的显示效果如图11.27所示。

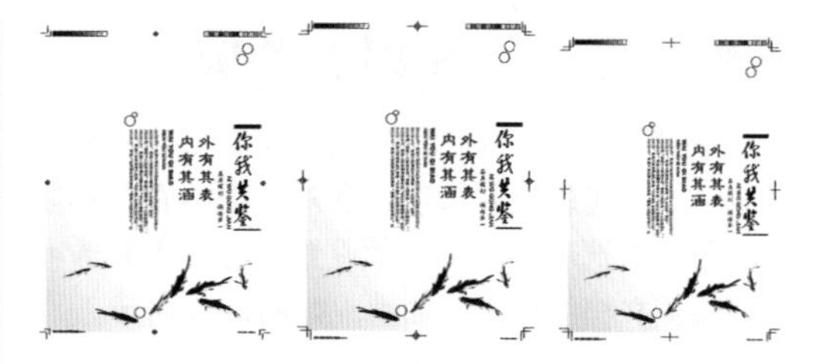

【默认】 【日式标记，圆形套准线】 【日式标记，十字套准线】

图11.27 3种不同的显示效果

- 【粗细】：指定标记线的粗细。默认值为0.10毫米。
- 【位移】：指定页面边缘与页面信息和标记之间的距离。只有在【类型】选项中选择【默认】选项后，此项才被激活。
- 【所有印刷标记】：勾选该复选框，将选择下方的所有角线标记。如果不想将所有标记显示出来，可以通过勾选下方的标记复选框。印刷标记包括【裁切标记】、【出血标记】、【套准标记】，还有【颜色条】和【页面信息】。

提示

【裁切标记】显示页面的裁切线，它可以与出血标记一起显示，通过将上下标记重叠，帮助把一个分色与另一个分色对齐；【出血标记】显示文档的出血设置，将超出页面范围之外的内容加上标记线条；【套准标记】显示可以辅助分色对齐的圆形标记。用来对齐彩色文档中的不同分色；【颜色条】在页面上显示灰阶色块及彩色色块，显示表示CMYK油墨和灰色色调的小方块。印刷厂可以根据这些小方块的颜色条来设置印刷的油墨密度；【页面信息】显示当前文档的文件名、页码、当前日期和时间及在分色时每个色板的名称信息。

- 【使用文档出血设置】：勾选该复选框，可以使用文档设置的出血数值，代替在下方【出血】选项组中的出血设置。
- 【包含辅助信息区】：勾选该复选框，可以将文档设置时指定的标记等元素加入到全部的打印范围中；不勾选该复选框，将不添加这些标记。

11.8.4 【输出】选项

在【打印】对话框中左侧的【打印设置选项】中选择【输出】选项，在对话框的右侧将显示【输出】选项的相关参数设置。【输出】选项主要设置文档的颜色和油墨，如图11.28所示。

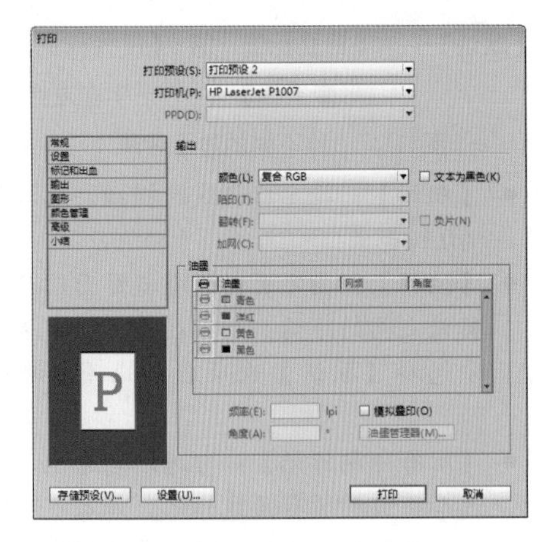

图11.28 【输出】选项

【输出】选项中各项的含义如下。

- 【颜色】：该选项指定将文件中使用的色彩输出到打印机的方式。包括【复合保持不变】、【复合灰度】、【复合RGB】、【复合CMYK】、【分色】和【In-RIP分色】6个选项。

提示

【复合保持不变】表示将指定页面中的全彩色版本不做任何转换直接发送到打印机。选择该选项后，【模拟叠印】将不可用；【复合灰度】表示将所有的全彩色版本都输出成灰色的等量值，将其发送到打印机上；【复合RGB】表示将所有的全彩色版本以RGB模式输出到打印机，适用于RGB的输出设备；【复合CMYK】：表示将所有的全彩色版本以CMYK模式输出到打印机，此项仅用于PostSceript打印机；【分色】表示以CMYK模式进行分色，将其输出到打印机；【In-RIP分色】表示送出合成CMYK以及特别色的资料到RIP上，由RIP进行分色。如果勾选【文字为黑色】复选框，则不管颜色如何设置，文本都将以黑色来打印。

- 【陷印】：陷印也叫漏白，设置文档的是陷印其实就是补漏白，该项主要用来设置补漏白。
- 【翻转】：该选项用来设置页面的影射影像，以模拟出所需要的打印方向。可以水平、垂直或水平与垂直翻转。

提示

如果勾选【负片】复选框，可以将页面转换成负片来打印。

- 【加网】：设置文档的网线数及分辨率度。
- 【油墨】：控制文档中的颜色油墨，将该当中的颜色转换为打印使用的油墨。
- 【频率】：指定油墨半色调网点的网线数。
- 【角度】：指定油墨的半色调网点的旋转角度。可以直接在右侧的文本框中输入旋转的角度值。
- 【模拟叠印】：勾选该复选框，可以进行叠印的模拟效果，只是为了查看和校样使用。
- 【油墨管理器】：单击该按钮，将打开【油墨管理器】对话框，利用该对话框，可以进行油墨的管理。

11.8.5 【图形】选项

在【打印】对话框中左侧的【打印设置选项】中选择【图形】选项，在对话框的右侧将显示【图形】选项的相关参数设置。【图形】选项主要设置转入图形对象的输出设置和字体的控制，如图11.29所示。

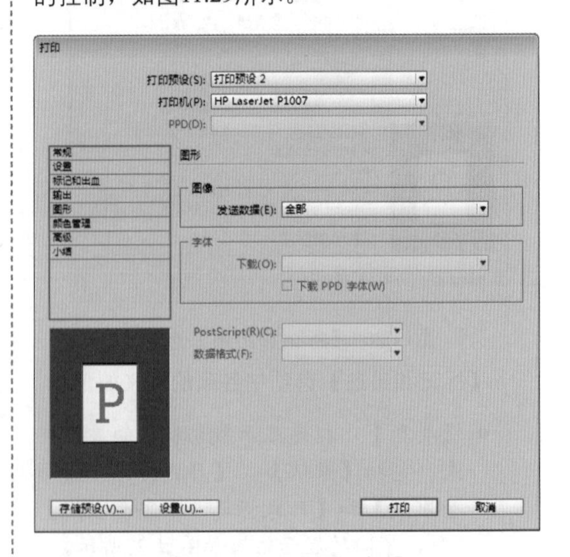

图11.29 【图形】选项

【图形】选项中各项的含义说明如下。

- 【发送数据】：指定转入的位图图像发送到打印机时输出的方法。包括【全部】、【优化次像素采样】、【代理】和【无】4个选项。

提示

【全部】发送全部的位图图像资料，这是在做高分辨率最后输出时最常使用的方式。因为要送出的数据较多，所以速度会变的慢些，所占用的磁盘空间也是这4个选项中最大的；【优化次像素采样】表示只发送输出能够处理的分辨率图像，如果希望在打样时使用不同的分辨率，选择此项可以发送出刚才足够的资料，这样可以缩短打印的时间；【代理】使用屏幕分辨率，发送图像资料，屏幕分辨率为72dpi，一般对于要求不高的图像资料，建议使用该项来发送；【无】使用打叉的方块来代替临时文件，这样打印的速度是最快的，方便打样时查看哪张图片可能出现问题。

- 【下载】：指定字体下载到打印机的方式。包括【无】、【完整】和【字集】3个选项。选择【无】选项，表示不下载字体到打印机，如果确认打印机中有文档中的字体，可以选择该选项；选择【完整】选项，表示在运行打印前，将所有需要的字体全部下载下来；选择【字集】选项，表示仅下载文档中使用的字体，第打印一页文件会下载一次。

提示

如果勾选【下载PPD字体】复选框，即使在打印机中安装了需要的字体，还是会将字体再次下载到打印机中，所以会下载所有的文档字体。该功能还可以解决字体版本的问题。

- PostScriop：指定打印机的PostScript等级，包括2级语言和3级语言。
- 【数据格式】：指定数据的格式，是二进制还是ASCII。

11.8.6 【颜色管理】选项

在【打印】对话框中左侧的【打印设置选项】中选择【颜色管理】选项，在对话框的右侧将显示【颜色管理】选项的相关参数设置。【颜色管理】选项主要设置打印的颜色处理、打印机配置文件、输出颜色等，如图11.30所示。

图11.30 【颜色管理】选项

【颜色管理】选项中各项的含义如下。

- 【打印】：设置打印的配置文件。选择【文档】单选按钮，系统将以【编辑】|【颜色设置】中设置的文件颜色进行打印；如果选择【校样】单选按钮，系统将以【视图】|【校样设置】中设置的文件颜色进行打印。
- 【选项】：可以指定颜色处理、打印机配置文件等信息。

11.8.7 【高级】选项

在【打印】对话框中左侧的【打印设置选项】中选择【高级】选项，在对话框的右侧将显示【高级】选项的相关参数设置。【高级】选项主要设置打印为位图、OPI和透明度拼合的设置，如图11.31所示。

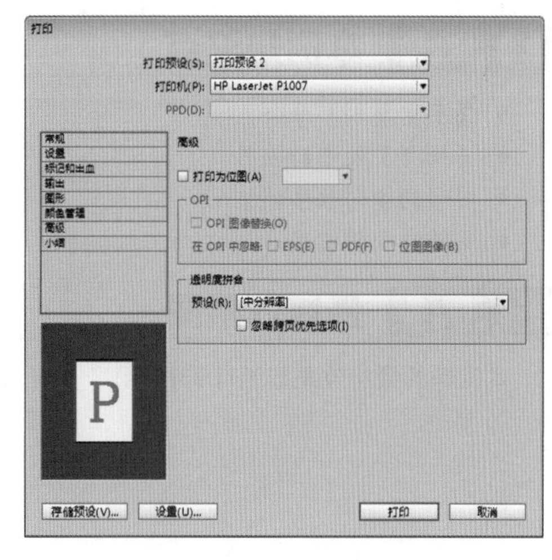

图11.31 【高级】选项

【高级】选项中各项的含义如下。

- 【打印为位图】：勾选该复选框，可以将页面内容转换为位图后再进行打印，并可以在右侧的下拉菜单中指定打印位图的分辨率。
- 【OPI图像替换】：勾选该复选框，可以启用对OPI工作流程的支持。
- 【在OPI中忽略】：此项设置可以将OPI中的某些部分忽略，如EPS、PDF或位图图像。
- 【预设】：指定使用哪种方式进行透明度拼合。包括【低分辨率】、【中分辨率】和【高分辨率】3个选项。
- 【忽略跨页优先选项】：勾选该复选框，将忽略跨页覆盖。

11.8.8 【小结】选项

在【打印】对话框中左侧的【打印设置选项】中单击选择【小结】选项，在对话框的右侧将显示【小结】选项的相关参数设置。在所示的列表框中，将显示当前打印设置的详细报告，如常规、设置、输出、高级等选项中的详细信息。如果想将这些信息进行保存，可以单击【存储小结】按钮，打开【存储打印小结】对话框，将其存储，如图11.32所示。

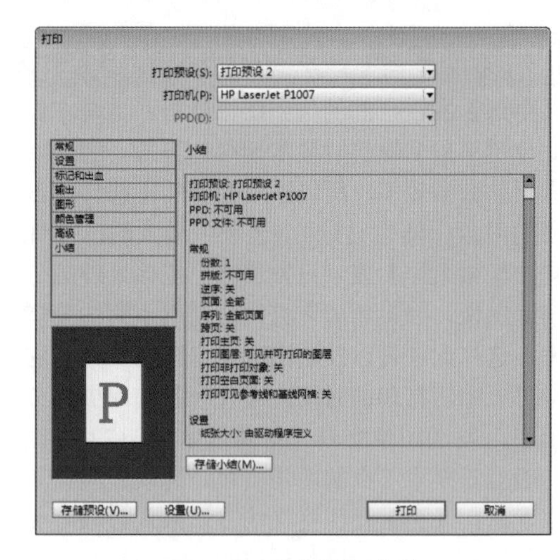

图11.32 【小结】选项

11.9 上机实训——公司简介内页排版

案例分类：版式设计类
视频位置：配套光盘\movie\11.9 上机实训——公司简介内页排版.avi

11.9.1 技术分析

本例讲解公司简介内页排版。首先绘制一个矩形并填充渐变；然后置入图片并调整完成背景的制作，通过多重复制与颜色的差异制作出锯齿带；最后输入文字并适当修饰，完成公司简介内页排版设计。

11.9.2 本例知识点

- 【多重复制】命令
- 【投影】效果的应用
- 图形的排列顺序调整
- 旋转命令的使用

11.9.3 最终效果图

本实例的最终效果如图11.33所示。

图11.33 最终效果图

11.9.4 操作步骤

ID 1 选择【文件】|【新建】|【文档】命令，打开【新建文档】对话框，设置【页数】为1，【超始页码】设置为1，【宽度】为492毫米，【高度】为230毫米，【页面方向】为横向，如图11.34所示。

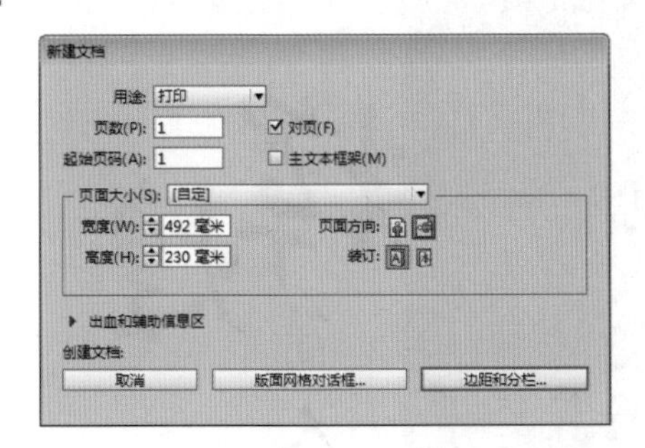

图11.34 【新建文档】对话框

ID 2 单击【边距和分栏】按钮，打开【新建边距和分栏】对话框，将上、下、内、外【边距】的值都设置为20毫米，如图11.35所示。

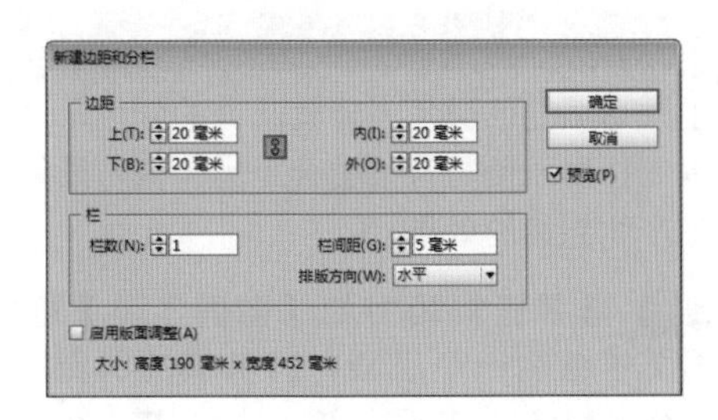

图11.35 【新建边距和分栏】对话框

ID 3 选择工具箱中的【矩形工具】，在页面中绘制一个与页面大小相同的矩形，打开【渐变】面板，编辑从灰色（C:14；M:10；Y:11；K:0）到白色再到灰色（C:14；M:10；Y:11；K:0）的线性渐变，如图11.36所示。

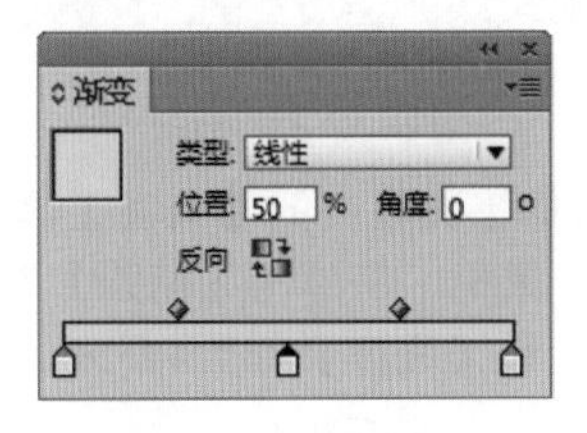

图11.36 设置渐变

ID 4 选择工具箱中的【渐变色板工具】，从矩形的左侧向右侧拖动，将其填充渐变，应用渐变后的效果如图11.37所示。

图11.37 填充渐变效果

ID 5 选择【文件】|【置入】命令，打开【置入】对话框，选择配套光盘中的“调用素材\第11章\楼房.psd”，选择工具箱中的【选择工具】，将楼房适当缩放并放置到页面的下方，效果如图11.38所示。

图11.38 置入图片

ID 6 选择工具箱中的【矩形工具】，沿左侧页面的边缘绘制一个矩形，将其填充为墨绿色（C:88；M:36；Y:60；K:18），【描边】颜色设置为无，效果如图11.39所示。

图11.39 绘制矩形

ID 7 选择工具箱中的【椭圆工具】，在页面中单击鼠标，将弹出【椭圆】对话框，设置【宽度】和【高度】都为6毫米，如图11.40所示。

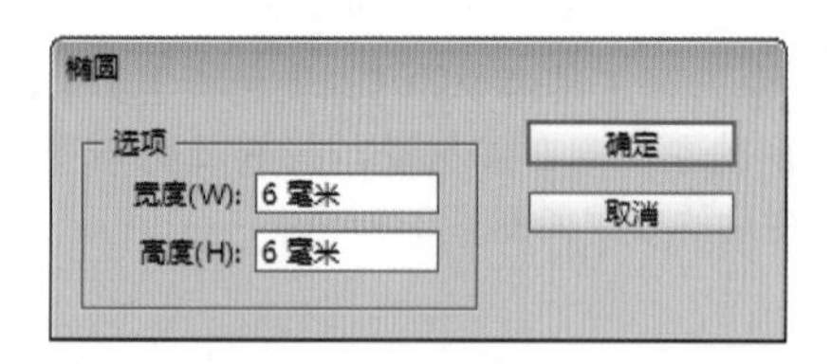

图11.40 【椭圆】对话框

ID 8 单击【确定】按钮，将绘制出一个正圆，选择该正圆，选择【编辑】|【多重复制】命令，打开【多重复制】对话框，设置【计数】的值为38，【垂直】位移为5毫米，【水平】位移值为0，如图11.41所示。

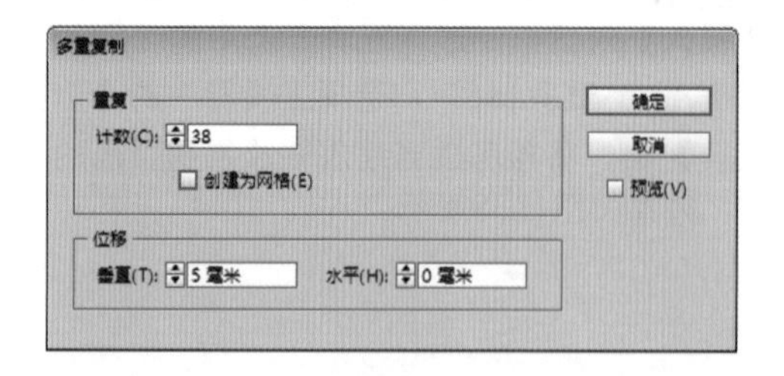

图11.41 【多重复制】对话框

ID 9 将复制出的圆形全部选中，选择【对象】|【编组】命令，将其编组，将其填充为灰色（C:0；M:0；Y:0；K:10），【描边】设置为无，然后将其移动到墨绿色矩形的右侧边缘位置，如图11.42所示。

图11.42 复制并编组

技巧

按Ctrl + D组合键，可以快速执行【编组】命令。

ID 10 选择工具箱中的【文字工具】，在页面中分别输入“辉 煌 简 介”4个字，设置文字的颜色为黑色，字体为“方正黄草简体”，如图11.43所示。

图11.43 输入文字

提示

这里圆形填充的颜色为背景此处的颜色，这样可以制作出一侧与背景融合，另一侧与墨绿色矩形产生锯齿的效果。

ID 11 选择工具箱中的【椭圆工具】，在页面中绘制一个正圆，将其填充为墨绿色（C:88；M:36；Y:60；K:18），描边设置为无，选择【对象】|【排列】|【后移一层】命令，将其移到“简”字的后方，效果如图11.44所示。

图11.44 绘制正圆

提示

按Ctrl + [组合键，可以快速执行【后移一层】命令。

ID 12 选择工具箱中的【文字工具】T，在页面的上方输入拼音“HUIHUANG JIANJIE”，设置文字的字体为“Arial”，文字的大小为30点，颜色为浅墨绿色（C:33；M:15；Y:23；K:5），如图11.45所示。

图11.45 输入文字

ID 13 将刚输入的文字复制两份，并分别错位放置，效果如图11.46所示。

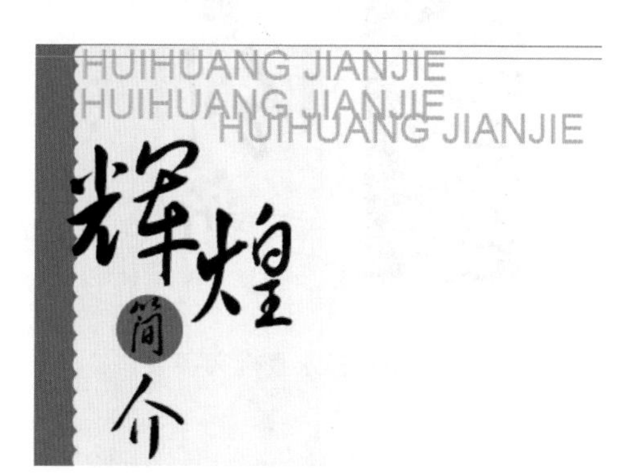

图11.46 复制文字

ID 14 将文字再复制出一份，单击控制栏中的【顺时针旋转90 】按钮，将其旋转90°，将文字的颜色修改为白色，放置在墨绿色矩形的边缘位置，如图11.47所示。

ID 15 将旋转后的文字复制一份，修改文字的字体为“Babylon5”，文字的大小为24点，【字符间距】设置为210，颜色设置为黑色，如图11.48所示。

图11.47 旋转文字　图11.48 复制并修改文字

ID 16 再次选择工具箱中的【文字工具】T，在页面中输入简介文字，设置文字的字体为“宋体”，大小为9点，颜色为黑色，如图11.49所示。

图11.49 输入文字

ID 17 选择工具箱中的【椭圆工具】，在页面中绘制一个正圆，将【填充】设置为无，设置描边的【粗细】为3点，如图11.50所示，【描边】颜色为红色（C:0；M:100；Y:100；K:10），然后放置到文字的下方，效果如图11.51所示。

图11.50 描边设置　图11.51 正圆描边效果

ID 18 选择工具箱中的【矩形工具】，在页面中绘制一个矩形，将其填充为墨绿色（C:88；M:36；Y:60；K:18），【描边】设置为无，将其调整到文字的下方，效果如图11.52所示。

图11.52 绘制矩形

ID 19 选择【文件】|【置入】命令，打开【置入】对话框，选择配套光盘中的“调用素材\第11章\长城.tif”，选择工具箱中的【选择工具】，按住Ctrl键的同时将图片进行拉长处理，效果如图11.53所示。

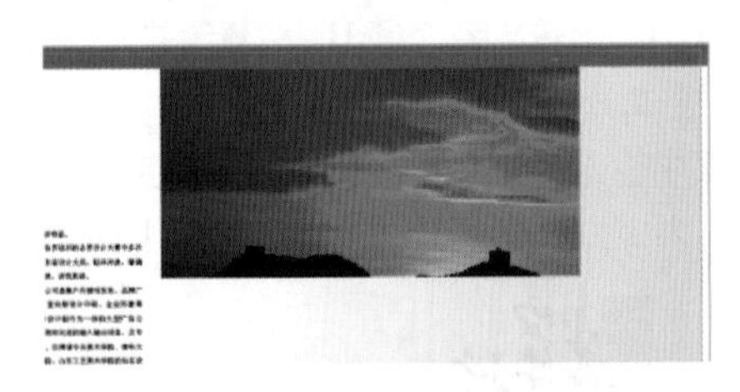

图11.53 调整图片

ID 20 选择工具箱中的【矩形工具】，在页面的右上角位置绘制一个矩形，将其填充为为浅黄色（C:3；M:7；Y:20；K:0），【描边】设置为无，效果如图11.54所示。

图11.54 绘制矩形

ID 21 将矩形复制一份，将其适当缩放并将颜色更改为红色（C:0；M:100；Y:100；K:10），效果如图11.55所示。

图11.55 复制并更改颜色

ID 22 选择工具箱中的【文字工具】，在页面中分别输入“创 新”两个字，字体都设置为“方正黄草简体”，颜色都为黑色，设置“创”字的文字大小为117点，“新”字的文字大小为80点，效果如图11.56所示。

图11.56 输入文字

ID 23 选择工具箱中的【直排文字工具】，在页面中输入文字，设置文字的字体为“黑体”，文字的大小为18点，颜色为黑色，如图11.57所示。

图11.57 输入直排文字

ID 24 选择工具箱中的【文字工具】T，在页面中输入“辉煌设计有限责任公司”，将文字的字体设置为“汉仪中宋简”，文字大小为34点，颜色为黑色，如图11.58所示。

图11.58 输入公司名称

ID 25 选中公司名称，选择【对象】|【效果】|【投影】命令，打开【投影】对话框，参数设置如图11.59所示。

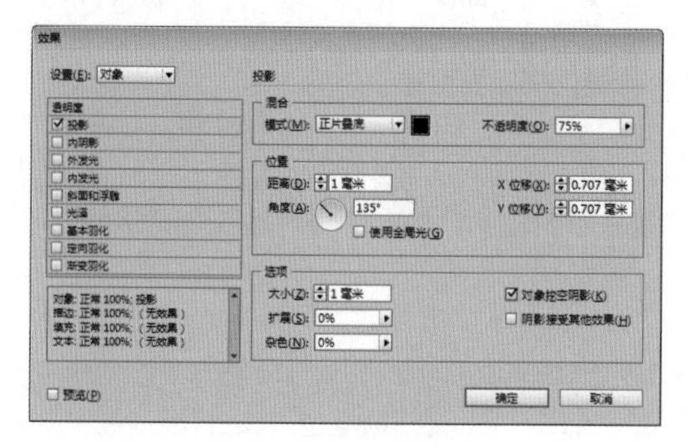

图11.59 投影设置

ID 26 使用【文字工具】在公司名称下方输入拼音，并设置合适的大小和字体，颜色设置为红色（C:0；M:100；Y:100；K:10）。

ID 27 选择【直线工具】，在文字下方绘制一条直线，设置描边的颜色为红色（C:0；M:100；Y:100；K:10），描边的【粗细】为1点。

ID 28 选择工具箱中的【椭圆工具】，在直线的左侧绘制一个正圆，将正圆填充为红色（C:0；M:100；Y:100；K:10），【描边】设置为无，效果如图11.60所示。这样就完成了公司简介内页排版的最终效果。

图11.60 绘制正圆

第12章 排版大师综合实例进阶

〔内容摘要〕

前几章内容讲解了InDesign CC的基础内容，本章以具体实例为主，结合作者多年丰富的制作经验和理论技巧，讲解InDesign CC平面设计功能及排版能力的实际应用技巧。本章通过在实际工作中遇到的实例，详细讲解了每个实例的技术分析和知识点，并通过详细的步骤讲解实例的具体制作方法，使读者不但可以复习前面章节的基础知识，还可以通过实战实例的制作，吸取一些深层次的排版技能和美术设计知识。

〔教学目标〕

- 学习宣传页版面设计
- 掌握菜单排版设计
- 掌握书籍章首排版
- 掌握封面和内页排版
- 掌握书籍封面设计
- 掌握精品杂志内页版式设计
- 掌握图书版面设计

12.1 景区宣传页版面设计

案例分类：版式设计类
视频位置：配套光盘\movie\12.1 景区宣传页版面设计.avi

12.1.1 技术分析

本例讲解景区宣传页版面设计。首先导入素材并不断调整，使其与背景融合；然后利用对文字的字体大小不同给菜单增加设计感；最后利用椭圆工具绘制文字的辅助图形，对文字进行修饰并调整。

12.1.2 本例知识点

- 【文字工具】T的使用
- 【椭圆工具】
- 【段落样式】的使用
- 【直线工具】

12.1.3 最终效果图

本实例的最终效果如图12.1所示。

图12.1 最终效果图

12.1.4 操作步骤

ID 1 选择【文件】|【新建】|【文档】命令，打开【新建文档】对话框，设置【页数】为2，勾选【对页】复选框，并设置【起始页码】为2，【宽度】为210毫米，【高度】为285毫米，如图12.2所示。

图12.2 【新建文档】对话框

ID 2 单击【边距和分栏】按钮，打开【新建边距和分栏】对话框，将上、下、内、外【边距】的值都设置为20毫米，如图12.3所示。

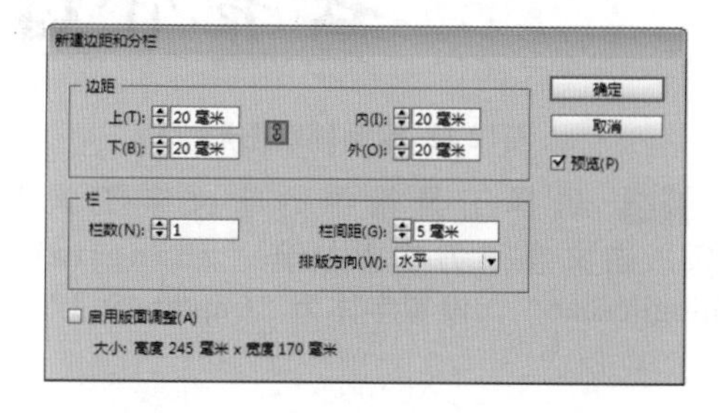

图12.3 【新建边距和分栏】对话框

ID 3 选择【文件】|【置入】命令，打开【置入】对话框，选择配套光盘中的“调用素材\第12章\景区宣传页\山水墨.psd”，把图片置入页面左侧，并对图片进行调整，效果如图12.4所示。

图12.4 置入素材

ID 4 按照以上方法分别置入“山.psd”、“云2.psd”，按住Ctrl键并调整，摆放至如图12.5所示的位置。

图12.5 置入图片

ID 5 选中右上角置入的素材，按下Ctrl + C复制，再按下Ctrl + V组合键粘贴文本，移至左下角；然后选择工具栏中的【水平翻转】，调整位置，最终效果如图12.6所示。

图12.6 复制并翻转

ID 6 选中复制的图片，在【效果】面板中设置【不透明度】为44%，效果如图12.7所示。

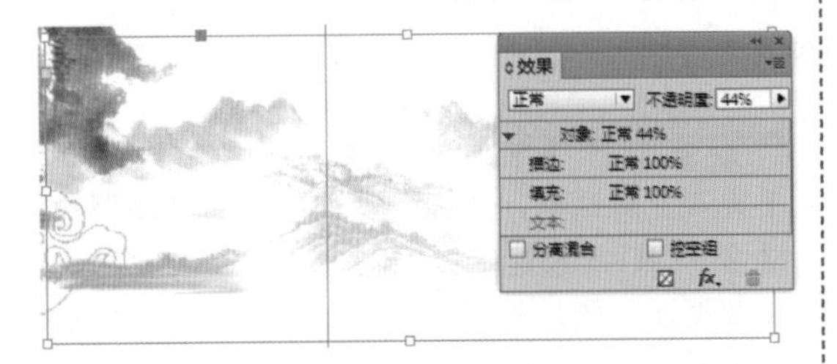

图12.7 设置不透明度

ID 7 选择工具箱中的【文字工具】T，在页面左侧分别输入标题“张 家 界”三个字，设置“张家”字体为【方正隶二简体】，设置“界”字体为【方正黄草_GBK】，“张”大小设置为88点，“家”大小设置为104点，“界”大小设置为85点，颜色均为黑色，分别摆放至不同的位置，效果如图12.8所示。

ID 8 选择工具箱中的【椭圆工具】，在文字“界”位置绘制一个圆形，设置填充颜色为无，描边为大红色（C:0；M:100；Y:85；K:0），描边【粗细】为6点，效果如图12.9所示。

图12.8 输入文字

图12.9 绘制辅助图形

ID 9 再次选择工具箱中的【直排文字工具】，在页面左侧输入简介文字，设置其中一段字体为“方正黄草_GBK”，大小设置为26点；另一段字体为“Adobe 仿宋 Std”，颜色均为黑色，分别摆放至不同位置，效果如图12.10所示。

图12.10 输入文字

ID 10 选择工具箱中的【文字工具】T，在页面右侧输入“张家界”和“奇景介绍”两段文字，字体均设置为“方正黄草简体”，颜色为黑色，摆放位置如图12.11所示。

张家界 奇景介绍

图12.11 输入文字

ID 11 选择工具箱中的【矩形工具】，在文字“奇景介绍”位置绘制一个矩形，将矩形的描边设置为深红色（C:50；M:97；Y:95；K:26），颜色填充为无，描边【粗细】为4点。选择【对象】|【排列】|【后移一层】命令，一直执行此命令直到椭圆描边移至“奇景介绍”文字下面，效果如图12.12所示。

张家界 奇景介绍

图12.12 绘制辅助图形

ID 12 选择工具箱中的【文字工具】T，在文字下方输入拼音“zhangjiajie qijingjieshao”，设置字体为“Capture it 2”，

设置大小为21点，效果如图12.13所示。

图12.13 输入拼音

ID 13 打开配套光盘中的“调用素材\第12章\景区宣传页\张家界简介.doc”文件。选中正文其中一段的内容，按下Ctrl + C组合键复制文字，回到InDesign软件中按下Ctrl + V组合键粘贴文本，将剩下的内容以同样的方式复制到文档中。设置其中一个文本框的【大小】为66毫米×65毫米，【位置】为X:261毫米，Y:124毫米；设置另一个文本框的【大小】为75毫米×131毫米，【位置】为X:330毫米，Y:126毫米，如图12.14所示。

图12.14 复制文字

ID 14 打开【段落样式】面板，单击【段落样式】面板中【创建新样式】按钮，在新建的字符样式名称上双击，打开【段落样式选项】对话框，在【段落样式和选项】对话框中切换到【基本字符】选项，在【样式名称】文本框中输入“正文”，在【字体系列】下拉列表中选择【金桥简楷体】，设置【大小】为9点，设置【行距】为自动，如图12.15所示。

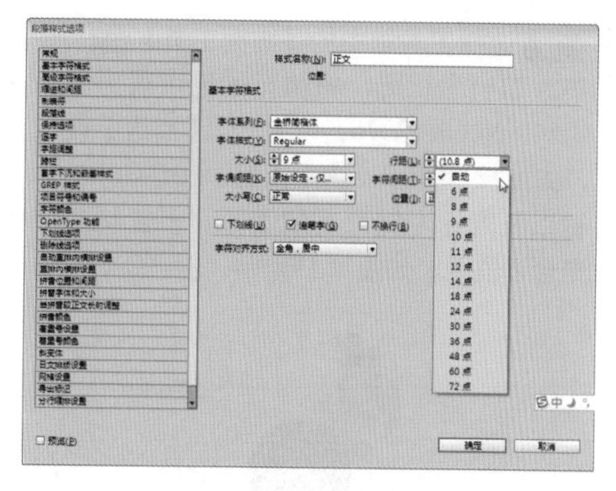

图12.15 【段落样式和选项】对话框

ID 15 在【段落样式和选项】对话框中切换到【缩进和间距】选项，设置【首行缩进】为7毫米，设置【段后距】为2毫米，如图12.16所示。

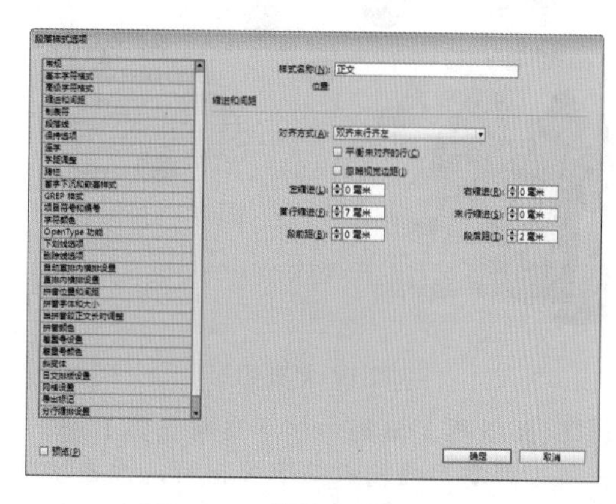

图12.16 【缩进和间距】选项

ID 16 选中两个文本的文本框，单击【段落样式】面板中【正文】样式，简介文字效果如图12.17所示。

图12.17 简介文字效果

ID 17 选择工具箱中的【椭圆工具】，在页面中绘制一个正圆，将填充颜色设置为深黄色（C:54；M:60；Y:76；K:7），【描边】设置为无，如图12.18所示。选中正圆，按住Ctrl + Alt组合键以及鼠标左键可复制圆形，多复制几份摆放到合适位置，如图12.19所示。

图12.18 绘制圆形

图12.19 复制圆形

ID 18 选择工具箱中的【文字工具】T，在每个圆的上面输入文字和拼音，设置字体为“方正隶二简体”，颜色为均为黑色，根据不同圆形的大小来设置文字的大小，效果如图12.20所示。

图12.20 输入文字

ID 19 选择工具箱【直线工具】，在两个圆之间绘制一条直线，设置【粗细】为0.5点，颜色设置为深黄色（C:54；M:60；Y:76；K:7），如图12.21所示。

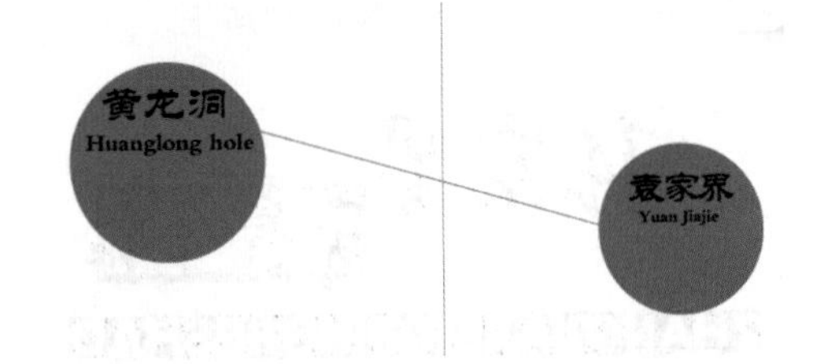

图12.21 绘制直线

ID 20 选中直线，按住Ctrl + Alt组合键以及鼠标左键可复制直线，将复制的直线调整角度，分别摆放到圆和圆之间来建立连接，效果如图12.22所示。

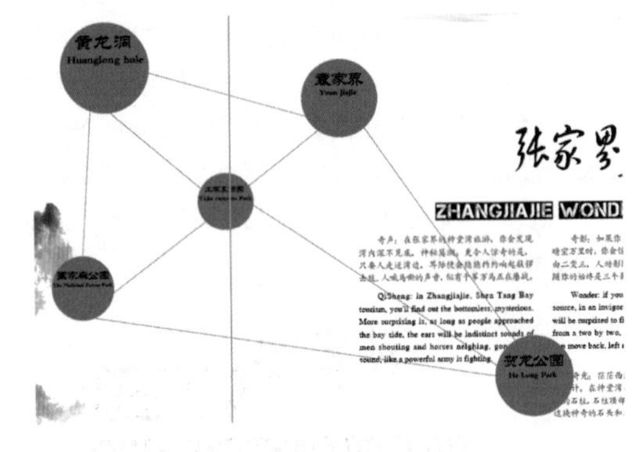

图12.22 复制直线

ID 21 选择【文件】|【置入】命令，打开【置入】对话框，选择配套光盘中的“调用素材\第12章\景区宣传页\云1.psd”，将置入的图片放置在正圆位置，并复制几份分别摆放至其他正圆上面，效果如图12.23所示。

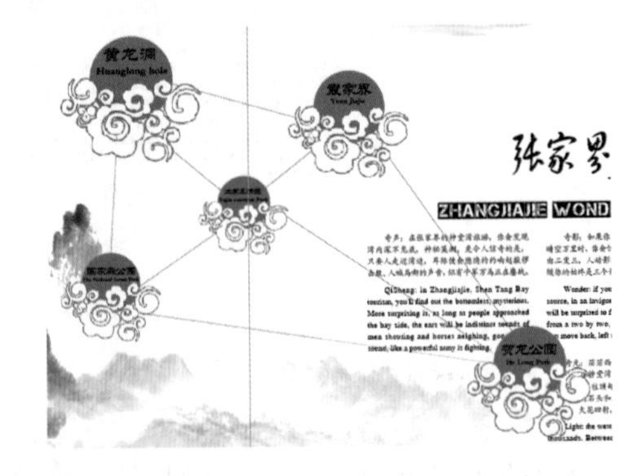

图12.23 置入图片并复制

ID 22 选中文字上方的圆、云图片以及圆上的文字，选择【对象】|【编组】命令，将三个选中图形编组。打开【文本绕排】面板，选择【沿对象文字绕排】，其他参数如图12.24所示。这样完成了最终效果。

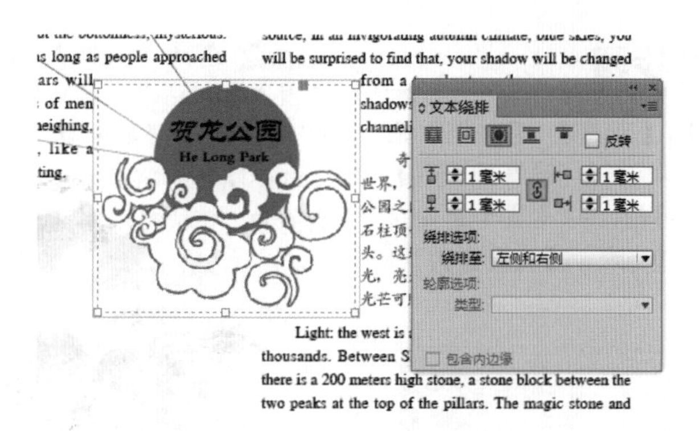

图12.24 设置文本绕排

12.2 酒楼菜单设计

案例分类：版式设计类

视频位置：配套光盘\movie\12.2 酒楼菜单设计.avi

12.2.1 技术分析

本例讲解酒楼菜单内页设计。首先利用【矩形工具】绘制矩形以制作整个内页的底色；然后导入图片并利用效果将图片羽化调节不透明度，使其与背景融合；最后利用【贴入】命令制作菜品效果，添加菜品名称和价格，制作出酒楼菜单内页设计。

12.2.2 本例知识点

- 【定向羽化】命令的使用
- 不透明度的调整
- 【贴入】命令的使用
- 【水平翻转】功能

12.2.3 最终效果图

本实例的最终效果如图12.25所示。

图12.25 最终效果图

12.2.4 操作步骤

ID 1 选择【文件】|【新建】|【文档】命令，打开【新建文档】对话框，设置【页数】为2，勾选【对页】复选框，并设置【起始页码】为2，【宽度】为210毫米，【高度】为285毫米，如图12.26所示。

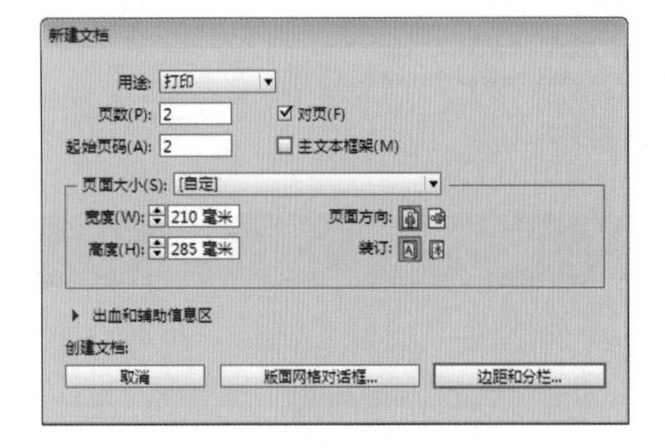

图12.26 【新建文档】对话框

ID 2 单击【边距和分栏】按钮，打开【新建边距和分栏】对话框，将上、下、内、外【边距】的值都设置为20毫米，如图12.27所示。

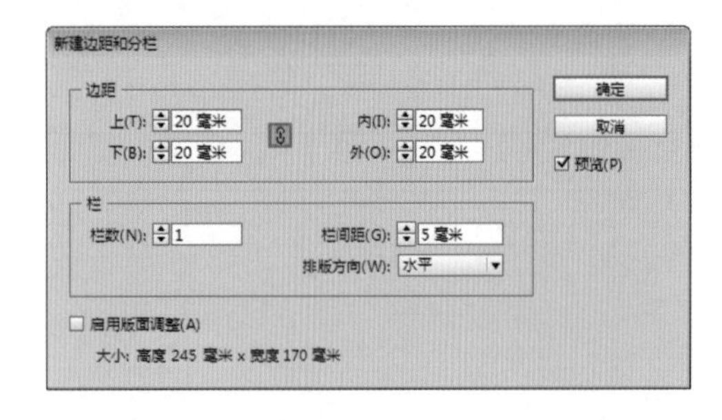

图12.27 【新建边距和分栏】对话框

ID 3 选择工具箱中的【矩形工具】，沿页面大小绘制一个与页面大小相同的矩形，并将其填充为橙色（C:14；M:37；Y:85；K:0），【描边】设置为无，如图12.28所示。

图12.28 绘制矩形

ID 4 选择【文件】|【置入】命令，打开【置入】对话框，选择配套光盘中的“调用素材\第12章\酒楼菜单\蔬菜组合.jpg”，按住Ctrl + Shift组合键将其等比例缩小，然后放置到页面的左上角位置，效果如图12.29所示。

图12.29 缩小并放置到左上角

ID 5 选择【对象】|【效果】|【定向羽化】命令，打开【效果】对话框，在【羽化宽度】选项组中设置【下】和【右】的值均为50毫米，如图12.30所示。选择【窗口】|【效果】命令，打开【效果】面板，将图片的【不透明度】调整为60%，此时的图片下方和右侧将出现羽化效果，如图12.31所示。

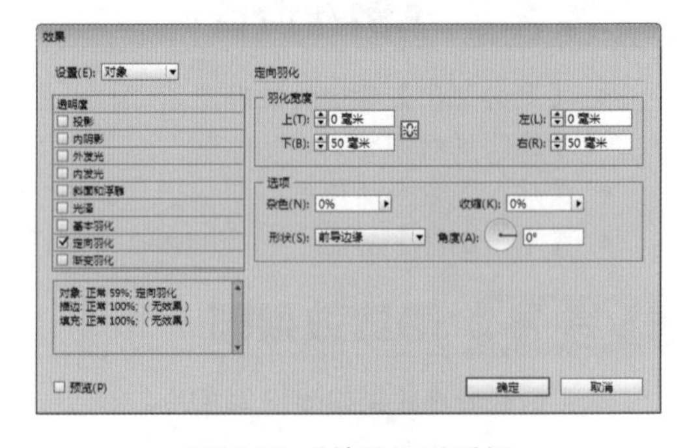

图12.30 【效果】对话框

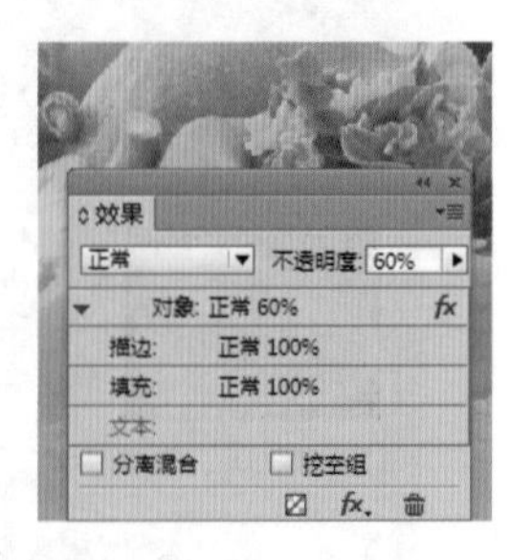

图12.31 羽化后的效果

ID 6 按住Alt键将图片复制一份。并移动到右侧页面的右下角位置。选择【对象】|【效果】|【定向羽化】命令，打开【效果】对话框，在【羽化宽度】选项组中设置【上】和

【左】的值都为50毫米，将【下】和【右】的值修改为0毫米，图片效果如图12.32所示。

图12.32 复制并羽化图片

ID 7 选择工具箱中的【矩形工具】，沿左侧页面的边缘在偏上的位置绘制大小两个矩形，并将其填充为红色（C:15；M:100；Y:100；K:0），【描边】设置为无，将其复制一份并适当缩小放在保侧作为下划线，如图12.33所示。

图12.33 绘制矩形并填充

ID 8 选择工具箱中的【文字工具】T，在红色矩形上输入文字“PREMIUM”，设置文字的颜色为白色；再次输入文字“精品菜系”，颜色设置为黑色，如图12.34所示。

图12.34 输入文字

ID 9 选择【文件】|【置入】命令，打开【置入】对话框，选择配套光盘中的“调用素材\第12章\酒楼菜单\花纹.psd”，按住Ctrl + Shift组合键将其等比例缩小，然后放置到页面的左下角位置，效果如图12.35所示。

图12.35 导入花纹素材

ID 10 打开【效果】面板，修改花纹的【不透明度】为40%，如图12.36所示。

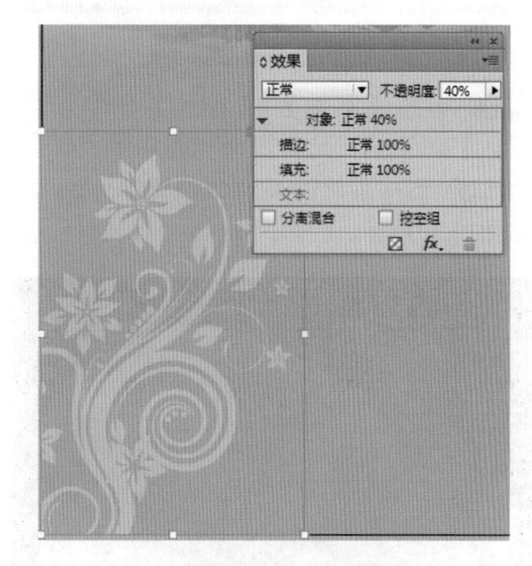

图12.36 修改不透明度

ID 11 按住Alt键拖动花纹，将其复制一份，按住Ctrl + Shift组合键将其适当放大并进行水平翻转，放置在右页的右侧边缘位置，如图12.37所示。

图12.37 复制花纹

ID 12 选择工具箱中的【矩形工具】，在左侧页面中绘制一个矩形，将矩形的【填充】设置为无，【描边】的颜色设置为白色，打开【描边】面板，设置描边的【粗细】为5点，如图12.38所示。

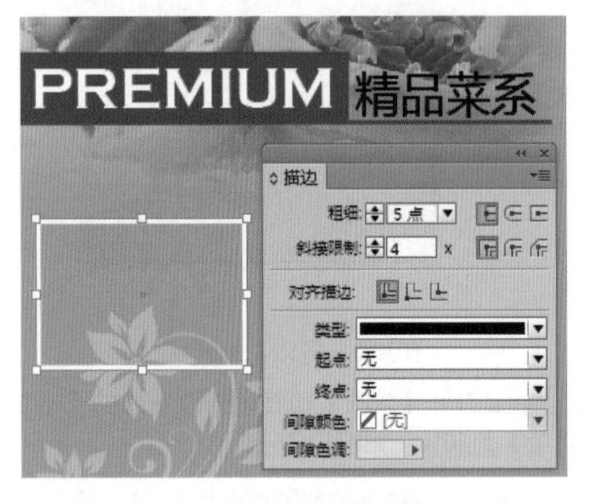

图12.38 绘制矩形并描边

ID 13 选择【文件】|【置入】命令，打开【置入】对话框，选择配套光盘中的"调用素材\第12章\酒楼菜单\冰糖银耳煨雪蛤.jpg"，效果如图12.39所示。

图12.39 打开的图片

ID 14 选择图片，按Ctrl + X组合键将其剪切，然后选择刚才绘制的矩形边框，选择【编辑】|【贴入内部】命令，将其贴入矩形边框中。将光标移到图片上，在图片的中心位置将显示一个圆环标识，如图12.40所示。

技巧

按Alt + Ctrl + V组合键，可以快速执行【贴入内部】命令。

图12.40 圆环标识

ID 15 单击圆环标识后，可以看到图片处于选中状态，此时可以对图片进行移动、缩放、旋转等操作，而不会对外框产生影响，如图12.41所示。这里将图片进行缩小处理，如图12.42所示。

提示

贴入内部的图片选择，较之前的版本有很大的变化，这也是InDesign的新功能之一，要特别注意该功能的使用方法。

图12.41 选择图片　　图12.42 缩小图片

ID 16 选择工具箱中的【矩形工具】，在图形的下方绘制大小两个矩形，将下方的大矩形填充为深褐色（C:0；M:44；Y:100；K:56），上方的小矩形填充为白色，并将两个矩形的【描边】设置为无，如图12.43所示。

图12.43 绘制矩形

ID 17 选择工具箱中的【文字工具】T，在矩形上方拖动一个文字框并输入菜品的名称，设置字体为“幼圆”，字体大小为13点，颜色为黑色；同样的方法在右侧输入菜品的价格，设置字体为“微软雅黑”，字体大小为13点，颜色也为黑色，如图12.44所示。

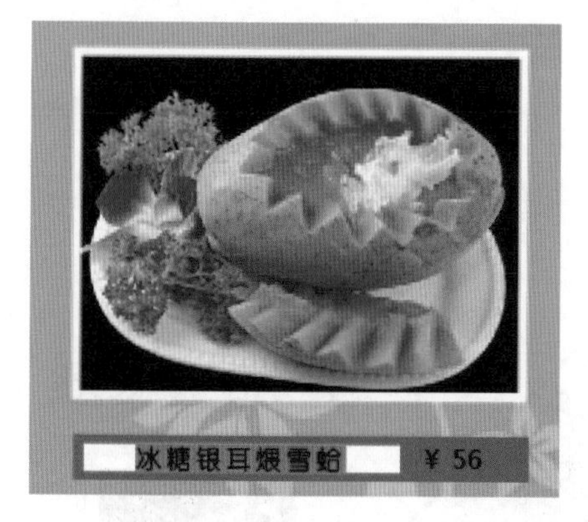

图12.44 添加文字

ID 18 将菜品图片和价格全部选中，将其复制一份并放置在右侧，将菜品图片删除。选择【文件】|【置入】命令，打开【置入】对话框，选择配套光盘中的“调用素材\第12章\酒楼菜单\川菜回锅肉.jpg”，利用前面讲解过的方法，将其贴入到方框中，并使用【文字工具】T修改菜品的名称及价格，如图12.45所示。

图12.45 制作第二个菜品

ID 19 利用同样的方法，将矩形边框复制多份，并选择【文件】|【置入】命令，打开【置入】对话框，选择配套光盘中的“调用素材\第12章\酒楼菜单\金衣大明虾.jpg、小炒黑山羊.jpg、至尊烧鹅.jpg、吊烧乳鸽.jpg、油淋鸡爪.jpg、大刀耳片.jpg”图片，并将其分别贴入矩形边框中，调整大小，修改菜品的名称及价格，完成效果如图12.46所示。

图12.46 制作其他菜品

ID 20 选择工具箱中的【矩形工具】，在右页右侧边缘位置绘制一个长条矩形，将其填充为红色（C:15；M:100；Y:100；K:0），【描边】设置为无，这样就完成了酒楼菜单设计，最终效果如图12.47所示。

图12.47 最终效果

12.3 化妆品三折页版面设计

案例分类：版式设计类

视频位置：配套光盘\movie\12.3 化妆品三折页版面设计.avi

12.3.1 技术分析

本例主要讲解化妆品三折页版面设计。首先利用【椭圆工具】为页面划分出三部分；然后利用【文字工具】T添加文字，并利用不同的字体和大小增加折页的美观；最后置入图片中添加文字，利用【直接选择工具】来调整图片的不规则外观等，完成化妆品三折页的实例。

12.3.2 本例知识点

- 【渐变羽化工具】的使用
- 【椭圆工具】
- 【段落样式】的使用
- 【钢笔工具】

12.3.3 最终效果图

本实例的最终效果如图12.48所示。

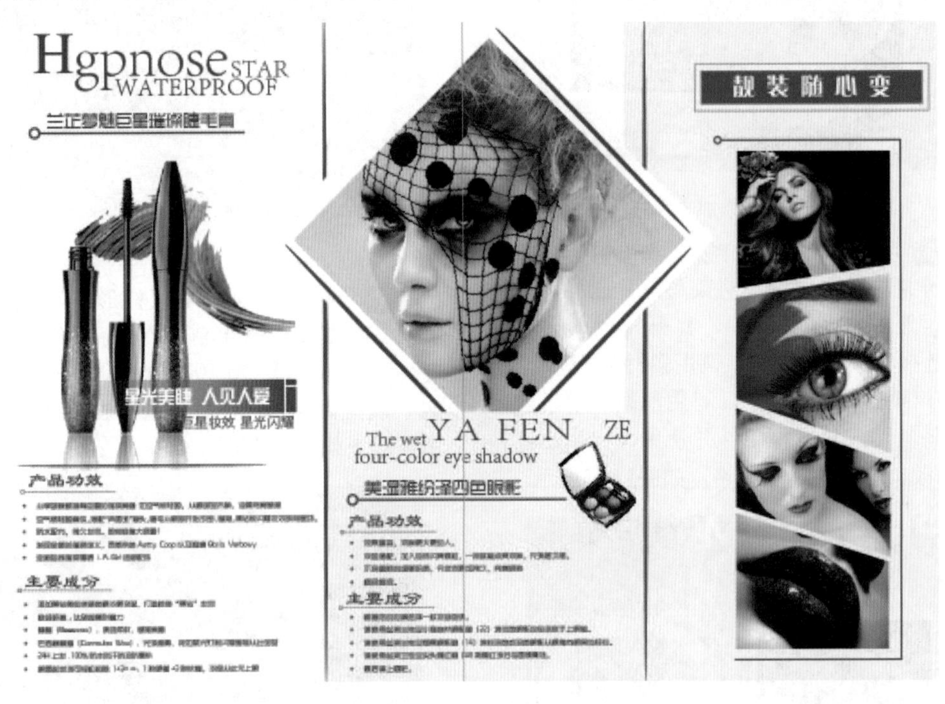

图12.48 最终效果图

12.3.4 操作步骤

ID 1 选择【文件】|【新建】|【文档】命令，打开【新建文档】对话框，设置【宽度】为210毫米，【高度】为285毫米，如图12.49所示。

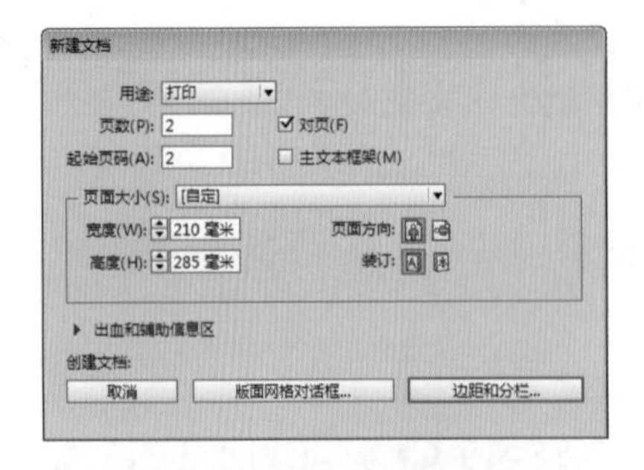

图12.49 【新建文档】对话框

ID 2 单击【边距和分栏】按钮，打开【新建边距和分栏】对话框，将上、下、内、外【边距】的值都设置为0毫米，如图12.50所示。

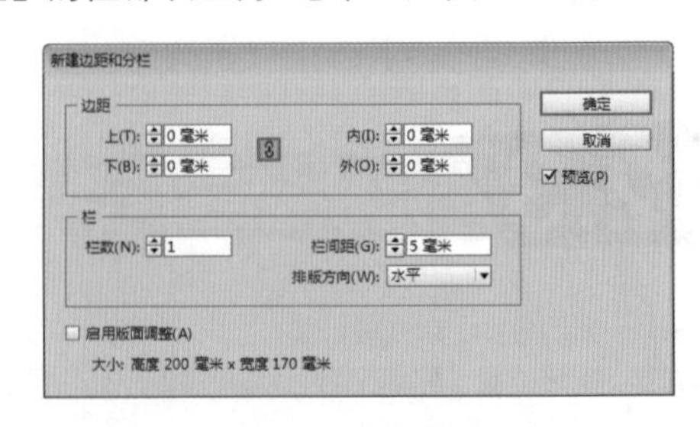

图12.50 【新建边距和分栏】对话框

ID 3 将页面划分为三部分，选择工具箱中的【椭圆工具】，在页面X：140和X：280

处绘制两条中间粗两边细的扁圆线，【描边】设置为无，填充颜色为红色（C:28；M:100；Y:100；K:0），效果如图12.51所示。

图12.51 将页面分为三部分

ID 4 选择工具箱中的【文字工具】T，在页面输入英文“Hgpnose”、“STAR”和“WATERPROOF”。将“Hgpnose”中的“H”设置字体为“创艺简隶书”，“gpnose”的字体为“Adobe 宋体 Std”，颜色为深蓝色（C:90；M:80；Y:50；K:16），大小为71点；“STAR”设置字体为“Adobe 宋体 Std”，颜色为红色（C:28；M:100；Y:100；K:0），大小为31点；“WATERPROOF”设置字体为“Adobe 宋体 Std”，颜色为深蓝色（C:90；M:80；Y:50；K:16），大小为31点，效果如图12.52所示。

Hgpnose STAR
WATERPROOF

图12.52 设置文字

ID 5 继续使用【文字工具】T，输入“兰芷梦魅巨星璀璨睫毛膏”，设置文字的字体为“时尚中黑简体”，颜色为红色（C:28；M:100；Y:100；K:0），大小为22点，效果如图12.53所示。

Hgpnose STAR
WATERPROOF
兰芷梦魅巨星璀璨睫毛膏

图12.53 设置文字

ID 6 选择工具箱中的【直线工具】╱，在刚输入文字的下方绘制一条直线，设置直线的描边颜色为红色（C:28；M:100；Y:100；K:0），【粗细】为3点，【起点】为圆，效果如图12.54所示。

Hgpnose STAR
WATERPROOF
兰芷梦魅巨星璀璨睫毛膏

图12.54 绘制直线

ID 7 选择【文件】|【置入】命令，打开【置入】对话框，选择配套光盘中的“调用素材\第12章\化妆品三折页\兰芷睫毛膏.psd”，将图片调整合适大小，效果如图12.55所示。

Hgpnose STAR
WATERPROOF
兰芷梦魅巨星璀璨睫毛膏

图12.55 置入素材

ID 8 选择工具箱中的【矩形工具】，在置入的素材上面绘制一个矩形，将填充颜色设置为红色（C:28；M:100；Y:100；K:0）。再选择工具箱中的【渐变羽化工具】，选中刚刚绘制的矩形，从右向左拖动制作出半透明效果，如图12.56所示。

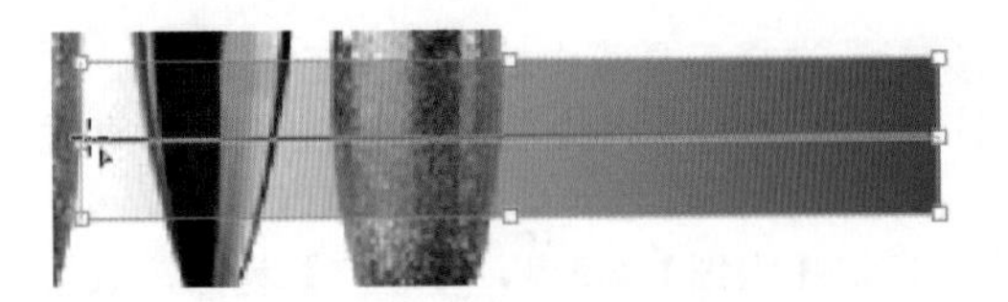

图12.56 填充颜色

ID 9 选择工具箱中的【矩形工具】▭，在刚刚绘制的矩形右侧绘制两个小矩形，颜色分别填充为深蓝色（C:90；M:80；Y:50；K:16）和红色（C:28；M:100；Y:100；K:0），效果如图12.57所示。

图12.57 绘制矩形

ID 10 选择工具箱中的【文字工具】T，在半透明矩形上输入文字“星光美睫 人见人爱”，设置文字的字体为“长城新艺体”，设置颜色为白色，【大小】为22点，效果如图12.58所示。

图12.58 输入文字

ID 11 在矩形的下方再次输入文字“巨星妆效 星光闪耀”，设置文字的字体为“Hiragino Sans GB”，设置颜色为红色（C:28；M:100；Y:100；K:0），【大小】为17点，效果如图12.59所示。

图12.59 输入文字

ID 12 选择工具箱中的【椭圆工具】◯，在设计好的前半部分底层绘制一个中间粗两边细的扁圆线，设置颜色为红色（C:28；M:100；Y:100；K:0），效果如图12.60所示。

图12.60 绘制扁圆线

ID 13 打开配套光盘中的“调用素材\第12章\化妆品三折页\化妆品三折页.doc”文件。选中正文其中一段的内容，按Ctrl + C组合键复制文字，回到InDesign软件中按Ctrl + V将文本粘贴到页面上，效果如图12.61所示。

图12.61 粘贴文字

ID 14 设置其中“产品功效”文字的字体为“方正隶书简体”，颜色为红色（C:28；M:100；Y:100；K:0），【大小】为24点，效果如图12.62所示。

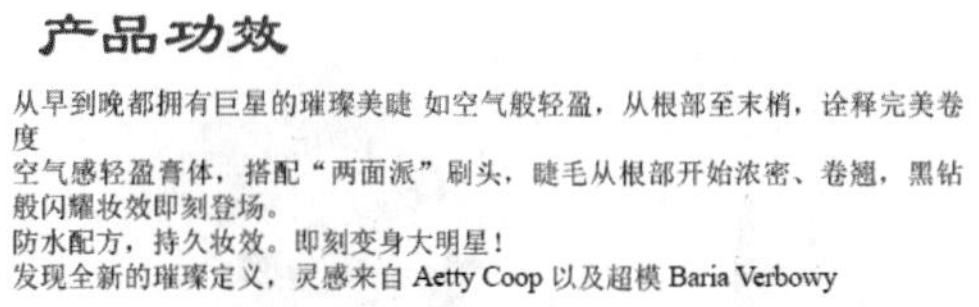

图12.62 设置小标题字体

ID 15 选择工具箱中的【直线工具】，在小标题下方绘制一条直线，设置描边的颜色为红色（C:28；M:100；Y:100；K:0），【粗细】为1点，【起点】为方形，效果如图12.63所示。

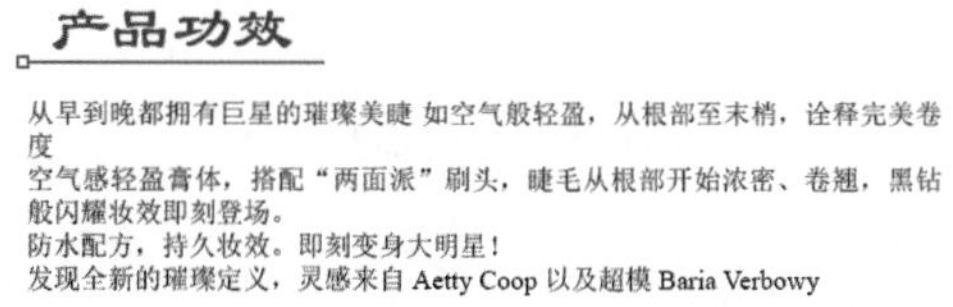

图12.63 设置小标题辅助图形

ID 16 打开【段落样式】面板，单击【段落样式】面板中【创建新样式】按钮，在新建的字符样式名称上双击鼠标，打开【段落样式选项】对话框。在【段落样式和选项】对话框中切换到【基本字符】选项，在【样式名称】文本框中输入“段落样式1”，在【字体系列】下拉列表中选择【时尚中黑简体】，设置【大小】为9点，设置【行距】为10点，如图12.64所示。

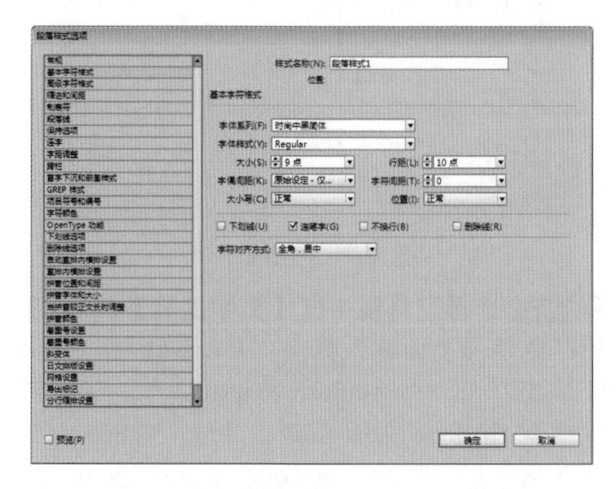

图12.64 【段落样式选项】对话框

ID 17 在【段落样式选项】对话框中切换到【字符颜色】选项，选择【字符颜色】列表中的红色（C:15；M:100；Y:100；K:0），如图12.65所示。

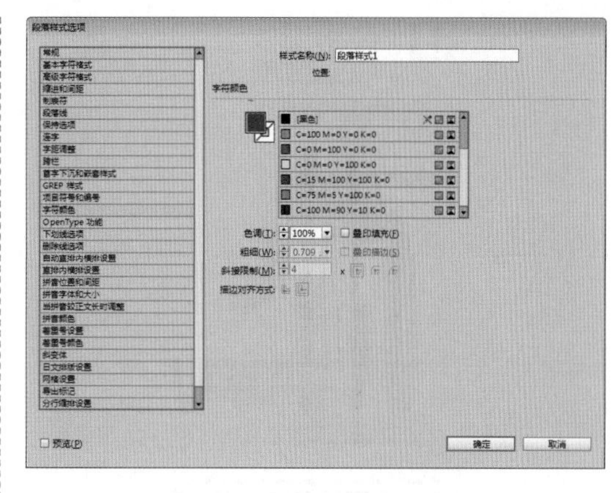

图12.65 【字符颜色】选项

ID 18 在【段落样式选项】对话框中切换到【项目符号和编号】选项，在【项目符号和编号】列表中选择第6个【*u】，在【项目符号或编号位置】设置【制表符位置】为7毫米，如图12.66所示。

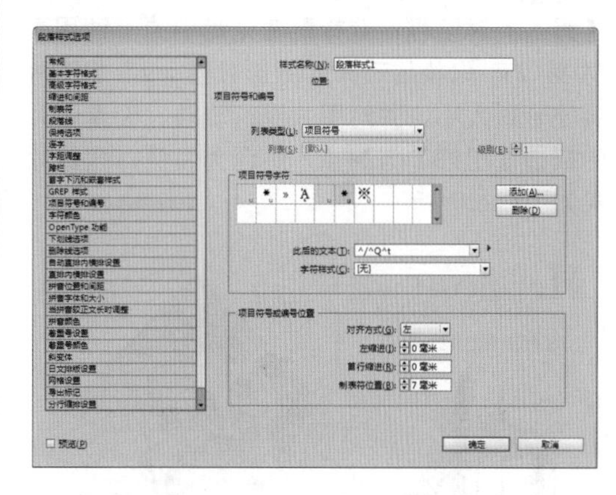

图12.66 设置【项目符号和编号】选项

ID 19 选中文本的文本框，单击【段落样式】面板中【段落样式1】样式，效果如图12.67所示。

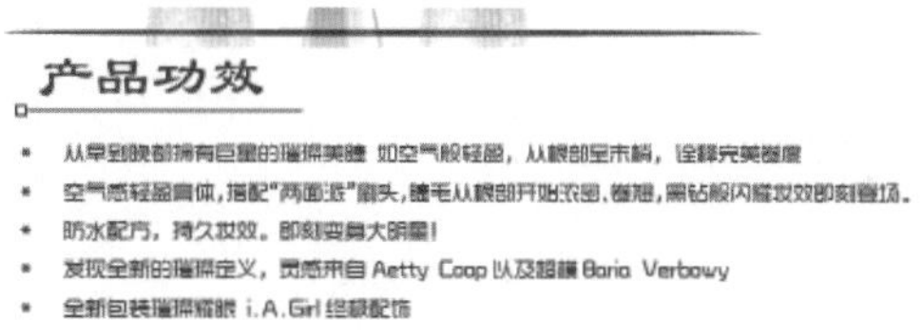

图12.67 使用段落样式效果

ID 20 按照以上方法在从word文档中复制一部分文字粘贴到InDesign文件中，并设置小标题以及使用段落样式和使用【直线工具】为小标题绘制辅助图形，这样三折页的第一折页设计完成，效果如图12.68所示。

图12.68 折页1效果

ID 21 选择【文件】|【置入】命令，打开【置入】对话框，选择配套光盘中的“调用素材\第12章\化妆品三折页\眼影妆容.jpg”将图片调整合适大小，并对图片进行旋转，设置图片的描边【粗细】为24点，颜色为白色，摆放效果如图12.69所示。

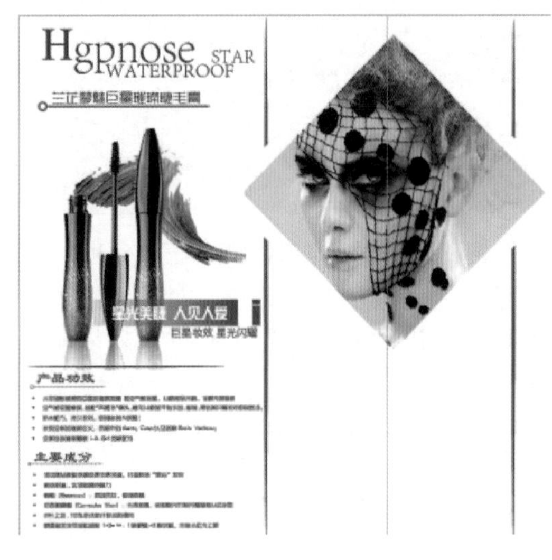

图12.69 置入图片

ID 22 选择工具箱中的【椭圆工具】，在置入的图片周围绘制与图片水平倾斜的三条中间粗两边细的扁圆线，设置颜色为深蓝色（C:90；M:80；Y:50；K:16），效果如图12.70所示。

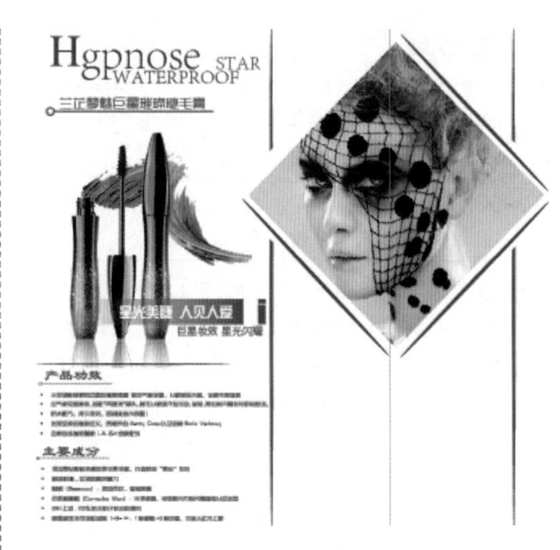

图12.70 绘制扁圆线

ID 23 选择工具箱中的【矩形工具】，在页面折页2的位置下方绘制一个矩形，【描边】设置为无，填充颜色为粉红色（C:1；M:9；Y:2；K:10），效果如图12.71所示。

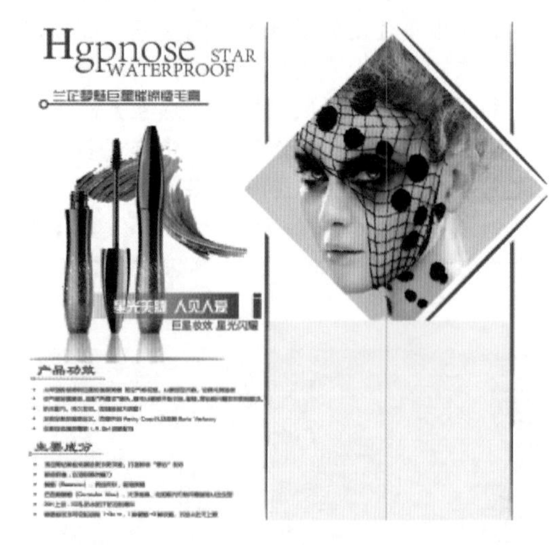

图12.71 绘制矩形

ID 24 选择工具箱中的【文字工具】T，在粉红色矩形上面输入英文“The wet”、“YA FEN ZE”和“four-color eye shadow”，设置字体均为“Adobe 宋体 Std”，设置“The wet”颜色为红色（C:28；M:100；Y:100；K:0），“YA FEN ZE”和“four-color eye shadow”颜色为深蓝色（C:90；M:80；Y:50；K:16），调整文字合适的不同大小，摆放效果如图12.72所示。

The wet YA FEN ZE
four-color eye shadow

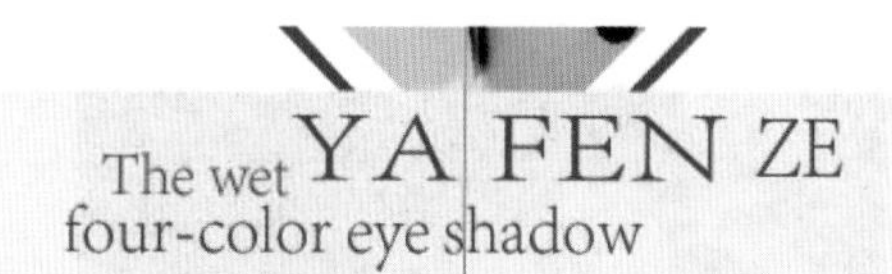

图12.72 调整文字

ID 25 继续使用【文字工具】T，输入“美湿雅纷泽四色眼影”，设置文字的字体为【时尚中黑简体】，色为红色（C:28；M:100；Y:100；K:0），【大小】为22点，效果如图12.73所示。

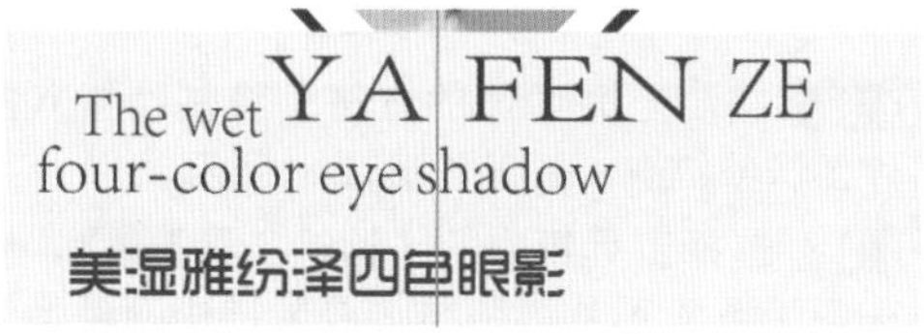

The wet YA FEN ZE
four-color eye shadow
美湿雅纷泽四色眼影

图12.73 输入文字

ID 26 选择工具箱中的【直线工具】，在刚输入文字的下方绘制一条直线，设置直线的描边颜色为红色（C:28；M:100；Y:100；K:0），【粗细】为3点，【起点】为圆，效果如图12.74所示。

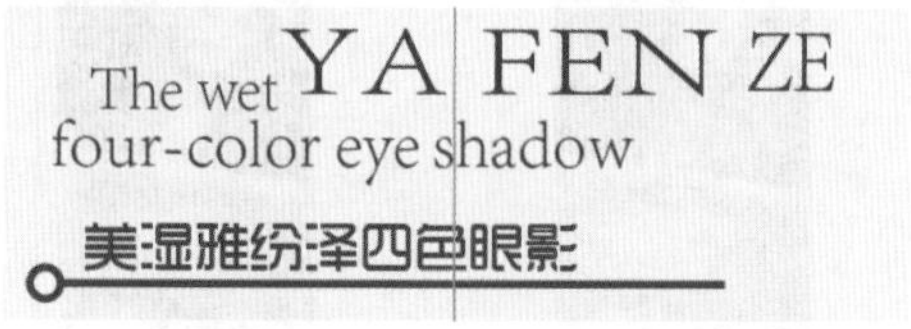

The wet YA FEN ZE
four-color eye shadow
美湿雅纷泽四色眼影

图12.74 绘制直线

ID 27 选择【文件】|【置入】命令，打开【置入】对话框，选择配套光盘中的“调用素材\第12章\化妆品三折页\四色眼影.psd”，将图片调整合适大小。确认选中置入的素材，打开【文本绕排】面板，选择【沿对象形状绕排】，其他参数设置如图12.75所示。

The wet YA FEN ZE
four-color eye shadow
美湿雅纷泽四色眼影
文本绕排

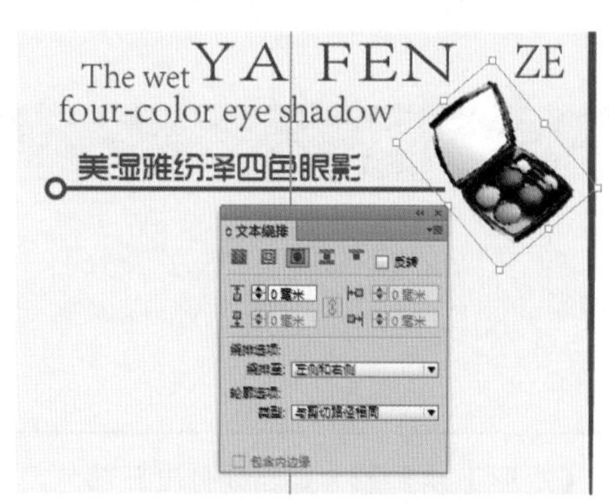

图12.75 使用文本绕排

ID 28 按照以上方法在从Word文档中复制一部分文字粘贴到InDesign文件中，并设置小标题及使用段落样式和使用【直线工具】为小标题绘制辅助图形，这样三折页的第二折页设计完成，效果如图12.76所示。

Hgpnose STAR
WATERPROOF
The wet YA FEN ZE
four-color eye shadow
美湿雅纷泽四色眼影
产品功效
主要成分

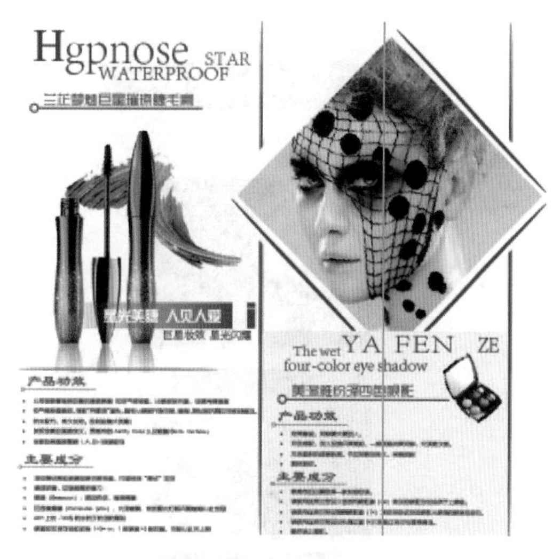

图12.76 完成折页1、2设计

ID 29 选择工具箱中的【矩形工具】，在页面最左侧绘制一个矩形，设置【描边】为无，填充颜色为红色（C:28；M:100；Y:100；K:0），再将其复制一份，调整复制的矩形大小，设置填充颜色为无，描边颜色为红色（C:28；M:100；Y:100；K:0），描边【粗细】为1点，效果如图12.77所示。

图12.77 绘制并复制矩形

ID 30 选择工具箱中的【文字工具】T，在刚刚绘制的矩形上面输入文字“靓装随心变”，设置文字的字体为“方正粗倩简体”，【大小】为28点，颜色为白色，效果如图12.78所示。

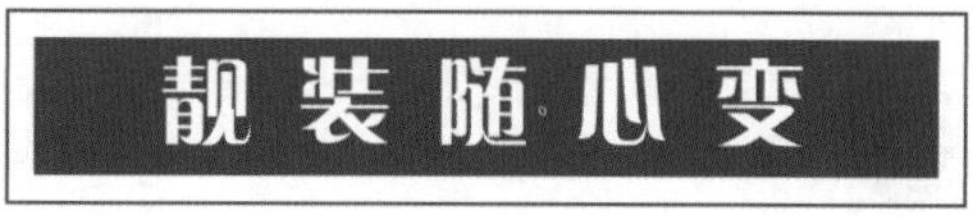

靓装随心变

图12.78 输入文字

ID 31 选择【文件】|【置入】命令，打开【置入】对话框，选择配套光盘中的“调用素材\第12章\化妆品三折页\素材1.jpg、素材2.jpg、素材3.jpg、素材4.jpg”，将图片调整到合适的大小，摆放位置如图12.79所示。

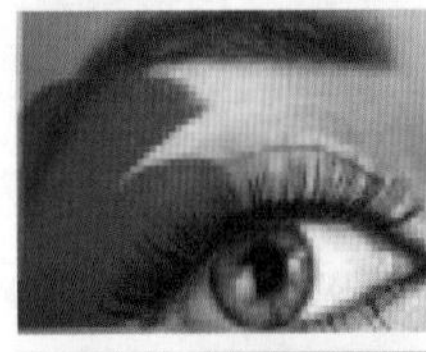

图12.79 置入图片

ID 32 选择工具箱中的【直接选择工具】，选中第一张图片的右下角的锚点，按住Shift键的同时向上拖动，效果如图12.80所示。

图12.80 拖动锚点

ID 33 按照上面讲过的方法，将其他置入的图片都调整锚点，效果如图12.81所示。

ID 34 选择工具箱中的【钢笔工具】，绘制一条沿置入图片的路径，设置描边颜色为深蓝色（C:90；M:80；Y:50；K:16），【粗细】为2点，【起始】为圆，效果如图12.82所示。这样，就完成化妆品三折页的最终效果。

图12.81 调整图片

图12.82 绘制路径

12.4 画册内页版式设计

案例分类：版式设计类

视频位置：配套光盘\movie\12.4 画册内页版式设计.avi

12.4.1 技术分析

本例讲解素养女人的画册内页版式设计，首先利用【矩形工具】为页面划分出三部分，并使用【文字工具】T添加文字；然后利用不同的绘图工具添加辅助图形来增加文字的美观并置入图片，以及针对文字大小的不同来增加设计感；最后利用【钢笔工具】围绕版面绘制一条线，增加版面的严谨性。

12.4.2 本例知识点

- 【矩形工具】的使用
- 对象的排列调整
- 【效果】面板的使用

12.4.3 最终效果图

本实例的最终效果如图12.83所示。

图12.83 最终效果图

12.4.4 操作步骤

ID 1 选择【文件】|【新建】|【文档】命令，打开【新建文档】对话框，【宽度】为420毫米，【高度】为285毫米，如图12.84所示。

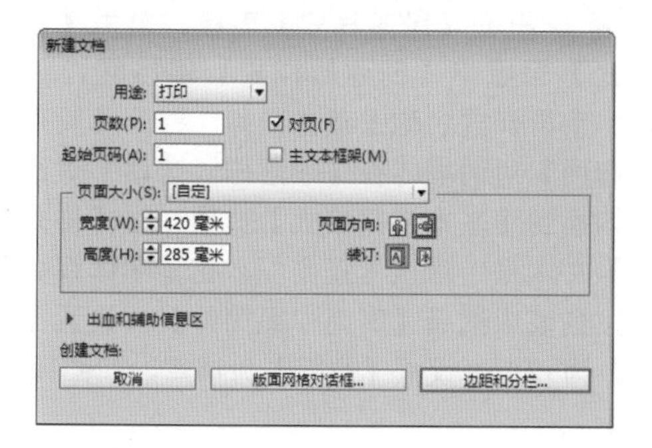

图12.84 【新建文档】对话框

ID 2 单击【边距和分栏】按钮，打开【新建边距和分栏】对话框，将上、下、内、外【边距】的值都设置为0毫米，如图12.85所示。

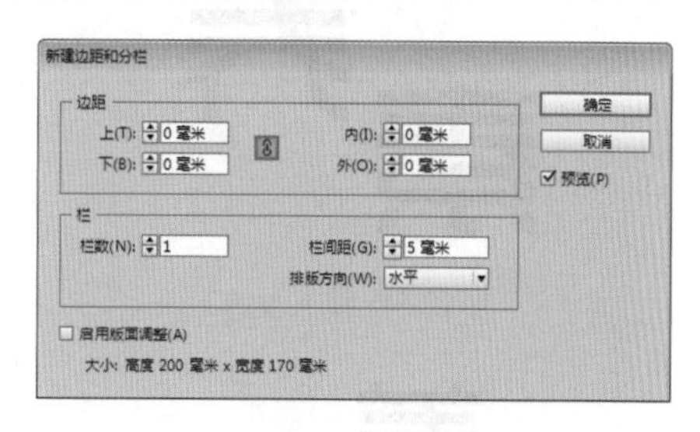

图12.85 【新建边距和分栏】对话框

ID 3 单击工具箱中的【矩形工具】，绘制一个等同于页面大小的矩形，【描边】设置为无，将颜色填充为玫红色（C:30；M:85；Y:55；K:0），效果如图12.86所示。

图12.86 绘制矩形

ID 4 再次使用【矩形工具】，在页面左侧绘制一个白色矩形，效果如图12.87所示。

图12.87 绘制矩形

ID 5 单击工具箱中的【文字工具】T，在页面左侧的白色矩形上输入文字“素”和“养”两个文字，将文字的颜色设置为黑色，字体设置为“时尚中黑简体”，【大小】设置为53点，摆放效果如图12.88所示。

ID 6 再次输入中文“女人永恒的魅力”及英文“Women eternal charm”，将中文颜色设置为黑色，字体为“时尚中黑简体”，【大小】为23点；英文颜色设置为棕色（C:31；M:66；Y:100；K:0），字体为“Akashi”，【大小】为18点，摆放效果如图12.89所示。

素养

图12.88 输入文字

素养女人永恒的魅力
Women eternal charm

图12.89 输入中文及英文

ID 7 选择工具箱中的【椭圆工具】，在设置好的文字上方绘制一个正圆，【描边】设置为白色，【粗细】为3.5，颜色填充为玫红色（C:18；M:95；Y:43；K:0）。再选择【对象】|【排列】|【后移一层】命令，直到后移到如图12.90所示的位置即可。

素养女人永恒的魅力
Women eternal charm

图12.90 绘制正圆

ID 8 打开配套光盘中的“调用素材\第12章\画册内页\素养女人.doc”文件。选中正文其中一段的内容，按Ctrl + C组合键复制文字，回到InDesign软件中按Ctrl + V组合键将文本粘贴到页面上，效果如图12.91所示。

素养女人也许不很漂亮，也许没有珠光宝气和花枝招展的装扮，可她一定有明朗的笑容，宁静的神情，自信又安然的眼神，优雅的气质。这些足以让她周身散发出无尽的魅力和迷人的光环。
素养女人不是一味苛求完美，而是立足现实之中，却不随波逐流，于取舍之间，保留一份真性情。
素养女人首先是自尊自律自爱的。她知道在生活中如何把持自我，在诱惑中不迷失本性，她明了不慎重和不检点的言行会有什么样的后果和负面效应。她爱惜名誉，珍重清白，不会把自己作为游戏人生的感情试验品，更不会将自身作为利益交易的工具。只有懂得爱自己的女人才会得到真心的爱。
解和体谅他人的处境，不一味的去索求他人的认可和回报，用一份纯净的爱心为生活尽自己的力量。

图12.91 复制文字

ID 9 打开【段落样式】面板，单击【段落样式】面板中【创建新样式】按钮，在新建的字符样式名称上双击鼠标，打开【段落样式选项】对话框。在【段落样式选项】对话框中切换到【基本字符格式】选项，在【样式名称】文本框中输入“正文”，在【字体系列】下拉列表中选择【时尚中黑简体】，设置【大小】为10点，设置【行距】为18点，如图12.92所示。

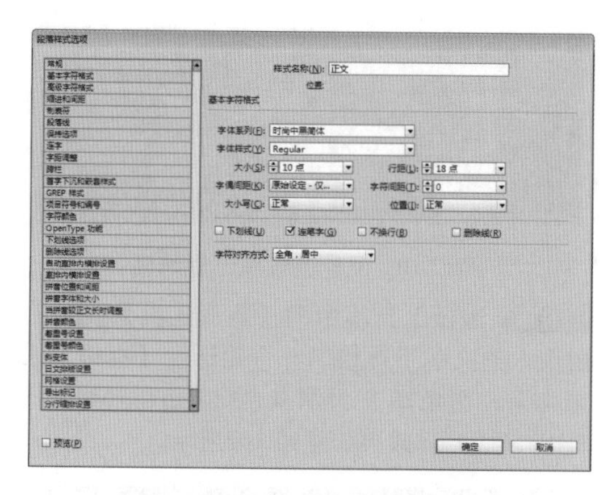

图12.92 【段落样式选项】对话框

ID 10 在【段落样式选项】对话框中切换到【缩进和间距】选项，设置【首行缩进】为8毫米，如图12.93所示。

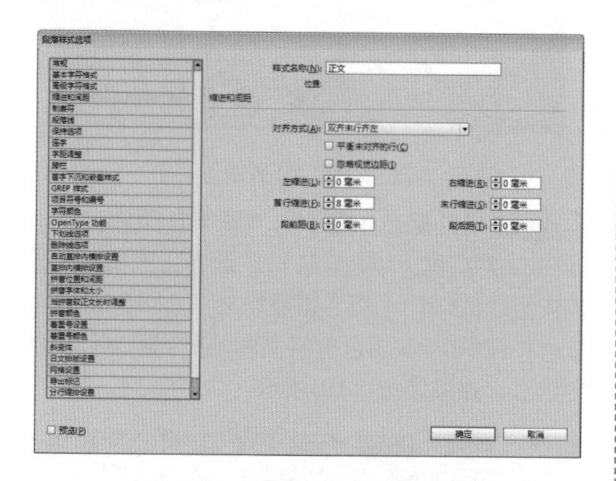

图12.93 【缩进和间距】选项

ID 11 在【段落样式选项】对话框中切换到【字符颜色】选项，双击填充颜色，在弹出的【新建颜色】对话框中设置【颜色模式】为（CMYK），其中的数值如图12.94所示。设置完成后单击【确定】按钮保存，并在【字符颜色】列表中选中刚添加的颜色，如图12.95所示。

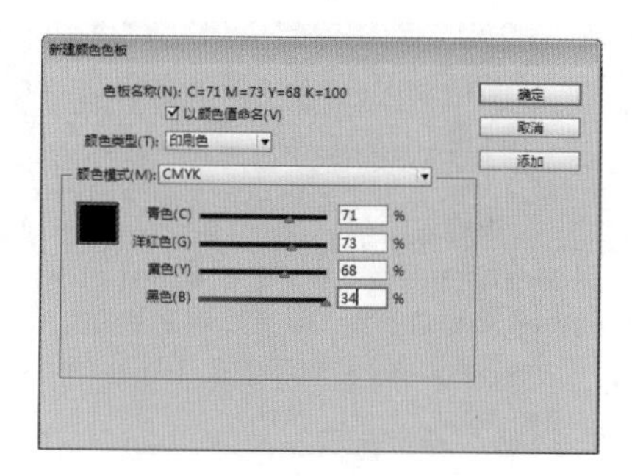

图12.94 【新建颜色色板】对话框

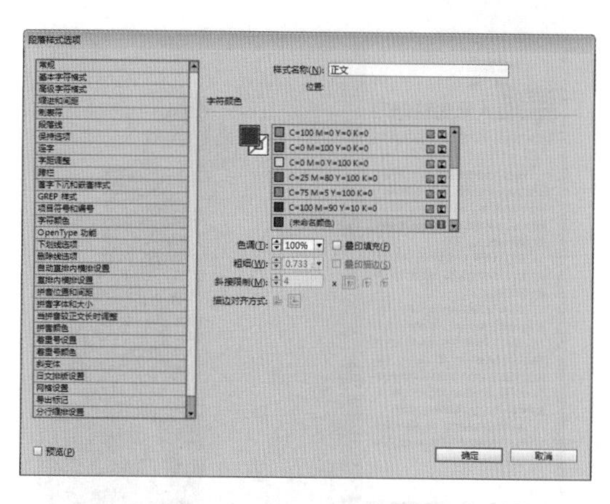

图12.95 【字符颜色】选项

ID 12 选中文本的文本框，单击【段落样式】面板中的【正文】样式，效果如图12.96所示。

ID 13 选择【文件】|【置入】命令，打开【置入】对话框，选择配套光盘中的“调用素材\第12章\画册内页\黑白彩妆.jpg”，将图片调整合适大小，将描边颜色设置为白色，【粗细】为3点，摆放效果如图12.97所示。

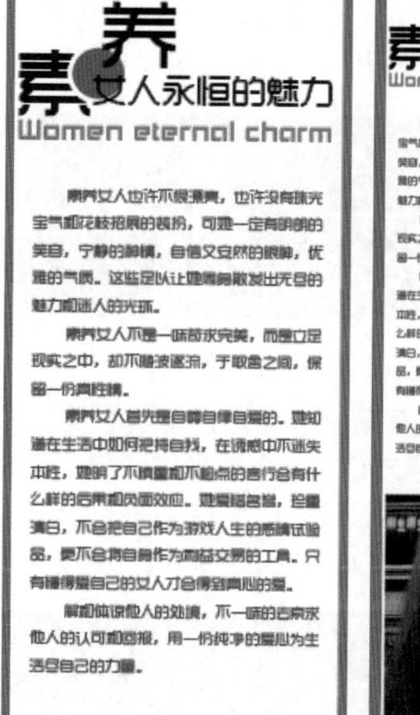

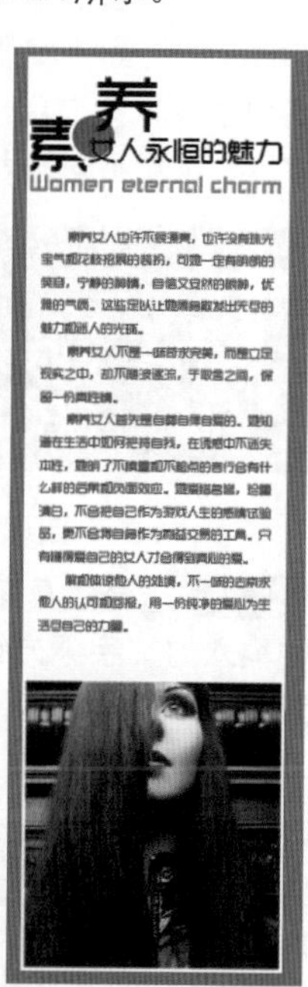

图12.96 使用段落样式效果 图12.97 置入图片

ID 14 按照上面讲过的方法再次置入“调用素材\第12章\画册内页\模特.jpg”图片，将图片调整合适大小，描边颜色设置为白色，【粗细】为3点，摆放效果如图12.98所示。

图12.98 置入图片

ID 15 选择工具箱中的【文字工具】T，在刚置入的图片下方输入英文“the woman is kindness”和“AND FORGIVENESS”将文字的颜色设置为白色，字体设置为“时尚中黑简体”，设置不同的大小，效果如图12.99所示。

图12.99 输入文字

ID 16 选择工具箱中的【矩形工具】，在刚输入的文字下方绘制一个矩形，【描边】设置为无，颜色填充为洋红色（C:18；M:95；Y:43；K:0），效果如图12.100所示。

图12.100 绘制矩形

ID 17 选中英文字母“t”并复制两个，对复制的两个“t”进行不同角度的旋转，打开【效果】面板，分别设置旋转后的两个“t”的不透明度设置为“30%”，效果如图12.101所示。

图12.101 复制并设置不透明度

ID 18 选择工具箱中的【矩形工具】，在刚输入的文字下方绘制一个矩形，【描边】设置为无，颜色填充为深灰色（C:41；M:18；Y:19；K:0），效果如图12.102所示。

图12.102 绘制矩形

ID 19 打开配套光盘中的“调用素材\第12章\画册内页\素养女人.doc”文件。选中正文其中一段的内容，按Ctrl + C组合键复制文字，回到InDesign软件中按Ctrl + V组合键将文本粘贴到刚刚绘制的矩形上，效果如图12.103所示。

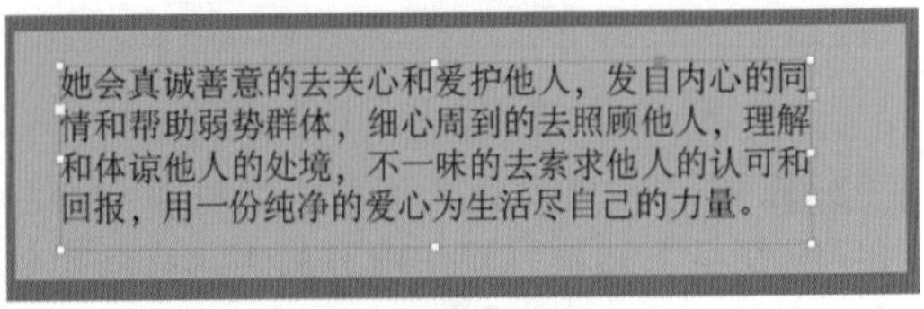

图12.103 复制文字

ID 20 选中文本的文本框，单击【段落样式】面板中的【正文】样式，效果如图12.104所示。

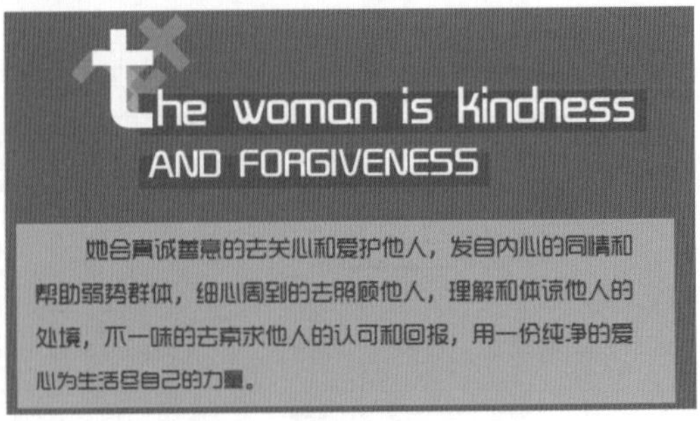

图12.104 使用段落样式效果

ID 21 选择【文件】|【置入】命令，打开【置入】对话框，选择配套光盘中的“调用素材\第12章\画册内页\图片1.jpg、图片2.jpg”，将图片调整合适大小，摆放效果如图12.105所示。

图12.105 置入图片

ID 22 选择工具箱中的【矩形工具】，在页面右侧绘制一个等同于页面左侧大小的白色矩形，效果如图12.106所示。

图12.106 绘制矩形

ID 23 复制页面右侧的“素”和“养”文字，并移动到刚绘制的白色矩形上，效果如图12.107所示。

ID 24 选择工具箱中的【文字工具】T，输入文字“温柔体贴”，设置文字的字体为“Adobe 宋体 Std”，【大小】为32点，颜色为黑色，摆放效果如图12.108所示。

图12.107 复制文字 　　图12.108 输入文字

ID 25 选择工具箱中的【矩形工具】，在设置好的文字上方绘制一个矩形，描边颜色设置为白色，【粗细】为3.5，颜色填充为玫红色（C:18；M:95；Y:43；K:0）并将其稍加旋转。再选择【对象】|【排列】|【后移一层】命令，直到后移到如图12.109所示的位置即可。

图12.109 绘制矩形并变换

ID 26 选择工具箱中的【直线工具】，在刚输入的文字下方绘制一条直线，描边颜色设置为深红色（C:40；M:100；Y:100；K:5），【粗细】为3点，【终点】为方形，效果如图12.110所示。

图12.110 绘制直线并设置参数

ID 27 打开配套光盘中的“调用素材\第12章\画册内页\素养女人.doc”文件。选中正文其中一段的内容，按Ctrl + C组合键复文字，回到InDesign软件中按下Ctrl + V组合键将文本粘贴到页面上，效果如图12.111所示。

ID 28 选中文字的文本框，单击【段落样式】面板中的【正文】样式，效果如图12.112所示。

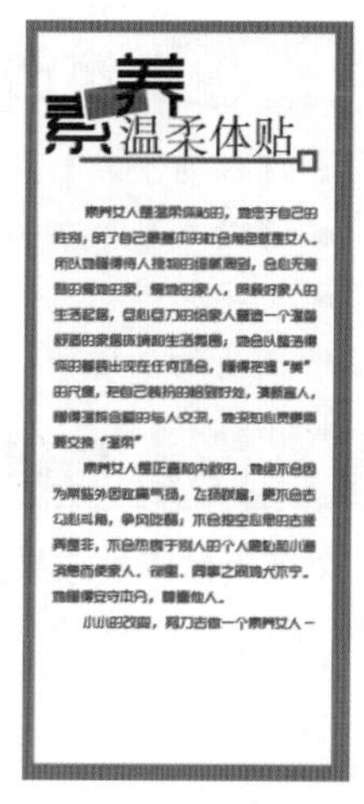

图12.111 复制文字　图12.112 使用段落样式效果

ID 29 选择【文件】|【置入】命令，打开【置入】对话框，选择配套光盘中的“调用素材\第12章\画册页\图片3.jpg”，将图片调整合适大小，摆放效果如图12.113所示。

图12.113 置入图片

ID 30 单击工具箱中的【钢笔工具】，在页面沿着设计好的布局绘制一条路径，将路径的描边颜色设置为白色，【粗细】为2点，【类型】为虚线，效果如图12.114所示。这样，我们就完成了画册排版的制作。

图12.114 绘制直线

12.5 书籍章首页设计

案例分类：版式设计类
视频位置：配套光盘\movie\12.5 书籍章首页设计.avi

12.5.1 技术分析

本例讲解书籍章首页设计。首先利用【矩形工具】绘制背景；然后通过【贴入】命令制作出带描边的圆形图形效果，通过图形的摆放，制作出一种流畅的环形效果；最后添加章首页的说明文字，完成整个书籍章首页的设计。

12.5.2 本例知识点

- 【椭圆工具】的使用
- 【贴入】命令的使用
- 文字的对齐
- 圆角的使用

12.5.3 最终效果图

本实例的最终效果如图12.115所示。

图12.115 最终效果图

12.5.4 操作步骤

ID 1 选择【文件】|【新建】|【文档】命令，打开【新建文档】对话框，设置【页数】为1，【宽度】为170毫米，【高度】为200毫米，如图12.116所示。

图12.116 【新建文档】对话框

ID 2 单击【边距和分栏】按钮，打开【新建边距和分栏】对话框，将上、下、内、外【边距】的值都设置为0毫米，如图12.117所示。

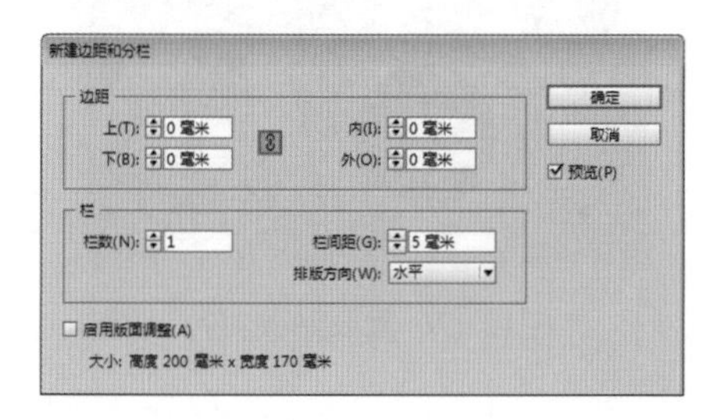

图12.117 【新建边距和分栏】对话框

ID 3 选择工具箱中的【矩形工具】，在页面中绘制一个与页面大小相同的矩形，然后将其填充为青色（C:100；M:0；Y:0；K:0），【描边】设置为无，如图12.118所示。

图12.118 绘制矩形

ID 4 选择工具箱中的【椭圆工具】，在页面的右下角绘制一个圆形，将其填充设置为无，描边颜色设置为浅青色（C:20；M:0；Y:0；K:0），描边的【粗细】设置为9点，如图12.119所示。

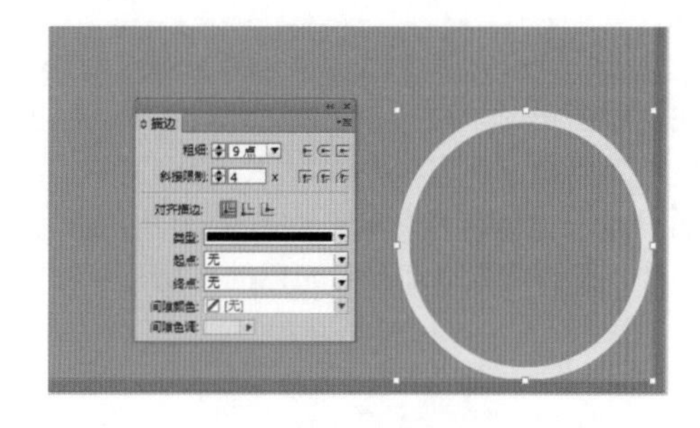

图12.119 绘制圆形

ID 5 选择【文件】|【置入】命令，打开【置入】对话框，选择配套光盘中的“调用素材\第12章\书籍章首页\花01.jpg”，如图12.120所示。

图12.120 置入图片

ID 6 选择刚置入的图片，然后按Ctrl + X组合键将其剪切。选择圆形，选择【编辑】|【贴入内部】命令，将其贴入圆形中并调整其位置和大小，直到满意为止，调整后的效果如图12.121所示。

图12.121 调整效果

ID 7 按住Alt键，将图形复制一份，然后将其适当缩小，将其放置在原图形的左侧，将光标移到图形上方，当光标变成手形标志时，如图12.122所示；单击鼠标将贴入内部的图片选中，然后按Delete键将图片删除，如图12.123所示。

技巧

在复制图形时，要注意选择的图形，如果出现手形标志，则复制的是贴入内部的图片，如果显示为黑色图标▶，则复制的是边框加图片，复制时要特别注意光标的变化。

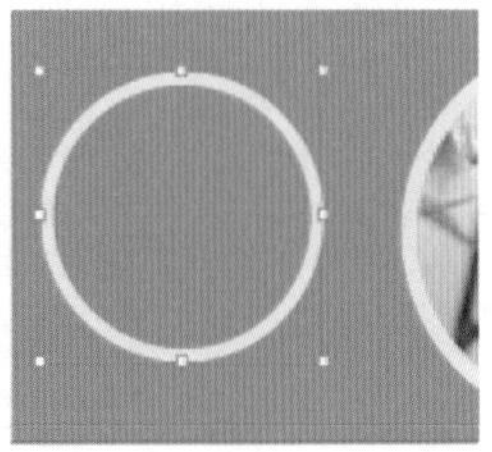

图12.122 手形标志　图12.123 删除后的效果

ID 8 选择删除图片后的圆形，选择【文件】|【置入】命令，打开【置入】对话框，选择配套光盘中的“调用素材\第12章\书籍章首页\花02.jpg”，如图12.124所示。此时，可以看到图片自动置入到选中的圆形中，将图片调整大小和位置，效果如图12.125所示。

图12.124 置入的图片　图12.125 调整后的效果

提示

在置入图片前选择一个图形，然后再置入，可以直接将置入的图片贴入图形内容，与使用【贴入内部】命令相同，只是少了一步复制或剪切操作。

ID 9 同样的方法复制并删除原图片，然后分别导入配套光盘中的“调用素材\第12章\书籍章首页\花03.jpg和花04.jpg”，并分别缩小，如图12.126所示。

图12.126 复制贴入图片

ID 10 将图形再复制一份并删除贴入的图片，然后将其【描边】设置为无，填充为浅青色（C:20；M:0；Y:0；K:0），并将填充后的圆形复制多份，分别缩小摆放，制作一种流畅的环形效果，如图12.127所示。

图12.127 复制并缩小

ID 11 选择工具箱中的【文字工具】T，在页面中输入文字“第3章”，并设置“第”和“章”两个字的字体为“幼圆”，字体【大小】为47.306点，如图12.128所示；设置“3”的字体为“Arial”，字体【大小】为80.1点，如图12.129所示。

图12.128 设置中文字体 图12.129 设置数字3

ID 12 选择工具箱中的【矩形工具】，在页面中拖动绘制一个矩形，将其填充为白色，【描边】设置为无，如图12.130所示。

ID 13 选择矩形，选择【对象】|【角选项】命令，打开【角选项】对话框，设置转角大小为5毫米，转角为圆角，如图12.131所示。

图12.130 绘制矩形

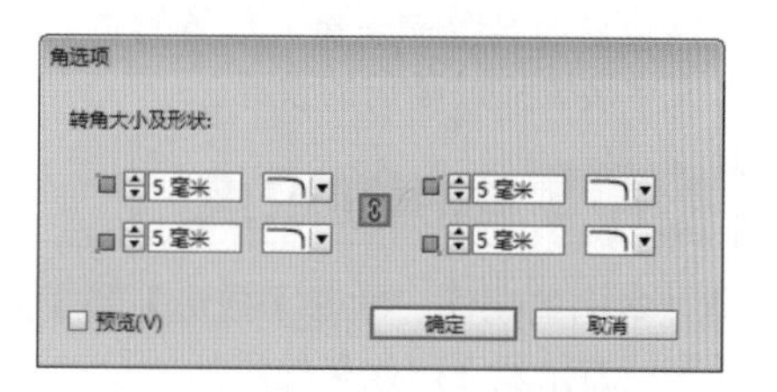

图12.131 【角选项】对话框

ID 14 再次使用【矩形工具】，在大矩形的右侧绘制一个小矩形，将其填充为白色，【描边】设置为无，如图12.132所示。

图12.132 绘制矩形

ID 15 选择【文字工具】T输入文字，设置LOMO英文的文字字体为“Arial”，字体的大小为47点；设置中文字体的字体为“幼圆”，【大小】也为47点，如图12.133所示。并设置其对齐方式为全部强制齐行。这样就完成了书籍章首页设计制作。

图12.133 输入文字

12.6 画册封面版式设计

案例分类：版式设计类
视频位置：配套光盘\movie\12.6 画册封面版式设计.avi

12.6.1 技术分析

本例讲解画册封面版式设计。首先绘制一个矩形并将矩形的颜色设置为白色；然后绘制一个正圆，描边后将其复制多份，放置到页面中合适的位置；最后置入花纹将花纹调整并复制，添加文字和文字装饰完成画册的设计。

12.6.2 本例知识点

通过本例的制作，学习【描边】和【文字工具】的使用方法，学习如何给文字做装饰，掌握绘制正圆的方法及艺术效果的添加。

12.6.3 最终效果图

本实例的最终效果如图12.134所示。

图12.134 最终效果图

12.6.4 操作步骤

ID 1 选择【文件】|【新建】|【文档】命令，打开【新建文档】对话框，设置【页数】为2，勾选【对页】复选框，【起始页码】设置为2，【宽度】为210毫米，【高度】为285毫米，如图12.135所示。

图12.135 【新建文档】对话框

ID 2 单击【边距和分栏】按钮，打开【新建边距和分栏】对话框，将上、下、内、外【边距】的值都设置为0毫米，如图12.136所示。

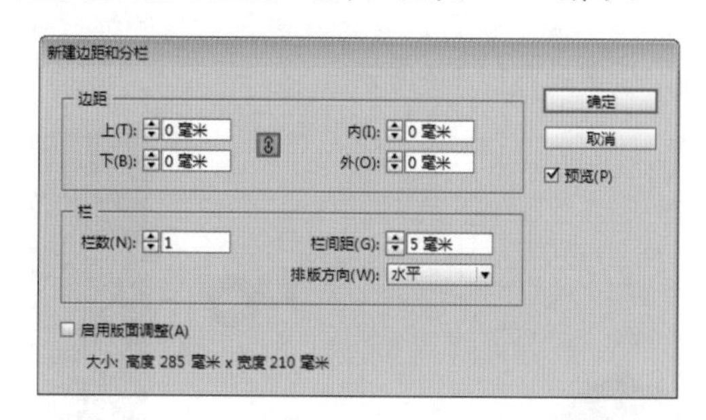

图12.136 【新建边距和分栏】对话框

ID 3 选择工具箱中的【矩形工具】，在右页边缘位置绘制一个与页面等高的矩形，并将其填充为绿色（C:75；M:5；Y:100；K:0），效果如图12.137所示。

图12.137 绘制矩形并填充

ID 4 选择【文件】|【置入】命令，打开【置入】对话框，选择配套光盘中的“调用素材\第12章\画册封面\祥云.psd”，将其旋转一定的角度，旋转在绿色矩形的上方；然后将其复制一份，单击控制栏上的【垂直翻转】按钮，将其垂直翻转并放置在矩形的下方，效果如图12.138所示。

图12.138 置入祥云

ID 5 选择工具箱中的【直排文字工具】，在页面中分别输入文字，设置文字的颜色为白色，字体为“汉仪中隶书简”，字体【大小】为56点，如图12.139所示；将文字放置在矩形上方，文字效果如图12.140所示。

图12.139 文字参数设置　图12.140 文字效果

ID 6 选择工具箱中的【文字工具】，输入英文，将文字选中，单击控制栏中的【顺时针旋转90°】按钮，将其旋转90°，字体设置为“Copperplate Gothic Bold”，【大小】设置为22点，如图12.141所示；将文字的颜色设置为白色，将其放置在中文字体的下方，右侧对齐，如图12.142所示。

图12.141 英文参数设置　图12.142 文字效果

ID 7 再次使用【文字工具】T，输入文字，将文字的字体设置为“宋体”，文字【大小】设置为12点，如图12.143所示；将文字的颜色设置为白色，放置在矩形上方，文字效果如图12.144所示。

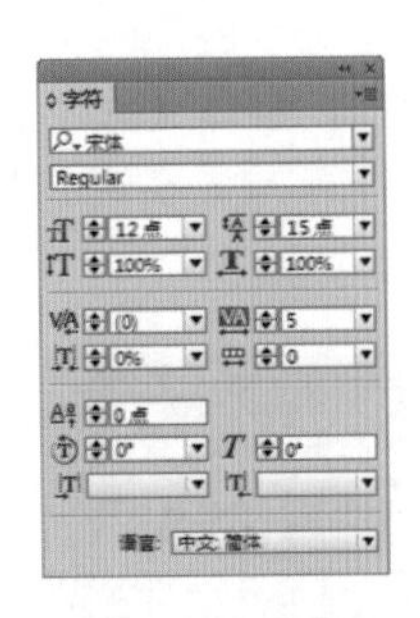

图12.143 文字参数设置　图12.144 文字效果

ID 8 选择【文件】|【置入】命令，打开【置入】对话框，选择配套光盘中的“调用素材\第12章\画册封面\别墅.psd”，将其适当调整放置在页面的下方，效果如图12.145所示。

图12.145 添加图片

ID 9 选择工具箱中的【椭圆工具】，在页面中按住Shift键的同时拖动绘制一个正圆，将描边的颜色设置为绿色（C:75；M:5；Y:100；K:0），描边【粗细】为16点，填充设置为无，如图12.146所示。选择圆形，打开【效果】面板，设置圆形的混合模式为【正片叠底】，如图12.147所示。

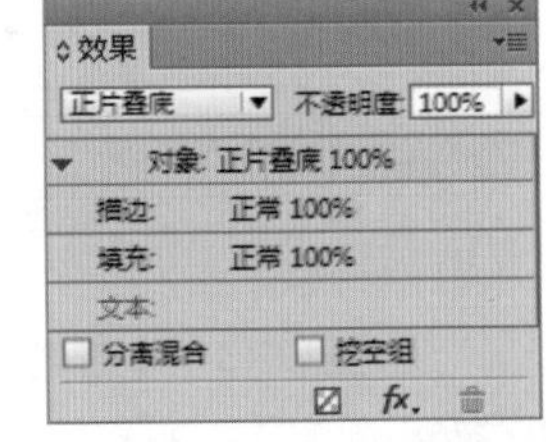

图12.146 绘制圆形　图12.147 设置混合模式

ID 10 将绘制的正圆复制多份，分别放置在页面中不同的位置，并对其进行适当的缩放处理，效果如图12.148所示。

图12.148 复制正圆

ID 11 使用【文字工具】T，在左侧页面中分别输入“人”和“文”两个字，设置两个字的字体都为“方正黄草简体”，颜色为黑色，设置“人”的文字【大小】为152点，设置“文”的文字【大小】为193点，如图12.149所示。

图12.149 输入文字

ID 12 再次使用【文字工具】T，分别输入“金谷”和“花园别墅”，颜色都设置为黑色；设置“金谷”文字的字体为“黑体”，文字【大小】为51点；设置“花园别墅”文字的字体为“隶书”，文字【大小】为24点，如图12.150所示。

图12.150 输入文字并设置参数

ID 13 选择工具箱中的【矩形工具】，在文字下方绘制一个矩形，将矩形填充为绿色（C:75；M:5；Y:100；K:0），如图12.151所示。

图12.151 绘制矩形

ID 14 使用【文字工具】T，在矩形上方输入英文文字，设置文字的字体为“Arial”，文字【大小】为13点，颜色为白色，如图12.152所示。

图12.152 输入文字

ID 15 使用【文字工具】T，输入文字，设置文字的字体为“宋体”，文字的【大小】为12点，文字的颜色为黑色，如图12.153所示。完成画册封面版式的设计。

图12.153 输入文字效果

12.7 报纸版面设计

案例分类：版式设计类
视频位置：配套光盘\movie\12.7 报纸版面设计.avi

12.7.1 技术分析

本例讲解报纸版面设计。首先置入图片并对图片进行描边；然后利用【矩形工具】绘制两个矩形，其余的则靠【文字工具】T输入的文字不同的大小、字体、描边等来增加报纸的美观来完成报纸排版的实例。

12.7.2 本例知识点

- 【添加锚点工具】的使用

- 【直接选择工具】的使用
- 【切变工具】的使用
- 【投影】效果的使用

12.7.3 最终效果图

本实例的最终效果如图12.154所示。

图12.154 最终效果图

12.7.4 操作步骤

ID 1 选择【文件】|【新建】|【文档】命令，打开【新建文档】对话框，设置【宽度】为390毫米，【高度】为540毫米，如图12.155所示。

图12.155 【新建文档】对话框

ID 2 单击【边距和分栏】按钮，打开【新建边距和分栏】对话框，将上、下、内、外【边距】的值都设置为0毫米，如图12.156所示。

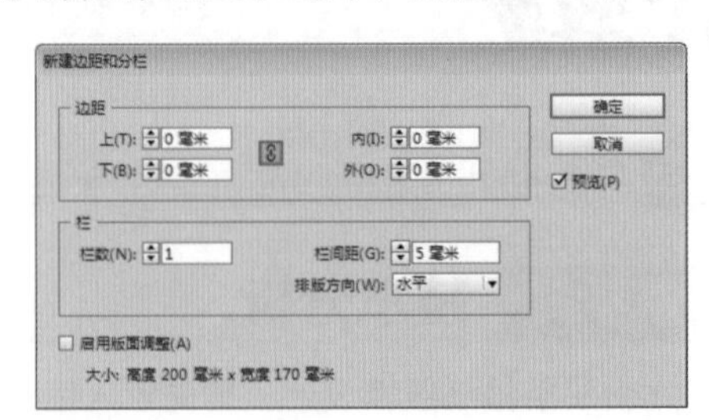

图12.156 【新建边距和分栏】对话框

ID 3 选择工具箱中的【矩形工具】，在页面中绘制两个矩形，【描边】设置为无，颜色填充为玫红色（C:23；M:95；Y:64；K:0），摆放效果如图12.157所示。

图12.157 绘制两个矩形

ID 4 选择【文件】|【置入】命令，打开【置入】对话框，选择配套光盘中的“调用素材\第12章\报纸版面\家庭主妇.jpg”，将图片调整合适的大小，将描边设置为玫红色（C:23；M:95；Y:64；K:0），【粗细】为17点，效果如图12.158所示。

图12.158 置入图片

ID 5 选择工具箱中的【添加锚点工具】，在如图12.159所示的位置添加两个锚点。

ID 6 选择工具箱中的【直接选择工具】，拖动刚才添加的第二个锚点及左下角的锚点，使被拖动的两个锚点水平垂直，效果如图12.160所示。

图12.159 添加锚点

图12.160 拖动锚点

ID 7 选择工具箱中的【矩形工具】，在左侧的玫红色矩形下方绘制一个矩形，【描边】设置为无，颜色设置为天蓝色（C:58；M:0；Y:15；K:0），效果如图12.161所示。

ID 8 选择工具箱中的【椭圆工具】，在左侧玫红色矩形上绘制一个正圆，描边设置为白色，【粗细】为10点，颜色填充为蓝色（C:77；M:60；Y:0；K:0），摆放效果如图12.162所示。

图12.161 绘制矩形

图12.162 绘制正圆

ID 9 选择【文件】|【置入】命令，打开【置入】对话框，选择配套光盘中的“调用素材\第12章\报纸版面\食品.jpg”，将图片调整合适的大小，摆放效果如图12.163所示。

图12.163 置入图片

ID 10 选择工具箱中的【矩形工具】，在页面底部绘制一个矩形，描边设置为无，颜色填充为黑色，效果如图12.164所示。

图12.164 绘制矩形

ID 11 选择工具箱中的【文字工具】T，在页面中输入“生活小妙招”，字体设置为“长城新艺体”，颜色设置为白色，设置不同的大小，效果如图12.165所示。

ID 12 选择工具箱中的【切变工具】，选中文字“活”，将其固定点拖至文字左下角，再拖动文本框的右上角，使文字倾斜，效果如图12.166所示。

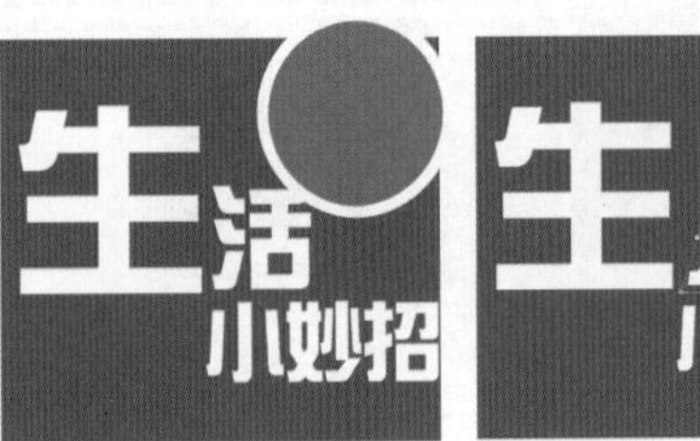

图12.165 输入文字　　图12.166 使文字倾斜

ID 13 选中文字“生”，打开【效果】面板，单击【效果】面板右上角的【扩展菜单】中选择【效果】|【投影】命令，在打开的【投影】对话框中设置参数，如图12.167所示。

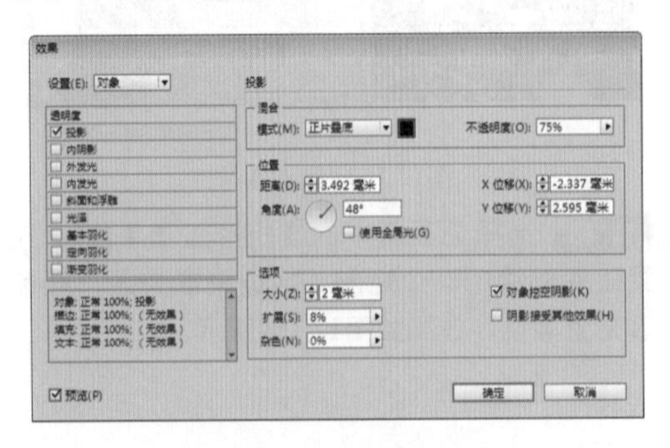

图12.167 【效果】对话框

ID 14 设置完成后单击“确定”按钮，文字效果如图12.168所示。

ID 15 按照同样的方法为其他的文字添加投影，效果如图12.169所示。

图12.168 设置投影 图12.169 为其他文字添加投影

ID 16 选择工具箱中的【文字工具】T，在绘制好的正圆上输入文字“实用”和“源于发现”，字体设置为“方正粗倩简体”，颜色设置为黄色（C:6；M:0；Y:43；K:0），设置文字不同的大小，效果如图12.170所示。

ID 17 选择工具箱中的【直线工具】，在刚输入的文字行之间绘制一条直线，描边设置为白色，【粗细】设置为4点，【类型】为“虚线”，效果如图12.171所示。

图12.170 添加文字　　图12.171 绘制直线

ID 18 选中圆形上的文字与直线，旋转一定的角度，效果如图12.172所示。

ID 19 选择工具箱中的【文字工具】T，输入其余文字并设置不同的字体，如图12.173所示。

图12.172 旋转文字图形 图12.173 输入其他文字

ID 20 选择【文件】|【置入】命令，打开【置入】对话框，选择配套光盘中的“调用素材\第12章\报纸版面\厨具.psd”，将图片调整合适的大小，摆放效果如图12.174所示。

图12.174 置入图片

ID 21 选择工具箱中的【文字工具】T，在天蓝色矩形上输入文字，并在右侧上方的红色矩形上以及右侧置入的图片上也分别输入文字，设置不同的颜色、字体、描边和大小，效果如图12.175所示。

图12.175 输入文字

ID 22 选择【文件】|【置入】命令，打开【置入】对话框，选择配套光盘中的“调用素材\第12章\报纸版面\厨房环境.jpg、厨具.psd”，将图片调整合适的大小并重叠摆放，效果如图12.176所示

图12.176 置入图片

ID 23 选择工具箱中的【文字工具】T，输入文字，字体颜色设置为白色，字体为“长城新艺体”，设置不同的大小，如图12.177所示。这样就完成了报纸排版的制作。

图12.177 输入文字

12.8 书籍封面设计

案例分类：版式设计类
视频位置：配套光盘\movie\12.8 书籍封面设计.avi

12.8.1 技术分析

本例讲解书籍封面设计。首先新建封面页面，并根据书脊大小设置栏间距；然后通过【钢笔工具】绘制一个箭头，并利用文字的叠加制作文字投影；最后置入条形码并添加其他内容，完成封面的制作。

12.8.2 本例知识点

- 【钢笔工具】的使用
- 描边粗细的设置
- 原位粘贴命令
- 栏间距的设置

12.8.3 最终效果图

本实例的最终效果如图12.178所示。

图12.178 最终效果图

12.8.4 操作步骤

ID 1 选择【文件】|【新建】|【文档】命令，打开【新建文档】对话框，设置【页数】为1，【宽度】为382毫米，【高度】为260毫米，如图12.179所示。

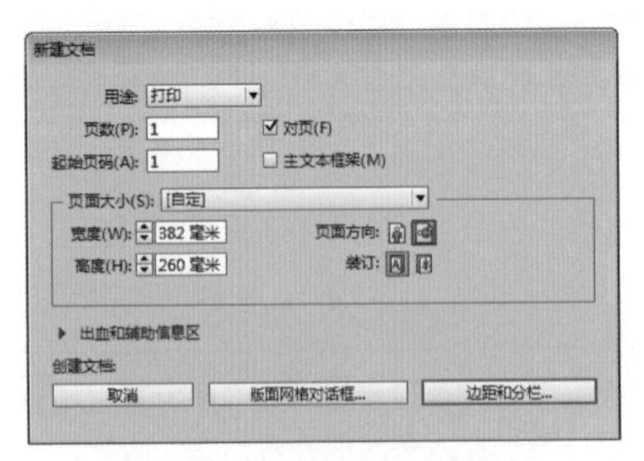

图12.179 【新建文档】对话框

ID 2 单击【边距和分栏】按钮，打开【新建边距和分栏】对话框，将上、下、内、外【边距】的值都设置为0毫米，设置【栏数】为2，并设置【栏间距】为12毫米，以制作书脊大小，如图12.180所示。

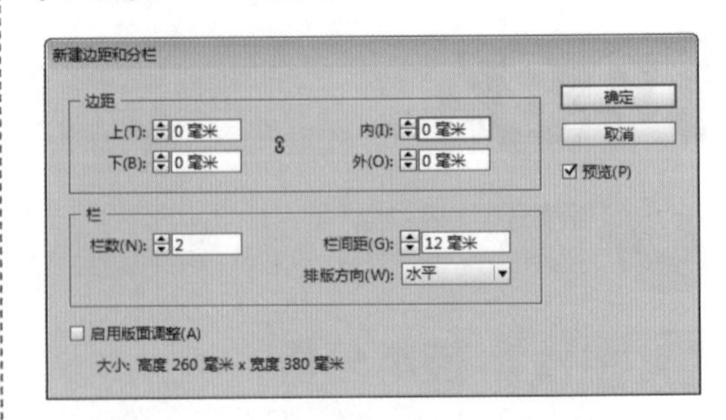

图12.180 【新建边距和分栏】对话框

ID 3 单击【确定】按钮，设置后的效果如图12.181所示。

图12.181 设置书脊

ID 4 选择工具箱中的【钢笔工具】，在页面中绘制一个箭头，将其填充为灰色（C:0；M:0；Y:0；K:46），【描边】设置为无，效果如图12.182所示。

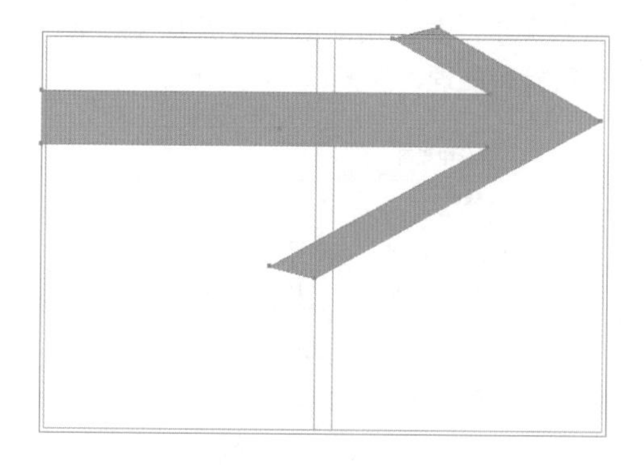

图12.182 绘制箭头

ID 5 选择工具箱中的【矩形工具】，在箭头上绘制一个矩形，将矩形填充为为黑色，【描边】设置为无，效果如图12.183所示。

图12.183 绘制矩形

ID 6 选择【对象】|【角效果】命令，打开【角选项】对话框，设置转角的形状为圆角，如图12.184所示。

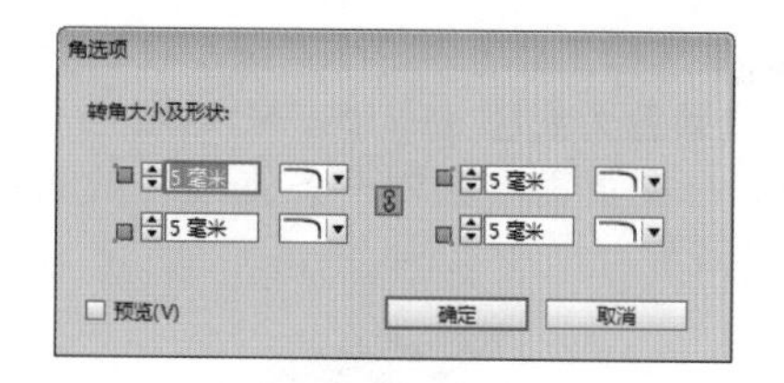

图12.184 【角选项】对话框

ID 7 单击【确定】按钮，圆角化后的矩形效果如图12.185所示。将黑色圆角矩形复制一份，然后缩小并调整到原矩形的右侧，效果如图12.186所示。

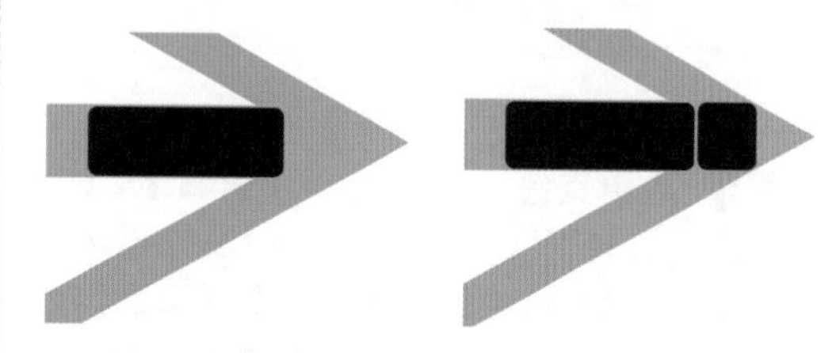

图12.185 应用圆角效果　图12.186 复制并调整

ID 8 选择工具箱中的【文字工具】T，在页面中输入“成长力”，设置字体为“汉仪综艺体简”，文字大小为68点，颜色为灰色（C:0；M:0；Y:0；K:30），放置到圆角矩形上方，效果如图12.187所示。

图12.187 输入文字

ID 9 选中文字，按Ctrl + C组合键将文字复制一份，然后选择【编辑】|【原位粘贴】命令，将文字粘贴在当前文字的上方，然后将其适当向下移动，并将其填充颜色改为白色，制作出文字投影效果，如图12.188所示。

图12.188 复制调整文字

ID 10 选择工具箱中的【直线工具】，设置描边颜色为红色（C:15；M:100；Y:100；K:0），在页面中绘制一条直线，效果如图12.189所示。

图12.189 绘制直线

ID 11 选中直线，然后选择【窗口】|【描边】命令，打开【描边】面板，设置描边的【粗细】为22点，【终点】为【倒钩】，如图12.190所示。应用描边后的效果如图12.191所示。

图12.190 【描边】面板 图12.191 应用箭头效果

ID 12 选择工具箱中的【文字工具】，在页面中输入拼音，设置文字的字体为“Rosewood Std”，文字的大小为48点，文字的颜色为红色（C:15；M:100；Y:100；K:0），效果如图12.192所示。

图12.192 输入文字

ID 13 将光标放置在文字框的外侧，当光标变成状时，按住鼠标将其旋转一定的角度，并将其放置在箭头的上方，如图12.193所示。

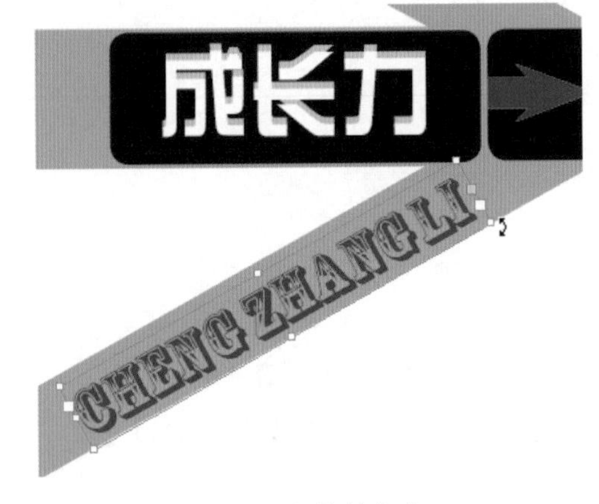

图12.193 旋转文字

ID 14 选择工具箱中的【文字工具】，再次输入文字，并使用前面讲过的方法对某些文字进行旋转处理，如图12.194所示。

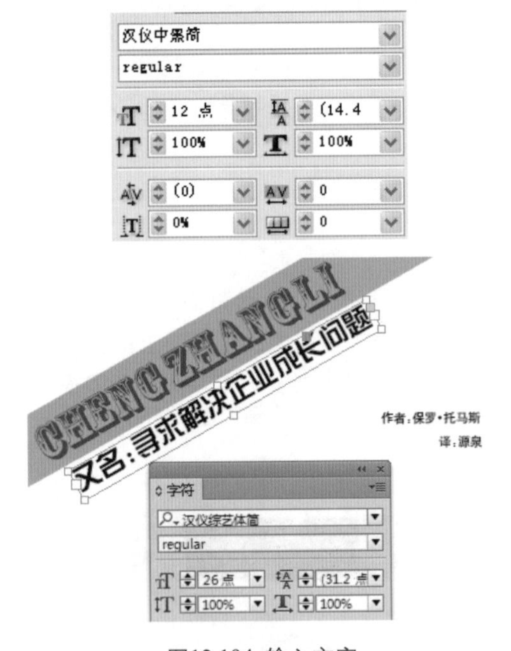

图12.194 输入文字

ID 15 选择工具箱中的【钢笔工具】，在页面中绘制一个箭头，将其填充为红色（C:15；M:100；Y:100；K:0），【描边】设置为无，效果如图12.195所示。

图12.195 绘制箭头

ID 16 将箭头复制多份，然后缩小调整并放置到页面中合适的位置，效果如图12.196所示。

图12.196 复制箭头

ID 17 使用【文字工具】再次输入文字，将颜色分别填充为黑色和红色（C:15；M:100；Y:100；K:0），将红色文字的【不透明度】设置为80%，如图12.197所示。

图12.197 输入文字

ID 18 选择工具箱中的【椭圆工具】，在页面中绘制一个正圆，设置填充为无，描边颜色为红色（C:15；M:100；Y:100；K:0），描边的【粗细】为2.126点，然后复制一份，缩小并放置到合适的位置，效果如图12.198所示。

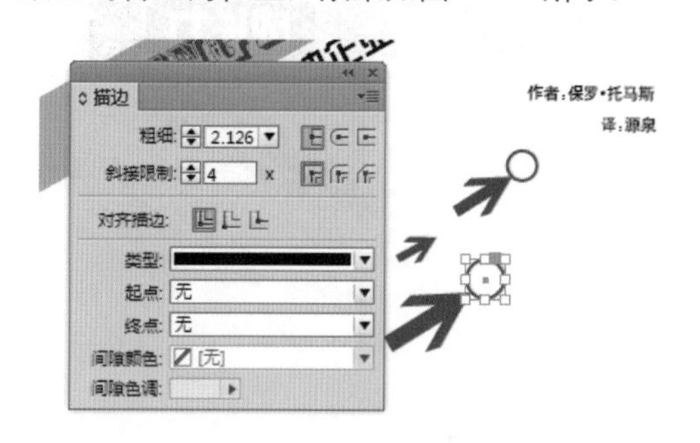

图12.198 绘制圆并复制

ID 19 选择工具箱中的【矩形工具】，沿书脊绘制一个矩形，将其填充为红色（C:15；M:100；Y:100；K:0），【描边】设置为无，效果如图12.199所示。

图12.199 绘制矩形

ID 20 选择工具箱中的【直排文字工具】，在书脊中输入其他相关的文字，设置不同的字体、大小和颜色，调整后分别放置到页面中合适的位置，如图12.200所示。

图12.200 输入书脊文字

ID 21 将封面中的描边圆复制多份，然后调整并放置到封底中合适的位置，复制后的效果如图12.201所示。

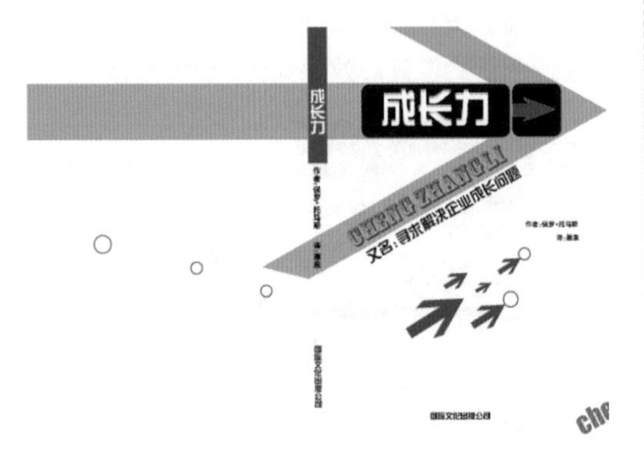

图12.201 复制描边圆

ID 22 选择【文件】|【置入】命令，打开【置入】对话框，选择配套光盘中的“调用素材\第12章\书籍封面\条形码.jpg”，将条形码缩小并放置到封底页面的下方，效果如图12.202所示。

图12.202 导入素材

ID 23 选中条形码，设置描边颜色为黑色，然后在【描边】面板中设置描边的【粗细】为1点，描边后的效果如图12.203所示。

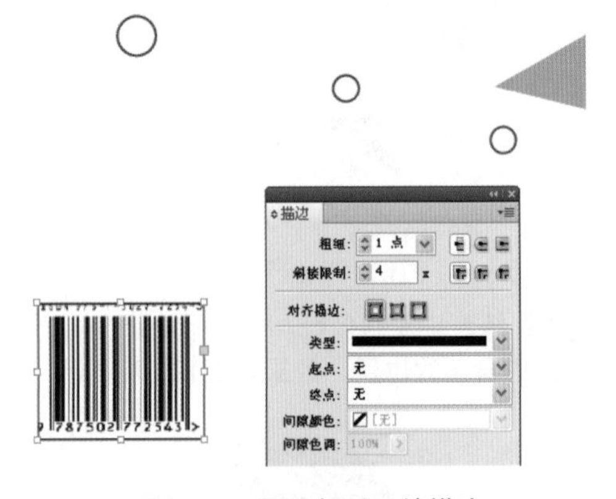

图12.203 置入条形码并描边

ID 24 选择工具箱中的【文字工具】T，在页面中输入其他相关的文字，设置不同的字体、大小和颜色，调整后分别放置到页面中合适的位置，如图12.204所示。这样就完成了整个封面的最终效果。

图12.204 最终效果

12.9 书籍目录排版

案例分类：版式设计类
视频位置：配套光盘\movie\12.9 书籍目录排版.avi

12.9.1 技术分析

本例讲解书籍目录排版。首先绘制矩形和圆形，通过相加制作出一个类似书签的形状；然后置入图片并分别贴入形状中，制作出一个扇形的艺术图形效果；最后输入文字并排列目录，完成最终效果。

12.9.2 本例知识点

- 【相加】的使用
- 【投影】效果的应用
- 点线的使用
- 图片剪切调整方法

12.9.3 最终效果图

本实例的最终效果如图12.205所示。

图12.205 最终效果图

12.9.4 操作步骤

ID 1 选择【文件】|【新建】|【文档】命令，打开【新建文档】对话框，设置【页数】为2，【超始页码】设置为2，【宽度】为200毫米，【高度】为200毫米，【页面方向】为纵向，如图12.206所示。

图12.206 【新建文档】对话框

ID 2 单击【边距和分栏】按钮，打开【新建边距和分栏】对话框，将上、下、内、外【边距】的值都设置为20毫米，如图12.207所示。

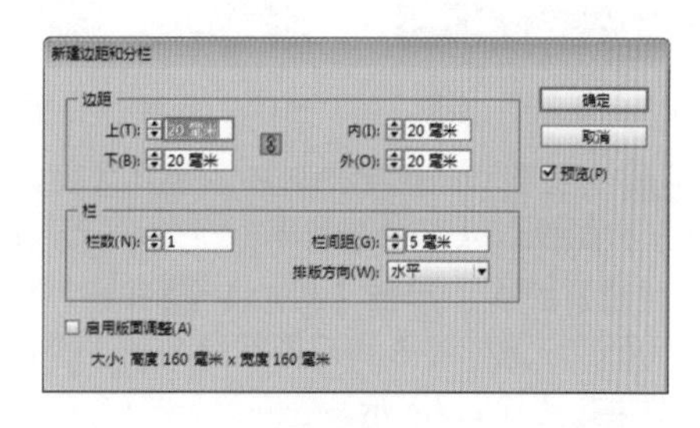

图12.207 【新建边距和分栏】对话框

ID 3 选择工具箱中的【矩形工具】，在页面中绘制一个与左侧页面大小一致的矩形。打开【渐变】面板，设置从深绿色（C:92；M:67；Y:100；K:56）到绿色（C:63；M:0；Y:85；K:0）再到深绿色（C:92；M:67；Y:100；K:56）的线性渐变，如图12.208所示。

ID 4 选择工具箱中的【渐变色板工具】，从矩形的左上角向右下角拖动，效果如图12.209所示。

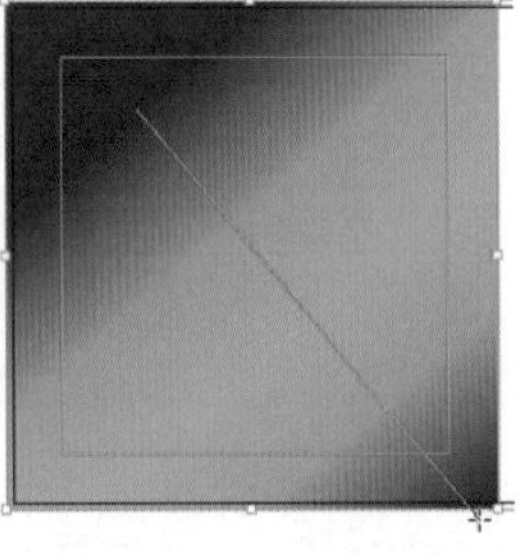

图12.208 【渐变】面板 图12.209 渐变填充效果

ID 5 选择工具箱中的【矩形工具】，在页面中绘制一个矩形，将矩形填充为白色，描边设置为无，效果如图12.210所示。

ID 6 选择工具箱中的【椭圆工具】，在页面中绘制一个正圆，然后放置到白色矩形上方，如图12.211所示。

提示

这里绘制的正圆，直径与矩形的宽度相等。

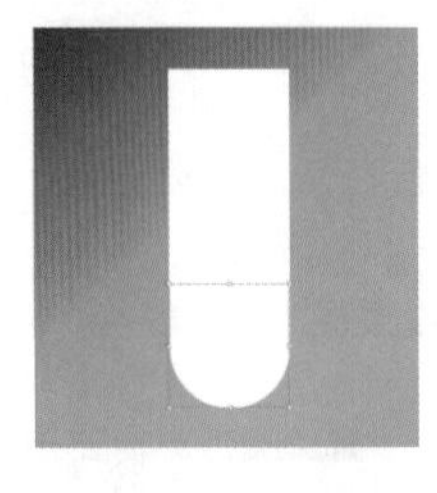

图12.210 绘制矩形 图12.211 绘制正圆

ID 7 将正圆和矩形全部选中，选择【窗口】|【对象和面板】|【路径查找器】命令，打开【路径查找器】面板，单击【相加】按钮，如图12.212所示。这样圆形和矩形就结合为一个图形了，效果如图12.213所示。

图12.212 单击【相加】按钮 图12.213 相加后效果

ID 8 选择工具箱中的【椭圆工具】，在页面中绘制一个正圆，然后将其填充为与背景相同的渐变，如图12.214所示。

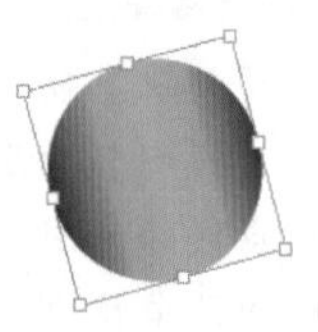

图12.214 绘制正圆并填充渐变

ID 9 选择圆形，选择【对象】|【效果】|【投影】命令，打开【效果】对话框，设置投影的参数如图12.215所示，为圆形添加投影。

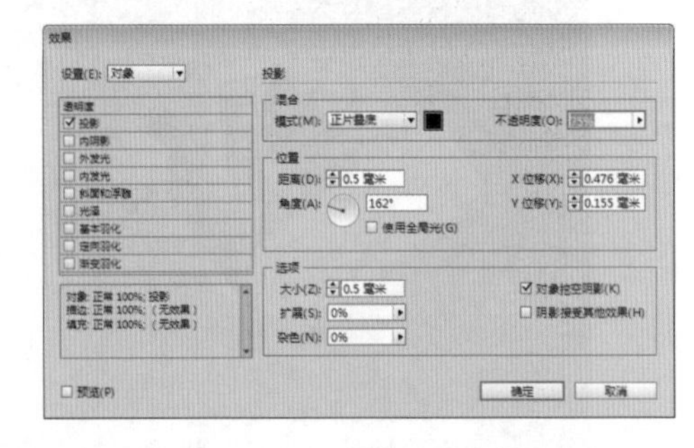

图12.215 【投影】参数设置

ID 10 选择工具箱中的【直排文字工具】，在刚绘制的矩形上方输入中文及拼音，设置中文文字的字体为“方正黄草_GBK”，文字【大小】为35.52；设置拼音文字字体为“ALS Script”，文字【大小】为18.302点，效果如图12.216所示。

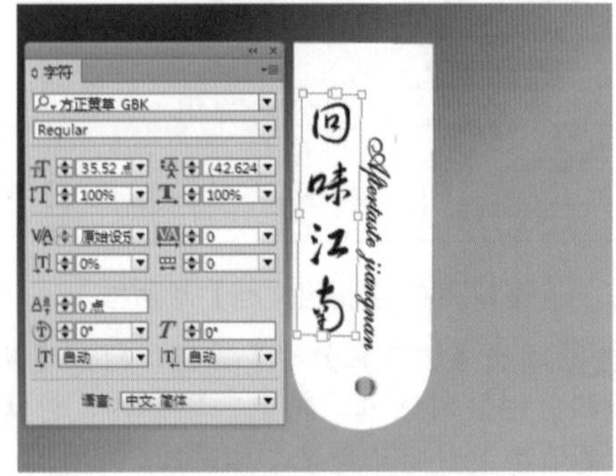

图12.216 输入文字

ID 11 打开【渐变】面板，设置与背景相同的渐变，从深绿色（C:92；M:67；Y:100；K:56）到绿色（C:63；M:0；Y:85；K:0）再到深绿色（C:92；M:67；Y:100；K:56）的线性渐变。

ID 12 使用【文字工具】将“回味江南”文字选中，然后选择工具箱中的【渐变色板工具】，从文字的上方向下方拖动将其填充渐变色，如图12.217所示，同样的方法将拼音也填充相同渐变颜色。

图12.217 填充渐变

ID 13 将除背景以外的图像全部选中，然后将其旋转，旋转后的图像效果如图12.218所示。

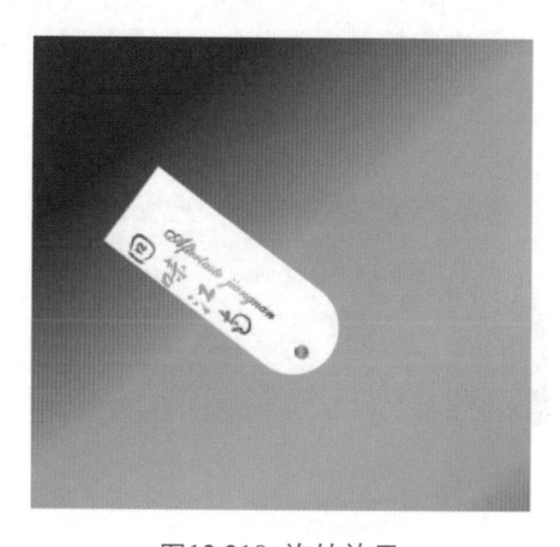

图12.218 旋转效果

ID 14 将相加后的白色形状复制7份，然后分别适当旋转，排列出一个扇形，效果如图12.219所示。

图12.219 复制形状

ID 15 选择【文件】|【置入】命令，打开【置入】对话框，选择配套光盘中的“调用素材\第12章\书籍目录\图1.jpg、图2.jpg、图3.jpg、图4.jpg、图5.jpg、图6.jpg、图7.jpg”，然后在页面中多次单击，将图片置入。

ID 16 选择“图1”，按Ctrl + X组合键将其剪切，然后选择第1个复制的白色形状，选择【编辑】|【贴入内部】命令，将其贴入形状中，效果如图12.220所示。

提示

如果对贴入的图片位置或大小不满意，可以将图片进行缩放或旋转处理。

图12.220 贴入内部效果

ID 17 使用同样的方法将其他的图片分别贴入到其他白色形状内，效果如图12.221所示。

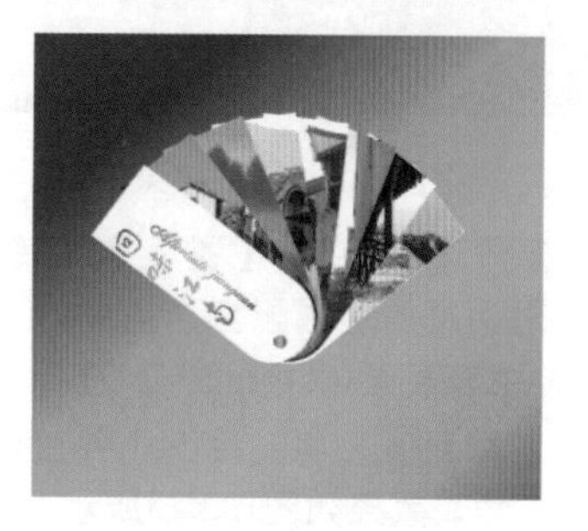

图12.221 贴入其他图片

ID 18 选择工具箱中的【文字工具】T，在页面中输入文字，设置文字的字体为“方正隶变_GBK”，文字的【大小】设置为36点，颜色设置为白色，效果如图12.222所示。

图12.222 输入文字

ID 19 使用【文字工具】T，再次输入文字，设置不同的字体和大小，文字的颜色设置为白色，如图12.223所示。

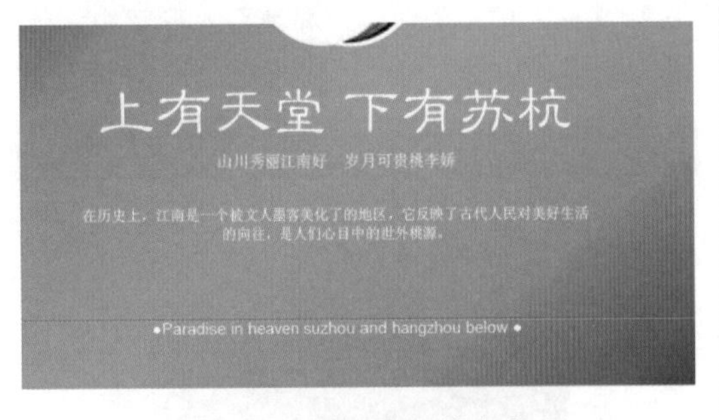

图12.223 输入不同的文字

ID 20 选择工具箱中的【椭圆工具】，在页面中绘制一个正圆，将其填充颜色设置为无，描边颜色为白色，描边的【粗细】为4点，效果如图12.224所示。

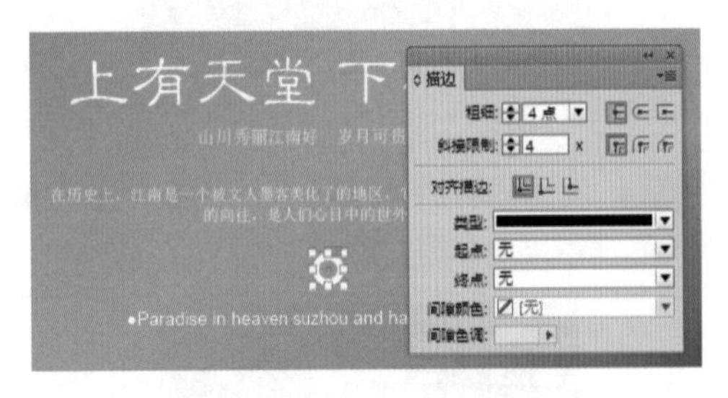

图12.224 描边效果

ID 21 选择【文件】|【置入】命令，打开【置入】对话框，选择配套光盘中的“调用素材\第12章\书籍目录\拱桥jpg”，选择工具箱中的【选择工具】，将图片缩小并放置到右侧页面的右上角，效果如图12.225所示。

图12.225 置入图片

ID 22 选择工具箱中的【矩形工具】，在拱桥的右侧绘制一个矩形，将其填充为灰色（C:0；M:0；Y:0；K:40），效果如图12.226所示。

图12.226 绘制矩形

ID 23 选择工具箱中的【文字工具】T，在页面中输入目录和英文，设置目录的文字字体为“汉仪中宋简”，文字的【大小】为36点，设置英文字体为“Arial Black”，文字【大小】为12点，文字的颜色为白色，效果如图12.227所示。

图12.227 输入目录文字

ID 24 使用【文字工具】T再次输入文字，设置不同的字体和文字大小，文字的颜色设置为黑色，如图12.228所示。

图12.228 再次输入文字

ID 25 将刚输入的文字复制多份并摆放在不同的位置，然后使用文字工具将其他文字按书籍内容修改，并将5、10、21节的的文字填充渐变，渐变颜色与前面编辑的背景相同，如图12.229所示。

图12.229 复制并修改文字

ID 26 选择工具箱中的【直线工具】，在第一节下方绘制一条直线，将其描边颜色设置为黑色，填充设置为无，设置描边的【粗细】为0.3点，【类型】设置为“点线”，如图12.230所示。

图12.230 描边设置

ID 27 为直线设置描边类型后，线条的效果如图12.231所示。

图12.231 点线效果

ID 28 将描边的直线复制多份，然后分别放置到文字的下方，效果如图12.232所示。这样就完成了书籍目录设计的最终效果。

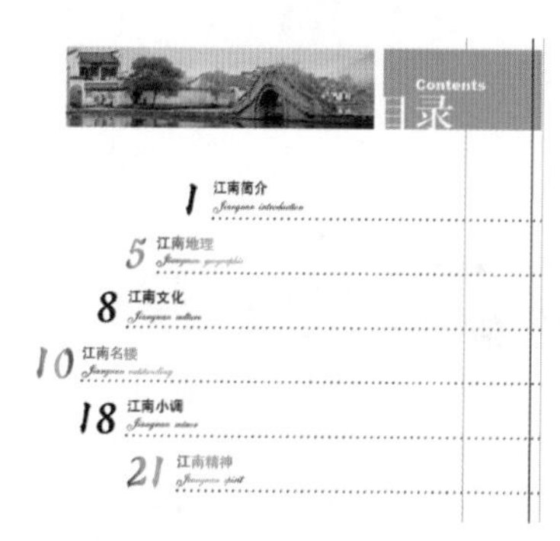

图12.232 复制虚线

12.10 宣传折页艺术排版

案例分类：版式设计类
视频位置：配套光盘\movie\12.10 宣传折页艺术排版.avi

12.10.1 技术分析

本例讲解贵族人家宣传折页艺术排版。首先绘制两个矩形，并填充颜色；然后使用【椭圆工具】绘制一个正圆，复制并调整放置到页面中；最后置入图片和添加文字，制作出贵族人家宣传折页艺术排版效果。

12.10.2 本例知识点

- 【文字工具】的使用
- 渐变的编辑方法
- 【直线工具】的使用
- 宣传折页排版

12.10.3 最终效果图

本实例的最终效果如图12.233所示。

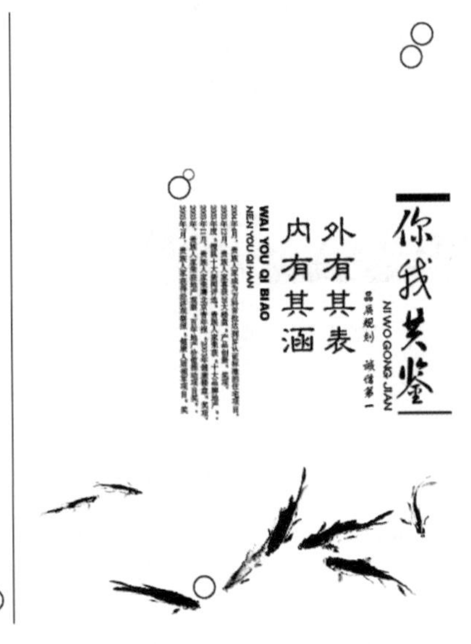

图12.233 最终效果图

12.10.4 操作步骤

ID 1 选择【文件】|【新建】|【文档】命令，打开【新建文档】对话框，设置【页数】为2，勾选【对页】复选框，【起始页码】设置为2，【宽度】为210毫米，【高度】为285毫米，如图12.234所示。

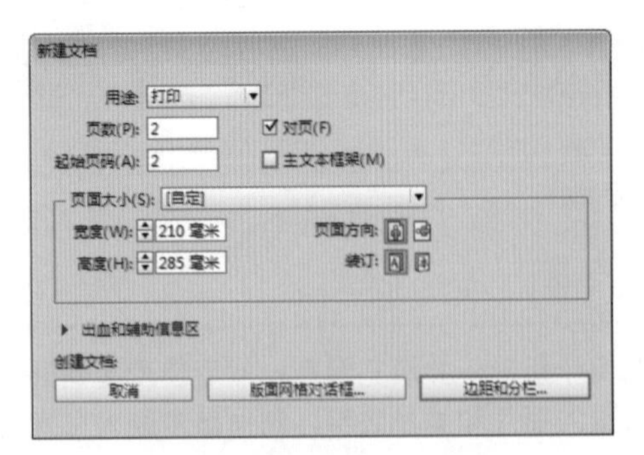

图12.234 【新建文档】对话框

ID 2 单击【边距和分栏】按钮，打开【新建边距和分栏】对话框，将上、下、内、外【边距】的值都设置为0毫米，如图12.235所示。

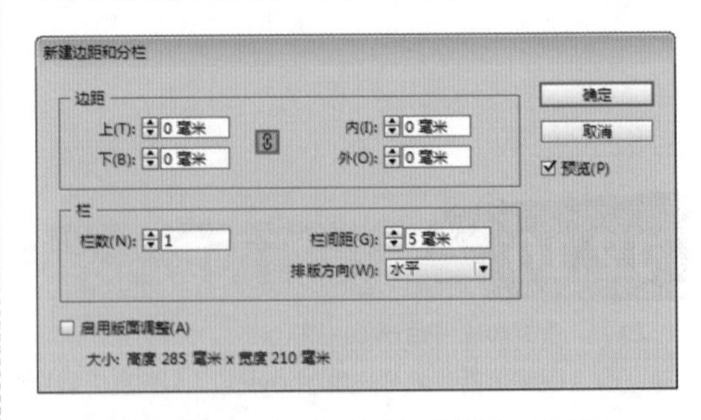

图12.235 【新建边距和分栏】对话框

ID 3 选择工具箱中的【矩形工具】，在页面中绘制一个与页面大小相同的矩形，打开【渐变】面板，编辑从灰色（C:0；M:0；Y:0；K:30）到白色的线性渐变，如图12.236所示；然后将矩形填充线性渐变，效果如图12.237所示。

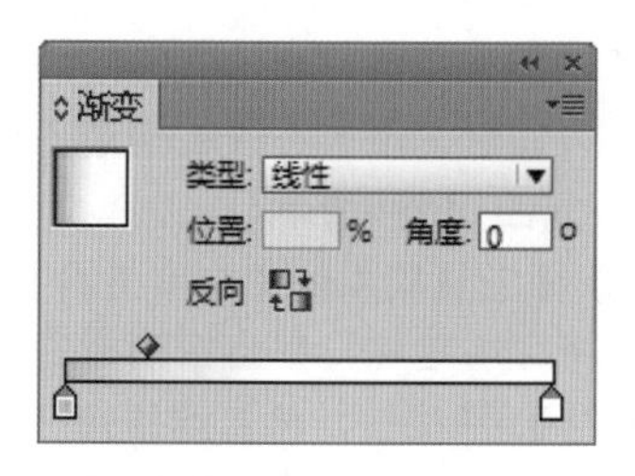

图12.236 编辑渐变

图12.237 填充渐变

ID 4 选择工具箱中的【椭圆工具】，在页面中绘制一个正圆，将正圆的描边颜色设置为黑色，填充设置为无，并设置描边的【粗细】为1.5点，如图12.238所示；将其复制多份并调整不同的大小和描边粗细，放置到页面中合适的位置，制作出气泡效果，如图12.239所示。

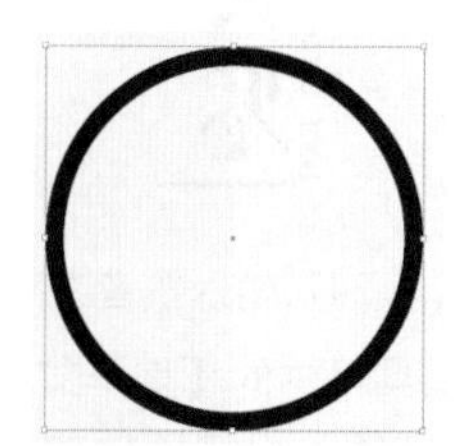

图12.238 绘制圆形

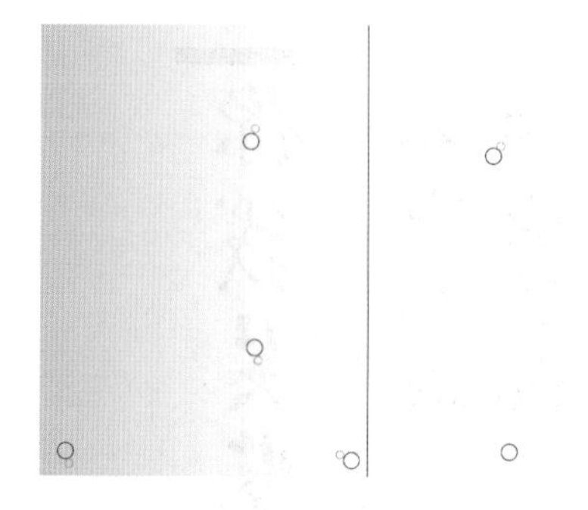

图12.239 复制圆形

ID 5 选择【文件】|【置入】命令，打开【置入】对话框，选择配套光盘中的“调用素材\第12章\宣传折页\瓷器.psd”，将瓷器等比例缩小，旋转在左侧页面的中间位置，效果如图12.240所示。

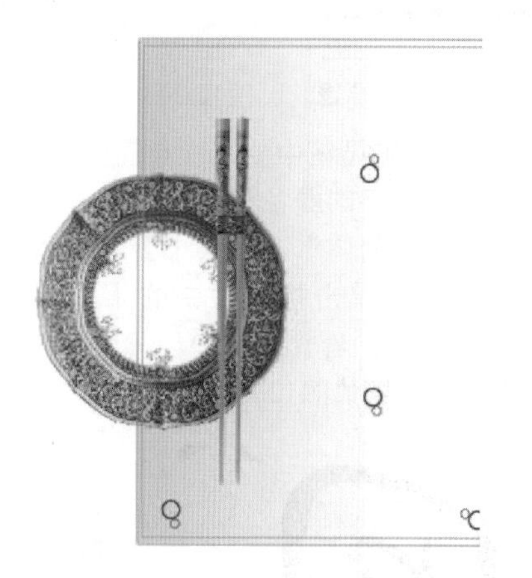

图12.240 添加图片

ID 6 选择工具箱中的【直排文字工具】，在页面中分别输入文字，将文字的字体设置为“方正黄草简体”，设置为不同的文字大小，放置在瓷器的右侧，效果如图12.241所示。

图12.241 添加文字

ID 7 使用【矩形工具】，在页面中绘制一个长方形，打开【渐变】面板，编辑从由暗红色（C:50；M:100；Y:100；K:25）到红色（C:35；M:100；Y:100；K:0）的线性渐变，效果如图12.242所示。将长方形填充，填充后的效果如图12.243所示。

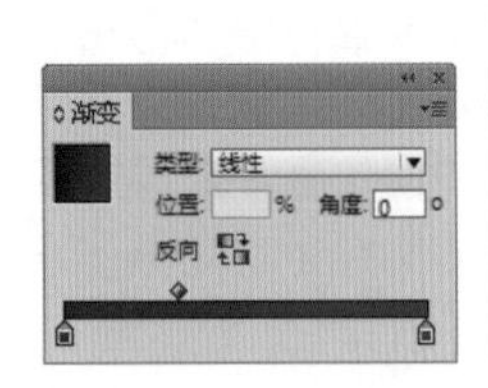

图12.242 渐变编辑

图12.243 填充长方形

ID 8 选择工具箱中的【文字工具】T，输入拼音，将文字的颜色设置为白色，字体设置为“方正舒体简体”，【大小】设置为18点，将文字选中，单击控制栏中的【顺时针旋转90°】按钮，将其旋转90°，放置到红色长方形上面，效果如图12.244所示。

图12.244 添加拼音文字

ID 9 选择工具箱中的【直排文字工具】↓T，在页面中输入文字“你我共鉴”，将文字的颜色设置为黑色，字体设置为“方正黄草简体”，【大小】设置为68点，效果如图12.245所示。

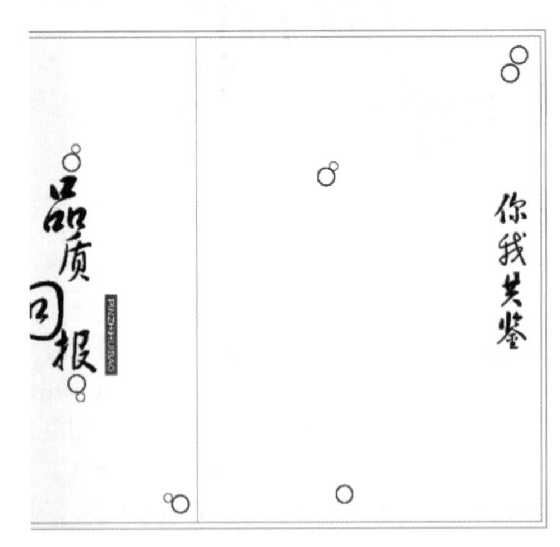

图12.245 输入文字

ID 10 选择工具箱中的【直线工具】╱，沿文字的上方和下方分别绘制一条线段，并设置描边的颜色都为黑色，将上方线段的描边【粗细】设置为10点，下方线段的描边【粗细】设置为3点，如图12.246所示。

ID 11 选择工具箱中的【文字工具】T，输入拼音。将文字选中，单击控制栏中的【顺时针旋转90°】按钮，将其旋转90°，将文字的颜色设置为黑色，字体设置为“方正舒体简体”，【大小】设置为18点，效果如图12.247所示。

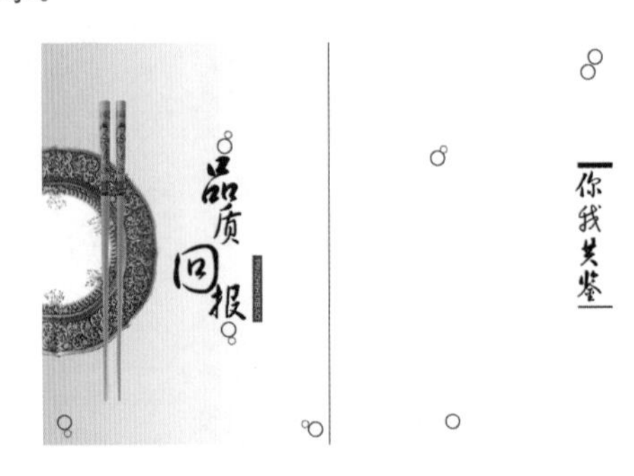

图12.246 绘制线段

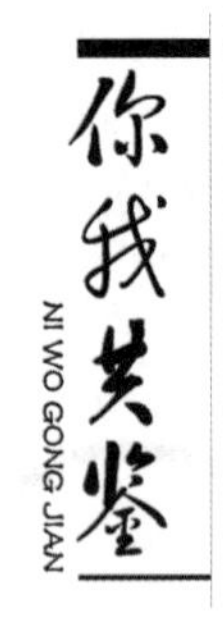

图12.247 输入拼音文字

ID 12 选择工具箱中的【直排文字工具】↓T，在页面中输入文字，设置不同的字体和大小，将颜色设置为黑色，如图12.248所示。

图12.248 输入文字

ID 13 按照前面的讲解方法，将再次输入文字，将文字的颜色设置为黑色，分别设置不同的字体和大小，如图12.249所示。

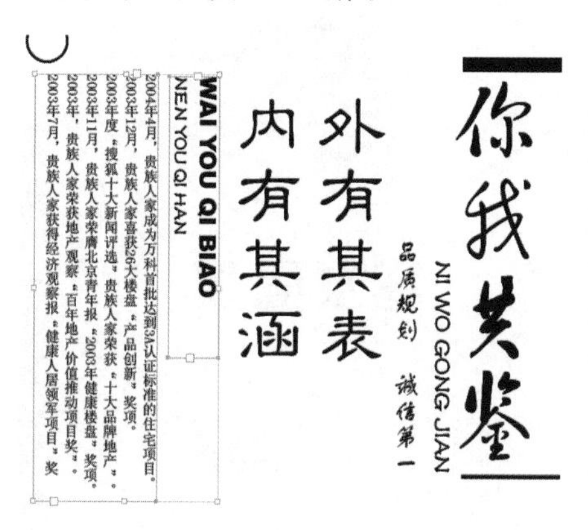

图12.249 再次输入文字

ID 14 选择【文件】|【置入】命令，打开【置入】对话框，选择配套光盘中的“调用素材\第12章\宣传折页\水墨鱼.psd”，放置到页面的下方，完成最终效果如图12.250所示。

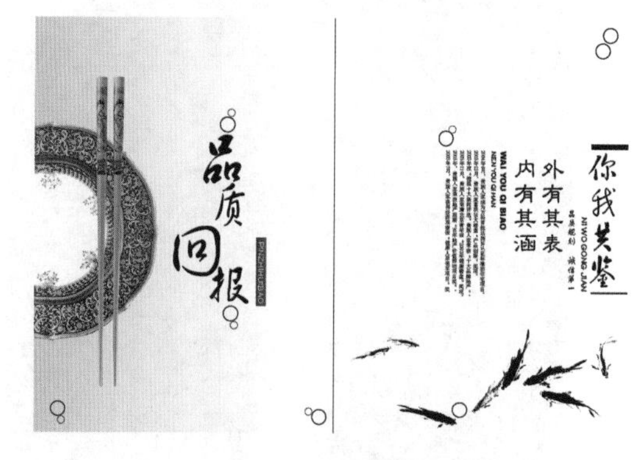

图12.250 最终效果

12.11 励志时尚招贴设计

案例分类：版式设计类

视频位置：配套光盘\movie\12.11 励志时尚招贴设计.avi

12.11.1 技术分析

本例励志时尚招贴设计。首先导入图片并对图片进行大小调整，使其与背景融合；然后利用描边来添加辅助图形，并添加文字及其对文字的字体大小进行修改；最后使用【矩形工具】对页面添加辅助矩形来制作招贴，完成励志时尚招贴的设计。

12.11.2 本例知识点

- 路径的调整
- 【矩形工具】的使用
- 文字的变形

12.11.3 最终效果图

本实例的最终效果如图12.251所示。

图12.251 最终效果图

12.11.4 操作步骤

ID 1 选择【文件】|【新建】|【文档】命令，打开【新建文档】对话框，设置【页数】为2，勾选【对页】复选框，并设置【起始页码】为2，【宽度】为210毫米，【高度】为285毫米，如图12.252所示。

图12.252 【新建文档】对话框

ID 2 单击【边距和分栏】按钮，打开【新建边距和分栏】对话框，将上、下、内、外【边距】的值都设置为0毫米，如图12.253所示。

ID 3 选择【文件】|【置入】命令，打开【置入】对话框，选择配套光盘中的“调用素材\第12章\励志时尚招贴\人物.jpg”，将图片置入后按住Ctrl键对图片不断调整，效果如图12.254所示。

ID 4 选择工具箱中的【矩形工具】，在右侧页面中绘制一个矩形，将矩形的描边设置为无，颜色填充为黑色，效果如图12.255所示。

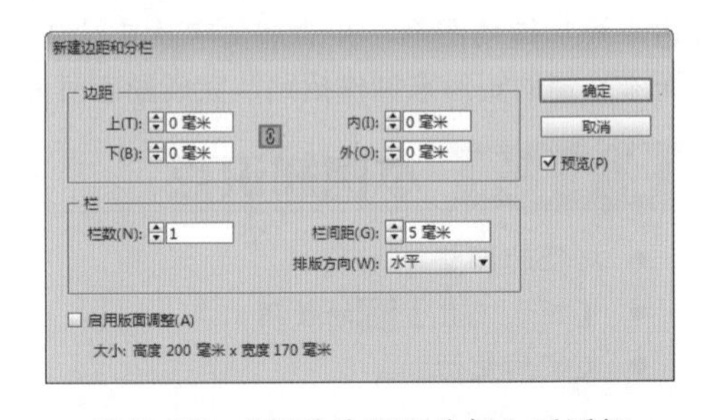

图12.253 【新建边距和分栏】对话框

图12.254 调整之后效果　图12.255 绘制黑色矩形

ID 5 选中黑色矩形，然后选择工具箱中的【添加锚点工具】，在黑色矩形右上角添加两个锚点，如图12.256所示。

ID 6 选择工具箱中的【删除锚点工具】，单击右上角的锚点，锚点则会被删除，效果如图12.257所示。

图12.256 添加锚点

图12.257 删除锚点

ID 7 择工具箱中的【矩形工具】，在右侧页面黑色不规则矩形中绘制3个矩形，将矩形的【描边】设置为无，颜色填充为白色，效果如图12.258所示。

ID 8 选中最大的白色矩形，选择【窗口】|【效果】命令，打开【效果】面板，设置【不透明度】为64%，如图12.259所示。

图12.258 绘制白色矩形

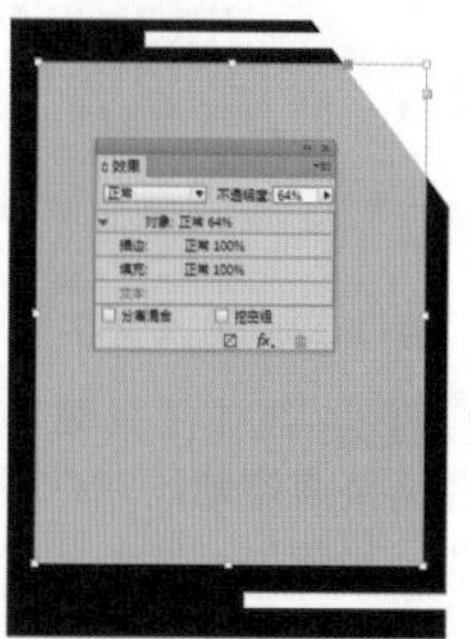

图12.259 设置不透明度

ID 9 选择【文件】|【置入】命令，打开【置入】对话框，选择配套光盘中的"调用素材\第12章\励志时尚招贴\大红花.psd"，置入图片，对图片进行调整，最终效果如图12.260所示。

ID 10 选择工具箱【直线工具】，在图片的下方绘制两条直线，颜色设置为深红色（C:45；M:100；Y:100；K:16）。

ID 11 选择【窗口】|【描边】命令，打开【描边】面板，设置其中一条直线的【粗细】为4点，设置【终点】为"方形"；另一条直线设置【粗细】为6点，设置【类型】为"虚线"，设置【起点】为"方形"，效果如图12.261所示。

图12.260 置入图片

图12.261 绘制直线

ID 12 选择工具箱中的【文字工具】，在页面中输入文字"奋发图强"，设置字体为"方正综艺简体"【大小】设置为50点，效果如图12.262所示。

ID 13 选中文字，选择【文字】|【创建轮廓】命令，为文字创建轮廓，如图12.263所示。

图12.262 输入文字

图12.263 创建轮廓

ID 14 选择工具箱中的【直接选择工具】，选中"奋"字下方的"田"部分，按住Delete键删除，效果如图12.264所示。

ID 15 选择工具箱中的【矩形工具】，在删除文字轮廓的位置绘制一个矩形，将矩形的【描边】设置为无，颜色填充为深红色（C:45；M:100；Y:100；K:16）。选中矩形，选择【对象】|【角选项】命令，打开【角选项】对话框，设置角选项为【圆角】，效果如图12.265所示。

图12.264 删除部分轮廓

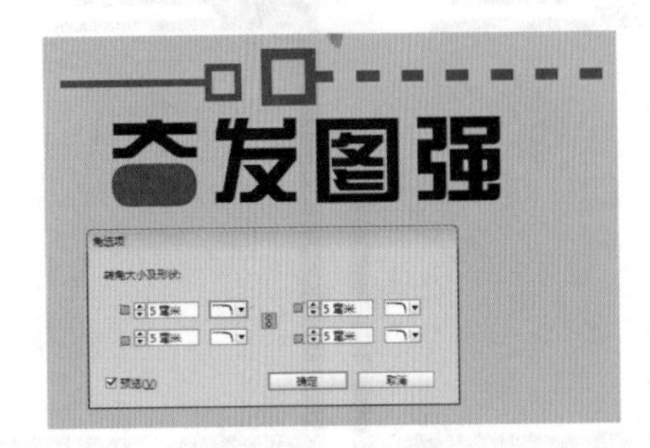

图12.265 绘制矩形

ID 16 按照以上方法再次输入文字并设置不同的字体大小，对文字创建轮廓，放置页面左侧，效果如图12.266所示。

ID 17 选择工具箱中的【直线工具】，在图片的下方绘制两条直线，其中一条直线颜色设置为深红色（C:45；M:100；Y:100；K:16），设置【粗细】为2点，设置【起点】和【终点】为“方形”；另一条直线设置【粗细】为4点，设置【类型】为“虚线”，设置【起点】为“方形”，摆放至如图12.267所示的位置。

图12.266 设置文字

图12.267 添加辅助直线

ID 18 选择工具箱中的【文字工具】，在页面中输入文字“ACTIONS SPEAK LOUDER THAN WORDS”，设置字体为“MazurkaNF”，【大小】设置为26点，效果如图12.268所示。

图12.268 输入文字

ID 19 选择【文件】|【置入】命令，打开【置入】对话框，选择配套光盘中的“调用素材\第12章\励志时尚招贴\妆容照.jpg”，置入图片并进行调整，效果如图12.269所示。

ID 20 选择工具箱【直线工具】，在图片周围绘制两条横竖直线，颜色设置为深红色（C:45；M:100；Y:100；K:16），设置【粗细】为3点，设置【类型】为“虚线”，摆放至如图12.270所示的位置。

图12.269 置入图片

图12.270 绘制两条直线

ID 21 选择工具箱中的【文字工具】，在页面中输入文字，设置字体为“汉仪小隶书简”，【大小】设置为13点，效果如图12.271所示。选择工具箱中的【矩形工具】，在文字的下方绘制两个辅助图形，颜色分别设置为白色和黑色，【描边】设置为无，效果如图12.272所示。

图12.271 输入文字

图12.272 添加辅助图形

ID 22 选择工具箱中的【矩形工具】，在右侧页面底部绘制4个矩形，效果如图12.273所示。选择工具箱中的【文字工具】，在白色矩形上面输入文字，文字字体设置为“Capture it”，【大小】设置为16点，效果如图12.274所示。这样面我们就完成了生活招贴的设计。

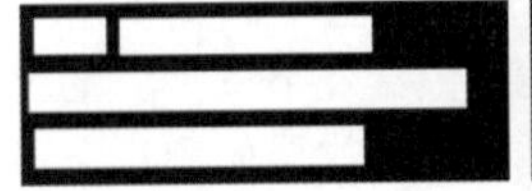

图12.273 绘制矩形

图12.274 输入文字

12.12 菜单内页设计

案例分类：版式设计类
视频位置：配套光盘\movie\12.12 菜单内页设计.avi

12.12.1 技术分析

本例讲解酒楼菜单内页设计。首先导入图片并对图片不透明度进行调整，使其与背景融合。利用对文字的字体大小不同来给菜单增加设计感，以及对图形添加描边来使图形不会显的生硬。

12.12.2 本例知识点

- 图形的描边设置
- 创建新样式
- 【制表符】的使用
- 【旋转工具】使用

12.12.3 最终效果图

本实例的最终效果如图12.275所示。

图12.275 最终效果图

12.12.4 操作步骤

ID 1 选择【文件】|【新建】|【文档】命令，打开【新建文档】对话框，设置【页数】为2，勾选【对页】复选框，并设置【起始页码】为2，【宽度】为210毫米，【高度】为285毫米，如图12.276所示。

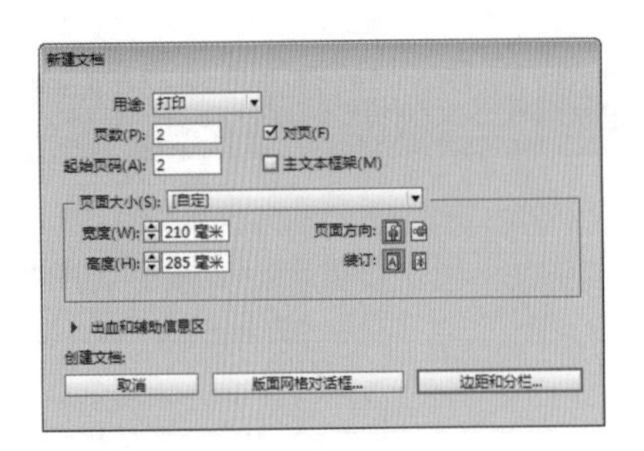

图12.276 【新建文档】对话框

ID 2 单击【边距和分栏】按钮，打开【新建边距和分栏】对话框，将上、下、内、外【边距】的值都设置为0毫米，如图12.277所示。

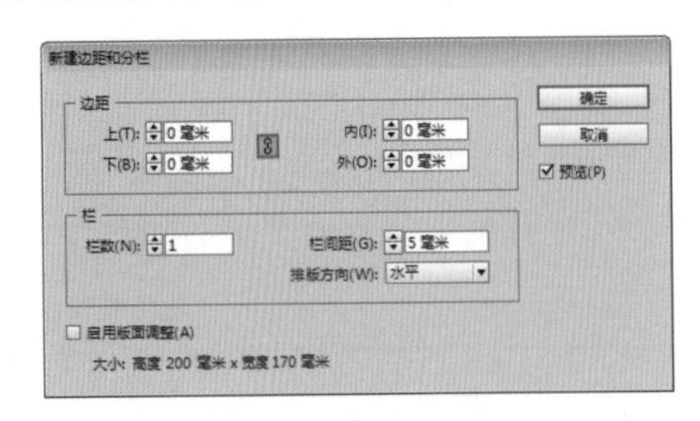

图12.277 【新建边距和分栏】对话框

ID 3 选择工具箱中的【矩形工具】，绘制一个等同于页面大小的矩形，将矩形的【描边】设置为无，颜色填充为黑色，效果如图12.278所示。

ID 4 再次使用【矩形工具】在页面中分别绘制几个矩形，矩形颜色分别填充为浅黄色（C:2；M:8；Y:18；K:0）和深红色（C:51；M:100；Y:100；K:32），并根据要求设置不等的描边，效果如图12.279所示。

图12.278 绘制黑色矩形

图12.279 添加不同颜色矩形

ID 5 选择【文件】|【置入】命令，打开【置入】对话框，选择配套光盘中的“调用素材\第12章\菜单内页\红色背景底纹.psd”，把图片置入到深红色矩形上面，并对图片进行不断的调整，最终效果如图12.280所示。

ID 6 选中置入的白色花纹图片，选择【窗口】|【效果】命令，打开【效果】面板，设置不透明度为3%，效果如图12.281所示。

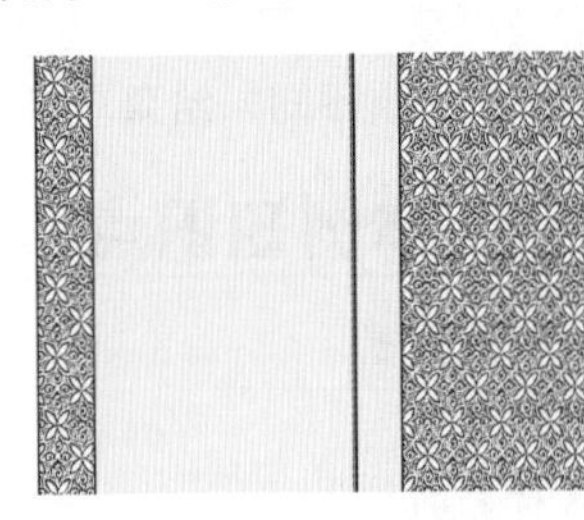

图12.280 置入图片

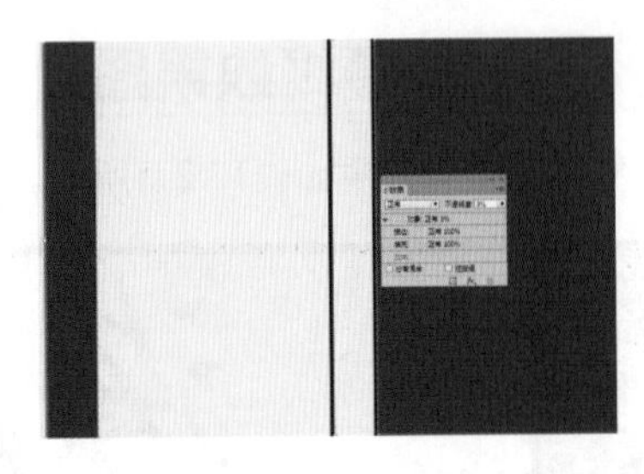

图12.281 设置不透明度

ID 7 按照以上方法分别置入“花纹白色.psd”、“花纹红色.psd”、“菜单花边.psd”、“海洋介绍底纹.psd”，然后设置不同的合适的透明度，最终效果如图12.282所示。

图12.282 置入图片设置不同透明度

ID 8 选择工具箱中的【文字工具】T，在页面左侧输入标题“海鲜”，“海”字体【大小】设置为171点，颜色设置为深红色（C:51；M:100；Y:100；K:32）；设置“海”字体为“长城新艺体”【大小】设置为86点，颜色设置为黑色，效果如图12.283所示。

图12.283 输入标题

ID 9 选择工具箱中的“椭圆工具”，在文字“鲜”位置绘制一个圆形，设置填充颜色为无，描边为深红色（C:51；M:100；Y:100；K:32）。选中椭圆描边，选择【对象】|【排列】|【后移一层】命令，一直执行此命令直到椭圆描边移至“鲜”字下面，效果如图12.284所示。

图12.284 为标题添加辅助图形

ID 10 打开配套光盘中的“调用素材\第12章\菜单内页\内容.doc”文件。选中正文其中一段的内容，按下Ctrl + C组合键复制文字，回到InDesign软件中按下Ctrl + V组合键粘贴文本，设置文本框的【大小】为104毫米×89毫米，【位置】为X：62毫米，Y:73毫米，效果如图12.285所示。

图12.285 复制文字

ID 11 选择【窗口】|【样式】|【段落样式】命令，打开【段落样式】面板，如图12.286所示。

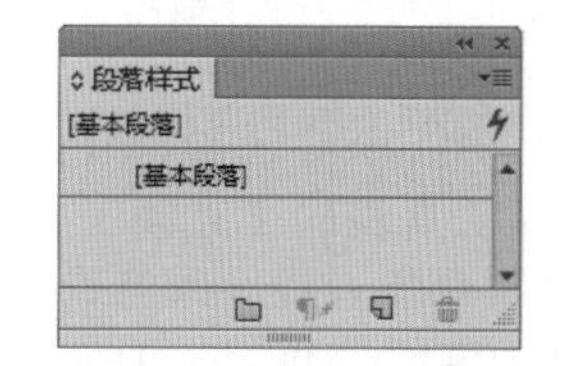

图12.286 【段落样式】面板

ID 12 单击【段落样式】面板中【创建新样式】按钮，在新建的字符样式名称上双击鼠标，打开【段落样式选项】对话框。在【段落样式选项】对话框中切换到【基本字符】选项，在【样式名称】文本框中输入“正文”，在【字体系列】下拉列表中选择【金桥简楷体】，设置【大小】为12点，设置【行距】为17点，如图12.287所示。

图12.287 【段落样式选项】对话框

ID 13 在【段落样式和选项】对话框中切换到【缩进和间距】选项，设置【首行缩进】为9毫米，如图12.288所示。

ID 14 选中文本的文本框，单击【段落样式】面板中的【正文】样式，效果如图12.289所示。

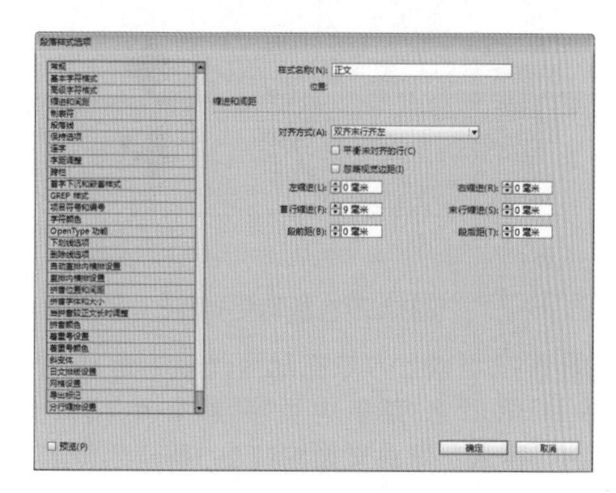

图12.288 【缩进和间距】选项

图12.289 使用段落样式效果

ID 15 选择工具箱的【直线工具】╱，在页面右侧绘制两条直线，颜色设置为深红色（C:45；M:100；Y:100；K:16），设置【粗细】为1点，摆放至如图12.290所示的位置。

ID 16 选择工具箱中的【矩形工具】■，绘制两个矩形，将矩形的【描边】设置为无，颜色填充为深红色（C:75；M:91；Y:92；K:70），效果如图12.291所示。

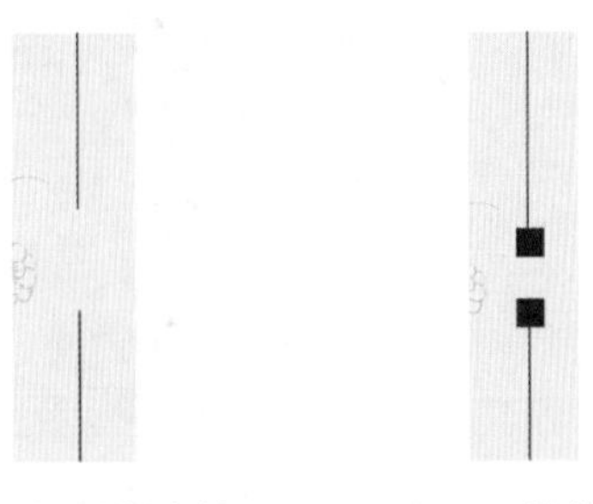

图12.290 绘制直线　　图12.291 绘制矩形

ID 17 分别选中两个深红色矩形，双击工具箱中的【旋转工具】，在弹出的【旋转】对话框【角度】中输入45°，效果如图12.292所示。

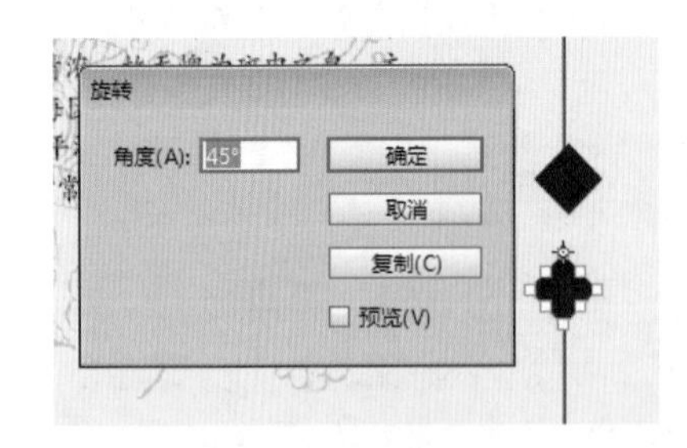

图12.292 旋转矩形

ID 18 按照以上方法在配套光盘中选择“调用素材\第12章\菜单内页\海鲜.psd、辅助图形.jpg”置入，摆放至如图12.293所示的位置。

图12.293 置入图片

ID 19 选择工具箱中的【文字工具】T，在页面右侧输入标题“菜单”，“菜”字体【大小】设置为171点，颜色设置为浅黄色（C:2；M:8；Y:18；K:0）；设置“单”字体为“时尚中简黑”，【大小】设置为70点，效果如图12.294所示。

ID 20 选择工具箱中的【矩形工具】■，在文字“单”位置绘制一个矩形，设置填充颜色为无，描边为浅黄色（C:2；M:8；Y:18；K:0）。选中矩形描边，选择【对象】|【排列】|【后移一层】命令，一直执行此命令直到椭圆描边移至“单”字下面，效果如图12.295所示。

图12.294 标题文字设置　　图12.295 绘制矩形

ID 21 选中浅黄色矩形，双击工具箱中的【旋转工具】，在弹出的【旋转】对话框【角度】中输入45°，效果如图12.296所示。

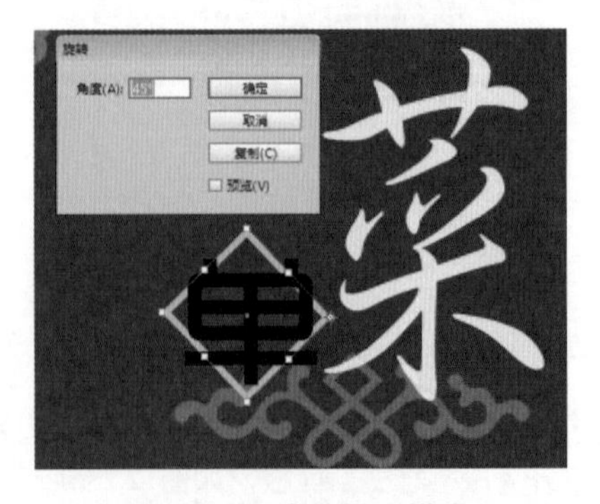

图12.296 旋转矩形描边

ID 22 选择工具箱中的【文字工具】T，在页面右侧输入小标题“鱼类”，设置字体为“金桥简楷体”，【大小】设置为26点，颜色设置为白色。

ID 23 选择工具箱【直线工具】／，在文字的下方绘制一条直线，颜色设置为白色，设置【粗细】为1点，设置【起点】和【终点】为“方形”，效果如图12.297所示。

ID 24 按照以上方法再制作几个小标题，如图12.298所示。

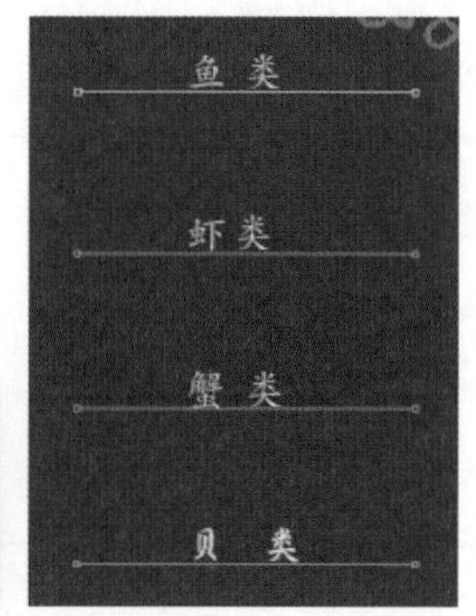

图12.297 输入文字绘制直线 图12.298 制作小标题

ID 25 打开配套光盘中的“调用素材\第12章\菜单内页\内容.doc”文件。选中鱼类下方一段的内容，按Ctrl + C组合键复制文字，回到InDesign软件中按Ctrl + V组合键粘贴文本，放置在小标题鱼类下方，特别需要提示的，鱼类名称和价格位置按Tab键，为其添加一个制表符，设置字体为“创意简隶书”，【大小】设置为13点，颜色设置为白色，效果如图12.299所示。

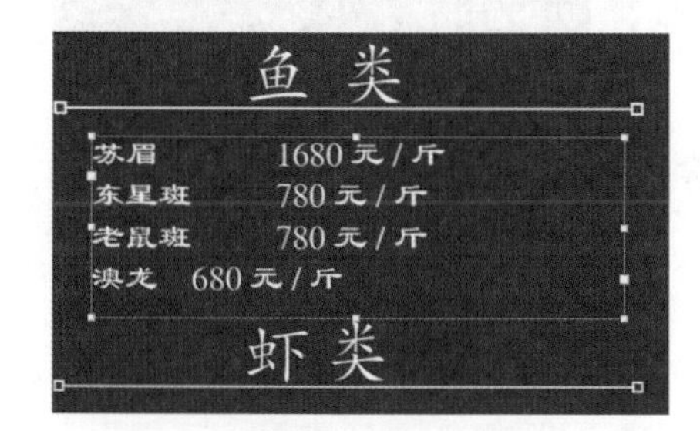

图12.299 粘贴文字

ID 26 将文字全部选中，选择【文字】|【制表符】命令，打开【制表符】面板，单击【左对齐制表符】按钮，然后在制表符标尺上方单击鼠标，为其添加一个左对齐制表符，也可以直接在X右侧的文本框中指定添加制表符的位置，比如输入37毫米；在【前导符】右侧的文本框中输入省略号，以制作前导符。此时，可以看到文字按制表符自动进行了左对齐排列，并产生省略号的前导符效果，如图12.300所示。

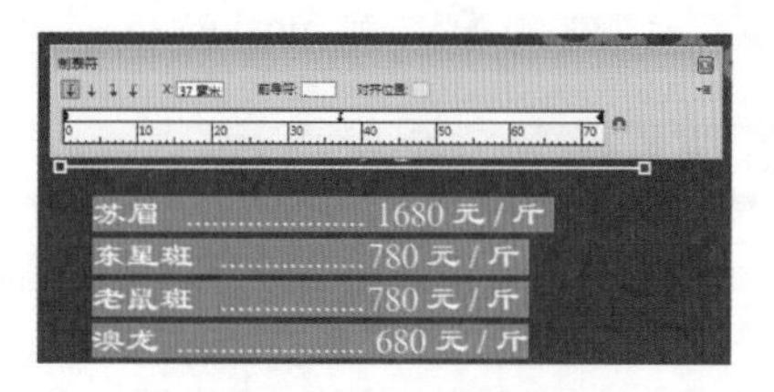

图12.300 设置制表符

ID 27 按照以上方法，分别在每个小标题下面制作制表符，效果如图12.301所示。

ID 28 选择工具箱中的【直排文字工具】IT，在页面右侧输入“欢迎光临”及英文“Welcome ”设置字体为“创意简隶书”，中文【大小】设置为38点，英文【大小】设置为30点，颜色设置为黑色。再选择工具箱中的【矩形工具】，在文字周围绘制两个矩形，【描边】设置为无，颜色分别填充为白色和黑色，效果如图12.302所示。这样，就完成了菜单的制作。

图12.301 制作制表符

图12.302 添加辅助文字图形

12.13 时装搭配版式设计

案例分类：版式设计类
视频位置：配套光盘\movie\12.13 时装搭配版式设计.avi

12.13.1 技术分析

本例讲解时装搭配版式设计。首先利用【文字工具】T和【矩形工具】■来添加本例的标题；然后使用【钢笔工具】绘制文字正文的文字路径；最后导入素材以及图片，排放至合适位置后并添加文字及辅助图形、阴影等来完成本实例。

12.13.2 本例知识点

- 【创建轮廓】命令
- 【沿对象文字绕排】
- 路径的描边
- 【投影】效果的使用

12.13.3 最终效果图

本实例的最终效果如图12.303所示。

图12.303 最终效果图

12.13.4 操作步骤

ID 1 选择【文件】|【新建】|【文档】命令，打开【新建文档】对话框，设置【页数】为2，勾选【对页】复选框，并设置【起始页码】为2，【宽度】为210毫米，【高度】为285毫米，如图12.304所示。

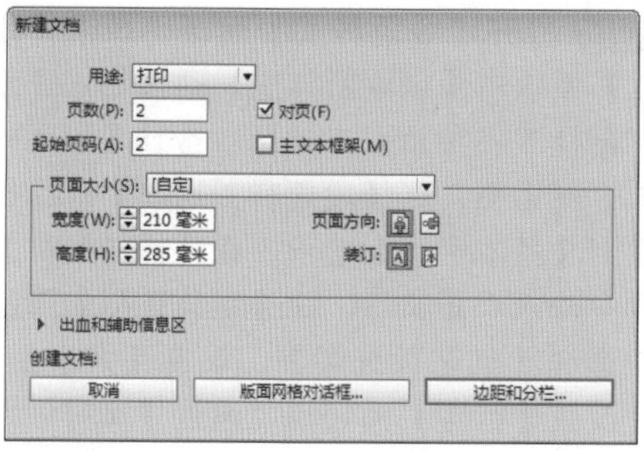

图12.304 【新建文档】对话框

ID 2 单击【边距和分栏】按钮，打开【新建边距和分栏】对话框，将上、下、内、外【边距】的值都设置为0毫米，如图12.305所示。

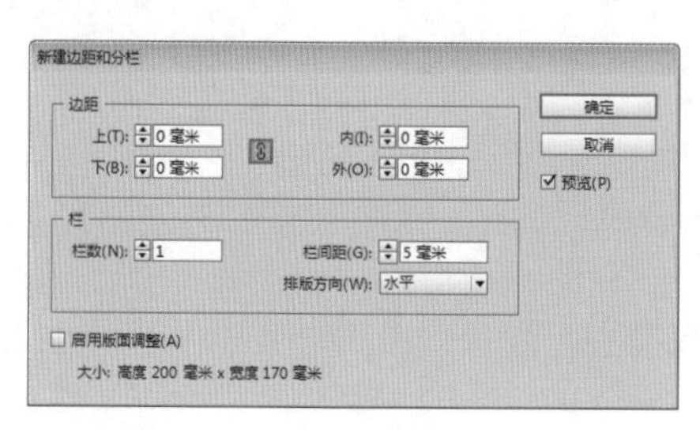

图12.305 【新建边距和分栏】对话框

ID 3 选择工具箱中的【文字工具】T，在页面左侧分别输入标题“时装”和“搭配”文字，字体设置均为【汉仪综艺体】，“时装”大小设置为75点；“搭配”大小设置为42点；颜色均为黑色，效果如图12.306所示。

图12.306 输入文字

ID 4 选中文字，选择【文字】|【创建轮廓】命令，为文字创建轮廓，如图12.307所示。

图12.307 创建轮廓

ID 5 选择工具箱中的【直接选择工具】，选中“时”字部分轮廓，按住Delete键删除，效果如图12.308所示。

图12.308 删除部分轮廓

ID 6 选择工具箱中的【椭圆工具】，在删除文字轮廓位置按住Shift键的同时拖动鼠标绘制一个正圆，【描边】设置为无，颜色填充为黄色（C:20；M:36；Y:75；K:0），效果如图12.309所示。

图12.309 绘制圆形

ID 7 选择工具箱中的【直线工具】，在文字时装下面绘制一条直线，【粗细】设置为2点，颜色设置为黑色，效果如图12.310所示。

图12.310 绘制直线

ID 8 选择工具箱中的【矩形工具】，在文字位置绘制一个矩形，填充颜色设置为无，描边【粗细】设置为3点，【类型】设置为“虚线”，效果如图12.311所示。

图12.311 绘制矩形描边

ID 9 选中矩形描边，双击工具箱中的【旋转工具】，在弹出的对话框中输入【角度】为45°，调整矩形描边的位置，效果如图12.312所示。

图12.312 旋转矩形描边

ID 10 选择工具箱中的【钢笔工具】，在页面左侧绘制一个闭合路径，效果如图12.313所示。

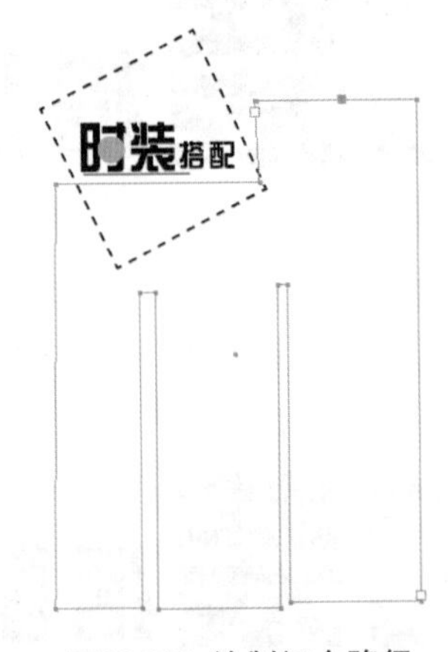

图12.313 绘制闭合路径

ID 11 打开配套光盘中的“调用素材\第12章\时装搭配\技巧.doc”文件。选中正文其中一段的内容，按Ctrl + C组合键复制文字，回到InDesign软件中按Ctrl + V组合键将文本粘贴到绘制的闭合路径中，效果如图12.314所示。

图12.314 粘贴文本

ID 12 打开【段落样式】面板，单击【段落样式】面板中【创建新样式】按钮，在新建的字符样式名称上双击鼠标。打开【段落样式选项】对话框，在【段落样式选项】对话框中切换到【基本字符】选项，在【样式名称】文本框中输入“正文”，在【字体系列】下拉列表中选择【创艺简细圆】，设置【大小】为8点，设置【行距】为15点，设置【字符间距】为400，如图12.315所示。

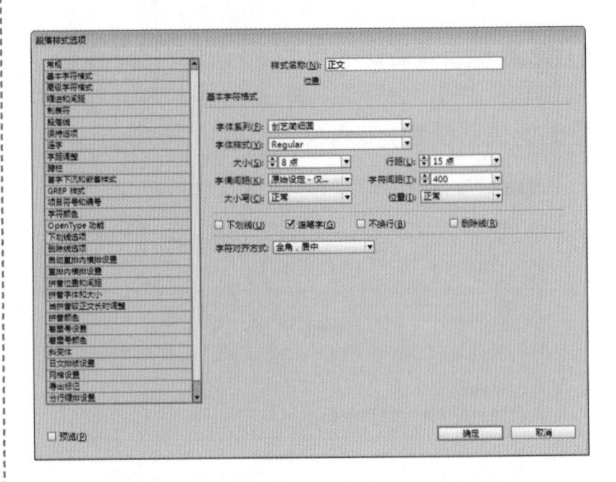

图12.315 【段落样式选项】对话框

ID 13 选中文本的文本框，单击【段落样式】面板中的【正文】样式，效果如图12.316所示。

图12.316 使用段落样式

ID 14 选择【文件】|【置入】命令，打开【置入】对话框，选择配套光盘中的“调用素材\第12章\时装搭配\背包.psd”，将图片置入页面左侧，再次置入“鞋.psd”和“表.psd”，效果如图12.317所示。

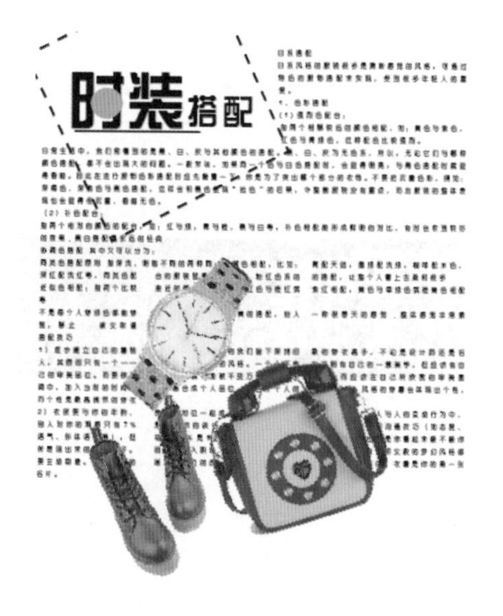

图12.317 置入图片

ID 15 选中刚置入的图片，打开【文本绕排】面板，选择【沿对象文字绕排】，效果如图12.318所示。

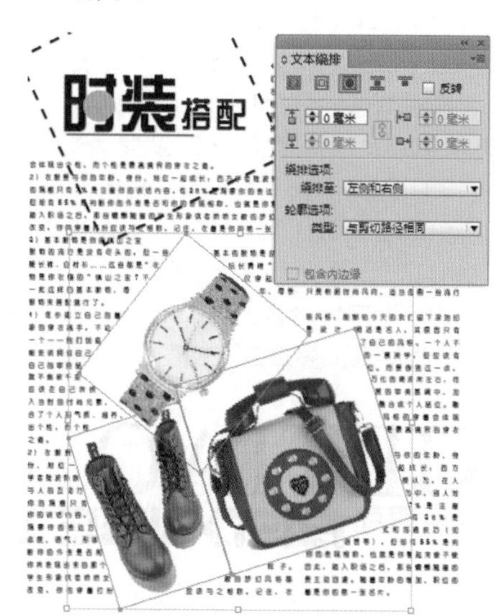

图12.318 文本绕排

ID 16 按照同样的方法置入“模特1.jpg”、“模特2.jpg”两张图片并调整大小，效果如图12.319所示。

ID 17 选择工具箱中的【矩形工具】，在页面中绘制两个矩形，【描边】设置为无，其中一个矩形颜色设置为深红色（C:34；M:94；Y:94；K:1），另一个矩形颜色设置为黄色（C:34；M:94；Y:94；K:1），效果如图12.320所示。

图12.319 置入图片

图12.320 绘制矩形

ID 18 选中黄色矩形，选择【对象】|【排列】|【置为底层】命令，效果如图12.321所示。

图12.321 将矩形移至底层

ID 19 选择工具箱中的【矩形工具】，在页面中绘制一个矩形，【描边】设置为无，颜色设置为黑色，效果如图12.322所示。

图12.322 绘制矩形

ID 20 选择工具箱中的【文字工具】T，在绘制的黑色矩形上面输入文字“补色”和“配合”文字，颜色均为白色，字体均为“长城新艺体”，“补色”大小设置为47点，“配合”大小设置为30点，效果如图12.323所示。

图12.323 输入文字

ID 21 选择工具箱中的【直线工具】，在文字下方绘制一条直线，设置【粗细】为1点，【类型】为圆点，【终点】为方形，效果如图12.324所示。

图12.324 绘制直线

ID 22 打开配套光盘中的“调用素材\第12章\时装搭配\时装搭配技巧.doc”文件。选中正文其中一段的内容，按Ctrl + C组合键复制文字，回到InDesign软件中按Ctrl + V组合键将文本粘贴到黑色矩形上，设置字体为“方正中倩简体”，【大小】为18点，颜色为白色，效果如图12.325所示。

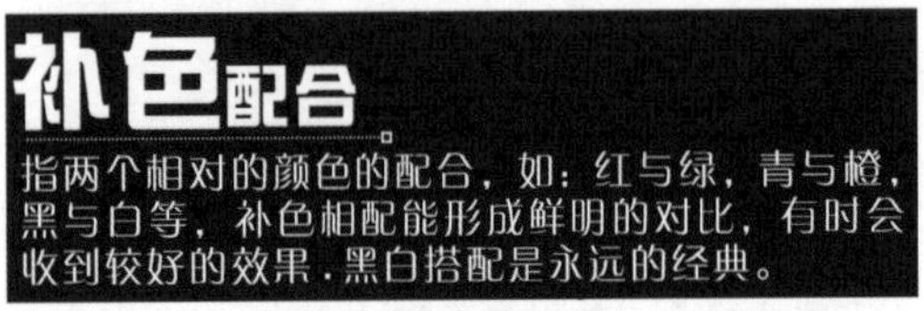

补色配合
指两个相对的颜色的配合，如：红与绿，青与橙，黑与白等，补色相配能形成鲜明的对比，有时会收到较好的效果．黑白搭配是永远的经典。

图12.325 粘贴文字

ID 23 选择工具箱中的【钢笔工具】，在页面绘制一条开放的路径，效果如图12.326所示。

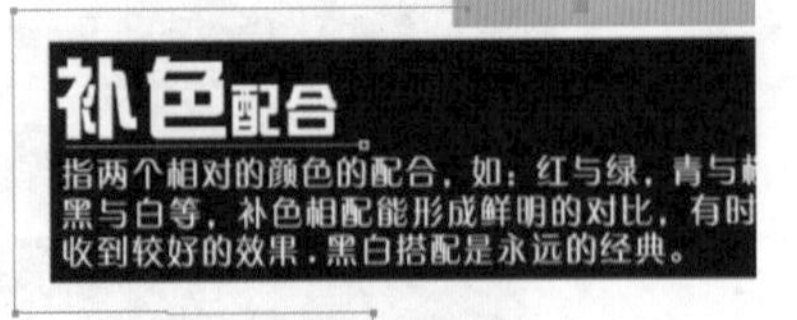

图12.326 绘制路径

ID 24 设置路径的描边颜色为深红色（C:50；M:100；Y:100；K:30），设置【粗细】为3点，【类型】为虚线，【终点】为三角开角，效果如图12.327所示。

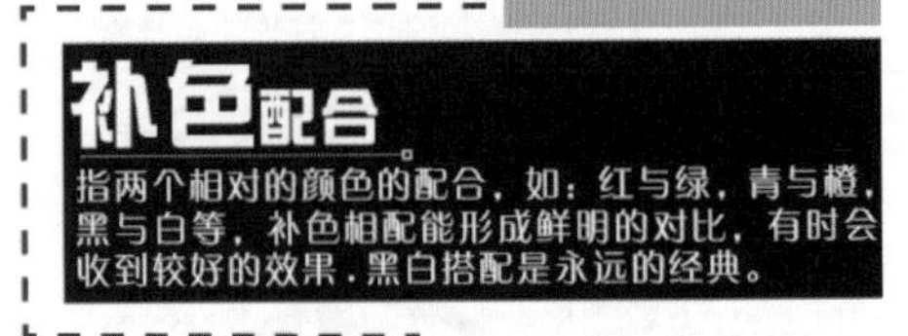

图12.327 设置描边

ID 25 选择工具箱中的【文字工具】，在黑色矩形下方输入文字“协调色搭配”及“XIETIAOSEDAPEI”拼音，将“协调色颜色搭配”字体设置为“汉仪综艺简体”，颜色设置为深红色（C:50；M:100；Y:100；K:30），【大小】设置为8点；将拼音“XIETIAOSEDAPEI”颜色设置为黑色，其中拼音“XIETIAO”字体设置为“创意简楷体”，【大小】设置为28点；拼音“SEDAPEI”字体设置为“Abduction”，【大小】设置为13点，摆放效果如图12.328所示。

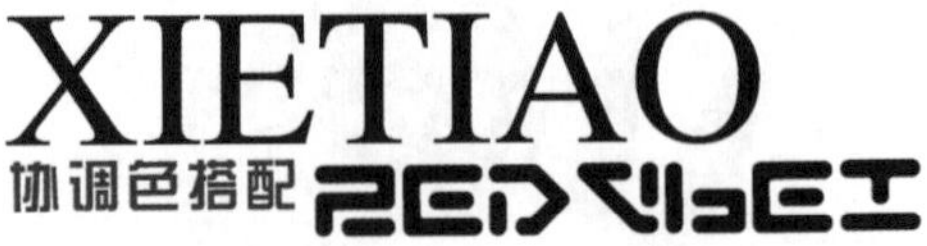

XIETIAO
协调色搭配 SEDAPEI

图12.328 设置文字

ID 26 选择工具箱中的【矩形工具】，在文字处绘制一个矩形，矩形的【描边】设置为无，颜色填充为黄色（C:20；M:36；Y:75；K:0），效果如图12.329所示。

图12.329 绘制矩形

ID 27 选中矩形，双击工具箱中的【旋转工具】，在弹出的对话框中输入【角度】为45°，调整位置，再选择【对象】|【排列】|【置为底层】命令，将矩形移至最底层，效果如图12.330所示。

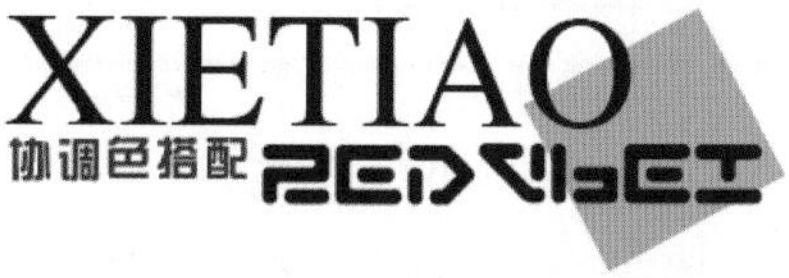

XIETIAO
协调色搭配

图12.330 调整矩形

ID 28 打开配套光盘中的“调用素材\第12章\时装搭配\时装搭配技巧.doc”文件。选中正文其中一段的内容，按Ctrl + C组合键复制文字，回到InDesign软件中按Ctrl + V组合键将文本粘贴到黑色矩形上，设置字体为“创意楷体”，设置大小为8点，设置颜色为黑色，字符间距为400，效果如图12.331所示。

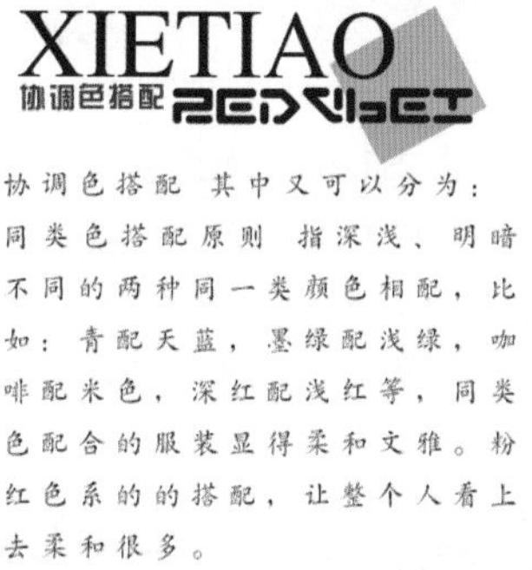

XIETIAO
协调色搭配
协调色搭配 其中又可以分为：
同类色搭配原则 指深浅、明暗不同的两种同一类颜色相配，比如：青配天蓝，墨绿配浅绿，咖啡配米色，深红配浅红等，同类色配合的服装显得柔和文雅。粉红色系的的搭配，让整个人看上去柔和很多。

图12.331 粘贴文字

ID 29 选中刚粘贴的文字的文本框，颜色填充为白色，设置描边颜色为深红色（C:50; M:100; Y:100; K:30），【粗细】为2点，【类型】为细-粗，效果如图12.332所示。

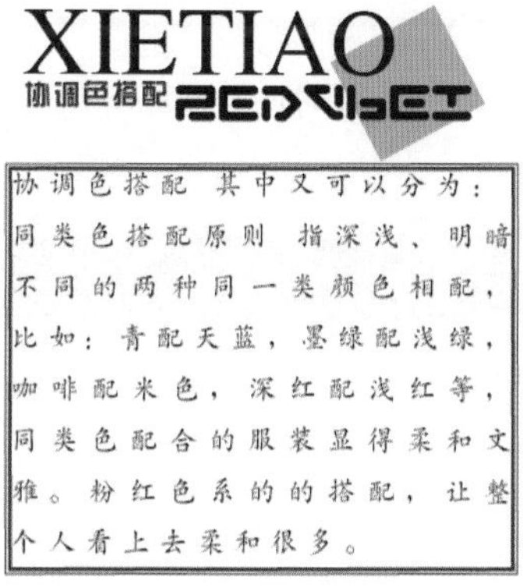

XIETIAO
协调色搭配
协调色搭配 其中又可以分为：
同类色搭配原则 指深浅、明暗不同的两种同一类颜色相配，比如：青配天蓝，墨绿配浅绿，咖啡配米色，深红配浅红等，同类色配合的服装显得柔和文雅。粉红色系的的搭配，让整个人看上去柔和很多。

图12.332 设置文本框

ID 30 打开【效果】面板，单击【效果】面板右上角的【扩展菜单】，选择【效果】|【投影】命令，在打开的【效果】|【投影】对话框中设置参数，如图12.333所示。设置完成后单击“确定”按钮保存，效果如图12.334所示。

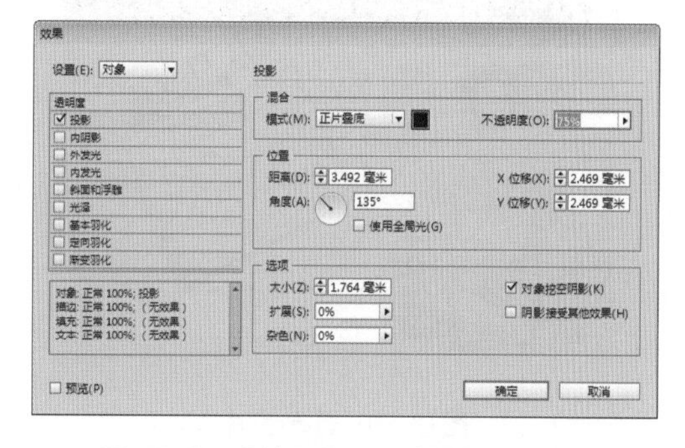

效果
设置(E): 对象
投影
透明度
投影
内阴影
外发光
内发光
斜面和浮雕
光泽
基本羽化
定向羽化
渐变羽化
对象: 正常 100%; 投影
描边: 正常 100%; （无效果）
填充: 正常 100%; （无效果）
文本: 正常 100%; （无效果）
混合
模式(M): 正片叠底
不透明度(O):
位置
距离(D): 3.492 毫米
角度(A): 135°
使用全局光(G)
X 位移(X): 2.469 毫米
Y 位移(Y): 2.469 毫米
选项
大小(Z): 1.764 毫米
扩展(S): 0%
杂色(N): 0%
对象挖空阴影(K)
阴影接受其他效果(H)
预览(P)
确定
取消

图12.333 【效果】|【投影】对话框

XIETIAO
协调色搭配
协调色搭配 其中又可以分为：
同类色搭配原则 指深浅、明暗不同的两种同一类颜色相配，比如：青配天蓝，墨绿配浅绿，咖啡配米色，深红配浅红等，同类色配合的服装显得柔和文雅。粉红色系的的搭配，让整个人看上去柔和很多。

图12.334 设置投影

ID 31 将文字及文本框全部选中，将其旋转至一定角度，效果如图12.335所示。

补色配合
指两个相对的颜色的配合，如：红与绿，青与橙，黑与白等，补色相配能形成鲜明的对比，有时会收到较好的效果，黑白搭配是永远的经典。
XIETIAO
协调色搭配

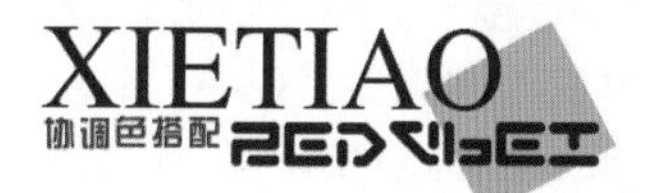

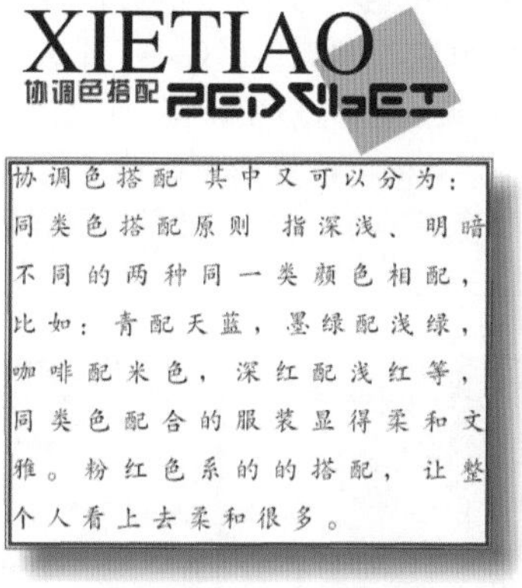

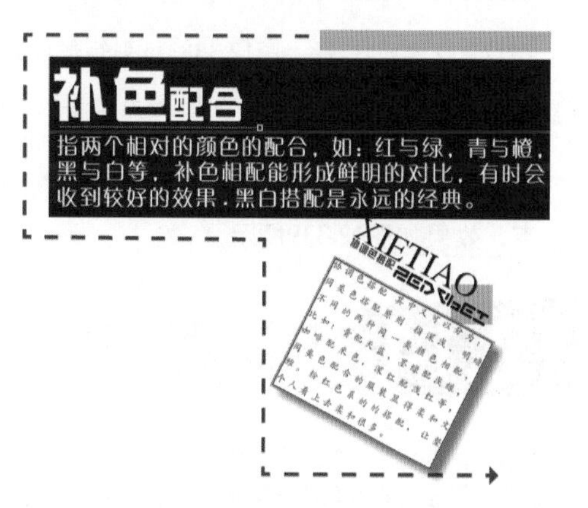

图12.335 旋转图形文字

ID 32 选择【文件】|【置入】命令，打开【置入】对话框，选择配套光盘中的“调用素

材\第12章\时装搭配\模特4.jpg”，将图片摆放至合适的位置，效果如图12.336所示。

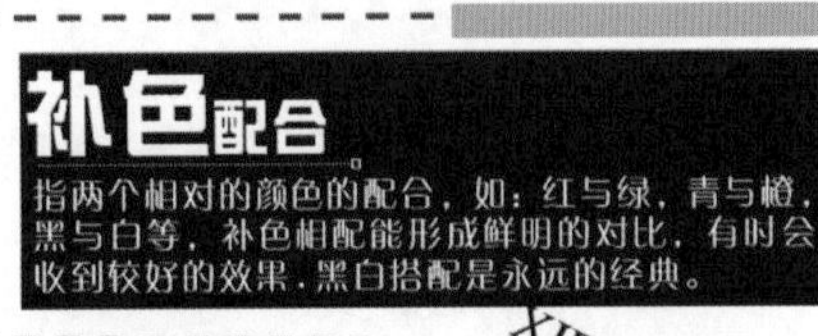

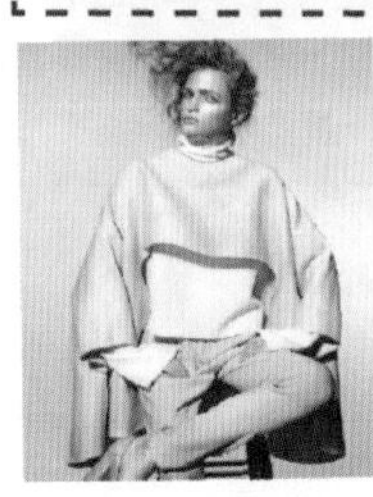

图12.336 置入图片

ID 33 选择工具箱中的【矩形工具】，在置入图片的位置绘制一个矩形，描边设置为无，颜色填充为橘黄色（C:7；M:65；Y:71；K:0），效果如图12.337所示。

ID 34 选中橘黄色矩形，选择【对象】|【排列】|【置为底层】命令，将图形移至底层，效果如图12.338所示。

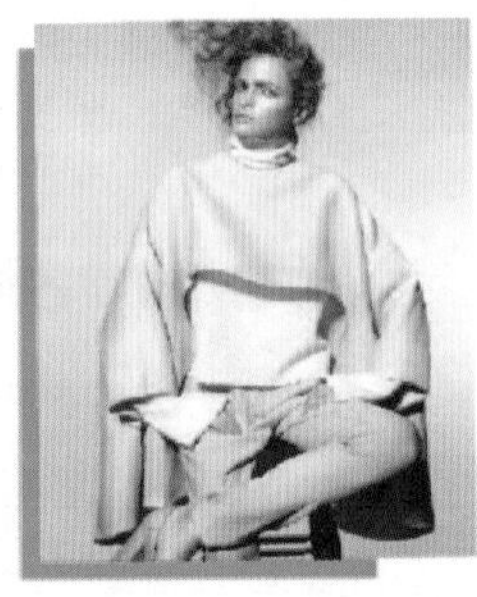

图12.337 绘制矩形　图12.338 排列矩形位置

ID 35 选择工具箱中的【直线工具】，在页面右侧的底部绘制一条直线，描边颜色设置为黄色（C:20；M:36；Y:75；K:0），【粗细】为8点，效果如图12.339所示。

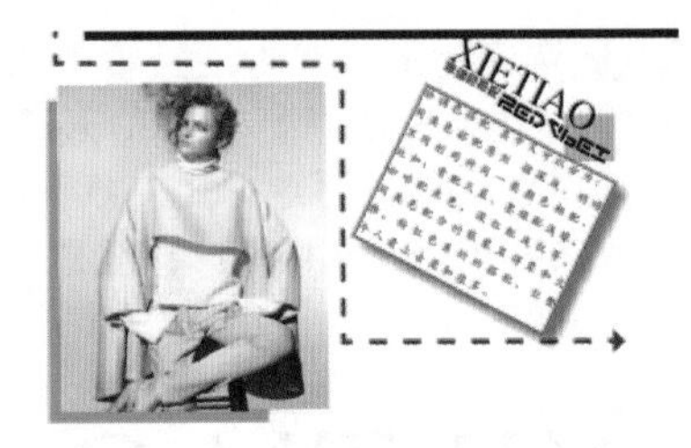

图12.339 绘制直线

ID 36 按照同样的方法将剩下的素材全部置入，效果如图12.340所示。

图12.340 置入素材

ID 37 选中“耳钉”图片，按住键盘Alt键的同时拖动鼠标，复制一份图片，摆放至如图12.341所示的位置。这样，就完成了时装搭配的最终效果。

图12.341 复制图形

12.14 名言警句排版设计

案例分类：版式设计类
视频位置：配套光盘\movie\12.14 名言警句排版设计.avi

12.14.1 技术分析

本例是以名言警句的排版设计来讲解，首先利用【钢笔工具】来绘制背景基本轮廓的封闭路径，并使用【渐变工具】■给路径添加渐变颜色；然后使用【直线工具】╱和【文字工具】添加辅助图形和字体，并利用不同字体来增加排版的美观，以及置入图片并利用【对齐】面板调整图片之间的间距；最利用绘图工具绘制不同的形状并以对图形【不透明度】参数值的改变来添加辅助图形，排放至合适的位置后再次添加文字及辅助图形、阴影等来完成本实例的制作。

12.14.2 本例知识点

- 【渐变工具】■
- 【多边形工具】⬢
- 【段落样式】面板

12.14.3 最终效果图

本实例的最终效果如图12.342所示。

图12.342 最终效果图

12.14.4 操作步骤

ID 1 选择【文件】|【新建】|【文档】命令，打开【新建文档】对话框，设置【宽度】为420毫米，【高度】为285毫米，如图12.343所示。

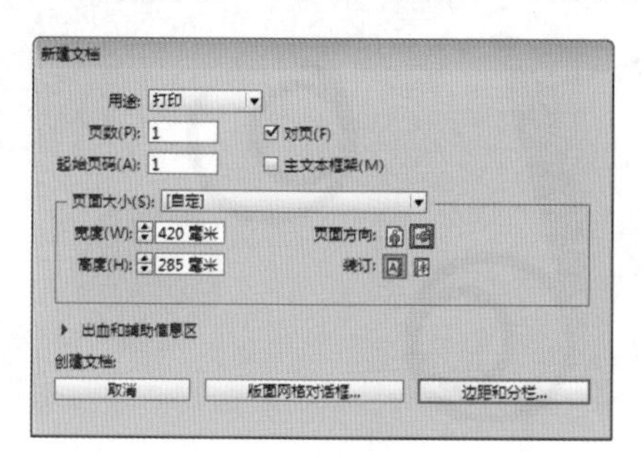

图12.343 【新建文档】对话框

ID 2 单击【边距和分栏】按钮，打开【新建边距和分栏】对话框，将上、下、内、外【边距】的值都设置为0毫米，如图12.344所示。

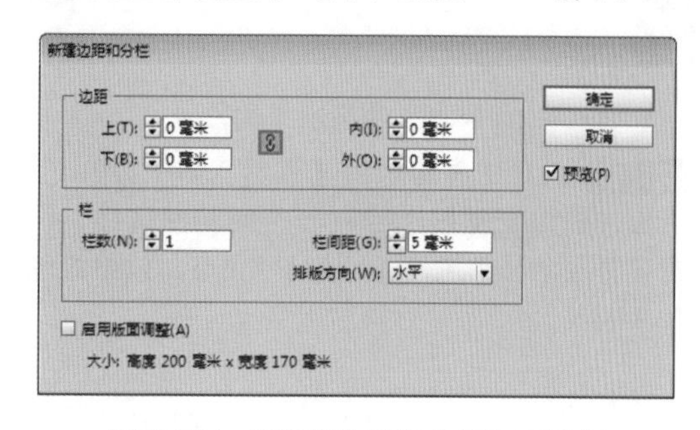

图12.344 【新建边距和分栏】对话框

ID 3 选择工具箱中的【钢笔工具】，在页面绘制三个封闭路径，效果如图12.345所示。

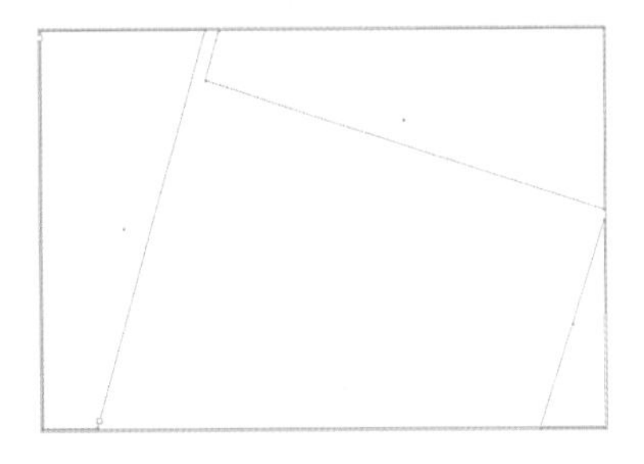

图12.345 绘制封闭路径

ID 4 打开【渐变】面板，设置从浅蓝色（C:38；M:0；Y:3；K:0）到蓝色（C:85；M:53；Y:19；K:0）的径向渐变，如图12.346所示。

ID 5 选择工具箱中的【渐变工具】，将绘制的封闭路径都填充渐变，效果如图12.347所示。

图12.346 设置渐变

图12.347 填充渐变颜色

ID 6 选择工具箱中的【直线工具】，在页面左侧渐变图形上绘制一条倾斜的直线，设置描边颜色为黑色，【粗细】为6点，效果如图12.348所示。

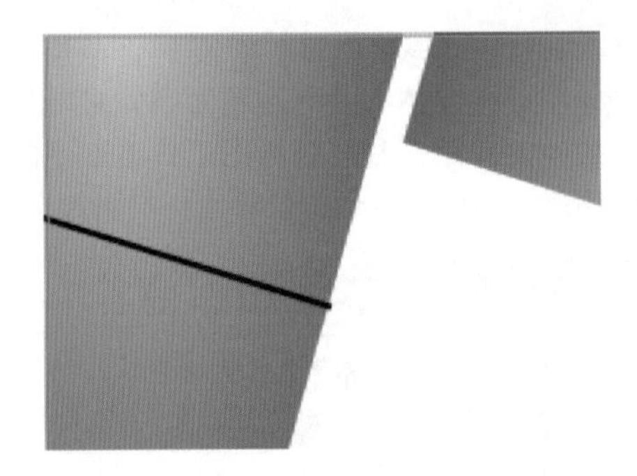

图12.348 绘制直线

ID 7 选择工具箱中的【文字工具】T，在绘制直线的两侧输入拼音“MINGYAN”，设置拼音字体为“方正超粗黑简体”，设置字体的【大小】为107点，其中设置“MING”颜色为黑色，“YAN”颜色为白色，效果如图12.349所示。

图12.349 输入拼音

ID 8 选择工具箱中的【椭圆工具】，在页面中按住Shift键的同时拖动鼠标绘制几个正圆，其中一部分设置描边为黑色，【粗细】为21点，其中的一个圆【描边】设置为无，颜色填充为蓝色（C:80；M:37；Y:5；K:0），效果如图12.350所示。

图12.350 绘制图形

ID 9 打开【效果】面板，分别选中圆形及圆形描边，设置不同的【不透明度】，效果如图12.351所示。

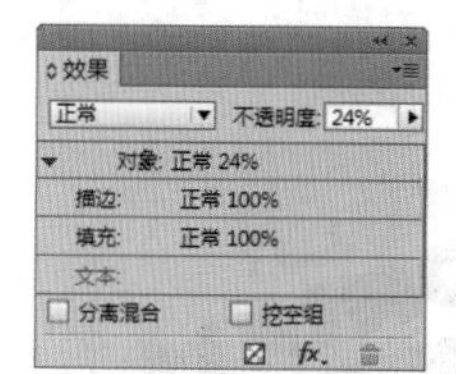

图12.351 设置不透明度

ID 10 选择工具箱中的【多边形工具】，在填充为深蓝色的圆形周围按住Shift键的同时拖动鼠标绘制几个多边形，然后在【效果】面板中设置其【不透明度】为20%，效果如图12.352所示。

图12.352 绘制图形并设置不透明度

ID 11 选择工具箱中的【直线工具】，沿上面的不规则图形和右侧的不规则图形绘制两条倾斜的直线，将直线描边颜色为深红色（C:40；M:37；Y:5；K:0），【粗细】设置为3点，设置其中一个直线的【类型】为虚线，效果如图12.353所示。

图12.353 绘制直线

ID 12 选择工具箱中的【文字工具】T，在上方的不规则图形上输入文字，设置颜色为白色，字体为“汉仪综艺体简”，设置【大小】为36点，再将文字旋转一定角度与不规则图形平行，效果如图12.354所示。

图12.354 输入文字

ID 13 选择工具箱中的【钢笔工具】，在页面中绘制一条路径，设置颜色为黑色，【粗细】为3点，【类型】为虚线，【终点】为三角开角，效果如图12.355所示。

ID 14 选择工具箱中的【椭圆工具】，在刚刚绘制的直线终点绘制两个环形的正圆，填充颜色为无，描边设置为深红色（C:40；M:37；Y:5；K:0），【粗细】为4点，效果如图12.356所示。

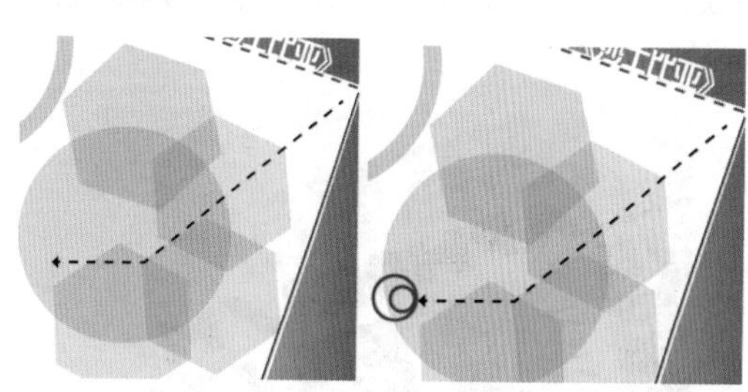

图12.355 绘制路径　　图12.356 绘制圆形

ID 15 选择工具箱中的【文字工具】T，分别在页面中输入英文“FAMOUS”和“APHORISM”及中文字“名言警句”。其中“FAMOUS”和“APHORISM”均为黑色，设置“FAMOUS”字体为“Engravers MT”，设置【大小】为31点，设置“APHORISM”字体为“SodaJerkNF”，【大小】为51点，设置中文字体“名言警句”字体为“汉仪综艺体简”，【大小】为80点。分别将文字调整、旋转不同的角度，效果如图12.357所示。

图12.357 输入文字并调整

ID 16 选择【文件】|【置入】命令，打开【置入】对话框，选择配套光盘中的“调用素材\第12章\名言警句排版\人物1.jpg、人物2.jpg、人物3.jpg、人物4.jpg”，将图片调整合适的大小，调整图片之间的间距，效果如图12.358所示。

图12.358 置入图片并调整大小

ID 17 按住Shift键的同时选中4个图片，使图片旋转一定的角度与图文保持平行，效果如图12.359所示。

图12.359 旋转置入图片

ID 18 选择工具箱中的【钢笔工具】，沿旋转后的图片绘制一条路径，设置路径的描边颜色为深红色（C:40；M:37；Y:5；K:0），【粗细】为4点，【类型】为虚线，【终点】为三角开角，效果如图12.360所示。

图12.360 绘制直线

ID 19 选择工具箱中的【文字工具】，在页面中输入“神从创造中找到他自己。”，设置颜色为黑色，字体为“汉仪综艺体简”，【大小】为35点。设置完成后将字体旋转一定的角度，与其他图形保持平行，效果如图12.361所示。

图12.361 输入文字

ID 20 按照同样的方法输入其他文字，设置文字的字体为“方正粗倩简体”，【大小】为13点，效果如图12.362所示。

图12.362 输入文字

ID 21 打开配套光盘中的“调用素材\第12章\名言警句排版\名言警句.doc”文件。选中正文其中一段的内容，按Ctrl + C组合键复制文字，回到InDesign软件中按Ctrl + V组合键将文本粘贴到页面上，按照同样的方法分三部分将文字粘贴到页面上，效果如图12.363所示。

图12.363 粘贴文字

ID 22 打开【段落样式】面板，单击【段落样式】面板中【创建新样式】按钮，在新建的字符样式名称上双击鼠标，打开【段落样式选项】对话框。在【段落样式选项】对话框中切换到【基本字符】选项，在【样式名称】文本框中输入“正文”，在【字体系列】下拉列表中选择【时尚中黑简体】，设置【大小】为9点，设置【行距】为12点，如图12.364所示。

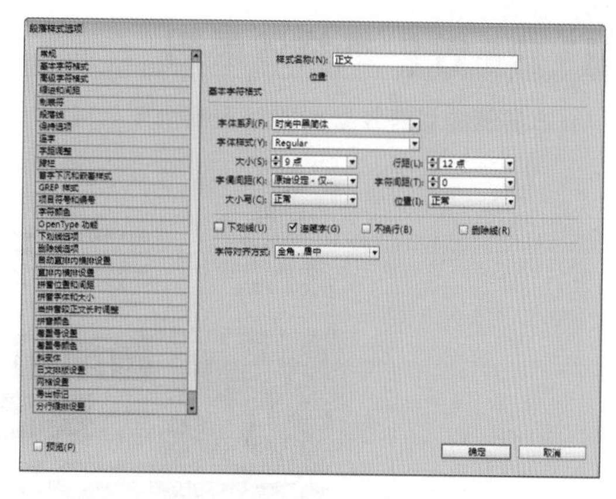

图12.364 【段落样式选项】对话框

ID 23 分别选中文本的文本框，单击【段落样式】面板中的【正文】样式，效果如图12.365所示。这样，就完成了本案例的最终效果。

图12.365 应用段落样式

12.15 报纸内文版式设计

案例分类：版式设计类
视频位置：配套光盘\movie\12.15 报纸内文版式设计.avi

12.15.1 技术分析

本实例使用了大量的文字，利用不同的大小及颜色来表现不同的内容，并利用【矩形工具】给文字添加辅助图形将版面分割开来，增加报纸的美观，最后通过置入图片以及对图片的周围绘制辅助图形，完成报纸内页版式设计。

12.15.2 本例知识点

- 虚线的设计
- 【矩形工具】
- 文本的溢出处理
- 首字下沉

12.15.3 最终效果图

本实例的最终效果如图12.366所示。

2013年11月22日 47周

星期五

十月二十

癸巳年【蛇年】

癸亥 壬辰日

关爱由心开始

父母是孩子最早的老师

对孩子的教育开始得那么早也不会过头

爸爸妈妈——要和孩子一起长大

FATHER AND MOTHER AND CHILDREN GROW UP TOGETHER

把欢乐带回家

想要孩子宽容 先要宽容孩子

允许

让孩子的心灵软着陆

恩爱的夫妻也难免会遇到矛盾，发生激烈的争吵，年幼的孩子会把父母的争吵归咎到自己身上。

善言结善果

请 不 要 家 庭 争 吵

有一种成长叫做挫

培养孩子责任心的方法

孩子的自信是父母给予的

图12.366 最终效果图

12.15.4 操作步骤

ID 1 选择【文件】|【新建】|【文档】命令，打开【新建文档】对话框，设置【宽度】为390毫米，【高度】为540毫米，如图12.367所示。

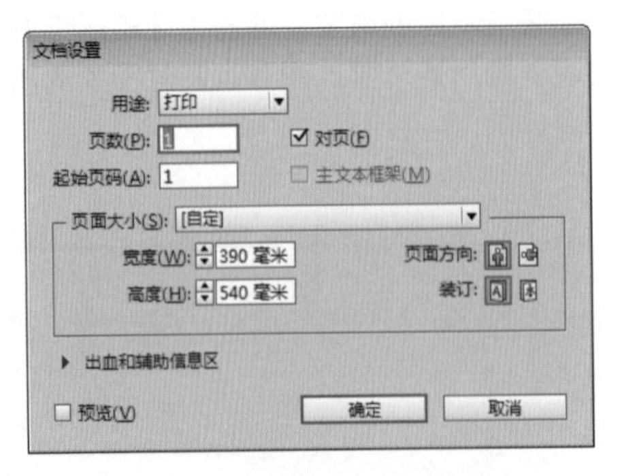

图12.367 【新建文档】对话框

ID 2 单击【边距和分栏】按钮，打开【新建边距和分栏】对话框，将上、下、内、外【边距】的值都设置为0毫米，如图12.368所示。

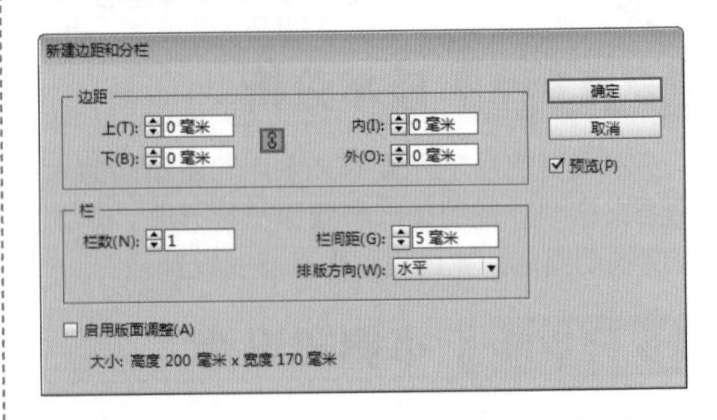

图12.368 【新建边距和分栏】对话框

ID 3 选择工具箱中的【文字工具】T，在页面左上角输入文字日期，设置不同的字体、颜色及大小，效果如图12.369所示。

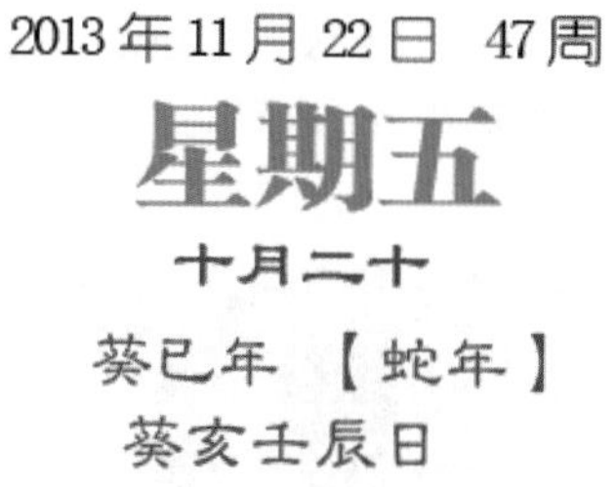

2013年11月22日 47周

星期五

十月二十

癸巳年 【蛇年】

癸亥壬辰日

图12.369 输入文字

ID 4 选择工具箱中的【直线工具】，在刚输入的文字右侧及下方绘制两条直线，描边颜色设置为灰色（C:64；M:44；Y:18；K:0），【粗细】为2点，【类型】为虚线，效果如图12.370所示。

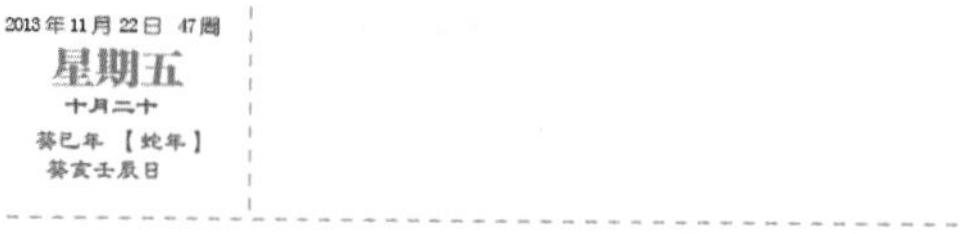

图12.370 绘制两条直线

ID 5 打开配套光盘中的“调用素材\第12章\报纸内文\报纸内容专题.doc”文件。选中正文其中一段的内容，按Ctrl + C组合键复制文字，回到InDesign软件中按Ctrl + V组合键将文本粘贴到页面上，对文字设置不同的字体、颜色和大小，效果如图12.371所示。

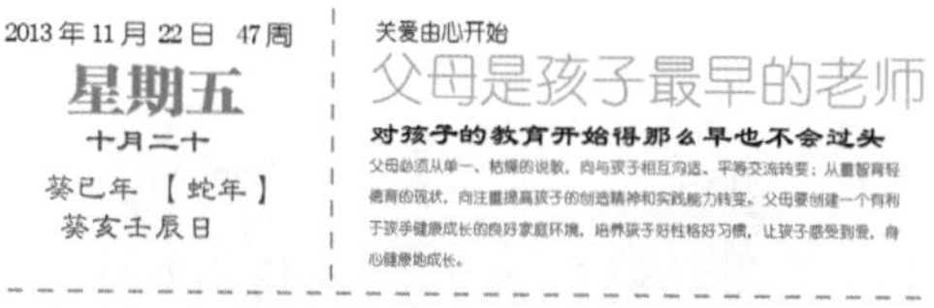

图12.371 复制文字

ID 6 选择【文件】|【置入】命令，打开【置入】对话框，选择配套光盘中的“调用素材\第12章\报纸内文\儿童图片2.jpg”，将图片调整至合适大小，效果如图12.372所示。

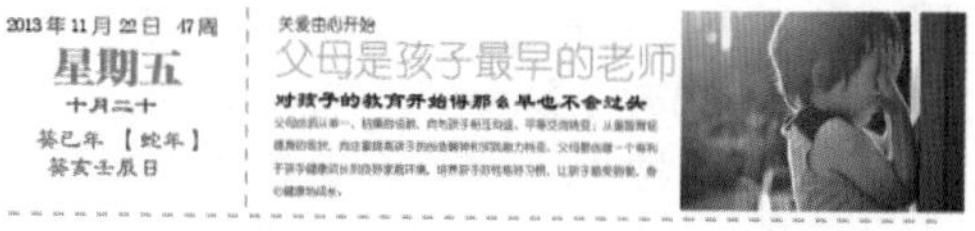

图12.372 置入图片

ID 7 选择工具箱中的【矩形工具】，在页面绘制一个矩形，【描边】设置为无，颜色填充为粉红色（C:5；M:55；Y:35；K:0），效果如图12.373所示。

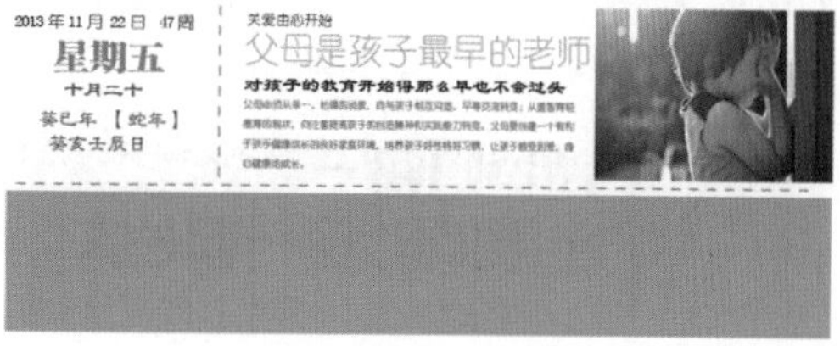

图12.373 绘制矩形

ID 8 选择【文件】|【置入】命令，打开【置入】对话框，选择配套光盘中的“调用素材\第12章\报纸内文\儿童3.psd”，将图片调整至合适大小，效果如图12.374所示。

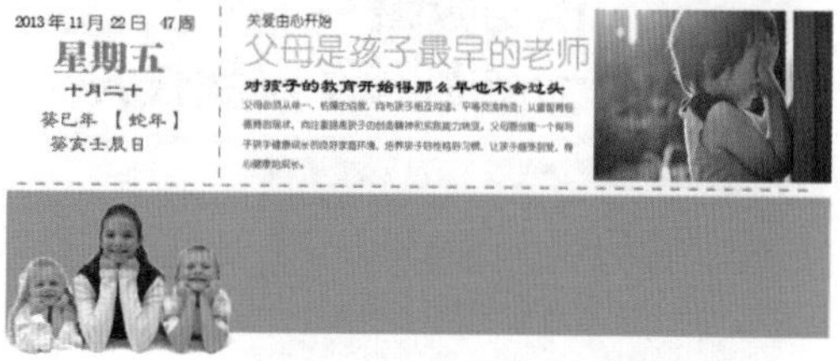

图12.374 置入素材

ID 9 选择工具箱中的【文字工具】T，在粉红色矩形上输入标题以及英文，颜色设置为黑色，对中英文设置不同的字体及大小，效果如图12.375所示。

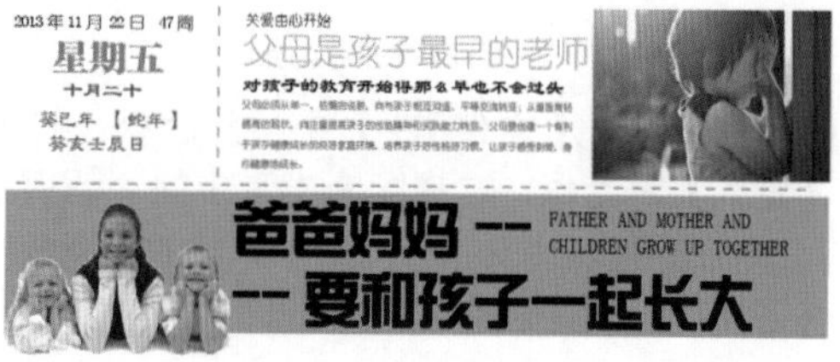

图12.375 输入标题

ID 10 选择工具箱中的【矩形工具】，在页面中水平绘制两个矩形，【描边】设置为无，颜色填充为橘黄色（C:0；M:71；Y:83；K:0），效果如图12.376所示。

图12.376 绘制两个矩形

ID 11 选择工具箱中的【文字工具】T，在如图12.377所示的位置输入文字，并设置不同的字体和大小。

图12.377 添加文字

ID 12 选择工具箱中的【矩形工具】，在页面中绘制一个矩形，【描边】设置为无，颜色填充为绿色（C:87；M:0；Y:71；K:0），效果如图12.378所示。

图12.378 绘制矩形

ID 13 选择【文件】|【置入】命令，打开【置入】对话框，选择配套光盘中的“调用素材\第12章\报纸内文\家庭.jpg”，将图片调整至合适大小，效果如图12.379所示。

图12.379 置入图片

ID 14 选择工具箱中的【矩形工具】，在置入的图片下方绘制一个矩形，【描边】设置为无，颜色填充为白色，效果如图12.380所示。

图12.380 绘制白色矩形

ID 15 选择工具箱中的【文字工具】T，在刚绘制的白色矩形上输入文字“让孩子的心灵软着陆”，字体设置为“时尚中黑简体”，颜色为黑色，【大小】为33点，如图12.381所示。

ID 16 选择工具箱中的【直线工具】，在文字下方是绘制一条直线，【描边】颜色设置为灰色（C:64；M:44；Y:18；K:0），【粗细】为3点，【类型】为虚线，效果如图12.382所示。

图12.381 输入文字　　图12.382 绘制直线

ID 17 打开配套光盘中的“调用素材\第12章\报纸内文\报纸内容专题.doc”文件。选中正文其中一段的内容，按Ctrl + C组合键复制文字，回到InDesign软件中按Ctrl + V组合键将文本粘贴到页面上，字体设置为“创艺简宋体”，颜色为黑色，【大小】为19点，效果如图12.383所示。

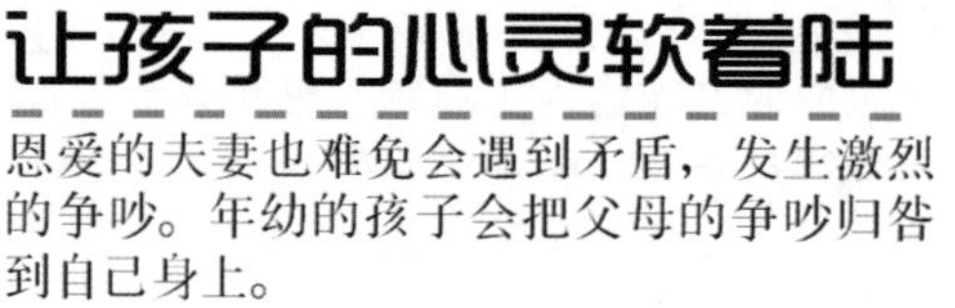

让孩子的心灵软着陆

恩爱的夫妻也难免会遇到矛盾，发生激烈的争吵。年幼的孩子会把父母的争吵归咎到自己身上。

图12.383 粘贴文字

ID 18 选择【文件】|【置入】命令，打开【置入】对话框，选择配套光盘中的“调用素材\第12章\报纸内文\儿童图片1.jpg”，将图片调整至合适大小，摆放效果如图12.384所示。

让孩子的心灵软着陆

恩爱的夫妻也难免会遇到矛盾，发生激烈的争吵。年幼的孩子会把父母的争吵归咎到自己身上。

图12.384 置入图片

ID 19 选择工具箱中的【文字工具】T，在页面绘制4个文本框，再选择工具箱中的【直线工具】，在4个文本框之间绘制竖线隔开，描边颜色设置为灰色（C:64；M:44；Y:18；K:0），【粗细】为3点，【类型】为虚线，效果如图12.385所示。

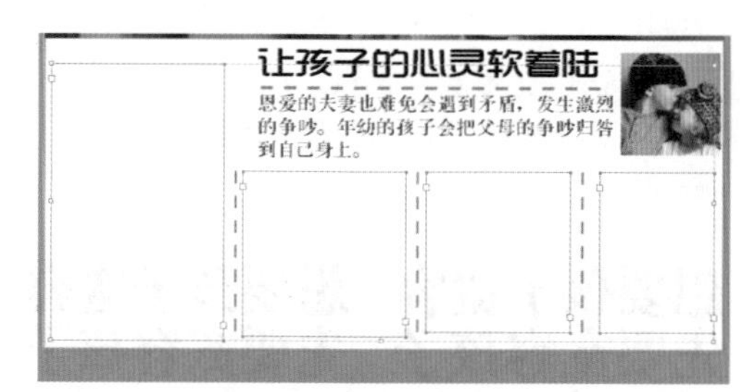

图12.385 绘制文本框

ID 20 打开配套光盘中的“调用素材\第12章\报纸内文\报纸内容专题.doc”文件。选中正文其中一段的内容，按Ctrl+C组合键复制文字，回到InDesign软件中按Ctrl+V组合键将文本粘贴到刚绘制第1个文本框内，效果如图12.386所示。

图12.386 粘贴文字

ID 21 由于文字过多，文本框右下角会出现溢出标记，形成溢出文本效果，此时溢出标记，鼠标会变成状态；单击第2个文本框，余下的文字则会灌入到第2个文本框内，形成串接文本，效果如图12.387所示。

图12.387 串接文本

ID 22 当文本还是持有溢出标记时，按照上面讲过的方法来串接文本，直到溢出标记消失，效果如图12.388所示。

图12.388 完成串接文本

ID 23 打开【段落样式】面板，单击【段落样式】面板中【创建新样式】按钮，在新建的字符样式名称上双击鼠标，打开【段落样式选项】对话框。在【段落样式选项】对话框中切换到【基本字符】选项，在【样式名称】文本框中输入“段落样式1”，在【字体系列】下拉列表中选择【创艺简仿宋】，设置【大小】为12点，设置【行距】为17点，如图12.389所示。

图12.389 【段落样式选项】对话框

ID 24 在【段落样式选项】对话框中切换到【缩进和间距】选项，设置【首行缩进】为10毫米，如图12.390所示。

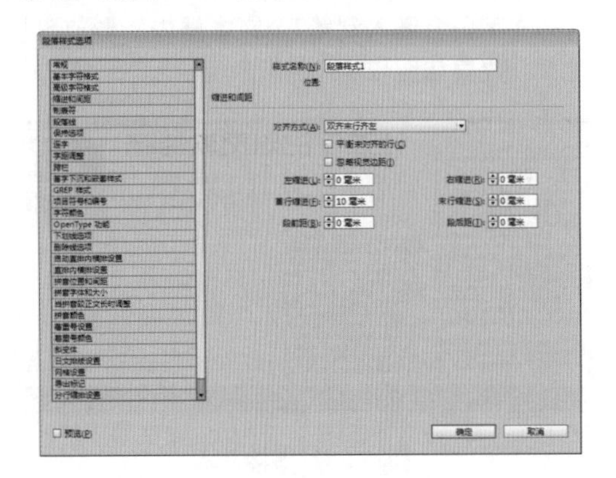

图12.390 【缩进和间距】选项

ID 25 选中文本的文本框，单击【段落样式】面板中的【段落样式1】样式，效果如图12.391所示。

图12.391 使用段落样式

ID 26 当文本框再次出现溢出标记时，按照上面讲过的方法来串接文本到最后一个文本框内，效果如图12.392所示。

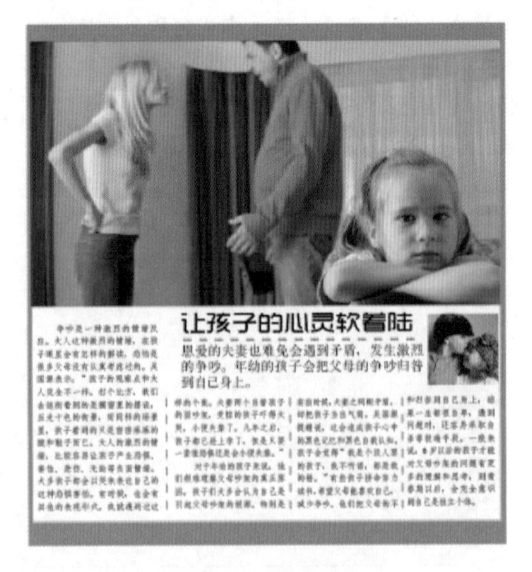

图12.392 串接文本

ID 27 选择工具箱中的【文字工具】T，在页面面右侧输入小标题“想要孩子宽容 先要宽容孩子”，设置文字字体为“方正粗宋_GBK”，颜色为黑色，【大小】为46点，效果如图12.393所示。

图12.393 左侧输入小标题

ID 28 打开配套光盘中的“调用素材\第12章\报纸内文\报纸内容专题.doc”文件。选中正文其中一段的内容，按Ctrl + C组合键复制文字，回到InDesign软件中按Ctrl + V组合键将文本粘贴到页面右侧小标题下方，效果如图12.394所示。

ID 29 选中文本的文本框，单击【段落样式】面板中【段落样式1】样式，效果如图12.395所示。

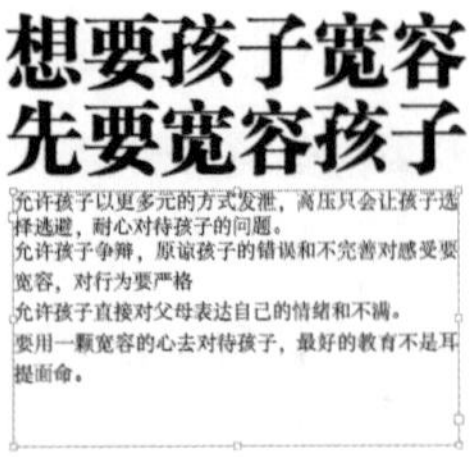

想要孩子宽容
先要宽容孩子

允许孩子以更多元的方式发泄，高压只会让孩子选择逃避，耐心对待孩子的问题。
允许孩子争辩，原谅孩子的错误和不完善对感受要宽容，对行为要严格
允许孩子直接对父母表达自己的情绪和不满。
要用一颗宽容的心去对待孩子，最好的教育不是耳提面命。

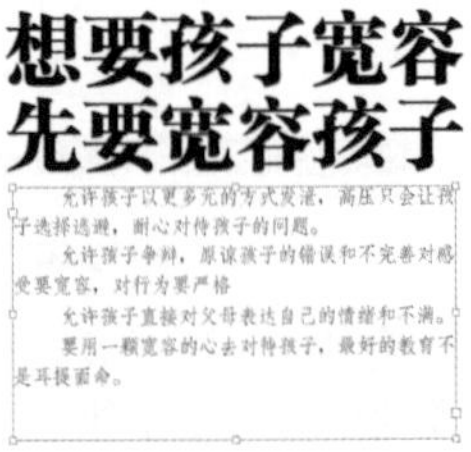

图12.394 粘贴文字　图12.395 使用段落样式效果

ID 30 选择工具箱中的【文字工具】T，选中刚使用段落的文本框，在控制栏中切换到【段落格式】控制栏，如图12.396所示。

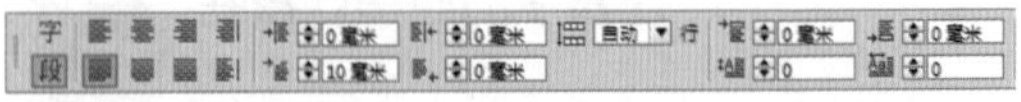

图12.396 切换到【段落格式】控制栏

ID 31 在【段落格式】控制栏中设置【首字下沉行数】为2，【首字下沉一个或多个字符】为2，效果如图12.397所示。

ID 32 设置下沉的两个文字字体为“时尚中黑简体”，再选择工具箱中的【矩形工具】，在下

沉的文字上绘制一个矩形，【描边】设置为无，颜色设置为黄色（C:0；M:17；Y:75；K:0）。在确认选择黄色矩形的情况下，选择【对象】|【排列】|【置为底层】命令，效果如图12.398所示。

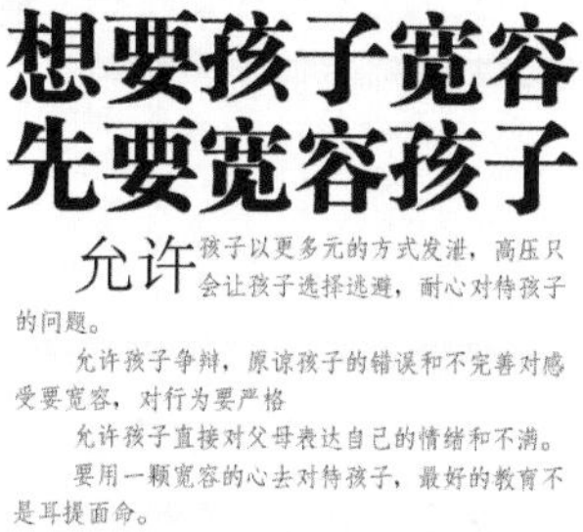

图12.397 设置首字下沉

图12.398 改变字体并绘制矩形

ID 33 选择工具箱中的【矩形工具】，在页面中绘制一个矩形，【描边】设置为无，颜色填充为蓝色（C:75；M:0；Y:0；K:0），效果如图12.399所示。

ID 34 选择工具箱中的【矩形工具】，在刚绘制的蓝色矩形上输入文字，设置字体为“时尚中黑简体”，颜色为黑色，效果如图12.400所示。

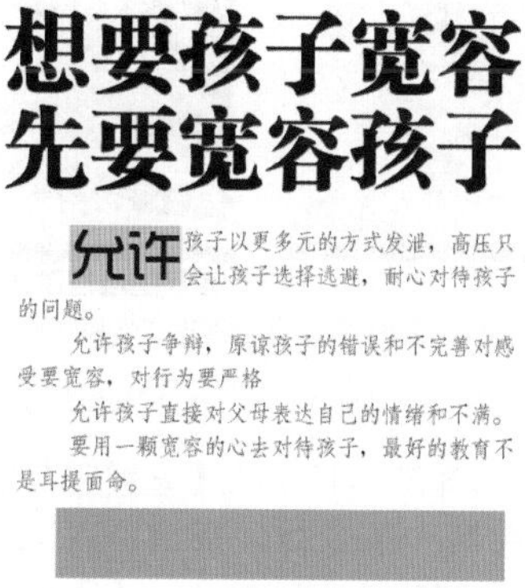

图12.399 绘制矩形

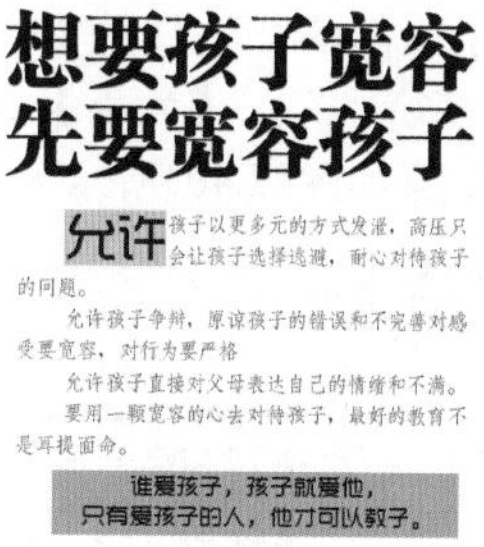

图12.400 添加文字

ID 35 打开配套光盘中的“调用素材\第12章\报纸内文\报纸内容专题.doc”文件。选中正文其中一段的内容，按Ctrl + C组合键复制文字，回到InDesign软件中按Ctrl + V组合键将文本粘贴到页面上，按照同样的方法再次复制两段，效果如图12.401所示。

ID 36 选中文本的文本框，单击【段落样式】面板中的【段落样式1】样式，效果如图12.402所示。

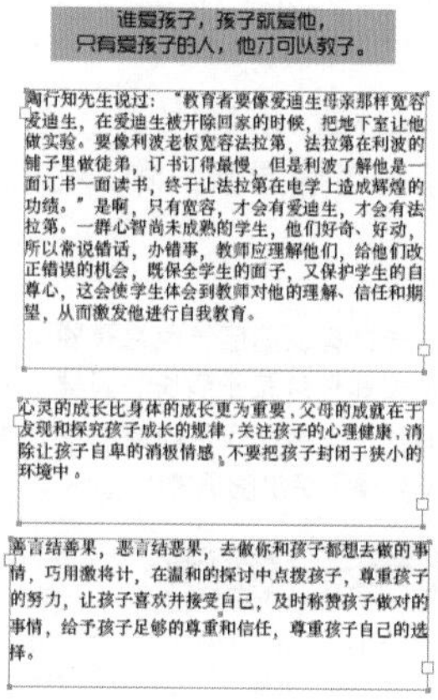

图12.401 粘贴文字

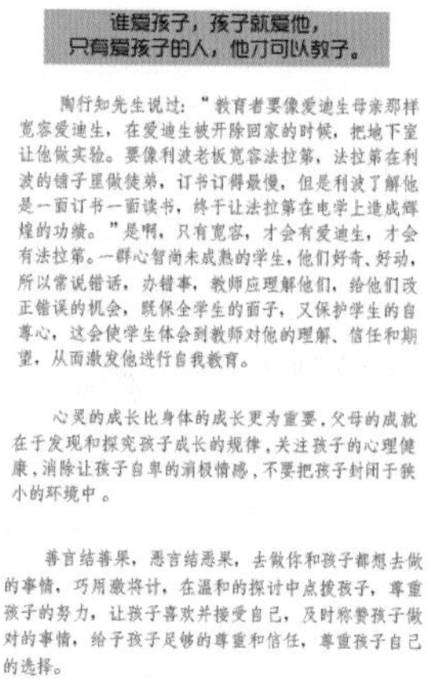

图12.402 使用段落样式后效果

ID 37 选中中间的文本框的文字，设置字体为“时尚中黑简体”，【大小】为14点，【行距】21点，效果如图12.403所示。

图12.403 设置文字

ID 38 选中最后一个文本，按照同样的方法给文字设置首字下沉，设置【首字下沉行数】为2，【首字下沉一个或多个字符】为5，设置下沉的个字体为“时尚中黑简体”。再选择工具箱中的【矩形工具】，在下沉的文字上绘制一个矩形，设置【描边】为无，颜色设置为黄色（C:0；M:17；Y:75；K:0）。在确认选择黄色矩形的情况下，选择【对象】|【排列】|【置为底层】命令，效果如图12.404所示。

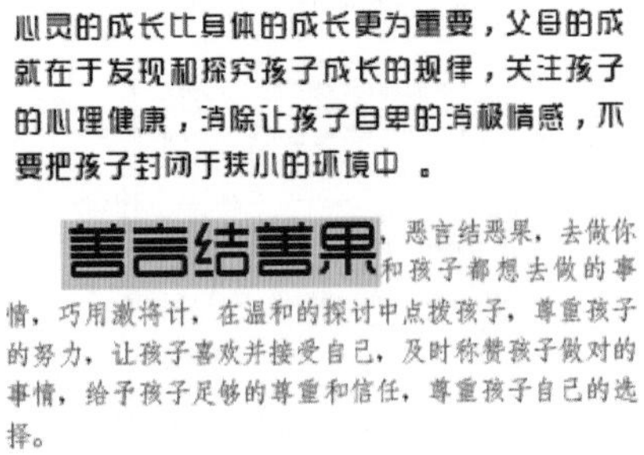

心灵的成长比身体的成长更为重要，父母的成就在于发现和探究孩子成长的规律，关注孩子的心理健康，消除让孩子自卑的消极情感，不要把孩子封闭于狭小的环境中 。

善言结善果，恶言结恶果，去做你和孩子都想去做的事情，巧用激将计，在温和的探讨中点拨孩子，尊重孩子的努力，让孩子喜欢并接受自己，及时称赞孩子做对的事情，给予孩子足够的尊重和信任，尊重孩子自己的选择。

图12.404 设置首字下沉

ID 39 选择工具箱中的【直线工具】，在页面底部绘制一条直线，描边颜色设置为灰色（C:64；M:44；Y:18；K:0），【粗细】为2点，【类型】为粗-粗，效果如图12.405所示。

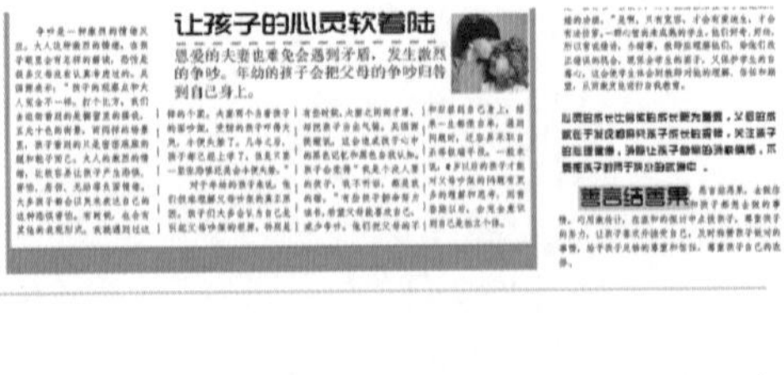

图12.405 绘制直线

ID 40 选择工具箱中的【矩形工具】，在接近页面末尾处绘制一个矩形，【描边】设置为无，颜色填充为灰色（C:64；M:44；Y:18；K:0），效果如图12.406所示。

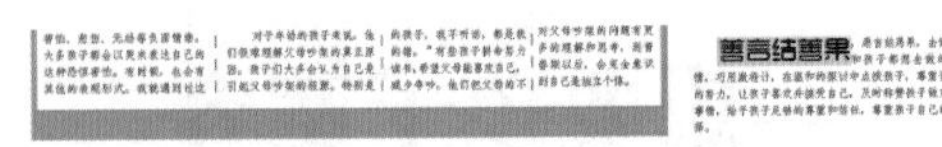

图12.406 绘制矩形

ID 41 选择【文件】|【置入】命令，打开【置入】对话框，选择配套光盘中的“调用素材\第12章\报纸内文\母女.jpg、儿童4.psd”，将图片调整合适的大小，摆放效果如图12.407所示。

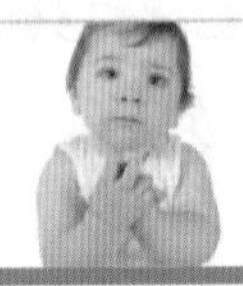

图12.407 置入图片

ID 42 选择工具箱中的【矩形工具】，在刚置入的第一个图片下方绘制矩形，【描边】设置为无，颜色填充为深红色（C:64；M:44；Y:18；K:0），效果如图12.408所示。

ID 43 选择工具箱中的【文字工具】T，在页面中输入小标题“孩子的自信是父母给予的”，将文字的字体设置为“时尚中黑简体”，颜色为黑色，【大小】为24点，摆放效果如图12.409所示。

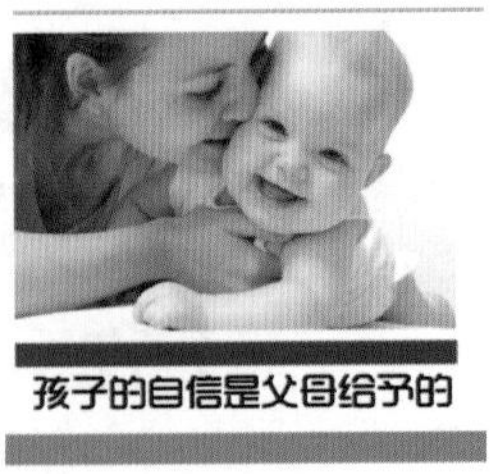

图12.408 绘制矩形　　图12.409 添加文字

ID 44 选择工具箱中的【直线工具】，图片左侧绘制一条竖线，描边颜色设置为灰色（C:64；M:44；Y:18；K:0），【粗细】为2点，【类型】为虚线，效果如图12.410所示。

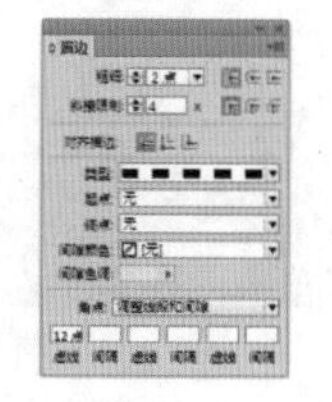

孩子的自信是父母给予的

图12.410 绘制竖线

ID 45 选择工具箱中的【文字工具】T，在页面输入中文标题和英文文字，将中文字的字体设置为“金桥简黑体”，颜色为黑色，【大小】为28点；英文字的字体设置为“Adobe 宋体 Std”，颜色为黑色，【大小】为12点，摆放效果如图12.411所示。

图12.411 输入标题

ID 46 打开配套光盘中的“调用素材\第12章\报纸内文\报纸内容专题.doc”文件。选中正文其中剩余的内容，按Ctrl + C组合键复制文字，回到InDesign软件中按Ctrl + V组合键粘贴到页面上，将文字分为两个文本框。在确认选中文本框的情况下，单击【段落样式】面板中【段落样式1】样式，效果如图12.412所示。这样，就完成了报纸排版2的制作。

图12.412 粘贴并使用段落样式效果

12.16 精品杂志内页设计

案例分类：版式设计类

视频位置：配套光盘\movie\12.16 精品杂志内页设计.avi

12.16.1 技术分析

本实例中利用颜色的鲜明对比来突出时尚感，首先置入图片并利用【矩形工具】绘制矩形，通过【效果】面板的更改模式让矩形与背景更融合；然后通过对文字的颜色、字体、大小的不同设置以及绘制的辅助图形来给排版增加美观性；最后通过简单的工具来完成时尚杂志内页的排版。

12.16.2 本例知识点

- 【混合模式】
- 【不透明度】
- 【投影】效果
- 段落样式

12.16.3 最终效果图

本实例的最终效果如图12.413所示。

图12.413 最终效果图

12.16.4 操作步骤

ID 1 选择【文件】|【新建】|【文档】命令，打开【新建文档】对话框，设置【宽度】为420毫米，【高度】为285毫米，如图12.414所示。

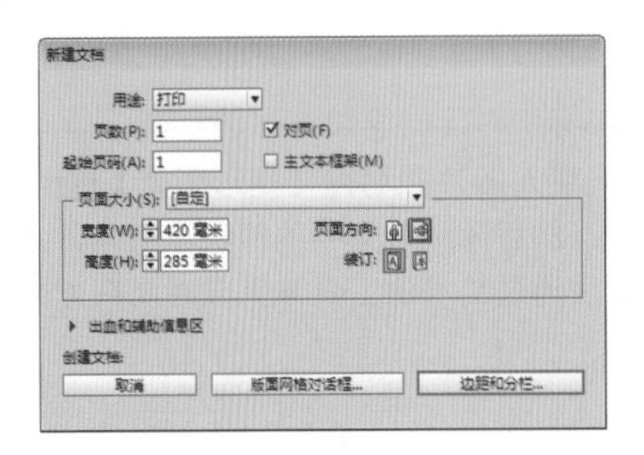

图12.414 【新建文档】对话框

ID 2 单击【边距和分栏】按钮，打开【新建边距和分栏】对话框，将上、下、内、外【边距】的值都设置为0毫米，如图12.415所示。

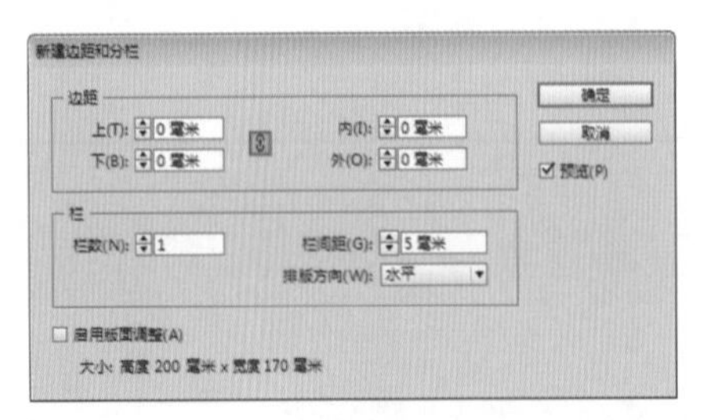

图12.415 【新建边距和分栏】对话框

ID 3 选择【文件】|【置入】命令，打开【置入】对话框，选择配套光盘中的“调用素材\第12章\精品杂志\背景.jpg”，将图片调整至合适大小，并且右侧留出空隙，效果如图12.416所示。

图12.416 打开素材

ID 4 选择工具箱中的【矩形工具】，在页面绘制一个等同于图片大小的矩形，【描边】设置为无，颜色填充为黑色，效果如图12.417所示。

图12.417 绘制矩形

ID 5 确认选中矩形，打开【效果】面板，在【混合模式】下拉列表中选择颜色加深，效果如图12.418所示。

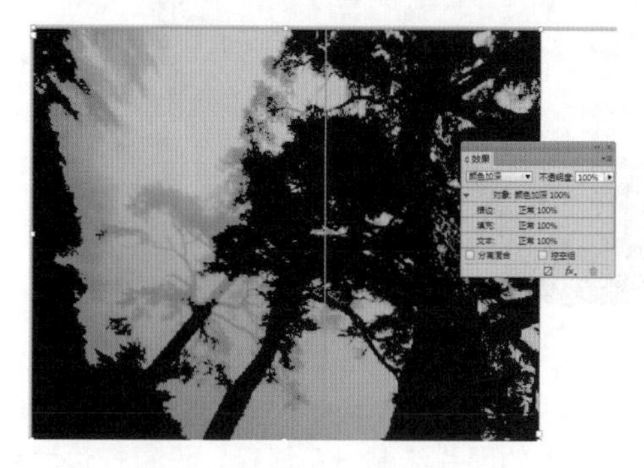

图12.418 设置混合模式

ID 6 选择工具箱中的【矩形工具】，在页面左侧绘制两个矩形，【描边】设置为无，颜色分别填充为黄色（C:13；M:7；Y:76；K:0）和蓝色（C:69；M:18；Y:0；K:0），摆放效果如图12.419所示。

图12.419 绘制矩形

ID 7 选择工具箱中的【文字工具】T，在刚绘制的黄色矩形和蓝色矩形上输入中英文字，设置英文字体为“Adobe 宋体 Std”，【大小】为52点，颜色为黑色；设置中文字体为“方正综艺简体”，【大小】为64点，颜色为白色，效果如图12.420所示。

图12.420 输入文字

ID 8 选择工具箱中的【矩形工具】，在页面分别绘制横竖三个矩形，【描边】设置为无，颜色填充为蓝色（C:70；M:27；Y:0；K:0），效果如图12.421所示。

图12.421 绘制矩形

ID 9 分别选中三个矩形，打开【效果】面板，设置【不透明度】分别为61%、82%和83%，如图12.422所示。

图12.422 设置不透明度

ID 10 单击【效果】面板右上角的【扩展菜单】，选择【效果】|【投影】命令，在打开的【效果】|【投影】对话框中设置参数，如图12.423所示。设置完成后单击“确定”按钮保存，效果如图12.424所示。

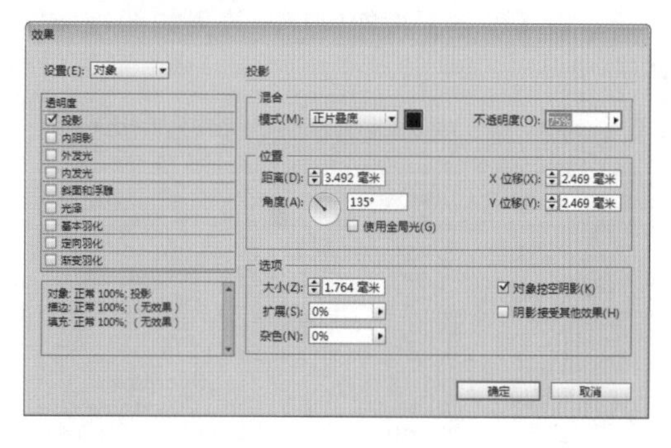

图12.423 设置投影

图12.424 投影效果

ID 11 选择【文件】|【置入】命令，打开【置入】对话框，选择配套光盘中的“调用素材\第12章\精品杂志\女模特.psd”，将图片调整至合适大小，摆放效果如图12.425所示。

图12.425 置入图片

ID 12 选中刚置入的图片，单击【效果】面板右上角的【扩展菜单】，选择【效果】|【投影】命令，在打开的【效果】|【投影】对话框中设置参数，如图12.426所示。设置完成后单击【确定】按钮保存，效果如图12.427所示。

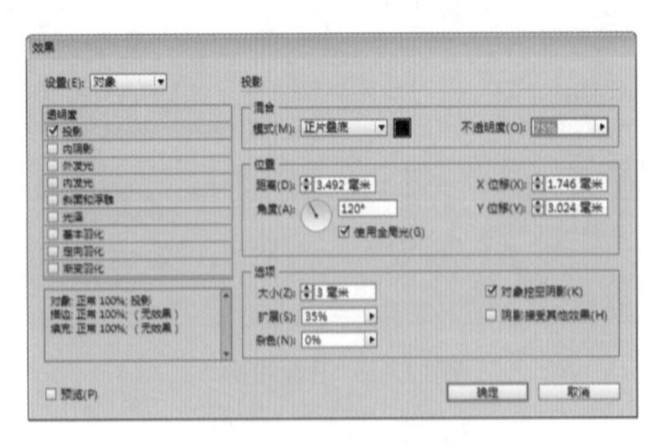

图12.426 设置投影

图12.427 投影效果

ID 13 选择工具箱中的【钢笔工具】，沿着刚置入的图片绘制一条路径，设置描边颜色为洋红色（C:7；M:90；Y:0；K:0），【粗细】为5点，【类型】为虚线，【终点】为三角开角，效果如图12.428所示。

图12.428 绘制描边

ID 14 选择工具箱中的【矩形工具】，在页面中分别绘制两个矩形，【描边】设置为无，颜色填充为黑色和黄色（C:17；M:9；Y:61；K:0），效果如图12.429所示。

图12.429 绘制矩形

ID 15 选中黄色矩形，选择【对象】|【排列】|【后移一层】命令，直至后移到如图12.430所示的位置。

图12.430 移动图层

ID 16 选择【文件】|【置入】命令，打开【置入】对话框，选择配套光盘中的“调用素材\第12章\精品杂志\眼睛.jpg、人物.jpg”，将图片调整至合适大小，摆放效果如图12.431所示。

图12.431 置入图片

ID 17 选择工具箱中的【文字工具】T，在右侧置入的图片右侧输入小标题“淘米水能洗脸美白”，效果如图12.432所示。

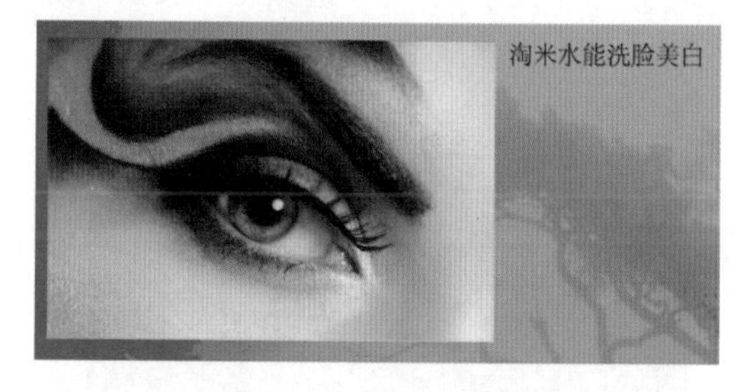

图12.432 输入小标题

ID 18 打开【段落样式】面板，单击【段落样式】面板中的【创建新样式】按钮，在新建的字符样式名称上双击鼠标，打开【段落样式选项】对话框。在【段落样式选项】对话框中切换到【基本字符】选项，在【样式名称】文本框中输入“小标题”，在【字体系列】下拉列表中选择【方正粗倩简体】，设置【大小】为20点，设置【行距】为24点，如图12.433所示。

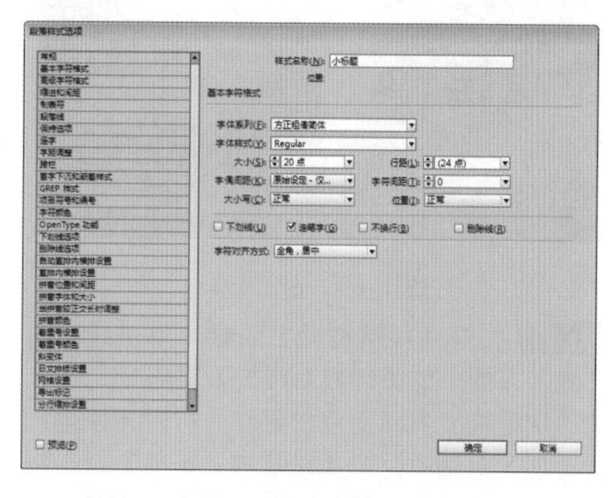

图12.433 【段落样式选项】对话框

ID 19 在【段落样式选项】对话框中切换到【字符颜色】选项，选择【字符颜色】列表中的白色，如图12.434所示。

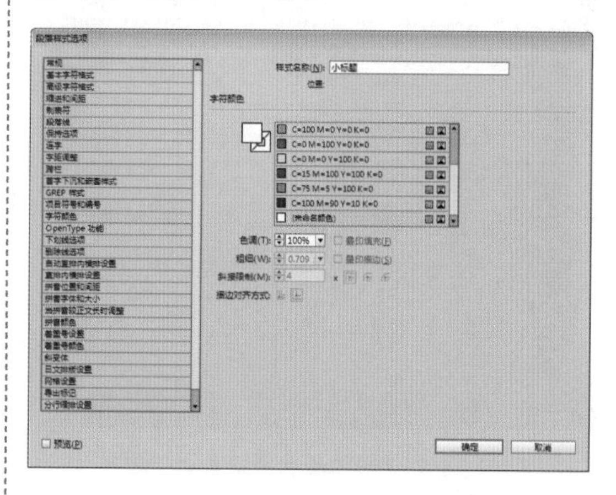

图12.434 【字符颜色】选项

ID 20 选中小标题的文本框，单击【段落样式】面板中的【小标题】样式，效果如图12.435所示。

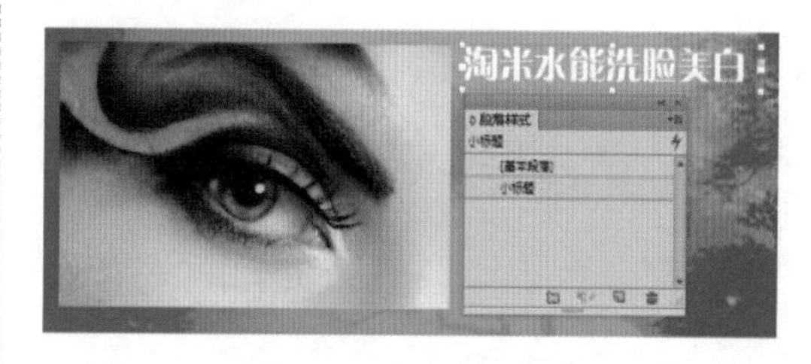

图12.435 使用字符样式

ID 21 打开配套光盘中的“调用素材\第12章\精品杂志\杂志内容.doc”文件。选中正文其中剩余的内容，按Ctrl + C组合键复制文字，回到InDesign软件中按Ctrl + V组合键粘贴到页面上，效果如图12.436所示。

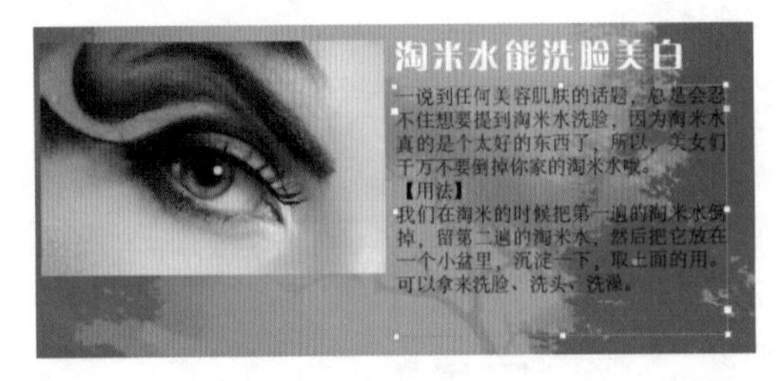

图12.436 粘贴文本

ID 22 打开【段落样式】面板，单击【段落样式】面板中的【创建新样式】按钮，在新建的字符样式名称上双击鼠标，打开【段落样式选项】对话框。在【段落样式选项】对话框中切换到【基本字符】选项，在【样式名称】文本框中输入“段落样式1”，在【字体系列】下拉列表中选择【时尚中黑简体】，设置【大小】为9点，如图12.437所示。

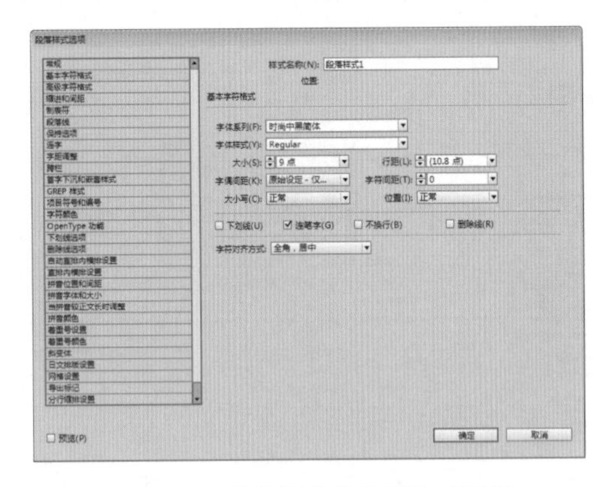

图12.437 【段落样式选项】对话框

ID 23 在【段落样式和选项】对话框中切换到【字符颜色】选项，选择【字符颜色】列表中的黄色（C:9；M:0；Y:79；K:0），如图12.438所示。

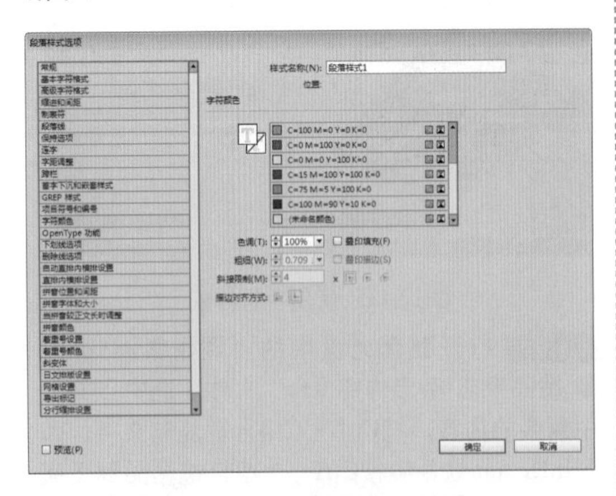

图12.438 【字符颜色】选项

ID 24 选中文本的文本框，单击【段落样式】面板中的【段落样式1】样式，效果如图12.439所示。

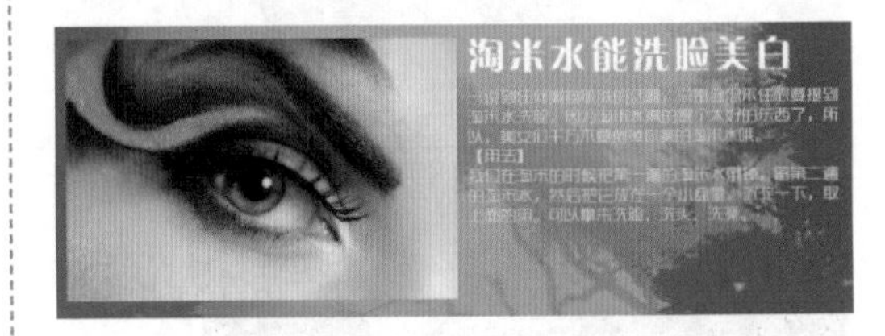

图12.439 使用段落样式符号

ID 25 选择工具箱中的【文字工具】T，在页面输入“1”和“/2”，字体设置为“方正粗宋_GBK”，其中设置“1”的颜色为蓝色（C:78；M:34；Y:0；K:0），“/2”颜色设置为黄色（C:17；M:9；Y:61；K:0），效果如图12.440所示。

图12.440 输入文字

ID 26 选中文字“1”，选择【对象】|【排列】|【后移一层】命令，直至后移到如图12.441所示的位置。

图12.441 后移对象

 选择工具箱中的【文字工具】T，输入其他的小标题，使用【段落样式】中的【小标题】样式，并输入其他的副标题及英文标题，设置不同的字体、颜色和大小；再打开配套光盘中的“调用素材\第12章\精品杂志\杂志内容.doc”文件。选中正文其中剩余的内容，按Ctrl + C组合键复制文字，回到InDesign软件中按下Ctrl + V组合键粘贴到页面上，并使用【段落样式】中的【段落样式1】样式，效果如图12.442所示。这样，就完成了杂志内页的设计。

图12.442 设置最后文字

12.17 图书版面设计

案例分类：版式设计类
视频位置：配套光盘\movie\12.17 图书版面设计.avi

12.17.1 技术分析

本例主要讲解图书版面设计，首先利用【钢笔工具】来绘制不规则图形，制作出立体效果；然后利用【矩形工具】绘制矩形，并在图形之间通过颜色的对比来增加视觉效果；最后置入图片并添加文字，完成图书版面的设计。

12.17.2 本例知识点

- 【矩形工具】
- 【不透明度】
- 【钢笔工具】
- 【剪刀工具】

12.17.3 最终效果图

本实例的最终效果如图12.443所示。

图12.443 最终效果图

12.17.4 操作步骤

ID 1 选择【文件】|【新建】|【文档】命令，打开【新建文档】对话框，设置【宽度】为420毫米，【高度】为285毫米，如图12.444所示。

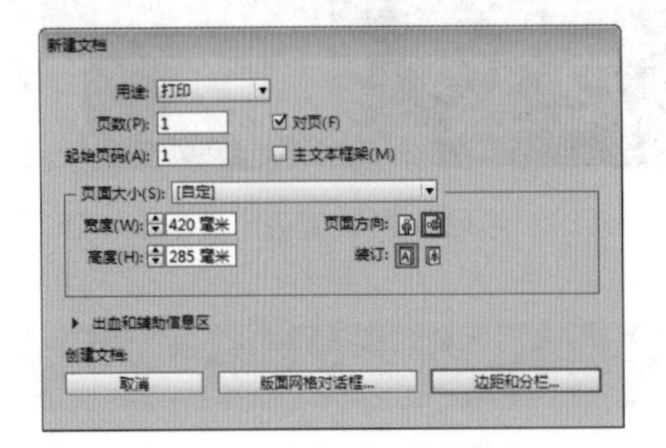

图12.444 【新建文档】对话框

ID 2 单击【边距和分栏】按钮，打开【新建边距和分栏】对话框，将上、下、内、外【边距】的值都设置为0毫米，如图12.445所示。

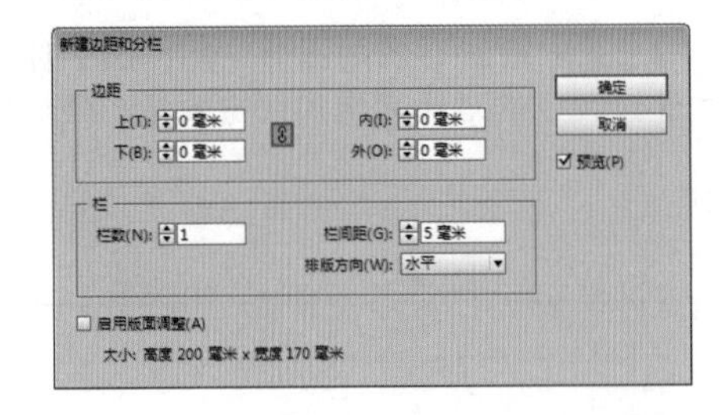

图12.445 【新建边距和分栏】对话框

ID 3 选择工具箱中的【钢笔工具】，在页面左侧绘制一个不规则封闭路径，【描边】设置为无，颜色填充为洋红色（C:17；M:51；Y:0；K:0），效果如图12.446所示。

ID 4 选择工具箱中的【矩形工具】，在页面绘制好的不规则图形上绘制一个矩形，【描边】设置为无，颜色填充为深蓝色（C:17；M:51；Y:0；K:0），效果如图12.447所示。

图12.446 绘制不规则图形　图12.447 绘制矩形

ID 5 选中不规则矩形，打开【效果】面板，设置【不透明度】为75%，如图12.448所示。

ID 6 选择工具箱中的【钢笔工具】，沿着刚刚绘制的矩形周围绘制一个不规则图形，【描边】设置为无，颜色填充为深蓝色（C:17；M:51；Y:0；K:0），效果如图12.449所示。

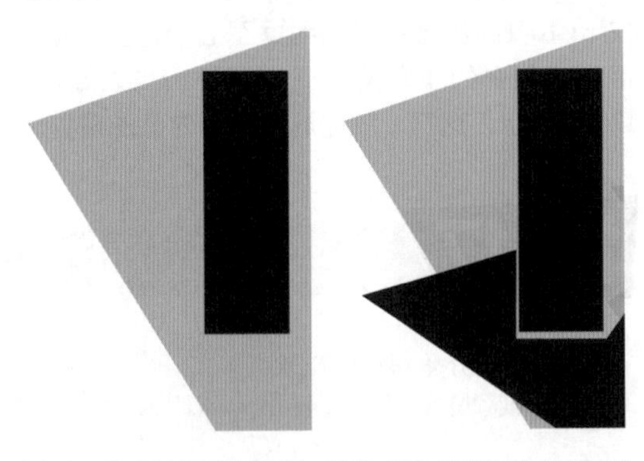

图12.448 设置不透明度　图12.449 绘制不规则图形

ID 7 选中绘制的不规则图形，选择【对象】|【排列】|【置为底层】命令，如图12.450所示。

ID 8 选择工具箱中的【矩形工具】，在矩形上方和右侧绘制两个矩形，【描边】设置为无，颜色填充为深蓝色（C:17；M:51；Y:0；K:0），如图12.451所示。

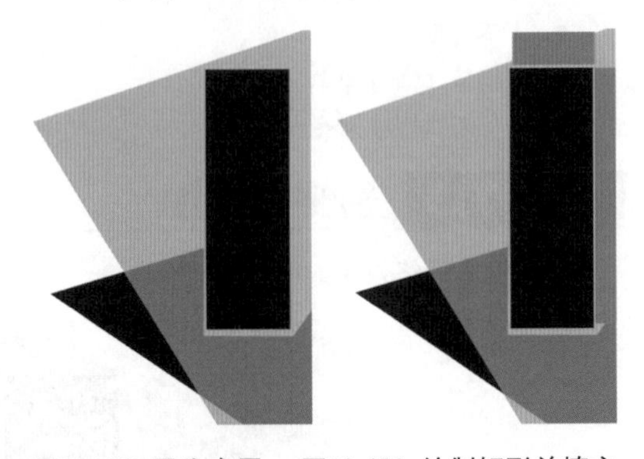

图12.450 置为底层　图12.451 绘制矩形并填充

ID 9 选择工具箱中的【直接选择工具】，来调整两个矩形的锚点，使前方的矩形表现出立体感，效果如图12.452所示。

ID 10 选择工具箱中的【文字工具】，在页面输入中文字和英文字，颜色设置为洋红色（C:17；M:51；Y:0；K:0），中文字体为"方正粗倩简体"，【大小】为97.5点；英文字体设置为"方正综艺简体"，设置不同的大小。选中全部的字体并旋转一定的角度，放置在页面的左侧，效果如图12.453所示。

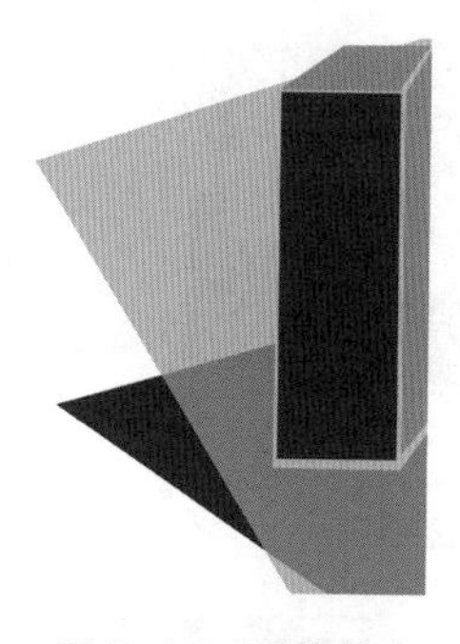

图12.452 调整锚点

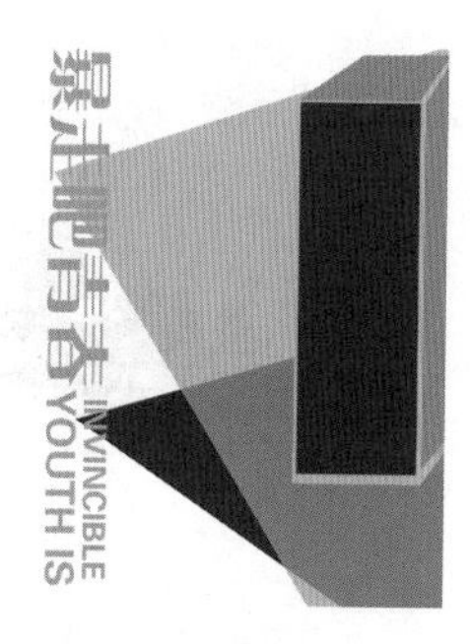

图12.453 设置文字

ID 11 选择【文件】|【置入】命令，打开【置入】对话框，选择配套光盘中的“调用素材\第12章\图书版面\青春.psd”，将图片调整至合适大小，效果如图12.454所示。

ID 12 打开配套光盘中的“调用素材\第12章\图书版面\杂志内容.doc”文件。选中正文其中一段的内容，按Ctrl + C组合键复制文字，回到InDesign软件中按Ctrl + V组合键粘贴到页面上，效果如图12.455所示。

图12.454 置入图片

图12.455 粘贴文字

ID 13 打开【段落样式】面板，单击【段落样式】面板中的【创建新样式】按钮，在新建的字符样式名称上双击鼠标，打开【段落样式选项】对话框。在【段落样式选项】对话框中切换到【基本字符】选项，在【样式名称】文本框中输入“段落样式1”，在【字体系列】下拉列表中选择【时尚中黑简体】，设置【大小】为8点，如图12.456所示。

ID 14 在【段落样式选项】对话框中切换到【缩进和间距】选项，设置【首行缩进】为6毫米，【段后距】为3毫米，如图12.457所示。

ID 15 在【段落样式选项】对话框中切换到【字符颜色】选项，选择【字符颜色】列表中的白色，如图12.458所示。

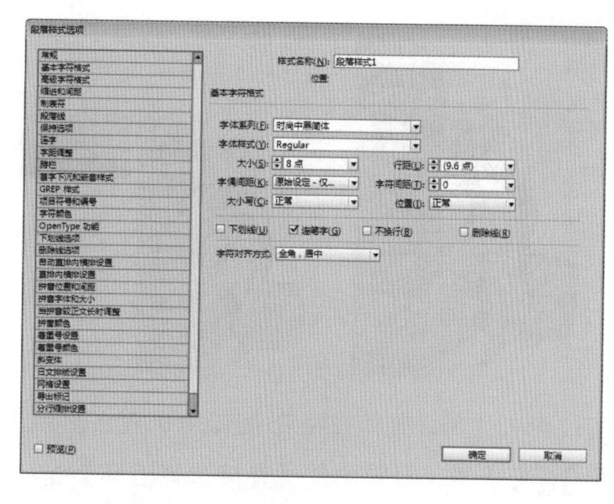

图12.456 【段落样式选项】对话框

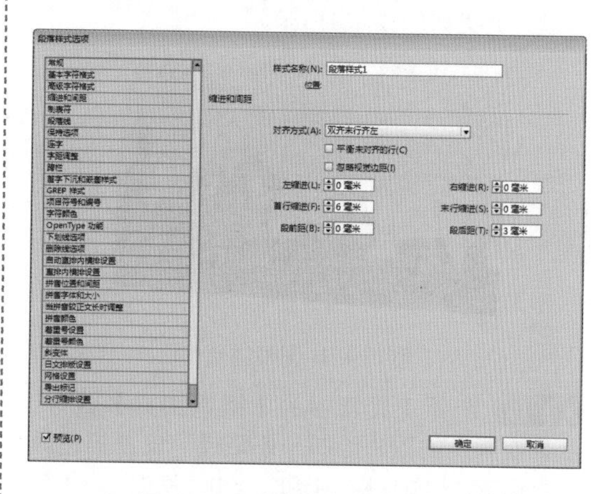

图12.457 【缩进和间距】选项

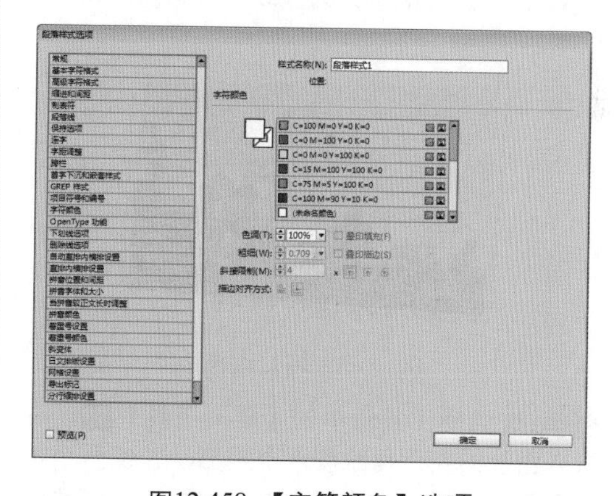

图12.458 【字符颜色】选项

ID 16 选中小标题的文本框，单击【段落样式】面板中的【段落样式1】样式，效果如图12.459所示。

ID 17 选择【文件】|【置入】命令，打开【置入】对话框，选择配套光盘中的“调用素材\第12章\图书版面\剪影.jpg”，将图片调整至合适大小，效果如图12.460所示。

图12.459 使用段落样式效果 图12.460 置入图片

ID 18 选择工具箱中的【直接选择工具】，拖动置入图片的两个锚点，使置入图片呈现倾斜状，效果如图12.461所示。

图12.461 调整锚点

ID 19 选择工具箱中的【钢笔工具】，沿着刚置入的图片绘制一条路径，设置描边颜色为深蓝色（C:17；M:51；Y:0；K:0），【粗细】为5点，【类型】为虚线，效果如图12.462所示。

图12.462 绘制描边

ID 20 选择工具箱中的【矩形工具】，在置入图片的左下角绘制两个矩形，并使两个矩形重叠，【描边】设置为无，底层的矩形颜色填充为深蓝色（C:17；M:51；Y:0；K:0），上层的矩形颜色填充为洋红色（C:17；M:51；Y:0；K:0），如图12.463所示。

ID 21 选中洋红色矩形，选中复制的图片，在【效果】面板中设置【不透明度】为78%，效果如图12.464所示。选中两个矩形并旋转一定角度，效果如图12.465所示。

图12.463 绘制矩形

图12.464 设置不透明度

图12.465 旋转角度

ID 22 选择工具箱中的【钢笔工具】，在页面绘制一个封闭路径，【描边】设置为无，颜色填充为粉红色（C:0；M:64；Y:11；K:0），效果如图12.466所示。

图12.466 绘制不规则图形

ID 23 选中刚才绘制的不规则图形，选择【对象】|【排列】|【置为底层】命令，使图片移至底层，在【效果】面板中设置【不透明度】为59%，效果如图12.467所示。

图12.467 调整不规则图形

ID 24 选择工具箱中的【钢笔工具】，沿着刚刚绘制的矩形周围绘制一个不规则图形，【描边】设置为无，颜色填充为深蓝色（C:17；M:51；Y:0；K:0），效果如图12.468所示。

ID 25 选择工具箱中的【矩形工具】，在不规则图形上的、左侧等位置绘制几个矩形，【描边】设置为无，颜色分别设置为白色和黄绿色（C:29；M:0；Y:64；K:0），如图12.469所示。

图12.468 绘制不规则矩形 图12.469 绘制矩形

ID 26 选择工具箱中的【文字工具】，在页面左侧输入文字中文及英文，颜色设置为白色，中文字体设置为“时尚中黑简体”，【大小】为37点；英文设置字体为“IDDragonXing”，【大小】为21点，并旋转一定角度与矩形水平，效果如图12.470所示。

图12.470 输入文字

ID 27 选择【文件】|【置入】命令，打开【置入】对话框，选择配套光盘中的“调用素材\第12章\图书版面\剪影2.jpg”，将图片调整合适大小，效果如图12.471所示。

ID 28 选择工具箱中的【剪刀工具】，剪刀为时单击图片边框即可对刚置入的图片进行裁剪，效果如图12.472所示。

图12.471 置入图片 图12.472 剪裁图片

ID 29 选择工具箱中的【文字工具】，在页面右侧黄绿色矩形上输入小标题，颜色设置为黑色，字体为“方正综艺简体”，【大小】为15点，效果如图12.473所示。

图12.473 输入小标题

ID 30 打开配套光盘中的“调用素材\第12章\图书版面\杂志内容.doc”文件。选中正文其中一段的内容，按Ctrl + C组合键复制文字，回到InDesign软件中按Ctrl + V组合键粘贴到页面上，效果如图12.474所示。

图12.474 粘贴文字

ID 31 打开【段落样式】面板，单击【段落样式】面板中的【创建新样式】按钮，在新建的字符样式名称上双击鼠标，打开【段落样式选项】对话框。在【段落样式选项】对话框中切换到【基本字符】选项，在【样式名称】文本框中输入“小段落样式2”，在【字体系列】下拉列表中选择【Adobe 宋体 Std】，设置【大小】为8点，如图12.475所示。

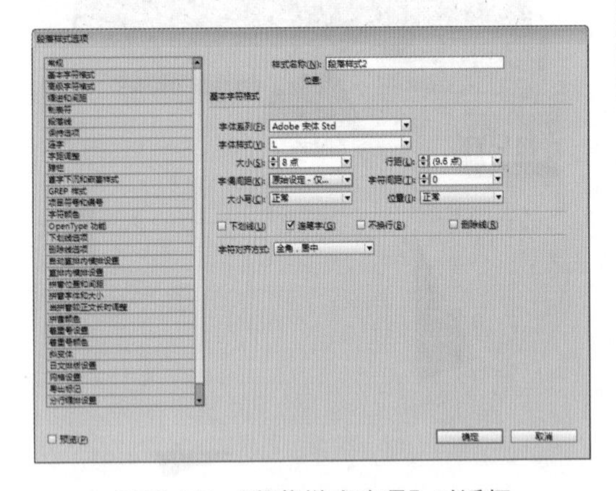

图12.475 【段落样式选项】对话框

ID 32 在【段落样式选项】对话框中切换到【缩进和间距】选项，设置【首行缩进】为6毫米，【段后距】为3毫米，如图12.476所示。

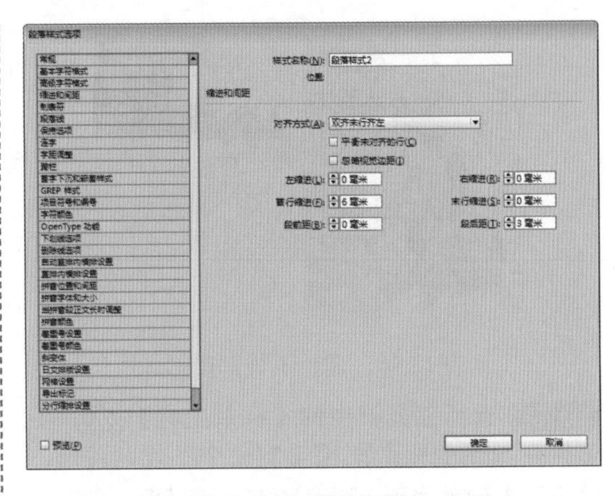

图12.476 【缩进和间距】选项

ID 33 选中小标题的文本框，单击【段落样式】面板中的【段落样式2】样式，效果如图12.477所示。

图12.477 使用段落样式

附录 InDesign CC 键盘快捷键

用于工具的快捷键

工具	Windows	Mac OS
选择工具	V，Esc	V，esc
直接选择工具	A	A
切换选择工具和直接选择工具	Ctrl + Tab	command + control + tab
页面工具	Shift + P	shift + P
间隙工具	U	U
钢笔工具	P	P
添加锚点工具	=	=
删除锚点工具	-	-
转换方向点工具	Shift + C	shift + C
文字工具	T	T
路径文字工具	Shift + T	shift + T
钢笔工具（附注工具）	N	N
直线工具	\	\
矩形框架工具	F	F
矩形工具	M	M
椭圆工具	L	L
旋转工具	R	R
缩放工具	S	S
切变工具	O	O
自由变换工具	E	E
吸管工具	I	I
度量工具	K	K
渐变工具	G	G
剪刀工具	C	C
“抓手”工具	H	H

（续表）

工具	Windows	Mac OS
临时选择“抓手”工具	空格键（“版面”模式）、Alt键（“文本”模式）或Alt+空格键（两种模式）	空格键（“版面”模式）、option键（“文本”模式）或option+空格键（两种模式）
缩放工具	Z	Z
临时选择放大工具	Ctrl+空格键	command+空格键
切换填色和描边	X	X
互换填色和描边	Shift+X	shift+X
在“格式针对容器”和“格式针对文本”之间切换	J	J
应用颜色	，[逗号]	，[逗号]
应用渐变	。[句点]	。[句点]
不应用任何颜色	/	/
在“正常视图”和“预览模式”之间切换	W	W
框架网格工具（水平）	Y	Y
框架网格工具（垂直）	Q	Q
渐变羽化工具	Shift+G	shift+G

用于选择和移动对象的快捷键

结果	Windows	Mac OS
临时选择“选择工具”或“直接选择工具”（上次所用工具）	任何工具（选择工具除外）+Ctrl	任何工具（选择工具除外）+command
临时选择编组选择工具	直接选择工具+Alt；或者钢笔工具、添加锚点工具或删除锚点工具+Alt+Ctrl	直接选择工具+option；或者钢笔工具、添加锚点工具或删除锚点工具+option+command
选择所选内容的容器	Esc或双击	esc或双击
选择所选容器的内容	Shift+Esc或双击	shift+esc或双击
向多对象选区中添加对象或从中删除对象	按住选择工具、直接选择工具或编组选择工具+Shift键单击（要取消选择，请单击中心点）	按住选择工具、直接选择工具或编组选择工具+shift键单击（要取消选择，请单击中心点）
直接复制选区	按住选择工具、直接选择工具或编组选择工具+Alt键并进行拖动*	按住选择工具、直接选择工具或编组选择工具+option键并进行拖动
直接复制并偏移选区	Alt+向左箭头键、向右箭头键、向上箭头键或向下箭头键	option+向左箭头键、向右箭头键、向上箭头键或向下箭头键
直接复制选区并将其偏移10倍	Alt+Shift+向左箭头键、向右箭头键、向上箭头键、向下箭头键	option+shift+向左箭头键、向右箭头键、向上箭头键、向下箭头键
移动选区	向左箭头键、向右箭头键、向上箭头键、向下箭头键	向左箭头键、向右箭头键、向上箭头键、向下箭头键
将选区移动1/10	Ctrl+Shift+向左箭头键、向右箭头键、向上箭头键、向下箭头键	command+shift+向左箭头键、向右箭头键、向上箭头键、向下箭头键
将选区移动10倍	Shift+向左箭头键、向右箭头键、向上箭头键、向下箭头键	Shift+向左箭头键、向右箭头键、向上箭头键、向下箭头键
从文档页面中选择主页项目	按住选择工具或直接选择工具+Ctrl+Shift键单击	按住选择工具或直接选择工具+command+shift键单击

（续表）

结果	Windows	Mac OS
选择后一个或前一个对象	选择后一个或前一个对象按住选择工具 + Ctrl 键单击，或者按住选择工具 + Alt + Ctrl 键单击	按住选择工具 + command 键单击，或者按住选择工具 + option + command 键单击
在文章中选择下一个或上一个框架	Alt + Ctrl + Page Down/Page Up	option + command + page down/page up
在文章中选择第一个或最后一个框架	Shift + Alt + Ctrl + Page Down/Page Up	shift + option + command + pagedown/page up
按 Shift 键可以在 45° 角方向上移动 调整量在【编辑】|【首选项】|【单位和增量】（Windows）或【InDesign】|【首选项】|【单位和增量】（Mac OS）中设置		

变换对象的快捷键

下表不是完整的键盘快捷键列表。其中仅列出了菜单命令或工具提示中未显示的快捷键。

结果	Windows	Mac OS
直接复制并变换选区	按住变换工具 + Alt 键并进行拖动	按住变换工具 + option 键并进行拖动
显示变换工具对话框	选择对象并双击工具箱中的缩放工具、旋转工具或切变工具	选择对象并双击工具箱中的缩放工具、旋转工具或切变工具
将比例减少 1%	Ctrl + ,	command + ,
将比例减少 5%	Ctrl + Alt + ,	command + option + ,
将比例增加 1%	Ctrl + 。	command + 。
将比例增加 5%	Ctrl + Alt + 。	command + option + 。
调整框架和内容的大小	按住选择工具 + Ctrl 键并进行拖动	按住选择工具 + command 键并进行拖动
按比例调整框架和内容的大小	按住选择工具+Shift + Ctrl键并进行拖动	按住选择工具+shift + command 键并进行拖动
约束比例	按住椭圆工具、多边形工具或矩形工具 + Shift 键并进行拖动	按住椭圆工具、多边形工具或矩形工具 + shift 键并进行拖动
将图像从“高品质显示”切换为“快速显示”	Ctrl + Alt + Shift + Z	command + option + shift + Z
选择变换工具以后，按住鼠标按钮，然后按住 Alt 键（Windows）或 option 键（Mac OS）并拖动。按 Shift 键可以在 45° 角方向上移动		

用于编辑路径和框架的快捷键

下表不是完整的键盘快捷键列表。其中仅列出了菜单命令或工具提示中未显示的快捷键。

结果	Windows	Mac OS
临时选择转换方向点工具	临时选择转换方向点工具直接选择工具 + Alt + Ctrl，或钢笔工具 + Alt	直接选择工具 + option + command，或钢笔工具 + option
在“添加锚点工具”和“删除锚点工具”之间临时切换	Alt	option
临时选择添加锚点工具	剪刀工具 + Alt	剪刀工具 + option
当指针停留在路径或锚点上时，使钢笔工具保持选中状态	钢笔工具 + Shift	钢笔工具 + shift
绘制过程中移动锚点和手柄	钢笔工具 + 空格键	钢笔工具 + 空格键
显示描边面板	F10	command + F10

用于表的快捷键

下表不是完整的键盘快捷键列表。其中仅列出了菜单命令或工具提示中未显示的快捷键。

结果	Windows	Mac OS
拖动时插入或删除行或列	首先拖动行或列的边框，然后在拖动时按住 Alt键	首先拖动行或列的边框，然后在拖动时按住option 键
在不更改表大小的情况下调整行或列的大小	按住 Shift 键并拖动行或列的内边框	按住 shift 键并拖动行或列的内边框
按比例调整行或列的大小	按住 Shift 键并拖动表的右边框或下边框	按住 shift 键并拖动表的右边框或下边框
移至下一个/ 上一个单元格	Tab/Shift + Tab	tab/shift + tab
移至列中的第一个/ 最后一个单元格	Alt + Page Up/Page Down	option + page up/page down
移至行中的第一个/ 最后一个单元格	Alt + Home/End	option + home/end
移至框架中的第一行/ 最后一行	Page Up/Page Down	page up/page down
上移/ 下移一个单元格	向上箭头键/ 向下箭头键	向上箭头键/ 向下箭头键
左移/ 右移一个单元格	向左箭头键/ 向右箭头键	向左箭头键/ 向右箭头键
选择当前单元格上/ 下方的单元格	Shift + 向上箭头键/ 向下箭头键	shift + 向上箭头键/ 向下箭头键
选择当前单元格右/ 左方的单元格	Shift + 向右箭头键/ 向左箭头键	shift + 向右箭头键/ 向左箭头键
下一列的起始行	Enter （数字键盘）	enter （数字键盘）
下一框架的起始行	Shift + Enter （数字键盘）	shift + return （数字键盘）
在文本选区和单元格选区之间切换	Esc	esc

用于查找和更改文本的快捷键

下表不是完整的键盘快捷键列表。其中仅列出了菜单命令或工具提示中未显示的快捷键。

结果	Windows	Mac OS
将选定文本插入到“查找内容”框中	Ctrl + F1	command + F1
将选定文本插入到“查找内容”框中，并查找下一个	Shift + F1	Shift + F1
查找“查找内容”文本的下一个实例	Shift + F2 或 Alt + Ctrl + F	shift + F2 或 option +command + F
将选定文本插入到“更改为”框中	Ctrl + F2	command + F2
用“更改为”文本替换选定文本	Ctrl + F3	command + F3

用于处理文字的快捷键

下表不是完整的键盘快捷键列表。其中仅列出了菜单命令或工具提示中未显示的快捷键。

结果	Windows	Mac OS
粗体	Shift + Ctrl + B	shift + command + B
斜体	Shift + Ctrl + I	shift + command + I
正常	Shift + Ctrl + Y	shift + command + Y
下划线	Shift + Ctrl + U	shift + command + U
删除线	Shift + Ctrl + /	control+shift+command+/
亚洲语言连字	Shift + Ctrl + K	shift + command + K
直排内横排设置	Shift + Ctrl + H	shift + command + H
上标	Shift + Ctrl + (+) [加号]	shift + command + (+) [加号]
下标	Shift + Alt + Ctrl + (+) [加号]	shift + option + command + (+) [加号]

（续表）

结果	Windows	Mac OS
基本字母组设置或详细设置	Shift + Ctrl + X 或 Shift + Alt + Ctrl + X	shift + command + X 或 shift + option +command + X
左对齐、右对齐或居中	Shift + Ctrl + L、R 或 C	shift + command + L、R 或 C
两端对齐或间距相等	Shift + Ctrl + F （两端对齐）或 J（间距相等）	shift + command + F （两端对齐）或 J（间距相等）
增大或减小点大小	Shift + Ctrl + > 或 <	shift + command + > 或 <
将点大小增大或减小5倍	Shift + Ctrl + Alt + > 或 <	shift + command + option + > 或 <
增大或减小行距（横排文本）	Alt + 向上箭头键/ 向下箭头键	option + 向上箭头键/ 向下箭头键
增大或减小行距（直排文本）*	Alt + 向右箭头键/ 向左箭头键	option + 向右箭头键/ 向左箭头键
将行距增大或减小5倍（横排文本）	Alt + Ctrl + 向上箭头键/ 向下箭头键	option + command + 向上箭头键/ 向下箭头键
将行距增大或减小5倍（直排文本）	Alt + Ctrl + 向右箭头键/ 向左箭头键	option + command + 向右箭头键/ 向左箭头键
对齐网格（开/关）	Shift + Alt + Ctrl + G	shift + option + command + G
增大或减小字偶和字符间距（横排文本）	Alt + 向左箭头键/ 向右箭头键	option + 向左箭头键/ 向右箭头键
增大或减小字偶和字符间距（直排文本）	Alt + 向上箭头键/ 向下箭头键	option + 向上箭头键/ 向下箭头键
将字偶和字符间距增大或减小5倍（横排文本）	Alt + Ctrl + 向左箭头键/ 向右箭头键	option + command + 向左箭头键/ 向右箭头键
将字偶和字符间距增大或减小5倍（直排文本）	Alt + Ctrl + 向上箭头键/ 向下箭头键	option + command + 向上箭头键/ 向下箭头键
增大单词间的字偶间距	Alt + Ctrl + \	option + command + \
减小单词间的字偶间距	Alt + Ctrl + Backspace	option + command + delete
清除所有手动字偶间距，将字符间距重置为 0	Alt + Ctrl + Q	option + command + Q
增大或减小基线偏移（横排文本）	Shift + Alt + 向上箭头键/ 向下箭头键	shift + option + 向上箭头键/ 向下箭头键
增大或减小基线偏移（直排文本）	Shift + Alt + 向右箭头键/ 向左箭头键	shift + option + 向右箭头键/ 向左箭头键
将基线偏移增大或减小5倍（横排文本）	Shift + Alt + Ctrl + 向上箭头键/ 向下箭头键	shift + option + command + 向上箭头键/ 向下箭头键
将基线偏移增大或减小5倍（直排文本）	Shift + Alt + Ctrl + 向右箭头键/ 向左箭头键	shift + option + command + 向右箭头键/ 向左箭头键
自动排列文章	按住 Shift 键单击所载入文本图标	按住 shift 键单击所载入文本图标
半自动排列文章	按住 Alt 键单击所载入文本图标	按住 option 键单击所载入文本图标
重排所有文章	Alt + Ctrl + /	option + command + /
插入当前页码	Alt + Ctrl + N	option + command + N

按 Shift 键将单词间的字偶间距增大或减小5倍。
调整量在【编辑】|【首选项】|【单位和增量】（Windows）或【InDesign】|【首选项】|【单位和增量】（Mac OS）中设置

用于导航和选择文本的快捷键

下表不是完整的键盘快捷键列表。其中仅列出了菜单命令或工具提示中未显示的快捷键。

结果	Windows动作	Mac OS动作
右移或左移一个字符	向右箭头键/ 向左箭头键	向右箭头键/ 向左箭头键
上移或下移一行	向上箭头键/ 向下箭头键	向上箭头键/ 向下箭头键
右移或左移一个单词	Ctrl + 向右箭头键/ 向左箭头键	command + 向右箭头键/ 向左箭头键
移至行首或行尾	Home/End	home/end
移至上一段落或下一段落	Ctrl + 向上箭头键/ 向下箭头键	command + 向上箭头键/ 向下箭头键
移至文章开始或结尾	Ctrl + Home/End	command + home/end
选择一个单词	双击单词	双击单词
选择右面或左面一个字符	Shift + 向右箭头键/ 向左箭头键	shift + 向右箭头键/ 向左箭头键
选择上面或下面一行	Shift + 向上箭头键/ 向下箭头键	shift + 向上箭头键/ 向下箭头键
选择行首或行尾	Shift + Home/End	shift + home/end
选择一个段落	根据“文本首选项”设置，在段落上单击三次或四次	根据“文本首选项”设置，在段落上单击三次或四次
选择前面或后面一个段落	Shift + Ctrl + 向上箭头键/ 向下箭头键	shift + command + 向上箭头键/ 向下箭头键
选择当前行	Shift + Ctrl+\	shift + command+\
从插入点选择字符	按住 Shift 键单击	按住 shift 键单击
选择文章开始或结尾	Shift + Ctrl + Home/End	shift + command + home/end
选择全文	Ctrl + A	command + A
选择第一个/ 最后一个框架	Shift + Alt + Ctrl + Page Up/Page Down	shift + option + command + page up/ pagedown
选择上一个/ 下一个框架	Alt + Ctrl + Page Up/Page Down	option + command + page up/page down
更新缺失字体列表	Ctrl + Alt + Shift + /	command + option + shift + /

用于查看文档和文档工作区的快捷键

下表不是完整的键盘快捷键列表。其中仅列出了菜单命令或工具提示中未显示的快捷键。

结果	Windows	Mac OS
临时选择“抓手”工具	空格键（无文本插入点）、按住 Alt 键并进行拖动（有文本插入点），或 Alt + 空格键（在文本模式与非文本模式中）	空格键（无文本插入点）、按住 option 键并进行拖动（有文本插入点），或 option + 空格键（在文本模式与非文本模式中）
临时选择放大工具	Ctrl + 空格键	command + 空格键
临时选择缩小工具	Alt + Ctrl + 空格键或 Alt + 放大工具	option + command + 空格键或 option + 放大工具
缩放到50%、200% 或 400%	Ctrl + 5、2 或 4	command + 5、2 或 4
重绘屏幕	Shift + F5	shift + F5
打开新的默认文档	Ctrl + Alt + N	command + option + N
在当前缩放级别和以前的缩放级别之间切换	Alt + Ctrl + 2	option + command + 2
切换到下一个/ 上一个文档窗口	Ctrl+~ [代字符]/Shift + Ctrl + F6 或 Ctrl +Shift + ~ [代字符]	command + F6 或 command + ~ [代字符]/command + Shift + ~ [代字符]
向上/ 向下滚动一屏	Page Up/Page Down	page up/page down

（续表）

结果	Windows	Mac OS
后退/ 前进至上次查看的页面	Ctrl + Page Up/Page Down	command + page up/page down
转至上一个/ 下一个跨页	Alt + Page Up/Page Down	option + Page Up/Page Down 键
跨页显示	双击“抓手”工具	双击“抓手”工具
激活“转到”命令	Ctrl + J	command + J
显示整个对象	Ctrl + Alt + (+) [加号]	command + option + (+) [加号]
当面板关闭时转到主页	Ctrl + J，键入主页前缀，按 Enter 键	command + J，键入主页前缀，按 Return 键
在各度量单位间循环	Shift + Alt + Ctrl + U	shift + option + command + U
将参考线与标尺增量对齐	按住 Shift 键并拖动参考线	按住 shift 键并拖动参考线
在页面参考线和跨页参考线之间切换（仅限创建）	按住 Ctrl 键并拖动参考线	按住 command 键并拖动参考线
临时打开/ 关闭靠齐功能		按下 ctrl 键的同时拖动对象
为跨页创建垂直标尺参考线和水平标尺参考线	按住 Ctrl 键从零点拖动	按住 command 键从零点拖动
选择所有参考线	Alt + Ctrl + G	option + command + G
锁定或解锁零点	右键单击零点，选择一个选项	按住 control 键单击零点，然后选择一个选项
使用当前放大比例作为新参考线的视图阈值	按住 Alt 键并拖动参考线	按住 option 键并拖动参考线
在警告对话框中选择按钮	按下按钮名称的第一个字母（如果带下划线）	按下按钮名称的第一个字母
显示有关已安装增效工具和 InDesign 组件的信息	Ctrl +【帮助】|【关于InDesign】	command + InDesign 菜单|关于 InDesign

面板快捷键

下表不是完整的键盘快捷键列表。其中仅列出了菜单命令或工具提示中未显示的快捷键。

结果	Windows	Mac OS
不确认即删除	按住 Alt 键单击“删除”图标	按住 option 键单击“删除”图标
创建项目并设置选项	按住 Alt 键单击“新建”按钮	按住 option 键单击“新建”按钮
应用值并将焦点保持在选项上	Shift + Enter	shift + return
在上次使用的面板中激活上次使用的选项	Ctrl + Alt + ~ [代字符]	command + option + ~ [代字符]
在面板中选择样式、图层、链接、色板或库对象的范围	按住 Shift 键单击	按住 shift 键单击
在面板中选择不相邻的样式、图层、链接、色板或库对象	按住 Ctrl 键单击	按住 command 键单击
应用值并选择下一个值	Tab	tab
将焦点移至选定对象、文本或窗口	Esc	esc
显示/ 隐藏所有面板、工具箱和控制面板（无插入点）	Tab	tab
显示/ 隐藏除工具箱和控制面板以外的所有面板（停放或不停放）	Shift + Tab	shift + tab
打开或关闭所有隐藏的面板	Ctrl + Alt + Tab	command + option + Tab
隐藏面板组	按住 Alt 键，将任意面板制表符（在组中）拖至屏幕边缘	按住 option 键，将任意面板制表符（在组中）拖至屏幕边缘

（续表）

结果	Windows	Mac OS
按名称选择项目	按住 Alt + Ctrl 在列表中单击，然后使用键盘按名称选择项目	按住 option + command 在列表中单击，然后使用键盘按名称选择项目
打开“投影”面板	Alt+Ctrl+M	command + option + M

用于控制面板的快捷键

下表不是完整的键盘快捷键列表。其中仅列出了菜单命令或工具提示中未显示的快捷键。

结果	Windows	Mac OS
将焦点切换到控制面板或从控制面板切换回来	Ctrl + 6	command + 6
切换字符/段落文本属性模式	Ctrl + Alt + 7	command + option + 7
当代理具有焦点时更改参考点	数字键盘上的任何键或键盘数字	数字键盘上的任何键或键盘数字
显示具有焦点的弹出菜单	Alt + 向下箭头键	
打开“单位和增量”首选项	按住 Alt 键单击“字偶间距”图标	按住 option 键单击“字偶间距”图标
打开“文本框架选项”对话框	按住 Alt 键单击“栏数”图标	按住 option 键单击“栏数”图标
打开“移动”对话框	按住 Alt 键单击 X 或 Y 图标	按住 option 键单击 X 或 Y 图标
打开“旋转”对话框	按住 Alt 键并单击“角度”图标	按住 option 键并单击“角度”图标
打开“缩放”对话框	按住 Alt 键单击 X 缩放或 Y 缩放图标	按住 option 键单击 X 缩放或 Y 缩放图标
打开“切变”对话框	按住 Alt 键单击“切变”图标	按住 option 键单击“切变”图标
打开“文本首选项”	按住 Alt 键单击“上标”、“下标”或“小型大写字母”按钮	按住 option 键单击“上标”、“下标”或“小型大写字母”按钮
打开“下划线选项”对话框	按住 Alt 键单击“下划线”按钮	按住 option 键单击“下划线”按钮
打开“删除线选项”对话框	按住 Alt 键单击“删除线”按钮	按住 option 键单击“删除线”按钮
打开“首字下沉和嵌套样式”对话框	按住 Alt 键单击“首字下沉行数”图标或“首字下沉一个或多个字符”图标	按住 option 键单击“首字下沉行数”图标或“首字下沉一个或多个字符”图标
打开“对齐”对话框	按住 Alt 键单击“行距”图标	按住 option 键单击“行距”图标
打开“命名网格”对话框	双击“命名网格”图标	双击“命名网格”图标
打开“新建命名网格选项”对话框	按住 Alt 键单击“命名网格”图标	按住 option 键单击“命名网格”图标
打开“框架网格选项”对话框	按住 Alt 键单击横排字符数、直排字符数、字间距、行间距、垂直缩放、水平缩放、网格视图、字体大小、栏数或栏间距图标	按住 option 键单击横排字符数、直排字符数、字间距、行间距、垂直缩放、水平缩放、网格视图、字体大小、栏数或栏间距图标

用于文字面板和对话框的快捷键

下表不是完整的键盘快捷键列表。其中仅列出了菜单命令或工具提示中未显示的快捷键。

结果	Windows	Mac OS
打开“字距调整”对话框	Alt + Ctrl + Shift + J	option + command + Shift + J
打开“段落线”对话框	Alt + Ctrl + J	option + command + J
激活“字符”面板	Ctrl + T	command + T
激活“段落”面板	Ctrl + Alt + T	command + option + T

用于字符和段落样式的键盘快捷键

下表不是完整的键盘快捷键列表。其中仅列出了菜单命令或工具提示中未显示的快捷键。

结果	Windows	Mac OS
使字符样式定义与文本匹配	选择文本然后按 Shift + Alt + Ctrl + C	选择文本然后按 shift + option + command + C
使段落样式定义与文本匹配	选择文本然后按 Shift + Alt + Ctrl + R	选择文本然后按 Shift + option + command + R
在不应用样式的情况下更改选项	按住 Shift + Alt + Ctrl 键双击样式	按住 Shift + option + command 键双击样式
移去样式和本地格式	按住 Alt 键单击段落样式名称	按住 option 键单击段落样式名称
从段落样式中清除优先选项	按住 Alt + Shift 键单击段落样式名称	按住 option + shift 键单击段落样式名称
分别显示/ 隐藏“段落样式”面板和“字符样式”面板	F11、Shift + F11	command + F11、command + shift + F11

用于制表符面板的快捷键

下表不是完整的键盘快捷键列表。其中仅列出了菜单命令或工具提示中未显示的快捷键。

结果	Windows	Mac OS
激活“制表符”面板	Shift + Ctrl + T	shift + command + T
在对齐方式选项之间切换	按住 Alt 键单击制表符	按住 option 键单击制表符

用于图层面板的键盘快捷键

下表不是完整的键盘快捷键列表。其中仅列出了菜单命令或工具提示中未显示的快捷键。

结果	Windows	Mac OS
选择图层上的所有对象	按住 Alt 键单击图层	按住 option 键单击图层
将选区复制到新图层	按住 Alt 键将小方块拖至新图层	按住 option 键将小方块拖至新图层
在选定图层下方添加新图层	按下 Ctrl 键的同时单击“新建图层”	按下 command 键的同时单击“新建图层”
在图层列表上方添加新图层	按下 Shift + Ctrl 组合键的同时单击“ 新建图层”	按下 Shift + command 组合键的同时单击“ 新建图层”
在图层列表上方添加新图层并打开“新建图层”对话框	按下 Shift + Alt + Ctrl 组合键的同时单击“新建图层”	按下 command + option + shift 组合键的同时单击“新建图层”
添加新图层并打开“新建图层”对话框	按下 Alt 键的同时单击“新建图层”	按下 option 键的同时单击“新建图层”

用于页面面板的键盘快捷键

下表不是完整的键盘快捷键列表。其中仅列出了菜单命令或工具提示中未显示的快捷键。

结果	Windows	Mac OS
应用主页到选定页面	按住 Alt 键单击主页	按住 option 键单击主页
将选定主页作为另一主页的基础	按住 Alt 键单击选定主页的基础主页	按住 option 键单击选定主页的基础主页
创建主页	按住 Ctrl 键单击“创建新页面”按钮	按住 command 键单击“创建新页面”按钮
显示“插入页面”对话框	按住 Alt 键单击“ 新建页面” 按钮	按住 option 键单击“新建页面”按钮
在最后一页后面添加新页面	Shift + Ctrl + P	shift + command + P

用于颜色面板的键盘快捷键

下表不是完整的键盘快捷键列表。其中仅列出了菜单命令或工具提示中未显示的快捷键。

结果	Windows	Mac OS
以串联方式移动颜色滑块	按住 Shift 键并拖动滑块	按住 shift 键并拖动滑块
为非现用填色或描边选择颜色	按住 Alt 键单击颜色条	按住 option 键单击颜色条
在颜色模型（CMYK、RGB、Lab）之间切换	按住 Shift 键单击颜色条	按住 shift 键单击颜色条

用于分色预览面板的键盘快捷键

下表不是完整的键盘快捷键列表。其中仅列出了菜单命令或工具提示中未显示的快捷键。

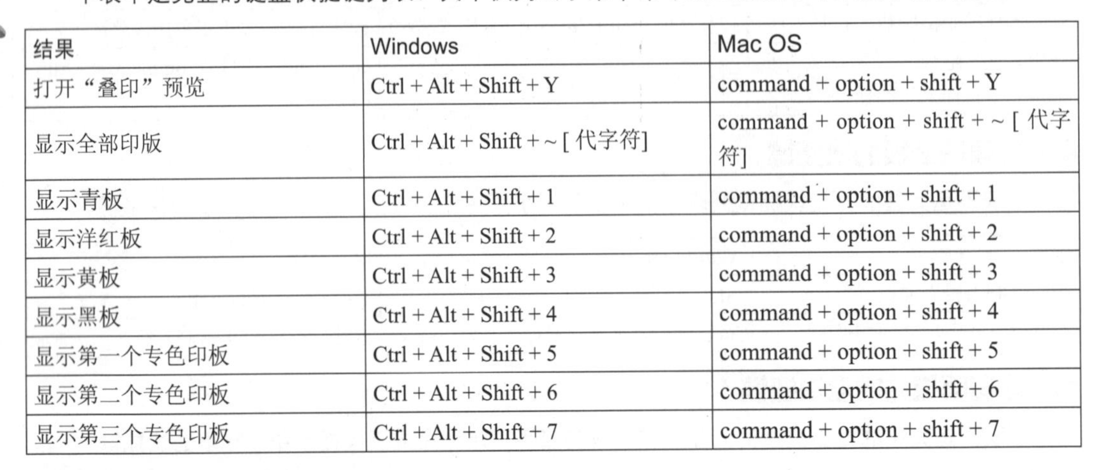

结果	Windows	Mac OS
打开“叠印”预览	Ctrl + Alt + Shift + Y	command + option + shift + Y
显示全部印版	Ctrl + Alt + Shift + ~ [代字符]	command + option + shift + ~ [代字符]
显示青板	Ctrl + Alt + Shift + 1	command + option + shift + 1
显示洋红板	Ctrl + Alt + Shift + 2	command + option + shift + 2
显示黄板	Ctrl + Alt + Shift + 3	command + option + shift + 3
显示黑板	Ctrl + Alt + Shift + 4	command + option + shift + 4
显示第一个专色印板	Ctrl + Alt + Shift + 5	command + option + shift + 5
显示第二个专色印板	Ctrl + Alt + Shift + 6	command + option + shift + 6
显示第三个专色印板	Ctrl + Alt + Shift + 7	command + option + shift + 7

用于色板面板的键盘快捷键

下表不是完整的键盘快捷键列表。其中仅列出了菜单命令或工具提示中未显示的快捷键。

结果	Windows	Mac OS
以当前色板为基础创建新色板	按住 Alt 键单击“新建色板”按钮	按住 option 键单击“新建色板”按钮
以当前色板为基础创建新专色色板	按住 Alt + Ctrl 键单击“新建色板”按钮	按住 option + command 键单击“新建色板”按钮
在不应用色板的情况下更改选项	按住 Shift + Alt + Ctrl 键双击色板	按住 shift + option + command 键双击色板

用于变换面板的键盘快捷键

下表不是完整的键盘快捷键列表。其中仅列出了菜单命令或工具提示中未显示的快捷键。

结果	Windows	Mac OS
应用值并复制对象	Alt + Enter	option + return
按比例应用宽度、高度或缩放值	Ctrl + Enter	command + return